液晶显示屏

洗脸盆

沙发

U0258320

洗衣机

办公桌

双人床

八角凳

车模

办公桌及其隔断

落地灯

盆景立面图

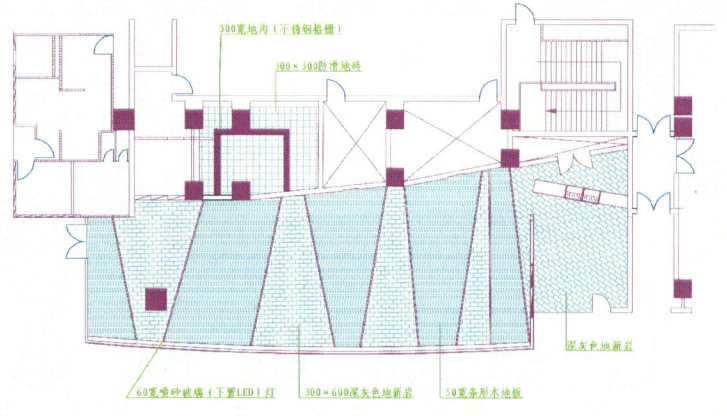

300宽地沟（不锈钢格栅）

300×300防滑地砖

60宽喷砂玻璃（下置LED）灯   300×600深灰色地新岩   50宽条形木地板

深灰色地新岩

咖啡吧地面平面图

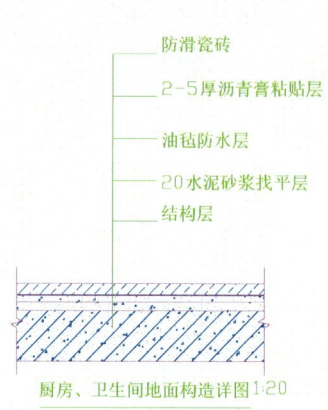

防滑瓷砖

2-5厚沥青膏粘贴层

油毡防水层

20水泥砂浆找平层

结构层

厨房、卫生间地面构造详图1:20

地面构造详图

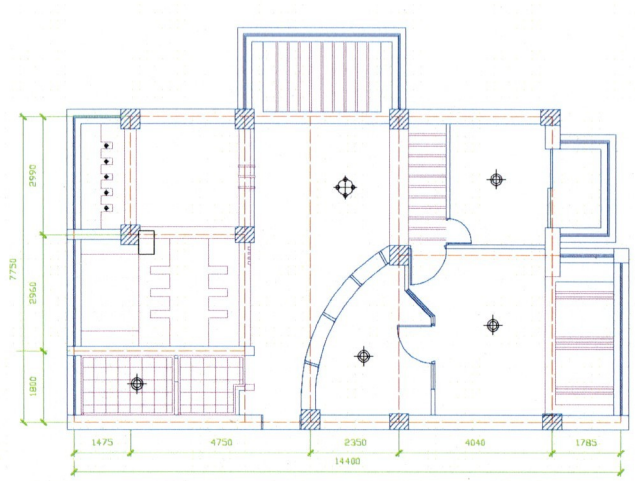

顶棚布置图

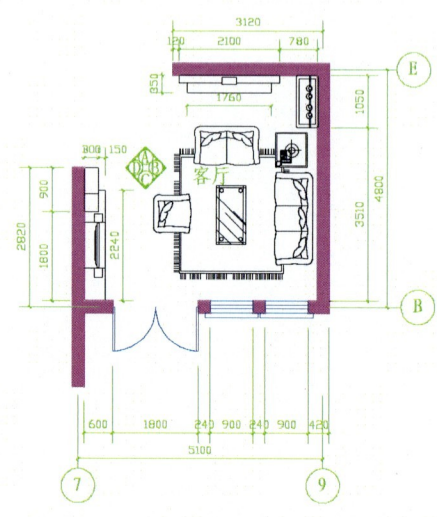

客厅

客厅平面图

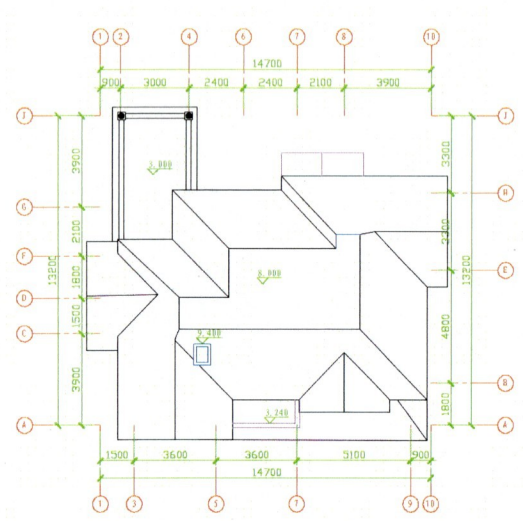

别墅屋顶平面图

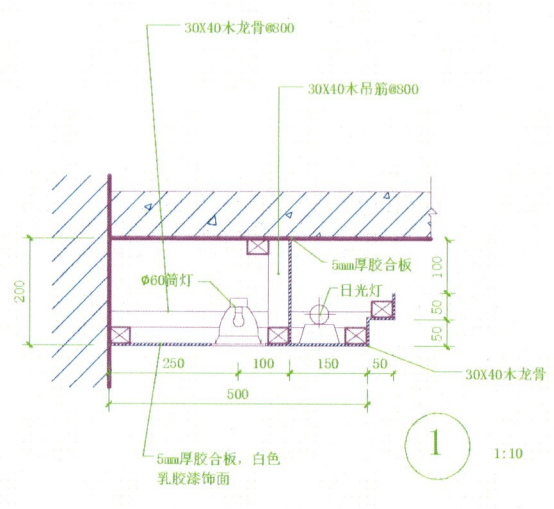

30X40木龙骨@300

30X40木吊筋@300

5mm厚胶合板

∅60筒灯   日光灯

30X40木龙骨

5mm厚胶合板，白色
乳胶漆饰面

① 1:10

吊顶构造详图

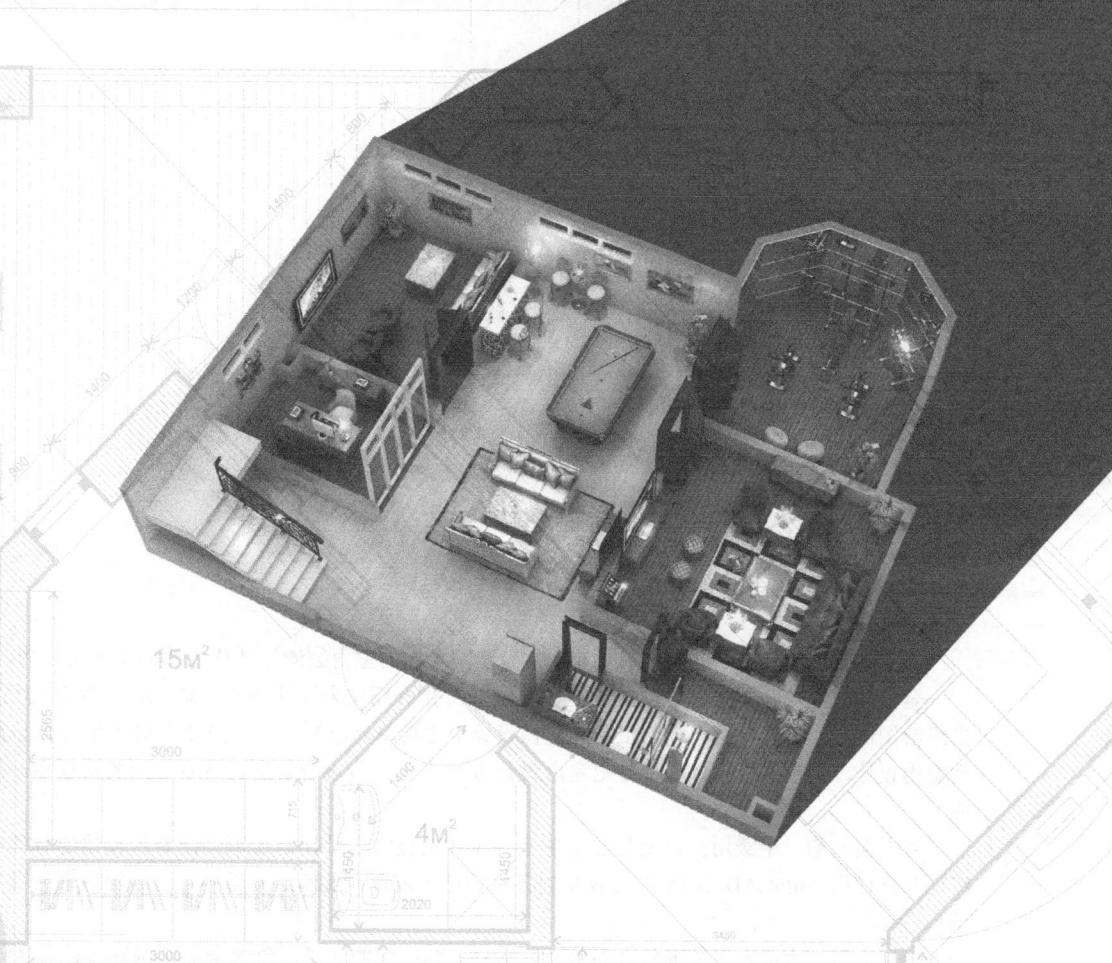

AutoCAD

2016中文版 室内装潢设计

从入门到精通

贾燕 著

人民邮电出版社

北京

图书在版编目（CIP）数据

AutoCAD 2016中文版室内装潢设计从入门到精通 / 贾燕著. -- 北京 ：人民邮电出版社，2017.4（2023.7重印）
ISBN 978-7-115-44681-7

Ⅰ．①A… Ⅱ．①贾… Ⅲ．①室内装饰设计－计算机
辅助设计－AutoCAD软件 Ⅳ．①TU238.2-39

中国版本图书馆CIP数据核字(2017)第027052号

内 容 提 要

本书主要讲解利用 AutoCAD 2016 中文版绘制多样的室内装潢设计施工图的实例与技巧。

全书共分 4 部分 15 章：第 1 部分为基础篇，分别介绍室内设计基本概念、AutoCAD 2016 入门、二维绘图命令、编辑命令、辅助工具和室内设计中主要单元绘制方法；第 2 部分到第 4 部分围绕住宅室内设计、别墅室内设计和咖啡吧室内设计 3 个典型综合展开讲述。各章之间紧密联系，前后呼应。

本书面向初、中级用户以及想要了解室内设计的技术人员，旨在帮助读者用较短的时间快速熟练地掌握使用 AutoCAD 2016 中文版绘制各种各样室内设计实例的应用技巧，并提高室内设计的质量。

为了方便广大读者更加形象直观地学习本书，随书配赠光盘，包含全书实例操作过程 AVI 视频文件和案例源文件。

♦ 著　　　　贾　燕

　　责任编辑　胡俊英

　　责任印制　焦志炜

♦ 人民邮电出版社出版发行　　北京市丰台区成寿寺路 11 号
　　邮编　100164　电子邮件　315@ptpress.com.cn
　　网址　http://www.ptpress.com.cn
　　北京七彩京通数码快印有限公司印刷

♦ 开本：787×1092　1/16　　　彩插：1
　　印张：25.5　　　　　　　　2017 年 4 月第 1 版
　　字数：678 千字　　　　　　2023 年 7 月北京第 12 次印刷

定价：69.80 元（附光盘）

读者服务热线：(010)81055410　印装质量热线：(010)81055316
反盗版热线：(010)81055315
广告经营许可证：京东市监广登字20170147号

前　言

　　室内是指建筑物的内部空间，而室内设计就是对建筑物的内部空间进行的环境和艺术设计。室内设计作为独立的综合性学科，于 20 世纪 60 年代初形成。现代室内设计是根据建筑空间的使用性质和所处环境，运用物质技术手段和艺术处理手法，从内部把握空间，设计其形状和大小。为了让人们在室内环境中能舒适地生活，需要整体考虑环境和用具的布置。室内设计的根本目的在于创造满足物质与精神两方面需要的空间环境。因此，室内设计具有物质功能和精神功能的两重性，设计在满足物质功能合理性要求的基础上，更重要的是要满足精神功能的要求，要创造风格、意境和情趣来满足人们的审美要求。

　　AutoCAD 不仅具有强大的二维平面绘图功能，而且具有出色的、灵活可靠的三维建模功能，是进行室内装饰图形设计最为有力的工具。使用 AutoCAD 绘制建筑室内装饰图形，不仅可以利用人机交互界面实时地进行修改，快速地把个人的意见反映到设计中去，而且可以感受修改后的效果，从多个角度任意进行观察，是建筑室内装饰设计的得力工具。

　　伴随人们对生活居住环境和空间的需求，我国迎来了公共场馆、住宅以及写字楼等建设高潮，建筑室内装饰工程领域都急需掌握 AutoCAD 的各种人才。对一个室内设计师或技术人员来说，熟练掌握和运用 AutoCAD 创建建筑装饰图形设计是非常必要的。本书以简体中文版 AutoCAD 2016 作为设计软件，结合各种建筑装饰工程的特点，除详细介绍室内设计常见家具、洁具和电器等各种装饰配景图形绘制方法外，还精心挑选了常见的和具有代表性的建筑室内空间，如单元住宅、别墅、休闲娱乐场馆等多种室内类型，论述了在现代室内空间装饰设计中，如何使用 AutoCAD 绘制各种建筑室内空间的平面、地面、天花吊顶和立面以及节点大样等相关装饰图的方法与技巧。

一、本书特色

　　市面上的 AutoCAD 室内设计学习图书比较多，但读者要挑选一本自己中意的却很困难。本书希望能够在读者"众里寻她千百度"之际，于"灯火阑珊"中"蓦然回首"，因此本书在编写时注重了以下 5 大特色。

作者权威

　　本书作者有多年的计算机辅助室内设计领域工作和教学经验，本书是作者总结多年的设计经验以及教学的心得体会，历时多年精心编写，力求全面细致地展现出 AutoCAD 2016 在室内设计应用领域的各种功能和使用方法。

实例专业

　　本书中引用的实例都来自室内设计工程实践，实例典型、真实实用。这些实例经过作者精心提炼和改编，不仅保证了读者能够学好知识点，更重要的是能帮助读者掌握实际的操作技能。

提升技能

本书从全面提升室内设计与 AutoCAD 应用能力的角度出发，结合具体的案例来讲解如何利用 AutoCAD 2016 进行室内设计，真正让读者懂得计算机辅助室内设计，从而独立地完成各种室内设计工作。

内容全面

本书在有限的篇幅内，包罗了 AutoCAD 常用的功能以及常见的室内设计类型讲解，涵盖了 AutoCAD 绘图基础知识、室内设计基础技能、综合室内设计等知识。"秀才不出屋，能知天下事"。本书不仅有透彻的讲解，还有非常典型的工程实例。通过实例的演练，能够帮助读者找到一条学习 AutoCAD 室内设计的终南捷径。

知行合一

结合典型的室内设计实例详细讲解 AutoCAD 2016 室内设计知识要点以及各种典型室内设计方案的设计思想和思路分析，让读者在学习案例的过程中潜移默化地掌握 AutoCAD 2016 软件操作技巧，同时培养了工程设计实践能力。

二、本书组织结构和主要内容

本书是以 AutoCAD 2016 版本为演示平台，全面介绍 AutoCAD 室内设计基础知识和有关实例，帮助读者从入门走向精通。全书分为 4 部分共 15 章。

第 1 部分　基础知识——介绍必要的基本操作方法和技巧

第 1 章　主要介绍室内设计基本概念；

第 2 章　主要介绍 AutoCAD 2016 入门；

第 3 章　主要介绍二维绘图命令；

第 4 章　主要介绍编辑命令；

第 5 章　主要介绍辅助工具；

第 6 章　主要介绍室内设计中主要单元的绘制。

第 2 部分　住宅室内设计案例——以某典型住宅室内设计为例详细讲解室内设计的基本方法

第 7 章　主要介绍住宅室内装潢平面图；

第 8 章　主要介绍住宅室内装潢立面、顶棚与构造详图；

第 9 章　主要介绍住宅室内设计平面图绘制；

第 10 章　主要介绍住宅顶棚布置图绘制；

第 11 章　主要介绍住宅立面图绘制。

第 3 部分　别墅建筑设计案例——以别墅建筑设计为例详细讲解室内设计的基本方法

第 12 章　主要介绍别墅建筑平面图的绘制；

第 13 章　主要介绍别墅建筑室内设计图的绘制。

第 4 部分　咖啡吧室内设计案例——以某咖啡吧室内设计为例详细讲解室内设计的基本方法

第 14 章　主要介绍咖啡吧室内设计平面及顶棚图绘制；

第 15 章　主要介绍咖啡吧室内设计立面及详图绘制。

三、本书源文件

本书所有实例操作需要的原始文件和结果文件，以及上机实验实例的原始文件和结果文件，都在随书光盘的"源文件"目录下，读者可以复制到计算机硬盘上参考和使用。

四、光盘使用说明

本书除利用传统的纸面讲解外，随书配送了多媒体学习光盘。光盘中包含所有实例的素材源文件，并制作了全程实例动画 AVI 文件。为了改善教学的效果，更进一步方便读者的学习，作者亲自对实例动画进行了配音讲解。利用作者精心设计的多媒体界面，读者可以像看电影一样轻松愉悦地学习本书。

光盘中有两个重要的目录希望读者关注，"源文件"目录下是本书所有实例操作需要的原始文件和结果文件，以及上机实验实例的原始文件和结果文件。"动画演示"目录下是本书所有实例的操作过程视频 AVI 文件。

五、致谢

本书由河北传媒学院的贾燕副教授著，Autodesk 公司中国认证考试管理中心首席专家胡仁喜博士审校，刘昌丽、孟培、王义发、王玉秋、王艳池、李亚莉、王玮、康士廷、王敏、王培合、卢园、闫聪聪、杨雪静、李兵、甘勤涛、孙立明等为此书的编写提供了大量帮助，在此一并表示感谢。本书的编写和出版得到了很多朋友的大力支持，值此图书出版发行之际，向他们表示衷心的感谢。

由于时间仓促，加上编者水平有限，书中不足之处在所难免，望广大读者联系 www.sjzswsw.com 或发送邮件到 win760520@126.com 批评指正。也欢迎读者加入图书学习交流群 QQ：537360114 交流探讨。

作者
2016 年 10 月

目　录

第1部分　基础知识

第2部分 住宅室内设计案例

第3部分　别墅建筑设计案例

第4部分　咖啡吧室内设计案例

第 1 部分

基 础 知 识

第 1 章
室内设计基本概念

本章将介绍室内设计的基本概念和基本理论。只有掌握了基本概念才能理解和领会室内设计布置图中的内容和安排方法，更好地学习室内设计的知识。

重点与难点
- ➲ 室内设计原理
- ➲ 室内设计制图的内容
- ➲ 室内设计制图的要求及规范

1.1 室内设计原理

1.1.1 概述

室内设计的原理是指导室内建筑师进行室内设计时最重要的理论技术依据。

室内设计原理包括：设计主体——人、设计构思、理想室内空间创造。

设计主体——人，是室内设计的主体。室内空间创造的目的就是满足人的生理需求，其次是心理因素的要求。两者区分主次，但是密不可分，缺一不可。因此室内设计原理的基础就是围绕人的活动规律制定出的理论，主要内容包括空间使用功能的确定、人的活动流线分析、室内功能区分和虚拟界定以及人体尺寸等。

设计构思，是室内设计活动中的灵魂。一套好的建筑室内设计，应是通过使用有效的设计构思方法得到的。好的构思，能够给设计提供丰富的创意和无限的生机。构思的内容和阶段包括：初始阶段、深化阶段、设计方案的调整以及对空间创造境界升华时的各种处理的规则和手法。

理想室内空间创造，是一种以严格科学技术建立的完备使用功能，兼有高度审美法则创造的诗话意境。它的标准有以下两个。

（1）对于使用者，它应该是使用功能和精神功能达到了完美统一的理想生活环境。

（2）对于空间本身，它应该是具有形、体、质高度统一的有机空间构成。

1.1.2 室内设计主体——人

人的活动决定了室内设计的目的和意义，人是室内环境的使用者和创造者。有了人，才区分出了室内和室外。人的活动规律之一是在动态和静态之间交替进行的：动态—静态—动态—静态。人的活动规律之二是个人活动—多人活动—交叉进行。

人们在室内空间活动时，按照一般的活动规律，可将活动空间分为 3 种功能区：静态功能区、动态功能区和静动双重功能区。

根据人们的具体活动行为，又将有更加详细的划分，例如，静态功能区又将划分为睡眠区、休息区、学习办公区，如图 1-1 所示。动态功能区划分为运动区、大厅，如图 1-2 所示。动静兼有功能区分为会客区、车站候车室、生产车间等，如图 1-3 所示。

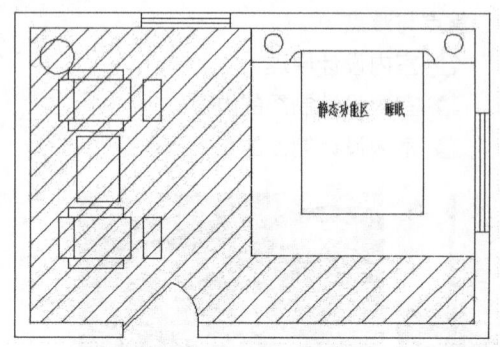

图 1-1　静态功能区

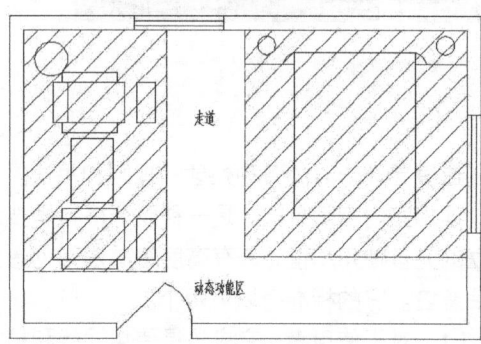

图 1-2　动态功能区

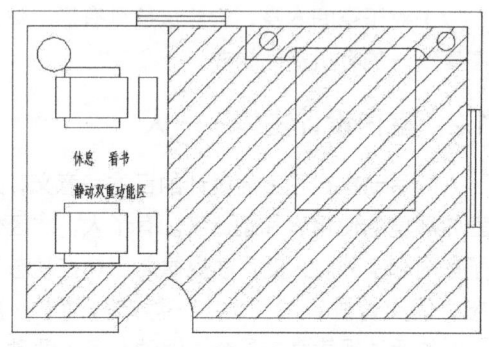

图 1-3　动静双重功能区

同时，要明确使用空间的性质，性质通常是由使用功能决定的。虽然往往许多空间中设置了

其他使用功能的设施，但要明确其主要的使用功能，如在起居室内设置酒吧台、视听区等，其主要功能仍然是起居室。

空间流线分析是室内设计中的重要步骤，目的如下。

（1）明确空间主体——人的活动规律和使用功能的参数，如数量、体积、常用位置等。

（2）明确设备和物品的运行规律、摆放位置、数量、体积等。

（3）分析各种活动因素的平行、互动、交叉关系。

（4）通过以上 3 部分的分析，提出初步设计思路和设想。

空间流线分析从构成情况上分为水平流线和垂直流线，从使用状况上来讲可分为单人流线和多人流线，从流线性质上可分为单一功能流线和多功能流线。

流线交叉形成枢纽、室内空间厅、场。如某单人流线分析如图 1-4 所示，某大厅多人流线平面图如图 1-5 所示。

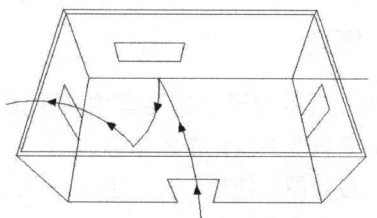

图 1-4　单人组成水平流线图

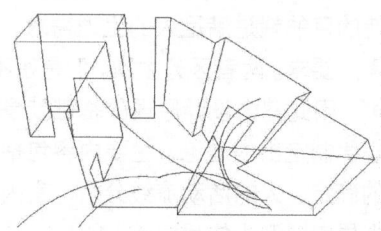

图 1-5　多人组成水平流线图

功能流线组合形式分为中心型、自由型、对称型、簇型和线型等，如图 1-6 所示。

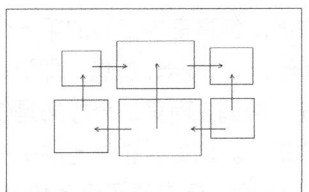

（a）中心型

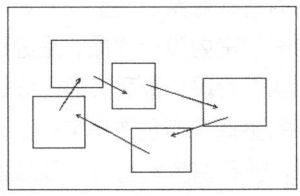

（b）自由型

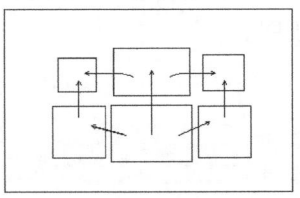

（c）对称型

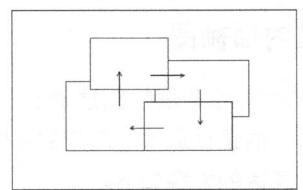

（d）簇型

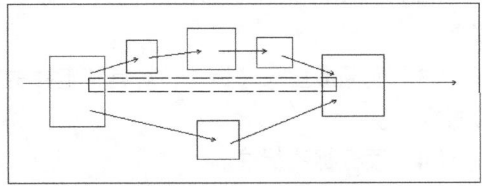

（e）线型

图 1-6　功能流线组合形式图例

1.1.3　室内设计构思

1. 初始阶段

室内设计的构思在设计的过程中起着举足轻重的作用。在设计初始阶段进行的构思设计能使后续工作有效、完美的进行。构思的初始阶段

主要包括以下内容。

（1）空间性质和使用功能

室内设计是在建筑主体完成后的原型空间内进行。因此，室内设计的首要工作就是要认定原型空间的使用功能，也就是原型空间的使用性质。

（2）水平流线组织

当原型空间认定以后，第一步就是进行流线分析和组织，包括水平流线和垂直流线。流线功能按需要划分，可能是单一流线，也可能是多种流线。

（3）功能分区图式化

空间流线组织完成后，进行功能分区图示化布置，进一步接近平面布局设计。

（4）图式选择

选择最佳图式布局作为平面设计的最终依据。

（5）平面初步组合

经过前面几个步骤的操作，最后形成了空间平面组合的形式，有待进一步深化。

2. 深化阶段

初始阶段的室内设计构成了最初构思方案后，在此基础上进行构思深化阶段的设计。深化阶段的构思内容和步骤如图 1-7 所示。

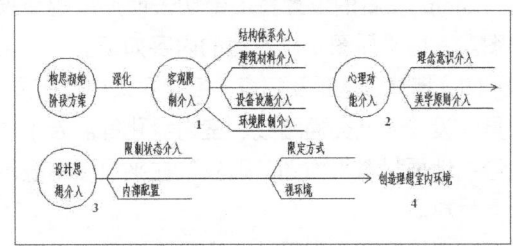

图 1-7　室内设计构思深化阶段内容与步骤图解

结构技术对室内设计构思的影响，主要表现在两个方面：一是原型空间墙体结构方式，二是原型空间屋顶结构方式。

墙体结构方式关系到室内设计内部空间改造的饰面采用的方法和材料。基本的原型空间墙体结构方式有板柱墙、砌块墙、柱间墙和轻隔断墙。

屋盖结构原型屋顶（屋盖）结构关系到室内设计的顶棚做法。屋盖结构主要分为：构架结构体系、梁板结构体系、大跨度结构体系和异形结构体系。

另外，室内设计要考虑建筑所用材料对设计内涵、色彩、光影和情趣的影响，室内外露管道和布线的处理，对通风条件、采光条件、噪声、空气和温度的影响等。

随着人们对室内要求的提高，还要结合个人喜好，定好室内设计的基调。一般人们对室内的格调要求有 3 种类型：现代新潮观念、怀旧情调观念和随意舒适观念（折中型）。

1.1.4 创造理想室内空间

经过前面两个构思阶段的设计，已形成较完美的设计方案。创建室内空间的第一个标准就是要使其具备形态、体积、质量，即形、体、质 3 个方向的统一协调，而第二个标准是使用功能和精神功能的统一。例如，在住宅的书房中除了布置写字台、书柜外，还布置了绿色植物等装饰物，使室内空间在满足了书房的使用功能的同时，也满足了人们的精神需要。

一个完美的室内设计作品，是经过初始构思阶段和深入构思阶段，最后又通过设计师对各种因素和功能的协调平衡创造出来的。要提高室内设计的水平，就要综合利用各个领域的知识和深入的构思设计。最终，室内设计方案形成最基本的图纸方案，一般包括设计平面图、设计剖面图和室内透视图。

1.2 室内设计制图

如前所述，一套完整的室内设计图一般包括平面图、顶棚图、立面图、构造详图和透视图。下面简述各种图样的概念及内容。

1.2.1 室内平面图

室内平面图是以平行于地面的切面在距地面 1.5mm 左右的位置将上部切去而形成的正投影图。室内平面图中应表达的内容如下。

（1）墙体、隔断及门窗；各空间大小及布局；家具陈设；人流交通路线、室内绿化等。若不单独绘制地面材料平面图，则应该在平面图中表示地面材料。

（2）标注各房间尺寸、家具陈设尺寸及布局尺寸，对于复杂的公共建筑，则应标注轴线编号。

（3）注明地面材料名称及规格。

（4）注明房间名称、家具名称。

（5）注明室内地坪标高。

（6）注明详图索引符号、图例及立面内视符号。

（7）注明图名和比例。

（8）若需要辅助文字说明的平面图，还要注明文字说明、统计表格等。

1.2.2 室内顶棚图

室内设计顶棚图是根据顶棚在其下方假想的水平镜面上的正投影绘制而成的镜像投影图。顶棚图中应表达的内容如下。

（1）顶棚的造型及材料说明。

（2）顶棚灯具和电器的图例、名称规格等说明。

（3）顶棚造型尺寸标注、灯具和电器的安装位置标注。

（4）顶棚标高标注。

（5）顶棚细部做法的说明。

（6）详图索引符号、图名、比例等。

1.2.3 室内立面图

以平行于室内墙面的切面将前面部分切去后，剩余部分的正投影图即室内立面图。立面图的主要内容如下。

（1）墙面造型、材质及家具陈设在立面上的正投影图。

（2）门窗立面及其他装饰元素立面。

（3）立面各组成部分尺寸、地坪吊顶标高。

（4）材料名称及细部做法说明。

（5）详图索引符号、图名、比例等。

1.2.4 构造详图

为了放大个别设计内容和细部做法，多以剖面图的方式表达局部剖开后的情况，这就是构造详图，它表达的内容有以下几点。

（1）以剖面图的绘制方法绘制出各材料断面、构配件断面及其相互关系。

（2）用细线表示出剖视方向上看到的部位轮廓及相互关系。

（3）标出材料断面图例。

（4）用指引线标出构造层次的材料名称及做法。

（5）标出其他构造做法。

（6）标注各部分尺寸。

（7）标注详图编号和比例。

1.2.5 透视图

透视图是根据透视原理在平面上绘制出能够反映三维空间效果的图形，它与人的视觉空间感受相似。室内设计常用的绘制方法有一点透视、两点透视（成角透视）和鸟瞰图 3 种。

透视图可以通过人工绘制，也可以应用计算机绘制，它能直观地表达出设计思想和效果，故也称为效果图或表现图，它是一个完整的设计方案不可缺少的部分。鉴于本书重点是介绍应用 AutoCAD 2016 绘制二维图形，因此本书中不包含这部分内容。

1.3 室内设计制图的要求和规范

1.3.1 图幅、图标及会签栏

1. 图幅

图幅即图面的大小。根据国家规范的规定，按图面的长和宽的大小确定图幅的等级。室内设计常用的图幅有 A0（也称 0 号图幅，其余依次类推）、A1、A2、A3 及 A4，每种图幅的长宽尺寸如表 1-1 所示；表中的尺寸代号意义如图 1-8 和图 1-9 所示。

2. 图标

图标即图纸的图标栏，它包括设计单位名称、工程名称、签字区、图名区及图号区等内容。一般图标格式如图 1-10 所示；如今不少设计单位采用自己个性化的图标格式，但是仍必须包括这几项内容。

3. 会签栏

会签栏是用于各工种负责人审核后签名的表格，它包括专业、姓名、日期等内容，具体内容根据需要设置。图 1-11 所示为其中一种格式。对于不需要会签的图样，可以不设此栏。

表 1-1　　　　　　　　　　　　　　图幅标准　　　　　　　　　　　　　　（单位：mm）

尺寸代号 ＼ 图幅代号	A0	A1	A2	A3	A4
b×l	841×1189	594×841	420×594	297×420	210×297
c		10		5	
A			25		

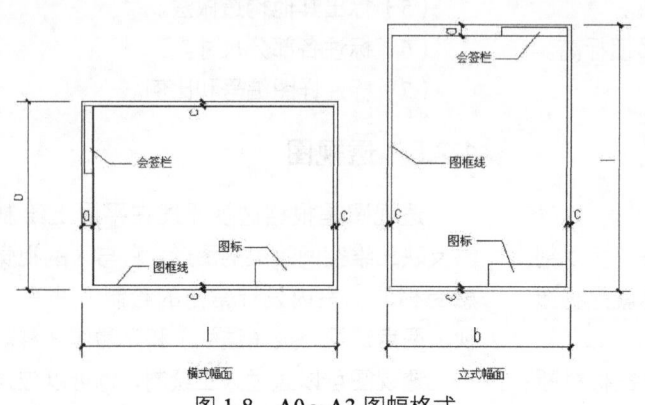

图 1-8 A0~A3 图幅格式 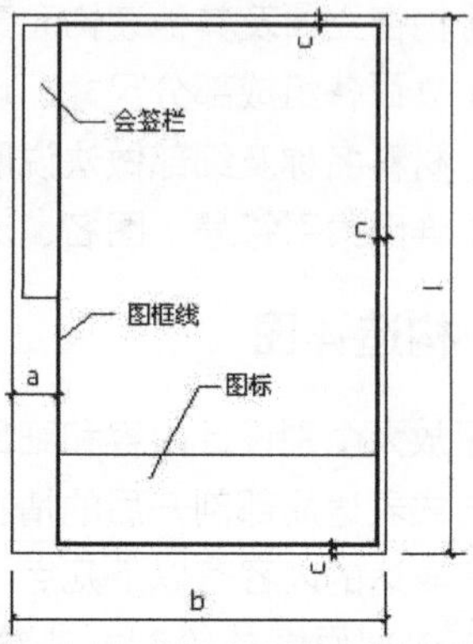　　　　　　　图 1-9 A4 图幅格式

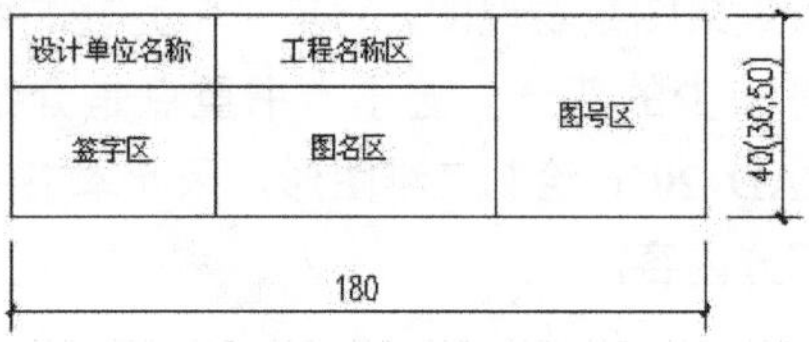

图 1-10 图标格式

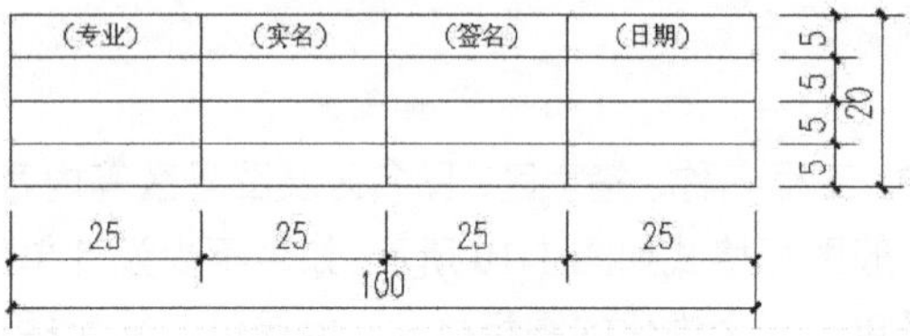

图 1-11 会签栏格式

1.3.2 线型要求

　　室内设计图主要由各种线条构成，不同的线型表示不同的对象和不同的部位，代表着不同的含义。为了图面能够清晰、准确、美观地表达设计思想，工程实践中采用了一套常用的线型，并规定了它们的使用范围，常用线型如表 1-2 所示。在 AutoCAD 2016 中，可以通过"图层"中"线型"和"线宽"的设置来选定所需线型。

表 1-2　　　　　常用线型

名　称		线　型
实线	粗	
	中	
	细	

续表

名　称		线　型
虚线	中	
	细	
点划线	细	
折断线	细	
波浪线	细	
b		建筑平面图、剖面图、构造详图的被剖切截面的轮廓线，建筑立面图、室内立面图外轮廓线，图框线
0.5b		室内设计图中被剖切的次要构件的轮廓线；室内平面图、顶棚图、立面图、家具三视图中构配件的轮廓线等
≤0.25b		尺寸线、图例线、索引符号、地面材料线及其他细部刻画用线
0.5b		主要用于构造详图中不可见的实物轮廓
≤0.25b		其他不可见的次要实物轮廓线
≤0.25b		轴线、构配件的中心线、对称线等
≤0.25b		省画图样时的断开界限
≤0.25b		构造层次的断开界线，有时也表示省略画出时的断开界限

　注意　标准实线宽度 b=0.4~0.8mm。

1.3.3　尺寸标注

前面我们介绍过 AutoCAD 的尺寸标注的设置问题，然而具体在对室内设计图进行标注时，还要注意下面一些标注原则。

（1）尺寸标注应力求准确、清晰、美观大方。在同一张图样中，标注风格应保持一致。

（2）尺寸线应尽量标注在图样轮廓线以外，从内到外依次标注从小到大的尺寸，不能将大尺寸标在内，而小尺寸标在外，如图 1-12 所示。

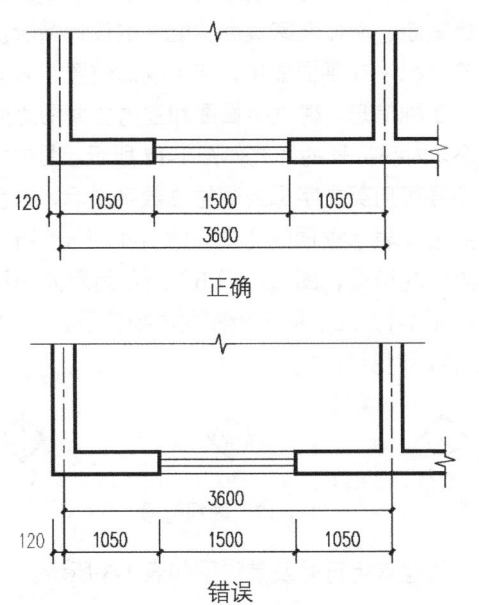

图 1-12　尺寸标注正误对比

（3）最内一道尺寸线与图样轮廓线之间的距离不应小于 10mm，两道尺寸线之间的距离一般为 7～10mm。

（4）尺寸界线朝向图样的端头，距图样轮廓的距离应大于或等于 2mm，不宜直接与之相连。

（5）在图线拥挤的地方，应合理安排尺寸线的位置，但不宜与图线、文字及符号相交；可以考虑将轮廓线用作尺寸界线，但不能作为尺寸线。

（6）对于连续相同的尺寸，可以采用"均分"或"（EQ）"字样代替，如图 1-13 所示。

图 1-13　相同尺寸的省略

1.3.4　文字说明

在一幅完整的图样中，用图线方式表现得不充分和无法用图线表示的地方，就需要进行文字说明，例如材料名称、构配件名称、构造做法、统计表及图名等。文字说明是图样内容的重要组成部分，制图规范对文字标注中的字体、字的大小、字体字号搭配等方面做了一些具体规定。

（1）一般原则：字体端正，排列整齐，清晰准确，美观大方，避免过于个性化的文字标注。

（2）字体：一般标注推荐采用仿宋字，标题可用楷体、隶书、黑体字等。

仿宋：室内设计（小四）室内设计（四号）**室内设计**（二号）

黑体：**室内设计**（四号）**室内设计**（小二）

楷体：室内设计（四号）室内设计（二号）

隶书：**室内设计**（三号）**室内设计**（一号）

字母、数字及符号：0123456789abcdefghijk‰@或 *0123456789abcdefghijk‰@*

（3）字的大小：标注的文字高度要适中。同一类型的文字采用同一大小的字。较大的字用于较概括性的说明内容，较小的字用于较细致的说明内容。

（4）字体及大小的搭配注意体现层次感。

1.3.5　常用图示标志

1．详图索引符号及详图符号

室内平、立、剖面图中，在需要另设详图表示的部位，标注一个索引符号，以表明该详图的位置，这个索引符号就是详图索引符号。详图索引符号采用细实线绘制，圆圈直径10mm，如图 1-14 所示，图中（d）、（e）、（f）、（g）用于索引剖面详图，当详图就在本张图样时，采用图 1-14（a）所示的形式，当详图不在本张图样时，采用图 1-14（b）、（c）、（d）、（e）、（f）、（g）所示的形式。

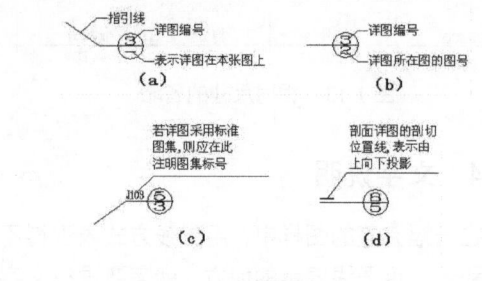

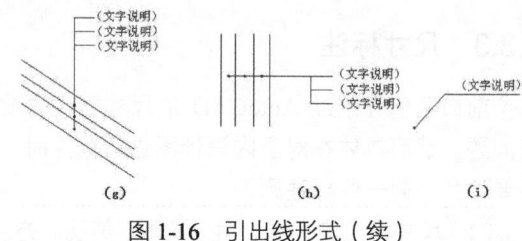

图 1-16 引出线形式（续）

3. 内视符号

在房屋建筑中，一个特定的室内空间领域总是以竖向分隔（隔断或墙体）来界定。因此，根据具体情况，就有可能绘制一个或多个立面图来表达隔断、墙体及家具和构配件的设计情况。内视符号标注在平面图中，包含视点位置、方向和编号 3 种信息，建立平面图和室内立面图之间的联系。内视符号的形式如图 1-17 所示。图中立面图编号可用英文字母或阿拉伯数字表示，黑色的箭头指向表示立面的方向；图 1-17（a）所示为单向内视符号，图 1-17（b）所示为双向内视符号，图 1-17（c）所示为四向内视符号，A、B、C、D 顺时针标注。

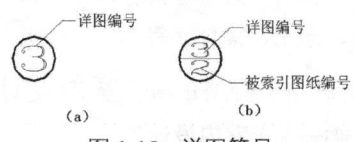

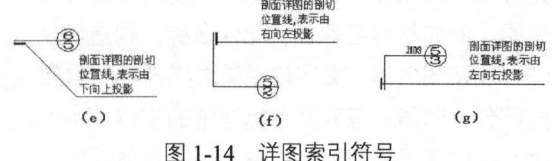

图 1-14 详图索引符号

详图符号即详图的编号，用粗实线绘制，圆圈直径 14mm，如图 1-15 所示。

图 1-15 详图符号

2. 引出线

由图样引出一条或多条线段指向文字说明，该线段就是引出线。引出线与水平方向的夹角一般采用 0°、30°、45°、60° 和 90°，常见的引出线形式如图 1-16 所示。图 1-16（a）、（b）、（c）、（d）为普通引出线，图 1-16（e）、（f）、（g）、（h）为多层构造引出线。使用多层构造引出线时，应注意构造分层的顺序要与文字说明的分层顺序一致。文字说明可以放在引出线的端头，如图 1-16（a）~（h）所示，也可放在引出线水平段之上，如图 1-16（i）所示。

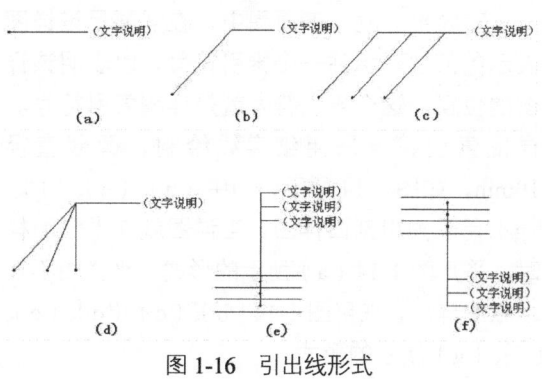

图 1-16 引出线形式

图 1-17 内视符号

其他常用符号及其说明如表 1-3 所示。

表 1-3 室内设计图常用符号图例

符　　号	说　　明
3.600 ▽　　3.600 ▽	标高符号，线上数字为标高值，单位为 m 下面一种在标注位置比较拥挤时采用
1　　　　1	标注剖切位置的符号，标数字的方向为投影方向，"1"与剖面图的编号"1-1"对应
┼	对称符号。在对称图形的中轴位置画此符号，可以省画另一半图形
	楼板开方孔

续表

符　号	说　明
@	表示重复出现的固定间隔，例如"双向木格栅@500"
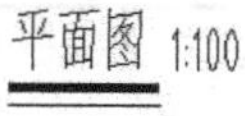 平面图 1:100	图名及比例
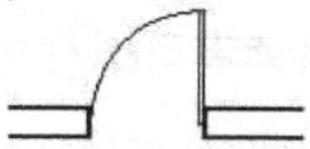	单扇平开门
	双扇平开门
	子母门
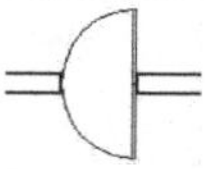	单扇弹簧门
	四扇推拉门
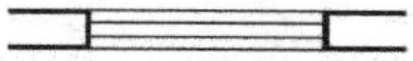	窗
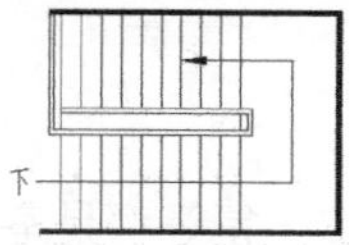	顶层楼梯
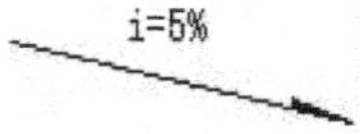 i=5%	表示坡度
2　　　　2	标注绘制断面图的位置，标数字的方向为投影方向，"2"与断面图的编号"2-2"对应
	指北针
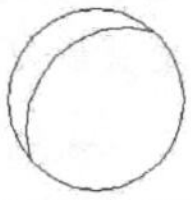	楼板开圆孔
Φ	表示直径，如Φ30
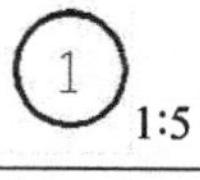 1 1:5	索引详图名及比例
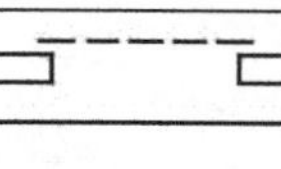	旋转门
	卷帘门

续表

符　号	说　明
	单扇推拉门
	双扇推拉门
	折叠门
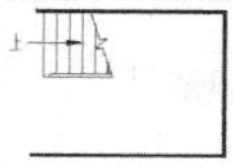	首层楼梯
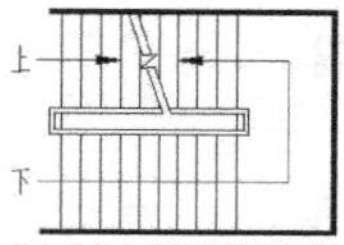	中间层楼梯

1.3.6　常用材料符号

室内设计图中经常应用材料图例来表示材料，在无法用图例表示的地方，也采用文字说明。常用的材料图例如表1-4所示。

表1-4　常用材料图例

材料图例	说　明
	自然土壤
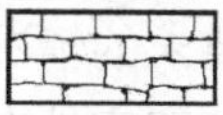	毛石砌体
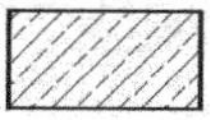	石材
	空心砖
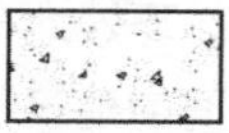	混凝土
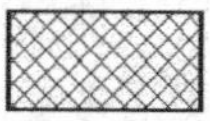	多孔材料
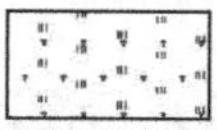	矿渣、炉渣
	纤维材料
	木材
	夯实土壤

续表

材 料 图 例	说　明
	普通砖
	砂、灰土
	松散材料
	钢筋混凝土
	金属
	玻璃
	防水材料上下两种根据绘图比例大小选用

续表

材 料 图 例	说　明
	液体，须注明液体名称

1.3.7　常用绘图比例

下面列出常用的绘图比例，读者可以根据实际情况灵活使用。

（1）平面图：1∶50、1∶100 等。

（2）立面图：1∶20、1∶30、1∶50、1∶100 等。

（3）顶棚图：1∶50、1∶100 等。

（4）构造详图：1∶1、1∶2、1∶5、1∶10、1∶20 等。

1.4　室内装饰设计手法

室内设计要美化环境是无可置疑的，但如何达到美化的目的，有许多不同的方法。

1. 现代室内设计方法

该方法就是在满足功能要求的情况下，利用材料、色彩、质感、光影等有序地布置并创造美感。

2. 空间分割方法

组织和划分平面与空间，这是室内设计的一个主要方法。利用该设计方法，巧妙地布置平面和利用空间，有时可以突破原有的建筑平面、空间的限制，满足室内需要。在另一种情况下，设计又能使室内空间流通、平面灵活多变。

3. 民族特色方法

在表达民族特色方面，应采用设计方法，使室内充满民族韵味，而不是民族符号、语言的堆砌。

4. 其他设计方法

突出主题、人流导向、制造气氛等都是室内设计的方法。

室内设计人员往往首先拿到的是一个建筑的外壳，这个外壳或许是新建筑，或许是旧建筑，设计的魅力就在于在原有建筑的各种限制下做出最理想的方案。下面将介绍一些公共空间和住宅室内装饰效果图，供读者在室内装饰设计中学习参考和借鉴。

 注意　他山之石，可以攻玉。多看、多交流，将有助于提高设计水平和鉴赏能力。

第2章

AutoCAD 2016 入门

本章将循序渐进地介绍有关 AutoCAD 2016 绘图的基本知识，了解如何设置图形的系统参数、样板图，熟悉建立新的图形文件、打开已有文件的方法等，为后面进入系统学习准备必要的前提知识。

重点与难点

- 配置绘图系统
- 设置绘图环境
- 图层设置

2.1 操作界面

AutoCAD 的操作界面是显示、编辑图形的区域。启动 AutoCAD 2016 后的默认界面如图 2-1 所示，这个界面是 AutoCAD 2016 版本出现的新界面风格，为了便于学习本书，我们采用 AutoCAD 默认的草图与注释界面介绍。

一个完整的草图与注释操作界面包括标题栏、绘图区、十字光标、坐标系图标、命令行窗口、状态栏、布局标签和快速访问工具栏等。

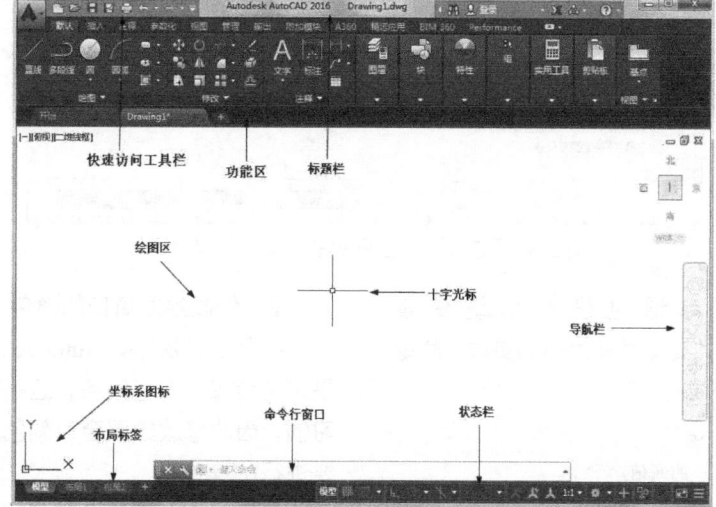

图 2-1　AutoCAD 2016 中文版的操作界面

2.1.1 标题栏

在 AutoCAD 2016 中文版绘图窗口的最上端是标题栏。在标题栏中，显示了系统当前正在运行的应用程序（AutoCAD 2016 和用户正在使用的图形文件）。在用户第一次启动 AutoCAD 时，在 AutoCAD 2016 绘图窗口的标题栏中，将显示 AutoCAD 2016 在启动时创建并打开的图形文件名称 Drawing1.dwg，如图 2-2 所示。

图 2-2　启动 AutoCAD 时的标题栏

2.1.2 绘图区

绘图区是指标题栏下方的大片空白区域，绘图区域是用户使用 AutoCAD 2016 绘制图形的区域，设计图形的主要工作都是在绘图区域中完成的。

在绘图区域中，还有一个类似光标作用的十字线，其交点反映了光标在当前坐标系中的位置。在 AutoCAD 2016 中，将该十字线称为光标，AutoCAD 通过光标显示当前点的位置。十字线的方向与当前用户坐标系的 x 轴和 y 轴方向平行，如图 2-1 所示。

1. 修改图形窗口中十字光标的大小

光标的长度默认为屏幕大小的 5%，用户可以根据绘图的实际需要更改大小。改变光标大小的方法如下。

在绘图窗口中选择菜单栏中的"工具"→"选项"命令，屏幕上将弹出系统"选项"对话框。打开"显示"选项卡，在"十字光标大小"文本框中直接输入数值，或者拖动编辑框后的滑块，即可对十字光标的大小进行调整，如图 2-3 所示。

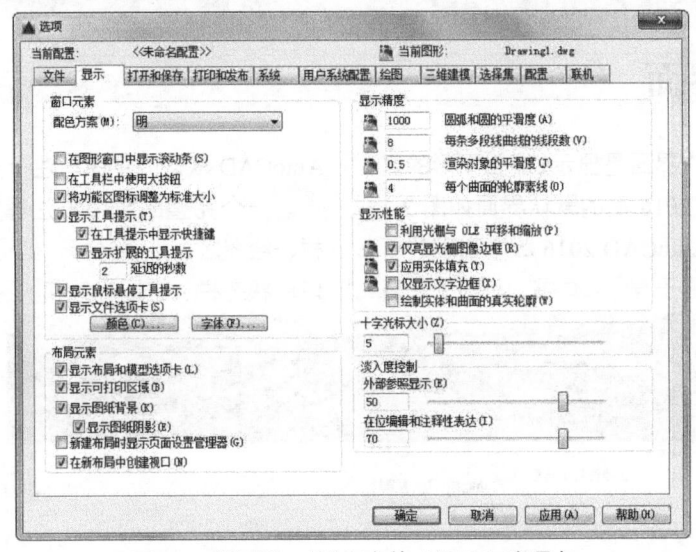

图 2-3　"选项"对话框中的"显示"选项卡

此外，还可以通过设置系统变量 CURSORSIZE 的值，实现对其大小的更改。命令行提示如下：

```
命令: CURSORSIZE
输入 CURSORSIZE 的新值 <5>:
```

在提示下输入新值即可，默认值为 5%。

2. 修改绘图窗口的颜色

在默认情况下，AutoCAD 2016 的绘图窗口是黑色背景、白色线条，这不符合大多数用户的习惯，因此修改绘图窗口颜色是大多数用户都需要进行的操作。

修改绘图窗口颜色的步骤如下。

（1）在图 2-3 所示的选项卡中单击"窗口元素"区域中的"颜色"按钮，打开图 2-4 所示的"图形窗口颜色"对话框。

（2）单击"图形窗口颜色"对话框中"颜色"字样的下拉箭头，在打开的下拉列表中，选择需要的窗口颜色，然后单击"应用并关闭"按钮，此时 AutoCAD 2016 的绘图窗口变成了窗口背景色，通常按视觉习惯选择白色为窗口颜色。

2.1.3　坐标系图标

在绘图区域的左下角，有一个箭头指向图标，称为坐标系图标，表示用户绘图时正使用的坐标系形式，坐标系图标的作用是为点的坐标确定一个参照系。根据工作需要，用户可以选择将其关闭。方法是选择"视图"→"显示"→"UCS 图标"→"√开"命令，如图 2-5 所示。

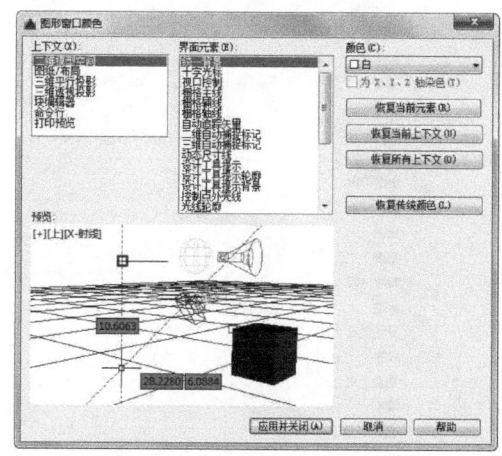

图 2-4　"图形窗口颜色"对话框

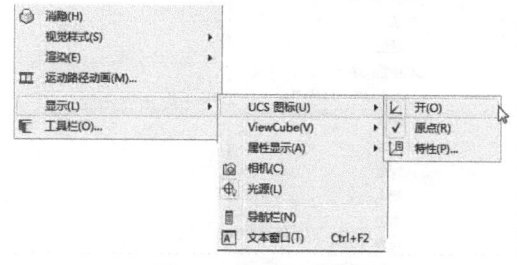

图 2-5　"视图"菜单

2.1.4　菜单栏

单击"快速访问"工具栏右侧的三角形，打

开下拉菜单选择"显示菜单栏"选项，调出菜单栏，如图 2-6 所示，调出后的菜单栏如图 2-7 所示。同其他 Windows 程序一样，AutoCAD 的菜单也是下拉形式的，并在菜单中包含子菜单。AutoCAD 的菜单栏中包含 12 个菜单："文件""编辑""视图""插入""格式""工具""绘图""标注""修改""参数""窗口"和"帮助"，这些菜单几乎包含了 AutoCAD 的所有绘图命令，后面的章节将对这些菜单功能做详细的讲解。

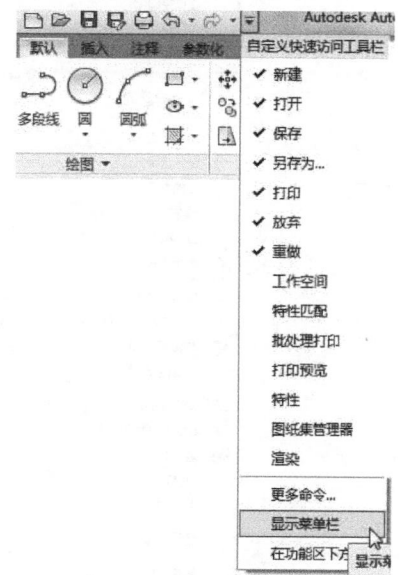

图 2-6　调出菜单栏

2.1.5　工具栏

工具栏是一组按钮工具的集合，选择菜单栏中的"工具"→"工具栏"→"AutoCAD"命令，调出所需要的工具栏，把光标移动到某个按钮上，稍停片刻即在该按钮的一侧显示相应的功能提示，同时在状态栏中，显示对应的说明和命令名，此时，单击按钮就可以启动相应的命令了。

1. 设置工具栏

AutoCAD 2016 的标准菜单提供了几十种工具栏，选择菜单栏中的"工具"→"工具栏"→"AutoCAD"命令，调出所需要的工具栏，如图 2-8 所示。单击某一个未在界面显示的工具栏名，系统自动在界面打开该工具栏。反之，关闭工具栏。

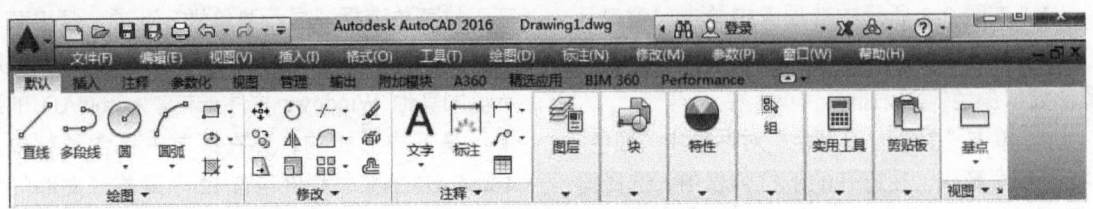

图 2-7 菜单栏显示界面

图 2-8 调出工具栏

2. 工具栏的"固定""浮动"与打开

工具栏可以在绘图区"浮动"显示（见图 2-9），此时显示该工具栏标题，并可关闭该工具栏，用鼠标可以拖动"浮动"工具栏到图形区边界，使它变为"固定"工具栏，此时该工具栏标题隐藏。也可以把"固定"工具栏拖出，使它成为"浮动"工具栏。

在有些图标的右下角带有一个小三角，按住鼠标左键会打开相应的工具栏，选择其中适用的工具单击鼠标左键，该图标就成为当前图标。单击当前图标，执行相应命令（见图 2-10）。

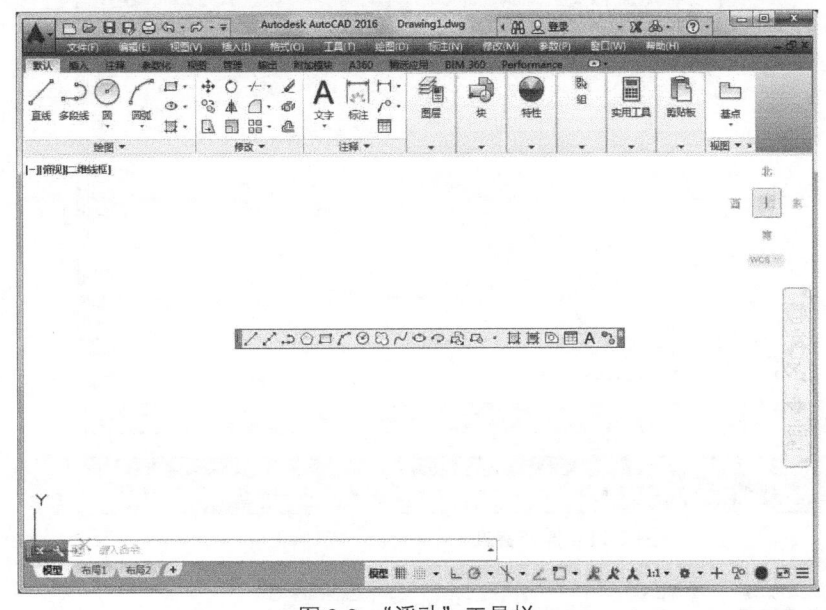

图 2-9 "浮动"工具栏

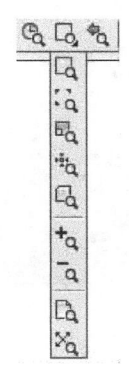

图 2-10 打开工具栏

 注意 安装 AutoCAD 2016 后，默认的界面如图 2-1 所示，为了快速简便地操作绘图，我们一般选择菜单栏中的"工具"→"工具栏"→"AutoCAD"的方法，将"绘图""修改"工具栏打开，如图 2-11 所示。

2.1.6 命令行窗口

命令行窗口是输入命令和显示命令提示的区域，默认的命令行窗口位于绘图区下方，是若干文本行，如图 2-12 所示。对于命令窗口，有以下几点需要说明。

（1）移动拆分条，可以扩大或缩小命令窗口。

（2）可以拖动命令窗口，将其放置在屏幕的其他位置。默认情况下，命令窗口位于图形窗口的下方。

（3）对当前命令窗口中输入的内容，可以按 F2 键用文本编辑的方法进行编辑。AutoCAD

2016 的文本窗口和命令窗口相似，它可以显示当前 AutoCAD 进程中命令的输入和执行过程，在 AutoCAD 2016 中执行某些命令时，它会自动切换到文本窗口，列出有关信息。

（4）AutoCAD 通过命令窗口，反馈各种信息，包括出错信息。因此，用户要时刻关注在命令窗口中出现的信息。

2.1.7 布局标签

AutoCAD 2016 系统默认设定一个模型空间布局标签和"布局 1""布局 2"两个图纸空间布局标签。

1. 布局

布局是系统为绘图设置的一种环境，包括图纸大小、尺寸单位、角度设定、数值精确度等，在系统默认的 3 个标签中，这些环境变量都是默认设置。用户可以根据实际需要改变这些变量的值。用户也可以根据需要设置符合自己需要的新　　标签，具体方法将在后面章节介绍。

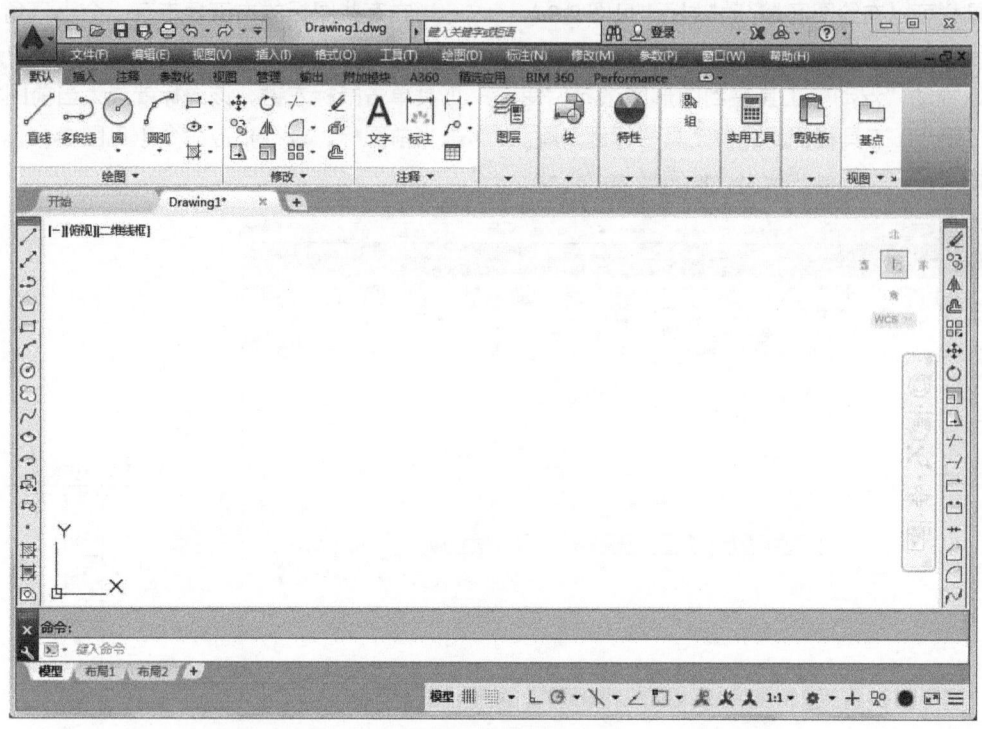

图 2-11　操作界面

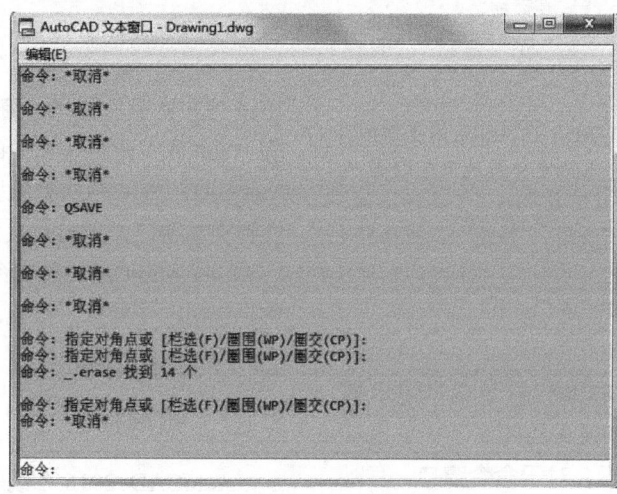

图 2-12　文本窗口

2. 模型

AutoCAD 2016 的空间分为模型空间和图纸空间。模型空间是我们通常绘图的环境，而在图纸空间中，用户可以创建称为"浮动视口"的区域，以不同视图显示所绘图形。用户可以在图纸空间中调整浮动视口并决定所包含视图的缩放比例。如果选择图纸空间，则可打印多个视图，用户可以打印任意布局的视图。在后面的章节中，将专门详细地讲解有关模型空间与图纸空间的相关知识，请注意学习体会。

AutoCAD 2016 系统默认打开模型空间，用户可以通过单击鼠标左键选择需要的布局。

2.1.8　状态栏

状态栏在屏幕的底部，依次有"坐标""模型空间""栅格""捕捉模式""推断约束""动态输入""正交模式""极轴追踪""等轴测草图""对象捕捉追踪""二维对象捕捉""线宽""透明度""选择循环""三维对象捕捉""动态 UCS""选择过滤""小控件""注释可见性""自动缩放""注释比例""切换工作空间""注释监视器""单位""快捷特性""图形性能""全屏显示"和"自定义"28 个功能按钮。左键单击部分开关按钮，可以实现这些功能的开关。通过部分按钮也可以控制图形或绘图区的状态。

> **注意**　默认情况下，不会显示所有工具，可以通过状态栏上最右侧的按钮，选择要从"自定义"菜单显示的工具。状态栏上显示的工具可能会发生变化，具体取决于当前的工作空间以及当前显示的是"模型"选项卡还是"布局"选项卡。下面对部分状态栏上的按钮做简单介绍，如图 2-13 所示。

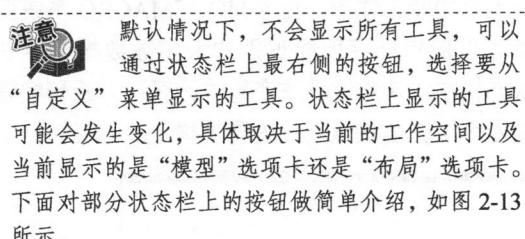

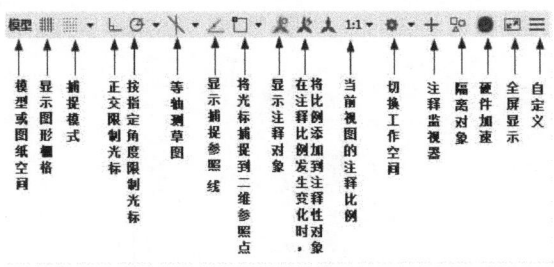

图 2-13　状态栏

（1）模型或图纸空间：在模型空间与布局空间之间进行转换。

（2）显示图形栅格：栅格是覆盖用户坐标系（UCS）的整个 XY 平面的直线或点的矩形图案。使用栅格类似于在图形下放置一张坐标纸。利用栅格可以对齐对象并直观显示对象之间的距离。

（3）捕捉模式：对象捕捉对于在对象上指定精确位置非常重要。不论何时提示输入点，都可以指定对象捕捉。默认情况下，当光标移到对象的捕捉位置时，将显示标记和工具提示。

（4）正交限制光标：将光标限制在水平或垂直方向上移动，以便于精确地创建和修改对象。当创建或移动对象时，可以使用"正交"模式将光标限制在相对于用户坐标系（UCS）的水平或垂直方向上。

（5）按指定角度限制光标（极轴追踪）：使用极轴追踪，光标将按指定角度进行移动。创建或修改对象时，可以使用"极轴追踪"来显示由指定的极轴角度所定义的临时对齐路径。

（6）等轴测草图：通过设定"等轴测捕捉/栅格"，可以很容易地沿 3 个等轴测平面之一对齐对象。尽管等轴测图形看似三维图形，但它实际上是二维表示。因此不能期望提取三维距离和面积、从不同视点显示对象或自动消除隐藏线。

（7）显示捕捉参照线（对象捕捉追踪）：使用对象捕捉追踪，可以沿着基于对象捕捉点的对齐路径进行追踪。已获取的点将显示一个小加号（+），一次最多可以获取 7 个追踪点。获取点之后，当在绘图路径上移动光标时，将显示相对于获取点的水平、垂直或极轴对齐路径。例如，可以基于对象端点、中点或者对象的交点，沿着某个路径选择一点。

（8）将光标捕捉到二维参照点（对象捕捉）：使用执行对象捕捉设置（也称为对象捕捉），可以在对象上的精确位置指定捕捉点。选择多个选项后，将应用选定的捕捉模式，以返回距离靶框中心最近的点。按 Tab 键以在这些选项之间循环。

（9）显示注释对象：当图标亮显时表示显示所有比例的注释性对象；当图标变暗时表示仅显示当前比例的注释性对象。

（10）在注释比例发生变化时，将比例添加到注释性对象：注释比例更改时，自动将比例添加到注释对象。

（11）当前视图的注释比例：左键单击注释比例右下角小三角符号，弹出注释比例列表，如图 2-14 所示，可以根据需要选择适当的注释比例。

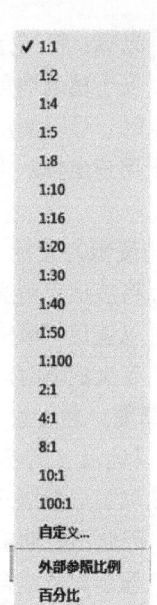

图 2-14 注释比例列表

（12）切换工作空间：进行工作空间转换。

（13）注释监视器：打开仅用于所有事件或模型文档事件的注释监视器。

（14）隔离对象：当选择隔离对象时，在当前视图中显示选定对象。所有其他对象都暂时隐藏；当选择隐藏对象时，在当前视图中暂时隐藏选定对象。所有其他对象都可见。

（15）硬件加速：设定图形卡的驱动程序以及设置硬件加速的选项。

（16）全屏显示：该选项可以清除 Windows 窗口中的标题栏、功能区和选项板等界面元素，使 AutoCAD 的绘图窗口全屏显示，如图 2-15 所示。

（17）自定义：状态栏可以提供重要信息，而无需中断工作流。使用 MODEMACRO 系统变量可将应用程序所能识别的大多数数据显示在状态栏中。使用该系统变量的计算、判断和编辑功能可以完全按照用户的要求构造状态栏。

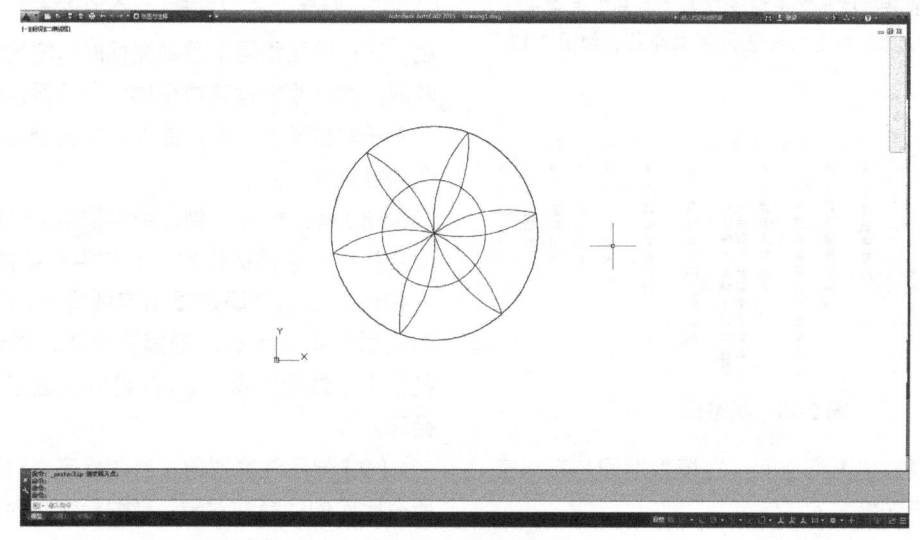

图 2-15 全屏显示

2.1.9 滚动条

在打开的 AutoCAD 2016 默认界面中是不显示滚动条的，我们需要把滚动条调出来，选择菜单栏中的"工具"→"选项"命令，系统打开"选项"对话框，单击"显示"选项卡，将"窗口元素"中的"在图形窗口中显示滚动条"勾选上，如图 2-16 所示。

滚动条包括水平和垂直滚动条，用于上下或左右移动绘图窗口内的图形。用鼠标拖动滚动条中的滑块或单击滚动条两侧的三角按钮，即可移动图形，如图 2-17 所示。

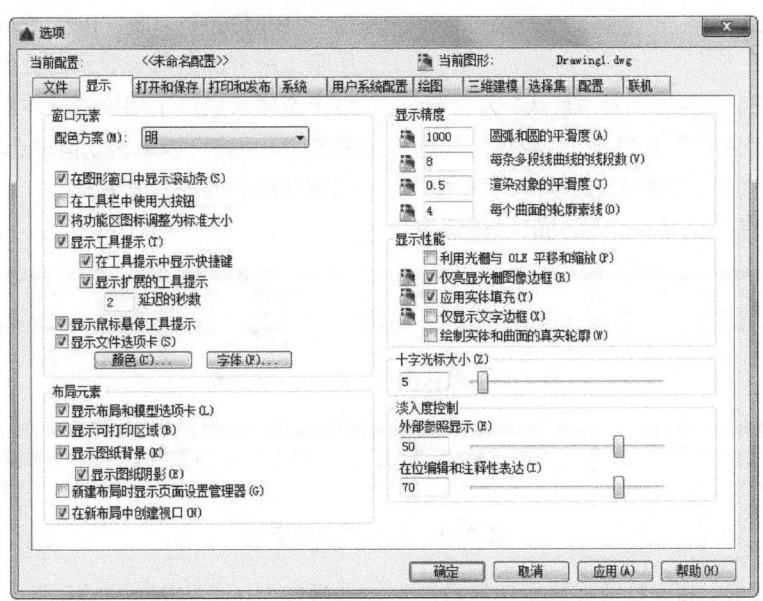

图 2-16　"选项"对话框中的"显示"选项卡

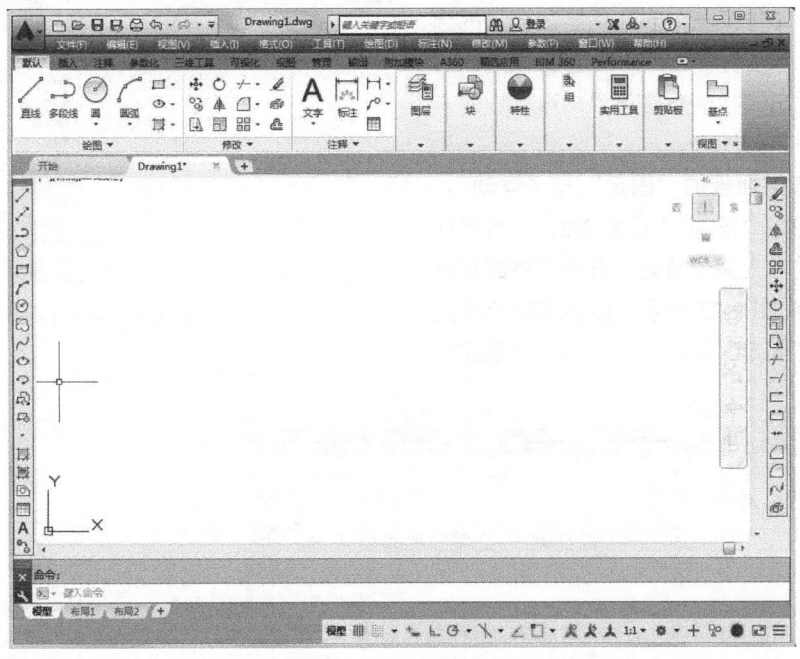

图 2-17　显示"滚动条"

2.1.10　快速访问工具栏和交互信息工具栏

1. 快速访问工具栏

该工具栏包括"新建""打开""保存""另存为""打印""放弃""重做"和"工作空间"等几个最常用的工具。用户也可以单击本工具栏后面的下拉按钮设置需要的常用工具。

2. 交互信息工具栏

该工具栏包括"搜索"、Autodesk360、Autodesk Exchange 应用程序、"保持连接"和"帮助"等几个常用的数据交互访问工具。

2.1.11 功能区

在默认情况下，功能区包括"默认"选项卡、"插入"选项卡、"注释"选项卡、"参数化"选项卡、"视图"选项卡、"管理"选项卡、"输出"选项卡、"附加模块"选项卡、"A360""精选应用""BIM360"以及"Performance"，如图 2-18 所示（所有的选项卡显示面板如图 2-19 所示）。每个选项卡集成了相关的操作工具，方便了用户的使用。用户可以单击功能区选项后面的 ▣ 按钮控制功能的展开与收缩。

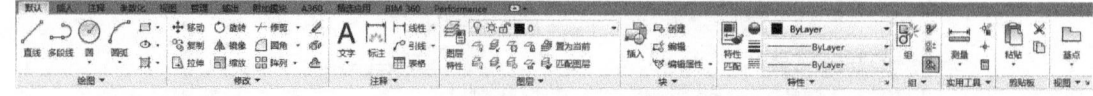

图 2-18 默认情况下出现的选项卡

图 2-19 所有的选项卡

（1）设置选项卡。将光标放在面板中任意位置处，单击鼠标右键，打开图 2-20 所示的快捷菜单。用鼠标左键单击某一个未在功能区显示的选项卡名，系统自动在功能区打开该选项卡。反之，关闭选项卡（调出面板的方法与调出选项板的方法类似，这里不再赘述）。

（2）选项卡中面板的"固定"与"浮动"。面板可以在绘图区"浮动"（见图 2-21），将鼠标放到浮动面板的右上角位置处，显示"将面板返回到功能区"，如图 2-22 所示。鼠标左键单击此处，使它变为"固定"面板。也可以把"固定"面板拖出，使它成为"浮动"面板。

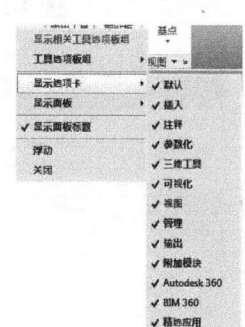

图 2-20 快捷菜单

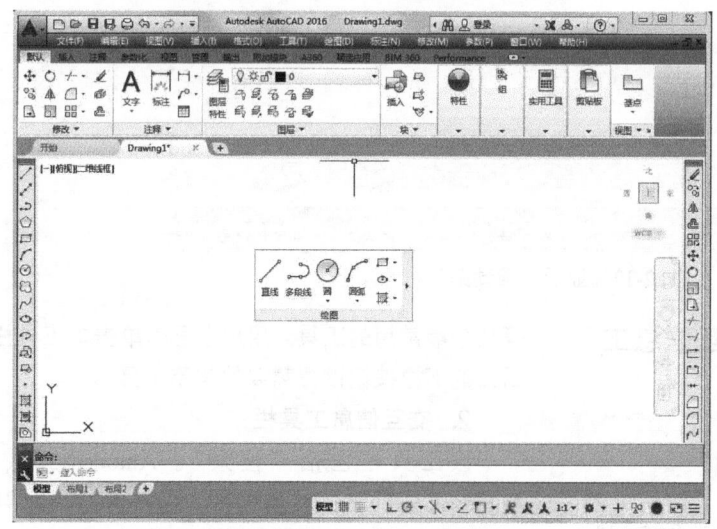

图 2-21 "浮动"面板

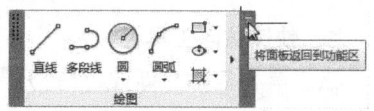

图 2-22 "绘图"面板

2.2 配置绘图系统

由于每台计算机所使用的显示器、输入设备和输出设备的类型不同，用户喜好的风格及计算机的目录设置也是不同的，所以每台计算机都是独特的。一般来讲，使用 AutoCAD 2016 的默认配置就可以绘图，但为了使用定点设备或打印机，以及提高绘图的效率，推荐用户在开始作图前进行必要的配置。

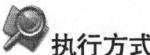

执行方式

命令行：preferences。

菜单："工具"→"选项"。

快捷菜单：选项（单击鼠标右键，系统弹出快捷菜单，其中包括一些常用命令，如图 2-19 所示）。

操作步骤

执行上述命令后，系统自动打开"选项"对话框。用户可以在该对话框中选择有关选项，对系统进行配置。下面只对其中主要的几个选项卡进行说明，其他配置选项，在后面用到时再做具体说明。

2.2.1 显示配置

在"选项"对话框中的第二个选项卡为"显示"，该选项卡控制 AutoCAD 2016 窗口的外观，如图 2-23 所示。该选项卡设定屏幕菜单、滚动条显示与否、固定命令行窗口中文字行数、AutoCAD 2016 的版面布局设置、各实体的显示分辨率以及 AutoCAD 运行时的其他各项性能参数的设定等。前面已经讲述了屏幕菜单设定、屏幕颜色、光标大小等知识，其余有关选项的设置可参照"帮助"文件学习。

在设置实体显示分辨率时，请务必记住，显示质量越高，即分辨率越高，则计算机计算的时间越长，千万不要将其设置太高。显示质量设定在一个合理的程度上是很重要的。

图 2-23　"选项"快捷菜单

2.2.2 系统配置

在"选项"对话框中的第 5 个选项卡为"系统"，如图 2-24 所示。该选项卡用于设置 AutoCAD 2016 系统的有关特性。

（1）"三维性能"选项组

设定当前 3D 图形的显示特性，可以选择系统提供的 3D 图形显示特性配置，也可以单击"特性"按钮自行设置该特性。

（2）"当前定点设备"选项组

安装及配置定点设备，如数字化仪和鼠标。具体如何配置和安装，请参照定点设备的用户手册。

（3）"常规选项"选项组

确定是否选择系统配置的有关基本选项。

（4）"布局重生成选项"选项组

确定切换布局时是否重生成或缓存模型选项卡和布局。

（5）"数据库连接选项"选项组

确定数据库连接的方式。

（6）"Live Enabler 选项"选项组

确定在 Web 上检查 Live Enabler 失败的次数。

图 2-24 "系统"选项卡

2.3 设置绘图环境

2.3.1 绘图单位设置

 **执行方式**

命令行：DDUNITS（或 UNITS）。

菜单："格式"→"单位"。

操作步骤

执行上述命令后，系统弹出"图形单位"对话框，如图 2-25 所示。该对话框用于定义单位和角度格式。

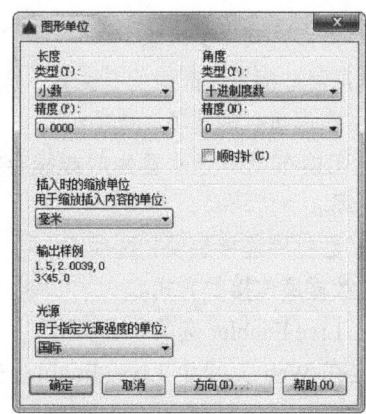

图 2-25 "图形单位"对话框

选项说明

（1）"长度"选项组

指定测量长度的当前单位及当前单位的精度。

（2）"角度"选项组

指定测量角度的当前单位、精度及旋转方向，默认方向为逆时针。

（3）"插入时的缩放单位"选项组

控制使用工具选项板（例如 DesignCenter 或 i-drop）拖入当前图形的块的测量单位。如果块或图形创建时使用的单位与该选项指定的单位不同，则在插入这些块或图形时，将对其按比例缩放。插入比例是源块或图形使用的单位与目标图形使用的单位之比。如果插入块时不按指定单位缩放，则选择"无单位"选项。

（4）"输出样例"选项组

显示当前输出的样例值。

（5）"光源"选项组

用于指定光源强度的单位。

（6）"方向"按钮

单击该按钮，系统显示"方向控制"对话框，如图 2-26 所示。可以在该对话框中进行方向控制设置。

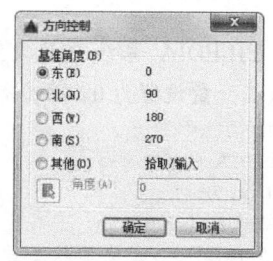

图 2-26 "方向控制"对话框

2.3.2 图形边界设置

执行方式

命令行：LIMITS。

菜单："格式"→"图形界限"。

操作步骤

命令：LIMITS
重新设置模型空间界限。
指定左下角点或 [开 (ON) /关 (OFF)] <0.0000,
0.0000>：(输入图形边界左下角的坐标后回车)

指定右上角点 <12.0000,9.0000>：(输入图形边界右上角的坐标后回车)

选项说明

（1）开（ON）

使绘图边界有效。系统将在绘图边界以外拾取的点视为无效。

（2）关（OFF）

使绘图边界无效。用户可以在绘图边界以外拾取点或实体。

（3）动态输入角点坐标

动态输入功能可以直接在屏幕上输入角点坐标，输入横坐标值后，按","键，接着输入纵坐标值，如图 2-27 所示。也可以在光标位置直接按鼠标左键确定角点位置。

图 2-27 动态输入

2.4 文件管理

本节将介绍有关文件管理的一些基本操作方法，包括新建文件、打开已有文件、保存文件、删除文件等，这些都是进行 AutoCAD 2016 操作最基础的知识。

另外，在本节中，也将介绍安全口令和数字签名等涉及文件管理操作的知识。

2.4.1 新建文件

执行方式

命令行：NEW。

菜单："文件"→"新建"。

工具栏："快速访问"→"新建" 📄。

操作步骤

执行上述命令后，系统弹出图 2-28 所示的

"选择样板"对话框，在文件类型下拉列表框中有 3 种格式的图形样板，后缀分别是.dwt、.dwg、.dws。

在每种图形样板文件中，系统根据绘图任务的要求进行统一的图形设置，如绘图单位类型和精度要求、绘图界限、捕捉、网格与正交设置、图层、图框和标题栏、尺寸及文本格式、线型和线宽等。

使用图形样板文件开始绘图的优点在于：在完成绘图任务时不但可以保持图形设置的一致性，而且可以大大提高工作效率。用户也可以根据自己的需要设置新的样板文件。

一般情况下，.dwt 文件是标准的样板文件，通常将一些规定的标准性的样板文件设成.dwt 文件，.dwg 文件是普通的样板文件，而.dws 文件是包含标准图层、标注样式、线型和文字样式的样板文件。

快速创建图形功能，是开始创建新图形的最快捷方法。

执行方式

命令行：QNEW。

菜单："文件"→"新建"。

工具栏："快速访问"→"新建" ⬚。

操作步骤

执行上述命令后，系统立即采用所选的图形样板创建新图形，而不显示任何对话框或提示。

在运行快速创建图形功能之前必须进行如下设置。

（1）将 FILEDIA 系统变量设置为 1；将 STARTUP 系统变量设置为 0。命令行提示如下：

```
命令：FILEDIA
输入 FILEDIA 的新值 <1>：
命令：STARTUP
输入 STARTUP 的新值 <0>：
```

（2）从"工具"→"选项"菜单中选择默认图形样板文件。方法是在"文件"选项卡下，单击标记为"样板设置"的节点，然后选择需要的样板文件路径，如图 2-29 所示。

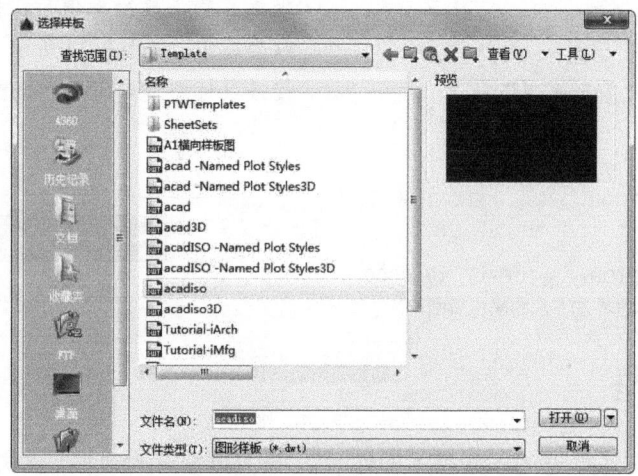

图 2-28 "选择样板"对话框

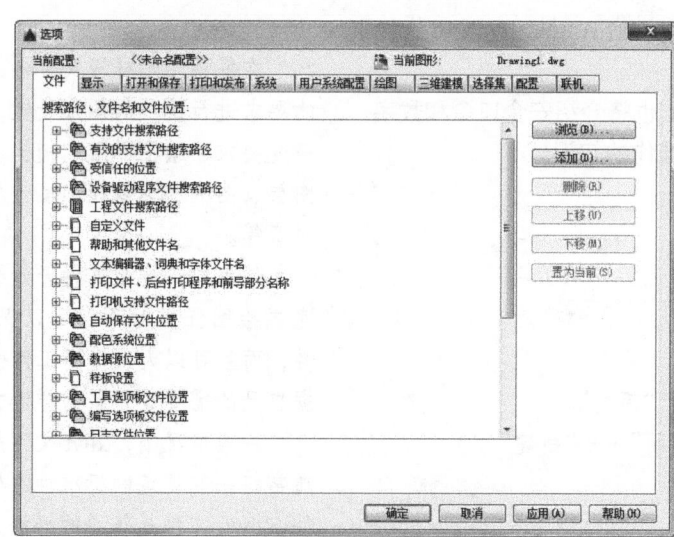

图 2-29 "选项"对话框的"文件"选项卡

2.4.2　打开文件

执行方式

命令行：OPEN。

菜单："文件"→"打开"。

工具栏："快速访问"→"打开" 📂。

操作步骤

执行上述命令后，系统弹出图 2-30 所示的 "选择文件" 对话框，在 "文件类型" 列表框中，用户可选.dwg 文件、.dwt 文件、.dxf 文件和.dws 文件。.dxf 文件是用文本形式存储的图形文件，能够被其他程序读取，许多第三方应用软件都支持.dxf 格式。

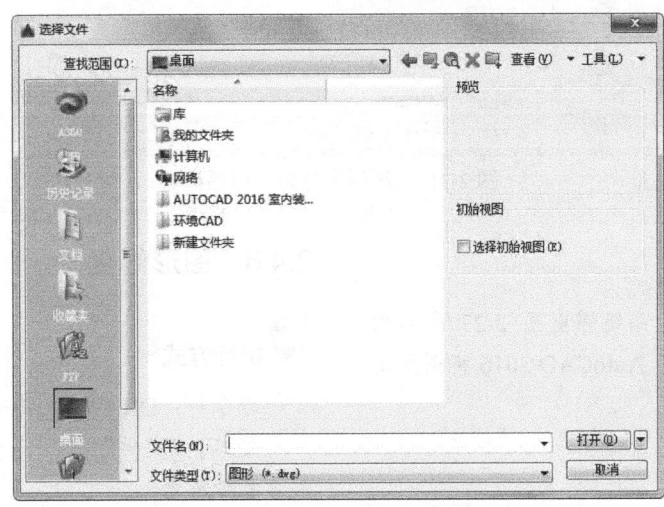

图 2-30　"选择文件" 对话框

2.4.3　保存文件

执行方式

命令行：QSAVE（或 SAVE）。

菜单："文件"→"保存"。

工具栏："快速访问"→"保存" 💾。

操作步骤

执行上述命令后，若文件已命名，则 AutoCAD 自动保存；若文件未命名（即为默认名 drawing1.dwg），则系统弹出图 2-31 所示的"图形另存为"对话框，用户可以命名保存。在"保存于"下拉列表中可以指定保存文件的路径；在"文件类型"下拉列表中可以指定保存文件的类型。

为了防止因意外操作或计算机系统故障导致正在绘制的图形文件的丢失，可以对当前图形文件设置自动保存。步骤如下。

（1）利用系统变量 SAVEFILEPATH 设置所有"自动保存"文件的位置，如 C:\HU\。

（2）利用系统变量 SAVEFILE 存储"自动保存"文件名。该系统变量储存的文件名文件是只读文件，用户可以从中查询自动保存的文件名。

（3）利用系统变量 SAVETIME 指定在使用"自动保存"时多长时间保存一次图形。

2.4.4　另存为

执行方式

命令行：SAVEAS。

菜单："文件"→"另存为"。

工具栏："快速访问"→"保存" 💾。

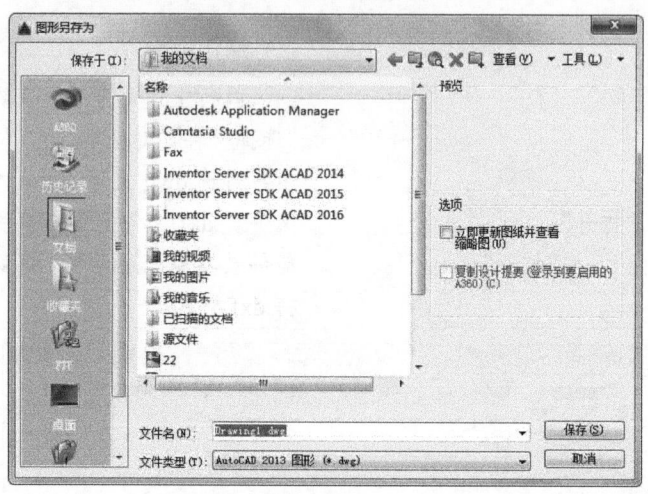

图 2-31　"图形另存为"对话框

操作步骤

执行上述命令后，系统弹出图 2-27 所示的"图形另存为"对话框，AutoCAD 2016 将图形用其他名称保存。

2.4.5　退出

执行方式

命令行：QUIT 或 EXIT。

菜单："文件"→"退出"。

按钮：AutoCAD 2016 操作界面右上角的"关闭"按钮 X。

操作步骤

执行上述命令后，若用户对图形所做的修改尚未保存，则会出现图 2-32 所示的系统警告对话框。单击"是"按钮，系统将保存文件，然后退出；单击"否"按钮，系统将不保存文件。若用户对图形所做的修改已经保存，则直接退出。

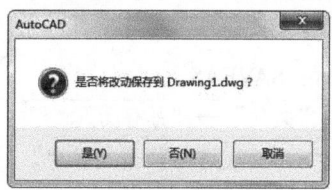

图 2-32　系统警告对话框

2.4.6　图形修复

执行方式

命令行：DRAWINGRECOVERY。

菜单："文件"→"图形实用工具"→"图形修复管理器"。

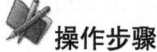

操作步骤

执行上述命令后，系统弹出图 2-33 所示的图形修复管理器，打开"备份文件"列表中的文件，可以重新保存，从而进行修复。

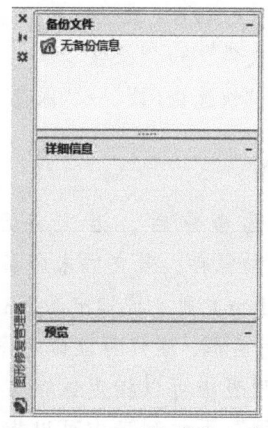

图 2-33　图形修复管理器

2.5 基本输入操作

在 AutoCAD 2016 中，有一些基本的输入操作方法，这些基本方法是进行 AutoCAD 绘图的必备知识基础，也是深入学习 AutoCAD 功能的前提。

2.5.1 命令输入方式

AutoCAD 交互绘图必须输入必要的指令和参数。有多种 AutoCAD 命令输入方式（以画直线为例）。

（1）在命令窗口输入命令名

命令字符可不区分大小写。例如，命令LINE。执行命令时，在命令行提示中经常会出现命令选项。在输入绘制直线命令 "LINE" 后，命令行提示如下：

> 命令：LINE
> 指定第一个点：（在屏幕上指定一点或输入一个点的坐标）
> 指定下一点或 〔放弃(U)〕：

选项中不带括号的提示为默认选项，因此可以直接输入直线段的起点坐标或在屏幕上指定一点，如果要选择其他选项，则应该首先输入该选项的标识字符，如 "放弃" 选项的标识字符 "U"，然后按系统提示输入数据即可。在命令选项的后面有时还带有尖括号，尖括号内的数值为默认数值。

（2）在命令窗口输入命令缩写字

如 L（Line）、C（Circle）、A（Arc）、Z（Zoom）、R（Redraw）、M（More）、CO（Copy）、PL（Pline）、E（Erase）等。

（3）选取绘图菜单直线选项

选取该选项后，在状态栏中可以看到对应的命令说明及命令名。

（4）选取工具栏中的对应图标

选取该图标后，在状态栏中也可以看到对应的命令说明及命令名。

（5）在绘图区打开快捷菜单

如果在前面刚使用过要输入的命令，则可以在绘图区单击鼠标右键，打开快捷菜单，在 "最近的输入" 子菜单中选择需要的命令，如图 2-34 所示。"最近的输入" 子菜单中储存最近使用的 6 个命令，如果 6 次操作以内经常重复使用某个命令，这种方法就比较快速简洁。

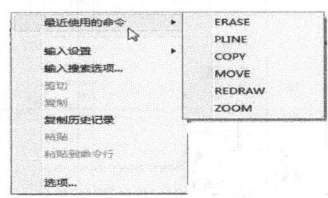

图 2-34 右键单击绘图窗口，打开快捷菜单

（6）在命令行按回车键

如果用户要重复使用上次使用的命令，可以直接在命令行按回车键，系统立即重复执行上次使用的命令，这种方法适用于重复执行某个命令。

2.5.2 命令的重复、撤销和重做

1. 命令的重复

在命令窗口中按 Enter 键可重复调用上一个命令，不管上一个命令是完成了还是被取消了。

2. 命令的撤销

在命令执行的任何时刻都可以取消和终止命令的执行。

 执行方式

命令行：UNDO。

菜单："编辑"→"放弃"。

快捷键：Esc。

3. 命令的重做

已被撤销的命令还可以恢复重做，即恢复撤销最后的一个命令。

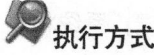 执行方式

命令行：REDO

菜单：编辑→重做

该命令可以一次执行多重放弃和重做操作。单击 UNDO 或 REDO 列表箭头，可以选择要放弃或重做的操作，如图 2-35 所示。

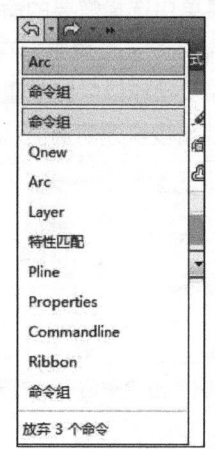

图 2-35　多重放弃或重做

2.5.3　透明命令

在 AutoCAD 2016 中，有些命令不仅可以直接在命令行中使用，而且还可以在其他命令的执行过程中插入并执行，待该命令执行完毕后，系统继续执行原命令，这种命令称为透明命令。透明命令一般多为修改图形设置或打开辅助绘图工具的命令。

上述 3 种命令的执行方式同样适用于透明命令的执行。命令行提示如下：

```
命令：ARC
指定圆弧的起点或 [圆心(C)]：'ZOOM (透明使用显示缩放命令 ZOOM)
>> (执行 ZOOM 命令)
正在恢复执行 ARC 命令。
指定圆弧的起点或 [圆心(C)]：(继续执行原命令)
```

2.5.4　按键定义

在 AutoCAD 2016 中，除了可以通过在命令窗口输入命令、单击工具栏图标或单击菜单项来完成外，还可以使用键盘上的一组功能键或快捷键，快速实现指定功能，如按 F1 键，系统将调用 AutoCAD 帮助对话框。

系统使用 AutoCAD 传统标准（Windows 之前）或 Microsoft Windows 标准解释快捷键。有些功能键或快捷键在 AutoCAD 的菜单中已经指出，如"粘贴"功能的快捷键为"Ctrl+V"，这些只要在使用的过程中多加留意，就会熟练掌握。快捷键的定义参见菜单命令后面的说明。

2.5.5　命令执行方式

有的命令有两种执行方式，通过对话框或通过命令行输入命令。如指定使用命令窗口方式，可以在命令名前加短划线来表示，如"-LAYER"表示用命令行方式执行"图层"命令。而如果在命令行输入"LAYER"，系统则会自动打开"图层"对话框。

另外，有些命令同时存在命令行、菜单、工具栏和功能区 4 种执行方式，这时如果选择菜单、工具栏或者功能区方式，命令行会显示该命令，并在前面加一个下划线，如通过菜单或工具栏方式执行"直线"命令时，命令行会显示"_line"，命令的执行过程及结果与命令行方式相同。

2.5.6　坐标系统与数据的输入方法

1. 坐标系

AutoCAD 采用两种坐标系：世界坐标系（WCS）与用户坐标系。刚进入 AutoCAD 2016 时出现的坐标系统就是世界坐标系，是固定的坐标系统。世界坐标系也是坐标系统中的基准，绘制图形时多数情况下都是在这个坐标系统下进行的。

执行方式

命令行：UCS。

菜单："工具"→"工具栏"→"AutoCAD"→"UCS"。

工具栏："UCS"→"UCS"　。

AutoCAD 有两种视图显示方式：模型空间和图纸空间。模型空间是指单一视图显示法，我们通常使用的都是这种显示方式；图纸空间是指在绘图区域创建图形的多视图。用户可以对其中每一个视图进行单独操作。在默认情况下，当前

UCS 与 WCS 重合。图 2-36（a）所示为模型空间下的 UCS 坐标系图标，通常放在绘图区左下角处；如当前 UCS 和 WCS 重合，则出现一个 W 字，如图 2-36（b）所示；也可以指定它放在当前 UCS 的实际坐标原点位置，此时出现一个十字，如图 2-36（c）所示。图 2-36（d）所示为图纸空间下的坐标系图标。

2. 数据输入方法

在 AutoCAD 2016 中，点的坐标可以用直角坐标、极坐标、球面坐标和柱面坐标表示，每一种坐标又分别具有两种坐标输入方式：绝对坐标和相对坐标。其中直角坐标和极坐标最为常用，下面主要介绍一下它们的输入方法。

（1）直角坐标法：用点的 x、y 坐标值表示的坐标。

例如：在命令行输入点坐标的提示下，输入"15，18"，则表示输入了一个 x、y 的坐标值分别为"15，18"的点，此为绝对坐标输入方式，表示该点的坐标是相对于当前坐标原点的坐标值，如图 2-37（a）所示。如果输入"@10，20"，则为相对坐标输入方式，表示该点的坐标是相对于前一点的坐标值，如图 2-37（c）所示。

（2）极坐标法：用长度和角度表示的坐标，只能用来表示二维点的坐标。

在绝对坐标输入方式下，表示为"长度<角度"，如"25<50"，其中长度表为该点到坐标原点的距离，角度为该点至原点的连线与 x 轴正向的夹角，如图 2-37（b）所示。

在相对坐标输入方式下，表示为"@长度<角度"，如"@25<45"，其中长度为该点到前一点的距离，角度为该点至前一点的连线与 x 轴正向的夹角，如图 2-37（d）所示。

3. 动态数据输入

按下状态栏上的"DYN"按钮，系统弹出动态输入功能，可以在屏幕上动态地输入某些参数数据，例如，在绘制直线时，光标附近会动态地显示"指定第一点"，以及后面的坐标框，当前显示的是光标所在位置，可以输入数据，两个数据之间以逗号隔开，如图 2-38 所示。指定第一点后，系统动态显示直线的角度，同时要求输入线段长度值，如图 2-39 所示，其输入效果与"@长度<角度"方式相同。

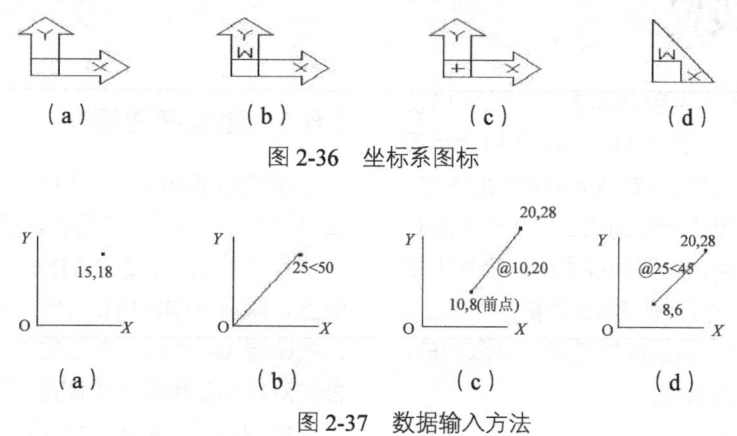

（a）　　　　（b）　　　　（c）　　　　（d）

图 2-36　坐标系图标

（a）　　　　（b）　　　　（c）　　　　（d）

图 2-37　数据输入方法

图 2-38　动态输入坐标值

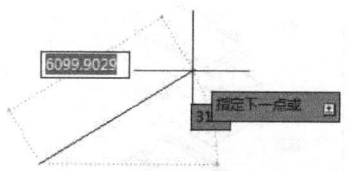

图 2-39　动态输入长度值

下面分别介绍点与距离值的输入方法。

（1）点的输入。绘图过程中，常需要输入点的位置，AutoCAD 提供了如下几种输入点的方式。

- 用键盘直接在命令窗口中输入点的坐标。直角坐标有两种输入方式：x，y（点的绝对坐标值，例如："100，50"）和@ x，y（相对于上一点的相对坐标值，例如："@ 50，-30"）。坐标值均相对于当前的用户坐标系。

极坐标的输入方式为：长度 < 角度（其中，长度为点到坐标原点的距离，角度为原点至该点连线与 X 轴的正向夹角，例如："20<45"）或@ 长度 < 角度（相对于上一点的相对极坐标，例如 "@ 50<-30"）。

- 用鼠标等定标设备移动光标，单击鼠标左键在屏幕上直接取点。

- 用目标捕捉方式捕捉屏幕上已有图形的特殊点（如端点、中点、中心点、插入点、交点、切点、垂足点等）。

- 直接距离输入：先用光标拖拉出橡筋线确定方向，然后用键盘输入距离。这样有利于准确控制对象的长度等参数，如要绘制一条 10mm 长的线段，命令行提示如下：

```
命令:LINE
指定第一个点：(在屏幕上指定一点)
指定下一点或 [放弃(U)]:
```

这时在屏幕上移动鼠标指明线段的方向，但不要单击鼠标左键确认，如图 2-40 所示，然后在命令行输入 10，这样就在指定方向上准确地绘制了长度为 10mm 的线段。

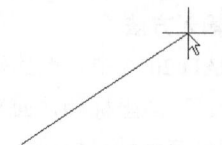

图 2-40 绘制直线

（2）距离值的输入。在 AutoCAD 命令中，有时需要提供高度、宽度、半径、长度等距离值。AutoCAD 提供了两种输入距离值的方式：一种是用键盘在命令窗口中直接输入数值；另一种是在屏幕上拾取两点，以两点的距离值定出所需数值。

2.6 图层设置

AutoCAD 中的图层就如同在手工绘图中使用的重叠透明图纸，如图 2-41 所示，可以使用图层来组织不同类型的信息。在 AutoCAD 2016 中，图形的每个对象都位于一个图层上，所有图形对象都具有图层、颜色、线型和线宽这 4 个基本属性。在绘制时，图形对象将创建在当前的图层上。每个 AutoCAD 文档中图层的数量是不受限制的，每个图层都有自己的名称。

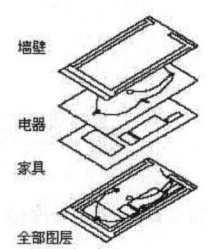

墙壁

电器

家具

全部图层

图 2-41 图层示意图

2.6.1 建立新图层

新建的 AutoCAD 文档中只能自动创建一个名为 0 的特殊图层。默认情况下，图层 0 将被指定使用 7 号颜色、CONTINUOUS 线型、"默认"线宽，以及 NORMAL 打印样式。不能删除或重命名图层 0。通过创建新的图层，可以将类型相似的对象指定给同一个图层，使其相关联。例如，可以将构造线、文字、标注和标题栏置于不同的图层上，并为这些图层指定通用特性。通过将对象分类放到各自的图层中，可以快速有效地控制对象的显示以及对其进行更改。

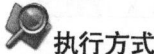 **执行方式**

命令行：LAYER。

菜单："格式" → "图层"。

工具栏："图层"→"图层特性管理器" 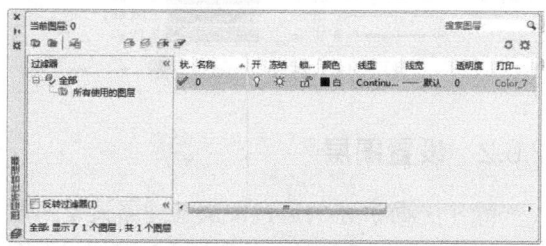，如图 2-42 所示。

功能区：单击"默认"选项卡"图层"面板中的"图层特性"按钮 。

图 2-42 "图层"工具栏

操作步骤

执行上述命令后，系统弹出"图层特性管理器"对话框，如图 2-43 所示。

图 2-43 "图层特性管理器"对话框

单击"图层特性管理器"对话框中的"新建"按钮 ，建立新图层，默认的图层名为"图层 1"。可以根据绘图需要，更改图层名称，例如改为实体层、中心线层或标准层等。

在一个图形中可以创建的图层数以及在每个图层中可以创建的对象数实际上是无限的。图层最长可使用 255 个字符的字母数字命名。图层特性管理器按名称的字母顺序排列图层。

> **注意**
> 如果要建立多个图层，无须重复单击"新建"按钮。更有效的方法是：在建立一个新的图层"图层 1"后，改变图层名，在其后输入一个逗号"，"，这样就会又自动建立一个新图层"图层 2"，依次建立各个图层。也可以按两次 Enter 键，建立另一个新的图层。图层的名称也可以更改，直接双击图层名称，键入新的名称即可。

在每个图层属性设置中，包括图层名称、关闭/打开图层、冻结/解冻图层、锁定/解锁图层、图层线条颜色、图层线条线型、图层线条宽度、图层打印样式以及图层是否打印 9 个参数。下面将分别介绍如何设置这些图层参数。

（1）设置图层线条颜色

在工程制图中，整个图形包含多种不同功能的图形对象，例如实体、剖面线与尺寸标注等，为了便于直观区分它们，就有必要针对不同的图形对象使用不同的颜色，例如实体层使用白色、剖面线层使用青色等。

要改变图层的颜色时，单击图层所对应的颜色图标，弹出"选择颜色"对话框，如图 2-44 所示。它是一个标准的颜色设置对话框，可以使用索引颜色、真彩色和配色系统 3 个选项卡来选择颜色。系统显示的 RGB 配比，即 Red（红）、Green（绿）和 Blue（蓝）3 种颜色。

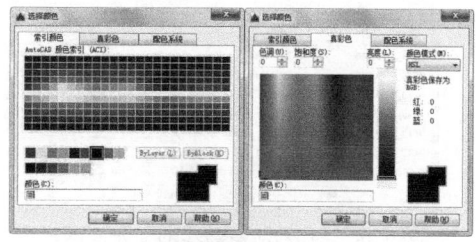

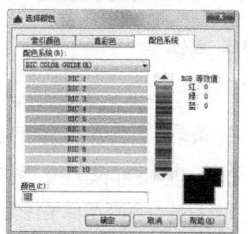

图 2-44 "选择颜色"对话框

（2）设置图层线型

线型是指作为图形基本元素的线条的组成和显示方式，如实线、点划线等。在许多的绘图工作中，常常以线型划分图层，为某一个图层设置适合的线型，在绘图时，只需将该图层设为当前工作层，即可绘制出符合线型要求的图形对象，极大地提高了绘图的效率。

单击图层所对应的线型图标，弹出"选择线型"对话框，如图 2-45 所示。默认情况下，在"已加载的线型"列表框中，系统中只添加了 Continuous 线型。单击"加载"按钮，打开"加载或重载线型"对话框，如图 2-46 所示，可以看到 AutoCAD 2016 还提供许多其他的线型，用鼠标选择所需线型，单击"确定"按钮，即可把该线型加载到"已加载的线型"列表框中，可以按住 Ctrl 键选择几种线型同时加载。

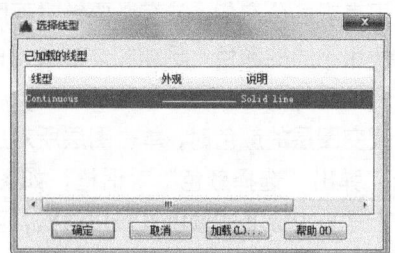

图 2-45 "选择线型"对话框

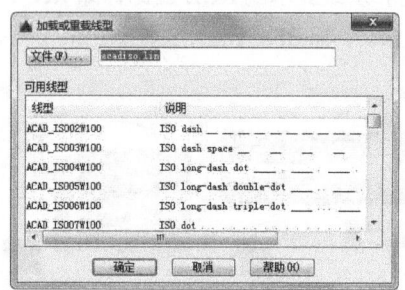

图 2-46 "加载或重载线型"对话框

（3）设置图层线宽

线宽设置，顾名思义，就是改变线条的宽度。用不同宽度的线条表现图形对象的类型，也可以提高图形的表达能力和可读性。例如，绘制外螺纹时大径使用粗实线，小径使用细实线。

单击图层所对应的线宽图标，弹出"线宽"对话框，如图 2-47 所示。选择一个线宽，单击"确定"按钮完成对图层线宽的设置。

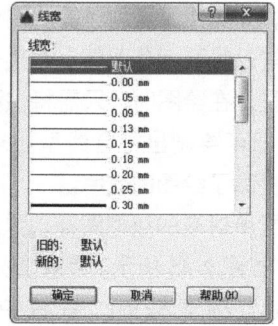

图 2-47 "线宽"对话框

图层线宽的默认值为 0.25mm。在状态栏为"模型"状态时，显示的线宽与计算机的像素有关。线宽为零时，显示为一个像素的线宽。单击状态栏中的"线宽"按钮，屏幕上显示的图形线宽，显示的线宽与实际线宽成比例，如图 2-48 所示，但线宽不随着图形的放大和缩小而变化。"线宽"功能关闭时，不显示图形的线宽，图形的线宽均为默认值宽度值显示。可以在"线宽"对话框中选择需要的线宽。

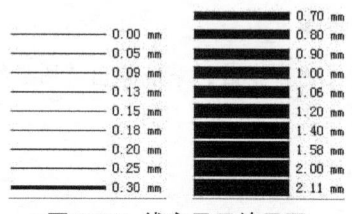

图 2-48 线宽显示效果图

2.6.2 设置图层

除了上面讲述的通过图层管理器设置图层的方法外，还有几种其他的简便方法可以设置图层的颜色、线宽、线型等参数。

（1）直接设置图层

可以直接通过命令行或菜单设置图层的颜色、线宽、线型。

执行方式

命令行：COLOR。

菜单："格式"→"颜色"。

操作步骤

执行上述命令后，系统弹出"选择颜色"对话框，如图 2-40 所示。

执行方式

命令行：LINETYPE。

菜单："格式"→"线型"。

操作步骤

执行上述命令后，系统弹出"线型管理器"对话框，如图 2-49 所示。该对话框的使用方法与图 2-45 所示的"选择线型"对话框类似。

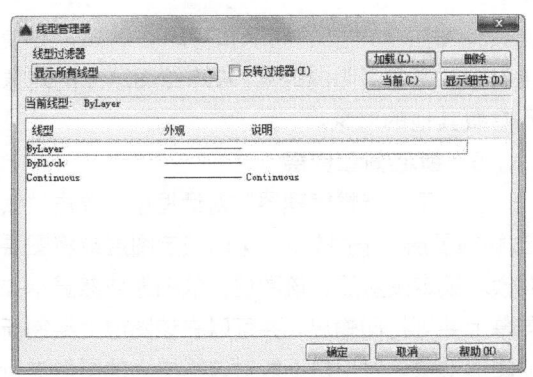

图 2-49 "线型管理器"对话框

执行方式

命令行：LINEWEIGHT 或 LWEIGHT。

菜单："格式"→"线宽"。

操作步骤

执行上述命令后，系统弹出"线宽设置"对话框，如图 2-50 所示。该对话框的使用方法与图 2-47 所示的"线宽"对话框类似。

（2）利用"特性"面板设置图层

AutoCAD 提供了一个"特性"面板，如图 2-51 所示。用户能够控制和使用选项卡上的"对象特性"面板快速地查看和改变所选对象的图层、颜色、线型和线宽等特性。"特性"面板上的图层颜色、线型、线宽和打印样式的控制增强了查看和编辑对象属性的命令。在绘图屏幕上选择任何对象都将在工具栏上自动显示它所在图层、颜色、线型等属性。

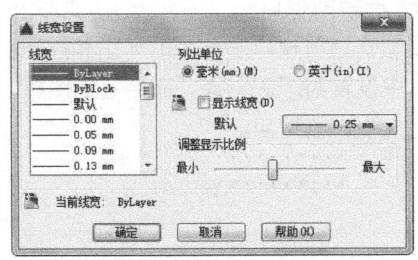

图 2-50 "线宽设置"对话框

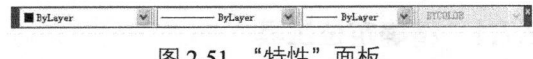

图 2-51 "特性"面板

也可以在"特性"面板上的"颜色""线型""线宽"和"打印样式"下拉列表中选择需要的参数值。如果在"颜色"下拉列表中选择"更多颜色"选项，如图 2-52 所示，系统就会打开"选择颜色"对话框；同样，如果在"线型"下拉列表中选择"其他"选项，如图 2-53 所示，系统就会打开"线型管理器"对话框，如图 2-49 所示。

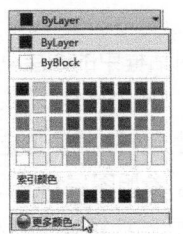 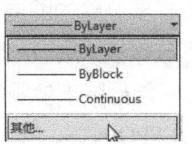

图 2-52 "更多颜色"选项 图 2-53 "其他"选项

（3）用"特性"对话框设置图层

执行方式

命令行：DDMODIFY 或 PROPERTIES。

菜单："修改"→"特性"。

工具栏："标准"→"特性"。

功能区：单击"默认"选项卡"特性"面板中的"对话框启动器"按钮 或单击"视图"选项卡"选项板"面板中的"特性"按钮。

操作步骤

执行上述命令后，系统弹出"特性"工具板，如图 2-54 所示。在其中可以方便地设置或修改图层、颜色、线型、线宽等属性。

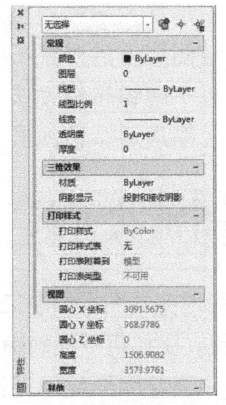

图 2-54 "特性"工具板

2.6.3 控制图层

1. 切换当前图层

不同的图形对象需要绘制在不同的图层中，在绘制前，需要将工作图层切换到所需的图层上。打开"图层特性管理器"对话框，选择图层，单击"置为当前" 按钮完成设置。

2. 删除图层

在"图层特性管理器"对话框中的图层列表框中选择要删除的图层，单击"删除图层" 按钮即可删除该图层。从图形文件定义中删除选定的图层。只能删除未参照的图层。参照图层包括图层 0 及 DEFPOINTS、包含对象（包括块定义中的对象）的图层、当前图层和依赖外部参照的图层。不包含对象（包括块定义中的对象）的图层、非当前图层和不依赖外部参照的图层都可以删除。

3. 关闭/打开图层

在"图层特性管理器"对话框中，单击"开/关图层" 按钮，可以控制图层的可见性。当图层打开时，图标小灯泡呈鲜艳的颜色，该图层上的图形可以显示在屏幕上或绘制在绘图仪上。当单击该属性图标后，图标小灯泡呈灰暗色时，该图层上的图形不显示在屏幕上，而且不能被打印输出，但仍然作为图形的一部分保留在文件中。

4. 冻结/解冻图层

在"图层特性管理器"对话框中，单击"在所有视口中冻结/解冻" 按钮，可以冻结图层或将图层解冻。图标呈雪花灰暗色时，该图层是冻结状态；图标呈太阳鲜艳色时，该图层是解冻状态。冻结图层上的对象不能显示，也不能打印，同时也不能编辑修改该图层上的图形对象。在冻结了图层后，该图层上的对象不影响其他图层上对象的显示和打印。例如，在使用 HIDE 命令消隐的时候，被冻结图层上的对象不隐藏其他的对象。

5. 锁定/解锁图层

在"图层特性管理器"对话框中，单击"锁定/解锁图层" 按钮，可以锁定图层或将图层解锁。锁定图层后，该图层上的图形依然显示在屏幕上并可打印输出，并可以在该图层上绘制新的图形对象，但用户不能对该图层上的图形进行编辑修改操作。可以对当前层进行锁定，也可对锁定图层上的图形进行查询和对象捕捉命令。锁定图层可以防止对图形的意外修改。

6. 打印样式

在 AutoCAD 2016 中，可以使用一个称为"打印样式"的新的对象特性。打印样式控制对象的打印特性，包括颜色、抖动、灰度、笔号、虚拟笔、淡显、线型、线宽、线条端点样式、线条连接样式和填充样式。使用打印样式给用户提供了很大的灵活性，因为用户可以设置打印样式来替代其他对象特性，也可以按用户需要关闭这些替代设置。

7. 打印/不打印

在"图层特性管理器"对话框中，单击"打印/不打印" 按钮，可以设置在打印时该图层是否打印，从而在保证图形显示可见不变的条件下，控制图形的打印特征。打印功能只对可见的图层起作用，对于已经被冻结或被关闭的图层不起作用。

8. 冻结新视口

控制在当前视口中图层的冻结和解冻。不解冻图形中设置为"关"或"冻结"的图层，对于模型空间视口不可用。

2.7 绘图辅助工具

要快速顺利地完成图形绘制工作，有时要借助一些辅助工具，比如用于准确确定绘制位置的精确定位工具和调整图形显示范围与方式的显示工具等。下面简要介绍两种非常重要的辅助绘图工具。

2.7.1 精确定位工具

在绘制图形时，可以使用直角坐标和极坐标

精确定位点，但是有些点（如端点、中心点等）的坐标我们是不知道的，又想精确地指定这些点，可想而知是很难的，有时甚至是不可能的。AutoCAD 提供了辅助定位工具，使用这类工具，我们可以很容易地在屏幕中捕捉到这些点，进行精确的绘图。

1. 栅格

AutoCAD 的栅格由有规则的点的矩阵组成，延伸到指定为图形界限的整个区域。使用栅格与在坐标纸上绘图是十分相似的，利用栅格可以对齐对象并直观显示对象之间的距离。如果放大或缩小图形，可能需要调整栅格间距，使其更适合新的比例。虽然栅格在屏幕上是可见的，但它并不是图形对象，因此它不会被打印成图形中的一部分，也不会影响在何处绘图。

可以单击状态栏上的"栅格"按钮或 F7 键打开或关闭栅格。启用栅格并设置栅格在 x 轴方向和 y 轴方向上的间距的方法如下。

执行方式

命令行：DSETTINGS 或 DS，SE 或 DDRMODES。

菜单："工具"→"绘图设置"。

快捷菜单："栅格"按钮处单击鼠标右键→设置。

操作步骤

执行上述命令，系统弹出"草图设置"对话框，如图 2-55 所示。

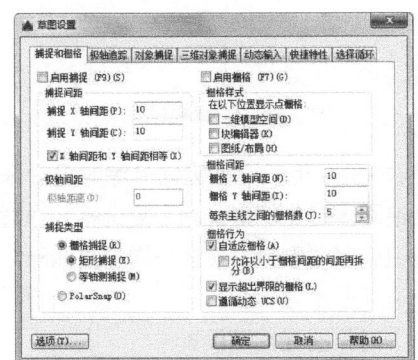

图 2-55　"草图设置"对话框

如果需要显示栅格，选择"启用栅格"复选框。在"栅格 x 轴间距"文本框中，输入栅格点之间的水平距离，单位为毫米。如果使用相同的间距设置垂直和水平分布的栅格点，则按 <Tab> 键。否则，在"栅格 y 轴间距"文本框中输入栅格点之间的垂直距离。

用户可改变栅格与图形界限的相对位置。默认情况下，栅格以图形界限的左下角为起点，沿着与坐标轴平行的方向填充整个由图形界限所确定的区域。在"捕捉"选项区中的"角度"项可决定栅格与相应坐标轴之间的夹角；"x 基点"和"y 基点"项可决定栅格与图形界限的相对位移。

如果栅格的间距设置得太小，当进行"打开栅格"操作时，AutoCAD 将在文本窗口中显示"栅格太密，无法显示"的信息，而不在屏幕上显示栅格点。或者使用"缩放"命令时，将图形缩放很小，也会出现同样提示，不显示栅格。

捕捉可以使用户直接使用鼠标快速地定位目标点。捕捉模式有几种不同的形式：栅格捕捉、对象捕捉、极轴捕捉和自动捕捉。下面将详细讲解。

另外，可以使用 GRID 命令通过命令行方式设置栅格，功能与"草图设置"对话框类似。

2. 捕捉

捕捉是指 AutoCAD 可以生成一个隐含分布于屏幕上的栅格，这种栅格能够捕捉光标，使得光标只能落到其中的一个栅格点上。捕捉可分为"矩形捕捉"和"等轴测捕捉"两种类型。默认设置为"矩形捕捉"，即捕捉点的阵列类似于栅格，如图 2-56 所示，用户可以指定捕捉模式在 x 轴方向和 y 轴方向上的间距，也可改变捕捉模式与图形界限的相对位置。与栅格的不同之处在于：捕捉间距的值必须为正实数；另外捕捉模式不受图形界限的约束。"等轴测捕捉"表示捕捉模式为等轴测模式，此模式是绘制正等轴测图时的工作环境，如图 2-57 所示。在"等轴测捕捉"模式下，栅格和光标十字线成绘制等轴测图时的特定角度。

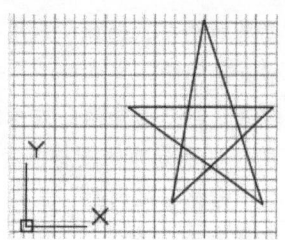

图 2-56 "矩形捕捉"实例

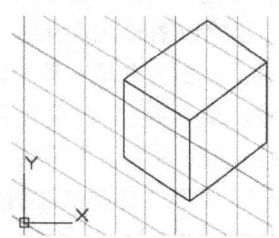

图 2-57 "等轴测捕捉"

在绘制图 2-56 和图 2-57 中的图形时，输入参数点时，光标只能落在栅格点上。两种模式切换方法：打开"草图设置"对话框，进入"捕捉和栅格"选项卡，在"捕捉类型"选项区中，通过单选钮可以切换"矩阵捕捉"模式与"等轴测捕捉"模式。

3. 极轴捕捉

极轴捕捉是在创建或修改对象时，按事先给定的角度增量和距离增量来追踪特征点，即捕捉相对于初始点，且满足指定极轴距离和极轴角的目标点。

极轴追踪设置主要是设置追踪的距离增量和角度增量，以及与之相关联的捕捉模式。这些设置可以通过"草图设置"对话框的"捕捉和栅格"选项卡与"极轴追踪"选项卡来实现，如图 2-58 和图 2-59 所示。

（1）设置极轴距离

如图 2-60 所示，在"草图设置"对话框的"捕捉和栅格"选项卡中，可以设置极轴距离，单位为毫米。绘图时，光标将按指定的极轴距离增量进行移动。

（2）设置极轴角度

如图 2-55 所示，在"草图设置"对话框的"极轴追踪"选项卡中，可以设置极轴角增量角度。设置时，可以使用向下箭头所打开的下拉选择框

中的 90、45、30、22.5、18、15、10 和 5 的极轴角增量，也可以直接输入指定其他任意角度。光标移动时，如果接近极轴角，将显示对齐路径和工具栏提示。例如，图 2-56 所示为当极轴角增量设置为 30、光标移动 90 时显示的对齐路径。

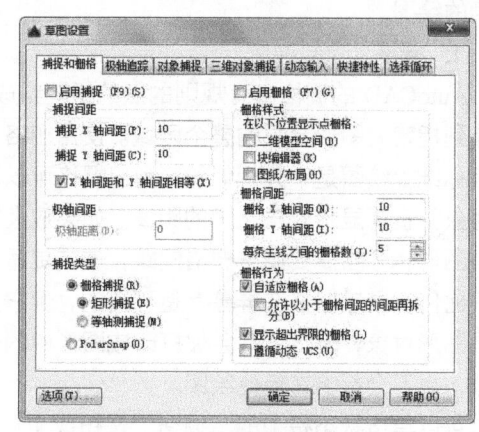

图 2-58 "捕捉和栅格"选项

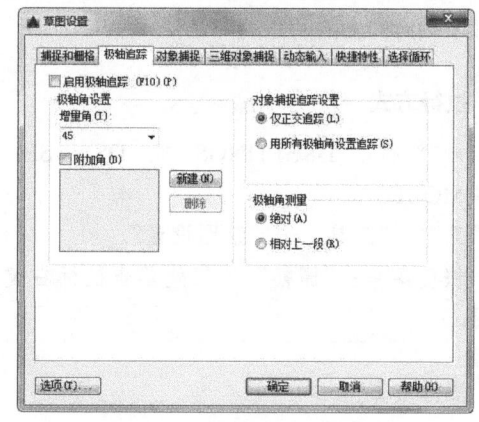

图 2-59 "极轴追踪"选项卡

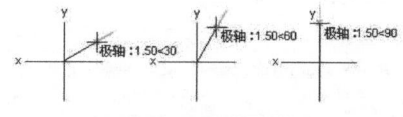

图 2-60 设置极轴角度

"附加角"用于设置极轴追踪时是否采用附加角度追踪。选中"附加角"复选框，通过"增加"按钮或者"删除"按钮来增加或删除附加角度值。

（3）对象捕捉追踪设置

用于设置对象捕捉追踪的模式。如果选择

"仅正交追踪"选项，则当采用追踪功能时，系统仅在水平和垂直方向上显示追踪数据；如果选择"用所有极轴角设置追踪"选项，则当采用追踪功能时，系统不仅可以在水平和垂直方向显示追踪数据，还可以在设置的极轴追踪角度与附加角度所确定的一系列方向上显示追踪数据。

（4）极轴角测量

用于设置极轴角的角度测量采用的参考基准，"绝对"则是相对水平方向逆时针测量，"相对上一段"则是以上一段对象为基准进行测量。

4. 对象捕捉

AutoCAD 给所有的图形对象都定义了特征点，对象捕捉则是指在绘图过程中，通过捕捉这些特征点，迅速准确地将新的图形对象定位在现有对象的确切位置上，例如圆的圆心、线段中点或两个对象的交点等。在 AutoCAD 2016 中，可以通过单击状态栏中的"对象捕捉"选项，或是在"草图设置"对话框的"对象捕捉"选项卡中选择"启用对象捕捉"单选项，来完成启用对象捕捉功能。在绘图过程中，对象捕捉功能的调用可以通过以下方式完成。

"对象捕捉"工具栏：如图 2-61 所示，在绘图过程中，当系统提示需要指定点位置时，可以单击"对象捕捉"工具栏中相应的特征点按钮，再把光标移动到要捕捉的对象上的特征点附近，AutoCAD 会自动提示并捕捉到这些特征点。例如，如果需要用直线连接一系列圆的圆心，可以将"圆心"设置为执行对象捕捉。如果有两个可能的捕捉点落在选择区域，AutoCAD 将捕捉离光标中心最近的符合条件的点。还有可能指定点时需要检查哪一个对象捕捉有效，例如在指定位置有多个对象捕捉符合条件，在指定点之前，按 <Tab> 键可以遍及所有可能的点。

对象捕捉快捷菜单：在需要指定点位置时，还可以按住 <Ctrl> 键或 <Shift> 键，单击鼠标右键，弹出"对象捕捉"快捷菜单，如图 2-62 所示。从该菜单上一样可以选择某一种特征点执行对象捕捉，把光标移动到要捕捉对象上的特征点附近，即可捕捉到这些特征点。

图 2-61　"对象捕捉"工具栏

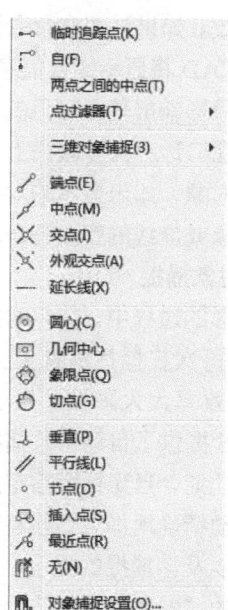

图 2-62　"对象捕捉"快捷菜单

使用命令行：当需要指定点位置时，在命令行中输入相应特征点的关键词，把光标移动到要捕捉对象上的特征点附近，即可捕捉到这些特征点。对象捕捉特征点的关键字如表 2-1 所示。

表 2-1　　　对象捕捉模式

模　　式	关键字
临时追踪点	TT
中点	MID
延长线	EXT
切点	TAN
节点	NOD
捕捉自	FROM
交点	INT
圆心	CEN
垂足	PER
最近点	NEA
端点	END
外观交点	APP
象限点	QUA
平行线	PAR
无捕捉	NON

对象捕捉不可单独使用，必须配合别的绘图命令一起使用。仅当 AutoCAD 提示输入点时，对象捕捉才生效。如果试图在命令提示下使用对象捕捉，AutoCAD 将显示错误信息。

对象捕捉只影响屏幕上可见的对象，包括锁定图层、布局视口边界和多段线上的对象，不能捕捉不可见的对象，如未显示的对象、关闭或冻结图层上的对象或虚线的空白部分。

5. 自动对象捕捉

在绘制图形的过程中，使用对象捕捉的频率非常高，如果每次在捕捉时都要先选择捕捉模式，将使工作效率大大降低。出于此种考虑，AutoCAD 2016 提供了自动对象捕捉模式。如果启用自动捕捉功能，当光标距指定的捕捉点较近时，系统会自动精确地捕捉这些特征点，并显示出相应的标记以及该捕捉的提示。设置"草图设置"对话框中的"对象捕捉"选项卡，选中"启用对象捕捉追踪"复选框，可以调用自动捕捉，如图 2-63 所示。

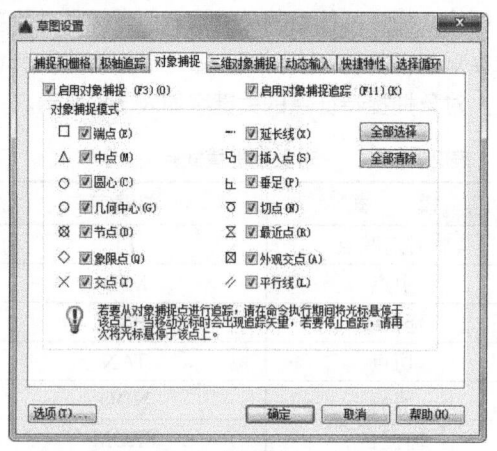

图 2-63 "对象捕捉"选项卡

我们可以设置自己经常要用的捕捉方式。一旦设置了运行捕捉方式后，在每次运行时，所设定的目标捕捉方式就会被激活，而不是仅对一次选择有效，当同时使用多种方式时，系统将捕捉距光标最近、同时又是满足多种目标捕捉方式之一的点。当光标距要获取的点非常近时，按下 <Shift> 键将暂时不获取对象。

6. 正交绘图

正交绘图模式，即在命令的执行过程中，光标只能沿 x 轴或 y 轴移动。所有绘制的线段和构造线都将平行于 x 轴或 y 轴，因此它们相互垂直成 90°相交，即正交。使用正交绘图，对于绘制水平和垂直线非常有用，特别是当绘制构造线时经常使用。而且当捕捉模式为等轴测模式时，它还迫使直线平行于 3 个等轴测中的一个。

设置正交绘图可以直接单击状态栏中的"正交"按钮或 F8 键，相应的会在文本窗口中显示开/关提示信息。也可以在命令行中输入"ORTHO"命令，执行开启或关闭正交绘图。

"正交"模式将光标限制在水平或垂直（正交）轴上。因为不能同时打开"正交"模式和极轴追踪，因此"正交"模式打开时，AutoCAD 会关闭极轴追踪。如果再次打开极轴追踪，AutoCAD 将关闭"正交"模式。

2.7.2 图形显示工具

对于一个较为复杂的图形来说，在观察整幅图形时，往往无法对其局部细节进行查看和操作，而当在屏幕上显示一个细部时又看不到其他部分，为解决这类问题，AutoCAD 提供了缩放、平移、视图、鸟瞰视图和视口命令等一系列图形显示控制命令，可以用来任意地放大、缩小或移动屏幕上的图形显示，或者同时从不同的角度、不同的部位来显示图形。AutoCAD 还提供了重画和重新生成命令来刷新屏幕、重新生成图形。

1. 图形缩放

图形缩放命令类似于照相机的镜头，可以放大或缩小屏幕所显示的范围，只改变视图的比例，但是对象的实际尺寸并不发生变化。当放大图形一部分的显示尺寸时，可以更清楚地查看这个区域的细节；相反，如果缩小图形的显示尺寸，则可以查看更大的区域，如整体浏览。

图形缩放功能在绘制大幅面机械图，尤其是装配图时非常有用，是使用频率最高的命令之一。这个命令可以透明地使用，也就是说，该命令可以在其他命令执行时运行。用户完成涉及透明命令的过程时, AutoCAD 会自动地返回到在用户调用透明命令前正在运行的命令。执行图形缩放的方法如下。

执行方式

命令行: ZOOM。

菜单:"视图"→"缩放"。

工具栏:"标准"→"实时缩放" 。

功能区:单击"视图"选项卡"导航"面板中"范围"下拉菜单中的"实时"按钮 。

操作步骤

执行上述命令后,系统提示:

[全部(A)/中心点(C)/动态(D)/范围(E)/上一个(P)/比例(S)/窗口(W)] <实时>:

选项说明

(1)实时。

这是"缩放"命令的默认操作,即在输入"ZOOM"命令后,直接按 Enter 键,将自动执行实时缩放操作。实时缩放就是可以通过上下移动鼠标交替进行放大和缩小。在使用实时缩放时,系统会显示一个"+"号或"–"号。当缩放比例接近极限时, AutoCAD 将不再与光标一起显示"+"号或"–"号。需要从实时缩放操作中退出时,按 Enter 键、"Esc"键或是从菜单中选择"Exit"退出。

(2)全部(A)。

执行"ZOOM"命令后,在提示文字后键入"A",即可执行"全部(A)"缩放操作。不论图形有多大,该操作都将显示图形的边界或范围,即使对象不包括在边界以内,它们也将被显示。因此,使用"全部(A)"缩放选项,可查看当前视口中的整个图形。

(3)中心点(C)。

通过确定一个中心点,该选项可以定义一个新的显示窗口。操作过程中需要指定中心点以及输入比例或高度。默认新的中心点就是视图的中心点,默认的输入高度就是当前视图的高度,直接按<Enter>键后,图形将不会被放大。输入比例数值越大,图形放大倍数也越大。也可以在数值后面紧跟一个 x, 如 3x, 表示在放大时不是按照绝对值变化,而是按相对于当前视图的相对值缩放。

(4)动态(D)。

通过操作一个表示视口的视图框,可以确定所需显示的区域。选择该选项,在绘图窗口中出现一个小的视图框,按住鼠标左键左右移动可以改变该视图框的大小,定形后释放左键,再按下鼠标左键移动视图框,确定图形中的放大位置,系统将清除当前视口并显示一个特定的视图选择屏幕。这个特定屏幕,由有关当前视图及有效视图的信息所构成。

(5)范围(E)。

可以使图形缩放至整个显示范围。图形的范围由图形所在的区域构成,剩余的空白区域将被忽略。应用这个选项,图形中所有的对象都将尽可能地被放大。

(6)上一个(P)。

在绘制一幅复杂的图形时,有时需要放大图形的一部分以进行细节的编辑。当编辑完成后,有时希望回到前一个视图,这种操作可以使用"上一个(P)"选项来实现。当前视口由"缩放"命令的各种选项或"移动"视图、视图恢复、平行投影或透视命令引起的任何变化,系统都将做保存。每一个视口最多可以保存 10个视图。连续使用"上一个(P)"选项可以恢复前 10 个视图。

(7)比例(S)。

这时提供了 3 种使用方法。在提示信息下,直接输入比例系数,AutoCAD 将按照此比例因子放大或缩小图形的尺寸。如果在比例系数后面加一个"x",则表示相对于当前视图计算的比例因子。使用比例因子的第三种方法就是相对于图形空间,例如,可以在图纸空间阵列布排或打印出模型的不同视图。为了使每一张视图都与图纸空间单位成比例,可以使用"比例(S)"选项,每一个视图可以有单独的比例。

（8）窗口（W）。

窗口是最常使用的选项。通过确定一个矩形窗口的两个对角来指定所需缩放的区域，对角点可以由鼠标指定，也可以输入坐标确定。指定窗口的中心点将成为新的显示屏幕的中心点。窗口中的区域将被放大或者缩小。调用"ZOOM"命令时，可以在没有选择任何选项的情况下，利用鼠标在绘图窗口中直接指定缩放窗口的两个对角点。

 注意 这里提到的诸如放大、缩小或移动的操作，仅仅是对图形在屏幕上的显示进行控制，图形本身并没有任何改变。

2. 图形平移

当图形幅面大于当前视口时，例如使用图形缩放命令将图形放大，如果需要在当前视口之外观察或绘制一个特定区域时，可以使用图形平移命令来实现。平移命令能将在当前视口以外的图形的一部分移动进来查看或编辑，但不会改变图形的缩放比例。执行图形缩放的方法如下。

 执行方式

命令行：**PAN**。

菜单："视图"→"平移"。

工具栏："标准"→"实时平移" 🖐。

快捷菜单：绘图窗口中单击鼠标右键→平移。

功能区：单击"视图"选项卡"导航"面板中的"平移"按钮🖐。

激活平移命令之后，光标形状将变成一只"小手"，可以在绘图窗口中任意移动，以示当前正处于平移模式。单击并按住鼠标左键，将光标锁定在当前位置，即"小手"已经抓住图形，然后，拖动图形使其移动到所需位置上。释放鼠标左键将停止平移图形。可以反复按鼠标左键拖动，释放，将图形平移到其他位置上。

平移命令预先定义了一些不同的菜单选项与按钮，它们可用于在特定方向上平移图形，在激活平移命令后，这些选项可以从菜单"视图"→"平移"→"*"中调用。

（1）实时：是平移命令中最常用的选项，也是默认选项，前面提到的平移操作都是指实时平移，通过鼠标的拖动来实现任意方向上的平移。

（2）点：这个选项要求确定位移量，这就需要确定图形移动的方向和距离。可以通过输入点的坐标或用鼠标指定点的坐标来确定位移。

（3）左：该选项移动图形使屏幕左部的图形进入显示窗口。

（4）右：该选项移动图形使屏幕右部的图形进入显示窗口。

（5）上：该选项向底部平移图形后，使屏幕顶部的图形进入显示窗口。

（6）下：该选项向顶部平移图形后，使屏幕底部的图形进入显示窗口。

2.8 上机实验

【练习1】设置绘图环境

1. 目的要求

任何一个图形文件都有一个特定的绘图环境，包括图形边界、绘图单位、角度等。设置绘图环境通常有两种方法：设置向导与单独的命令设置方法。通过学习设置绘图环境，可以促进读者对图形总体环境的认识。

2. 操作提示

（1）选择菜单栏中的"文件"→"新建"命令，系统打开"选择样板"对话框，单击"打开"按钮，进入绘图界面。

（2）选择菜单栏中的"格式"→"图形界限"命令，设置界限为"（0,0），（297,210）"，在命令行中可以重新设置模型空间界限。

（3）选择菜单栏中的"格式"→"单位"命

令，系统打开"图形单位"对话框，设置长度类型为"小数"，精度为"0.00"；角度类型为十进制度数，精度为"0"；用于缩放插入内容的单位为"毫米"，用于指定光源强度的单位为"国际"；角度方向为"顺时针"。

【练习 2】熟悉操作界面

1. 目的要求

操作界面是用户绘制图形的平台，操作界面的各个部分都有其独特的功能，熟悉操作界面有助于用户方便快速地进行绘图。本例要求了解操作界面各部分的功能，掌握改变绘图区颜色和光标大小的方法，能够熟练地打开、移动、关闭工具栏。

2. 操作提示

（1）启动 AutoCAD 2016 进入操作界面。

（2）调整操作界面大小。

（3）设置绘图区颜色与光标大小。

（4）尝试同时利用功能区、命令行、菜单命令和工具栏绘制一条线段。

【练习 3】管理图形文件

1. 目的要求

图形文件管理包括文件的新建、打开、保存、加密、退出等。本例要求读者熟练掌握 DWG 文件的赋名保存、自动保存、加密及打开的方法。

2. 操作提示

（1）启动 AutoCAD 2016，进入操作界面。

（2）打开一幅已经保存过的图形。

（3）进行自动保存设置。

（4）尝试在图形上绘制任意图线。

（5）将图形以新的名称保存。

（6）退出该图形。

【练习 4】数据操作

1. 目的要求

AutoCAD 2016 人机交互的最基本内容就是数据输入。本例要求用户熟练地掌握各种数据的输入方法。

2. 操作提示

（1）在命令行输入"LINE"命令。

（2）输入起点在直角坐标方式下的绝对坐标值。

（3）输入下一点在直角坐标方式下的相对坐标值。

（4）输入下一点在极坐标方式下的绝对坐标值。

（5）输入下一点在极坐标方式下的相对坐标值。

（6）单击直接指定下一点的位置。

（7）按下状态栏中的"正交模式"按钮 ，用光标指定下一点的方向，在命令行输入一个数值。

（8）按下状态栏中的"动态输入"按钮 ，拖动光标，系统会动态显示角度，拖动到选定角度后，在长度文本框中输入长度值。

（9）按<Enter>键，结束绘制线段的操作。

第3章

二维绘图命令

二维图形是指在二维平面空间绘制的图形，主要由一些图形元素组成，如点、直线、圆弧、圆、椭圆、矩形、多边形、多段线、样条曲线、多线等。AutoCAD 2016 提供了大量的绘图工具，可以帮助用户完成二维图形的绘制。本章主要内容包括：直线、圆和圆弧、椭圆和椭圆弧、平面图形、点、轨迹线与区域填充、徒手线和修订云线、多段线、样条曲线、多线和图案填充等。

重点与难点
- 直线类
- 圆类图形
- 平面图形
- 点
- 多段线
- 样条曲线
- 多线
- 图案填充
- 室内设计制图的要求及规范

3.1 直线类

直线类命令主要包括直线和构造线命令。这两个命令是 AutoCAD 2016 中最简单的绘图命令。

3.1.1 绘制线段

 **执行方式**

命令行：LINE。

菜单："绘图"→"直线"。

工具栏："绘图"→"直线" ✐。

功能区：单击"默认"选项卡"绘图"面板中的"直线"按钮✐。

操作步骤

命令：LINE
指定第一个点：（输入直线段的起点，用鼠标指定点或者给定点的坐标）
指定下一点或 [放弃(U)]：（输入直线段的端点，也可以用鼠标指定一定角度后，直接输入直线段的长度）
指定下一点或 [放弃(U)]：（输入下一直线段的端点。输入选项 U 表示放弃前面的输入；单击鼠标右键或按<Enter>键，结束命令）
指定下一点或 [闭合(C)/放弃(U)]：（输入下一直线段的端点，或输入选项 C 使图形闭合，结束命令）

 选项说明

（1）若按<Enter>键响应"指定第一点"的提

示，则系统会把上次绘线（或弧）的终点作为本次操作的起始点。特别地，若上次操作为绘制圆弧，按<Enter>键响应后，绘出通过圆弧终点的与该圆弧相切的直线段，该线段的长度由鼠标在屏幕上指定的一点与切点之间线段的长度确定。

（2）在"指定下一点"的提示下，用户可以指定多个端点，从而绘出多条直线段。但是，每一条直线段都是一个独立的对象，可以进行单独的编辑操作。

（3）绘制两条以上的直线段后，若用选项"C"响应"指定下一点"的提示，系统会自动链接起始点和最后一个端点，从而绘出封闭的图形。

（4）若用选项"U"响应提示，则会擦除最近一次绘制的直线段。

（5）若设置正交方式（单击状态栏上的"正交"按钮），则只能绘制水平直线段或垂直直线段。

（6）若设置动态数据输入方式（单击状态栏上的 DYN 按钮），则可以动态输入坐标或长度值。下面的命令同样可以设置动态数据输入方式，效果与非动态数据输入方式类似。除了特别需要（以后不再强调），否则只按非动态数据输入方式输入相关数据。

3.1.2　绘制构造线

执行方式

命令行：XLINE。

菜单："绘图"→"构造线"。

工具栏："绘图"→"构造线" ✕。

功能区：单击"默认"选项卡"绘图"面板中的"构造线"按钮 ✕。

操作步骤

命令：XLINE
指定点或 [水平(H)/垂直(V)/角度(A)/二等分(B)/偏移(O)]：（给出点）
指定通过点：（给定通过点 2，画一条双向的无限长直线）
指定通过点：（继续给点，继续画线，按<Enter>键，

结束命令）

选项说明

（1）执行选项中有"指定点""水平""垂直""角度""二等分"和"偏移"等 6 种方式绘制构造线。

（2）这种线可以模拟手工绘图中的辅助绘图线。用特殊的线型显示，在绘图输出时，不做输出。常用于辅助绘图。

下面以方桌为例，介绍一下直线命令的使用方法。

Step　绘制步骤

① 创建新图层并命名。单击"默认"选项卡"图层"面板中的"图层特性"按钮，弹出"图层特性管理器"对话框，如图 3-1 所示。单击"新建"命令，名为"图层 1"的新图层就建好了。

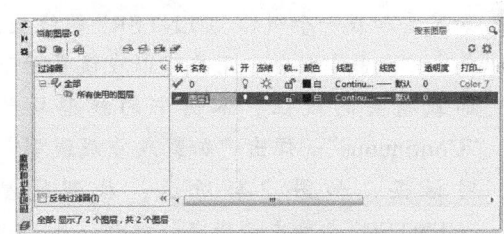

图 3-1　新建图层

② 重新命名该图层，双击"图层 1"三个字所在位置，输入"1"，这样，新的图层就被命名为"1"图层了。建立新图层 1 命名为"2"。

③ 设置图层颜色属性。双击"1"图层的颜色属性"白色"，弹出图 3-2 所示的"选择颜色"对话框。单击其中的黄色，然后单击"确定"按钮，可以看到在图 3-1 所示的"图层特性管理器"对话框中，"1"图层的颜色变为黄色，"2"图层设为绿色。

④ 设置线型属性。在图 3-1 所示的"图层特性管理器"对话框中单击"1"图层的线型属性"Continuous"，弹出图 3-3 所示的"选择

线型"对话框。

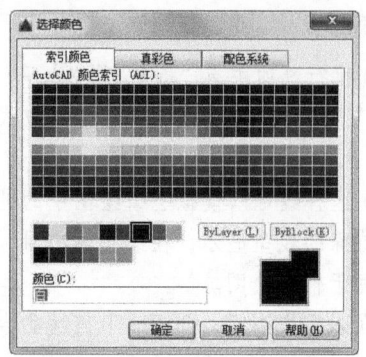

图 3-2 "选择颜色"对话框

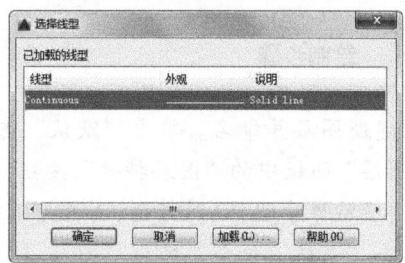

图 3-3 "选择线型"对话框

⑤ 如果要加载一个叫作"CENTER"的线型，
单击"加载"按钮，用户可以在该界面下
加载需要的线性，本例中的线型均为
"Continuous"。弹出"加载或重载线型"
对话框，如图 3-4 所示，找到线型
"CENTER"，单击"确定"按钮。图 3-4
所示的对话框会加载"CENTER"线型，
如图 3-5 所示。

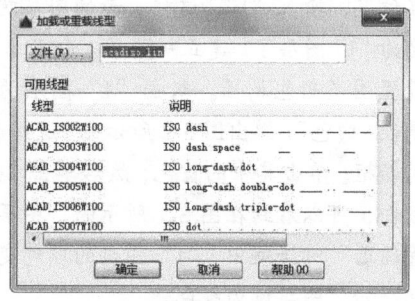

图 3-4 "加载或重载线型"对话框

⑥ 设定线宽属性。单击"1"图层线宽属性—
默认，弹出图 3-6 所示的"线宽"对话框。
选择 0.30mm 的线宽，单击"确定"按钮，

则粗实线图层的线宽设定为 0.30mm，颜色
为黄色。

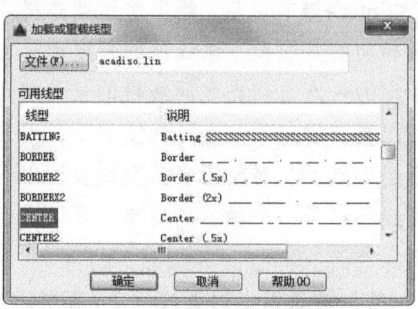

图 3-5 加载 CENTER 线型

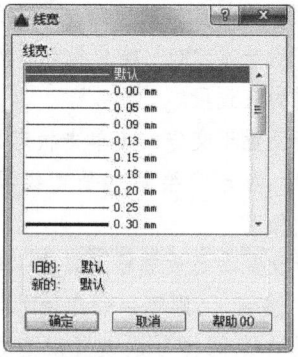

图 3-6 "线宽"对话框

⑦ 设定其他图层。在本例中，一共建立两个图
层，其属性如下。

（1）"1"图层，颜色为黄色，线宽为 0.3mm，
其余属性默认。

（2）"2"图层，颜色为绿色，其余选项默认。
结果如图 3-7 所示，其属性下拉菜单如图 3-8
所示。

```
命令：_line 指定第一个点：0,0
指定下一点或 [放弃(U)]：@1200,0
指定下一点或 [放弃(U)]：@0,1200
指定下一点或 [闭合(C)/放弃(U)]：@-1200,0
指定下一点或 [闭合(C)/放弃(U)]：c
```

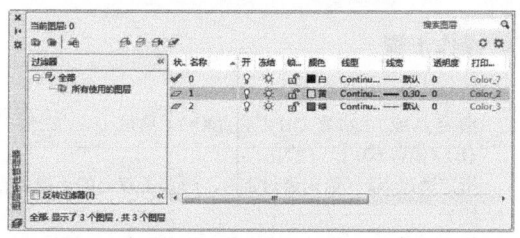

图 3-7 新建图层及其属性

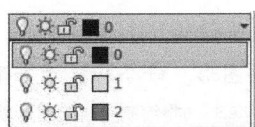

图 3-8　图层属性下拉菜单

⑧ 将当前图层设为"1"图层，单击"默认"选项卡"绘图"面板中的"直线"按钮 ╱，绘制连续线段。打开"线宽显示"，线宽显示在绘图界面的下方，单击使其处于按下状态，如图 3-9 所示，绘制结果如图 3-10 所示。

图 3-9　线宽显示

图 3-10　绘制连续线段

⑨ 将当前图层设为"2"图层，单击"默认"选项卡"绘图"面板中的"直线"按钮 ╱，绘制餐桌外轮廓。命令行提示如下：

命令：_line 指定第一个点：20,20

指定下一点或 [放弃(U)]：@1160,0
指定下一点或 [放弃(U)]：@0,1160
指定下一点或 [闭合(C)/放弃(U)]：@-1160,0
指定下一点或 [闭合(C)/放弃(U)]：c

绘制结果如图 3-11 所示，一个简易的餐桌就绘制完成了。

图 3-11　简易餐桌

⑩ 单击"快速访问"工具栏中的"保存"按钮 💾，保存图形。命令行提示如下：

命令：SAVEAS　（将绘制完成的图形以"简易餐桌.dwg"为文件名保存在指定的路径中）

 注意　　一般每个命令有 3 种执行方式，这里只给出了命令行执行方式，其他两种执行方式的操作方法与命令行执行方式相同。

3.2　圆类图形

圆类命令主要包括"圆""圆弧""椭圆""椭圆弧"以及"圆环"等命令，这几个命令是 AutoCAD 2016 中最简单的圆类命令。

3.2.1　绘制圆

 **执行方式**

命令行：CIRCLE。
菜单："绘图"→"圆"。
工具栏："绘图"→"圆" ⊙。
功能区：单击"默认"选项卡"绘图"面板中的"圆"按钮 ⊙。

 **操作步骤**

命令：CIRCLE
指定圆的圆心或 [三点(3P)/两点(2P)/切点、切点、半径(T)]：（指定圆心）
指定圆的半径或 [直径(D)]：（直接输入半径数值或用鼠标指定半径长度）
指定圆的直径 <默认值>：（输入直径数值或用鼠标指定直径长度）

选项说明

（1）三点（3P）
用指定圆周上三点的方法画圆。
（2）两点（2P）

按指定直径的两端点的方法画圆。

（3）切点、切点、半径（T）

按先指定两个相切对象、后给出半径的方法画圆。

"绘图"→"圆"菜单中多了一种"相切、相切、相切"的方法，当选择此方式时，系统提示：

> 指定圆上的第一个点：_tan 到：（指定相切的第一个圆弧）
> 指定圆上的第二个点：_tan 到：（指定相切的第二个圆弧）
> 指定圆上的第三个点：_tan 到：（指定相切的第三个圆弧）

下面以圆餐桌为例，介绍一下圆命令的使用方法。

Step　绘制步骤

1. 设置绘图环境。选取菜单栏中的"格式"→"图形界限"命令，设置图幅界限：297×210。

2. 单击"默认"选项卡"绘图"面板中的"圆"按钮 ⊙，绘制圆。命令行提示如下：

> 命令：CIRCLE
> 指定圆的圆心或 [三点(3P)/两点(2P)/切点、切点、半径(T)]：100,100
> 指定圆的半径或 [直径(D)]：50

绘制结果如图 3-12 所示。

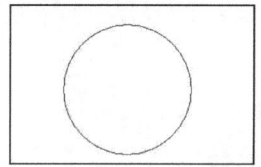

图 3-12　绘制圆

重复"圆"命令，以（100,100）为圆心，绘制半径为 40 的圆。结果如图 3-13 所示。

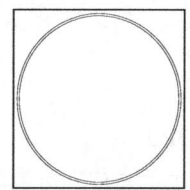

图 3-13　圆餐桌

3. 单击"快速访问"工具栏中的"保存"按钮 💾，保存图形。命令行提示如下：

> 命令：SAVEAS （将绘制完成的图形以"圆餐桌.dwg"为文件名保存在指定的路径中）

3.2.2　绘制圆弧

 **执行方式**

命令行：ARC（缩写名：A）。

菜单："绘图"→"弧"。

工具栏："绘图"→"圆弧" ⌒。

功能区：单击"默认"选项卡"绘图"面板中的"圆弧"按钮 ⌒。

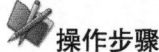 **操作步骤**

> 命令：ARC
> 指定圆弧的起点或 [圆心(C)]：（指定起点）
> 指定圆弧的第二个点或 [圆心(C)/端点(E)]：（指定第二点）
> 指定圆弧的端点：（指定端点）

选项说明

（1）用命令行方式画圆弧时，可以根据系统提示选择不同的选项，具体功能和用"绘制"菜单中的"圆弧"子菜单提供的 11 种方式的功能相似。

（2）需要强调的是"继续"方式，绘制的圆弧与上一线段或圆弧相切，继续画圆弧段，因此提供端点即可。

下面以图 3-14 所示椅子为例，介绍一下圆弧命令的使用方法。

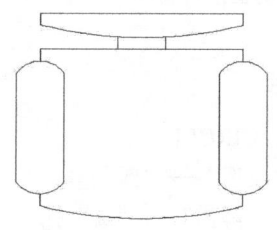

图 3-14　椅子

Step　绘制步骤

1️⃣ 单击"默认"选项卡"绘图"面板中的"直线"按钮，绘制初步轮廓结果如图 3-15 所示。

2️⃣ 利用"圆弧"命令，绘制图形。命令行提示与操作如下：

命令：ARC↙
指定圆弧的起点或 [圆心(C)]：（用鼠标指定左上方竖线段端点 1，如图 3-15 所示）
指定圆弧的第二点或 [圆心(C)/端点(E)]：（用鼠标在上方两竖线段正中间指定一点 2）
指定圆弧的端点：（用鼠标指定右上方竖线段端点 3）
结果如图 3-16 所示。

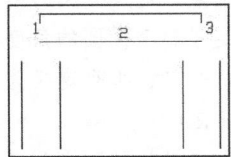

图 3-15　椅子初步轮廓

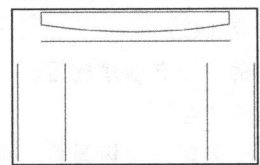

图 3-16　绘制圆弧

3️⃣ 利用"直线"命令，绘制图形。命令行提示与操作如下：

命令：LINE↙
指定第一个点：（用鼠标在刚才绘制圆弧上指定一点）
指定下一点或 [放弃(U)]：（在垂直方向上用鼠标在中间水平线段上指定一点）
指定下一点或 [放弃(U)]：
用同样方法圆弧上指定一点为起点向下绘制另一条竖线段。
结果如图 3-17 所示。

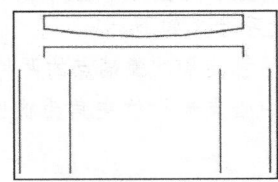

图 3-17　绘制直线

再以图 3-15 中 1、3 两点下面的水平线段的端点为起点各向下适当距离绘制两条竖直线段。单击"默认"选项卡"绘图"面板中的"直线"按钮，命令行提示与操作如下：

命令：LINE↙
指定第一个点：（用鼠标在刚才绘制的圆弧正中间指定一点）
指定下一点或 [放弃(U)]：（在垂直方向上用鼠标指定一点）
指定下一点或 [放弃(U)]：↙
结果如图 3-18 所示。

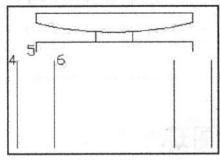

图 3-18　绘制直线

4️⃣ 利用"圆弧"命令，同样方法绘制扶手位置的圆弧。命令行提示与操作如下：

命令：ARC↙
指定圆弧的起点或 [圆心(C)]：（用鼠标指定左边第一条竖线段上端点 4，如图 3-18 所示）
指定圆弧的第二点或 [圆心(C)/端点(E)]：（用上面刚绘制的竖线段上端点 5）
指定圆弧的端点：（用鼠标指定左下方第二条竖线段上端点 6）
结果如图 3-19 所示。

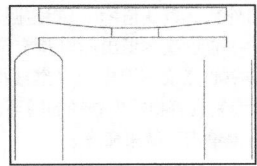

图 3-19　绘制圆弧

5️⃣ 利用"圆弧"命令，用同样方法绘制其他扶手位置处的圆弧，如图 3-20 所示。

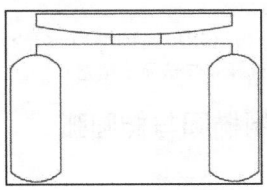

图 3-20　绘制其他圆弧

6️⃣ 单击"默认"选项卡"绘图"面板中的"直

线"按钮 ，在扶手下侧圆弧中点绘制适当长度的竖直线段。如图 3-21 所示。

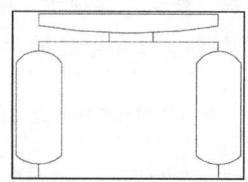

图 3-21   绘制竖直直线

⑦ 利用"圆弧"命令，在上步绘制的两条竖直线端点位置处绘制适当的圆弧，最后完成图形如图 3-14 所示。

3.2.3   绘制圆环

执行方式

命令行：DONUT。

菜单："绘图"→"圆环"。

功能区：单击"默认"选项卡"绘图"面板中的"圆环"按钮◎。

操作步骤

```
命令：DONUT
指定圆环的内径 <默认值>：（指定圆环内径）
指定圆环的外径 <默认值>：（指定圆环外径）
指定圆环的中心点或 <退出>：（指定圆环的中心点）
指定圆环的中心点或 <退出>：（继续指定圆环的中心
点，则继续绘制具有相同内外径的圆环。按 Enter 键、
空格键或右键单击，结束命令）
```

选项说明

（1）若指定内径为零，则画出实心填充圆。

（2）用命令 FILL 可以控制圆环是否填充。

```
命令：FILL
输入模式 [开(ON)/关(OFF)] <开>：（选择 ON 表
示填充，选择 OFF 表示不填充）
```

3.2.4   绘制椭圆与椭圆弧

执行方式

命令行：ELLIPSE。

菜单："绘制"→"椭圆"→"圆弧"。

工具栏："绘制"→"椭圆"◎或"绘制"→"椭圆弧" ◎。

功能区：单击"默认"选项卡"绘图"面板中的"圆心"按钮⊕或"椭圆弧" ◎。

操作步骤

```
命令：ELLIPSE
指定椭圆的轴端点或 [圆弧(A)/中心点(C)]：
指定轴的另一个端点：
指定另一条半轴长度或 [旋转(R)]：
```

选项说明

（1）指定椭圆的轴端点

根据两个端点，定义椭圆的第一条轴。第一条轴的角度确定了整个椭圆的角度。第一条轴既可定义为椭圆的长轴，也可定义为椭圆的短轴。

（2）旋转（R）

通过绕第一条轴旋转圆来创建椭圆。相当于将一个圆绕椭圆轴翻转一个角度后的投影视图。

（3）中心点（C）

通过指定的中心点创建椭圆。

（4）椭圆弧（A）

该选项用于创建一段椭圆弧。与"工具栏：绘制→椭圆弧"功能相同。其中第一条轴的角度确定了椭圆弧的角度。第一条轴既可定义为椭圆弧长轴，也可定义为椭圆弧短轴。选择该项，系统继续提示：

```
指定椭圆弧的轴端点或 [中心点(C)]：（指定端点或
输入 C）
指定轴的另一个端点：（指定另一端点）
指定另一条半轴长度或 [旋转(R)]：（指定另一条半
轴长度或输入 R）
指定起始角度或 [参数(P)]：（指定起始角度或输入
P）
指定终止角度或 [参数(P)/夹角(I)]：
```

其中各选项含义如下。

● 角度：指定椭圆弧端点的两种方式之一，光标与椭圆中心点连线的夹角为椭圆弧端点位置的角度。

● 参数（P）：指定椭圆弧端点的另一种方式，该方式同样是指定椭圆弧端点的角度，通过

以下矢量参数方程式创建椭圆弧：

$$p(u) = c + a \times \cos(u) + b \times \sin(u)$$

其中 c 是椭圆的中心点，a 和 b 分别是椭圆的长轴和短轴，u 为光标与椭圆中心点连线的夹角。

● 夹角（I）：定义从起始角度开始的包含角度。

下面以图 3-22 所示的盥洗盆为例，介绍一下椭圆与椭圆弧命令的使用方法。

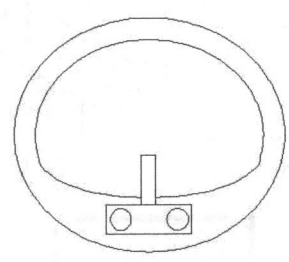

图 3-22　盥洗盆图形

Step　绘制步骤

1 单击"默认"选项卡"绘图"面板中的"直线"按钮 ，绘制水龙头图形。结果如图 3-23 所示。

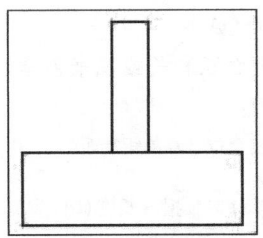

图 3-23　绘制水龙头

2 单击"默认"选项卡"绘图"面板中的"圆"按钮 ，绘制两个水龙头旋钮。结果如图 3-24 所示。

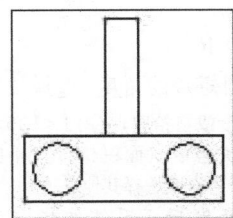

图 3-24　绘制旋钮

3 单击"默认"选项卡"绘图"面板中的"椭圆"按钮 ，绘制脸盆外沿，命令行提示如下：

命令：_ellipse
指定椭圆的轴端点或 [圆弧(A)/中心点(C)]：(用鼠标指定椭圆轴端点)
指定轴的另一个端点：(用鼠标指定另一端点)
指定另一条半轴长度或 [旋转(R)]：(用鼠标在屏幕上拉出另一半轴长度)

绘制结果如图 3-25 所示。

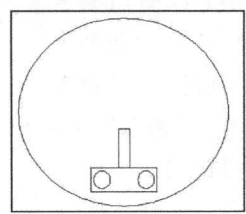

图 3-25　绘制脸盆外沿

4 单击"默认"选项卡"绘图"面板中的"椭圆弧"按钮 ，绘制脸盆部分内沿，命令行提示如下：

命令：_ellipse (选择工具栏或绘图菜单中的椭圆弧命令)
指定椭圆的轴端点或 [圆弧(A)/中心点(C)]：_a
指定椭圆弧的轴端点或 [中心点(C)]：C
指定椭圆弧的中心点：(单击状态栏"对象捕捉"按钮，捕捉刚才绘制的椭圆中心点，关于"捕捉"，后面进行介绍)
指定轴的端点：(适当指定一点)
指定另一条半轴长度或 [旋转(R)]：R
指定绕长轴旋转的角度：(用鼠标指定椭圆轴端点)
指定起始角度或 [参数(P)]：(用鼠标拉出起始角度)
指定终止角度或 [参数(P)/夹角(I)]：(用鼠标拉出终止角度)

绘制结果如图 3-26 所示。

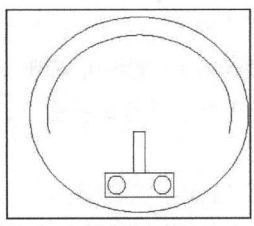

图 3-26　绘制脸盆部分内沿

5 单击"默认"选项卡"绘图"面板中的"圆弧"按钮 ，绘制脸盆其他部分内沿。最终结果如图 3-22 所示。

3.3 平面图形

3.3.1 绘制矩形

 **执行方式**

命令行：RECTANG（缩写名：REC）。

菜单："绘图"→"矩形"。

工具栏："绘图"→"矩形" ▢。

功能区：单击"默认"选项卡"绘图"面板中的"矩形"按钮▢。

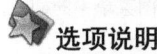 **操作步骤**

命令：RECTANG✓
指定第一个角点或 [倒角（C）/标高（E）/圆角（F）/厚度（T）/宽度（W）]：
指定另一个角点或 [面积（A）/尺寸（D）/旋转（R）]：

⭐ **选项说明**

（1）第一个角点

通过指定两个角点来确定矩形，如图3-27（a）所示。

（2）倒角（C）

指定倒角距离，绘制带倒角的矩形（见图3-27（b）），每一个角点的逆时针和顺时针方向的倒角可以相同，也可以不同，其中第一个倒角距离是指角点逆时针方向的倒角距离，第二个倒角距离是指角点顺时针方向的倒角距离。

（3）标高（E）

指定矩形标高（z坐标），即把矩形画在标高为z，和xoy坐标面平行的平面上，并作为后续矩形的标高值。

（4）圆角（F）

指定圆角半径，绘制带圆角的矩形，如图3-27（c）所示。

（5）厚度（T）

指定矩形的厚度，如图3-27（d）所示。

（6）宽度（W）

指定线宽，如图3-27（e）所示。

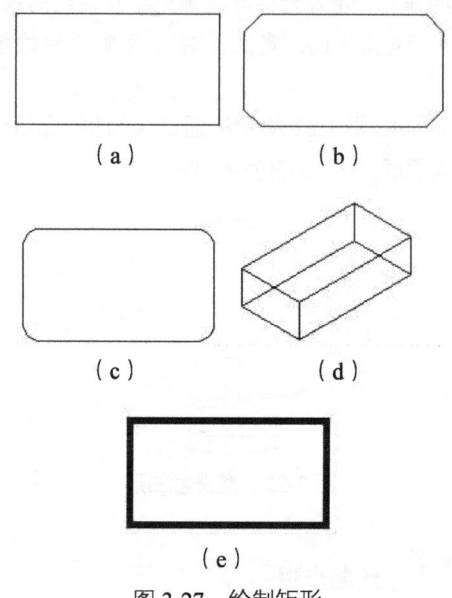

（a）　　　　　（b）

（c）　　　　　（d）

（e）

图 3-27　绘制矩形

（7）尺寸（D）

使用长和宽创建矩形。第二个指定点将矩形定位在与第一角点相关的4个位置之一内。

（8）面积（A）

通过指定面积和长或宽来创建矩形。选择该项，系统提示：

输入以当前单位计算的矩形面积 <20.0000>：（输入面积值）
计算矩形标注时依据 [长度（L）/宽度（W）] <长度>：（按 Enter 键或输入 W）
输入矩形长度 <4.0000>：（指定长度或宽度）

指定长度或宽度后，系统自动计算出另一个维度后绘制出矩形。如果矩形为倒角或圆角，则在长度或宽度计算中，会考虑此设置，如图3-28所示。

（9）旋转（R）

旋转所绘制矩形的角度。选择该项，系统提示：

指定旋转角度或 [拾取点（P）] <135>：（指定角度）
指定另一个角点或 [面积（A）/尺寸（D）/旋转（R）]：（指定另一个角点或选择其他选项）

指定旋转角度后，系统按指定旋转角度创建矩形，如图3-29所示。

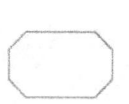 

倒角距离 (1,1) 面积
：20 长度：6

圆角半径：1.0 面
积：20 宽度：6

图 3-28　按面积绘制
矩形

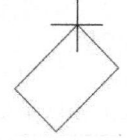

图 3-29　按指定
旋转角度创建矩形

3.3.2　绘制多边形

执行方式

命令行：**POLYGON**。

菜单："绘图"→"多边形"。

工具栏："绘图"→"多边形"。

功能区：单击"默认"选项卡"绘图"面板
中的"多边形"按钮。

操作步骤

```
命令：POLYGON
输入侧面数 <4>：(指定多边形的边数，默认值为 4)
指定正多边形的中心点或 [边(E)]：(指定中心点)
输入选项 [内接于圆(I)/外切于圆(C)] <I>：(指定
是内接于圆或外切于圆，I 表示内接于圆，如图 3-30
(a) 所示，C 表示外切于圆，如图 3-30 (b) 所示)
指定圆的半径：(指定外接圆或内切圆的半径)
```

选项说明

如果选择"边"选项，则只要指定多边形的
一条边，系统就会按逆时针方向创建该正多边
形，如图 3-30（c）所示。

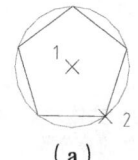 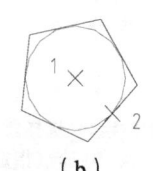 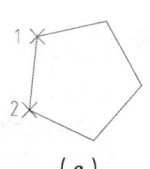

（a）　　　　　（b）　　　　　（c）

图 3-30　画多边形

下面以图 3-32 所示的八角凳为例，介绍一下
多边形命令的使用方法。

Step　绘制步骤

① 选择菜单栏中的"格式"→"图形界限"命

令，设置图幅界限：297×210。

② 单击"默认"选项卡"绘图"面板中的"多
边形"按钮，绘制外轮廓线，命令行提示
如下：

```
命令：polygon
输入侧面数 <8>：8
指定正多边形的中心点或 [边(E)]：0,0
输入选项 [内接于圆(I)/外切于圆(C)] <I>：c
指定圆的半径：100
```

绘制结果如图 3-31 所示。

③ 单击"默认"选项卡"绘图"面板中的"多
边形"按钮，绘制内轮廓线，命令行提
示如下：

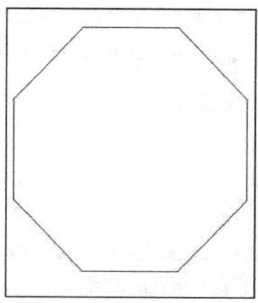

图 3-31　绘制轮廓线图

```
命令：polygon
输入侧面数 <8>：8
指定正多边形的中心点或 [边(E)]：0,0
输入选项 [内接于圆(I)/外切于圆(C)] <I>：c
指定圆的半径：95
```

绘制结果如图 3-32 所示。

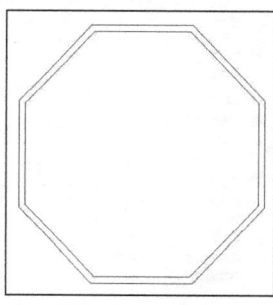

图 3-32　八角凳

3.4　点

点在 AutoCAD 2016 中有多种不同的表示方式，用户可以根据需要进行设置，如设置等分点和测量点。

3.4.1　绘制点

 **执行方式**

命令行：POINT。

菜单："绘制"→"点"→"单点或多点"。

工具栏："绘制"→"点" ▫ 。

功能区：单击"默认"选项卡"绘图"面板中的"多点"按钮 ▫ 。

 操作步骤

命令：POINT
当前点模式：PDMODE=0　PDSIZE=0.0000
指定点：（指定点所在的位置）

 **选项说明**

（1）通过菜单方法进行操作时（见图 3-33），"单点"命令表示只输入一个点，"多点"命令表示可输入多个点。

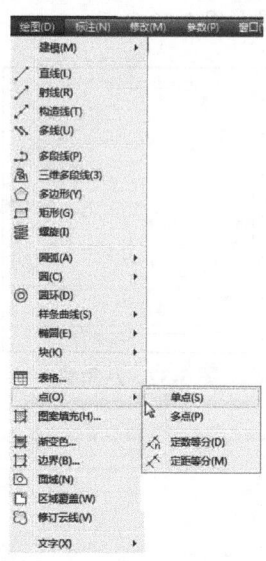

图 3-33　"点"子菜单

（2）可以单击状态栏中的"对象捕捉"开关按钮，设置点的捕捉模式，帮助用户拾取点。

（3）点在图形中的表示样式共有 20 种，可通过命令 DDPTYPE 或拾取菜单：格式→点样式，打开"点样式"对话框来设置点样式，如图 3-34 所示。

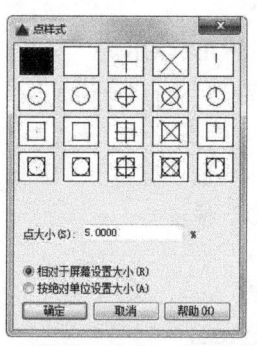

图 3-34　"点样式"对话框

3.4.2　绘制等分点

 **执行方式**

命令行：DIVIDE（缩写名：DIV）。

菜单："绘制"→"点"→"定数等分"。

功能区：单击"默认"选项卡"绘图"面板中的"定数等分"按钮 ⚹ 。

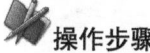 **操作步骤**

命令：DIVIDE
选择要定数等分的对象：（选择要等分的实体）
输入线段数目或［块（B）］：（指定实体的等分数）

 **选项说明**

（1）等分数范围为 2～32767。

（2）在等分点处，按当前的点样式设置画出等分点。

（3）在第二提示行选择"块（B）"选项时，表示在等分点处插入指定的块（BLOCK）。

3.4.3　绘制测量点

执行方式

　　命令行：MEASURE（缩写名：ME）。

　　菜单："绘制" → "点" → "定距等分"。

　　功能区：单击"默认"选项卡"绘图"面板中的"定距等分"按钮 ✕。

操作步骤

```
命令：MEASURE
选择要定距等分的对象：（选择要设置测量点的实体）
指定线段长度或 [块(B)]：（指定分段长度）
```

选项说明

　　（1）设置的起点一般是指线段的绘制起点。

　　（2）在第二提示行选择"块（B）"选项时，表示在测量点处插入指定的块，后续操作与上节中等分点的绘制类似。

　　（3）在测量点处，按当前的点样式设置画出测量点。

　　（4）最后一个测量段的长度不一定等于指定分段的长度。

　　下面以图 3-36 所示的地毯为例，介绍一下点命令的使用方法。

Step　绘制步骤

❶ 选择菜单栏中的"格式" → "点样式"命令，在弹出的"点样式"对话框中选择"O"

样式。

❷ 单击"默认"选项卡"绘图"面板中的"矩形"按钮 ▢，绘制地毯外轮廓线。命令行提示如下：

```
命令：rectang
指定第一个角点或 [倒角(C)/标高(E)/圆角(F)/厚度(T)/宽度(W)]：100,100
指定另一个角点或 [面积(A)/尺寸(D)/旋转(R)]：@800,1000
```

绘制结果如图 3-35 所示。

❸ 单击"默认"选项卡"绘图"面板中的"点"按钮 ·，绘制地毯内装饰点。命令行提示如下：

```
命令：point
当前点模式：PDMODE=33  PDSIZE=20.0000
指定点：（在屏幕上单击）
```

绘制结果如图 3-36 所示。

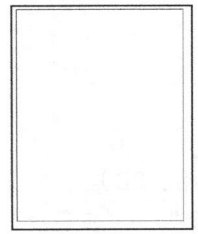 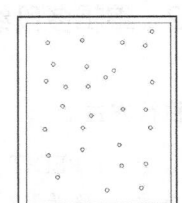

图 3-35　地毯外轮廓线　　图 3-36　地毯内装饰点

3.5　多段线

　　多段线是一种由线段和圆弧组合而成的，不同线宽的多线，这种线由于组合形式的多样以及线宽的不同，弥补了直线或圆弧功能的不足，适合绘制各种复杂的图形轮廓，因而得到了广泛的应用。

3.5.1　绘制多段线

执行方式

　　命令行：PLINE（缩写名：PL）。

　　菜单："绘图" → "多段线"。

工具栏："绘图"→"多段线" 。

功能区：单击"默认"选项卡"绘图"面板中的"多段线"按钮 。

操作步骤

```
命令: PLINE
指定起点: (指定多段线的起点)
当前线宽为 0.0000
指定下一个点或 [圆弧(A)/半宽(H)/长度(L)/放弃
(U)/宽度(W)]: (指定多段线的下一点)
```

选项说明

多段线主要由不同长度的连续线段或圆弧组成，如果在上述提示中选"圆弧"命令，则命令行提示：

```
[角度(A)/圆心(CE)/方向(D)/半宽(H)/直线(L)/
半径(R)/第二个点(S)/放弃(U)/宽度(W)]:
```

3.5.2 编辑多段线

执行方式

命令行：**PEDIT**（缩写名：PE）。

菜单："修改"→"对象"→"多段线"。

工具栏："修改 II"→"编辑多段线" 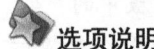。

快捷菜单：选择要编辑的多线段，在绘图区单击鼠标右键，从打开的右键快捷菜单上选择"多段线"→"多段线编辑"命令。

功能区：单击"默认"选项卡"修改"面板中的"编辑多段线"按钮 。

操作步骤

```
命令: PEDIT
选择多段线或 [多条(M)]: (选择一条要编辑的多段
线)
输入选项 [闭合(C)/合并(J)/宽度(W)/编辑顶点
(E)/拟合(F)/样条曲线(S)/非曲线化(D)/线型生
成(L)/放弃(U)]:
```

选项说明

（1）合并（J）

以选中的多段线为主体，合并其他直线段、圆弧或多段线，使其成为一条多段线。能合并的

条件是各段线的端点首尾相连，如图 3-37 所示。

（a）合并前 　　　（b）合并后

图 3-37　合并多段线

（2）宽度（W）

修改整条多段线的线宽，使其具有同一线宽，如图 3-38 所示。

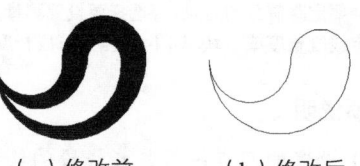

（a）修改前 　　　（b）修改后

图 3-38　修改整条多段线的线宽

（3）编辑顶点（E）

选择该项后，在多段线起点处出现一个斜的十字叉"×"，它是当前顶点的标记，并在命令行出现进行后续操作的提示：

```
[下一个(N)/上一个(P)/打断(B)/插入(I)/移动
(M)/重生成(R)/拉直(S)/切向(T)/宽度(W)/退出
(X)] <N>:
```

这些选项允许用户进行移动、插入顶点和修改任意两点间的线的线宽等操作。

（4）拟合（F）

从指定的多段线生成由光滑圆弧连接而成的圆弧拟合曲线，该曲线经过多段线的各顶点，如图 3-39 所示。

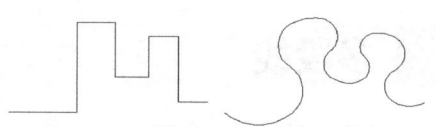

（a）修改前 　　　（b）修改后

图 3-39　生成圆弧拟合曲线

（5）样条曲线（S）

以指定的多段线的各顶点作为控制点生成 B 样条曲线，如图 3-40 所示。

（6）非曲线化（D）

用直线代替指定的多段线中的圆弧。对于选择"拟合（F）"选项或"样条曲线（S）"选项后生成的圆弧拟合曲线或样条曲线，删去其生成曲线时新插入的顶点，则恢复成由直线段组成的多段线。

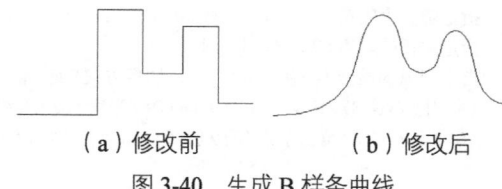

（a）修改前　　　　（b）修改后

图 3-40　生成 B 样条曲线

（7）线型生成（L）

当多段线的线型为点划线时，控制多段线的线型生成方式开关。选择此项，系统提示：

输入多段线线型生成选项 [开(ON)/关(OFF)] <关>：

选择 ON 时，将在每个顶点处允许以短划开始或结束生成线型，选择 OFF 时，将在每个顶点处允许以长划开始或结束生成线型。"线型生成"不能用于包含带变宽的线段的多段线，如图 3-41 所示。

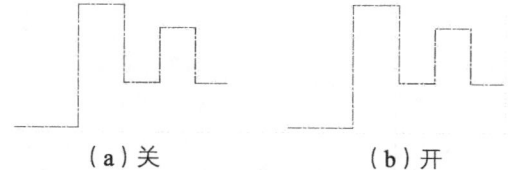

（a）关　　　　　　（b）开

图 3-41　控制多段线的线型（线型为点划线时）

下面以图 3-42 所示的古典酒樽为例，介绍一下多段线命令的使用方法。

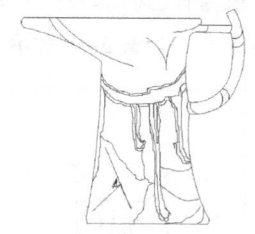

图 3-42　古典酒樽

Step 绘制步骤

❶ 单击"默认"选项卡"绘图"面板中的"多

段线"按钮 ，绘制外部轮廓，命令行提示如下：

命令：_pline
指定起点：0,0
当前线宽为 0.0000
指定下一个点或 [圆弧(A)/半宽(H)/长度(L)/放弃(U)/宽度(W)]：a
指定圆弧的端点(按住 Ctrl 键以切换方向)或[角度(A)/圆心(CE)/方向(D)/半宽(H)/直线(L)/半径(R)/第二个点(S)/放弃(U)/宽度(W)]：s
指定圆弧上的第二个点：-1,5
指定圆弧的端点：0,10
指定圆弧的端点(按住 Ctrl 键以切换方向)或[角度(A)/圆心(CE)/闭合(CL)/方向(D)/半宽(H)/直线(L)/半径(R)/第二个点(S)/放弃(U)/宽度(W)]：s
指定圆弧上的第二个点：9,80
指定圆弧的端点：12.5,143
指定圆弧的端点(按住 Ctrl 键以切换方向)或[角度(A)/圆心(CE)/闭合(CL)/方向(D)/半宽(H)/直线(L)/半径(R)/第二个点(S)/放弃(U)/宽度(W)]：s
指定圆弧上的第二个点：-21.7,161.9
指定圆弧的端点：-58.9,173
指定圆弧的端点(按住 Ctrl 键以切换方向)或[角度(A)/圆心(CE)/闭合(CL)/方向(D)/半宽(H)/直线(L)/半径(R)/第二个点(S)/放弃(U)/宽度(W)]：s
指定圆弧上的第二个点：-61,177.7
指定圆弧的端点：-58.3,182
指定圆弧的端点(按住 Ctrl 键以切换方向)或[角度(A)/圆心(CE)/闭合(CL)/方向(D)/半宽(H)/直线(L)/半径(R)/第二个点(S)/放弃(U)/宽度(W)]：l
指定下一点或 [圆弧(A)/闭合(C)/半宽(H)/长度(L)/放弃(U)/宽度(W)]：100.5,182
指定下一点或 [圆弧(A)/闭合(C)/半宽(H)/长度(L)/放弃(U)/宽度(W)]：a
指定圆弧的端点(按住 Ctrl 键以切换方向)或[角度(A)/圆心(CE)/闭合(CL)/方向(D)/半宽(H)/直线(L)/半径(R)/第二个点(S)/放弃(U)/宽度(W)]：s
指定圆弧上的第二个点：102.3,179
指定圆弧的端点：100.5,176
指定圆弧的端点(按住 Ctrl 键以切换方向)或[角度(A)/圆心(CE)/闭合(CL)/方向(D)/半宽(H)/直线(L)/半径(R)/第二个点(S)/放弃(U)/宽度(W)]：l
指定下一点或 [圆弧(A)/闭合(C)/半宽(H)/长度(L)/放弃(U)/宽度(W)]：129.7,176
指定下一点或 [圆弧(A)/闭合(C)/半宽(H)/长度(L)/放弃(U)/宽度(W)]：125,186.7
指定下一点或 [圆弧(A)/闭合(C)/半宽(H)/长度(L)/放弃(U)/宽度(W)]：132,190.4
指定下一点或 [圆弧(A)/闭合(C)/半宽(H)/长度(L)/放弃(U)/宽度(W)]：a
指定圆弧的端点(按住 Ctrl 键以切换方向)或[角度(A)/圆心(CE)/闭合(CL)/方向(D)/半宽(H)/直线

```
(L) /半径 (R) /第二个点 (S) /放弃 (U) /宽度 (W) ]: s
指定圆弧上的第二个点: 141.3,149.3
指定圆弧的端点: 127,109.8
指定圆弧的端点 (按住 Ctrl 键以切换方向) 或 [角
度 (A) /圆心 (CE) /闭合 (CL) /方向 (D) /半宽 (H) /直
线 (L) /半径 (R) /第二个点 (S) /放弃 (U) /宽度 (W) ]: s
指定圆弧上的第二个点: 110.7,99.8
指定圆弧的端点: 91.6,97.5
指定圆弧的端点 (按住 Ctrl 键以切换方向) 或 [角度
(A) /圆心 (CE) /闭合 (CL) /方向 (D) /半宽 (H) /直线
(L) /半径 (R) /第二个点 (S) /放弃 (U) /宽度 (W) ]: s
指定圆弧上的第二个点: 93.8,51.2
指定圆弧的端点: 110,3.6
指定圆弧的端点 (按住 Ctrl 键以切换方向) 或 [角度
(A) /圆心 (CE) /闭合 (CL) /方向 (D) /半宽 (H) /直线
(L) /半径 (R) /第二个点 (S) /放弃 (U) /宽度 (W) ]: s
指定圆弧上的第二个点: 109.4,1.9
指定圆弧的端点: 108.3,0
指定圆弧的端点 (按住 Ctrl 键以切换方向) 或 [角度
(A) /圆心 (CE) /闭合 (CL) /方向 (D) /半宽 (H) /直线
(L) /半径 (R) /第二个点 (S) /放弃 (U) /宽度 (W) ]: l
指定下一点或 [圆弧 (A) /闭合 (C) /半宽 (H) /长度
(L) /放弃 (U) /宽度 (W) ]: c
```

绘制结果如图 3-43 所示。

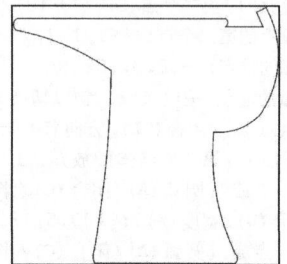

图 3-43　绘制外部轮廓

② 单击"默认"选项卡"绘图"面板中的"多
段线"按钮 ，绘制把手。命令行提示如下：

```
命令: _pline
指定起点: 97.3,169.8
当前线宽为 0.0000
指定下一个点或 [圆弧 (A) /半宽 (H) /长度 (L) /放弃
(U) /宽度 (W) ]: 127.6,169.8
指定下一点或 [圆弧 (A) /闭合 (C) /半宽 (H) /长度
(L) /放弃 (U) /宽度 (W) ]: a
指定圆弧的端点 (按住 Ctrl 键以切换方向) 或 [角度
(A) /圆心 (CE) /闭合 (CL) /方向 (D) /半宽 (H) /直线
(L) /半径 (R) /第二个点 (S) /放弃 (U) /宽度 (W) ]: s
指定圆弧上的第二个点: 131,155.3
指定圆弧的端点: 130.1,142.2
指定圆弧的端点 (按住 Ctrl 键以切换方向) 或 [角度
(A) /圆心 (CE) /闭合 (CL) /方向 (D) /半宽 (H) /直线
```

```
(L) /半径 (R) /第二个点 (S) /放弃 (U) /宽度 (W) ]: s
指定圆弧上的第二个点: 119.5,117.9
指定圆弧的端点:94.9,107.8
指定圆弧的端点 (按住 Ctrl 键以切换方向) 或 [角度
(A) /圆心 (CE) /闭合 (CL) /方向 (D) /半宽 (H) /直线
(L) /半径 (R) /第二个点 (S) /放弃 (U) /宽度 (W) ]: s
↙
指定圆弧上的第二个点:92.7,107.8
指定圆弧的端点:90.8,109.1
指定圆弧的端点 (按住 Ctrl 键以切换方向) 或 [角度
(A) /圆心 (CE) /闭合 (CL) /方向 (D) /半宽 (H) /直线
(L) /半径 (R) /第二个点 (S) /放弃 (U) /宽度 (W) ]: s
↙
指定圆弧上的第二个点:88.3,136.3
指定圆弧的端点:91.4,163.3
指定圆弧的端点 (按住 Ctrl 键以切换方向) 或 [角度
(A) /圆心 (CE) /闭合 (CL) /方向 (D) /半宽 (H) /直线
(L) /半径 (R) /第二个点 (S) /放弃 (U) /宽度 (W) ]: s
↙
指定圆弧上的第二个点:93.167.8
指定圆弧的端点:97.3,169.8
指定圆弧的端点 (按住 Ctrl 键以切换方向) 或 [角度
(A) /圆心 (CE) /闭合 (CL) /方向 (D) /半宽 (H) /直线
(L) /半径 (R) /第二个点 (S) /放弃 (U) /宽度 (W) ]:
↙
```

绘制结果如图 3-44 所示。

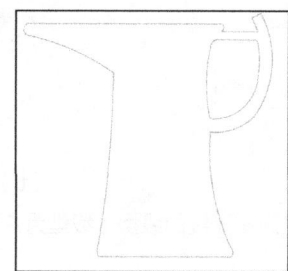

图 3-44　绘制把手

③ 用户可以根据自己的喜好，在酒杯上加上自
己喜欢的图案，如图 3-45 所示。

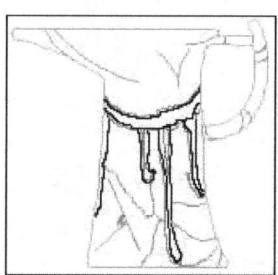

图 3-45　酒杯

3.6　样条曲线

AutoCAD 2016 使用非一致有理 B 样条（NURBS）曲线。NURBS 曲线在控制点之间产生一条光滑的样条曲线，如图 3-46 所示。样条曲线可用于创建形状不规则的曲线，例如，为地理信息系统（GIS）应用或汽车设计绘制轮廓线。

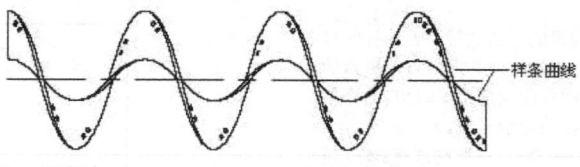

图 3-46　样条曲线

3.6.1　绘制样条曲线

 **执行方式**

命令行：SPLINE。

菜单："绘图"→"样条曲线"。

工具栏："绘图"→"样条曲线" 。

功能区：单击"默认"选项卡"绘图"面板中的"样条曲线拟合"按钮 或"样条曲线控制点"按钮 。

 操作步骤

命令：SPLINE
指定第一个点或 ［对象(O)］：（指定一点或选择"对象(O)"选项）
指定下一点：（指定一点）
指定下一个点或 ［闭合(C)/拟合公差(F)］ <起点切向>：

 选项说明

（1）对象（O）

将二维或三维的二次或三次样条曲线的拟合多段线转换为等价的样条曲线，然后（根据 DelOBJ 系统变量的设置）删除该拟合多段线。

（2）闭合（C）

将最后一点定义为与第一点一致，并使它在连接处与样条曲线相切，这样可以闭合样条曲线。选择该项后，系统继续提示：

指定切向：（指定点或按<Enter>键）

用户可以指定一点来定义切向矢量，或者通过使用"切点"和"垂足"对象来捕捉模式使样条曲线与现有对象相切或垂直。

（3）拟合公差（F）

修改当前样条曲线的拟合公差。根据新的拟合公差，以现有点重新定义样条曲线。拟合公差表示样条曲线拟合时所指定的拟合点集的拟合精度。拟合公差越小，样条曲线与拟合点越接近。公差为 0 时，样条曲线将通过该点。输入大于 0 的拟合公差时，将使样条曲线在指定的公差范围内通过拟合点。在绘制样条曲线时，可以通过改变样条曲线的拟合公差以查看效果。

（4）起点切向

定义样条曲线的第一点和最后一点的切向。

如果在样条曲线的两端都指定切向，可以通过输入一个点或者使用"切点"和"垂足"对象来捕捉模式，使样条曲线与已有的对象相切或垂直。如果按<Enter>键，AutoCAD 2016 将计算默认切向。

3.6.2　编辑样条曲线

 **执行方式**

命令行：SPLINEDIT。

菜单："修改"→"对象"→"样条曲线"。

快捷菜单：选择要编辑的样条曲线，在绘图区单击鼠标右键，从打开的右键快捷菜单上选择

"样条曲线"下拉菜单命令。

工具栏："修改 II"→"编辑样条曲线"。

功能区：单击"默认"选项卡"修改"面板中的"编辑样条曲线"按钮。

操作步骤

命令：SPLINEDIT
选择样条曲线：（选择要编辑的样条曲线。若选择的样条曲线是用 SPLINE 命令创建的，其近似点以夹点的颜色显示出来；若选择的样条曲线是用 PLINE 命令创建的，其控制点以夹点的颜色显示出来。）
输入选项 [拟合数据(F)/闭合(C)/移动顶点(M)/精度(R)/反转(E)/放弃(U)]：

选项说明

（1）拟合数据（F）

编辑近似数据。选择该项后，创建该样条曲线时指定的各点将以小方格的形式显示出来。

（2）移动顶点（M）

移动样条曲线上的当前点。

（3）精度（R）

调整样条曲线的定义精度。

（4）反转（E）

翻转样条曲线的方向，该项操作主要用于应用程序。

下面以图 3-47 所示的雨伞为例，介绍一下样条曲线命令的使用方法。

图 3-47 雨伞

Step 绘制步骤

1 单击"默认"选项卡"绘图"面板中的"圆弧"按钮，绘制伞的外框。命令行提示如下：

命令：ARC
指定圆弧的起点或 [圆心(C)]：C

指定圆弧的圆心：（在屏幕上指定圆心）
指定圆弧的起点：（在屏幕上圆心位置的右边指定圆弧的起点）
指定圆弧的端点（按住 Ctrl 键以切换方向）或 [角度(A)/弦长(L)]：A
指定夹角（按住 Ctrl 键以切换方向）：180（注意角度的逆时针转向）
结果如图 3-48 所示。

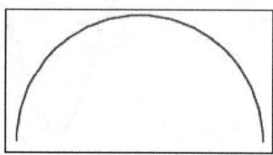

图 3-48 绘制圆弧

2 单击"默认"选项卡"绘图"面板中的"样条曲线"按钮，绘制伞的底边。命令行提示如下：

命令：SPLINE
指定第一个点或 [对象(O)]：（指定样条曲线的第一个点 1，如图 3-49 所示）
指定下一点：（指定样条曲线的下一个点 2）
指定下一点或 [闭合(C)/拟合公差(F)] <起点切向>：（指定样条曲线的下一个点 3）
指定下一点或 [闭合(C)/拟合公差(F)] <起点切向>：（指定样条曲线的下一个点 4）
指定下一点或 [闭合(C)/拟合公差(F)] <起点切向>：（指定样条曲线的下一个点 5）
指定下一点或 [闭合(C)/拟合公差(F)] <起点切向>：（指定样条曲线的下一个点 6）
指定下一点或 [闭合(C)/拟合公差(F)] <起点切向>：（指定样条曲线的下一个点 7）
指定下一点或 [闭合(C)/拟合公差(F)] <起点切向>：
指定起点切向：（在 1 点左边顺着曲线往外指定一点并右击确认）
指定端点切向：（在 7 点右边顺着曲线往外指定一点并右击确认）
结果如图 3-50 所示。

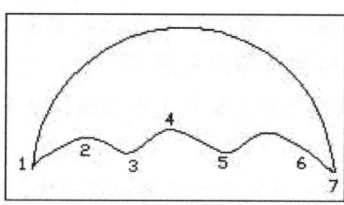

图 3-49 绘制伞边

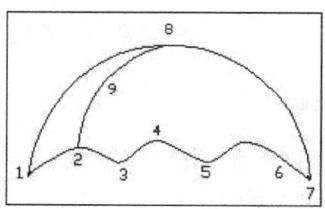

图 3-50 绘制伞面辐条

③ 单击"默认"选项卡"绘图"面板中的"圆弧"按钮，绘制起点在正中点 8，第二个点在点 9，端点在点 2 的圆弧，如图 3-51 所示。重复"圆弧"命令，绘制其他的伞面辐条，绘制结果如图 3-51 所示。

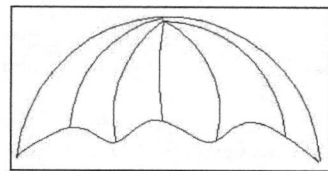

图 3-51 绘制伞面

④ 单击"默认"选项卡"绘图"面板中的"多段线"按钮，绘制伞顶和伞把。命令行提示如下：

```
命令：PLINE
指定起点：(在图 3-50 所示的点 8 位置指定伞顶起点)
当前线宽为 3.0000
指定下一个点或 [圆弧(A)/半宽(H)/长度(L)/放弃
(U)/宽度(W)]：W
指定起点宽度 <3.0000>：4
指定端点宽度 <4.0000>：
```

```
指定下一个点或 [圆弧(A)/半宽(H)/长度(L)/放弃
(U)/宽度(W)]：(指定伞顶终点)
指定下一点或 [圆弧(A)/闭合(C)/半宽(H)/长度
(L)/放弃(U)/宽度(W)]：U  (位置不合适，取消)
指定下一个点或 [圆弧(A)/半宽(H)/长度(L)/放弃
(U)/宽度(W)]：(重新在往上适当位置指定伞顶终点)
指定下一点或 [圆弧(A)/闭合(C)/半宽(H)/长度
(L)/放弃(U)/宽度(W)]：(右击确认)
命令：PLINE
指定起点：(在图 3-51 所示的点 8 的正下方点 4 位置附近，指定伞把起点)
当前线宽为 4.0000
指定下一个点或 [圆弧(A)/半宽(H)/长度(L)/放弃
(U)/宽度(W)]：H
指定起点半宽 <1.0000>：1.5
指定端点半宽 <1.5000>：
指定下一个点或 [圆弧(A)/半宽(H)/长度(L)/放弃
(U)/宽度(W)]：(往下适当位置指定下一点)
指定下一点或 [圆弧(A)/闭合(C)/半宽(H)/长度
(L)/放弃(U)/宽度(W)]：A
指定圆弧的端点(按住 Ctrl 键以切换方向)或[角度
(A)/圆心(CE)/闭合(CL)/方向(D)/半宽(H)/直线
(L)/半径(R)/第二个点(S)/放弃(U)/宽度(W)]：
(指定圆弧的端点)
指定圆弧的端点(按住 Ctrl 键以切换方向)或[角度
(A)/圆心(CE)/闭合(CL)/方向(D)/半宽(H)/直线
(L)/半径(R)/第二个点(S)/放弃(U)/宽度(W)]：
(鼠标右击确认)
```

结果如图 3-47 所示。

3.7 多线

多线是一种复合线，由连续的直线段复合组成。多线的一个突出优点是能够提高绘图效率，保证图线之间的统一性。

3.7.1 绘制多线

 执行方式

命令行：MLINE。
菜单："绘图"→"多线"。

 操作步骤

```
命令：MLINE
当前设置：对正 = 上，比例 = 20.00，样式 =
STANDARD
指定起点或 [对正(J)/比例(S)/样式(ST)]：(指定
起点)
指定下一点：(给定下一点)
指定下一点或 [放弃(U)]：(继续给定下一点，绘制
线段。输入"U"，则放弃前一段的绘制；单击鼠标右
键或按<Enter>键，结束命令)
指定下一点或 [闭合(C)/放弃(U)]：(继续给定下一
点，绘制线段。输入"C"，则闭合线段，结束命令)
```

选项说明

（1）对正（J）

该项用于给定绘制多线的基准。共有 3 种对正类型"上""无"和"下"。其中，"上（T）"表示以多线上侧的线为基准，以此类推。

（2）比例（S）

选择该项，要求用户设置平行线的间距。输入值为零时，平行线重合；值为负时，多线的排列倒置。

（3）样式（ST）

该项用于设置当前使用的多线样式。

3.7.2 定义多线样式

执行方式

命令行：MLSTYLE。

操作步骤

系统自动执行该命令后，弹出图 3-52 所示的"多线样式"对话框。在该对话框中，用户可以对多线样式进行定义、保存和加载等操作。

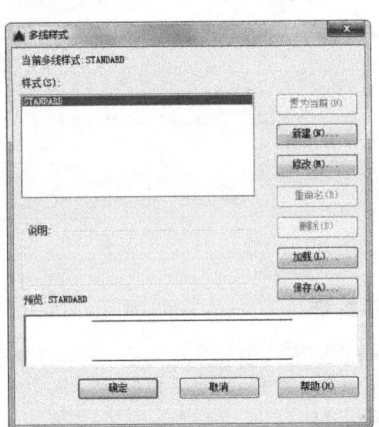

图 3-52 "多线样式"对话框

3.7.3 编辑多线

执行方式

命令行：MLEDIT。

菜单："修改"→"对象→"多线"。

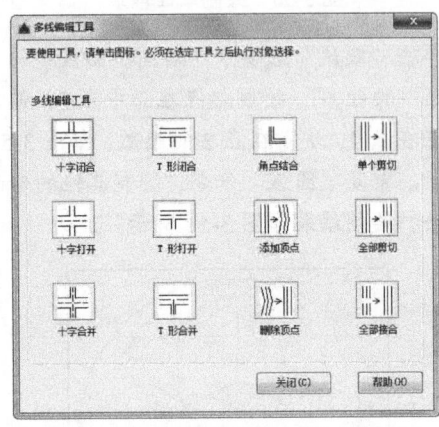
操作步骤

利用该命令后，弹出"多线编工具辑"对话框，如图 3-53 所示。

图 3-53 "多线编辑工具"对话框

利用该对话框，可以创建或修改多线的模式。对话框中分 4 列显示了示例图形。其中，第一列管理十字交叉形式的多线，第二列管理 T 形多线，第三列管理拐角接合点和节点形式的多线，第四列管理多线被剪切或连接的形式。

单击选择某个示例图形，然后单击"关闭"按钮，就可以调用该项编辑功能。

下面以图 3-54 所示的墙体为例，介绍一下多线命令的使用方法。

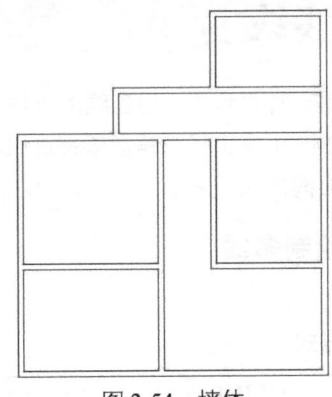

图 3-54 墙体

Step 绘制步骤

① 单击"默认"选项卡"绘图"面板中的"构造线"按钮 ✐，绘制出一条水平构造线和一条竖直构造线，组成"十"字形辅助线，如图 3-55 所示。

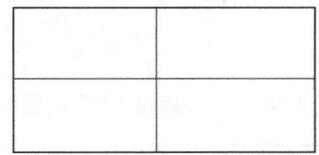

图 3-55 "十"字形辅助线

② 单击"默认"选项卡"修改"面板中的"偏移"按钮 ⬚，将水平构造线依次向上偏移 4200、5100、1800 和 3000，偏移得到的水平构造线如图 3-56 所示。重复"偏移"命令，将垂直构造线依次向右偏移 3900、1800、2100 和 4500，结果如图 3-57 所示。

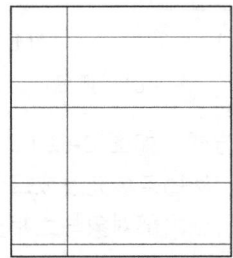

图 3-56 水平构造线

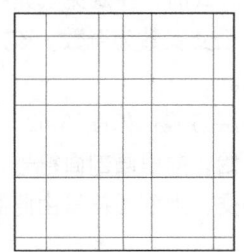

图 3-57 居室的辅助线网格

③ 选取菜单栏中的"格式"→"多线样式"命令，系统打开"多线样式"对话框，在该对话框中单击"新建"按钮，系统打开"创建新的多线样式"对话框，在该对话框的"新样式名"文本框中键入"墙体线"，单击"继续"按钮。

④ 系统弹出"新建多线样式：墙体线"对话框，进行图 3-58 所示的设置。

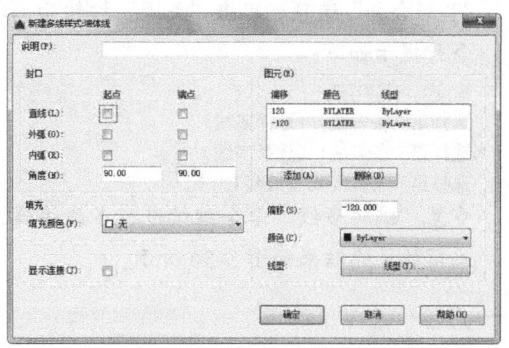

图 3-58 设置多线样式

⑤ 选择菜单栏中的"绘图"→"多线"命令，绘制多线墙体。命令行提示如下：

```
命令：MLINE
当前设置：对正 = 上，比例 = 20.00，样式 =
STANDARD
指定起点或 [对正(J)/比例(S)/样式(ST)]：S
输入多线比例 <20.00>：1
当前设置：对正 = 上，比例 = 1.00，样式 =
STANDARD
指定起点或 [对正(J)/比例(S)/样式(ST)]：J
输入对正类型 [上(T)/无(Z)/下(B)] <上>：Z
当前设置：对正 = 无，比例 = 1.00，样式 =
STANDARD
指定起点或 [对正(J)/比例(S)/样式(ST)]：(在绘
制的辅助线交点上指定一点)
指定下一点：(在绘制的辅助线交点上指定下一点)
指定下一点或 [放弃(U)]：(在绘制的辅助线交点上
指定下一点)
指定下一点或 [闭合(C)/放弃(U)]：(在绘制的辅
助线交点上指定下一点)
指定下一点或 [闭合(C)/放弃(U)]：C
```

根据辅助线网格，用相同的方法绘制多线，绘制结果如图 3-59 所示。

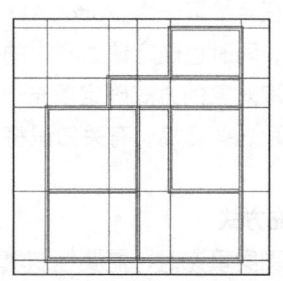

图 3-59 全部多线绘制结果

⑥ 编辑多线。选择菜单栏中的"修改"→"对象"→"多线"命令，系统弹出"多线编辑工具"对话框，如图 3-60 所示。单击其中的"T形合并"选项，单击"关闭"按钮后，命令行提示如下：

```
命令：MLEDIT
选择第一条多线：（选择多线）
选择第二条多线：（选择多线）
选择第一条多线或［放弃(U)］：
```

重复"编辑多线"命令继续进行多线编辑，编辑的最终结果如图 3-54 所示。

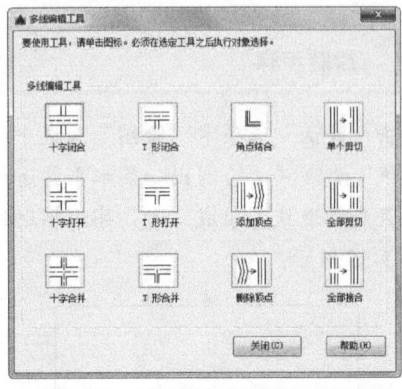

图 3-60 "多线编辑工具"对话框

3.8 图案填充

当需要用一个重复的图案（pattern）填充某个区域时，可以使用 BHATCH 命令建立一个相关联的填充阴影对象，即所谓的图案填充。

3.8.1 基本概念

1. 图案边界

当进行图案填充时，首先要确定图案填充的边界。定义边界的对象只能是直线、双向射线、单向射线、多段线、样条曲线、圆弧、圆、椭圆、椭圆弧、面域等对象或用这些对象定义的块，而且作为边界的对象，在当前屏幕上必须全部可见。

2. 孤岛

在进行图案填充时，我们把位于总填充域内的封闭区域称为孤岛，如图 3-61 所示。在用 BHATCH 命令进行图案填充时，AutoCAD 允许用户以拾取点的方式确定填充边界，即在希望填充的区域内任意拾取一点，AutoCAD 会自动确定出填充边界，同时也确定该边界内的孤岛。如果用户是以点取对象的方式确定填充边界的，则必须确切地点取这些孤岛，有关知识将在下一节中介绍。

3. 填充方式

在进行图案填充时，需要控制填充的范围，AutoCAD 系统为用户设置了以下 3 种填充方式，实现对填充范围的控制。

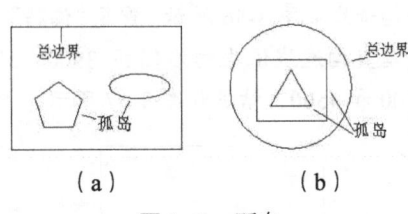

（a） （b）

图 3-61 孤岛

（1）普通方式：如图 3-62（a）所示，该方式从边界开始，从每条填充线或每个剖面符号的两端向里画，遇到内部对象与之相交时，填充线或剖面符号断开，直到遇到下一次相交时再继续画。采用这种方式时，要避免填充线或剖面符号与内部对象的相交次数为奇数。该方式为系统内部的默认方式。

（2）最外层方式：如图 3-62（b）所示，该方式从边界开始，向里画剖面符号，只要在边界内部与对象相交，则剖面符号由此断开，而不再继续画。

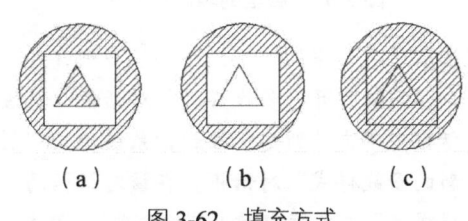

（a） （b） （c）

图 3-62 填充方式

（3）忽略方式：如图 3-62（c）所示，该方式忽略边界内部的对象，所有内部结构都被剖面符号覆盖。

3.8.2 图案填充的操作

执行方式

命令行：BHATCH。

菜单："绘图"→"图案填充"。

工具栏："绘图"→"图案填充"  或"绘图"→"渐变色"。

功能区：单击"默认"选项卡"绘图"面板中的"图案填充"按钮。

操作步骤

执行上述命令后，系统打开图 3-63 所示的"图案填充创建"选项卡，各选项和按钮含义介绍如下。

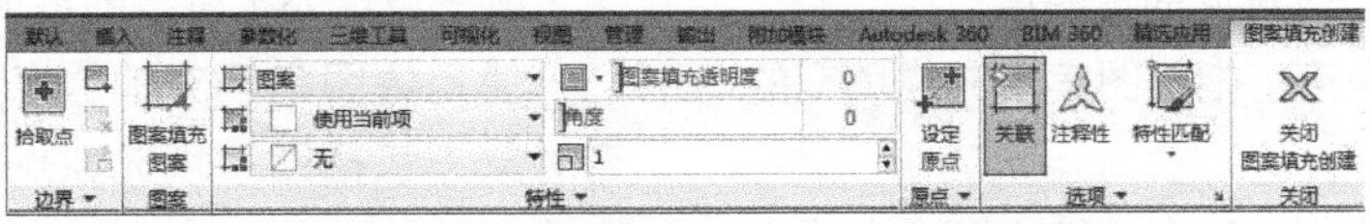

图 3-63 "图案填充和渐变色"选项卡 1

1. "边界"面板

（1）拾取点：通过选择由一个或多个对象形成的封闭区域内的点，确定图案填充边界（见图 3-64）。指定内部点时，可以随时在绘图区域中单击鼠标右键以显示包含多个选项的快捷菜单。

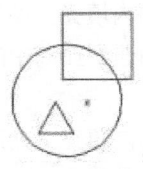 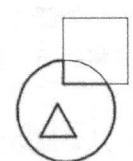 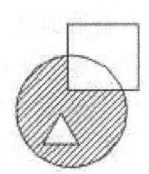

选择一点　　　填充区域　　　填充结果

图 3-64 边界确定

（2）选择边界对象：指定基于选定对象的图案填充边界。使用该选项时，不会自动检测内部对象，必须选择选定边界内的对象，以按照当前孤岛检测样式填充这些对象（见图 3-65）。

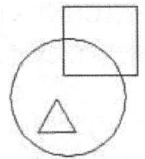 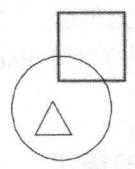 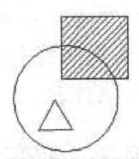

原始图形　　选取边界对象　　填充结果

图 3-65 选取边界对象

（3）删除边界对象：从边界定义中删除之前添加的任何对象（见图 3-66）。

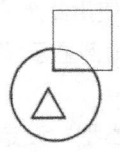 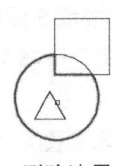 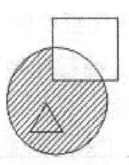

选取边界对象　　删除边界　　填充结果

图 3-66 删除"岛"后的边界

（4）重新创建边界：围绕选定的图案填充或填充对象创建多段线或面域，并使其与图案填充对象相关联（可选）。

（5）显示边界对象：选择构成选定关联图案填充对象的边界的对象，使用显示的夹点可修改图案填充边界。

（6）保留边界对象

指定如何处理图案填充边界对象。选项包括

1）不保留边界。（仅在图案填充创建期间可用）不创建独立的图案填充边界对象。

2）保留边界 - 多段线。（仅在图案填充创建期间可用）创建封闭图案填充对象的多段线。

3）保留边界 - 面域。（仅在图案填充创建期间可用）创建封闭图案填充对象的面域对象。

4）选择新边界集。指定对象的有限集（称为边界集），以便通过创建图案填充时的拾取点进行计算。

2."图案"面板

显示所有预定义和自定义图案的预览图像。

3.特性"面板

（1）图案填充类型：指定是使用纯色、渐变色、图案还是用户定义的填充。

（2）图案填充颜色：替代实体填充和填充图案的当前颜色。

（3）背景色：指定填充图案背景的颜色。

（4）图案填充透明度：设定新图案填充或填充的透明度，替代当前对象的透明度。

（5）图案填充角度：指定图案填充或填充的角度。

（6）填充图案比例：放大或缩小预定义或自定义填充图案。

（7）相对图纸空间：（仅在布局中可用）相对于图纸空间单位缩放填充图案。使用此选项，可很容易地做到以适合于布局的比例显示填充图案。

（8）双向：（仅当"图案填充类型"设定为"用户定义"时可用）将绘制第二组直线，与原始直线成 90 度角，从而构成交叉线。

（9）ISO 笔宽：（仅对于预定义的 ISO 图案可用）基于选定的笔宽缩放 ISO 图案。

4."原点"面板

（1）设定原点：直接指定新的图案填充原点。

（2）左下：将图案填充原点设定在图案填充边界矩形范围的左下角。

（3）右下：将图案填充原点设定在图案填充边界矩形范围的右下角。

（4）左上：将图案填充原点设定在图案填充边界矩形范围的左上角。

（5）右上：将图案填充原点设定在图案填充边界矩形范围的右上角。

（6）中心：将图案填充原点设定在图案填充边界矩形范围的中心。

（7）使用当前原点：将图案填充原点设定在 HPORIGIN 系统变量中存储的默认位置。

（8）存储为默认原点：将新图案填充原点的值存储在 HPORIGIN 系统变量中。

5."选项"面板

（1）关联：指定图案填充或填充为关联图案填充。关联的图案填充或填充在用户修改其边界对象时将会更新。

（2）注释性：指定图案填充为注释性。此特性会自动完成缩放注释过程，从而使注释能够以正确的大小在图纸上打印或显示。

（3）特性匹配

使用当前原点：使用选定图案填充对象（除图案填充原点外）设定图案填充的特性。

使用源图案填充的原点：使用选定图案填充对象（包括图案填充原点）设定图案填充的特性。

（4）允许的间隙：设定将对象用作图案填充边界时可以忽略的最大间隙。默认值为 0，此值指定对象必须封闭区域而没有间隙。

（5）创建独立的图案填充：控制当指定了几个单独的闭合边界时，是创建单个图案填充对象，还是创建多个图案填充对象。

（6）孤岛检测

普通孤岛检测：从外部边界向内填充。如果遇到内部孤岛，填充将关闭，直到遇到孤岛中的另一个孤岛。

外部孤岛检测：从外部边界向内填充。此选项仅填充指定的区域，不会影响内部孤岛。

忽略孤岛检测：忽略所有内部的对象，填充图案时将通过这些对象。

（7）绘图次序：为图案填充或填充指定绘图次序。选项包括不更改、后置、前置、置于边界之后和置于边界之前。

6."关闭"面板

关闭"图案填充创建"：退出 HATCH 并关闭上下文选项卡。也可以按<Enter>键或<Esc>键退出 HATCH。

3.8.3 渐变色的操作

 **执行方式**

命令行：GRADIENT

菜单："绘图"→"渐变色"。

工具栏："绘图"→"图案填充" 。

功能区：单击"默认"选项卡"绘图"面板中的"渐变色"按钮 ▦。

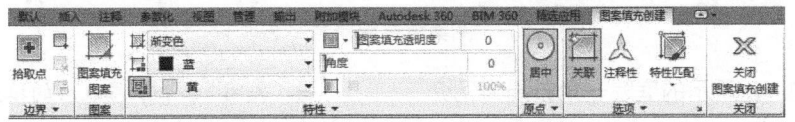

图 3-67　"图案填充创建"选项卡 2

3.8.4　边界的操作

执行方式

命令行：BOUNDARY

功能区：单击"默认"选项卡"绘图"面板中的"边界"按钮 ▢。

操作步骤

执行上述命令后系统打开图 3-68 所示的"边界创建"对话框，各面板中的按钮含义如下。

图 3-68　"边界创建"对话框

选项说明

拾取点：根据围绕指定点构成封闭区域的现有对象来确定边界。

孤岛检测：控制 BOUNDARY 命令是否检测内部闭合边界，该边界称为孤岛。

对象类型：控制新边界对象的类型。BOUNDARY 将边界作为面域或多段线对象创建。

边界集：定义通过指定点定义边界时，

BOUNDARY 要分析的对象集。

操作步骤

执行上述命令后系统打开图 3-67 所示的"图案填充创建"选项卡，各面板中的按钮含义与图案填充的类似，这里不再赘述。

3.8.5　编辑填充的图案

利用 HATCHEDIT 命令，编辑已经填充的图案。

执行方式

命令行：HATCHEDIT。

菜单："修改"→"对象"→"图案填充"。

工具栏："修改 II"→"编辑图案填充" 。

快捷菜单：选中填充的图案单击鼠标右键，在打开的快捷菜单中选择"图案填充编辑"命令（见图 3-69）。

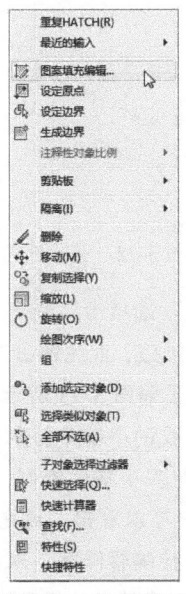

图 3-69　快捷菜单

快捷方法：直接选择填充的图案，打开"图案填充编辑器"选项卡（见图3-70）。

功能区：单击"默认"选项卡"修改"面板中的"编辑图案填充"按钮。

图3-70 "图案填充编辑器"选项卡

下面以图 3-71 所示的庭院一角布局为例介绍图案填充的绘制。

击"关闭"按钮，修改后的填充图案如图3-76所示。

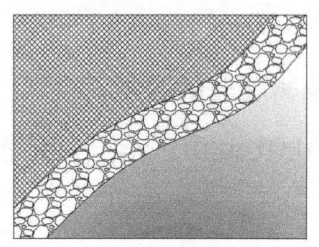

图3-71 庭院一角

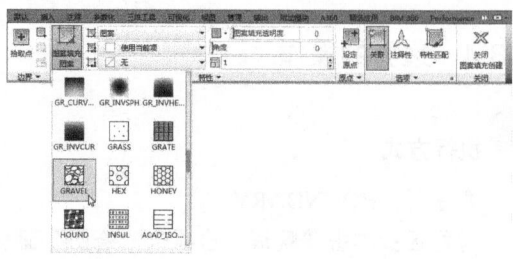

图3-73 "填充图案创建"选项卡

Step 绘制步骤

1. 单击"默认"选项卡"绘图"面板中的"矩形"按钮□和"样条曲线拟合"按钮，绘制花园外形，如图3-72所示。

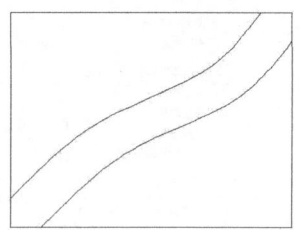

图3-72 花园外形

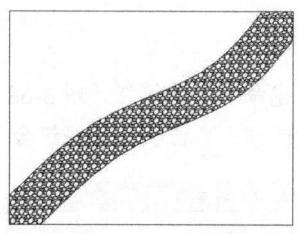

图3-74 填充小路

图3-75 "图案填充编辑"选项卡

2. 单击"默认"选项卡"绘图"面板中的"图案填充"按钮，系统弹出"图案填充创建"选项卡，设置如图3-73所示，在绘图区两条样条曲线组成的小路中拾取一点，按<Enter>键，完成鹅卵石小路的绘制，如图3-74所示。

3. 从图3-71中可以看出，填充图案过于细密，可以对其进行编辑修改。双击该填充图案，系统打开"图案填充编辑器"选项卡，将图案填充"比例"改为"3"，如图3-75所示。单

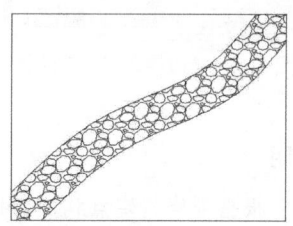

图3-76 修改后的填充图案

4. 单击"默认"选项卡"绘图"面板中的"图案填充"按钮，系统弹出"图案填充创建"选项卡。设置如图3-77所示，在绘制的图形左上方拾取一点，按<Enter>键，完成草坪的绘制，如图3-78所示。

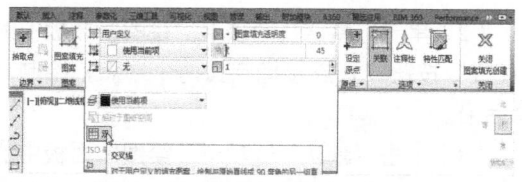

图 3-77　"图案填充创建"选项卡

图 3-79　"渐变色"选项卡

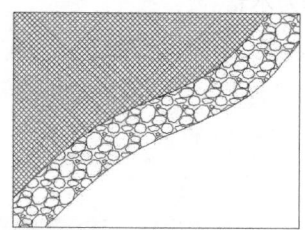

图 3-78　填充草坪

⑤ 单击"默认"选项卡"绘图"面板中的"图案填充"按钮▨，系统弹出"图案填充创建"选项卡，设置如图 3-79 所示。单击"渐变色 1"下拉菜单中的"更多颜色"按钮 ⬤更多颜色…，打开"选择颜色"对话框，选择图 3-80 所示的绿色，单击"确定"按钮，返回"图案填充创建"选项卡，选择了图 3-81 所示的颜色变化方式，在绘制的图形右下方拾取一点，按<Enter>键，完成池塘的绘制，最终绘制结果如图 3-71 所示。

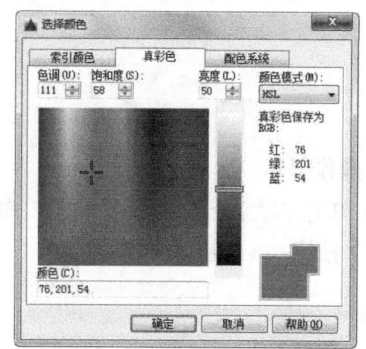

图 3-80　"选择颜色"对话框

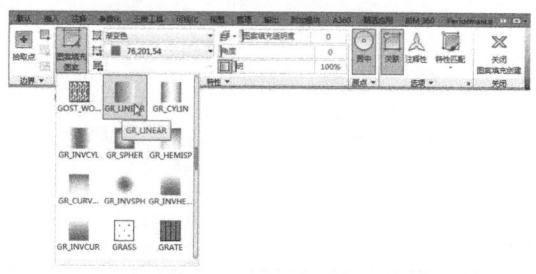

图 3-81　选择颜色变化方式

3.9　上机实验

【练习 1】绘制图 3-82 所示的擦背床。

1．目的要求

本例图形涉及的命令主要是"圆"命令。通过本实验帮助读者灵活掌握圆的绘制方法。

2．操作提示

（1）单击"默认"选项卡"绘图"面板中的"直线"按钮╱，取适当尺寸，绘制矩形外轮廓。

（2）单击"默认"选项卡"绘图"面板中的"圆"按钮⊙，绘制圆。

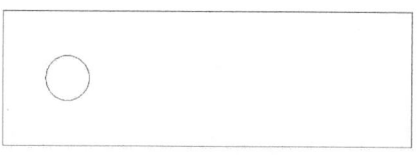

图 3-82　擦背床

【练习 2】绘制图 3-83 所示的马桶。

1．目的要求

本例图形涉及的命令主要是"矩形""直线""圆""椭圆"和"椭圆弧"。通过本实验帮助读者灵活掌握各种基本绘图命令的操作方法。

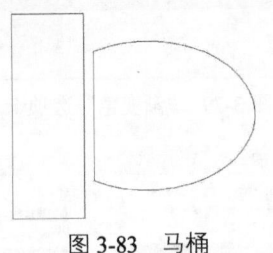

图 3-83　马桶

2. 操作提示

（1）单击"默认"选项卡"绘图"面板中的"椭圆弧"按钮⚬，绘制马桶外沿。

（2）单击"默认"选项卡"绘图"面板中的"直线"按钮⟋，连接椭圆弧两个端点，绘制马桶后沿。

（3）单击"默认"选项卡"绘图"面板中的"直线"按钮⟋，取适当的尺寸，在左边绘制一个矩形框作为水箱。

二维图形的编辑操作配合绘图命令的使用可以进一步完成复杂图形对象的绘制工作，并且可使用户合理安排和组织图形，保证绘图准确，减少重复，因此，对编辑命令的熟练掌握和使用有助于提高设计和绘图的效率。本章主要内容包括：选择对象、复制类命令、改变位置类命令、删除及恢复类命令、改变几何特性命令和对象编辑等。

重点与难点
- ➔ 选择对象
- ➔ 复制类命令
- ➔ 改变位置类命令
- ➔ 删除及恢复类命令
- ➔ 改变几何特性类命令
- ➔ 对象编辑

4.1 选择对象

AutoCAD 2016 提供两种编辑图形的途径。

（1）先执行编辑命令，然后选择要编辑的对象。

（2）先选择要编辑的对象，然后执行编辑命令。

这两种途径的执行效果是相同的，但选择对象是进行编辑的前提。AutoCAD 2016 提供了多种对象选择方法，如单击选取方法、用选择窗口选择对象、用选择线选择对象、用对话框选择对象等。AutoCAD 2016 可以把选择的多个对象组成整体，如选择集和对象组，进行整体编辑与修改。

4.1.1 构造选择集

选择集可以仅由一个图形对象构成，也可以是一个复杂的对象组，如位于某一特定层上的具有某种特定颜色的一组对象。选择集的构造可以在调用编辑命令之前或之后进行。

AutoCAD 提供以下几种方法来构造选择集。

（1）先选择一个编辑命令，然后选择对象，按<Enter>键，结束操作。

（2）使用 SELECT 命令。在命令提示行输入 SELECT，然后根据选择的选项，出现选择对象提示，按<Enter>键，结束操作。

（3）用点取设备选择对象，然后调用编辑命令。

（4）定义对象组。

无论使用哪种方法，AutoCAD 2016 都将提示用户选择对象，并且光标的形状由十字光标变为拾取框。

下面结合 SELECT 命令说明选择对象的方法。

SELECT 命令可以单独使用，也可以在执行其他编辑命令时被自动调用。此时屏幕提示：

选择对象：

等待用户以某种方式选择对象作为回答。AutoCAD 2016 提供多种选择方式，可以键入"？"查看这些选择方式。选择选项后，出现如下提示：

需要点或窗口(W)/上一个(L)/窗交(C)/框(BOX)/全部(ALL)/栏选(F)/圈围(WP)/圈交(CP)/编组(G)/添加(A)/删除(R)/多个(M)/前一个(P)/放弃(U)/自动(AU)/单个(SI)/子对象/对象

各选项的含义如下。

（1）点

该选项表示直接通过点取的方式选择对象。用鼠标或键盘移动拾取框，使其框住要选取的对象并单击，就会选中该对象并以高亮度显示。

（2）窗口（W）

用由两个对角顶点确定的矩形窗口选取位于其范围内部的所有图形，与边界相交的对象不会被选中。在指定对角顶点时，应该按照从左向右的顺序。如图 4-1 所示。

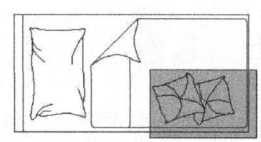

（a）图中深色覆盖部分为选择窗口

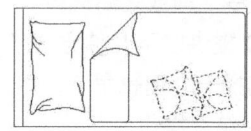

（b）选择后的图形

图 4-1 "窗口"对象选择方式

（3）上一个（L）

在"选择对象："提示下键入 L 后，按<Enter>键，系统会自动选取最后绘出的一个对象。

（4）窗交（C）

该方式与上述"窗口"方式类似，区别在于：它不但选中矩形窗口内部的对象，也选中与矩形窗口边界相交的对象，选择的对象如图 4-2 所示。

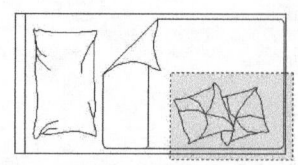

（a）图中深色覆盖部分为选择窗口

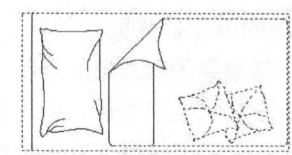

（b）选择后的图形

图 4-2 "窗交"对象选择方式

（5）框（BOX）

使用时，系统根据用户在屏幕上给出的两个对角点的位置而自动引用"窗口"或"窗交"方式。若从左向右指定对角点，则为"窗口"方式；反之，则为"窗交"方式。

（6）全部（ALL）

选取图面上的所有对象。

（7）栏选（F）

用户临时绘制一些直线，这些直线不必构成封闭图形，凡是与这些直线相交的对象均被选中。绘制结果如图 4-3 所示。

（8）圈围（WP）

使用一个不规则的多边形来选择对象。根据提示，用户顺次输入构成多边形的所有顶点的坐标，最后，按<Enter>键，做出空回答结束操作，系统将自动连接第一个顶点到最后一个顶点的各个顶点，形成封闭的多边形。凡是被多边形围住的对象均被选中（不包括边界）。执行结果如图 4-4 所示。

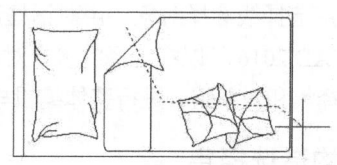

（a）图中虚线为选择栏

图 4-3 "栏选"对象选择方式

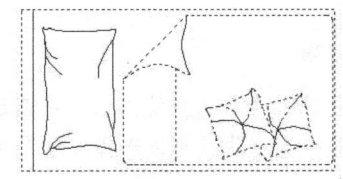

（b）选择后的图形

图 4-3 "栏选"对象选择方式（续）

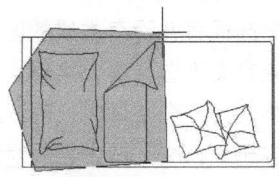

（a）图中十字线所拉出的深色多边形为选择窗口

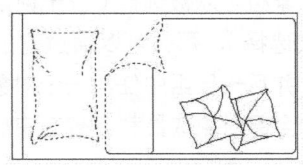

（b）选择后的图形

图 4-4 "圈围"对象选择方式

（9）圈交（CP）

类似于"圈围"方式，在"选择对象："提示后键入 CP，后续操作与"圈围"方式相同。区别在于：与多边形边界相交的对象也被选中。

（10）编组（G）

使用预先定义的对象组作为选择集。事先将若干个对象组成对象组，用组名引用。

（11）添加（A）

添加下一个对象到选择集，也可用于从移走模式（Remove）到选择模式的切换。

（12）删除（R）

按住<Shift>键选择对象，可以从当前选择集中移走该对象。对象由高亮度显示状态变为正常显示状态。

（13）多个（M）

指定多个点，非高亮度显示对象。这种方法可以加快在复杂图形上的选择对象过程。若两个对象交叉，两次指定交叉点，则可以选中这两个对象。

（14）上一个（P）

用关键字 P 回应"选择对象："的提示，则把上次编辑命令中的最后一次构造的选择集或最后一次使用 Select（DDSELECT）命令预置的选择集作为当前选择集。这种方法适用于对同一选择集进行多种编辑操作的情况。

（15）放弃（U）

用于取消加入选择集的对象。

（16）自动（AU）

选择结果视用户在屏幕上的选择操作而定。如果选中单个对象，则该对象为自动选择的结果；如果选择点落在对象内部或外部的空白处，系统会提示：

指定对角点：

此时，系统会采取一种窗口的选择方式。对象被选中后，变为虚线形式，并以高亮度显示。

 若矩形框从左向右定义，即第一个选择的对角点为左侧的对角点，矩形框内部的对象被选中，框外部的及与矩形框边界相交的对象不会被选中。若矩形框从右向左定义，矩形框内部及与矩形框边界相交的对象都会被选中。

（17）单个（SI）

选择指定的第一个对象或对象集，而不继续提示进行下一步的选择。

4.1.2 快速选择

有时需要选择具有某些共同属性的对象来构造选择集，如选择具有相同颜色、线型或线宽的对象，当然可以使用前面介绍的方法来选择这些对象，但如果要选择的对象数量较多且分布在较复杂的图形中，就会导致很大的工作量，AutoCAD 2016 提供了 QSELECT 命令来解决这个问题。调用 QSELECT 命令后，打开"快速选择"对话框，利用该对话框可以根据用户指定的过滤标准快速创建选择集。"快速选择"对话框如图 4-5 所示。

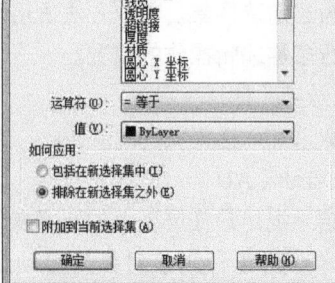

图 4-5 "快速选择"对话框

执行方式

命令行：QSELECT。

菜单："工具"→"快速选择"。

快捷菜单：在绘图区单击鼠标右键，从打开的右键快捷菜单上单击"快速选择"命令（见图4-6）或"特性"选项板→快速选择（见图4-7）。

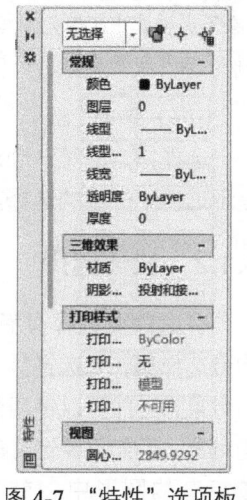

图 4-6 快捷菜单　　图 4-7 "特性"选项板

操作步骤

执行上述命令后，系统弹出"快速选择"对话框。在该对话框中，可以选择符合条件的对象或对象组。

4.1.3 构造对象组

对象组与选择集并没有本质的区别。当我们把若干个对象定义为选择集，并想让它们在以后的操作中始终作为一个整体时，可以给这个选择集命名并保存起来，这个被命名的对象选择集就是对象组，称为组名。

如果对象组可以被选择（位于锁定层上的对象组不能被选择），那么可以通过它的组名引用该对象组，并且一旦组中任何一个对象被选中，那么组中的全部对象成员都会被选中。

执行方式

命令行：GROUP。

操作步骤

执行上述命令后，系统打开"对象编组"对话框。利用该对话框可以查看或修改存在的对象组的属性，也可以创建新的对象组。

4.2 删除及恢复类命令

这一类命令主要用于删除图形的某部分或对已被删除的部分进行恢复，包括删除、回退、重做、清除等命令。

4.2.1 删除命令

如果所绘制的图形不符合要求或绘错了图

形，则可以使用删除命令 ERASE 把它删除。

 **执行方式**

命令行：ERASE。

菜单："修改"→"删除"。

快捷菜单：选择要删除的对象，在绘图区单击鼠标右键，从打开的快捷菜单上选择"删除"命令。

工具栏："修改"→"删除" ✐。

功能区：单击"默认"选项卡"修改"面板中的"删除"按钮 ✐。

操作步骤

可以先选择对象，然后调用删除命令；也可以先调用删除命令，然后再选择对象。选择对象时，可以使用前面介绍的各种对象选择的方法。

当选择多个对象时，多个对象都被删除；若选择的对象属于某个对象组，则该对象组的所有对象都被删除。

4.2.2　恢复命令

若误删除了图形，则可以使用恢复命令 OOPS 恢复误删除的对象。

 **执行方式**

命令行：OOPS 或 U。

工具栏："快速访问"→"回退" ↶。

快捷键：Ctrl+Z。

操作步骤

在命令行窗口的提示行上输入 OOPS，按 <Enter>键。

4.2.3　清除命令

此命令与删除命令的功能完全相同。

 **执行方式**

菜单："修改"→"清除"。

快捷键：Delete。

操作步骤

用菜单或快捷键输入上述命令后，系统提示：

选择对象：（选择要清除的对象，按<Enter>键执行清除命令）

4.3　复制类命令

本节将详细介绍 AutoCAD 2016 的复制类命令。利用这些复制类命令，可以方便地编辑绘制图形。

4.3.1　复制命令

 **执行方式**

命令行：COPY。

菜单："修改"→"复制"。

工具栏："修改"→"复制" ⵣ。

快捷菜单：选择要复制的对象，在绘图区单击鼠标右键，从打开的快捷菜单上选择"复制选择"命令。

功能区：单击"默认"选项卡"修改"面板中的"复制"按钮 ⵣ。

操作步骤

命令：COPY
选择对象：（选择要复制的对象）
用前面介绍的对象选择方法选择一个或多个对象，按<Enter>键，结束选择操作。系统继续提示：
当前设置：复制模式 = 多个
指定基点或 [位移(D)/模式(O)] <位移>：

选项说明

（1）指定基点

指定一个坐标点后，AutoCAD 2016 把该点作为复制对象的基点，并提示：

指定位移的第二点或 <用第一点作位移>：
指定第二个点后，系统将根据这两点确定的位移矢量把选择的对象复制到第二点处。

如果此时直接按<Enter>键，即选择默认的"用第一点作位移"，则第一个点被当作相对于 x、y、z 的位移。例如，如果指定基点为（2，3）并在下一个提示下按<Enter>键，则该对象从它当前的位置开始，在 x 方向上移动两个单位，在 y 方向上移动 3 个单位。复制完成后，系统会继续提示：

指定位移的第二点：

这时，可以不断指定新的第二点，从而实现多重复制。

（2）位移

直接输入位移值，表示以选择对象时的拾取点为基准，以拾取点坐标为移动方向，纵横比移动指定位移后所确定的点为基点。例如，选择对象时的拾取点坐标为（2，3），输入位移为 5，则表示以（2，3）点为基准，沿纵横比为 3∶2 的方向移动 5 个单位所确定的点为基点。

（3）模式

控制是否自动重复该命令。确定复制模式是单个还是多个。

下面以图 4-8 所示的车模为例，介绍一下复制命令的使用方法。

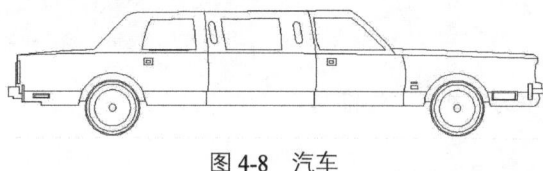

图 4-8　汽车

Step　绘制步骤

① 图层设计如下，如图 4-9 所示。

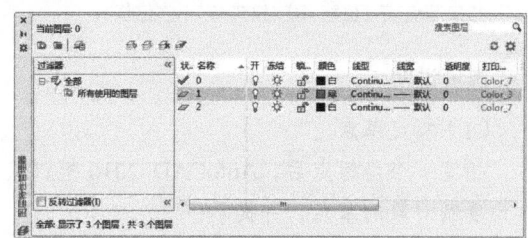

图 4-9　图层特性管理器

（1）"1"图层，颜色为绿色，其余属性默认。

（2）"2"图层，颜色为白色，其余属性默认。

② 选择菜单栏中的"视图"→"缩放"→"圆心"将绘图区域缩放到适当大小。

③ 单击"默认"选项卡"绘图"面板中的"多段线"按钮，绘制车壳。命令行提示如下：

```
命令: _pline
指定起点: 5,18
指定下一个点或 [圆弧(A)/半宽(H)/长度(L)/放弃
(U)/宽度(W)]: @0,32
指定下一点或 [圆弧(A)/闭合(C)/半宽(H)/长度
(L)/放弃(U)/宽度(W)]: @54,4
指定下一点或 [圆弧(A)/闭合(C)/半宽(H)/长度
(L)/放弃(U)/宽度(W)]: 85,77
指定下一点或 [圆弧(A)/闭合(C)/半宽(H)/长度
(L)/放弃(U)/宽度(W)]: 216,77
指定下一点或 [圆弧(A)/闭合(C)/半宽(H)/长度
(L)/放弃(U)/宽度(W)]: 243,55
指定下一点或 [圆弧(A)/闭合(C)/半宽(H)/长度
(L)/放弃(U)/宽度(W)]: 333,51
指定下一点或 [圆弧(A)/闭合(C)/半宽(H)/长度
(L)/放弃(U)/宽度(W)]: 333,18
指定下一点或 [圆弧(A)/闭合(C)/半宽(H)/长度
(L)/放弃(U)/宽度(W)]: 306,18
指定下一点或 [圆弧(A)/闭合(C)/半宽(H)/长度
(L)/放弃(Ua)/宽度(W)]: a
指定圆弧的端点(按住<Ctrl>键以切换方向)或
[角度(A)/圆心(CE)/闭合(CL)/方向(D)/半宽
(H)/直线(L)/半径(R)/第二个点(S)/放弃(U)/
宽度(W)]: r
指定圆弧的半径: 21.5
指定圆弧的端点(按住<Ctrl>键以切换方向)或 [角
度(A)]: a
指定夹角: 180
指定圆弧的弦方向(按住<Ctrl>键以切换方向)
<180>:
指定圆弧的端点(按住<Ctrl>键以切换方向)或
[角度(A)/圆心(CE)/闭合(CL)/方向(D)/半宽
(H)/直线(L)/半径(R)/第二个点(S)/放弃(U)/
宽度(W)]: l
指定下一点或 [圆弧(A)/闭合(C)/半宽(H)/长度
(L)/放弃(U)/宽度(W)]: 87,18
指定下一点或 [圆弧(A)/闭合(C)/半宽(H)/长度
(L)/放弃(U)/宽度(W)]: a
指定圆弧的端点(按住<Ctrl>键以切换方向)或
[角度(A)/圆心(CE)/闭合(CL)/方向(D)/半宽
(H)/直线(L)/半径(R)/第二个点(S)/放弃(U)/
宽度(W)]: r
指定圆弧的半径: 21.5
指定圆弧的端点(按住<Ctrl>键以切换方向)或 [角
```

度(A)]：a
指定夹角：180
指定圆弧的弦方向(按住<Ctrl>键以切换方向)
<180>：
指定圆弧的端点(按住<Ctrl>键以切换方向)或
[角度(A)/圆心(CE)/闭合(CL)/方向(D)/半宽
(H)/直线(L)/半径(R)/第二个点(S)/放弃(U)/
宽度(W)]：l
指定下一点或 [圆弧(A)/闭合(C)/半宽(H)/长度
(L)/放弃(U)/宽度(W)]：c

绘制结果如图 4-10 所示。

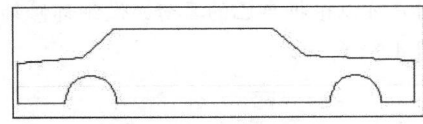

图 4-10　绘制车壳

④ 绘制车轮。

（1）单击"默认"选项卡"绘图"面板中的
"圆"按钮⊘，以（65.5，18）为圆心，绘
制半径分别为"17.3""11.3"的圆，如图 4-11
所示。

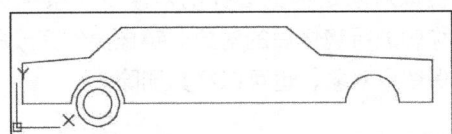

图 4-11　绘制车轮外轮廓

（2）将当前图层设为"1"图层，以（65.5，
18）为圆心，绘制半径分别 16、17.3、14.8
的圆，如图 4-12 所示。

图 4-12　绘制车轮内轮廓

（3）单击"默认"选项卡"绘图"面板中的
"直线"按钮✐，将车轮与车体连接起来，
如图 4-13 所示。

⑤ 复制车轮。

单击"默认"选项卡"修改"面板中的"复
制"按钮℅，复制绘制的所有圆，命令行提
示如下：

命令：_copy

选择对象：（选择车轮的所有圆）
选择对象：
指定基点或位移，或者 [重复(M)]：65.5,18
指定第二个点或 [阵列(A)]<使用第一个点作为位移
>：284.5,18
指定第二个点或 [阵列(A)/退出(E)/放弃(U)]<退
出>

绘制结果如图 4-14 所示。

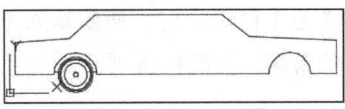

图 4-13　绘制连接线

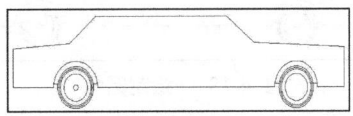

图 4-14　绘制车轮

⑥ 绘制车门。

（1）将当前图层设为"2"图层，单击"默
认"选项卡"绘图"面板中的"直线"按钮
✐，指定坐标点（5，27）、（333，27）绘制
一条直线，如图 4-15 所示。

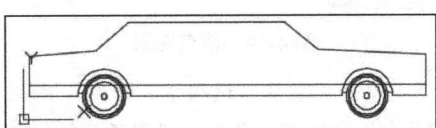

图 4-15　绘制直线

（2）单击"默认"选项卡"绘图"面板中的
"圆弧"按钮✐，利用三点方式绘制圆弧，
绘制坐标点为（5，50）、（126，52）、（333，
47），如图 4-16 所示。

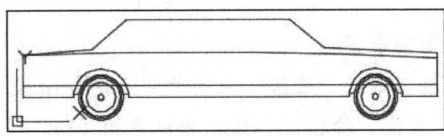

图 4-16　绘制圆弧

（3）单击"默认"选项卡"绘图"面板中的
"直线"按钮✐，绘制坐标点为（125，18）、
（@0，9）、（194，18）、（@0，9）的直线，
如图 4-17 所示。

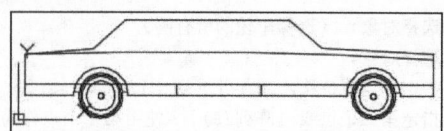

图 4-17　绘制直线

（4）单击"默认"选项卡"绘图"面板中的"圆弧"按钮，绘制圆弧起点为（126，27）第二点为（126.5，52）圆弧端点为（124，77）的圆弧，如图 4-18 所示。

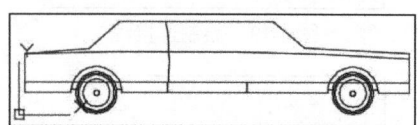

图 4-18　绘制圆弧

单击"默认"选项卡"修改"面板中的"修剪"按钮，对绘制的水平直线进行修剪处理，如图 4-19 所示。（该命令将在后面的章节详细讲解）

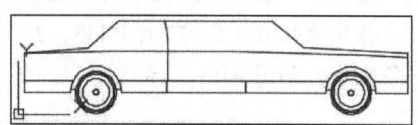

图 4-19　修剪图形

（5）单击"默认"选项卡"修改"面板中的"复制"按钮，复制上述圆弧，复制坐标点为（125，27）、（195，27）绘制结果如图 4-20 所示。

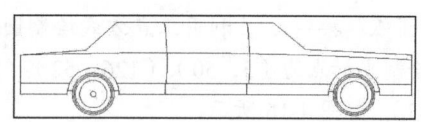

图 4-20　绘制车门

⑦ 绘制车窗。

（1）单击"默认"选项卡"绘图"面板中的"直线"按钮，绘制坐标点为（90，72）、（84，53）、（119，54）、（117，73）的直线，如图 4-21 所示。

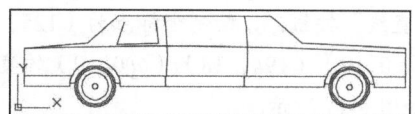

图 4-21　绘制车窗 1

（2）单击"默认"选项卡"绘图"面板中的"直线"按钮，绘制坐标点为（196，74）、（198，53）、（236，54）、（214，73）的直线。绘制结果如图 4-22 所示。

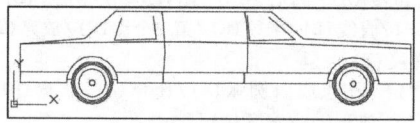

图 4-22　绘制车窗 2

⑧ 用户可以根据自己的喜好，做细部修饰，如图 4-23 所示。

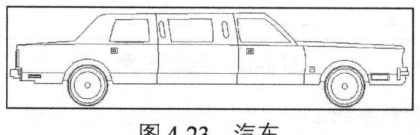

图 4-23　汽车

4.3.2　镜像命令

镜像对象是指把选择的对象以一条镜像线为对称轴进行镜像后的对象。镜像操作完成后，可以保留原对象，也可以将其删除。

执行方式

命令行：MIRROR。

菜单："修改"→"镜像"。

工具栏："修改"→"镜像"。

功能区：单击"默认"选项卡"修改"面板中的"镜像"按钮。

操作步骤

命令：MIRROR
选择对象：（选择要镜像的对象）
指定镜像线的第一点：（指定镜像线的第一个点）
指定镜像线的第二点：（指定镜像线的第二个点）
要删除源对象？[是(Y)/否(N)] <否>：（确定是否删除原对象）

这两点确定一条镜像线，被选择的对象以该线为对称轴进行镜像。包含该线的镜像平面与用户坐标系的 xy 平面垂直，即镜像操作工作在与用户坐标系的 xy 平面平行的平面上。

下面以图 4-24 所示的办公桌为例，介绍一下镜像命令的使用方法。

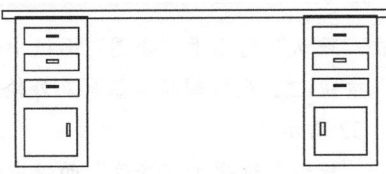

图 4-24　办公桌

Step　绘制步骤

① 单击"默认"选项卡"绘图"面板中的"矩形"按钮囗，在合适的位置绘制矩形，如图 4-25 所示。

② 单击"默认"选项卡"绘图"面板中的"矩形"按钮囗，在合适的位置绘制一系列的抽屉和柜门，结果如图 4-26 所示。

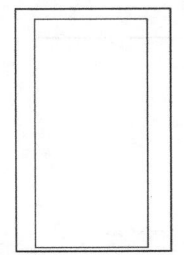　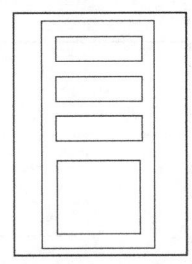

图 4-25　绘制矩形　　图 4-26　绘制抽屉和柜门

③ 单击"默认"选项卡"绘图"面板中的"矩形"按钮囗，在合适的位置绘制一系列的把手，结果如图 4-27 所示。

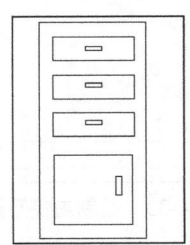

图 4-27　绘制把手

④ 单击"默认"选项卡"绘图"面板中的"矩形"按钮囗，在合适的位置绘制桌面，结果如图 4-28 所示。

⑤ 单击"默认"选项卡"修改"面板中的"镜

像"按钮 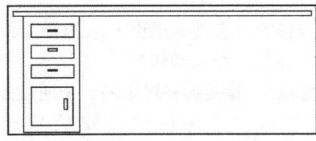，将左边的一系列矩形以桌面矩形的顶边中点和底边中点的连线为对称轴进行镜像，命令行提示如下：

```
命令：MIRROR
选择对象：（选取左边的一系列矩形）
选择对象：
指定镜像线的第一点：选择桌面矩形的底边中点
指定镜像线的第二点：选择桌面矩形的顶边中点
要删除源对象吗？[是(Y)/否(N)] <否>：
```

绘制结果如图 4-24 所示。

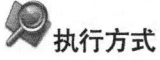

图 4-28　绘制桌面

4.3.3　偏移命令

偏移对象是指保持选择的对象的形状、在不同的位置以不同的尺寸大小新建的一个对象。

🔍 执行方式

命令行：OFFSET。

菜单："修改"→"偏移"。

工具栏："修改"→"偏移" 〇。

功能区：单击"默认"选项卡"修改"面板中的"偏移"按钮〇。

✎ 操作步骤

```
命令：OFFSET
当前设置：删除源=否　图层=源　OFFSETGAPTYPE
=0
指定偏移距离或 [通过(T)/删除(E)/图层(L)] <通
过>：（指定距离植）
选择要偏移的对象，或 [退出(E)/放弃(U)] <退出>：
（选择要偏移的对象。按<Enter>键，会结束操作）
指定要偏移的那一侧上的点，或 [退出(E)/多个(M)/
放弃(U)] <退出>：（指定偏移方向）
```

⭐ 选项说明

（1）指定偏移距离

输入一个距离值，或按＜Enter＞键，使用当前的距离值，系统把该距离值作为偏移距离。

如图 4-29 所示。

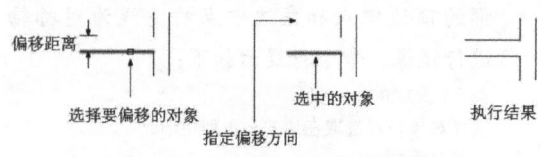

图 4-29　指定偏移对象的距离

（2）通过（T）

指定偏移对象的通过点。选择该选项后出现如下提示：

选择要偏移的对象或 <退出>：（选择要偏移的对象，按<Enter>键，结束操作）
指定通过点：（指定偏移对象的一个通过点）

操作完毕后，系统根据指定的通过点绘出偏移对象。如图 4-30 所示。

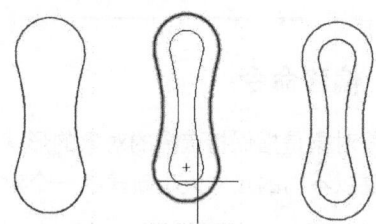

图 4-30　指定偏移对象的通过点

（3）删除（E）

偏移后，将源对象删除。选择该选项后出现如下提示：

要在偏移后删除源对象吗？［是(Y)/否(N)]<当前>：

（4）图层（L）

确定将偏移对象创建在当前图层上还是源对象所在的图层上。选择该选项后出现如下提示：

输入偏移对象的图层选项 ［当前(C)/源(S)]＜当前>：

下面以图 4-31 所示的液晶显示屏为例，介绍一下偏移命令的使用方法。

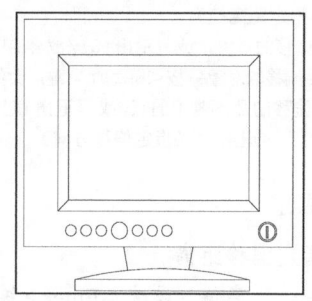

图 4-31　显示器绘制

Step 绘制步骤

①　单击"默认"选项卡"绘图"面板中的"矩形"按钮□，先绘制显示器屏幕外轮廓，如图 4-32 所示。

②　单击"默认"选项卡"修改"面板中的"偏移"按钮，创建屏幕内侧显示屏区域的轮廓线，如图 4-33 所示。命令行提示如下：

命令：OFFSET（偏移生成平行线）
当前设置：删除源=否　图层=源　OFFSETGAPTYPE=0
指定偏移距离或 ［通过(T)/删除(E)/图层(L)]<通过>：（输入偏移距离或指定通过点位置）
选择要偏移的对象，或 ［退出(E)/放弃(U)]<退出>：（选择要偏移的图形）
指定通过点或 ［退出(E)/多个(M)/放弃(U)]<退出>：
选择要偏移的对象，或 ［退出(E)/放弃(U)]<退出>：

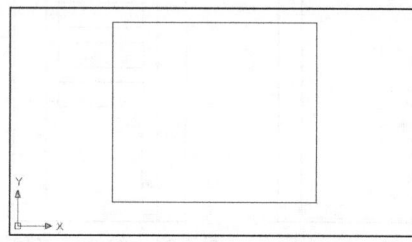

图 4-32　绘制外轮廓

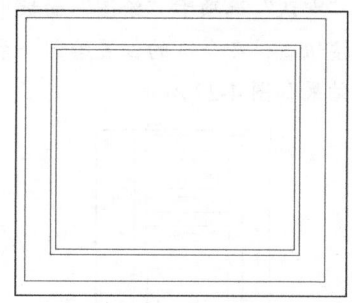

图 4-33　绘制内侧矩形

③　单击"默认"选项卡"绘图"面板中的"直线"按钮，将内侧显示屏区域的轮廓线的交角处连接起来，如图 4-34 所示。

④　单击"默认"选项卡"绘图"面板中的"多段线"按钮，绘制显示器矩形底座，如图 4-35 所示。

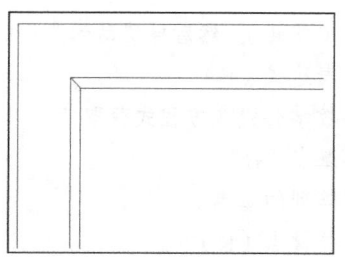

图 4-34　连接交角处

图 4-35　绘制矩形底座

5 单击"默认"选项卡"绘图"面板中的"圆弧"按钮，绘制底座的弧线造型，如图 4-36 所示。

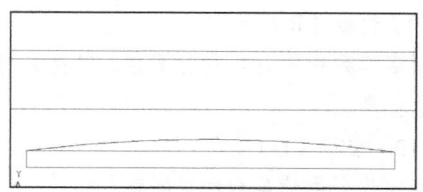

图 4-36　绘制连接弧线

6 单击"默认"选项卡"绘图"面板中的"直线"按钮，绘制底座与显示屏之间的连接线造型。单击"默认"选项卡"修改"面板中的"镜像"按钮，命令行提示如下，结果如图 4-37 所示。

命令:MIRROR（镜像生成对称图形）
选择对象: 找到 1 个
选择对象:（回车）
指定镜像线的第一点:（以中间的轴线位置作为镜像线）
指定镜像线的第二点:
要删除源对象吗？[是(Y)/否(N)] <否>:N（输入 N 回车保留原有图形）

7 单击"默认"选项卡"绘图"面板中的"圆"按钮，创建显示屏的由多个大小不同的圆形构成调节按钮，如图 4-38 所示。

8 单击"默认"选项卡"修改"面板中的"复

制"按钮，复制图形。

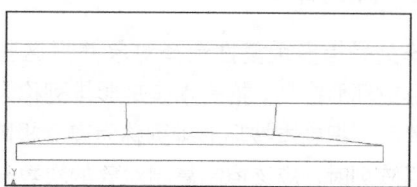

图 4-37　绘制连接线

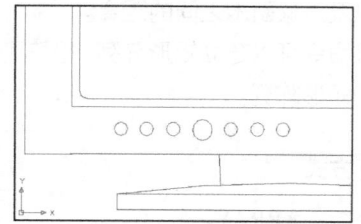

图 4-38　创建调节按钮

9 在显示屏的右下角绘制电源开关按钮。单击"默认"选项卡"绘图"面板中的"圆"按钮，先绘制两个同心圆，如图 4-39 所示。

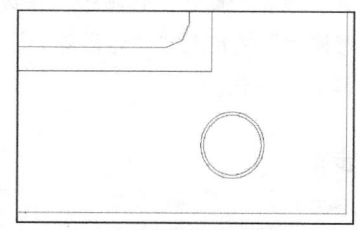

图 4-39　绘制圆形开关

10 单击"默认"选项卡"绘图"面板中的"多段线"按钮，绘制开关按钮的矩形造型如图 4-40 所示。

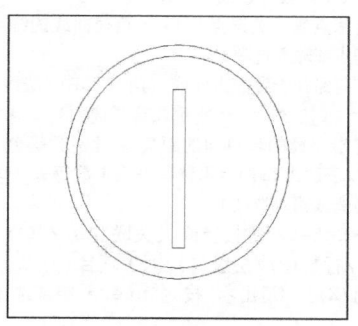

图 4-40　绘制按钮矩形造型

11 图形绘制完成，结果如图 4-31 所示。

4.3.4 阵列命令

阵列是指多重复性选择对象并把这些副本按矩形或环形排列。把副本按矩形排列称为建立矩形阵列，把副本按环形排列称为建立极阵列。建立极阵列时，应该控制复制对象的次数和对象是否被旋转；建立矩形阵列时，应该控制行和列的数量以及对象副本之间的距离。

用该命令可以建立矩形阵列、极阵列（环形）和旋转的矩形阵列。

 **执行方式**

命令行：ARRAY。

菜单：修改→阵列→矩形阵列，路径阵列，环形阵列

工具栏：修改→矩形阵列 ⊞，修改→路径阵列 ⌒，修改→环形阵列 ⊹。

功能区：单击"默认"选项卡"修改"面板中的"矩形阵列"按钮 ⊞ 或"环形阵列"按钮 ⊹ 或"路径阵列"按钮 ⌒。

操作步骤

命令：ARRAY↙
选择对象：（使用对象选择方法）
输入阵列类型［矩形（R）/路径（PA）/极轴（PO）］<矩形>：PA↙
类型=路径 关联=是
选择路径曲线：（使用一种对象选择方法）
输入沿路径的项数或［方向(O)/表达式(E)］<方向>：（指定项目数或输入选项）
指定基点或［关键点(K)］<路径曲线的终点>：（指定基点或输入选项）
指定与路径一致的方向或［两点(2P)/法线(N)］<当前>：（按 <Enter> 键或选择选项）
指定沿路径的项目间的距离或［定数等分(D)/全部(T)/表达式(E)］<沿路径平均定数等分（D）>：（指定距离或输入选项）
按 <Enter> 键接受或［关联(AS)/基点(B)/项目(I)/行数(R)/层级(L)/对齐项目(A)/Z 方向(Z)/退出(X)］<退出>：按 <Enter> 键或选择选项

选项说明

（1）方向（O）

控制选定对象是否将相对于路径的起始方

向重定向（旋转），然后再移动到路径的起点。

（2）表达式（E）

使用数学公式或方程式获取值。

（3）基点（B）

指定阵列的基点。

（4）关键点（K）

对于关联阵列，在源对象上指定有效的约束点（或关键点）以用作基点。阵列的基点保持与编辑生成的阵列的源对象的关键点重合。

（5）定数等分（D）

沿整个路径长度平均等分项目。

（6）全部（T）

指定第一个和最后一个项目之间的总距离。

（7）关联（AS）

指定是否在阵列中创建项目作为关联阵列对象，或作为独立对象。

（8）项目（I）

编辑阵列中的项目数。

（9）行数（R）

指定阵列中的行数和行间距，以及它们之间的增量标高。

（10）层级（L）

指定阵列中的层数和层间距。

（11）对齐项目（A）

指定是否对齐每个项目以与路径的方向相切。对齐相对于第一个项目的方向（方向选项）。

（12）Z 方向（Z）

控制是否保持项目的原始 Z 方向或沿三维路径自然倾斜项目。

（13）退出（X）

退出命令。

下面以图 4-41 所示的 VCD 为例，介绍一下阵列命令的使用方法。

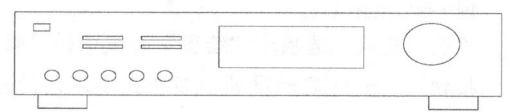

图 4-41　VCD

Step 绘制步骤

① 单击"默认"选项卡"绘图"面板中的"矩形"按钮□，绘制角点坐标为{（0，15），（396，107）}、{（19.1，0），（59.3，15）}、{（336.8，0），（377，15）}的 3 个矩形，如图 4-42 所示。

② 单击"默认"选项卡"绘图"面板中的"矩形"按钮□，绘制角点坐标为{（15.3，86），（28.7，93.7）}、{（166.5，45.9），（283.2，91.8）}、{（55.5，66.9），（88，70.7）}的 3 个矩形，如图 4-43 所示。

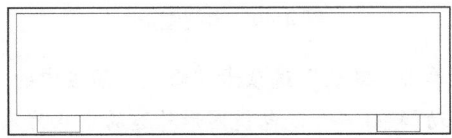

图 4-42　绘制矩形

图 4-43　绘制另外 3 个矩形

③ 单击"默认"选项卡"修改"面板中的"矩形阵列"按钮▦，阵列对象为上述绘制的第二个矩形，行数为 2，列数为 2，行间距为 9.6，列间距为 47.8，命令行提示与操作如下：

```
命令：_arrayrect
选择对象：找到 1 个
选择对象：
类型 = 矩形　关联 = 否
选择夹点以编辑阵列或 ［关联(AS)/基点(B)/计数
(COU)/间距(S)/列数(COL)/行数(R)/层数(L)/退
出(X)］ <退出>：r
输入行数数或 ［表达式(E)］ <3>：2
指定 行数 之间的距离或 ［总计(T)/表达式(E)］
<319.1987>：9.6
指定 行数 之间的标高增量或 ［表达式(E)］ <0>：
选择夹点以编辑阵列或 ［关联(AS)/基点(B)/计数
(COU)/间距(S)/列数(COL)/行数(R)/层数(L)/退
出(X)］ <退出>：col
```

输入列数数或 ［表达式(E)］ <4>：2
指定 列数 之间的距离或 ［总计(T)/表达式(E)］
<611.1187>：47.8
选择夹点以编辑阵列或 ［关联(AS)/基点(B)/计数
(COU)/间距(S)/列数(COL)/行数(R)/层数(L)/退
出(X)］ <退出>：

效果如图 4-44 所示。

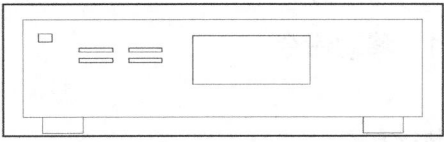

图 4-44　阵列处理

④ 单击"默认"选项卡"绘图"面板中的"圆"按钮⊘，以（30.6，36.3）为圆心，绘制半径为 6 的圆，如图 4-45 所示。

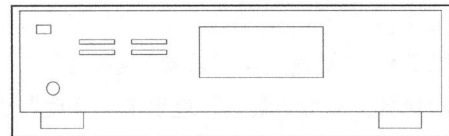

图 4-45　绘制圆 1

⑤ 单击"默认"选项卡"绘图"面板中的"圆"按钮⊘，以（338.7，72.6）为圆心，绘制半径为 23 的圆，绘制如图 4-46 所示。

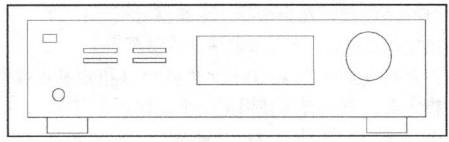

图 4-46　绘制圆 2

⑥ 单击"默认"选项卡"修改"面板中的"矩形阵列"按钮▦，阵列对象为上述步骤中绘制的第一个圆，行数为 1，列数为 5，列间距为 23，绘制结果如图 4-41 所示。

4.4　改变位置类命令

这一类编辑命令的功能是按照指定要求改变当前图形或图形的某部分的位置，主要包括移动、旋转和缩放等命令。

4.4.1　移动命令

执行方式

命令行：**MOVE**。

菜单："修改"→"移动"。

快捷菜单：选择要复制的对象，在绘图区单击鼠标右键，从打开的快捷菜单上选择"移动"命令。

工具栏："修改"→"移动"✛。

功能区：单击"默认"选项卡"修改"面板中的"移动"按钮✛。

操作步骤

```
命令：MOVE
选择对象：（选择对象）
用前面介绍的对象选择方法选择要移动的对象，按
<Enter>键，结束选择。系统继续提示：
指定基点或位移：（指定基点或移至点）
指定基点或〔位移(D)〕<位移>：（指定基点或位移）
指定第二个点或 <使用第一个点作为位移>：
```

命令的选项功能与"复制"命令类似。

下面以图 4-47 所示的组合电视柜为例，介绍一下移动命令的使用方法。

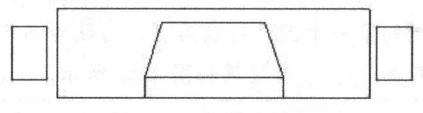

图 4-47　组合电视柜

Step　绘制步骤

1 打开源文件\建筑图库\电视柜图形，如图 4-48 所示。

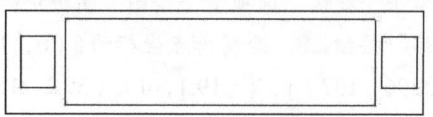

图 4-48　电视柜图形

2 打开源文件\建筑图库\电视图形，如图 4-49 所示。

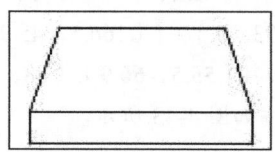

图 4-49　电视图形

3 单击"默认"选项卡"修改"面板中的"移动"按钮✛，以电视图形外边的中点为基点，电视柜外边中点为第二点，将电视图形移动到电视柜图形上。命令行提示与操作如下：

```
命令：_move
选择对象：找到 1 个
选择对象：
指定基点或 〔位移(D)〕 <位移>：
指定第二个点或 <使用第一个点作为位移>：
```

绘制结果如图 4-47 所示。

4.4.2　旋转命令

执行方式

命令行：**ROTATE**。

菜单："修改"→"旋转"。

快捷菜单：选择要旋转的对象，在绘图区单击鼠标右键，从打开的右键快捷菜单上选择"旋转"命令。

工具栏："修改"→"旋转"○。

功能区：单击"默认"选项卡"修改"面板中的"旋转"按钮○。

操作步骤

```
命令：ROTATE
```

UCS 当前的正角方向：　ANGDIR= 逆时针 ANGBASE=0

选择对象：（选择要旋转的对象）

指定基点：（指定旋转的基点。在对象内部指定一个坐标点）

指定旋转角度，或 [复制(C)/参照(R)] <0>：（指定旋转角度或其他选项）

 选项说明

（1）复制（C）

选择该项，旋转对象的同时，保留原对象，如图 4-50 所示。

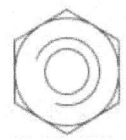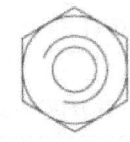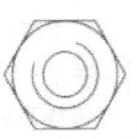

旋转前　　　　　　　　旋转后

图 4-50　复制旋转

（2）参照（R）

采用参照方式旋转对象时，系统提示：

指定参照角 <0>：（指定要参考的角度，默认值为 0）

指定新角度：（输入旋转后的角度值）

操作完毕后，对象被旋转至指定的角度位置。

 可以用拖动鼠标的方法旋转对象。选择对象并指定基点后，从基点到当前光标位置会出现一条连线，鼠标选择的对象会动态地随着该连线与水平方向的夹角的变化而旋转，按 <Enter> 键，确认旋转操作，如图 4-51 所示。

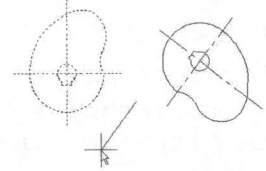

图 4-51　拖动鼠标旋转对象

下面以图 4-52 所示的电脑为例，介绍一下旋转命令的使用方法。

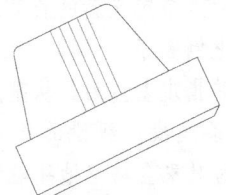

图 4-52　电脑

Step 绘制步骤

❶ 图层设计。新建两个图层，如图 4-53 所示。
（1）"1" 图层，颜色为红色，其余属性默认。
（2）"2" 图层，颜色为绿色，其余属性默认。

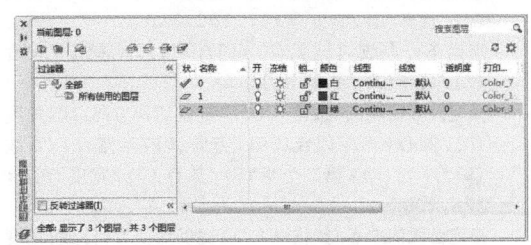

图 4-53　新建图层

❷ 将当前图层设为 "1"。单击 "默认" 选项卡 "绘图" 面板中的 "矩形" 按钮，绘制角点坐标分别为（0，16）、（450，130）的矩形，绘制结果如图 4-54 所示。

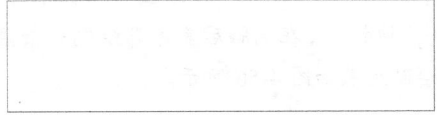

图 4-54　绘制矩形

❸ 单击 "默认" 选项卡 "绘图" 面板中的 "多段线" 按钮，命令行提示如下：

```
命令：_pline
指定起点：0,16
当前线宽为 0.0000
指定下一个点或 [圆弧(A)/半宽(H)/长度(L)/放弃(U)/宽度(W)]：30,0
指定下一点或 [圆弧(A)/闭合(C)/半宽(H)/长度(L)/放弃(U)/宽度(W)]：430,0
指定下一点或 [圆弧(A)/闭合(C)/半宽(H)/长度(L)/放弃(U)/宽度(W)]：450,16
指定下一点或 [圆弧(A)/闭合(C)/半宽(H)/长度(L)/放弃(U)/宽度(W)]：
命令：pline
指定起点：37,130
当前线宽为 0.0000
指定下一个点或 [圆弧(A)/半宽(H)/长度(L)/放弃(U)/宽度(W)]：80,308
指定下一点或 [圆弧(A)/闭合(C)/半宽(H)/长度(L)/放弃(U)/宽度(W)]：a
指定圆弧的端点(按住<Ctrl>键以切换方向)或[角度
```

(A)/圆心(CE)/闭合(CL)/方向(D)/半宽(H)/直线
(L)/
半径(R)/第二个点(S)/放弃(U)/宽度(W)]:
101,320
指定圆弧的端点(按住<Ctrl>键以切换方向)或[角度
(A)/圆心(CE)/闭合(CL)/方向(D)/半宽(H)/直线
(L)/半径(R)/第二个点(S)/放弃(U)/宽度(W)]:l
指定下一点或 [圆弧(A)/闭合(C)/半宽(H)/长度
(L)/放弃(U)/宽度(W)]: 306,320
指定下一点或 [圆弧(A)/闭合(C)/半宽(H)/长度
(L)/放弃(U)/宽度(W)]: a
指定圆弧的端点(按住<Ctrl>键以切换方向)或[角度
(A)/圆心(CE)/闭合(CL)/方向(D)/半宽(H)/直线
(L)/半径(R)/第二个点(S)/放弃(U)/宽度(W)]:
326,308
指定圆弧的端点(按住<Ctrl>键以切换方向)或[角度
(A)/圆心(CE)/闭合(CL)/方向(D)/半宽(H)/直线
(L)/半径(R)/第二个点(S)/放弃(U)/宽度(W)]:l
指定下一点或 [圆弧(A)/闭合(C)/半宽(H)/长度
(L)/放弃(U)/宽度(W)]: 380,130
指定下一点或 [圆弧(A)/闭合(C)/半宽(H)/长度
(L)/放弃(U)/宽度(W)]:

绘制结果如图 4-55 所示。

④ 单击"默认"选项卡"绘图"面板中的"直
线"按钮 ／，在电脑后盖内部绘制一条直线，
绘制结果如图 4-56 所示。

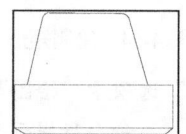

图 4-55　绘制多段线

⑤ 单击"默认"选项卡"修改"面板中的"矩
形阵列"按钮 ，阵列对象为步骤 4 中绘制
的图 4-56 所示的直线图，设置行数为 1，列
数为 5，列间距为 22，绘制结果如图 4-57
所示。

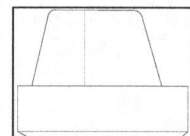

图 4-56　绘制直线

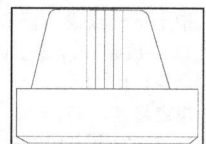

图 4-57　阵列

⑥ 单击"修改"工具栏中的"旋转"按钮 ，
旋转绘制的电脑，命令行提示如下：
命令: _rotate

UCS 当前的正角方向：ANGDIR=逆时针 ANGBASE
=0
选择对象: all 找到 8 个
选择对象:
指定基点: 0,0
指定旋转角度，或 [复制(C)/参照(R)] <0>: 25
绘制结果如图 4-52 所示。

4.4.3　缩放命令

 **执行方式**

命令行：SCALE。

菜单："修改"→"缩放"。

快捷菜单：选择要缩放的对象，在绘图区单
击鼠标右键，从打开的右键快捷菜单中选择"缩
放"命令。

工具栏："修改"→"缩放" 。

功能区：单击"默认"选项卡"修改"面板
中的"缩放"按钮 。

 **操作步骤**

命令: SCALE
选择对象:（选择要缩放的对象）
指定基点:（指定缩放操作的基点）
指定比例因子或 [复制(C)/参照(R)] <1.0000>:

 **选项说明**

（1）参照（R）

采用参考方向缩放对象时，系统提示如下：
指定参照长度 <1>:（指定参考长度值）
指定新的长度或 [点(P)] <1.0000>:（指定新长度
值）

若新长度值大于参考长度值，则放大对象；
否则，缩小对象。操作完毕后，系统以指定的基
点按指定的比例因子缩放对象。如果选择"点(P)"
选项，则指定两点来定义新的长度。

（2）指定比例因子

选择对象并指定基点后，从基点到当前光标
位置会出现一条线段，线段的长度即为比例大
小。鼠标选择的对象会动态地随着该连线长度的
变化而缩放，按<Enter>键，确认缩放操作。

（3）复制（C）

选择"复制（C）"选项时，可以复制缩放对象，即缩放对象时，保留原对象。如图4-58所示。

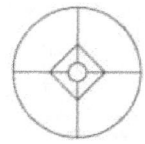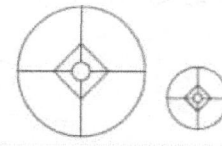

缩放前　　　　　　　　　缩放后

图4-58　复制缩放

下面以图4-59所示的装饰盘为例，介绍一下缩放命令的使用方法。

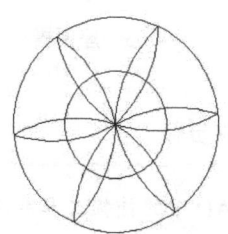

图4-59　装饰盘图形

Step 绘制步骤

1 单击"默认"选项卡"绘图"面板中的"圆"按钮⊙，以（100，100）为圆心，绘制半径为200的圆作为盘外轮廓线，如图4-60所示。

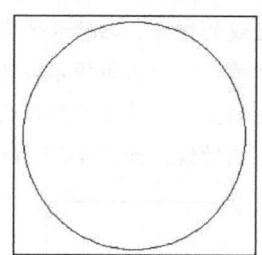

图4-60　绘制圆形

2 单击"默认"选项卡"绘图"面板中的"圆

弧"按钮，绘制花瓣，如图4-61所示。

3 单击"默认"选项卡"修改"面板中的"镜像"按钮⚐，镜像花瓣。如图4-62所示。

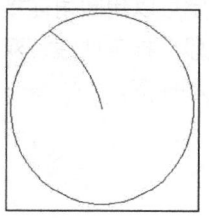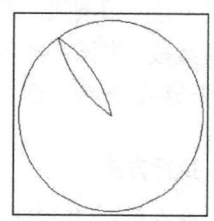

图4-61　绘制花瓣　　图4-62　镜像花瓣线

4 单击"默认"选项卡"修改"面板中的"环形阵列"按钮，选择花瓣为源对象，以圆心为阵列中心点阵列花瓣，如图4-63所示。

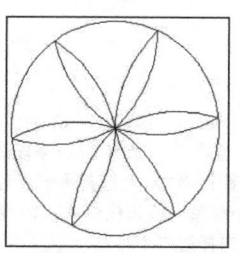

图4-63　阵列花瓣

5 单击"默认"选项卡"修改"面板中的"缩放"按钮，缩放一个圆作为装饰盘内装饰圆，命令行提示如下：

命令：SCALE
选择对象：（选择圆）
指定基点：（指定圆心）
指定比例因子或 [复制（C）/参照（R）]<1.0000>:
C
指定比例因子或 [复制（C）/参照（R）]<1.0000>:0.5
绘制结果如图4-59所示。

4.5 改变几何特性类命令

这一类编辑命令在对指定对象进行编辑后，使编辑对象的几何特性发生改变，包括倒角、圆角、打断、剪切、延伸、拉长、拉伸等命令。

4.5.1　圆角命令

圆角是指用指定的半径决定并连接两个对象的一段平滑圆弧。系统规定可以用圆角连接一对直线段、非圆弧的多段线段、样条曲线、双向无限长线、射线、圆、圆弧和椭圆。

执行方式

命令行：FILLET。

菜单："修改"→"圆角"。

工具栏："修改"→"圆角" ▢ 。

功能区：单击"默认"选项卡"修改"面板中的"圆角"按钮▢ 。

操作步骤

```
命令：FILLET
当前设置：模式 = 修剪，半径 = 0.0000
选择第一个对象或〔放弃(U)/多段线(P)/半径(R)/
修剪(T)/多个(M)〕：(选择第一个对象或别的选项)
选择第二个对象，或按住<Shift>键选择要应用角点
的对象：(选择第二个对象)
```

选项说明

（1）多段线（P）

在一条二维多段线的两个直线段的节点处插入圆滑的弧。选择多段线后，系统会根据指定的圆弧的半径把多段线各顶点用圆滑的弧连接起来。

（2）修剪（T）

决定在圆角连接两条边时，是否修剪这两条边，如图4-64所示。

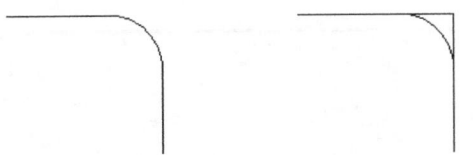

（a）修剪方式　　　　（b）不修剪方式

图4-64　圆角连接

（3）多个（M）

可以同时对多个对象进行圆角编辑，而不必重新起用命令。

（4）按住<Shift>键并选择两条直线，可以快速创建零距离倒角或零半径圆角。

下面以图4-65所示的座便器为例，介绍一下圆角的使用方法。

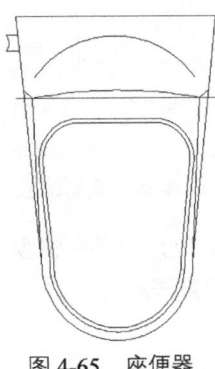

图4-65　座便器

Step　绘制步骤

1 将AutoCAD中的捕捉工具栏激活，如图4-66所示，以便在绘图过程中使用。

图4-66　对象捕捉工具栏

2 单击"默认"选项卡"绘图"面板中的"直线"命令，在图中绘制一条长度为50的水平直线，重复"直线"命令，单击"对象捕捉"工具栏中的"捕捉到中点"按钮 ，单击水平直线的中点，此时水平直线的中点会出现一个黄色的小三角提示即为中点。绘制一条垂直的直线，并移动到合适的位置，作为绘图的辅助线，如图4-67所示。

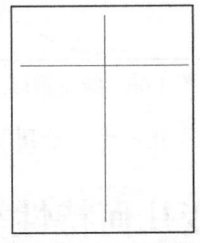

图4-67　绘制辅助线

3 单击"默认"选项卡"绘图"面板中的"直

线"按钮 ⁄，单击水平直线的左端点，输入坐标点（@6，–60）绘制直线，如图 4-68 所示。

④ 单击"默认"选项卡"修改"面板中的"镜像"按钮 ⚎，以垂直直线的两个端点为镜像点，将刚刚绘制的斜向直线镜像到另外一侧，如图 4-69 所示。

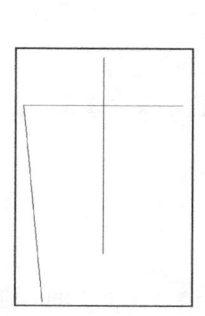

图 4-68　绘制直线　　　图 4-69　镜像图形

⑤ 单击"默认"选项卡"绘图"面板中的"圆弧"按钮 ⌒，以斜线下端的端点为起点，如图 4-70 所示，以垂直辅助线上的一点为第二点，以右侧斜线的端点为端点，绘制弧线，如图 4-71 所示。

⑥ 在图中选择水平直线，然后单击"默认"选项卡"修改"面板中的"复制"按钮 ⁇，选择其与垂直直线的交点为基点，然后输入坐标点（@0，–20），再次复制水平直线，输入坐标点（@0，–25），如图 4-72 所示。

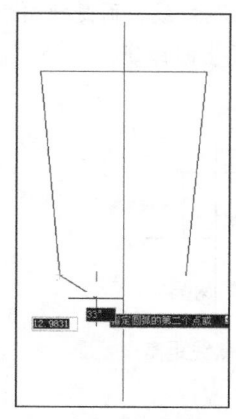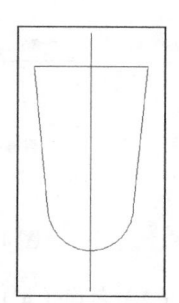

图 4-70　绘制弧线　　　图 4-71　绘制弧线

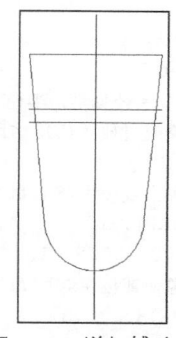

图 4-72　增加辅助线

⑦ 单击"默认"选项卡"修改"面板中的"偏移"按钮 ⧉，将右侧斜向直线向左偏移 2，如图 4-73 所示。重复"偏移"命令，将圆弧和左侧直线复制到内侧，如图 4-74 所示。

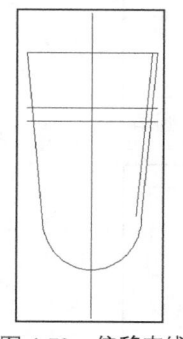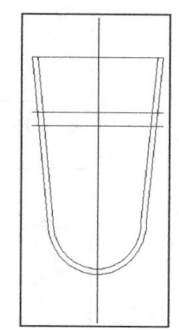

图 4-73　偏移直线　　　图 4-74　偏移其他图形

⑧ 单击"默认"选项卡"绘图"面板中的"直线"按钮 ⁄，将中间的水平线与内侧斜线的交点和外侧斜线的下端点连接起来，如图 4-75 所示。

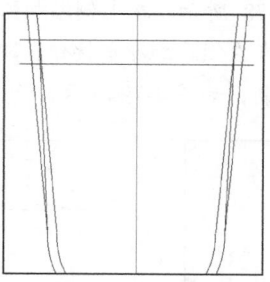

图 4-75　连接直线

⑨ 单击"默认"选项卡"修改"面板中的"圆角"按钮 ⌐，指定倒角半径为 10，依次选择最下面的水平线和半部分内侧的斜向直线，将其交点设置为倒圆角，命令行提示与操作

如下：

```
命令: _fillet
当前设置: 模式 = 不修剪，半径 = 0.0000
选择第一个对象或 [放弃(U)/多段线(P)/半径(R)/
修剪(T)/多个(M)]:
选择第二个对象，或按住<Shift>键选择对象以应用
角点或 [半径(R)]: r
指定圆角半径 <0.0000>: 10
选择第二个对象，或按住<Shift>键选择对象以应用
角点或 [半径(R)]:
```

如图 4-76 所示。依照此方法，将右侧的交点也设置为倒圆角，半径也是 10，如图 4-77 所示。

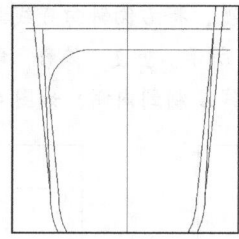

图 4-76 设置倒圆角

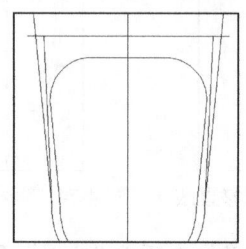

图 4-77 设置另外一侧倒圆角

⑩ 单击"默认"选项卡"修改"面板中的"偏移"按钮，将椭圆部分偏移向内侧偏移 1，如图 4-78 所示。在上侧添加弧线和斜向直线，再在左侧添加冲水按钮，即完成了座便器的绘制，如图 4-79 所示。

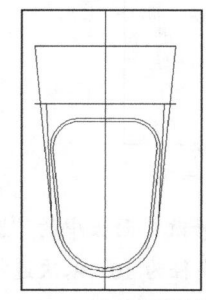
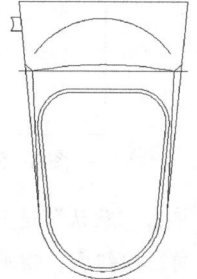

图 4-78 偏移内侧椭圆　图 4-79 座便器绘制完成

4.5.2 倒角命令

倒角是指用斜线连接两个不平行的线型对象，可以用斜线连接直线段、双向无限长线、射线和多段线。

执行方式

命令行：CHAMFER。
菜单："修改"→"倒角"。
工具栏："修改"→"倒角" ▱。
功能区：单击"默认"选项卡"修改"面板中的"倒角"按钮▱。

操作步骤

```
命令: CHAMFER
("不修剪"模式)当前倒角距离 1 = 0.0000，距离
2 = 0.0000
选择第一条直线或 [放弃(U)/多段线(P)/距离(D)/
角度(A)/修剪(T)/方式(E)/多个(M)]: (选择第一
条直线或别的选项)
选择第二条直线，或按住 Shift 键选择要应用角点
的直线: (选择第二条直线)
```

选项说明

（1）距离（D）

选择倒角的两个斜线距离。斜线距离是指从被连接的对象与斜线的交点到被连接的两对象的可能的交点之间的距离，如图 4-80 所示。这两个斜线距离可以相同，也可以不相同，若二者均为 0，则系统不绘制连接的斜线，而是把两个对象延伸至相交，并修剪超出的部分。

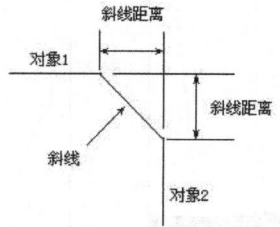

图 4-80 斜线距离

（2）角度（A）

选择第一条直线的斜线距离和角度。采用这

种方法斜线连接对象时，需要输入两个参数：斜线与一个对象的斜线距离和斜线与该对象的夹角，如图 4-81 所示。

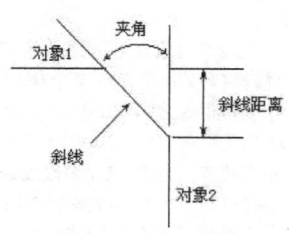

图 4-81 斜线距离与夹角

（3）多段线（P）

对多段线的各个交叉点进行倒角编辑。为了得到最好的连接效果，一般设置斜线是相等的值。系统根据指定的斜线距离把多段线的每个交叉点都做斜线连接，连接的斜线成为多段线新添加的构成部分，如图 4-82 所示。

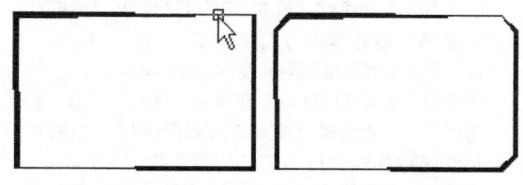

（a）选择多段线　　（b）倒角结果

图 4-82 斜线连接多段线

（4）修剪（T）

与圆角连接命令 FILLET 相同，该选项决定连接对象后，是否剪切原对象。

（5）方式（M）

决定采用"距离"方式还是"角度"方式来倒角。

（6）多个（U）

同时对多个对象进行倒角编辑。

 有时用户在执行圆角和倒角命令时，发现命令不执行或执行后没什么变化，那是因为系统默认圆角半径和斜线距离均为 0，如果不事先设定圆角半径或斜线距离，系统就以默认值执行命令，所以看起来好像没有执行命令。

下面以图 4-83 所示的洗菜盆为例，介绍一下倒角命令的使用方法。

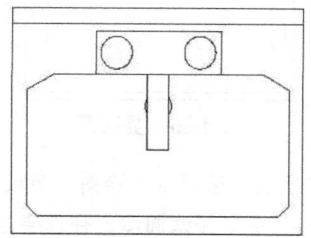

图 4-83 洗菜盆

Step 绘制步骤

① 单击"默认"选项卡"绘图"面板中的"直线"按钮 ╱，绘制出初步轮廓，大约尺寸如图 4-84 所示。这里从略。

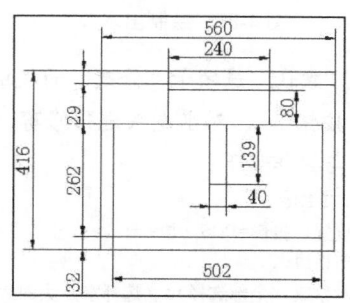

图 4-84 初步轮廓图

② 单击"默认"选项卡"绘图"面板中的"圆"按钮 ⊙，指定任意圆心、任意半径。绘制一个圆。在绘制旋钮与出水口，如图 4-85 所示。

③ 单击"默认"选项卡"修改"面板中的"复制"按钮 ⊙，对上步绘制的圆进行复制，如图 4-86 所示。

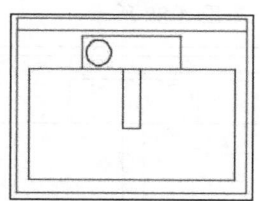

图 4-85 绘制圆

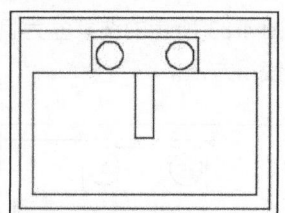

图 4-86　复制圆

④ 单击"默认"选项卡"绘图"面板中的"圆"按钮⊙，指定任意圆心、任意半径。绘制出水口，如图 4-87 所示。

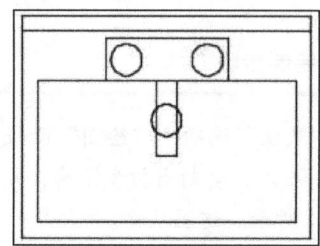

图 4-87　绘制出水口

⑤ 单击"默认"选项卡"修改"面板中的"修剪"按钮 ⊹，对水龙头进行修剪。命令行提示与操作如下：

```
命令：TRIM↙
当前设置：投影=UCS，边=无
选择剪切边…
选择对象或 <全部选择>：（选择水笼头的两条竖线）
选择对象：↙
选择要修剪的对象，或按住 Shift 键选择要延伸的对象，或[栏选(F)/窗交(C)/投影(P)/边(E)/删除(R)/放弃(U)]：（选择两竖线之间的圆弧）
选择要修剪的对象，或按住 Shift 键选择要延伸的对象，或[栏选(F)/窗交(C)/投影(P)/边(E)/删除(R)/放弃(U)]：（选择两竖线之间的另一圆弧）
选择要修剪的对象，或按住 Shift 键选择要延伸的对象，或[栏选(F)/窗交(C)/投影(P)/边(E)/删除(R)/放弃(U)]：↙
```

绘制结果如图 4-88 所示。

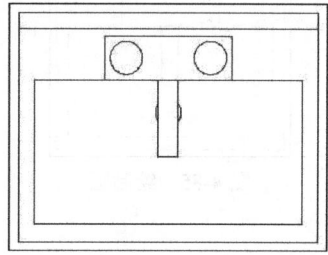

图 4-88　绘制水笼头和出水口

⑥ 利用"倒角"命令，水盆四角进行倒角。命令行提示与操作如下：

```
命令：CHAMFER↙
（"修剪"模式）当前倒角距离 1 = 0.0000，距离 2 = 0.0000
选择第一条直线或 [放弃(U)/多段线(P)/距离(D)/角度(A)/修剪(T)/方式(E)/多个(M)]：D↙
指定第一个倒角距离 <0.0000>：50↙
指定第二个倒角距离 <50.0000>：30↙
选择第一条直线或 [放弃(U)/多段线(P)/距离(D)/角度(A)/修剪(T)/方式(E)/多个(M)]：M↙
选择第一条直线或 [放弃(U)/多段线(P)/距离(D)/角度(A)/修剪(T)/方式(E)/多个(M)]：（选择左上角横线段）
选择第二条直线：（选择右上角竖线段）
选择第一条直线或 [放弃(U)/多段线(P)/距离(D)/角度(A)/修剪(T)/方式(E)/多个(M)]：（选择左上角横线段）
选择第二条直线：（选择右上角竖线段）
命令：CHAMFER↙
（"修剪"模式）当前倒角距离 1 = 50.0000，距离 2 = 30.0000
选择第一条直线或 [放弃(U)/多段线(P)/距离(D)/角度(A)/修剪(T)/方式(E)/多个(M)]：A↙
指定第一条直线的倒角长度 <20.0000>：↙
指定第一条直线的倒角角度 <0>：45↙
选择第一条直线或 [放弃(U)/多段线(P)/距离(D)/角度(A)/修剪(T)/方式(E)/多个(M)]：M↙
选择第一条直线或 [放弃(U)/多段线(P)/距离(D)/角度(A)/修剪(T)/方式(E)/多个(M)]：（选择左下角横线段）
选择第二条直线：（选择左下角竖线段）
选择第一条直线或 [放弃(U)/多段线(P)/距离(D)/角度(A)/修剪(T)/方式(E)/多个(M)]：（选择右下角横线段）
选择第二条直线：（选择右下角竖线段）
```

结果如图 4-83 所示。

4.5.3　剪切命令

 执行方式

命令行：TRIM。

菜单："修改"→"修剪"。

工具栏："修改"→"修剪" ⊹ 。

功能区：单击"默认"选项卡"修改"面板中的"修剪"按钮 ⊹ 。

操作步骤

```
命令: TRIM
当前设置: 投影=UCS, 边=无
选择剪切边...
选择对象或 <全部选择>: (选择用作修剪边界的对象)
按 <Enter> 键, 结束对象选择, 系统提示:
选择要修剪的对象, 或按住 <Shift> 键选择要延伸
的对象, 或[栏选(F)/窗交(C)/投影(P)/边(E)/删
除(R)/放弃(U)]:
```

选项说明

（1）按<Shift>键

在选择对象时，如果按住<Shift>键，系统就自动将"修剪"命令转换成"延伸"命令，"延伸"命令将在下节介绍。

（2）边（E）

选择此选项时，可以选择对象的修剪方式：延伸和不延伸。

- 延伸（E）：延伸边界进行修剪。在此方式下，如果剪切边没有与要修剪的对象相交，系统会延伸剪切边直至与要修剪的对象相交，然后再修剪，如图 4-89 所示。

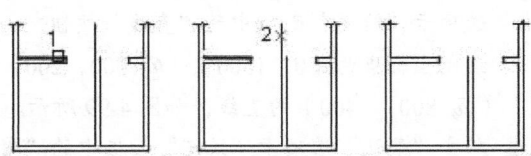

选择剪切边　　选择要修剪的对象　　修剪后的结果

图 4-89　延伸方式修剪对象

- 不延伸（N）：不延伸边界修剪对象。只修剪与剪切边相交的对象。

（3）栏选（F）

选择此选项时，系统以栏选的方式选择被修剪对象，如图 4-90 所示。

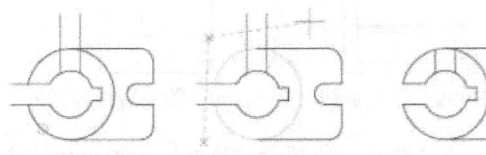

选定剪切边　使用栏选选定的要修剪的对象　结果

图 4-90　栏选选择修剪对象

（4）窗交（C）

选择此选项时，系统以窗交的方式选择被修剪对象，如图 4-91 所示。

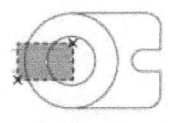 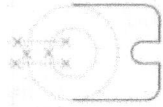 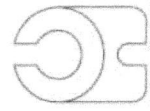

使用窗交选择选定的边　选定要修剪的对象　　结果

图 4-91　窗交选择修剪对象

被选择的对象可以互为边界和被修剪对象，此时系统会在选择的对象中自动判断边界，如图 4-89 所示。

下面以图 4-92 所示的床为例，介绍一下剪切命令的使用方法。

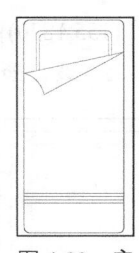

图 4-92　床

Step　绘制步骤

① 图层设计。新建 3 个图层，如图 4-93 所示，其属性如下。

（1）图层 1，颜色为蓝色，其余属性默认。

（2）图层 2，颜色为绿色，其余属性默认。

（3）图层 3，颜色为白色，其余属性默认。

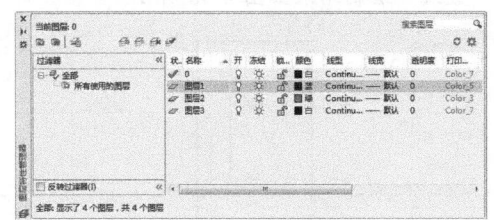

图 4-93　新建图层

② 将当前图层设为"1"图层，单击"默认"选项卡"绘图"面板中的"矩形"按钮□，

绘制角点坐标为（0，0），（@1000，2000）的矩形。如图4-94所示。

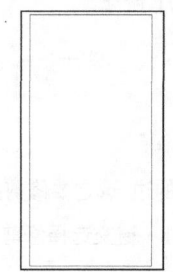

图4-94　绘制矩形

3 将当前图层设为"2"图层，单击"默认"选项卡"绘图"面板中的"直线"按钮，绘制坐标点分别为{（125，1000），(125,1900)}、{（875，1900），（875，1000）}、{（155，1000），(155,1870)}、{（845，1870），（845，1000）}的直线，如图4-95所示。

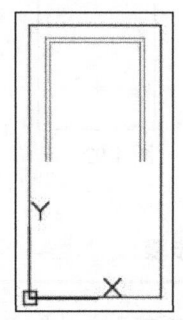

图4-95　绘制直线

4 将当前图层设为"3"图层，单击"默认"选项卡"绘图"面板中的"直线"按钮，绘制坐标点为（0，280）、（@1000，0）的直线。绘制结果如图4-96所示。

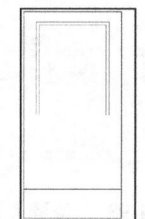

图4-96　绘制直线

5 单击"默认"选项卡"修改"面板中的"矩形阵列"按钮，对象为最近绘制的直线，

行数为4，列数1，行间距设为30，绘制结果如图4-97所示。

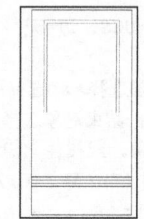

图4-97　阵列处理

6 单击"默认"选项卡"修改"面板中的"圆角"按钮，将外轮廓线的圆角半径设为50，内衬圆角半径为40，绘制结果如图4-98所示。

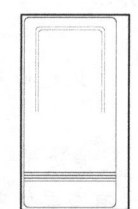

图4-98　圆角处理

7 将当前图层设为"2"图层，单击"默认"选项卡"绘图"面板中的"直线"按钮，绘制坐标点为（0，1500）、（@1000，200）、（@-800，-400）的直线，如图4-99所示。

8 单击"默认"选项卡"绘图"面板中的"圆弧"按钮，绘制起点为（200，1300），第二点为（130，1430），圆弧端点为（0，1500）的圆弧，绘制结果如图4-100所示。

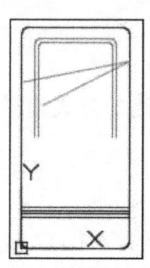 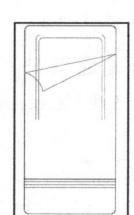

图4-99　绘制折线　　图4-100　绘制直线与圆弧

9 单击"默认"选项卡"修改"面板中的"修剪"按钮，修剪图形，命令行提示与操作如下：

```
命令:TRIM↙
当前设置: 投影=UCS, 边=无
选择剪切边...
选择对象或 <全部选择>:(选择水笼头的两条竖线)
选择对象:↙
```

绘制结果如图 4-92 所示。

4.5.4　剪切命令

延伸对象是指延伸对象直至另一个对象的边界线, 如图 4-101 所示。

 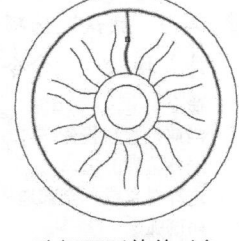

选择边界　　　　　　选择要延伸的对象

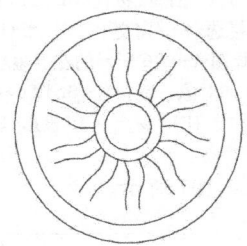

执行结果

图 4-101　延伸对象

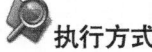 **执行方式**

命令行: EXTEND。

菜单: "修改" → "延伸"。

工具栏: "修改" → "延伸" 。

功能区: 单击 "默认" 选项卡 "修改" 面板中的 "延伸" 按钮 。

操作步骤

```
命令: EXTEND
当前设置:投影=UCS, 边=无
选择边界的边...
选择对象或 <全部选择>:(选择边界对象)
```

此时可以通过选择对象来定义边界。若直接按<Enter>键, 则选择所有对象作为可能的边界对象。

系统规定可以用作边界对象的对象有: 直线段、射线、双向无限长线、圆弧、圆、椭圆、二维和三维多段线、样条曲线、文本、浮动的视口、区域。如果选择二维多段线作为边界对象, 系统会忽略其宽度而把对象延伸至多段线的中心线上。

选择边界对象后, 系统继续提示:

```
选择要延伸的对象, 或按住<Shift>键选择要修剪的对象, 或[栏选(F)/窗交(C)/投影(P)/边(E)/放弃(U)]:
```

 **选项说明**

（1）如果要延伸的对象是适配样条多段线, 则延伸后会在多段线的控制框上增加新节点。如果要延伸的对象是锥形的多段线, 系统会修正延伸端的宽度, 使多段线从起始端平滑地延伸至新的终止端。如果延伸操作导致新终止端的宽度为负值, 则取宽度值为 0, 如图 4-102 所示。

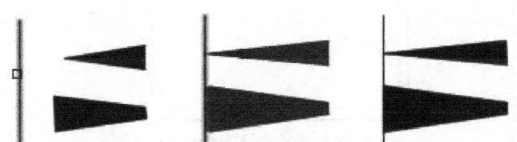

选择边界对象　选择要延伸的多段线　延伸后的结果

图 4-102　延伸对象

（2）选择对象时, 如果按住 Shift 键, 系统就自动将 "延伸" 命令转换成 "修剪" 命令。

下面以图 4-103 所示的沙发为例, 介绍一下延伸命令的使用方法。

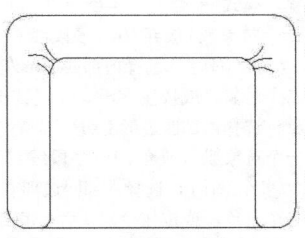

图 4-103　沙发

Step 绘制步骤

① 单击"默认"选项卡"绘图"面板中的"矩形"按钮□，绘制圆角为 10、第一角点坐标为（20，20）、长度和宽度分别为 140 和 100 的矩形作为沙发的外框，如图 4-104 所示。

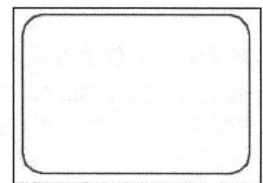

图 4-104　绘制沙发外轮廓

② 单击"默认"选项卡"绘图"面板中的"直线"按钮✐，绘制坐标分别为（40，20）、（@0，80）、（@100，0）、（@0，-80）的连续线段，绘制结果如图 4-105 所示。

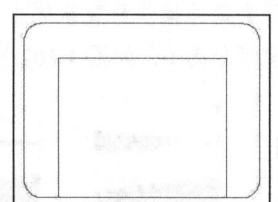

图 4-105　绘制初步轮廓

③ 单击"默认"选项卡"修改"面板中的"分解"按钮📇和"圆角"按钮◻，修改沙发轮廓，命令行提示如下：

```
命令：_explode
选择对象：选择外面倒圆矩形
选择对象：
命令：_fillet
当前设置：模式 = 修剪，半径 = 6.0000
选择第一个对象或[放弃(U)/多段线(P)/半径(R)/
修剪(T)/多个(M)]：选择内部四边形左边
选择第二个对象，或按住 <Shift> 键选择要应用角
点的对象：选择内部四边形上边
选择第一个对象或 [放弃(U)/多段线(P)/半径(R)/
修剪(T)/多个(M)]：选择内部四边形右边
选择第二个对象，或按住 <Shift> 键选择要应用角
点的对象：选择内部四边形上边
选择第一个对象或 [放弃(U)/多段线(P)/半径(R)/
修剪(T)/多个(M)]：
```

④ 单击"修改"工具栏中的"圆角"按钮◻，选择内部 4 边形左边和外部矩形下边左端为对象，进行圆角处理，绘制结果如图 4-106 所示。

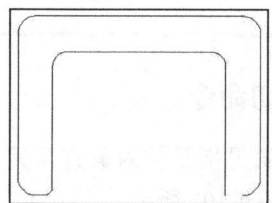

图 4-106　绘制倒圆

⑤ 单击"默认"选项卡"修改"面板中的"延伸"按钮-✐，命令行提示如下：

```
命令：_ extend
当前设置：投影=UCS，边=无
选择边界的边...
选择对象或 <全部选择>：选择图 4-105 所示的右下
角圆弧
选择对象：
选择要延伸的对象，或按住<Shift>键选择要修剪的
对象，或[栏选(F)/窗交(C)/投影(P)/边(E)/放弃
(U)]：选择图 4-106 所示的左端短水平线
选择要延伸的对象，或按住<Shift>键选择要修剪的
对象，或[栏选(F)/窗交(C)/投影(P)/边(E)/放弃
(U)]：
```

结果如图 4-107 所示。

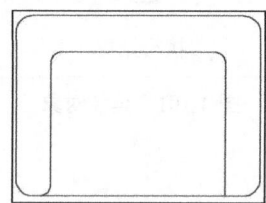

图 4-107　延伸直线

⑥ 单击"默认"选项卡"修改"面板中的"圆角"按钮◻，选择内部四边形右边和外部矩形下边为倒圆角对象，进行圆角处理，如图 4-108 所示。

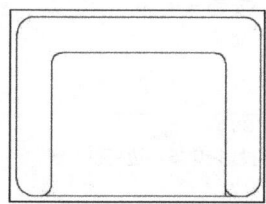

图 4-108　圆角处理

⑦ 单击"默认"选项卡"修改"面板中的"修剪"按钮 ⊹，以刚倒出的圆角圆弧为边界，对内部四边形右边下端进行修剪，绘制结果如图 4-109 所示。

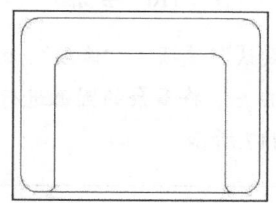

图 4-109　完成倒圆角

⑧ 单击"默认"选项卡"绘图"面板中的"圆弧"按钮，绘制沙发皱纹。在沙发拐角位置绘制 6 条圆弧，最终绘制结果如图 4-103 所示。

4.5.5　拉伸命令

拉伸对象是指拖拉选择的对象，且形状发生改变后的对象。拉伸对象时，应指定拉伸的基点和移置点。利用一些辅助工具如捕捉、钳夹功能及相对坐标等可以提高拉伸的精度。

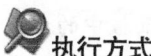 **执行方式**

命令行：STRETCH。

菜单："修改"→"拉伸"。

工具栏："修改"→"拉伸" 。

功能区：单击"默认"选项卡"修改"面板中的"拉伸"按钮 。

操作步骤

命令：STRETCH
以交叉窗口或交叉多边形选择要拉伸的对象…
选择对象：C
指定第一个角点：指定对角点：找到 2 个（采用交叉窗口的方式选择要拉伸的对象）
指定基点或〔位移(D)〕<位移>：（指定拉伸的基点）
指定第二个点或 <使用第一个点作为位移>：（指定拉伸的移至点）

此时，若指定第二个点，系统将根据这两点决定的矢量拉伸对象。若直接按<Enter>键，系统

会把第一个点作为 x 轴和 y 轴的分量值。

STRETCH 仅移动位于交叉选择内的顶点和端点，不更改那些位于交叉选择外的顶点和端点。部分包含在交叉选择窗口内的对象将被拉伸。

 注意 用交叉窗口选择拉伸对象时，落在交叉窗口内的端点被拉伸，落在外部的端点保持不动。

下面以图 4-110 所示的门把手为例，介绍一下拉伸命令的使用方法。

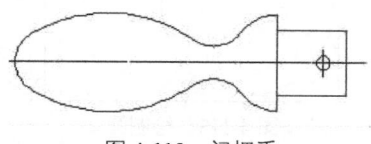

图 4-110　门把手

Step 绘制步骤

① 设置图层

选择菜单栏中的"格式"→"图层"命令，弹出"图层特性管理器"对话框，如图 4-111 所示，新建两个图层：

（1）第一图层命名为"轮廓线"，线宽属性为 0.3mm，其余属性默认；

（2）第二图层命名为"中心线"，颜色设为红色，线型加载为 center，其余属性默认。

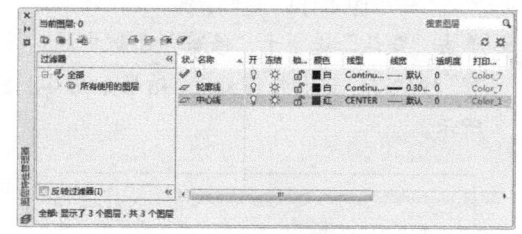

图 4-111　图层特性管理器

② 将"轮廓线"层设置为当前层。单击"默认"选项卡"绘图"面板中的"直线"按钮 ，绘制坐标分别为（150，150）、（@120，0）的直线，结果如图 4-112 所示。

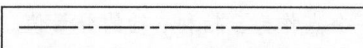

图 4-112 绘制直线

③ 单击"默认"选项卡"绘图"面板中的"圆"
按钮⊙，以（160，150）圆心，绘制半径为
10 的圆。重复"圆"命令，以（235，150）
为圆心，绘制半径为 15 的圆。再绘制半径
为 50 的圆与前两个圆相切，结果如图 4-113
所示。

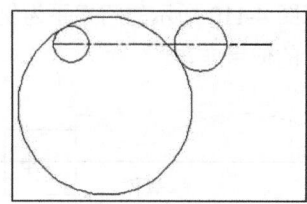

图 4-113 绘制圆

④ 单击"默认"选项卡"绘图"面板中的"直
线"按钮╱，绘制坐标为（250，150）、
（@10<90）、（@15<180）的两条直线。重复"直
线"命令，绘制坐标为（235，165）、（235，
150）的直线，结果如图 4-114 所示。

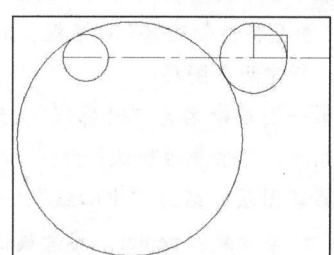

图 4-114 绘制直线

⑤ 单击"默认"选项卡"修剪"面板中的"修
剪"按钮-/--，进行修剪处理，结果如图 4-115
所示。

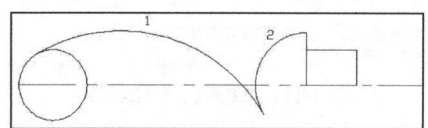

图 4-115 修剪处理

⑥ 单击"默认"选项卡"绘图"面板中的"圆"
按钮⊙，绘制半径为 12，与圆弧 1 和圆弧 2
相切的圆，结果如图 4-116 所示。

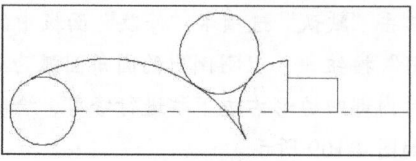

图 4-116 绘制圆

⑦ 单击"默认"选项卡"修改"面板中的"修
剪"按钮-/--，将多余的圆弧进行修剪，结果
如图 4-117 所示。

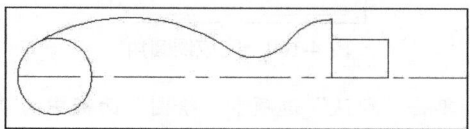

图 4-117 修剪处理

⑧ 单击"默认"选项卡"修改"面板中的"镜像"
按钮⚏，以（150，150）、（250，150）为两
镜像点对图形进行镜像处理，结果如图 4-118
所示。

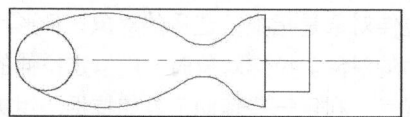

图 4-118 镜像处理

⑨ 单击"默认"选项卡"修改"面板中的"修
剪"按钮-/--，进行修剪处理，结果如图 4-119
所示。

⑩ 将"中心线"层设置为当前层。单击"默认"
选项卡"绘图"面板中的"直线"按钮╱，
在把手接头处中间位置绘制适当长度的竖
直线段，作为销孔定位中心线，如图 4-120
所示。

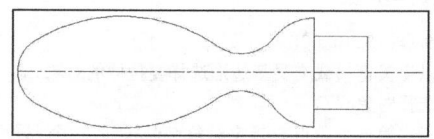

图 4-119 把手初步图形

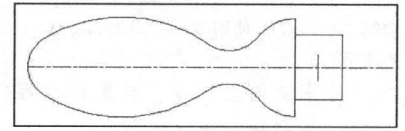

图 4-120 销孔中心线

⑪ 将"轮廓线"层设置为当前层。单击"默认"选项卡"绘图"面板中的"圆"按钮⊙，以中心线交点为圆心绘制适当半径的圆作为销孔，如图4-121所示。

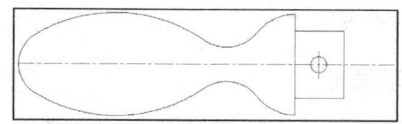

图4-121 销孔

⑫ 单击"默认"选项卡"修改"面板中的"拉伸"按钮囗，拉伸接头长度，命令行与操作步骤如下：

```
命令：_stretch
以交叉窗口或交叉多边形选择要拉伸的对象...（见图4-122）
选择对象：找到 1 个
选择对象：
指定基点或 [位移(D)] <位移>：
指定第二个点或 <使用第一个点作为位移>：
结果如图4-110所示。
```

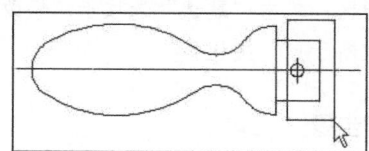

图4-122 指定拉伸对象

4.5.6 拉长命令

执行方式

命令行：LENGTHEN。

菜单："修改"→"拉长"。

功能区：单击"默认"选项卡"修改"面板中的"拉长"按钮／。

操作步骤

```
命令：LENGTHEN
选择对象或 [增量(DE)/百分比(P)/总计(T)/动态(DY)]：（选定对象）
当前长度：30.5001（给出选定对象的长度，如果选择圆弧则还将给出圆弧的包含角）
```

```
选择对象或 [增量(DE)/百分比(P)/总计(T)/动态(DY)]：DE（选择拉长或缩短的方式。如选择"增量(DE)"方式）
输入长度增量或 [角度(A)] <0.0000>：10（输入长度增量数值。如果选择圆弧段，则可输入选项"A"给定角度增量）
选择要修改的对象或 [放弃(U)]：（选定要修改的对象，进行拉长操作）
选择要修改的对象或 [放弃(U)]：（继续选择，按<Enter>键，结束命令）
```

选项说明

（1）增量（DE）

用指定增加量的方法来改变对象的长度或角度。

（2）百分比（P）

用指定要修改对象的长度占总长度的百分比的方法来改变圆弧或直线段的长度。

（3）总计（T）

用指定新的总长度或总角度值的方法来改变对象的长度或角度。

（4）动态（DY）

在这种模式下，可以使用拖曳鼠标的方法来动态地改变对象的长度或角度。

下面以图4-123所示的挂钟为例，介绍一下拉长命令的使用方法。

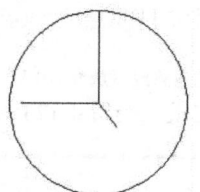

图4-123 挂钟图形

Step 绘制步骤

① 单击"默认"选项卡"绘图"面板中的"圆"按钮⊙，以（100，100）为圆心，绘制半径为20的圆形作为挂钟的外轮廓线，如图4-124所示。

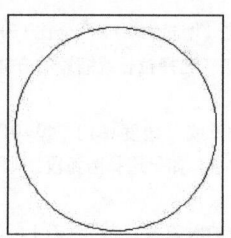

图 4-124 绘制圆形

② 单击"默认"选项卡"绘图"面板中的"直线"按钮 ✎，绘制坐标为（100，100），（100，120）、（100，100），（80，100），（100，100），（105，94）的 3 条直线作为挂钟的指针，如图 4-125 所示。

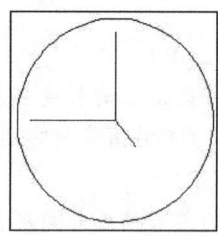

图 4-125 绘制指针

③ 选择菜单栏中的"修改"→"拉长"命令，将秒针拉长至圆的边，命令行提示与操作如下：

```
命令：_lengthen
选择要测量的对象或 [增量(DE)/百分比(P)/总计
(T)/动态(DY)] <总计(T)>: de
输入长度增量或 [角度(A)] <0.0000>:  指定第二
点：(选择圆)
选择要修改的对象或 [放弃(U)]:(选择秒针)
```

绘制挂钟完成，如图 4-123 所示。

4.5.7 打断命令

执行方式

命令行：BREAK。
菜单："修改"→"打断"。
工具栏："修改"→"打断" 。
功能区：单击"默认"选项卡"修改"面板中的"打断"按钮 📄。

操作步骤

```
命令：BREAK
选择对象：(选择要打断的对象)
指定第二个打断点或 [第一点(F)]:(指定第二个断
开点或键入 F)
```

选项说明

如果选择"第一点（F）"选项，系统将丢弃前面的第一个选择点，重新提示用户指定两个打断点。

4.5.8 打断于点

打断于点是指在对象上指定一点，从而把对象在此点拆分成两部分，此命令与打断命令类似。

执行方式

工具栏："修改"→"打断于点" 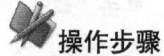。
功能区：单击"默认"选项卡"修改"面板中的"打断于点"按钮 📄。

操作步骤

输入此命令后，命令行提示如下：

```
选择对象：(选择要打断的对象)
指定第二个打断点或 [第一点(F)]:_f(系统自动执
行"第一点(F)"选项)
指定第一个打断点：(选择打断点)
指定第二个打断点：@(系统自动忽略此提示)
```

4.5.9 分解命令

执行方式

命令行：EXPLODE。
菜单："修改"→"分解"。
工具栏："修改"→"分解" 。
功能区：单击"默认"选项卡"修改"面板中的"分解"按钮 📄。

操作步骤

```
命令：EXPLODE
```

选择对象:（选择要分解的对象）

选择一个对象后，该对象会被分解。系统继续提示该行信息，允许分解多个对象。

4.5.10 合并命令

可以将直线、圆弧、椭圆弧和样条曲线等独立的对象合并为一个对象，如图 4-126 所示。

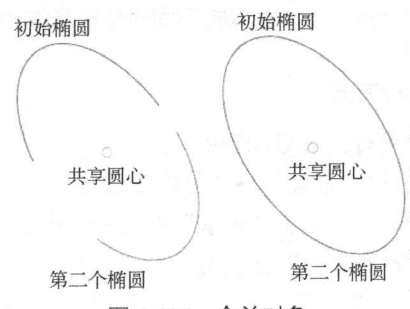

图 4-126 合并对象

执行方式

命令行：JOIN。

菜单："修改" → "合并"。

工具栏："修改" → "合并" ➜ 。

功能区：单击"默认"选项卡"修改"面板中的"合并"按钮 ➜ 。

操作步骤

命令：JOIN
选择源对象:（选择一个对象）
选择要合并到源的直线:（选择另一个对象）
找到 1 个
选择要合并到源的直线:
已将 1 条直线合并到源

4.6 对象编辑

在对图形进行编辑时，还可以对图形对象本身的某些特性进行编辑，从而方便地进行图形绘制。

4.6.1 钳夹功能

利用钳夹功能可以快速方便地编辑对象。AutoCAD 在图形对象上定义了一些特殊点，称为夹点，利用夹点可以灵活地控制对象，如图 4-127 所示。

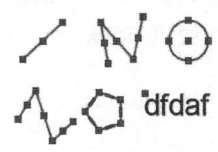

图 4-127 夹点

要使用钳夹功能编辑对象，必须先打开钳夹功能，打开方法是：单击"工具" → "选项" → "选择"命令。

在"选项"对话框的"选择集"选项卡中，选中"启用夹点"复选框。在该选项卡中，还可以设置代表夹点的小方格的尺寸和颜色。

也可以通过 GRIPS 系统变量来控制是否打开钳夹功能，1 代表打开，0 代表关闭。

打开了钳夹功能后，应该在编辑对象之前先选择对象。夹点表示了对象的控制位置。

使用夹点编辑对象，要选择一个夹点作为基点，称为基准夹点。然后，选择一种编辑操作：镜像、移动、旋转、拉伸和缩放。可以用空格键、Enter 键或键盘上的快捷键循环选择这些功能。

下面仅就其中的拉伸对象操作为例进行讲述，其他操作类似。

在图形上拾取一个夹点，该夹点改变颜色，此点为夹点编辑的基准夹点。这时系统提示：

** 拉伸 **
指定拉伸点或 [基点(B)/复制(C)/放弃(U)/退出(X)]:

在上述拉伸编辑提示下，输入"镜像"命令或单击鼠标右键，在快捷菜单中选择"镜像"命令，如图 4-128 所示。

系统就会转换为"镜像"操作，其他操作类似。

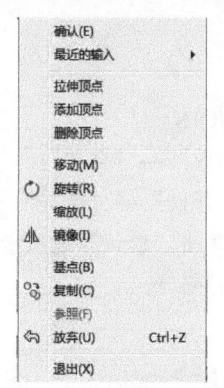

图 4-128　右键快捷菜单

4.6.2　修改对象属性

 执行方式

命令行：DDMODIFY 或 PROPERTIES。

菜单："修改"→"特性或工具"→"选项板"→"特性"。

工具栏："标准"→"特性" 圖。

功能区：单击"默认"选项卡"特性"面板中的"对话框启动器"按钮 或单击"视图"选项卡"选项板"面板中的"特性"按钮圖。

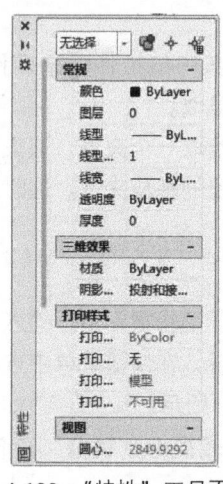 操作步骤

AutoCAD 打开"特性"工具面板，如图 4-129所示。利用它可以方便地设置或修改对象的各种属性。

图 4-129　"特性"工具面板

不同的对象属性种类和值不同，修改属性值，对象的属性即可改变。

4.6.3　特性匹配

利用特性匹配功能可以将目标对象的属性与源对象的属性进行匹配，使目标对象的属性与源对象属性相同。利用特性匹配功能可以方便快捷地修改对象属性，并保持不同对象的属性相同。

 执行方式

命令行：MATCHPROP。

菜单："修改"→"特性匹配"。

功能区：单击"默认"选项卡"特性"面板中的"特性匹配"按钮圖。

 操作步骤

命令：MATCHPROP
选择源对象：（选择源对象）
选择目标对象或 [设置(S)]：（选择目标对象）

图 4-130（a）所示为两个属性不同的对象，以左边的圆为源对象，对右边的矩形进行特性匹配，结果如图 4-130（b）所示。

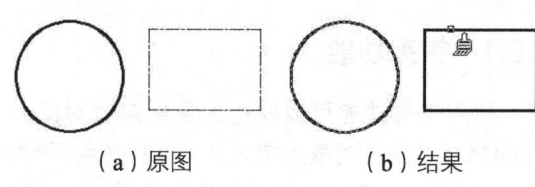

（a）原图　　　　　　（b）结果

图 4-130　特性匹配

下面以图 4-131 所示的花朵为例，介绍一下特性匹配命令的使用方法。

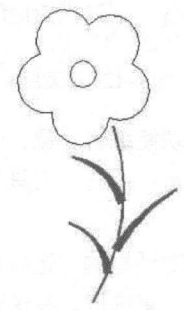

图 4-131　花朵图案

Step 绘制步骤

① 单击"默认"选项卡"绘图"面板中的"圆"按钮⊙，绘制花蕊，如图 4-132 所示。

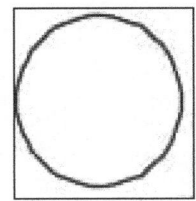

图 4-132 绘制花蕊

② 单击"默认"选项卡"绘图"面板中的"正多边形"按钮⬠，绘制图 4-133 所示的圆心为正多边形的中心点内接于圆的正五边形，结果如图 4-134 所示。

 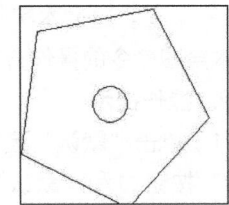

图 4-133 捕捉圆心　图 4-134 绘制正五边形

> **注意** 一定要先绘制中心的圆，因为正五边形的外接圆与此圆同心，必须通过捕捉获得正五边形的外接圆圆心位置。如果反过来，先画正五边形，再画圆，会发现无法捕捉正五边形外接圆圆心。

③ 单击"默认"选项卡"绘图"面板中的"圆弧"按钮⌒，以最上斜边的中点为圆弧起点，左上斜边中点为圆弧端点，绘制花朵，绘制结果如图 4-135 所示。重复"圆弧"命令，绘制另外 4 段圆弧，结果如图 4-136 所示。最后删除正五边形，结果如图 4-137 所示。

④ 单击"默认"选项卡"绘图"面板中的"多段线"按钮⤴，绘制枝叶。花枝的宽度为 4；叶子的起点半宽为 12，端点半宽为 3。同样方法绘制另两片叶子，结果如图 4-138 所示。

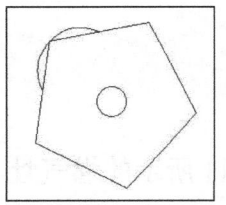 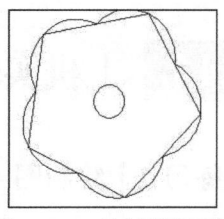

图 4-135 绘制一段圆弧　图 4-136 绘制所有圆弧

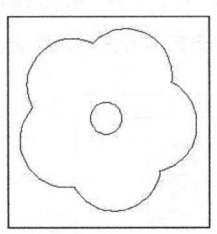 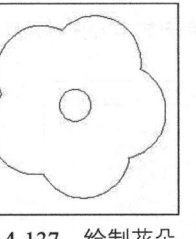

图 4-137 绘制花朵　图 4-138 绘制出花朵图案

⑤ 选择枝叶，枝叶上显示夹点标志，在一个夹点上单击鼠标右键，打开快捷菜单，选择其中的"特性"命令，如图 4-139 所示。系统打开特性选项板，在"颜色"下拉列表框中选择"绿色"，如图 4-140 所示。

⑥ 按照步骤⑤的方法修改花朵颜色为红色，花蕊颜色为洋红色，最终结果如图 4-131 所示。

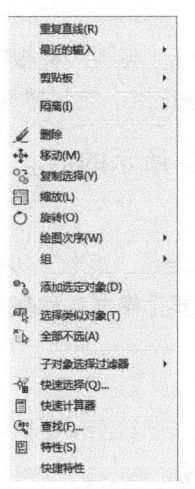 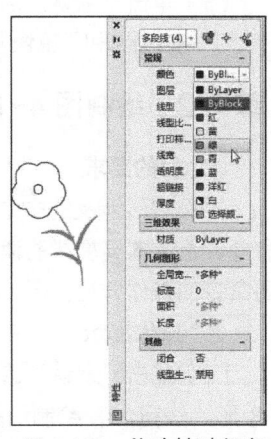

图 4-139 右键快捷菜单　图 4-140 修改枝叶颜色

4.7 上机实验

【练习1】 绘制图 4-141 所示的燃气灶。

1. 目的要求

本例图形涉及的命令主要是"矩形""直线""圆""环形阵列""镜像"命令,通过本实验帮助读者灵活掌握各种基本绘图命令的操作方法。

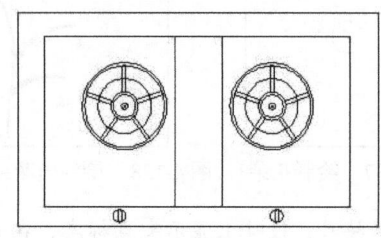

图 4-141　燃气灶

2. 操作提示

(1)单击"默认"选项卡"绘图"面板中的"矩形"按钮▭和"直线"按钮╱,绘制燃气灶外轮廓。

(2)单击"默认"选项卡"绘图"面板中的"圆"按钮⊙和"样条曲线"按钮∿,绘制支撑骨架。

(3)单击"默认"选项卡"修改"面板中的"阵列"按钮▦和"镜像"按钮⚎,绘制燃气灶。

【练习2】 绘制图 4-142 所示的门。

1. 目的要求

本例图形涉及的命令主要是"矩形""偏移"命令,通过本实验帮助读者灵活掌握各种基本绘图命令的操作方法。

2. 操作提示

(1)单击"默认"选项卡"绘图"面板中的"矩形"按钮▭,绘制门轮廓。

(2)单击"默认"选项卡"修改"面板中的"偏移"按钮⬓,绘制门。

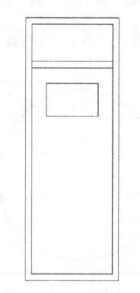

图 4-142　门

【练习3】 如图 4-143 所示的小房子。

1. 目的要求

本例图形涉及的命令主要是"矩形""直线""阵列"命令。通过本实验帮助读者灵活掌握各种基本绘图命令的操作方法。

2. 操作提示

(1)单击"默认"选项卡"绘图"面板中的"矩形"按钮▭和"默认"选项卡"修改"面板中的"阵列"按钮▦,绘制主要轮廓。

(2)单击"默认"选项卡"绘图"面板中的"直线"按钮╱和"默认"选项卡"修改"面板中的"阵列"按钮▦。

图 4-143　小房子

文字注释是图形中很重要的一部分内容，在进行各种设计时，通常不仅要绘出图形，还要在图形中标注一些文字；图表在 AutoCAD 图形中也有大量的应用，如明细表、参数表和标题栏等；尺寸标注也是绘图设计过程中相当重要的一个环节。

在绘图设计过程中，经常会遇到一些重复出现的图形（例如建筑设计中的桌椅、门窗等），如果每次都重新绘制这些图形，不仅会造成大量的重复工作，而且存储这些图形及其信息也会占据相当大的磁盘空间。

重点与难点

- ➲ 文本标注
- ➲ 表格
- ➲ 尺寸标注
- ➲ 查询工具
- ➲ 图块及其属性
- ➲ 设计中心与工具选项板

5.1 查询工具

为方便用户及时了解图形信息，AutoCAD 提供了很多查询工具，这里简要进行说明。

5.1.1 距离查询

 **执行方式**

命令行：MEASUREGEOM。

菜单："工具"→"查询"→"距离"。

工具栏："查询"→"距离" 🔲。

功能区：单击"默认"选项卡"实用工具"面板中的"测量"下拉菜单中的"距离"按钮 🔲。

操作步骤

命令：MEASUREGEOM
输入选项 ［距离(D)/半径(R)/角度(A)/面积(AR)/体积(V)］ <距离>：距离
指定第一点：指定点
指定第二个点或 ［多点］：指定第二点或输入 m 表示多个点
输入选项 ［距离(D)/半径(R)/角度(A)/面积(AR)/体积(V)/退出(X)］ <距离>：退出

选项说明

多点：如果使用此选项，将基于现有直线段和当前橡皮线即时计算总距离。

5.1.2 面积查询

 **执行方式**

命令行：MEASUREGEOM。

菜单："工具"→"查询"→"面积"。

工具栏："查询"→"面积" 📐。

功能区：单击"默认"选项卡"实用工具"面板中的"测量"下拉菜单中的"面积"按钮📐。

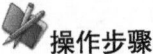 **操作步骤**

命令：MEASUREGEOM
输入选项 [距离(D)/半径(R)/角度(A)/面积(AR)/体积(V)] <距离>：面积

指定第一个角点或 [对象(O)/增加面积(A)/减少面积(S)/退出(X)] <对象>：选择选项

 **选项说明**

在工具选项板中，系统设置了一些常用图形的选项卡，这些选项卡可以方便用户绘图。

（1）指定角点

计算由指定点所定义的面积和周长。

（2）增加面积

打开"加"模式，并在定义区域时即时保持总面积。

（3）减少面积

从总面积中减去指定的面积。

5.2 图块及其属性

把一组图形对象组合成图块加以保存，需要的时候可以把图块作为一个整体以任意比例和旋转角度插入到图中任意位置，这样不仅避免了大量的重复工作，提高绘图速度和工作效率，而且可大大节省磁盘空间。

5.2.1 图块操作

1. 图块定义

 **执行方式**

命令行：BLOCK。

菜单栏："绘图"→"块"→"创建命令"。

工具栏："绘图"→"创建块" 🖧。

功能区：单击"默认"选项卡"块"面板中的"创建块"按钮🖧（或单击"插入"选项卡"块定义"面板中的"创建块"按钮🖧）。

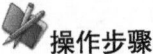 **操作步骤**

执行上述命令，系统弹出图 5-1 所示的"块定义"对话框，利用该对话框指定定义对象和基点以及其他参数，可定义图块并命名。

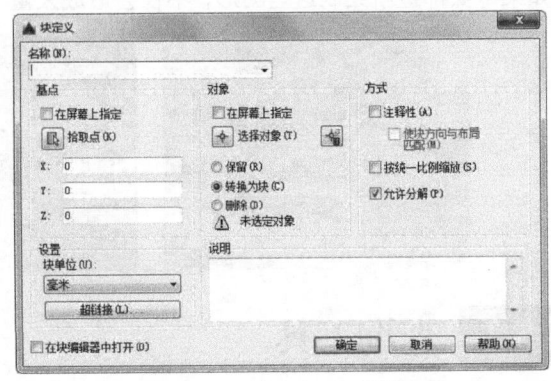

图 5-1 "块定义"对话框

2. 图块保存

 **执行方式**

命令行：WBLOCK。

 **操作步骤**

执行上述命令，系统弹出图 5-2 所示的"写块"对话框。利用此对话框可把图形对象保存为图块或把图块转换成图形文件。

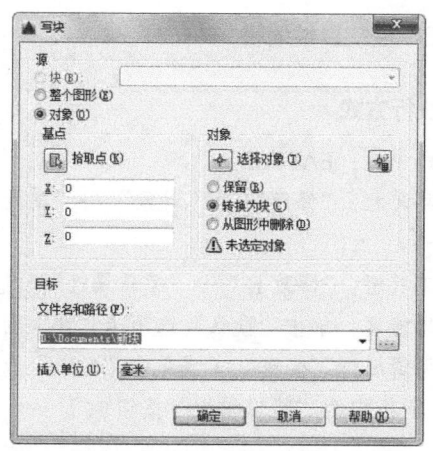

图 5-2　"写块"对话框

3. 图块插入

执行方式

命令行：INSERT。

菜单栏：插入→块。

工具栏："插入"→"插入块" 🔲 或"绘图"→"插入块" 🔲。

功能区：单击"默认"选项卡"块"面板中的"插入块"按钮 🔲（或单击"插入"选项卡"块"面板中的"插入块"按钮 🔲）。

操作步骤

执行上述命令，系统弹出"插入"对话框，如图 5-3 所示。利用此对话框设置插入点位置、插入比例以及旋转角度，可以指定要插入的图块及插入位置。

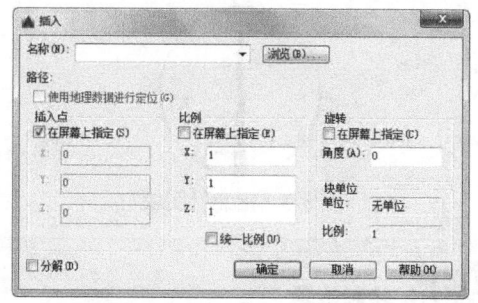

图 5-3　"插入"对话框

5.2.2　图块的属性

1. 属性定义

执行方式

命令行：ATTDEF。

菜单栏："绘图"→"块"→"定义属性"。

功能区：单击"默认"选项卡"块"面板中的"定义属性"按钮 ✎（或单击"插入"选项卡"块定义"面板中的"定义属性"按钮 ✎）。

操作步骤

执行上述命令，系统弹出"属性定义"对话框，如图 5-4 所示。

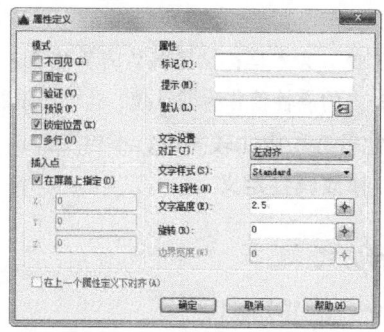

图 5-4　"属性定义"对话框

选项说明

（1）"模式"选项组

• "不可见"复选框：选中此复选框，属性为不可见显示方式，即插入图块并输入属性值后，属性值在图中并不显示出来。

• "固定"复选框：选中此复选框，属性值为常量，即属性值在属性定义时给定，在插入图块时，AutoCAD 2016 不再提示输入属性值。

• "验证"复选框：选中此复选框，当插入图块时，AutoCAD 2016 重新显示属性值让用户验证该值是否正确。

• "预设"复选框：选中此复选框，当插入图块时，AutoCAD 2016 自动把事先设置好的默认值赋予属性，而不再提示输入属性值。

• "锁定位置"复选框：选中此复选框，当插入图块时，AutoCAD 2016 锁定块参照中属性的位置。解锁后，属性可以相对于使用夹点编辑的块的其他部分移动，并且可以调整多行属性的大小。

• "多行"复选框：指定属性值可以包含多行文字。

（2）"属性"选项组

• "标记"文本框：输入属性标签。属性标签可由除空格和感叹号以外的所有字符组成。AutoCAD 2016 自动把小写字母改为大写字母。

• "提示"文本框：输入属性提示。属性提示是在插入图块时 AutoCAD 2016 要求输入属性值的提示。如果不在此文本框内输入文本，则以属性标签作为提示。如果在"模式"选项组选中"固定"复选框，即设置属性为常量，则不需设置属性提示。

• "值"文本框：设置默认的属性值。可把使用次数较多的属性值作为默认值，也可不设默认值。

其他各选项组比较简单，不再赘述。

2. 修改属性定义

执行方式

命令行：DDEDIT。

菜单栏："修改"→"对象"→"文字"→"编辑"。

操作步骤

> 命令：DDEDIT
> 选择注释对象或[放弃(U)]：

在此提示下选择要修改的属性定义，AutoCAD 2016 打开"属性定义"对话框，如图 5-5 所示。可以在该对话框中修改属性定义。

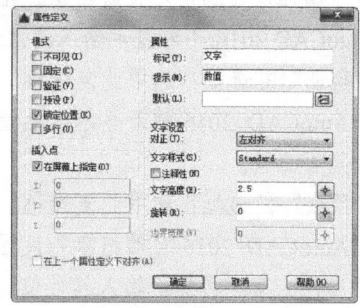

图 5-5 "属性定义"对话框

3. 图块属性编辑

执行方式

命令行：EATTEDIT。

菜单栏："修改"→"对象"→"属性"→"单个"。

工具栏："修改 II"→"编辑属性" 📝。

功能区：单击"默认"选项卡"块"面板中的"编辑属性"按钮 📝（或单击"插入"选项卡"块"面板中的"编辑属性"按钮 📝）。

操作步骤

> 命令：EATTEDIT
> 选择块：

选择块后，系统弹出"增强属性编辑器"对话框，如图 5-6 所示。该对话框不仅可以编辑属性值，还可以编辑属性的文字选项和图层、线型、颜色等特性值。

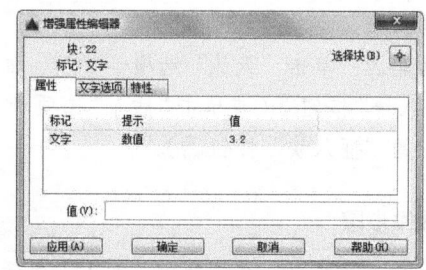

图 5-6 "增强属性编辑器"对话框

下面以图 5-7 所示的指北针图块为例，介绍一下图块属性命令的使用方法。

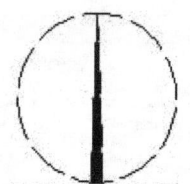

图 5-7 指北针图块

Step 绘制步骤

1. 单击"默认"选项卡"绘图"面板中的"圆"按钮 ⊙，绘制一个直径为 24 的圆，如图 5-8

所示。

② 单击"默认"选项卡"绘图"面板中的"直线"按钮✎，绘制圆的竖直直径，如图 5-9 所示。

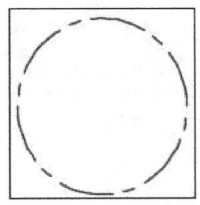
图 5-8　绘制圆

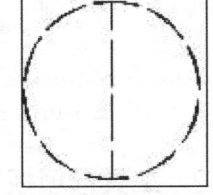
图 5-9　绘制竖直直线

③ 单击"默认"选项卡"修改"面板中的"偏移"按钮⊆，使直径向左右两边各偏移 1.5，如图 5-10 所示。

④ 单击"默认"选项卡"修改"面板中的"修剪"按钮╱，选取圆作为修剪边界，修剪偏移后的直线，如图 5-11 所示。

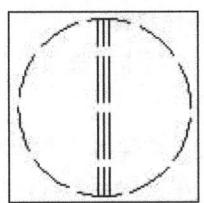
图 5-10　偏移直线

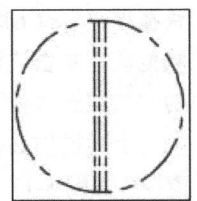
图 5-11　修剪直线

⑤ 单击"默认"选项卡"绘图"面板中的"直线"按钮✎，绘制直线，如图 5-12 所示。

⑥ 单击"默认"选项卡"修改"面板中的"删除"按钮✐，删除多余直线，如图 5-13 所示。

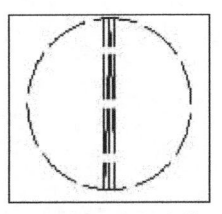
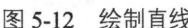
图 5-12　绘制直线

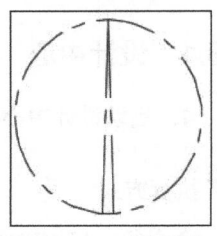
图 5-13　删除直线

⑦ 单击"默认"选项卡"绘图"面板中的"图案填充"按钮▨，选择图案填充选项板的"Solid"图标，选择指针作为图案填充对象进行填充，如图 5-7 所示。

⑧ 执行 wblock 命令，弹出"写块"对话框，如图 5-14 所示。单击"拾取点"按钮🔣，拾取指北针的顶点为基点，单击"选择对象"按钮✛，拾取下面的图形为对象，输入图块名称"指北针图块"并指定路径，确认保存。

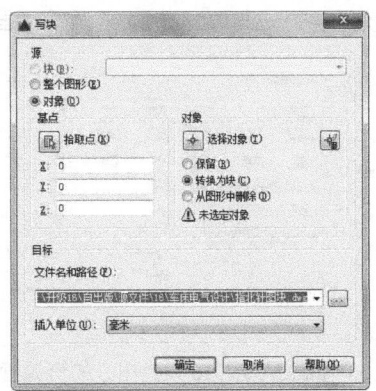
图 5-14　"写块"对话框

5.3　设计中心与工具选项板

使用 AutoCAD 2016 设计中心可以很容易地组织设计内容，并把它们拖动到当前图形中。工具选项板是"工具选项板"窗口中选项卡形式的区域，提供组织、共享和放置块及填充图案的有效方法。工具选项板还可以包含由第三方开发人员提供的自定义工具。也可以利用设置中的组织内容，并将其创建为工具选项板。设计中心与工具选项板的使用大大方便了绘图，提高了绘图的效率。

5.3.1 设计中心

1. 启动设计中心

**执行方式**

命令行：ADCENTER。

菜单栏："工具"→"设计中心"。

工具栏："标准"→"设计中心" 🗔。

功能区：单击"视图"选项卡"选项板"面板中的"设计中心"按钮🗔。

快捷键：按<Ctrl> + <2>快捷键。

执行上述命令，系统打开设计中心。第一次启动设计中心时，它默认打开的选项卡为"文件夹"。内容显示区采用大图标显示，左边的资源管理器采用 tree view 显示方式显示系统的树形结构，浏览资源的同时，在内容显示区显示所浏览资源的有关细目或内容，如图 5-15 所示。也可以搜索资源，方法与 Windows 资源管理器类似。

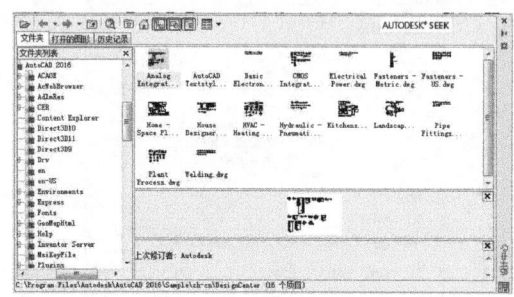

图 5-15　AutoCAD 2016 设计中心的资源管理器和内容显示区

2. 利用设计中心插入图形

设计中心一个最大的优点是可以将系统文件夹中的 DWG 图形当成图块插入到当前图形中。

（1）从查找结果列表框选择要插入的对象，双击对象。

（2）弹出"插入"对话框，如图 5-16 所示。

（3）在对话框中插入点、比例和旋转角度等数值。

被选择的对象根据指定的参数插入到图形当中。

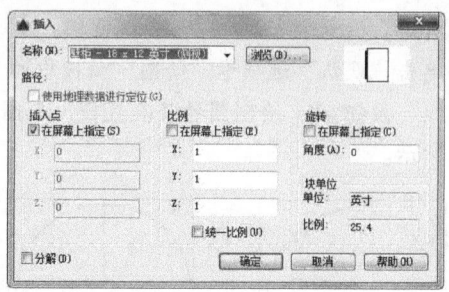

图 5-16　"插入"对话框

5.3.2 工具选项板

1. 打开工具选项板

**执行方式**

命令行：TOOLPALETTES。

菜单："工具"→"选项板"→"工具选项板"。

工具栏："标准"→"工具选项板窗口"🗔。

快捷键：按<Ctrl> + <3>快捷键。

功能区：单击"视图"选项卡"选项板"面板中的"工具选项板"按钮🗔。

执行上述操作后，系统自动弹出"工具选项板"窗口，如图 5-17 所示。单击鼠标右键，在系统弹出的快捷菜单中选择"新建选项板"命令，如图 5-18 所示。系统新建一个空白选项卡，可以命名该选项卡，如图 5-19 所示。

2. 将设计中心内容添加到工具选项板

在 Designcenter 文件夹上单击鼠标右键，系统打开快捷菜单，从中选择"创建块的工具选项板"命令。设计中心储存的图元就出现在工具选项板中新建的 DesignCenter 选项卡上，如图 5-20 所示。这样就可以将设计中心与工具选项板结合起来，建立一个快捷方便的工具选项板。

3. 利用工具选项板绘图

只需将工具选项板中的图形单元拖动到当前图形，该图形单元就以图块的形式插入到当前图形中。图 5-21 所示的是将工具选项板中"建筑"选项卡中的"床-双人床"图形单元拖到当前图形。

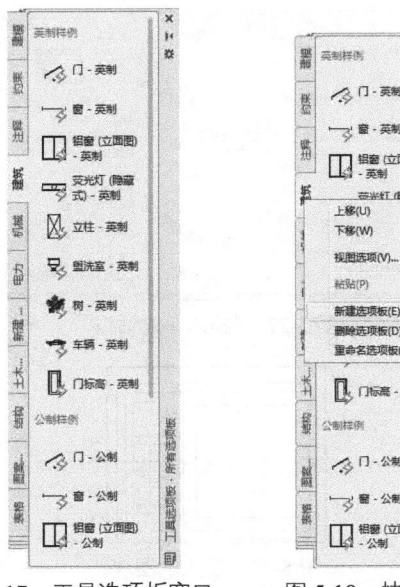

图 5-17 工具选项板窗口 图 5-18 快捷菜单

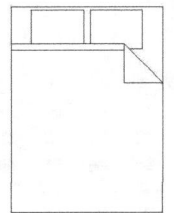

图 5-21 双人床

利用设计中心和工具选项板辅助绘制图 5-22 所示的居室室内布置平面图。

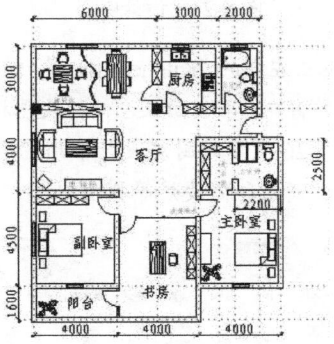

图 5-22 居室平面图

Step 绘制步骤

① 单击"默认"选项卡"绘图"面板中的"直线"按钮 ✎ 和"圆弧"按钮 ╭，绘制建筑主体图，结果如图 5-23 所示。

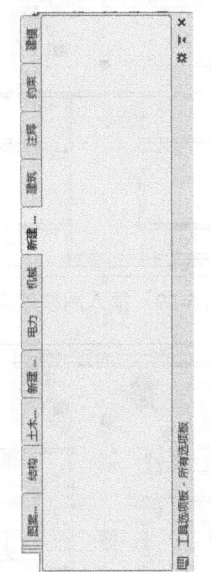

图 5-19 新建选项板

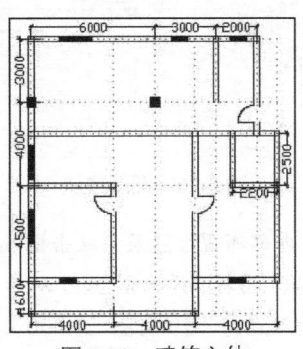

图 5-23 建筑主体

② 启动设计中心。

（1）单击菜单栏中的"工具"→"选项板"→"设计中心"命令，出现图 5-24 所示的设计中心面板，其中面板的左侧为"资源管

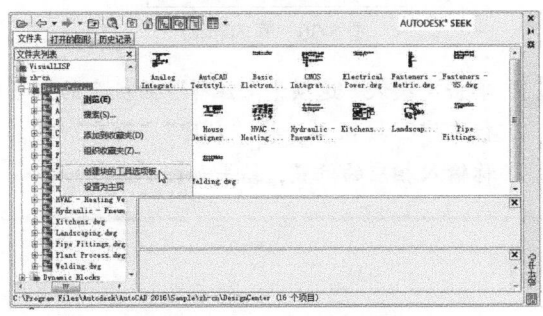

图 5-20 创建工具选项板

理器"。

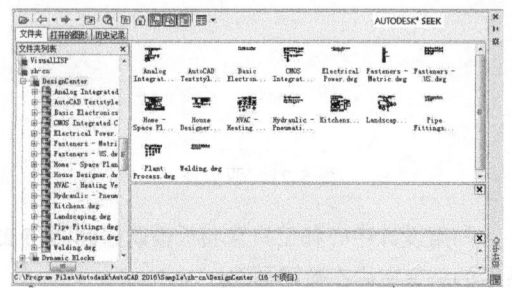

图 5-24　设计中心

（2）双击左侧的"Kitchens.dwg"，弹出图 5-25 所示的窗口；单击面板左侧的块图标 ，出现图 5-26 所示的厨房设计常用的燃气灶、水龙头、橱柜和微波炉等模块。

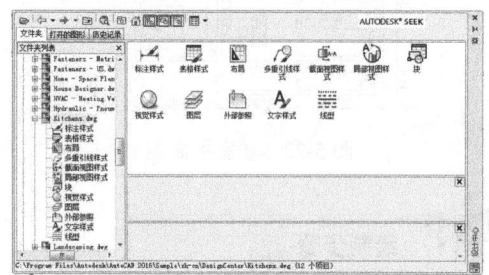

图 5-25　Kitchens.dwg

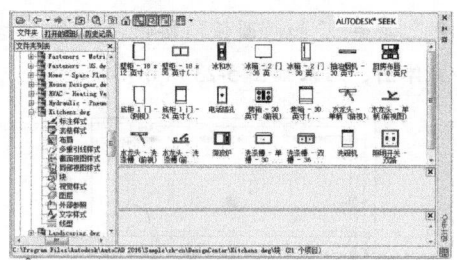

图 5-26　图形模块

③ 新建"内部布置"图层，双击图 5-26 所示的"微波炉"图标，弹出图 5-27 所示的对话框，设置插入点为（19 618，21 000），缩放比例为 25.4，旋转角度为 0，插入的图块如图 5-28 所示，绘制结果如图 5-29 所示。重复上述操作，把 Home-Space Planner 与 House Designer 中的相应模块插入图形中，绘制结果如图 5-30 所示。

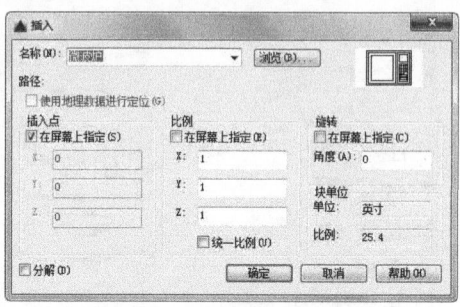

图 5-27　"插入"对话框

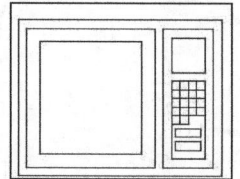

图 5-28　插入的图块

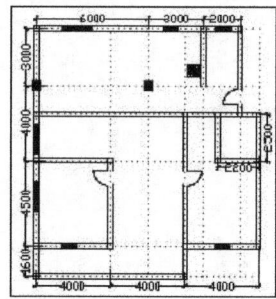

图 5-29　插入图块效果

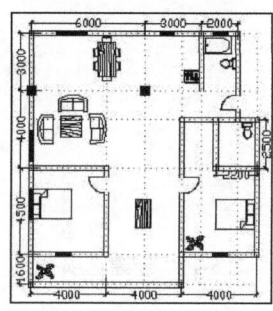

图 5-30　室内布局

④ 单击"默认"选项卡"注释"面板中的"多行文字"按钮 A，将"客厅""厨房"等名称输入相应的位置，结果如图 5-22 所示。

5.4　文本标注

文本是建筑图形的基本组成部分，在图签、说明、图纸目录等地方都要用到文本。本节讲述文本标注的基本方法。

5.4.1　设置文本样式

 **执行方式**

命令行：STYLE 或 DDSTYLE。

菜单："格式"→"文字样式"。

工具栏："文字"→"文字样式" **A**。

功能区：单击"默认"选项卡"注释"面板中的"文字样式"按钮 **A** 或单击"注释"选项卡"文字"面板中的"对话框启动器"按钮 ▾。

操作步骤

执行上述命令，系统弹出"文字样式"对话框，如图 5-31 所示。

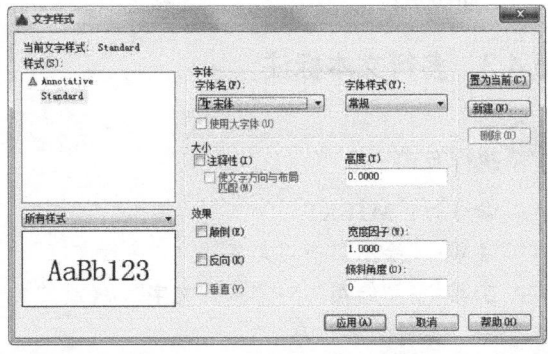

图 5-31　"文字样式"对话框

利用该对话框可以新建文字样式或修改当前文字样式。图 5-32 ~ 图 5-34 所示的图像为各种文字样式。

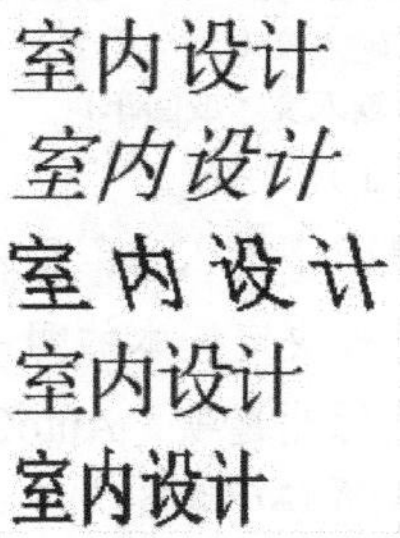

室内设计
室内设计
室内设计
室内设计
室内设计

图 5-32　同一字体的不同样式图

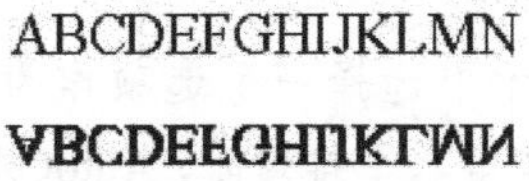

ABCDEFGHIJKLMN

ABCDEFGHIJKLMN

图 5-33　文字倒置标注与反向标注

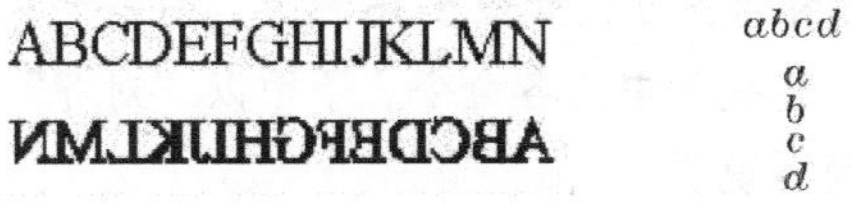

ABCDEFGHIJKLMN

ABCDEFGHIJKLMN

（a）　　　　　　　（b）

图 5-34　垂直标注文字

5.4.2　单行文本标注

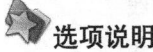 **执行方式**

命令行：TEXT 或 DTEXT。

菜单："绘图"→"文字"→"单行文字"。

工具栏："文字"→"单行文字" **AI**。

功能区：单击"默认"选项卡"注释"面板中的"单行文字"按钮 **AI** 或单击"注释"选项卡"文字"面板中的"单行文字"按钮 **A**。

操作步骤

```
命令：TEXT
当前文字样式： Standard  当前文字高度：
0.2000
指定文字的起点或 [对正(J)/样式(S)]：
```

选项说明

（1）指定文字的起点

在此提示下直接在作图屏幕上点取一点作为文本的起始点，命令行提示如下：

```
指定高度 <0.2000>：(确定字符的高度)
指定文字的旋转角度 <0>：(确定文本行的倾斜角度)
输入文字：(输入文本)
输入文字：(输入文本或回车)
```

（2）对正（J）

在上面的提示下键入 J，用来确定文本的对齐方式，对齐方式决定文本的哪一部分与所选的插入点对齐。执行此选项，AutoCAD 提示如下：

```
输入选项 [对齐(A)/调整(F)/中心(C)/中间(M)/
右®/左上(TL)/中上(TC)/右上(TR)/左中(ML)/正
中(MC)/右中(MR)/左下(BL)/中下(BC)/右下
(BR)]：
```

在此提示下选择一个选项作为文本的对齐方式。当文本串水平排列时，AutoCAD 为标注文本串定义了图 5-35 所示的顶线、中线、基线和底线，各种对齐方式如图 5-36 所示，图中大写字母对应上述提示中的各命令。下面以"对齐"为例进行简要说明。

图 5-35　文本行的底线、基线、中线和顶线

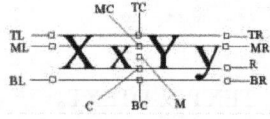

图 5-36　文本的对齐方式

实际绘图时，有时需要标注一些特殊字符，例如直径符号、上划线或下划线、温度符号等。由于这些符号不能直接从键盘上输入，AutoCAD 提供了一些控制码，用来实现这些要求。控制码用两个百分号（％％）加一个字符构成，常用的控制码如表 5-1 所示。

表 5-1　AutoCAD 常用控制码

符　号	功　能
％％O	上划线
％％U	下划线
％％D	"度"符号

续表

符　号	功　能
％％P	正负符号
％％C	直径符号
％％％	百分号%
\u+2248	几乎相等
\u+2220	角度
\u+E100	边界线
\u+2104	中心线
\u+0394	差值
\u+0278	电相位
\u+E101	流线
\u+2261	标识
\u+E102	界碑线
\u+2260	不相等
\u+2126	欧姆
\u+03A9	欧米伽
\u+214A	低界线
\u+2082	下标2
\u+00B2	上标2

5.4.3　多行文本标注

执行方式

命令行：MTEXT。

菜单："绘图"→"文字"→"多行文字"。

工具栏："绘图"→"多行文字" **A** 或"文字"→"多行文字" **A**。

功能区：单击"默认"选项卡"注释"面板中的"多行文字"按钮 A 或单击"注释"选项卡"文字"面板中的"多行文字"按钮 A。

操作步骤

```
命令：MTEXT
当前文字样式："Standard"    当前文字高度：1.9122
指定第一角点：(指定矩形框的第一个角点)
指定对角点或 [高度(H)/对正(J)/行距(L)/旋转
```

®/样式(S)/宽度(W)]：

 选项说明

（1）指定对角点：直接在屏幕上拾取一个点作为矩形框的第二个角点，AutoCAD 以这两个点为对角点形成一个矩形区域，其宽度作为将来要标注的多行文本的宽度，而且第一个点作为第一行文本顶线的起点。响应后 AutoCAD 打开"文字编辑器"选项卡和多行文字编辑器，可利用此编辑器输入多行文本并对其格式进行设置。关于对话框中各选项的含义与编辑器功能，稍后再详细介绍。

（2）对正（J）：确定所标注文本的对齐方式。

这些对齐方式与"TEXT"命令中的各对齐方式相同，在此不再重复。选择一种对齐方式后按<Enter>键，AutoCAD 回到上一级提示。

（3）行距（L）：确定多行文本的行间距，这里所说的行间距是指相邻两文本行的基线之间的垂直距离。选择此选项，命令行中的提示如下。

输入行距类型[至少(A)/精确(E)]<至少(A)>：

在此提示下有两种方式确定行间距："至少"方式和"精确"方式。"至少"方式下 AutoCAD 根据每行文本中最大的字符自动调整行间距。"精确"方式下 AutoCAD 给多行文本赋予一个固定的行间距。可以直接输入一个确切的间距值，也可以输入"nx"的形式，其中"n"是一个具体数，表示行间距设置为单行文本高度的 n 倍，而单行文本高度是本行文本字符高度的 1.66 倍。

（4）旋转（R）：确定文本行的倾斜角度。选择此选项，命令行中提示如下。

指定旋转角度<0>：（输入倾斜角度）

输入角度值后按<Enter>键，返回到"指定对角点或[高度（H）/对正（J）/行距（L）/旋转（R）/样式（S）/宽度（W）]:"提示。

（5）样式（S）：确定当前的文字样式。

（6）宽度（W）：指定多行文本的宽度。可在屏幕上拾取一点，将其与前面确定的第一个角点组成的矩形框的宽度作为多行文本的宽度，也可以输入一个数值，精确设置多行文本的宽度。

在创建多行文本时，只要指定文本行的起始点和宽度后，AutoCAD 就会打开"文字编辑器"选项卡和多行文字编辑器，如图 5-37 和图 5-38 所示。该编辑器与 Microsoft Word 编辑器界面相似，事实上该编辑器与 Word 编辑器在某些功能上趋于一致。这样既增强了多行文字的编辑功能，又能使用户更熟悉和方便地使用。

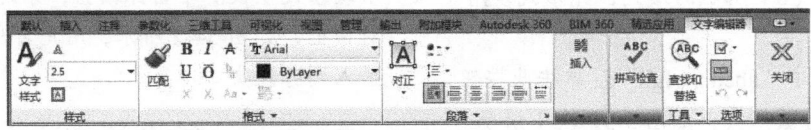

图 5-37 "文字编辑器"选项卡

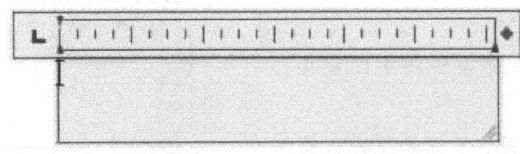

图 5-38 多行文字编辑器

（7）栏（C）：可以将多行文字对象的格式设置为多栏。可以指定栏和栏之间的宽度、高度及栏数，以及使用夹点编辑栏宽和栏高。其中提供了3个栏选项："不分栏""静态栏"和"动态栏"。

（8）"文字编辑器"选项卡：用来控制文本文字的显示特性。可以在输入文本文字前设置文本的特性，也可以改变已输入的文本文字特性。要改变已有文本文字显示特性，首先应选择要修改的文本，选择文本的方式有以下3种。

1）将光标定位到文本文字开始处，按住鼠标左键，拖曳到文本末尾。

2）双击某个文字，则该文字被选中。

3）3次单击鼠标，则选中全部内容。

下面介绍选项卡中部分选项的功能。

（1）"文字高度"下拉列表框：用于确定文本的字符高度，可在文本编辑器中设置输入新的字符高度，也可从此下拉列表框中选择已设定过的高度值。

（2）"加粗" **B** 和"斜体" *I* 按钮：用于设置加粗或斜体效果，但这两个按钮只对 TrueType 字体有效。

（3）"删除线"按钮 **A**：用于在文字上添加水平删除线。

（4）"下划线" **U** 和"上划线" **Ō** 按钮：用于设置或取消文字的上下划线。

（5）"堆叠"按钮 **ᵇ/ₐ**：为层叠或非层叠文本按钮，用于层叠所选的文本文字，也就是创建分数形式。当文本中某处出现"/""^"或"#"3种层叠符号之一时，选中需层叠的文字，才可层叠文本。二者缺一不可。则符号左边的文字作为分子，右边的文字作为分母进行层叠。

AutoCAD 提供了以下3种分数形式。

1）如选中"abcd/efgh"后单击此按钮，得到图5-37（a）所示的分数形式。

2）如果选中"abcd^efgh"后单击此按钮，则得到图5-37（b）所示的形式，此形式多用于标注极限偏差。

3）如果选中"abcd # efgh"后单击此按钮，则创建斜排的分数形式，如图5-37（c）所示。

如果选中已经层叠的文本对象后单击此按钮，则恢复到非层叠形式。

（6）"倾斜角度"（*o/*）文本框：用于设置文字的倾斜角度。

倾斜角度与斜体效果是两个不同的概念，前者可以设置任意倾斜角度，后者是在任意倾斜角度的基础上设置斜体效果，如图5-38所示。第一行倾斜角度为0°，非斜体效果；第二行倾斜角度为12°，非斜体效果；第三行倾斜角度为12°，斜体效果。

（7）"符号"按钮 **@·**：用于输入各种符号。单击此按钮，系统打开符号列表，如图5-41所示，

可以从中选择符号输入到文本中。

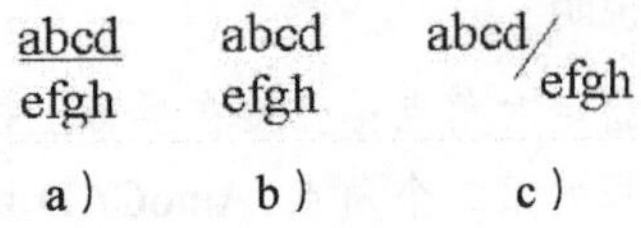

abcd/efgh   abcd/efgh   abcd/efgh

a）   b）   c）

图 5-39　文本层叠

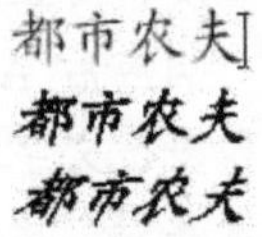

都市农夫
都市农夫
都市农夫

图 5-40　倾斜角度与斜体效果

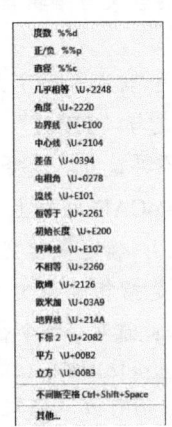

图 5-41　符号列表

（8）"插入字段"按钮 **▤**：用于插入一些常用或预设字段。单击此按钮，系统打开"字段"对话框，如图5-42所示，用户可从中选择字段，插入到标注文本中。

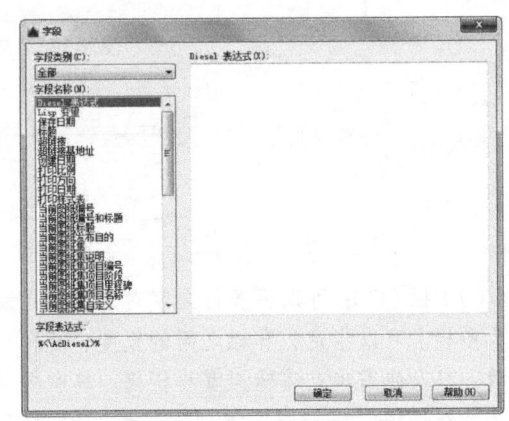

图 5-42　"字段"对话框

（9）"追踪"下拉列表框 **a·b**：用于增大或减

小选定字符之间的空间。1.0 表示设置常规间距，设置大于 1.0 表示增大间距，设置小于 1.0 表示减小间距。

（10）"宽度因子"下拉列表框 ⬭：用于扩展或收缩选定字符。1.0 表示设置代表此字体中字母的常规宽度，可以增大该宽度或减小该宽度。

（11）"上标" $\mathbf{x}^{\mathbf{2}}$ 按钮：将选定文字转换为上标，即在键入线的上方设置稍小的文字。

（12）"下标" $\mathbf{x}_{\mathbf{2}}$ 按钮：将选定文字转换为下标，即在键入线的下方设置稍小的文字。

（13）"清除格式"下拉列表：删除选定字符的字符格式，或删除选定段落的段落格式，或删除选定段落中的所有格式。

关闭：如果选则此选项，将从应用了列表格式的选定文字中删除字母、数字和项目符号。不更改缩进状态。

以数字标记：应用将带有句点的数字用于列表中的项的列表格式。

以字母标记：应用将带有句点的字母用于列表中的项的列表格式。如果列表含有的项多于字母中含有的字母，可以使用双字母继续序列。

以项目符号标记：应用将项目符号用于列表中的项的列表格式。

启动：在列表格式中启动新的字母或数字序列。如果选定的项位于列表中间，则选定项下面的未选中的项也将成为新列表的一部分。

继续：将选定的段落添加到上面最后一个列表然后继续序列。如果选择了列表项而非段落，选定项下面的未选中的项将继续序列。

允许自动项目符号和编号：在键入时应用列表格式。以下字符可以用作字母和数字后的标点，并不能用作项目符号：句点（.）、逗号（,）、右括号（)）、右尖括号（>）、右方括号（]）和右花括号（}）。

允许项目符号和列表：如果选择此选项，列表格式将应用到外观类似列表的多行文字对象中的所有纯文本。

拼写检查：确定键入时拼写检查处于打开还是关闭状态。

编辑词典：显示"词典"对话框，从中可添加或删除在拼写检查过程中使用的自定义词典。

标尺："在编辑器顶部显示标尺。拖动标尺末尾的箭头可更改文字对象的宽度。列模式处于活动状态时，还显示高度和列夹点。

（14）段落：为段落和段落的第一行设置缩进。指定制表位和缩进，控制段落对齐方式、段落间距和段落行距，如图 5-43 所示。

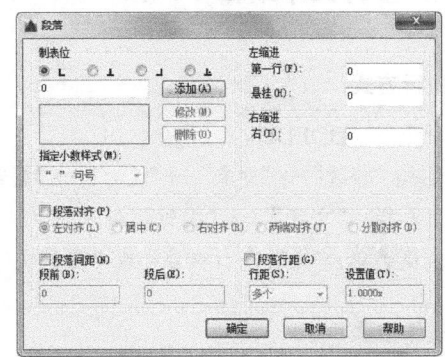

图 5-43 "段落"对话框

（15）输入文字：选择此项，系统打开"选择文件"对话框，如图 5-44 所示。选择任意 ASCII 或 RTF 格式的文件。输入的文字保留原始字符格式和样式特性，但可以在多行文字编辑器中编辑和格式化输入的文字。选择要输入的文本文件后，可以替换选定的文字或全部文字，或在文字边界内将插入的文字附加到选定的文字中。输入文字的文件必须小于 32KB。

图 5-44 "选择文件"对话框

（16）编辑器设置：显示"文字格式"工具栏

的选项列表。有关详细信息，请参见编辑器设置。

多行文字是由任意数目的文字行或段落组成的，布满指定的宽度，还可以沿垂直方向无限延伸。多行文字中，无论行数是多少，单个编辑任务中创建的每个段落集将构成单个对象；用户可对其进行移动、旋转、删除、复制、镜像或缩放操作。

5.4.4 多行文本编辑

执行方式

命令行：DDEDIT。

菜单："修改"→"对象"→"文字"→"编辑"。

工具栏："文字"→"编辑" A。

快捷菜单："修改多行文字"或"编辑文字"。

操作步骤

```
命令：DDEDIT
选择注释对象或 [放弃(U)]:
```

要求选择想要修改的文本，同时光标变为拾取框。用拾取框点击对象，如果选取的文本是用 **TEXT** 命令创建的单行文本，可对其直接进行修改。如果选取的文本是用 **MTEXT** 命令创建的多行文本，选取后则打开多行文字编辑器（图 5-7），可根据前面的介绍对各项设置或内容进行修改。

下面以图 5-45 所示的酒瓶为例，介绍一下多行文字命令的使用方法。

图 5-45 酒瓶

Step 绘制步骤

① 单击"默认"选项卡"绘图"面板中的"多段线"按钮 ，命令行提示如下：

```
命令：_pline
指定起点：40,0
当前线宽为 0.0000
指定下一个点或 [圆弧(A)/半宽(H)/长度(L)/放弃(U)/宽度(W)]: @-40,0
指定下一点或 [圆弧(A)/闭合(C)/半宽(H)/长度(L)/放弃(U)/宽度(W)]: @0,119.8
指定下一点或 [圆弧(A)/闭合(C)/半宽(H)/长度(L)/放弃(U)/宽度(W)]: a
指定圆弧的端点(按住<Ctrl>键以切换方向)或[角度(A)/圆心(CE)/闭合(CL)/方向(D)/半宽(H)/直线(L)/半径(R)/第二个点(S)/放弃(U)/宽度(W)]: 22,139.6
指定圆弧的端点(按住<Ctrl>键以切换方向)或[角度(A)/圆心(CE)/闭合(CL)/方向(D)/半宽(H)/直线(L)/半径(R)/第二个点(S)/放弃(U)/宽度(W)]: l
指定下一点或 [圆弧(A)/闭合(C)/半宽(H)/长度(L)/放弃(U)/宽度(W)]: 29,190.7
指定下一点或 [圆弧(A)/闭合(C)/半宽(H)/长度(L)/放弃(U)/宽度(W)]: 29,222.5
指定下一点或 [圆弧(A)/闭合(C)/半宽(H)/长度(L)/放弃(U)/宽度(W)]: a
指定圆弧的端点(按住<Ctrl>键以切换方向)或[角度(A)/圆心(CE)/闭合(CL)/方向(D)/半宽(H)/直线(L)/半径(R)/第二个点(S)/放弃(U)/宽度(W)]: s
指定圆弧上的第二个点：40,227.6
指定圆弧的端点：51.2,223.3
指定圆弧的端点(按住<Ctrl>键以切换方向)或[角度(A)/圆心(CE)/闭合(CL)/方向(D)/半宽(H)/直线(L)/半径(R)/第二个点(S)/放弃(U)/宽度(W)]:
```

绘制结果如图 5-46 所示。

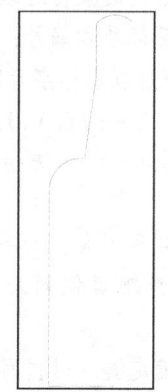
图 5-46 绘制多段线

2 单击"默认"选项卡"修改"面板中的"镜像"按钮▲，以（40，0）、（40，10）为镜像点，镜像绘制的多段线，如图 5-47 所示。

3 单击"默认"选项卡"绘图"面板中的"直线"按钮╱，绘制坐标点为 {（0，94.5），（@80，0）}、{（0,48.6），（@80,0）}、{(29,190.7),(@22,0)}、{(0,50.6),(@80,0)} 的直线，如图 5-48 所示。

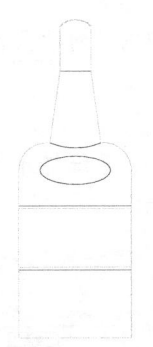

图 5-49　绘制椭圆

5 单击"默认"选项卡"绘图"面板中的"多行文字"按钮 A，系统打开"多行文字编辑器"选项卡，如图 5-50 所示，指定文字高度为 5，输入文字如图 5-51 所示。

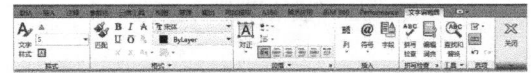

图 5-50　"多行文字编辑器"选项卡

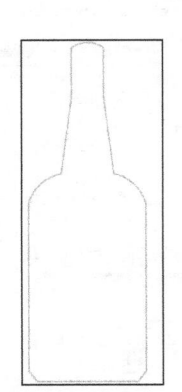

图 5-47　镜像处理 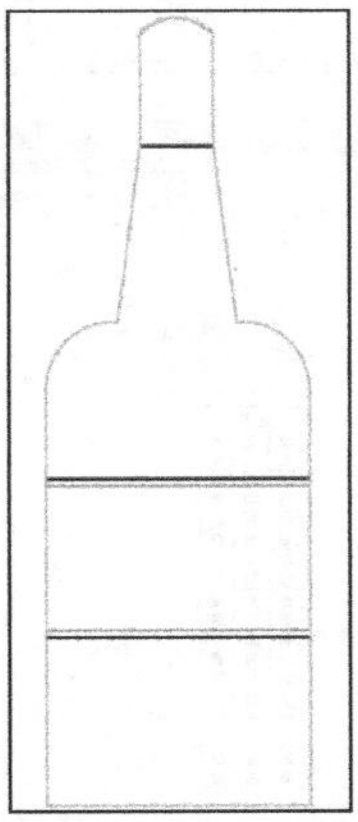　　图 5-48　绘制直线

4 单击"默认"选项卡"绘图"面板中的"椭圆"按钮◯，绘制中心点为（40，120），轴端点为（@25，0），轴长度为（@0，10）的椭圆。单击"默认"选项卡"绘图"面板中的"圆弧"按钮╱，以 3 点方式绘制坐标为（22，139.6）、（40，136）、（58，139.6）的圆弧，如图 5-49 所示。

图 5-51　输入文字

5.5　表格

在以前的版本中，要绘制表格，必须采用绘制图线、图线结合偏移或复制等编辑命令来完成，这样的操作过程烦琐而复杂，不利于提高绘图效率。从 AutoCAD 2005 开始，新增加了一个"表格"绘图功能，有了该功能，创建表格就变得非常容易，用户可以直接插入设置好样式的表格，而不用绘制由单独的图线组成的栅格。

5.5.1　设置表格样式

执行方式

命令行：TABLESTYLE。

菜单："格式"→"表格样式"。

工具栏："样式"→"表格样式"▦。

功能区：单击"默认"选项卡"注释"面板中的"表格样式"按钮▦或单击"注释"选项

卡"表格"面板中的"对话框启动器"按钮 ᵇ。

操作步骤

执行上述命令，系统打开"表格样式"对话框，如图 5-52 所示。

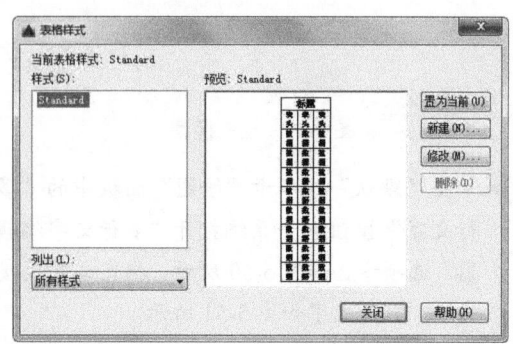

图 5-52 "表格样式"对话框

选项说明

（1）新建

单击该按钮，系统弹出"创建新的表格样式"对话框,如图 5-53 所示。输入新的表格样式名后，单击"继续"按钮，系统打开"新建表格样式"对话框，如图 5-54 所示。从中可以定义新的表样式。分别控制表格中数据、列标题和总标题的有关参数，如图 5-55 所示。

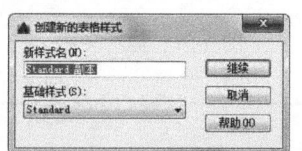

图 5-53 "创建新的表格样式"对话框

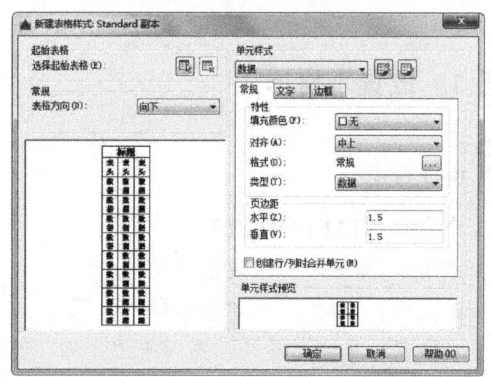

图 5-54 "新建表格样式"对话框

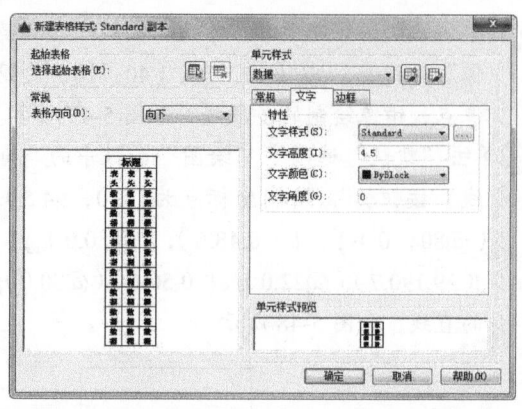

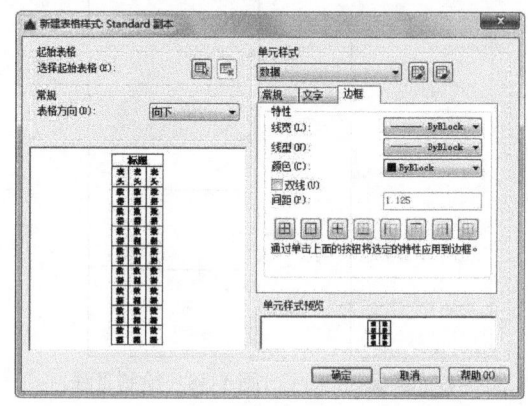

图 5-54 "新建表格样式"对话框（续）

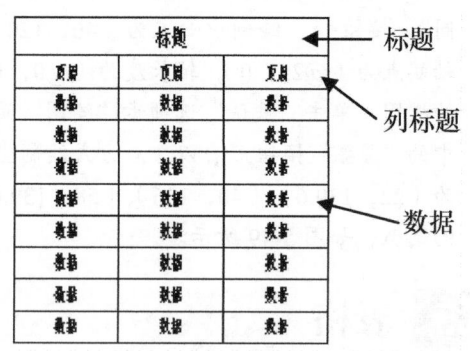

图 5-55 表格样式

图 5-56 所示为数据文字样式为"standard"，文字高度为 4.5，文字颜色为"红色"，填充颜色为"黄色"，对齐方式为"右下"；没有列标题行，标题文字样式为"standard"，文字高度为 6，文字颜色为"蓝色"，填充颜色为"无"，对齐方式为"正中"；表格方向为"上"，水平单元边距和垂直单元边距都为"1.5"的表格样式。

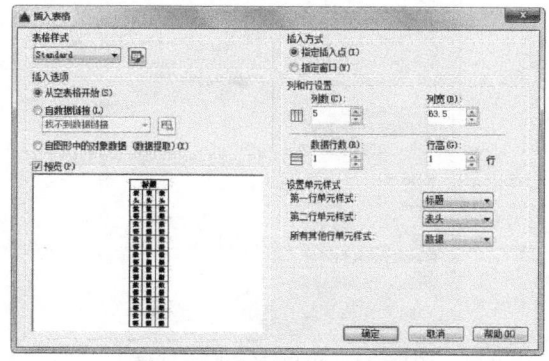

图 5-56　表格示例

（2）修改

对当前表格样式进行修改，方式与新建表格样式相同。

5.5.2　创建表格

执行方式

命令行：TABLE。

菜单："绘图"→"表格"。

工具栏："绘图"→"表格" ▦。

功能区：单击"默认"选项卡"注释"面板中的"表格"按钮▦或单击"注释"选项卡"表格"面板中的"表格"按钮▦。

操作步骤

执行上述命令，系统弹出"插入表格"对话框，如图 5-57 所示。

图 5-57　"插入表格"对话框

选项说明

（1）表格样式：在要从中创建表格的当前图形中选择表格样式。通过单击下拉列表旁边的按钮，用户可以创建新的表格样式。

- 插入选项：指定插入表格的方式。
- 从空表格开始：创建可以手动填充数据的空表格。
- 从数据链接开始：从外部电子表格中的数据创建表格。
- 从数据提取开始：启动"数据提取"向导。

（2）预览：显示当前表格样式的样例。

- 插入方式：指定表格位置。
- 指定插入点：指定表格左上角的位置。可以使用定点设备，也可以在命令提示下输入坐标值。如果表格样式将表格的方向设置为由下而上读取，则插入点位于表格的左下角。
- 指定窗口：指定表格的大小和位置。可以使用定点设备，也可以在命令提示下输入坐标值。选定此选项时，行数、列数、列宽和行高取决于窗口的大小以及列和行设置。

（3）列和行设置：设置列和行的数目和大小。

- 列数：选定"指定窗口"选项并指定列宽时，"自动"选项将被选定，且列数由表格的宽度控制。如果已指定包含起始表格的表格样式，则可以选择要添加到此起始表格的其他列的数量。
- 列宽：指定列的宽度。选定"指定窗口"选项并指定列数时，则选定了"自动"选项，且列宽由表格的宽度控制，最小列宽为一个字符。
- 数据行数：指定行数。选定"指定窗口"选项并指定行高时，则选定了"自动"选项，且行数由表格的高度控制。带有标题行和表格头行的表格样式最少应有 3 行。最小行高为一个文字行。如果已指定包含起始表格的表格样式，则可以选择要添加到此起始表格的其他数据行的数量。
- 行高：按照行数指定行高。文字行高基于文字高度和单元边距，这两项均在表格样式中设置。选定"指定窗口"选项并指定行数时，则选定了"自动"选项,且行高由表格的高度控制。

(4)设置单元样式:对于那些不包含起始表格的表格样式,请指定新表格中行的单元格式。

• 第一行单元样式:指定表格中第一行的单元样式。默认情况下,使用标题单元样式。

• 第二行单元样式:指定表格中第二行的单元样式。默认情况下,使用表头单元样式。

• 所有其他行单元样式:指定表格中所有其他行的单元样式。默认情况下,使用数据单元样式。

在上面的"插入表格"对话框中进行相应设置后,单击"确定"按钮,系统在指定的插入点或窗口自动插入一个空表格,并显示多行文字编辑器,用户可以逐行逐列输入相应的文字或数据,如图5-58所示。

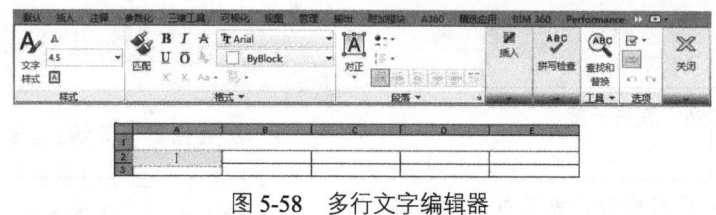

图5-58   多行文字编辑器

5.5.3   编辑表格文字

 **执行方式**

命令行:TABLEDIT。

定点设备:表格内双击。

快捷菜单:编辑单元文字。

操作步骤

执行上述命令,系统打开多行文字编辑器,用户可以对指定表格单元的文字进行编辑。

下面以图5-59所示的A3室内制图样板图为例,介绍表格的使用方法。

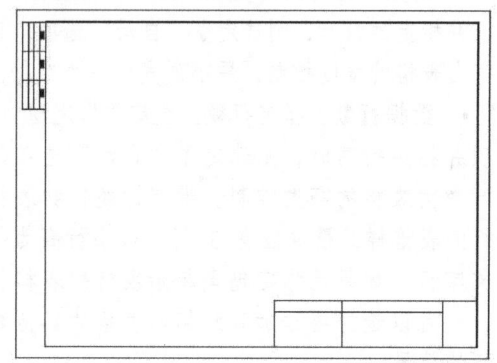

图5-59   A3室内制图样板图

Step 绘制步骤

① 设置单位和图形边界

(1)打开AutoCAD程序,则系统自动建立新图形文件。

(2)设置单位。选择菜单栏中的"格式"→"单位"命令,AutoCAD打开"图形单位"对话框,如图5-60所示。设置"长度"的类型为"小数","精度"为0;"角度"的类型为"十进制度数","精度"为0,系统默认逆时针方向为正,缩放单位设置为"毫米"。

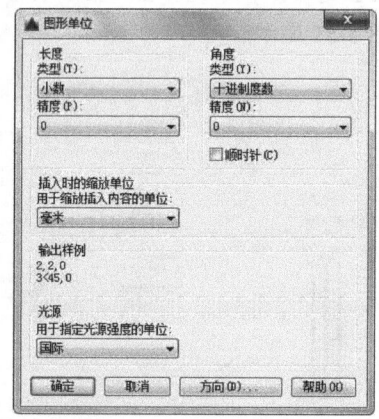

图5-60   "图形单位"对话框

（3）设置图形边界。国标对图纸的幅面大小做了严格规定，在这里，不妨按国标 A3 图纸幅面设置图形边界。A3 图纸的幅面为 420mm×297mm，命令行提示与操作如下：

```
命令：LIMITS✓
重新设置模型空间界限：
指定左下角点或 [开(ON)/关(OFF)]
<0.0000,0.0000>：✓
指定右上角点 <12.0000,9.0000>：420,297
```

② 设置图层。

创建如图 5-61 所示的图层。这些不同的图层分别存放不同的图线或图形的不同部分。

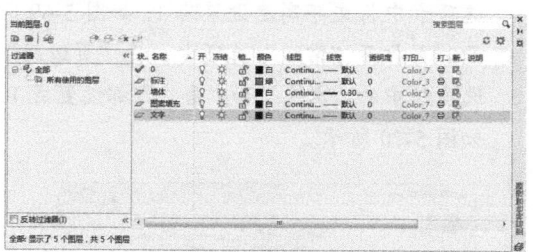

图 5-61 "图层特性管理器"对话框

③ 设置文本样式。

单击"默认"选项卡"注释"面板中"文字样式"按钮，打开"文字样式"对话框，单击"新建"按钮，系统打开"新建文字样式"对话框，如图 5-62 所示。接受默认的"样式 1"文字样式名，确认退出。

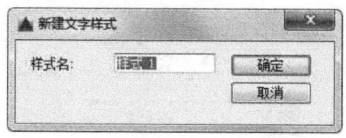

图 5-62 "新建文字样式"对话框

系统回到"文字样式"对话框，在"字体名"下拉列表框中专业选择"宋体"选项；在"宽度因子"文本框中将宽度因子设置为 0.7；将文字高度设置为 5，如图 5-63 所示。单击"应用"按钮，再单击"关闭"按钮。其他文字样式类似设置。

④ 设置尺寸标注样式宋体。

单击"默认"选项卡"注释"面板中"标注样式"按钮，打开"标注样式管理器"对话框，如图 5-64 所示。在"预览"显示框中显示出标注样式的预览图形。

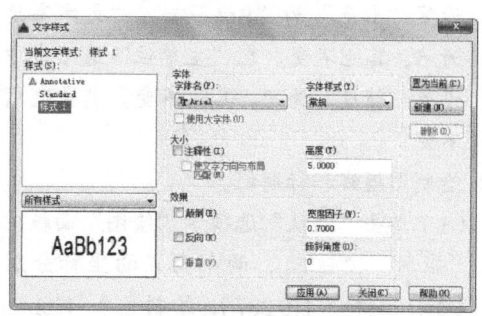

图 5-63 "文字样式"对话框

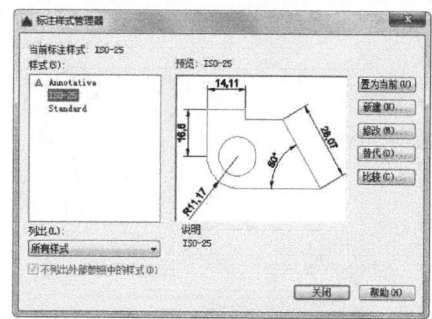

图 5-64 "标注样式管理器"对话框

根据前面的约定，单击"修改"按钮，打开"修改标注样式"对话框，在该对话框中对标注样式的选项按照需要进行修改，如图 5-65 所示。

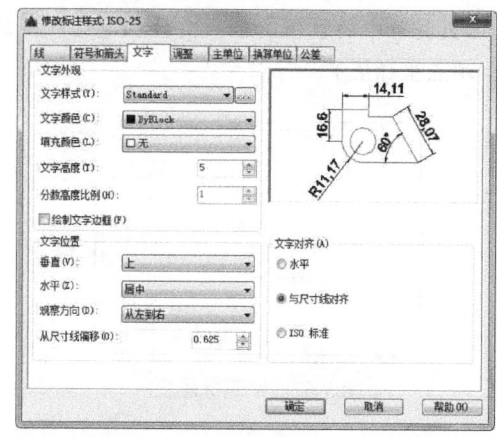

图 5-65 "修改标注样式"对话框

其中，在"线"选项卡中，设置"颜色"和"线宽"为"ByLayer"，在"符号和箭头"

选项卡中，设置"箭头大小"为1，"基线间距"为6，其他不变。在"文字"选项卡中，设置"颜色"为"ByLayer"，"文字高度"为5，其他不变。在"主单位"选项卡中，设置"精度"为0，其他不变。其他选项卡不变。

⑤ 绘制图框线和标题栏。

（1）单击"默认"选项卡"绘图"面板中的"矩形"按钮▭，两个角点的坐标分别为（25,10）和（410,287），绘制一个 420mm×297mm（A3 图纸大小）的矩形作为图纸范围，如图 5-66 所示（外框表示设置的图纸范围）。

图 5-66　绘制图框线

（2）单击"默认"选项卡"绘图"面板中的"直线"按钮╱，绘制标题栏。坐标分别为{（230,10）、（230,50）、（410,50）}，{（280,10）、（280,50）}，{（360,10）、（360,50）}，{（230,40）、（360,40）}，如图 5-67 所示。（大括号中的数值表示一条独立连续线段的端点坐标值）

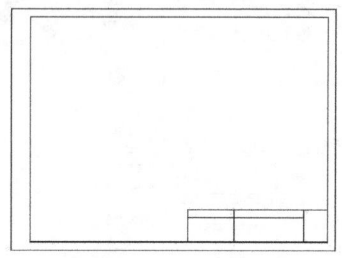

图 5-67　绘制标题栏

⑥ 绘制会签栏。

（1）单击"默认"选项卡"注释"面板中的"表格样式"按钮▦，打开"表格样式"对话框，如图 5-68 所示。

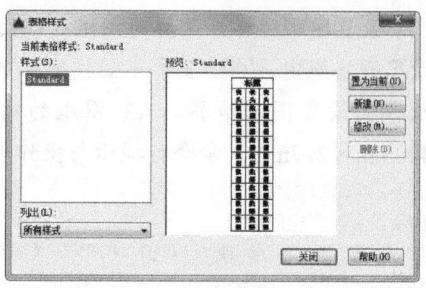

图 5-68　"表格样式"对话框

（2）单击"修改"按钮，系统打开"修改表格样式"对话框，在"单元样式"下拉列表框中选择"数据"选项，在下面的"文字"选项卡中将文字高度设置为3，如图 5-69 所示。再打开"常规"选项卡，将"页边距"选项组中的"水平"和"垂直"都设置成1，如图 5-70 所示。

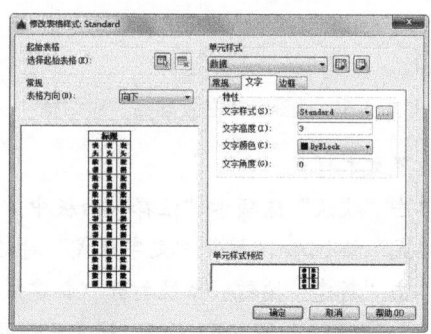

图 5-69　"修改表格样式"对话框

图 5-70　设置"常规"选项卡

表格的行高=文字高度+2×垂直页边距，此处设置为3+2×1=5。

（3）系统回到"表格样式"对话框，单击"关闭"按钮退出。

（4）单击"默认"选项卡"注释"面板中的"表格"按钮▦，系统打开"插入表格"对话框，在"列和行设置"选项组中将"列"
设置为 3，将"列宽"设置为 25，将"数据
行"设置为 2（加上标题行和表头行共 4 行），
将"行高"设置为 1 行（即为 5）；在"设置
单元样式"选项组中将"第一行单元样式"
"第二行单元样式"和"第三行单元样式"
都设置为"数据"，如图 5-71 所示。

图 5-73　输入文字

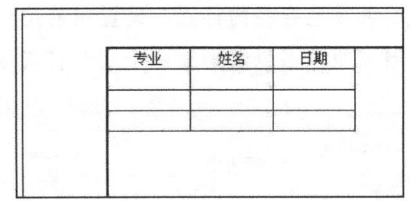

图 5-74　完成表格

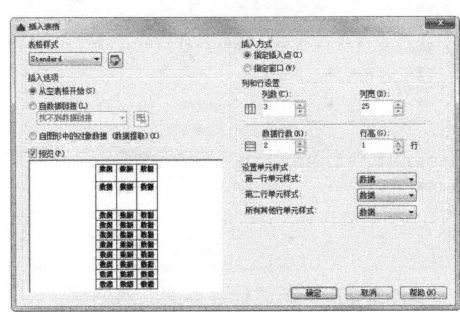

图 5-71　"插入表格"对话框

（5）在图框线左上角指定表格位置，系统生
成表格，同时打开"文字编辑器"选项卡，
如图 5-72 所示，在各单元格中依次输入文
字，如图 5-73 所示，最后按<Enter>键或单
击多行文字编辑器上的"关闭"按钮，生成
表格如图 5-74 所示。

（6）单击"默认"选项卡"修改"面板中的
"旋转"按钮 ，把会签栏旋转-90°，结果
如图 5-59 所示。这就得到了一个样板图形，
带有自己的图标栏和会签栏。

7 保存成样板图文件。

样板图及其环境设置完成后，可以将其保存
成样板图文件。单击"快速访问"工具栏中
的"保存"按钮 ，打开"图形另存为"对
话框。在"文件类型"下拉列表中选择
"AutoCAD 图形样板（*.dwt）"选项，输入
文件名为"A3"，单击"保存"按钮保存文
件。下次绘图时，可以打开该样板图文件，
在此基础上开始绘图。

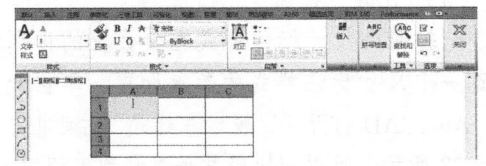

图 5-72　生成表格

5.6　尺寸标注

在本节中，尺寸标注相关命令的菜单方式集
中在"标注"菜单中，工具栏方式集中在"标注"
工具栏中。

5.6.1　设置尺寸样式

 执行方式

命令行：DIMSTYLE。

菜单："格式"→"标注样式"或"标注"
→"样式"。

工具栏："标注"→"标注样式" 。

功能区：单击"默认"选项卡"注释"面板
中的"标注样式"按钮 或单击"注释"选项卡
"标注"面板中的"对话框启动器"按钮 。

操作步骤

执行上述命令，系统弹出"标注样式管理器"对话框，如图 5-75 所示。利用此对话框可方便直观地定制和浏览尺寸标注样式，包括产生新的标注样式、修改已存在的样式、设置当前尺寸标注样式、样式重命名以及删除一个已有样式等。

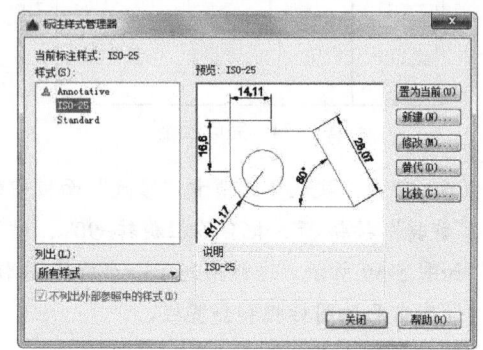

图 5-75 "标注样式管理器"对话框

选项说明

（1）"置为当前"按钮

单击此按钮，把在"样式"列表框中选中的样式设置为当前样式。

（2）"新建"按钮

定义一个新的尺寸标注样式。单击此按钮，AutoCAD 弹出"创建新标注样式"对话框，如图 5-76 所示。利用此对话框可创建一个新的尺寸标注样式，单击"继续"按钮，系统弹出"新建标注样式"对话框，如图 5-77 所示。利用此对话框可对新样式的各项特性进行设置，该对话框中各部分的含义和功能将在后面介绍。

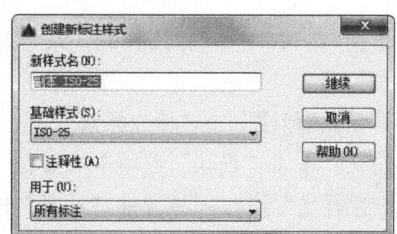

图 5-76 "创建新标注样式"对话框

（3）"修改"按钮

修改一个已存在的尺寸标注样式。单击此按钮，AutoCAD 弹出"修改标注样式"对话框，该对话框中的各选项与"新建标注样式"对话框中完全相同，可以对已有标注样式进行修改。

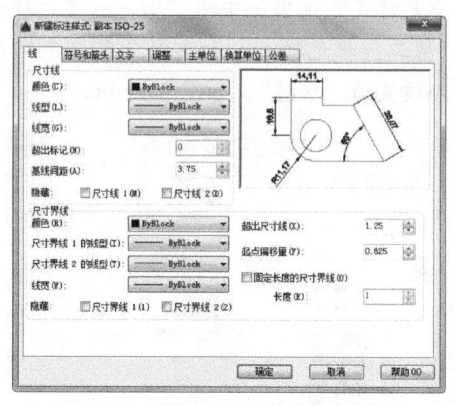

图 5-77 "新建标注样式"对话框

（4）"替代"按钮

设置临时覆盖尺寸标注样式。单击此按钮，AutoCAD 弹出"替代当前样式"对话框，该对话框中各选项与"新建标注样式"对话框完全相同，用户可改变选项的设置覆盖原来的设置，但这种修改只对指定的尺寸标注起作用，而不影响当前尺寸变量的设置。

（5）"比较"按钮

比较两个尺寸标注样式在参数上的区别或浏览一个尺寸标注样式的参数设置。单击此按钮，AutoCAD 打开"比较标注样式"对话框，如图 5-78 所示。可以把比较结果复制到剪切板上，然后再粘贴到其他的 Windows 应用软件上。

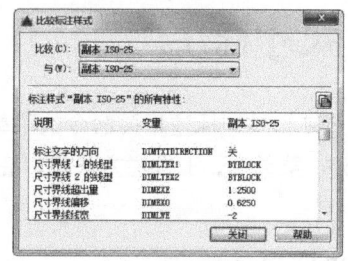

图 5-78 "比较标注样式"对话框

在图 5-77 所示的"新建标注样式"对话框中，有 7 个选项卡，分别说明如下。

● 线

该选项卡对尺寸的尺寸线、尺寸界线、箭头以及圆心标记的各个参数进行设置。包括尺寸线的颜色、线宽、超出标记、基线间距、隐藏等参数，尺寸界线的颜色、线宽、超出尺寸线、起点偏移量、隐藏等参数。

● 符号和箭头

该选项卡设置箭头的大小、引线、形状等参数，还设置圆心标记的类型和大小等参数，如图 5-79 所示。

● 文字

该选项卡对文字的外观、位置、对齐方式等各个参数进行设置；如图 5-78 所示。包括文字外观的文字样式、颜色、填充颜色、文字高度、分数高度比例、是否绘制文字边框等参数，文字位置的垂直、水平和从尺寸线偏移量等参数。对齐方式有水平、与尺寸线对齐、ISO 标准等 3 种方式。图 5-80 所示为尺寸在垂直方向放置的四种不同情形，图 5-81 所示为尺寸在水平方向放置的 5 种不同情形。

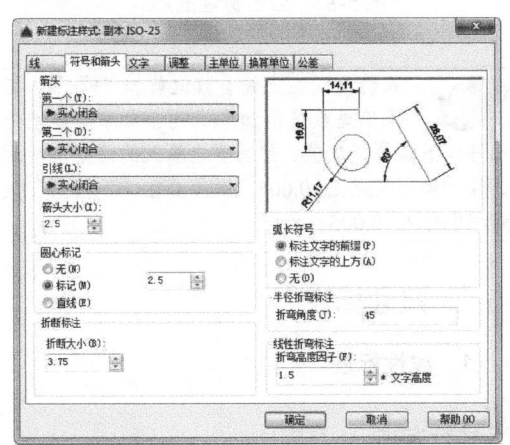

图 5-79　"新建标注样式"对话框的"文字"选项卡

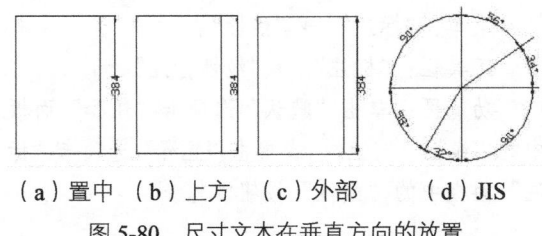

（a）置中　（b）上方　（c）外部　　　（d）JIS

图 5-80　尺寸文本在垂直方向的放置

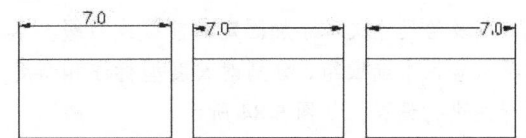

（a）置中　（b）第一条尺寸界线（c）第二条尺寸界线

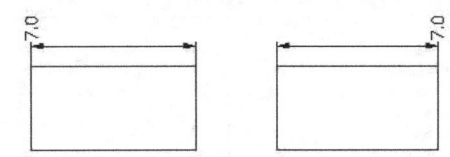

（d）第一条尺寸界线上方（e）第二条尺寸界线上方

图 5-81　尺寸文本在水平方向的放置

● 调整

该选项卡对调整选项、文字位置、标注特征比例、调整等各个参数进行设置，如图 5-82 所示。包括调整选项选择，文字不在默认位置时的放置位置，标注特征比例选择以及调整尺寸要素位置等参数。图 5-83 所示为文字不在默认位置时放置位置的 3 种不同情形。

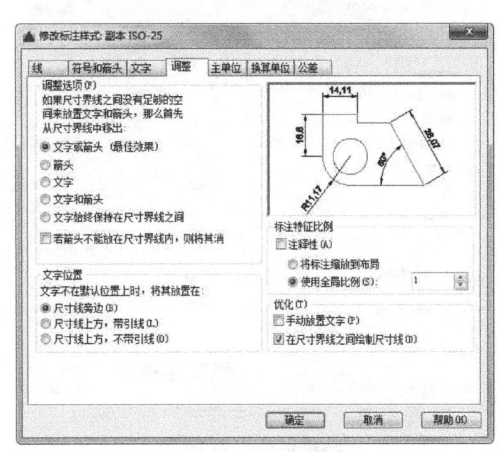

图 5-82　"新建标注样式"对话框的"调整"选项卡

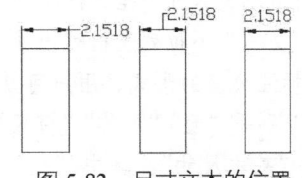

图 5-83　尺寸文本的位置

● 主单位

该选项卡用来设置尺寸标注的主单位和精

度，以及给尺寸文本添加固定的前缀或后缀。本选项卡含两个选项组，分别对长度型标注和角度型标注进行设置，如图5-84所示。

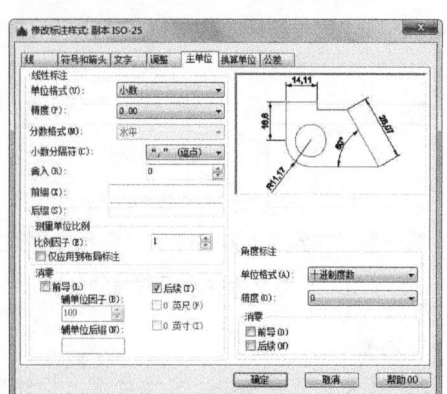

图5-84　"新建标注样式"对话框"主单位"选项卡

● 换算单位

该选项卡用于对替换单位进行设置，如图5-85所示。

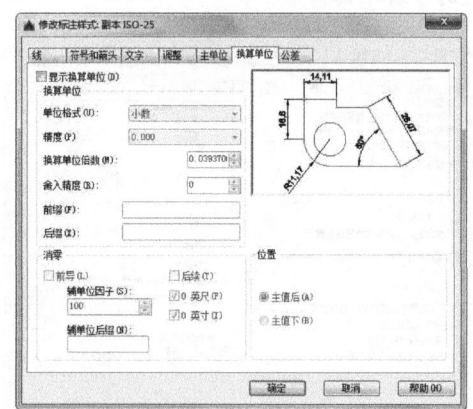

图5-85　"新建标注样式"对话框
"换算单位"选项卡

● 公差

该选项卡用于对尺寸公差进行设置，如图5-86所示。其中"方式"下拉列表框列出了AutoCAD提供的五种标注公差的形式，用户可从中选择。这五种形式分别是"无""对称""极限偏差""极限尺寸"和"基本尺寸"，其中"无"表示不标注公差，即我们上面的通常标注情形。其余四种标注情况如图5-86所示。在"精度""上偏差""下偏差""高度比例""垂直位置"等文本框中

输入或选择相应的参数值。

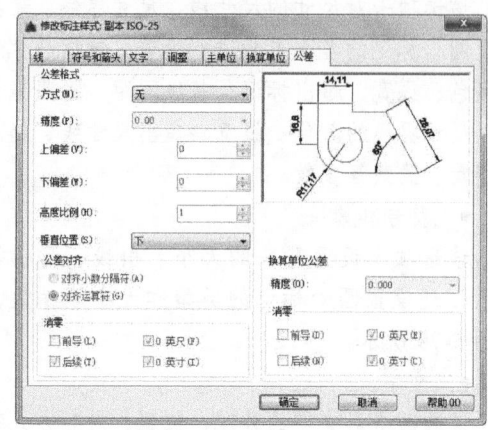

图5-86　"新建标注样式"对话框的
"公差"选项卡

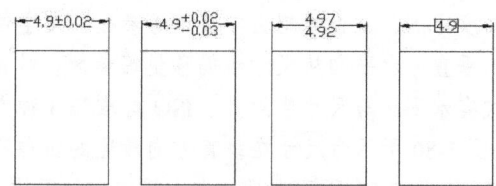

対称　　极限偏差　　极限尺寸　　基本尺寸

图5-87　公差标注的形式

> **注意**　系统自动在上偏差数值前加"+"号，在下偏差数值前加"−"号。如果上偏差是负值或下偏差是正值，都需要在输入的偏差值前加负号。如下偏差是+0.005，则需要在"下偏差"微调框中输入−0.005。

5.6.2　尺寸标注

1. 线性标注

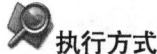 **执行方式**

命令行：DIMLINEAR。

菜单："标注"→"线性"。

工具栏："标注"→"线性标注"┝┥。

功能区：单击"默认"选项卡"注释"面板中的"线性"按钮┝┥或单击"注释"选项卡"标注"面板中的"线性"按钮┝┥。

操作步骤

命令: DIMLINEAR
指定第一条尺寸界线原点或 <选择对象>:

在此提示下有两种选择,直接回车选择要标注的对象或确定尺寸界线的起始点,回车并选择要标注的对象或指定两条尺寸界线的起始点后,系统继续提示:

指定尺寸线位置或 [多行文字(M)/文字(T)/角度(A)/水平(H)/垂直(V)/旋转(R)]:

选项说明

(1)指定尺寸线位置:确定尺寸线的位置。用户可移动鼠标选择合适的尺寸线位置,然后按<Enter>键或单击鼠标左键,AutoCAD 则自动测量所标注线段的长度并标注出相应的尺寸。

(2)多行文字(M):用多行文本编辑器确定尺寸文本。

(3)文字(T):在命令行提示下输入或编辑尺寸文本。选择此选项后,AutoCAD 提示:

输入标注文字 <默认值>:

其中的默认值是 AutoCAD 自动测量得到的被标注线段的长度,直接按<Enter>键即可采用此长度值,也可输入其他数值代替默认值。当尺寸文本中包含默认值时,可使用尖括号"<>"表示默认值。

(4)角度(A):确定尺寸文本的倾斜角度。

(5)水平(H):水平标注尺寸,不论标注什么方向的线段,尺寸线均水平放置。

(6)垂直(V):垂直标注尺寸,不论被标注线段沿什么方向,尺寸线总保持垂直。

(7)旋转(R):输入尺寸线旋转的角度值,旋转标注尺寸。

对齐标注的尺寸线与所标注的轮廓线平行;坐标尺寸标注点的纵坐标或横坐标;角度标注标注两个对象之间的角度;直径或半径标注标注圆或圆弧的直径或半径;圆心标记则标注圆或圆弧的中心或中心线,具体由"新建(修改)标注样式"对话框"尺寸与箭头"选项卡的"圆心标记"选项组决定。上面所述这几种尺寸标注与线性标注类似,不再赘述。

2. 基线标注

基线标注用于产生一系列基于同一条尺寸界线的尺寸标注,适用于长度尺寸标注、角度标注和坐标标注等。在使用基线标注方式之前,应该先标注出一个相关的尺寸,如图 5-88 所示。基线标注两平行尺寸线间距由"新建(修改)标注样式"对话框"尺寸与箭头"选项卡"尺寸线"选项组中的"基线间距"文本框中的值决定。

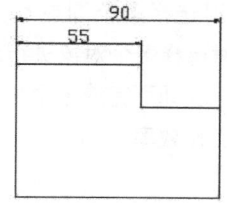

图 5-88　基线标注

执行方式

命令行: DIMBASELINE。
菜单:"标注"→"基线"。
工具栏:"标注"→"基线标注" 口 。
功能区:单击"注释"选项卡"标注"面板中的"基线"按钮 口 。

操作步骤

命令: DIMBASELINE
指定第二条尺寸界线原点或 [放弃(U)/选择(S)] <选择>:

直接确定另一个尺寸的第二条尺寸界线的起点,AutoCAD 以上次标注的尺寸为基准标注,标注出相应尺寸。

直接回车,系统提示如下:

选择基准标注:(选取作为基准的尺寸标注)

连续标注又叫尺寸链标注,用于产生一系列连续的尺寸标注,后一个尺寸标注均把前一个标注的第二条尺寸界线作为它的第一条尺寸界线。与基线标注一样,在使用连续标注方式之前,应该先标注出一个相关的尺寸,其标注过程与基线标注类似,如图 5-89 所示。

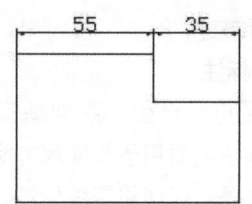

图 5-89　连续标注

3. 快速标注

快速尺寸标注命令 QDIM 使用户可以交互地、动态地、自动化地进行尺寸标注。在 QDIM 命令中可以同时选择多个圆或圆弧标注直径或半径，也可同时选择多个对象进行基线标注和连续标注，选择一次即可完成多个标注，因此可节省时间，提高工作效率。

 执行方式

命令行：QDIM。

菜单："标注"→"快速标注"。

工具栏："标注"→"快速标注" 图标。

功能区：单击"注释"选项卡"标注"面板中的"快速"按钮 图标。

操作步骤

> 命令：QDIM
> 选择要标注的几何图形：(选择要标注尺寸的多个对象后回车)
> 指定尺寸线位置或 [连续(C)/并列(S)/基线(B)/坐标(O)/半径(R)/直径(D)/基准点(P)/编辑(E)/设置(T)] <连续>：

选项说明

（1）指定尺寸线位置：直接确定尺寸线的位置，按默认尺寸标注类型标注出相应尺寸。

（2）连续（C）：产生一系列连续标注的尺寸。

（3）并列（S）：产生一系列交错的尺寸标注，如图 5-89 所示。

（4）基线（B）：产生一系列基线标注的尺寸。后面的"坐标（O）""半径（R）""直径（D）"含义与此类同。

（5）基准点（P）：为基线标注和连续标注指

定一个新的基准点。

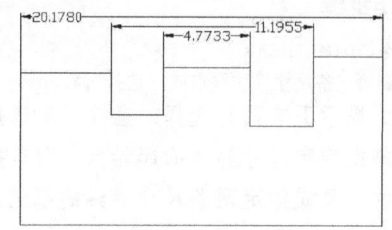

图 5-90　交错尺寸标注

（6）编辑（E）：对多个尺寸标注进行编辑。系统允许对已存在的尺寸标注添加或移去尺寸点。选择此选项，AutoCAD 提示：

> 指定要删除的标注点或 [添加(A)/退出(X)] <退出>：

在此提示下确定要移去的点之后回车，AutoCAD 对尺寸标注进行更新。图 5-90 所示为删除中间 4 个标注点后的尺寸标注。

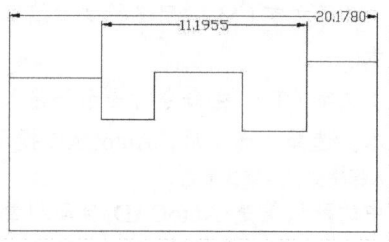

图 5-91　删除标注点

4. 引线标注

执行方式

命令行：QLEADER

操作步骤

> 命令：QLEADER
> 指定第一个引线点或 [设置(S)] <设置>：
> 指定下一点：(输入指引线的第二点)
> 指定下一点：(输入指引线的第三点)
> 指定文字宽度 <0.0000>：(输入多行文本的宽度)
> 输入注释文字的第一行 <多行文字(M)>：(输入单行文本或回车打开多行文字编辑器输入多行文本)
> 输入注释文字的下一行：(输入另一行文本)
> 输入注释文字的下一行：(输入另一行文本或回车)

也可以在上面操作过程中选择"设置（S）"项弹出"引线设置"对话框进行相关参数设置，如图 5-92 所示。

图 5-92 "引线设置"对话框

另外还有一个名为 LEADER 的命令行命令也可以进行引线标注，与 QLEADER 命令类似，不再赘述。

给图 5-93 所示的居室平面图标注尺寸。

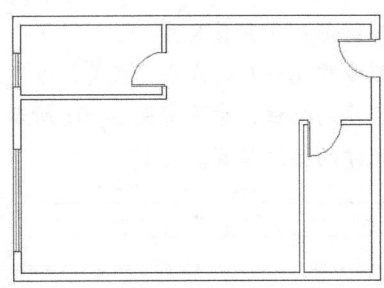

图 5-93 居室平面图

Step **绘制步骤**

① 绘制图形。

单击"默认"选项卡"绘图"面板中的"直线"按钮 、"矩形"按钮 和"圆弧"按钮 ，选择菜单栏中的"绘图"→"多线"命令，以及单击"默认"选项卡"修改"面板中的"镜像"按钮、"复制"按钮 、"偏移"按钮 、"倒角"按钮 和"旋转"按钮 等绘制图形。

② 设置尺寸标注样式。

单击"默认"选项卡"注释"面板中的"标注样式"按钮 ，弹出"标注样式管理器"对话框，如图 5-94 所示。单击"新建"按钮，在弹出的"创建新标注样式"对话框中设置"新样式"名为"S_50_轴线"。单击"继续"

按钮，弹出"新建标注样式"对话框。在图 5-95 所示的"符号和箭头"选项卡中，设置箭头为"建筑标记"。其他设置保持默认，完成后单击"确认"按钮退出。

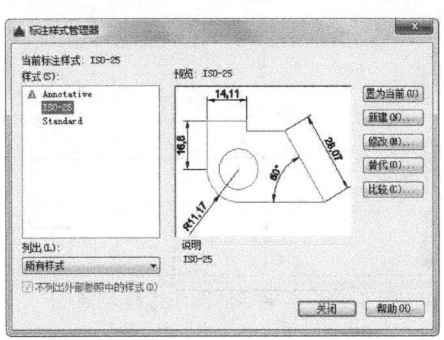

图 5-94 "标注样式管理器"对话框

图 5-95 设置"符号和箭头"选项卡

③ 水平轴线尺寸。

首先将"S_50_轴线"样式置为当前状态，并把墙体和轴线的上侧放大显示，如图 5-96 所示。然后单击"注释"选项卡"标注"面板中的"快速标注"按钮 ，当命令行提示"选择要标注的几何图形"时，依次选中竖向的 4 条轴线，单击鼠标右键确定选择，向外拖动鼠标到适当位置确定，该尺寸就标好了，如图 5-97 所示。

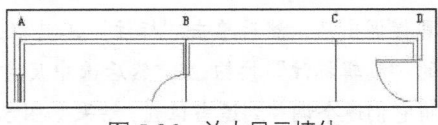

图 5-96 放大显示墙体

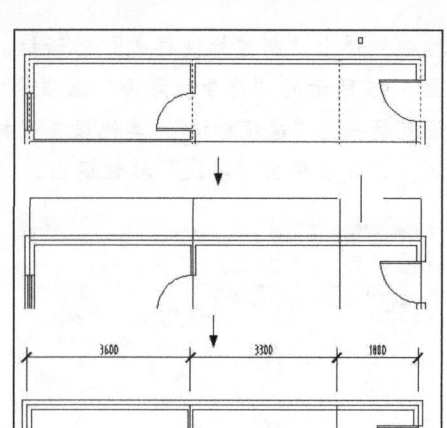

图 5-97　水平标注操作过程示意图

④ 竖向轴线尺寸。

完成竖向轴线尺寸的标注，结果如图 5-98 所示。

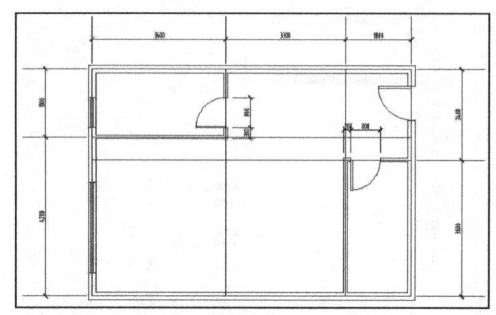

图 5-98　完成轴线标注

⑤ 门窗洞口尺寸。

对于门窗洞口尺寸，有的地方用"快速标注"不太方便，现改用"线性标注"。单击"默认"选项卡"注释"面板中的"线性"按钮□，依次单击尺寸的两个界线源点，完成每一个需要标注的尺寸，结果如图 5-98 所示。

⑥ 标注编辑。

对于其中自动生成指引线标注的尺寸值，现选择菜单栏中的"工具"→"工具栏"→"AUTOCAD"→"标注"命令，将标注工具栏调出来，然后单击"标注"工具栏上中的"编辑标注"按钮⬿，然后选中尺寸值，将它们逐个调整到适当位置，结果如图 5-100

所示。为了便于操作，在调整时可暂时将"对象捕捉"关闭。

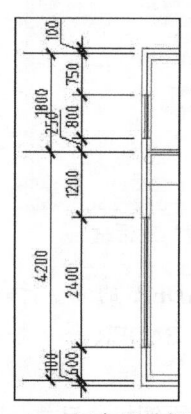 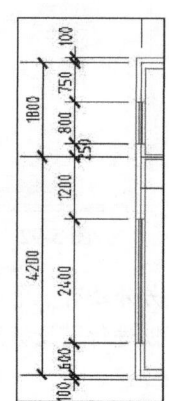

图 5-99　门窗尺寸标注　　图 5-100　门窗尺寸调整

⑦ 其他细部尺寸和总尺寸。

按照步骤 6~7 的方法完成其他细部尺寸和总尺寸的标注，结果如图 5-101 所示，注意总尺寸的标注位置。

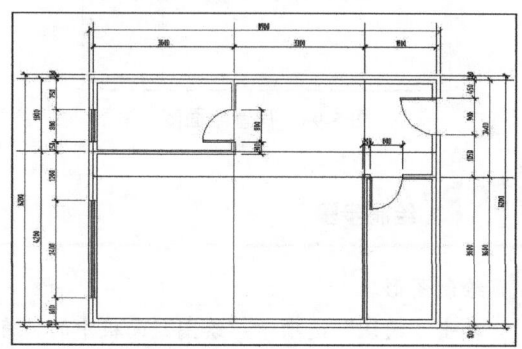

图 5-101　标注居室平面图尺寸

 处理字样重叠的问题，也可以在标注样式中进行相关设置，这样计算机会自动处理，但处理效果有时不太理想，也通过可以单击"标注"工具栏中的"编辑标注文字"按钮⬿来调整文字位置，读者可以试一试。

5.7 上机实验

【练习 1】绘制图 5-102 所示的会签栏。

1. 目的要求

本例要求读者利用"表格"和"多行文字"命令，体会表格功能的便捷性。

专业	姓名	日期

图 5-102　会签栏

2. 操作提示

（1）单击"默认"选项卡"注释"面板中的"表格"按钮田，绘制表格。

（2）单击"默认"选项卡"注释"面板中的"多行文字"按钮 A，标注文字。

【练习 2】标注图 5-103 所示的穹顶展览馆立面图形的标高符号。

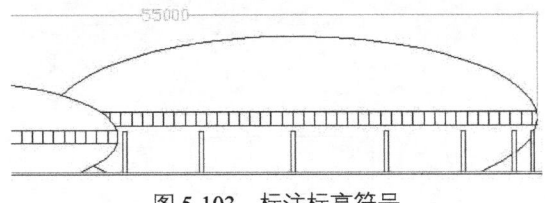

图 5-103　标注标高符号

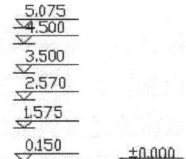

图 5-103　标注标高符号（续）

1. 目的要求

绘制重复性图形单元的最简单快捷的办法是将重复性的图形单元制作成图块，然后将图块插入图形。本实验通过对标高符号的标注使读者掌握图块的相关知识。

2. 操作提示

（1）利用"直线"命令绘制标高符号。

（2）定义标高符号的属性，将标高值设置为其中需要验证的标记。

（3）将绘制的标高符号及其属性定义成图块。

（4）保存图块。

（5）在建筑图形中插入标高图块，每次插入时输入不同的标高值作为属性值。

第6章

室内设计中主要单元的绘制

在进行室内设计时，常常需要绘制家具、洁具和橱具等各种设施，以便更真实和形象地表示装修的效果。本章将论述室内装饰及其装饰图设计中一些常见的家具及电器设施的绘制方法，所讲解的实例涵盖了在室内设计中经常使用的家具与电器等图形，如沙发、双人床、办公桌、洗脸盆和燃气灶等。

重点与难点

- 家具平面配景图绘制
- 电气平面配景图绘制
- 洁具和厨具平面配景图绘制
- 休闲娱乐平面配景图绘制
- 古典风格室内单元绘制
- 装饰花草单元绘制

6.1 家具平面配景图绘制

家具图形各式各样，类型繁多。所有的家具绘制，要根据其造型特点（如对称性等）逐步完成。例如，对沙发造型，先绘制其中单个沙发造型，再按相同的方法绘制多座沙发造型；而在单个沙发绘制中，先绘制沙发面造型，接着绘制两侧扶手造型，然后绘制沙发背部扶手轮廓直至完成绘制。其他家具按类似方法进行绘制。

6.1.1 绘制沙发和茶几

本小节实例将详细介绍图 6-1 所示沙发的绘制方法与操作技巧，学习使用 AutoCAD 2016 相关功能命令绘制室内装饰家具的使用方法。

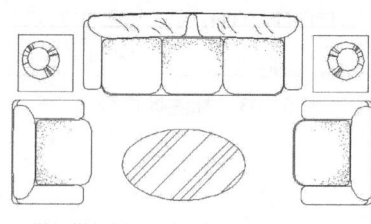

图 6-1 沙发

Step 绘制步骤

① 单击"默认"选项卡"绘图"面板中的"直线"按钮 ，绘制其中单个沙发造型，如图 6-2 所示。

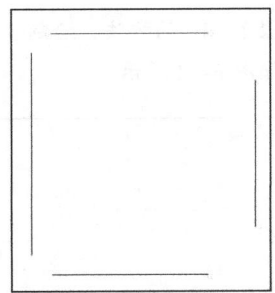

图 6-2　创建沙发面 4 边

② 单击"默认"选项卡"绘图"面板中的"圆弧"按钮 ⌒，将沙发面 4 边连接起来，得到完整的沙发面，如图 6-3 所示。使用直线命令绘制沙发面的 4 边，注意其相对位置和长度的关系。

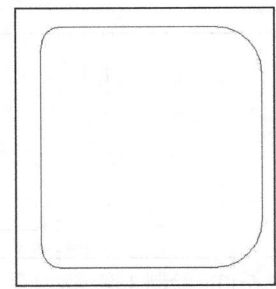

图 6-3　连接边角

③ 单击"默认"选项卡"绘图"面板中的"直线"按钮 ∕，绘制侧面扶手，如图 6-4 所示。

④ 单击"默认"选项卡"绘图"面板中的"圆弧"按钮 ⌒，绘制侧面扶手弧边线，如图 6-5 所示。

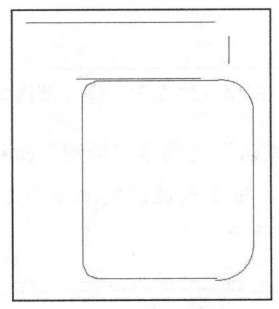

图 6-4　绘制扶手

⑤ 单击"默认"选项卡"修改"面板中的"镜像"按钮 ⚏，以中间的轴线位置作为镜像线，镜像绘制另外一个方向的扶手轮廓，如

图 6-6 所示。

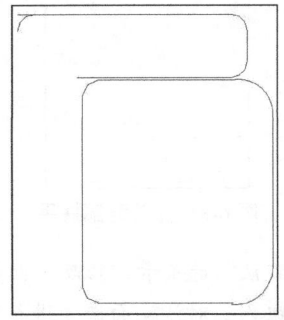

图 6-5　绘制扶手弧边线

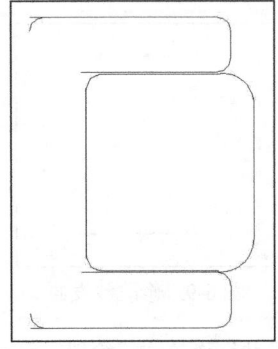

图 6-6　创建另外一侧扶手

⑥ 单击"默认"选项卡"绘图"面板中的"圆弧"按钮 ⌒，绘制沙发背部扶手轮廓。单击"默认"选项卡"修改"面板中的"镜像"按钮 ⚏，镜像扶手轮廓如图 6-7 所示。

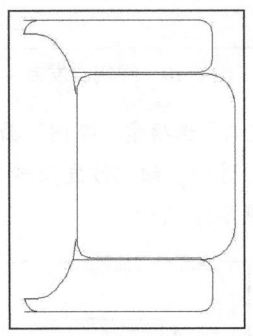

图 6-7　创建背部扶手

⑦ 单击"默认"选项卡"绘图"面板中的"圆弧"按钮 ⌒，继续完善沙发背部扶手轮廓。单击"默认"选项卡"修改"面板中的"镜像"按钮 ⚏，镜像背部扶手轮廓如图 6-8 所示。

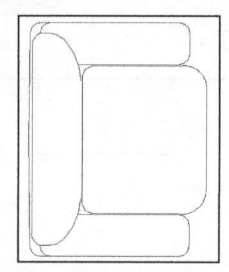

图 6-8　完善背部扶手

⑧ 单击"默认"选项卡"修改"面板中的"偏移"按钮△，对沙发面造型进行修改，使其更为形象，如图 6-9 所示。

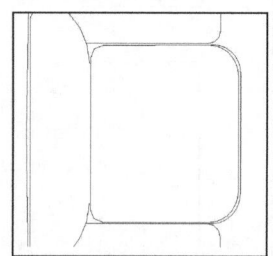

图 6-9　修改沙发面

⑨ 单击"默认"选项卡"绘图"面板中的"点"▫按钮，细化沙发面造型，如图 6-10 所示。

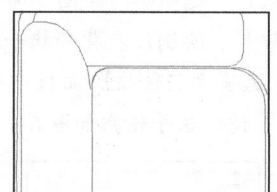

图 6-10　细化沙发面

⑩ 单击"默认"选项卡"绘图"面板中的"点"按钮▫，进一步细化沙发面造型，使其更形象，如图 6-11 所示。

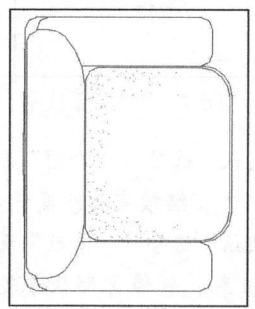

图 6-11　完善沙发面

⑪ 按照步骤 1～10 的方法，绘制 3 人座的沙发造型，如图 6-12 所示。

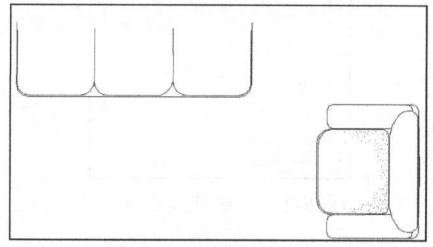

图 6-12　绘制 3 座沙发

⑫ 单击"默认"选项卡"绘图"面板中的"直线"按钮╱和"默认"选项卡"修改"面板中的"镜像"按钮⚎，绘制扶手造型，如图 6-13 所示。

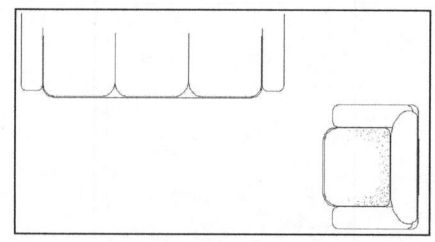

图 6-13　绘制 3 座沙发扶手

⑬ 单击"默认"选项卡"绘图"面板中的"圆弧"按钮╱，绘制 3 人座沙发背部造型，如图 6-14 所示。

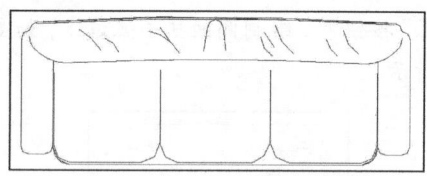

图 6-14　建立 3 人座背部造型

⑭ 单击"默认"选项卡"绘图"面板中的"点"按钮▫，对 3 人座沙发面造型进行细化，如图 6-15 所示。

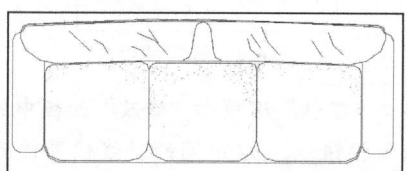

图 6-15　细化 3 人座沙发面

⑮ 单击"默认"选项卡"修改"面板中的"移动"按钮✛，调整 2 个沙发造型的位置，如图 6-16 所示。

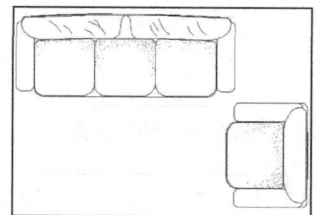

图 6-16　调整沙发位置

⑯ 单击"默认"选项卡"修改"面板中的"镜像"按钮⚎，对单个沙发进行镜像，得到沙发组造型，如图 6-17 所示。

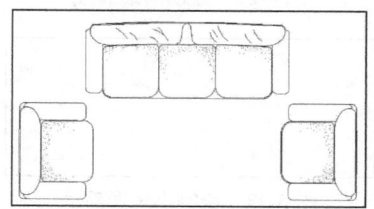

图 6-17　沙发组

⑰ 单击"默认"选项卡"绘图"面板中的"椭圆"按钮◯，绘制 1 个椭圆形建立椭圆型的茶几造型，如图 6-18 所示。

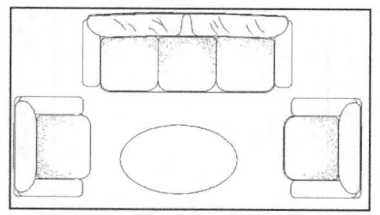

图 6-18　建立椭圆型茶几

⑱ 单击"默认"选项卡"绘图"面板中的"图案填充"按钮▨，对茶几填充图案，如图 6-19 所示。

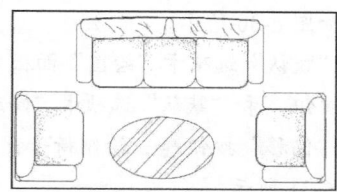

图 6-19　填充茶几图案

⑲ 单击"默认"选项卡"绘图"面板中的"正多边形"按钮⬠，绘制沙发之间的正四边形桌面灯造型，如图 6-20 所示。

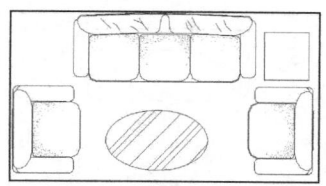

图 6-20　绘制一个正方形

⑳ 单击"默认"选项卡"绘图"面板中的"圆"按钮◉，绘制 2 个大小和圆心位置不同的圆形，如图 6-21 所示。

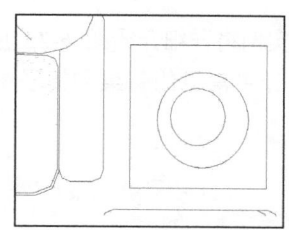

图 6-21　绘制 2 个圆形

㉑ 单击"默认"选项卡"绘图"面板中的"直线"按钮╱，绘制随机斜线形成灯罩效果，如图 6-22 所示。

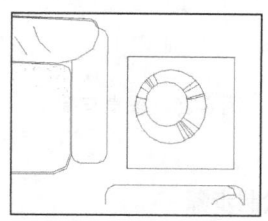

图 6-22　创建灯罩

㉒ 单击"默认"选项卡"修改"面板中的"镜像"按钮⚎，镜像得到 2 个沙发桌面灯造型，如图 6-23 所示。

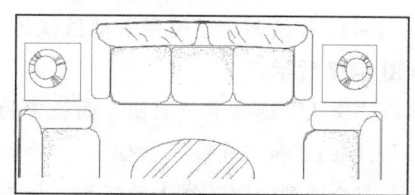

图 6-23　创建另外一侧造型

㉓ 单击"视图"选项卡"导航"面板中"范围"下拉菜单中的的"实时"按钮 🔍，完成整个沙发绘制，得到图 6-24 所示的图形。

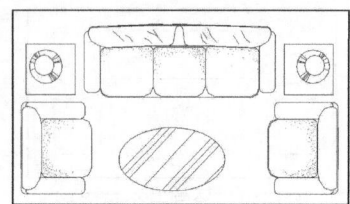

图 6-24　沙发 CAD 图形

6.1.2　绘制餐桌和椅子

本小节实例将详细介绍图 6-25 所示的室内居室装饰设计中常见的餐桌和椅子的绘制方法与技巧。

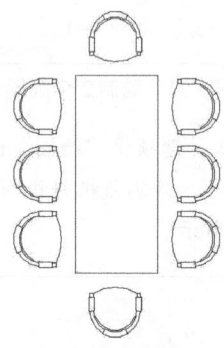

图 6-25　餐桌与椅子

Step 绘制步骤

① 单击"默认"选项卡"绘图"面板中的"多段线"按钮 ⌐⊃，绘制长方形桌面，如图 6-26 所示。

② 单击"默认"选项卡"绘图"面板中的"圆弧"按钮 ⌒，绘制椅子造型前端弧线的一半，如图 6-27 所示。

③ 单击"默认"选项卡"绘图"面板中的"矩形"按钮 □ 和"直线"按钮 ╱，绘制椅子扶手部分造型，即弧线上的矩形，如图 6-28 所示。

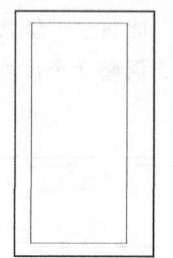

图 6-26　绘制桌面

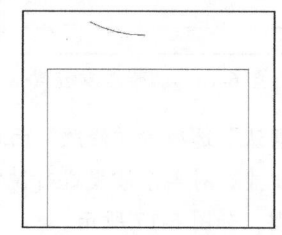

图 6-27　绘制前端弧线

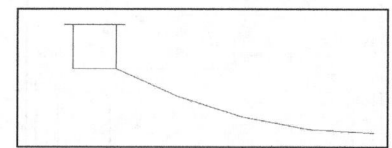

图 6-28　绘制小矩形部分

④ 单击"默认"选项卡"绘图"面板中的"多段线"按钮 ⌐⊃，根据扶手的大体位置绘制稍大的近似矩形，如图 6-29 所示。

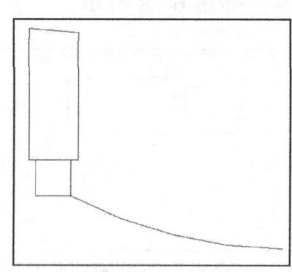

图 6-29　绘制矩形

⑤ 单击"默认"选项卡"绘图"面板中的"圆弧"按钮 ⌒ 和"默认"选项卡"修改"面板中的"偏移"按钮 ⊆，绘制椅子弧线靠背造型，如图 6-30 所示。

⑥ 单击"默认"选项卡"绘图"面板中的"直线"按钮 ╱ 和"默认"选项卡"修改"面板中的"偏移"按钮 ⊆，绘制椅子背部造型。如图 6-31 所示。

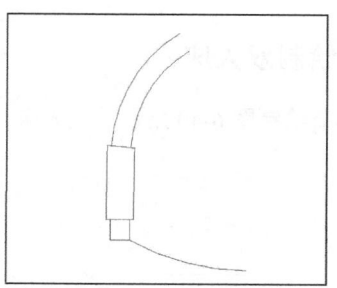

图 6-30　绘制弧线靠背

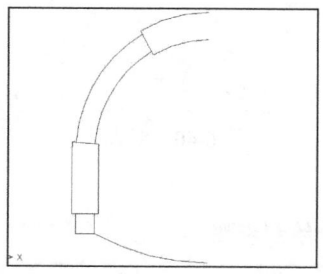

图 6-31　绘制椅子背部造型

7 为使得更为准确，单击"默认"选项卡"绘图"面板中的"圆弧"按钮 ⌒，在靠背造型内侧绘制弧线造型，如图 6-32 所示。

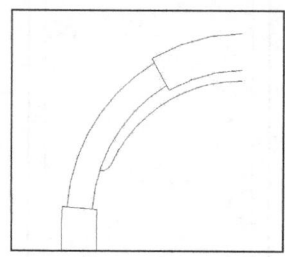

图 6-32　绘制内侧弧线

8 按椅子环形扶手及其靠背造型绘制另外一段图形，构成椅子背部造型。单击"默认"选项卡"修改"面板中的"镜像"按钮 ⚖，通过镜像得到整个椅子造型，如图 6-33 所示。

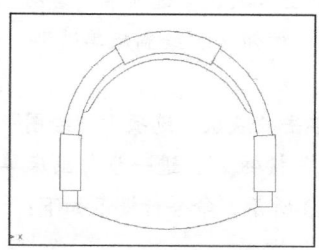

图 6-33　得到椅子造型

9 单击"默认"选项卡"修改"面板中的"移动"按钮 ✛，调整椅子与餐桌的位置，如图 6-34 所示。

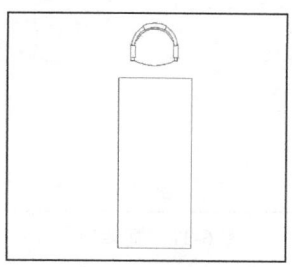

图 6-34　调整椅子位置

10 单击"默认"选项卡"修改"面板中的"镜像"按钮 ⚖，可以得到餐桌另外一端对称的椅子，如图 6-35 所示。

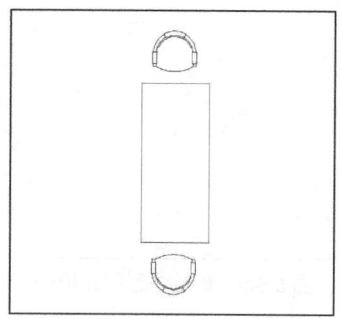

图 6-35　得到对称的椅子

11 单击"默认"选项卡"修改"面板中的"复制"按钮 ⚙，复制一个椅子造型，如图 6-36 所示。

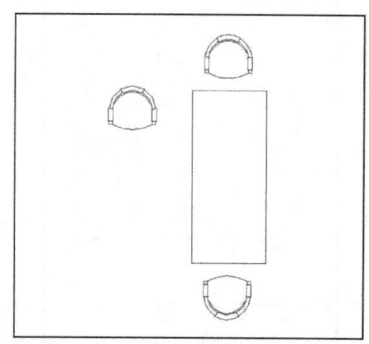

图 6-36　复制椅子

12 单击"默认"选项卡"修改"面板中的"旋转"按钮 ⟳，将该复制的椅子以椅子的中心点为基点旋转 90°，如图 6-37 所示。

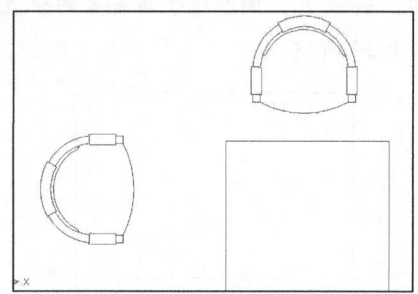

图 6-37　旋转椅子

⑬ 单击"默认"选项卡"修改"面板中的"复制"按钮，通过复制得到餐桌一侧的椅子造型，如图 6-38 所示。

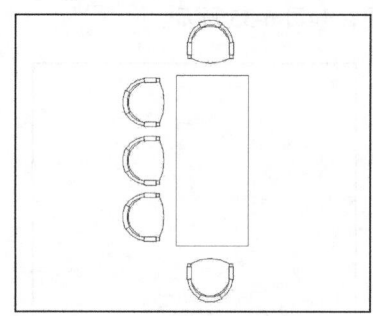

图 6-38　复制得到侧面椅子

⑭ 单击"默认"选项卡"修改"面板中的"镜像"按钮，餐桌另外一侧的椅子造型通过镜像轻松得到，整个餐桌与椅子造型绘制完成，如图 6-39 所示。

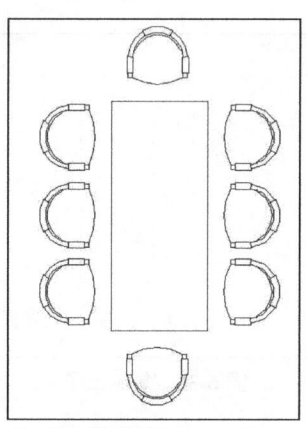

图 6-39　餐桌与椅子造型

6.1.3　绘制双人床

本小节绘制图 6-40 所示的双人床。

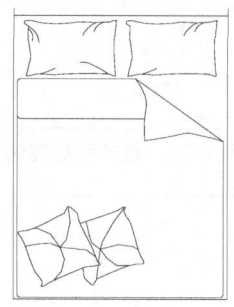

图 6-40　双人床

Step　绘制步骤

① 单击"默认"选项卡"绘图"面板中的"矩形"按钮，绘制 1500×2000 的矩形双人床的外部轮廓线，如图 6-41 所示。

图 6-41　绘制轮廓

> **注意** 双人床的大小一般为 2000×1800，单人床的大小一般为 2000×1000。

② 绘制床单。

（1）单击"默认"选项卡"绘图"面板中的"直线"按钮，绘制床单造型，如图 6-42 所示。

（2）单击"默认"选项卡"绘图"面板中的"直线"按钮，进一步勾画床单造型，如图 6-43 所示。命令行提示如下：

```
命令：LINE
指定第一个点：（指定直线起点位置）
```

指定下一点或〔放弃(U)〕:(指定直线终点位置)
指定下一点或〔放弃(U)〕:
命令：FILLET(对图形对象进行倒圆角)
当前设置：模式 = 修剪，半径 = 50
选择第一个对象或〔放弃(U)/多段线(P)/半径(R)/
修剪(T)/多个(M)〕:R(输入 R 设置倒圆角半径大小)
指定圆角半径 <50>:(输入半径大小)
选择第一个对象或〔放弃(U)/多段线(P)/半径(R)/
修剪(T)/多个(M)〕:(选择第 1 条倒圆角对象边界)
选择第二个对象，或按住 Shift 键选择要应用角点
的对象：(选择第 2 条倒圆角对象边界)

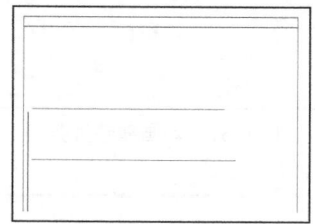

图 6-42　绘制床单

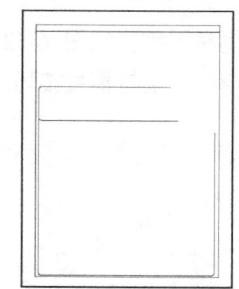

图 6-43　进一步勾画床单

（3）单击"默认"选项卡"修改"面板中的
"倒角"按钮，对床单细部进行加工，使
其自然形象一些，如图 6-44 所示。命令行提
示如下：

命令：CHAMFER（对图形对象进行倒直角）
("修剪"模式) 当前倒角距离 1 = 0，距离 2 = 0
选择第一条直线或〔放弃(U)/多段线(P)/距离(D)/
角度(A)/修剪(T)/方式(E)/多个(M)〕:D(输入 D
设置倒直角距离大小)
指定第一个倒角距离 <0>: (输入距离)
指定第二个倒角距离 <100>:(输入距离)
选择第一条直线或〔放弃(U)/多段线(P)/距离(D)/
角度(A)/修剪(T)/方式(E)/多个(M)〕:(选择第 1
条倒直角对象边界)
选择第二条直线，或按住 Shift 键选择要应用角点
的直线：(选择第 2 条倒直角对象边界)
命令：ARC(绘制弧线)
指定圆弧的起点或〔圆心(C)〕:(指定起始位置)
指定圆弧的第二个点或〔圆心(C)/端点(E)〕:(指定

中间点位置)
指定圆弧的端点:(指定起终点位置)

（4）单击"默认"选项卡"绘图"面板中的
"样条曲线拟合"按钮，建立枕头外轮廓
造型，如图 6-45 所示。

> 也可以使用 ARC 功能命令来绘制枕头
> 造型。

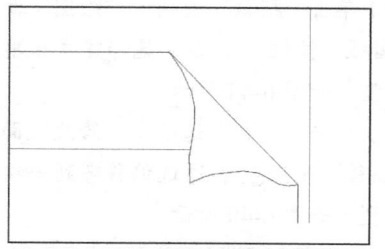

图 6-44　加工床单细部造型

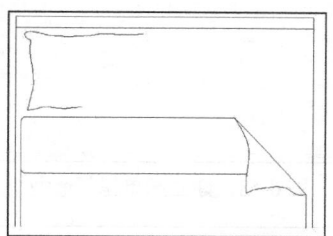

图 6-45　绘制枕头轮廓

（5）单击"默认"选项卡"绘图"面板中的
"圆弧"按钮，绘制枕头其他位置的线段，
如图 6-46 所示。

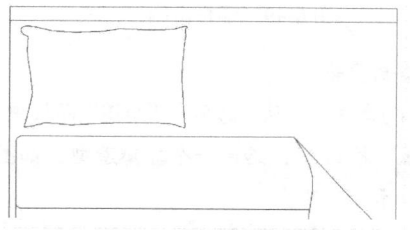

图 6-46　勾画枕头折线

> 可以使用弧线功能命令 ARC、LINE 等
> 勾画枕头折线，使其效果更为逼真。

（6）单击"默认"选项卡"修改"面板中的
"复制"按钮，复制得到另外一个枕头造型，

如图 6-47 所示。

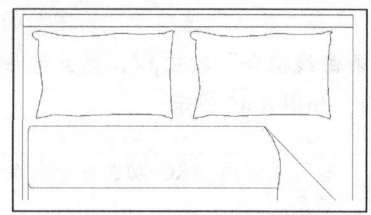

图 6-47　复制枕头造型

（7）单击"默认"选项卡"绘图"面板中的"圆弧"按钮，在床尾部建立床单局部的造型，如图 6-48 所示。

（8）单击"默认"选项卡"修改"面板中的"偏移"按钮，通过偏移得到一组平行线造型，如图 6-49 所示。

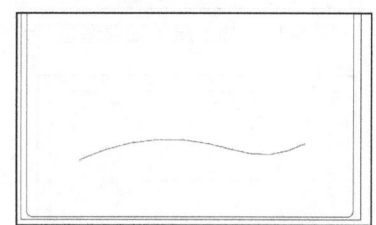

图 6-48　建立床单尾部造型

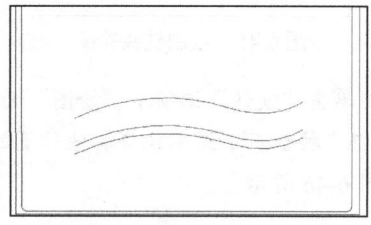

图 6-49　偏移得到平行线

❸ 绘制靠垫

（1）单击"默认"选项卡"绘图"面板中的"圆弧"按钮，绘制一个靠垫造型，如图 6-50 所示。

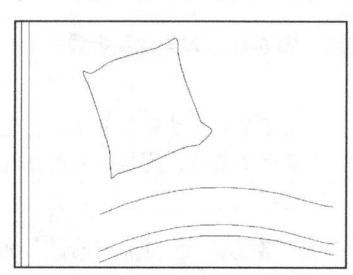

图 6-50　勾画靠垫造型

（2）单击"默认"选项卡"绘图"面板中的"直线"按钮，勾画靠垫内部线条造型，如图 6-51 所示。

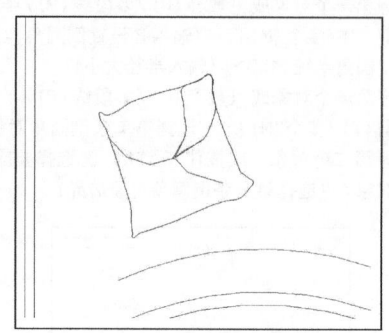

图 6-51　勾画靠垫线条

6.1.4　绘制办公桌及其隔断

本小节实例将详细介绍图 6-52 所示的办公桌及其隔断的绘制方法与相关技巧。

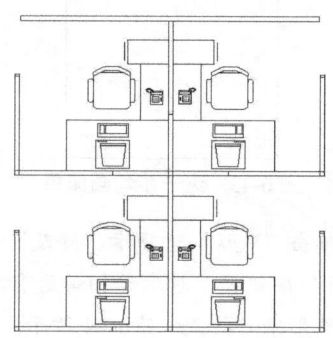

图 6-52　办公桌及其隔断

Step 绘制步骤

❶ 根据办公桌及其隔断的图形整体情况，先绘制办公桌。单击"默认"选项卡"绘图"面板中的"矩形"按钮，绘制矩形办公桌桌面，如图 6-53 所示。

❷ 单击"默认"选项卡"绘图"面板中的"多段线"按钮，绘制侧面桌面，如图 6-54 所示。

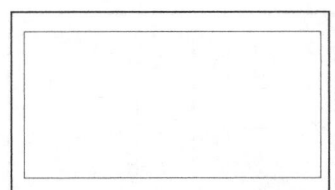

图 6-53　绘制办公桌

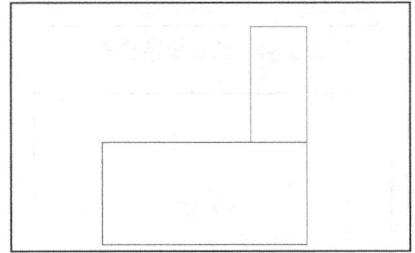

图 6-54　绘制侧面桌面

③ 单击"默认"选项卡"绘图"面板中的"直线"按钮 ⁄，绘制办公椅子的 4 面轮廓，如图 6-55 所示。

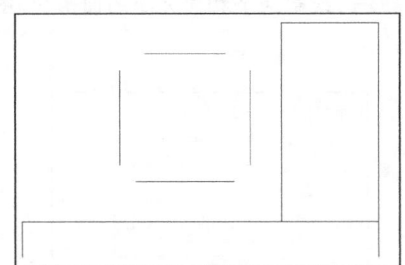

图 6-55　绘制办公椅子

④ 单击"默认"选项卡"修改"面板中的"圆角"按钮 ⬜，对办公椅进行倒圆角，如图 6-56 所示。

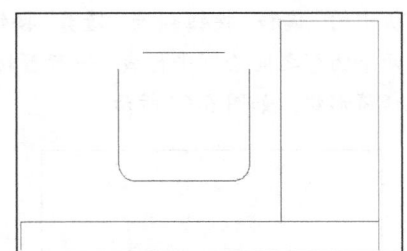

图 6-56　倒圆角

⑤ 单击"默认"选项卡"绘图"面板中的"圆弧"按钮 ⁄ 和"默认"选项卡"修改"面板中的"偏移"按钮 ⬚，在椅子后侧绘制轮廓

局部造型，如图 6-57 所示。

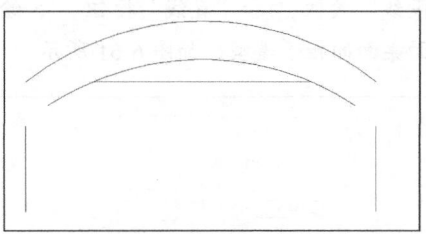

图 6-57　绘制轮廓局部造型

⑥ 单击"默认"选项卡"绘图"面板中的"圆弧"按钮 ⁄，对靠背两端进行圆滑处理，如图 6-58 所示。

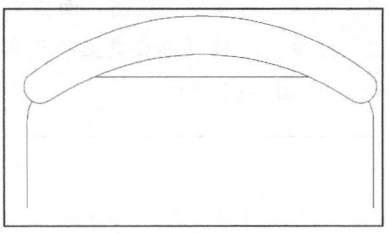

图 6-58　绘制两端弧线

⑦ 单击"默认"选项卡"绘图"面板中的"直线"按钮 ⁄ 和"圆弧"按钮 ⁄，绘制办公椅子侧面扶手，如图 6-59 所示。

⑧ 单击"默认"选项卡"修改"面板中的"镜像"按钮 ⬛，得到另外一侧的扶手，完成椅子绘制，如图 6-60 所示。

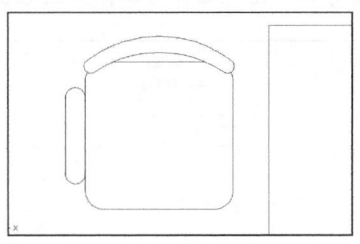

图 6-59　绘制侧面扶手

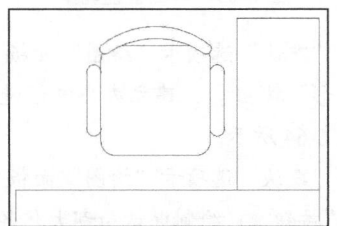

图 6-60　完成椅子绘制

⑨ 单击"默认"选项卡"绘图"面板中的"多段线"按钮 ⌐⌐ 和"直线"按钮 ╱，绘制侧面桌面的柜子造型，如图 6-61 所示。

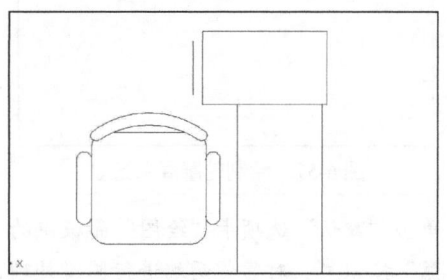

图 6-61　绘制柜子造型

⑩ 单击"默认"选项卡"绘图"面板中的"多段线"按钮 ⌐⌐，绘制办公桌上的设备（如电脑等），如图 6-62 所示。

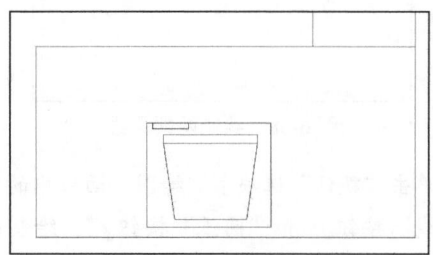

图 6-62　勾画办公设备轮廓

⑪ 单击"默认"选项卡"绘图"面板中的"矩形"按钮 ▢，勾画键盘轮廓造型，办公桌上的设备仅做轮廓近似勾画，如图 6-63 所示。

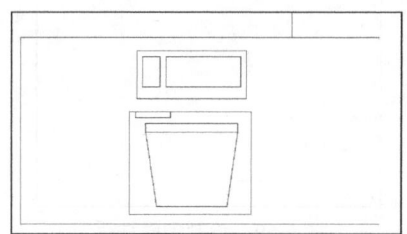

图 6-63　勾画键盘轮廓

⑫ 单击"默认"选项卡"绘图"面板中的"正多边形"按钮 ⬠，建立办公电话造型轮廓，如图 6-64 所示。

⑬ 单击"默认"选项卡"绘图"面板中的"多段线"按钮 ⌐⌐，绘制电话局部大体轮廓造型，如图 6-65 所示。

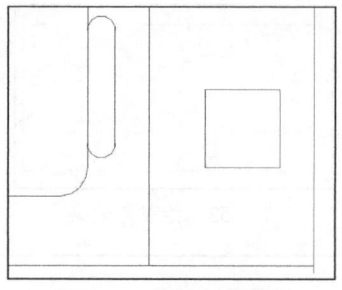

图 6-64　绘制电话轮廓

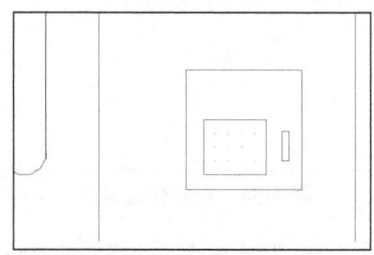

图 6-65　绘制局部轮廓

⑭ 单击"默认"选项卡"绘图"面板中的"圆"按钮 ⊘，绘制两个相同大小的圆形，如图 6-66 所示。

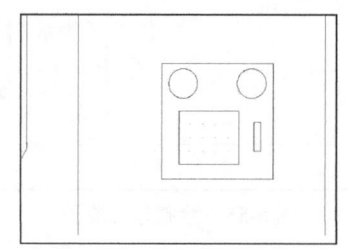

图 6-66　绘制两个圆形

⑮ 单击"默认"选项卡"绘图"面板中的"直线"按钮 ╱ 和单击"默认"选项卡"修改"面板中的"偏移"按钮 ⿻ 与"修剪"按钮 ⧸，在两个圆形之间绘制平行线，进行剪切后形成话筒形状，如图 6-67 所示。

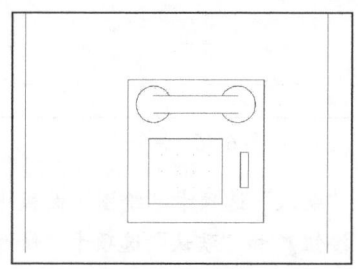

图 6-67　绘制话筒

16 单击"默认"选项卡"绘图"面板中的"直线"按钮 ，并单击"默认"选项卡"修改"面板中的"复制"按钮 ，绘制话筒与电话机连接线，如图 6-68 所示。

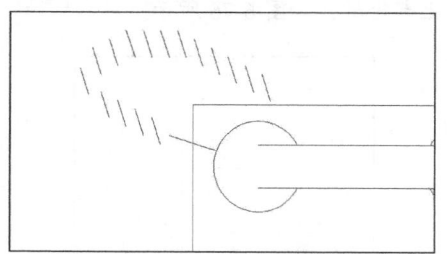

图 6-68　绘制连接线

17 办公桌部分图形绘制完成，如图 6-69 所示。

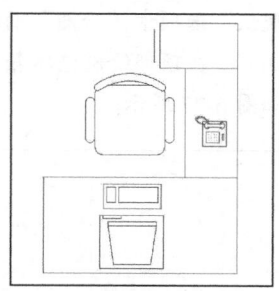

图 6-69　完成办公桌绘制

18 单击"默认"选项卡"绘图"面板中的"直线"按钮 和"修改"面板中的"偏移"按钮 ，绘制办公桌的隔断轮廓线，如图 6-70 所示。继续绘制隔断，形成一个标准办公桌单元，如图 6-71 所示。

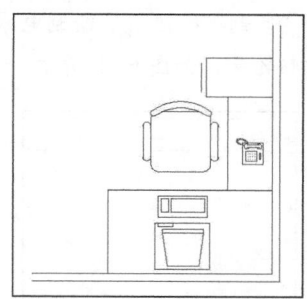

图 6-70　绘制隔断

　左右相同的办公单元造型可以通过镜像得到，而前后相同的办公单元造型可以通过复制得到。

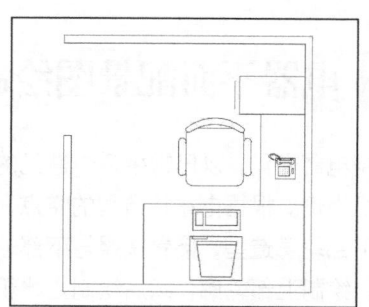

图 6-71　一个办公桌单元

19 单击"默认"选项卡"修改"面板中的"镜像"按钮 ，得到对称的两个办公桌单元图形，如图 6-72 所示。

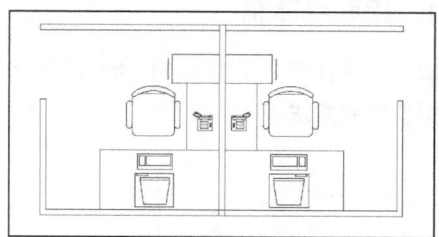

图 6-72　镜像办公桌单元

20 单击"默认"选项卡"修改"面板中的"复制"按钮 ，得到相同方向排列的办公桌单元图形，如图 6-73 所示。

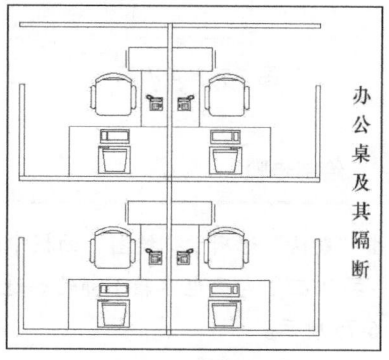

图 6-73　复制图形

6.2 电器平面配景图绘制

绘制电器家具，以日常生活中常见的电冰箱和洗衣机为例。根据电冰箱造型的特点，先勾画电冰箱下部轮廓造型，接着按照与下部轮廓一致的比例，绘制上部轮廓，然后绘制电冰箱的细部造型，例如电子智能按钮显示板造型等。依次类推，根据洗衣机造型的特点，先建立其外观轮廓造型，接着绘制顶部操作面板轮廓，然后在洗衣机下部绘制底部轮廓造型。

6.2.1 绘制电冰箱

本小节将详细介绍图 6-74 所示的电冰箱立面造型的绘制方法。

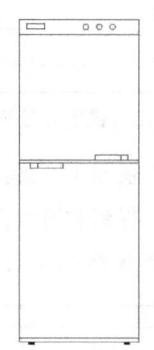

图 6-74　电冰箱

Step 绘制步骤

① 单击"默认"选项卡"绘图"面板中的"矩形"按钮 □，勾画电冰箱下部轮廓造型，如图 6-75 所示。

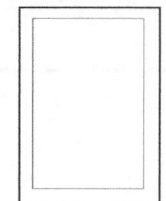

图 6-75　勾画下部轮廓

② 单击"默认"选项卡"绘图"面板中的"多

段线"按钮 ⌐⌐，与下部轮廓比例一致，绘制上部轮廓，如图 6-76 所示。

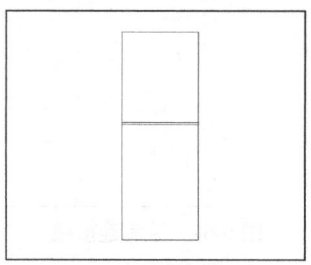

图 6-76　绘制上部轮廓

③ 单击"默认"选项卡"绘图"面板中的"直线"按钮 ╱，在顶部绘制电冰箱显示板区域轮廓，如图 6-77 所示。

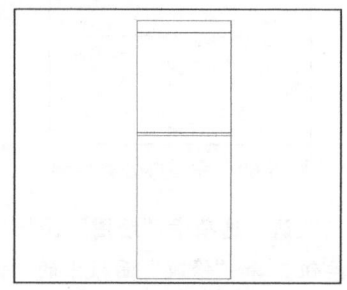

图 6-77　绘制显示区域

④ 单击"默认"选项卡"绘图"面板中的"多段线"按钮 ⌐⌐、"圆"按钮 ⊙ 和"修改"面板中的"复制"按钮 ⅋，绘制电冰箱的电子智能按钮轮廓，如图 6-78 所示。

图 6-78　绘制按钮

⑤ 单击"默认"选项卡"绘图"面板中的"直线"按钮 ╱，在中部位置绘制下部电冰箱门的凹槽拉手轮廓，如图 6-79 所示。

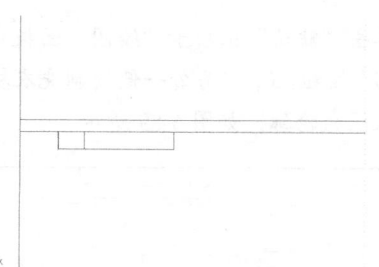

图 6-79　绘制下部拉手轮廓

⑥ 单击"默认"选项卡"修改"面板中的"镜像"按钮和"移动"按钮，上部电冰箱门的轮廓绘制，通过镜像并移动其位置得到，如图 6-80 所示。

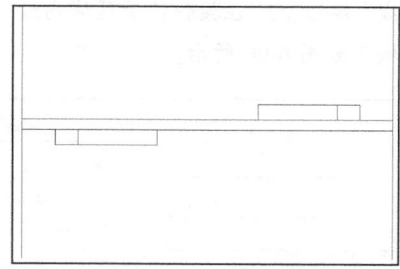

图 6-80　绘制上部拉手轮廓

⑦ 单击"默认"选项卡"绘图"面板中的"直线"按钮，绘制底部轮廓造型，如图 6-81 所示。

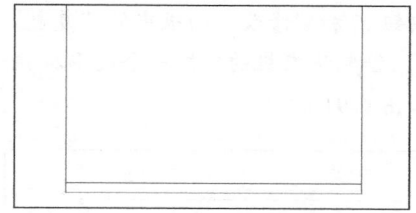

图 6-81　绘制底部造型

⑧ 单击"默认"选项卡"绘图"面板中的"多段线"按钮和"直线"按钮，绘制电冰箱底部滑动轮，如图 6-82 所示。

⑨ 单击"默认"选项卡"修改"面板中的"复制"按钮，复制得到另外对称的滑动轮，如图 6-83 所示。

⑩ 完成电冰箱图形的绘制，如图 6-84 所示。

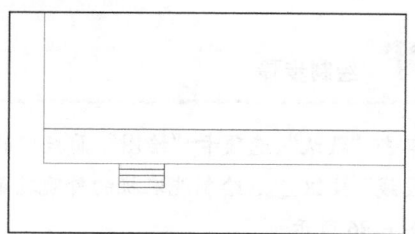

图 6-82　绘制滑动轮

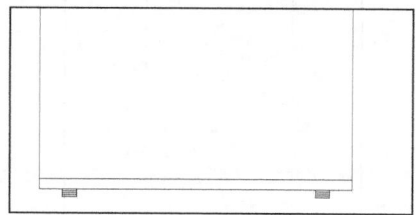

图 6-83　复制滑动轮

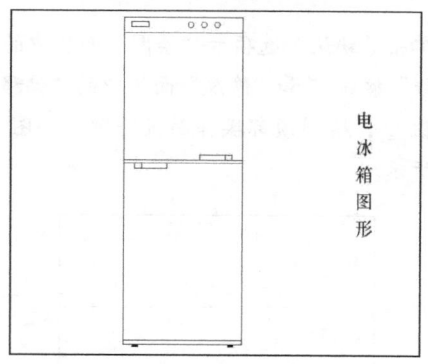

电冰箱图形

图 6-84　电冰箱绘制完成

6.2.2　绘制洗衣机

本小节将详细介绍图 6-85 所示的滚筒洗衣机的绘制方法。

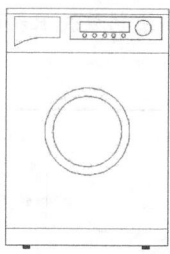

图 6-85　洗衣机

Step 绘制步骤

1 单击"默认"选项卡"绘图"面板中的"多段线"按钮 ⤵，绘制洗衣机的外观轮廓，如图 6-86 所示。

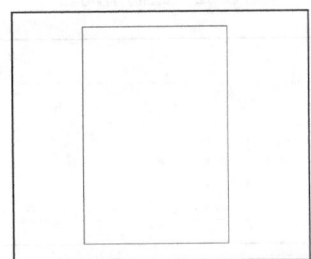

图 6-86　绘制外观轮廓

2 单击"默认"选项卡"绘图"面板中的"直线"按钮 ╱ 和"修改"面板中的"偏移"按钮 ⬚，绘制顶部操作面板轮廓，如图 6-87 所示。

图 6-87　绘制面板轮廓

 注意　因该洗衣机的外观轮廓为矩形，所以还可以使用直线、RECTANG 功能命令来绘制。

3 单击"默认"选项卡"绘图"面板中的"直线"按钮 ╱，绘制放洗衣粉的盒子轮廓，如图 6-88 所示。

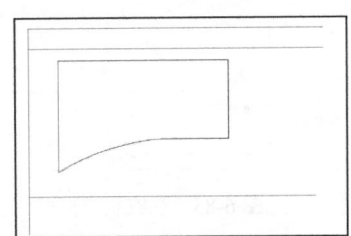

图 6-88　绘制洗衣粉盒子

4 单击"默认"选项卡"绘图"面板中的"矩形"按钮 ▭，在另外一侧绘制洗衣机操作按钮区域轮廓，如图 6-89 所示。

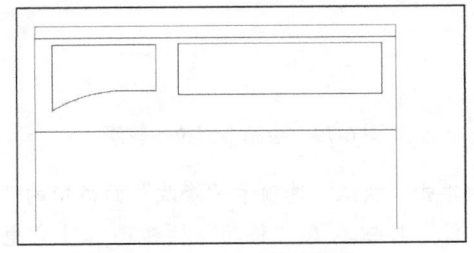

图 6-89　绘制按钮轮廓

5 单击"默认"选项卡"绘图"面板中的"多段线"按钮 ⤵，在按钮轮廓区域内绘制显示区域，如图 6-90 所示。

图 6-90　绘制显示区域

6 单击"默认"选项卡"绘图"面板中的"圆"按钮 ⊙ 和"修改"面板中的"复制"按钮 ⬚，绘制洗衣机的功能命令圆形按钮造型，如图 6-91 所示。

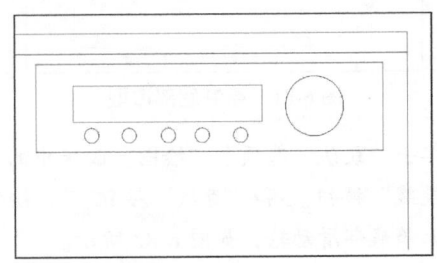

图 6-91　绘制圆形按钮

7 单击"默认"选项卡"绘图"面板中的"直线"按钮 ╱，在洗衣机下部绘制底部轮廓造型，如图 6-92 所示。

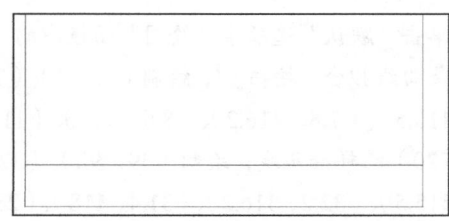

图 6-92　绘制底部造型

8 单击"默认"选项卡"绘图"面板中的"多
段线"按钮 ，绘制洗衣机的滑动轮轮廓，
如图 6-93 所示。

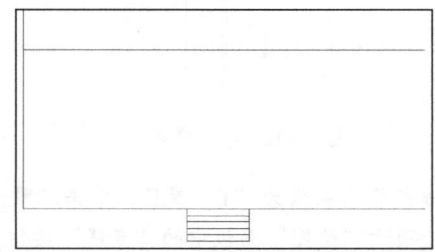

图 6-93　绘制轮子

9 单击"默认"选项卡"修改"面板中的"复
制"按钮 ，得到洗衣机的另外一个轮子造
型，如图 6-94 所示。

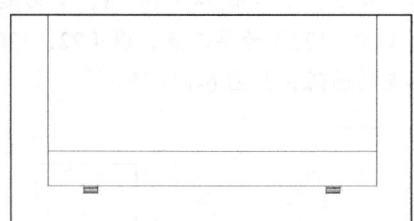

图 6-94　复制轮子

10 单击"默认"选项卡"绘图"面板中的"圆"
按钮 和单击"默认"选项卡"修改"面板
中的"偏移"按钮 ，在洗衣机中部位置绘
制两个同心圆，形成洗衣机的滚筒图形，如
图 6-95 所示。

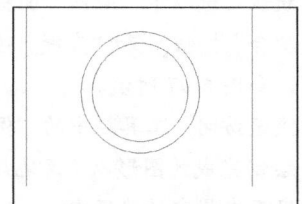

图 6-95　绘制滚筒

11 缩放视图得到整个洗衣机的图形，洗衣机造
型绘制完成，如图 6-96 所示。

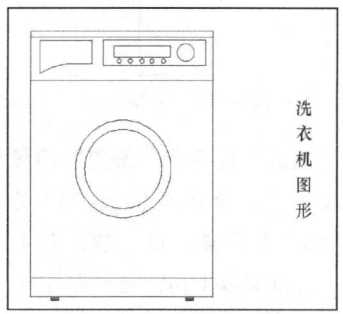

图 6-96　完成洗衣机绘制

6.2.3　绘制落地灯

本实例绘制图 6-97 所示的落地灯。首先绘制
灯底座，然后绘制灯罩，最后进行修饰。

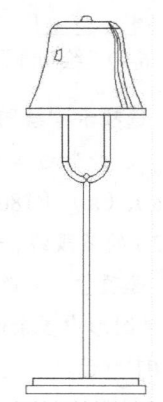

图 6-97　落地灯

Step **绘制步骤**

1 单击菜单栏中的"格式"→"图形界限"命
令，设置图幅：297×210。

2 单击"默认"选项卡"绘图"面板中的"矩
形"按钮 ，绘制坐标点分别为 {(0，0)，
(@40,2.5)}、{(2.5,2.5),(@35,2.5)}、{(19,5)，
(@2，63)}、{(12，75)，(@2，15)}、{(26，
75)，(@2，15)}、{(0，90)，(@40，2)} 的矩
形，如图 6-98 所示。

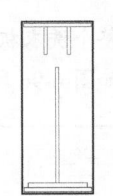

图 6-98　绘制矩形

③ 单击"默认"选项卡"绘图"面板中的"圆弧"按钮，绘制以（12，75）为起点，以（20，68）第二点，以（28，75）为端点的圆弧，再绘制以（14，75）为起点，以（20，70）第二点，以（26，75）为端点的圆弧，如图 6-99 所示。

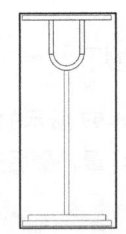

图 6-99　绘制圆弧

④ 单击"默认"选项卡"绘图"面板中的"多段线"按钮，绘制过坐标点（19，68）、（@2，2）、（a）、（a）、（180）、（@-2，0）、（1）、（@2，-2）的多段线，如图 6-100 所示。

⑤ 单击"默认"选项卡"修改"面板中的"修剪"按钮，将图形中多余的线段进行修剪，结果如图 6-101 所示。

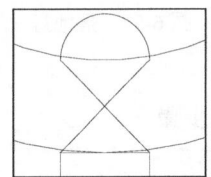

图 6-100　绘制多段线

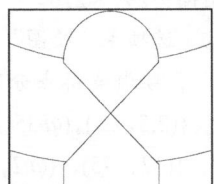

图 6-101　修剪图形

⑥ 单击"默认"选项卡"绘图"面板中的"样条曲线拟合"按钮，绘制（1，92）、（7.7，115.5）、（7.8，116.2）、（8.6，118）、（11.2，120）的样条曲线；绘制（39，92）、（32.3，115.5）、（32.2，116.2）、（31.4，118）、（28.8，120）的样条曲线，结果如图 6-102 所示。

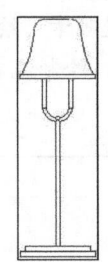

图 6-102　绘制样条曲线

⑦ 将当前图层设为"1"图层，单击"默认"选项卡"绘图"面板中的"直线"按钮，绘制坐标点为（11.2，120）、（28.8，120）、（8.6，118）、（31.4，118）的直线，如图 6-103所示。

⑧ 单击"默认"选项卡"绘图"面板中的"圆弧"按钮，绘制以（18，120）为起点，以（20，122）为第二点，以（22，120）为端点的圆弧，如图 6-104 所示。

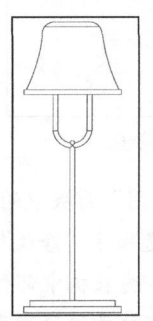
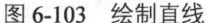
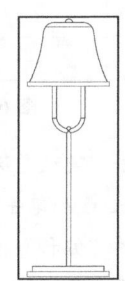

图 6-103　绘制直线　　　图 6-104　绘制圆弧

⑨ 单击"默认"选项卡"绘图"面板中的"样条曲线拟合"按钮和"直线"按钮，细化图形，如图 6-97 所示。

⑩ 单击"快速访问"工具栏中的"保存"按钮，将绘制完成的图形以"落地灯.dwg"为文件名保存在指定的路径中。

6.3 洁具和橱具平面配景图绘制

　　根据洗脸盆造型特点，先绘制洗脸盆侧边轮廓线造型，再绘制内侧底部轮廓线，接着建立洗脸盆的水龙头外轮廓造型，然后勾画一些细部造型（如按钮开关等）。而对于燃气灶造型，先创建燃气灶外侧矩形轮廓线，然后绘制内部支架造型轮廓线。其他一些类似家具设施，按照相同方法绘制。

6.3.1 绘制洗脸盆

　　本小节将介绍图 6-105 所示的洗脸盆绘制方法与技巧。

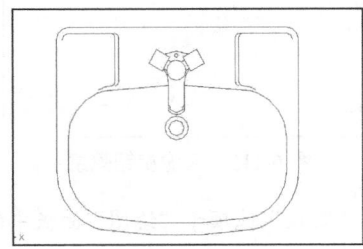

图 6-105　洗脸盆

Step 绘制步骤

① 单击"默认"选项卡"绘图"面板中的"直线"按钮 ╱，绘制 3 条长短不等的洗脸盆轮廓线，如图 6-106 所示。

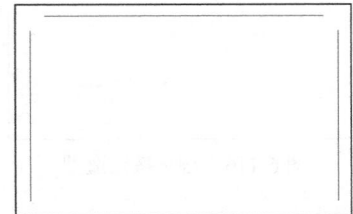

图 6-106　创建轮廓线

② 单击"默认"选项卡"修改"面板中的"圆角"按钮 ╱，对侧边轮廓线与底边线进行倒圆角，构成洗脸盆的侧边轮廓线，如图 6-107 所示。

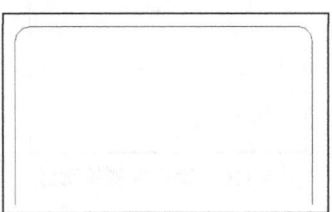

图 6-107　倒圆角

③ 单击"默认"选项卡"绘图"面板中的"圆弧"按钮 ╱ 和"修改"面板中的"镜像"按钮 ╱，绘制洗脸盆前端轮廓线，如图 6-108 所示。

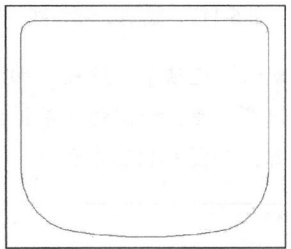

图 6-108　绘制前端轮廓

④ 单击"默认"选项卡"修改"面板中的"偏移"按钮 ╱，对前端轮廓线进行偏移，得到内侧的侧边轮廓线，如图 6-109 所示。

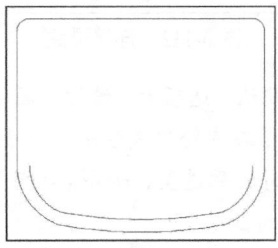

图 6-109　偏移前端轮廓线

⑤ 单击"默认"选项卡"修改"面板中的"偏移"按钮 ╱，其他位置的内侧底部轮廓线同样可以采用偏移方法得到，如图 6-110 所示。

⑥ 单击"默认"选项卡"绘图"面板中的"圆弧"按钮 ╱ 和"修改"面板中的"镜像"按钮 ╱，在上角内侧两边绘制 2 条不同方向的

弧线，如图6-111所示。

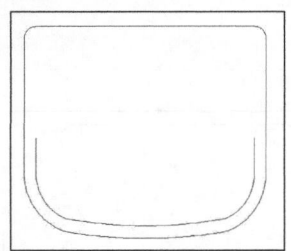

图6-110 偏移内侧轮廓线

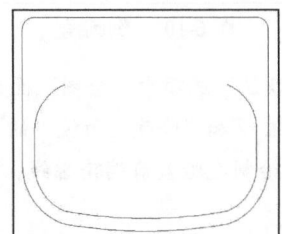

图6-111 绘制上侧弧线

7 单击"默认"选项卡"绘图"面板中的"圆弧"按钮，连接绘制的2条弧线形成洗脸盆大轮廓，如图6-112所示。

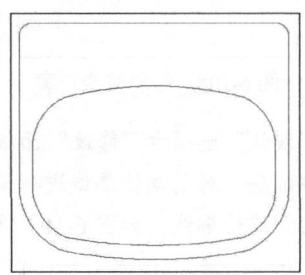

图6-112 连接弧线

8 单击"默认"选项卡"绘图"面板中的"圆"按钮，在内轮廓线绘制一个小圆形，作为水龙头外轮廓造型，如图6-113所示。

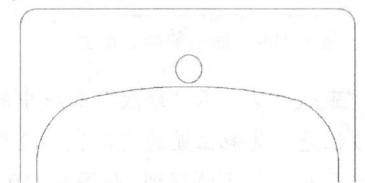

图6-113 绘制小圆形

9 单击"默认"选项卡"绘图"面板中的"多段线"按钮和"直线"按钮，绘制洗脸盆的水龙头开关旋钮外轮廓造型，如图6-114所示。

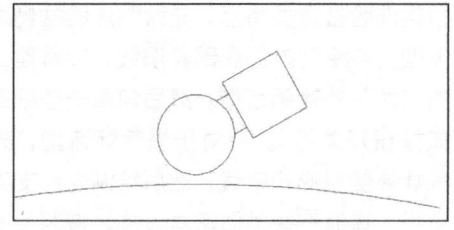

图6-114 绘制旋钮轮廓

10 单击"默认"选项卡"修改"面板中的"镜像"按钮，得到另外一侧的旋钮开关轮廓，如图6-115所示。

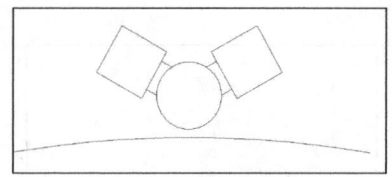

图6-115 镜像旋钮轮廓

11 单击"默认"选项卡"绘图"面板中的"圆"按钮和"圆弧"按钮，在洗脸盆的水龙头外轮廓造型上侧，勾画细化按钮开关造型，如图6-116所示。

12 单击"默认"选项卡"绘图"面板中的"圆弧"按钮和"直线"按钮，绘制水龙头出水嘴造型，如图6-117所示。

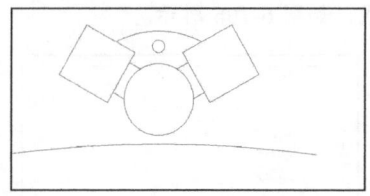

图6-116 细化按钮造型

注意 洗脸盆的水龙头旋钮左右两个开关分别为冷热水开关。勾画细化按钮开关造型，根据形状可以通过CIRCLE和ARC等命令完成。

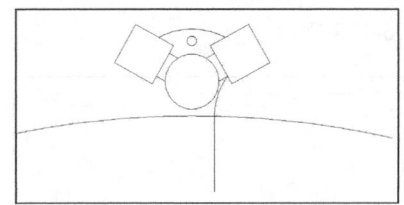

图 6-117 绘制出水嘴

13 单击"默认"选项卡"修改"面板中的"镜像"按钮▲，对出水嘴轮廓线进行镜像，得到对称图形，如图 6-118 所示。

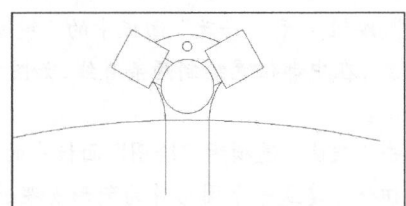

图 6-118 镜像轮廓线

14 单击"默认"选项卡"修改"面板中的"修剪"按钮 ，对出水嘴内侧的图形进行修剪，如图 6-119 所示。

15 在出水嘴前面绘制弧线，构成出水嘴前端造型轮廓，如图 6-120 所示。

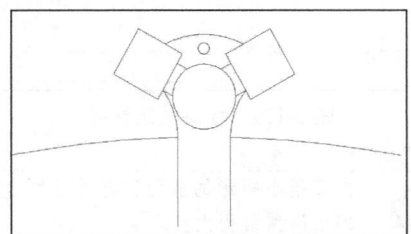

图 6-119 修剪图形线

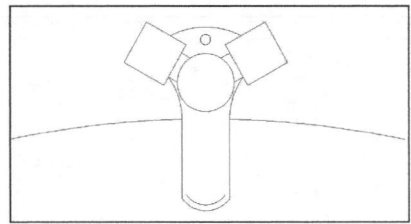

图 6-120 绘制前端弧线

16 缩放视图，单击"默认"选项卡"绘图"面板中的"圆弧"按钮 和"修改"面板中的"镜像"按钮▲，在出水嘴前侧面绘制两条弧线，如图 6-121 所示。

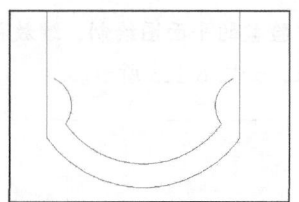

图 6-121 绘制侧面端弧线

17 单击"默认"选项卡"绘图"面板中的"圆"按钮 和"修改"面板中的"偏移"按钮 ，在出水嘴前面绘制两个同心圆，作为洗脸盆的排水口造型轮廓，如图 6-122 所示。

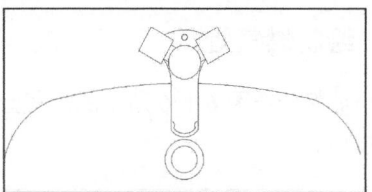

图 6-122 绘制排水口

18 单击"标准"工具栏中的"实时平移"按钮 ，单击"默认"选项卡"绘图"面板中的"圆弧"按钮 和"直线"按钮 ，在洗脸盆上部两侧绘制其细部造型，如图 6-123 所示。

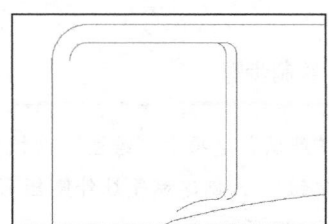

图 6-123 绘制细部造型

19 单击"默认"选项卡"修改"面板中的"镜像"按钮▲，另外一侧相同造型通过镜像得到，如图 6-124 示。

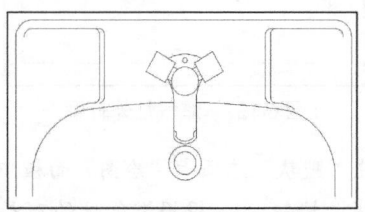

图 6-124 得到另外一侧图形

⑳ 完成洗脸盆的平面图绘制，缩放视图，观察其效果，如图 6-125 所示。

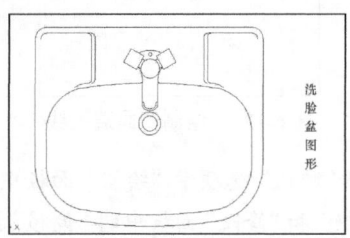

图 6-125 绘制完成

6.3.2 绘制燃气灶

本小节将介绍图 6-126 所示的燃气灶的绘制方法与技巧。

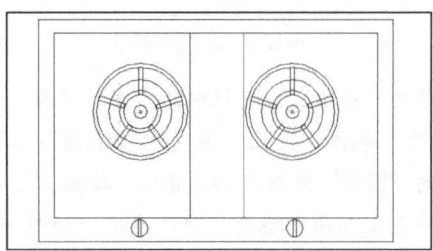

图 6-126 燃气灶

Step 绘制步骤

① 单击"默认"选项卡"绘图"面板中的"矩形"按钮 ▭，创建燃气灶外侧矩形轮廓线，如图 6-127 所示。

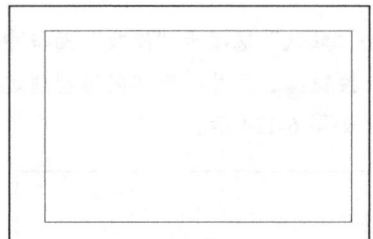

图 6-127 燃气灶外轮廓

② 单击"默认"选项卡"绘图"面板中的"多段线"按钮 ⊃，根据燃气灶的布局，在外侧矩形轮廓线内部绘制一个稍小的矩形，如

图 6-128 所示。

图 6-128 绘制内侧矩形

③ 单击"默认"选项卡"绘图"面板中的"直线"按钮 ╱ 和"修改"面板中的"镜像"按钮 ◬，在中部位置绘制两条直线，如图 6-129 所示。

④ 单击"默认"选项卡"绘图"面板中的"圆"按钮 ⊙，建立一个圆形作为圆形支架造型轮廓线，如图 6-130 所示。

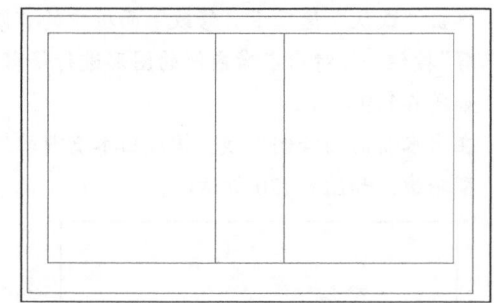

图 6-129 绘制两条直线

 注意 内部稍小矩形的前面边与外轮廓边之间的距离预留稍大些。

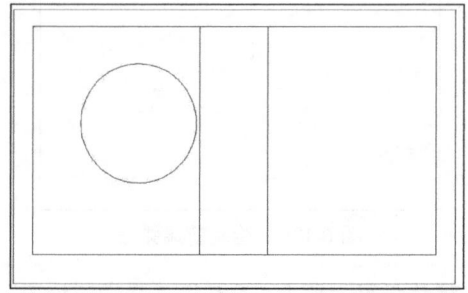

图 6-130 建立一个圆形

⑤ 单击"默认"选项卡"修改"面板中的"偏移"按钮 ⊜，得到多个不同大小的同心圆，

如图 6-131 所示。

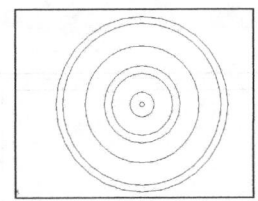

图 6-131　多个同心圆

6 单击"默认"选项卡"绘图"面板中的"多段线"按钮 ⤵，在同心圆上部绘制一个矩形作为支架支撑骨架，如图 6-132 所示。

7 单击"默认"选项卡"修改"面板中的"环形阵列"按钮 ⬚，得到整个支架中的支撑骨架，如图 6-133 所示。

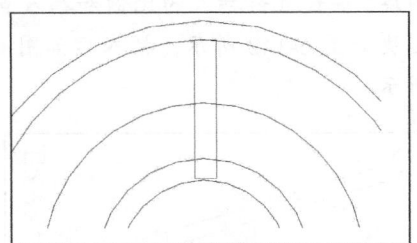

图 6-132　绘制支架骨架

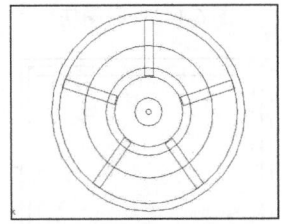

图 6-133　陈列支撑骨架

8 单击"默认"选项卡"修改"面板中的"镜像"按钮 ⚎，通过镜像支架，得到另外一侧相同的图形，如图 6-134 所示。

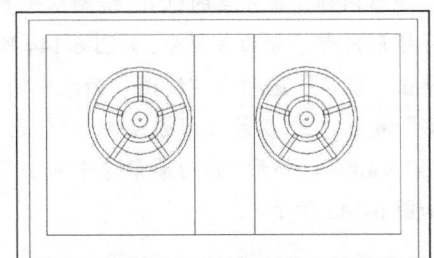

图 6-134　镜像支架

9 单击"默认"选项卡"绘图"面板中的"圆"按钮 ⊙，建立燃气灶点火开关按钮部分的图形，如图 6-135 所示。

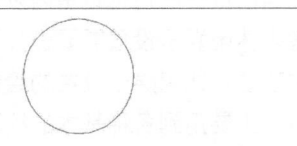

图 6-135　按钮部分图形

10 单击"默认"选项卡"绘图"面板中的"多段线"按钮 ⤵，创建燃气灶点火开关按钮中间的矩形轮廓线，如图 6-136 所示。

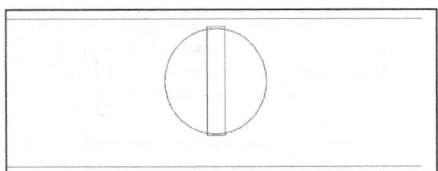

图 6-136　按钮中间矩形

11 单击"默认"选项卡"修改"面板中的"复制"按钮 ⌗ 和"镜像"按钮 ⚎，得到另外一侧的按钮开关，如图 6-137 所示。

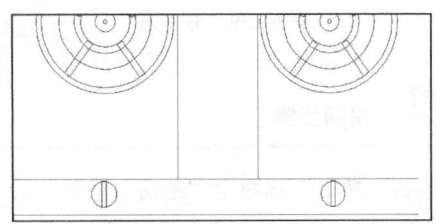

图 6-137　复制开关

12 完成燃气灶造型绘制，缩放视图进行观察，如图 6-138 所示。

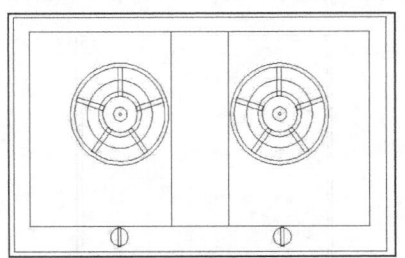

图 6-138　完成燃气灶图形

6.4 休闲娱乐平面配景图绘制

在当前城市商用建筑室内设计过程中，有大量的室内休闲娱乐设置需要设计和布置。本节将简要讲述这些休闲娱乐设置的绘制过程。在设计过程中，主要用到各种基本的绘图和编辑命令。

6.4.1 绘制桑拿房

"桑拿浴"的房间可以设计成各种形状：方形、菱形、八角形等。下面以图 6-139 所示的芬兰浴为例进行说明。

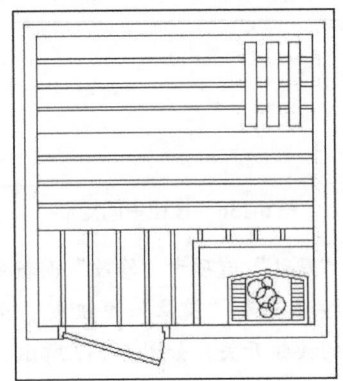

图 6-139 芬兰浴

Step 绘制步骤

1 单击"默认"选项卡"绘图"面板中的"矩形"按钮 □ 绘制一个边长为"1500×1500"的矩形，如图 6-140 所示。单击"默认"选项卡"修改"面板中的"偏移"按钮 ᗤ，将矩形向内偏移"60"，如图 6-141 所示。

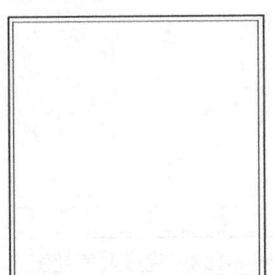

图 6-140 绘制矩形

图 6-141 偏移矩形

2 单击"插入"选项卡"块"面板中的"插入块"按钮 ᗣ，在矩形下侧边缘插入门图块，并设置好插入的比例和插入点，门图块如图 6-142 所示，插入后如图 6-143 所示。

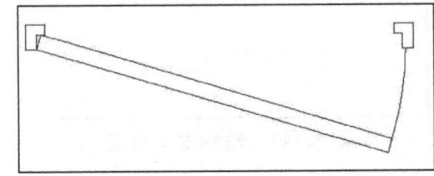

图 6-142 门图块

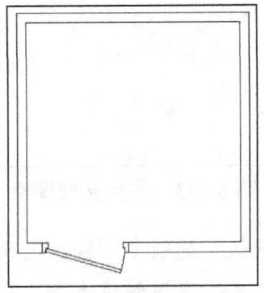

图 6-143 插入门图块

3 在矩形内部 3 等分点的位置，绘制水平直线，将矩形内部等分为 3 部分，如图 6-144 所示。单击"默认"选项卡"绘图"面板中的"矩形"按钮 □，在最上部分绘制 3 个边长为"60×400"的矩形，作为桑拿房中的小座椅，如图 6-145 所示。

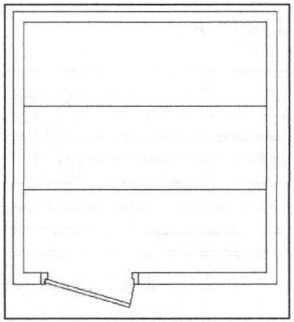

图 6-144　绘制等分直线

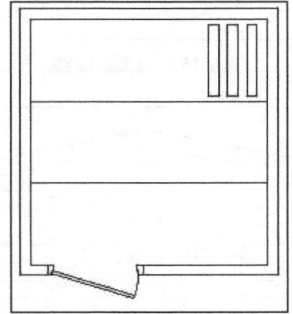

图 6-145　绘制小座椅

④ 选择菜单栏中的"格式"→"多线样式"命令，新建多线样式"样式一"，将多线按图 6-146 所示进行设置。单击新建的多线样式，在图中绘制地板的分割线，如图 6-147 所示。

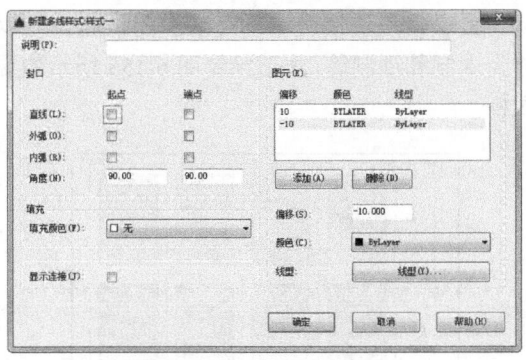

图 6-146　设置多线样式

⑤ 由于小座椅在地板的上部，单击"默认"选项卡"修改"面板中的"修剪"按钮 ⁒，将座椅所覆盖的地板线删除，如图 6-148 所示。用同样的方法，绘制其他区域的地板线，如图 6-149 所示。

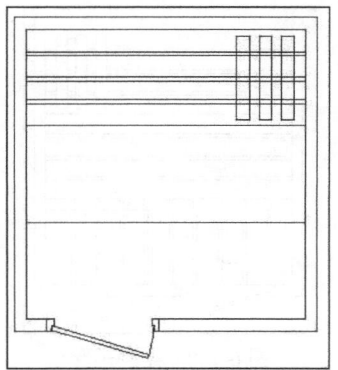

图 6-147　绘制地板线

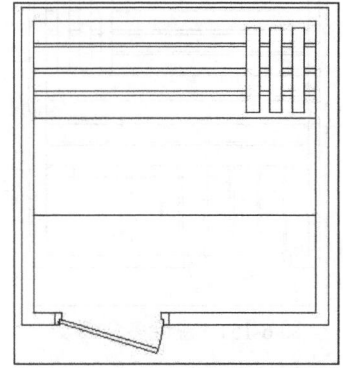

图 6-148　删除多余直线

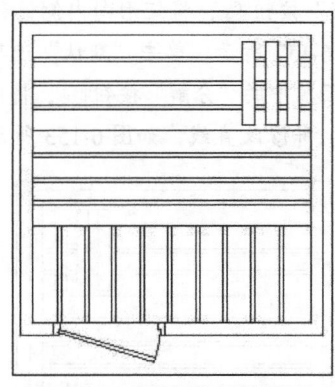

图 6-149　绘制其他地板线

⑥ 芬兰浴中重要的设施是炭炉，在图右下角，单击"默认"选项卡"绘图"面板中的"矩形"按钮 ▢，绘制边长为"600×400"的矩形，如图 6-150 所示。单击"默认"选项卡"修改"面板中的"修剪"按钮 ⁒，将矩形内部的线段删除，如图 6-151 所示。

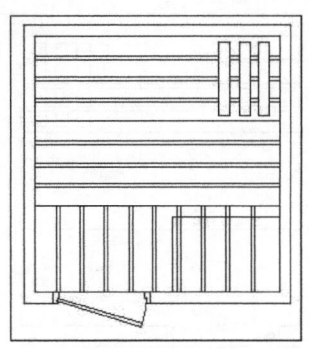

图 6-150　绘制矩形

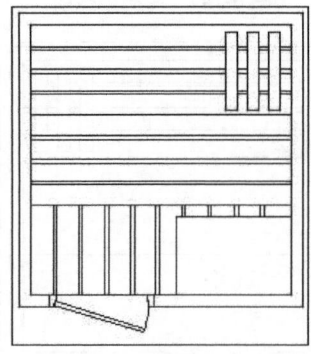

图 6-151　删除多余线段

⑦ 再次单击"默认"选项卡"修改"面板中的
"偏移"按钮 ⚏，将矩形向内侧偏移"30"，
如图 6-152 所示。单击"默认"选项卡"修
改"面板中的"分解"按钮 ⚏，将内部矩形
分解，并修改直线，如图 6-153 所示。

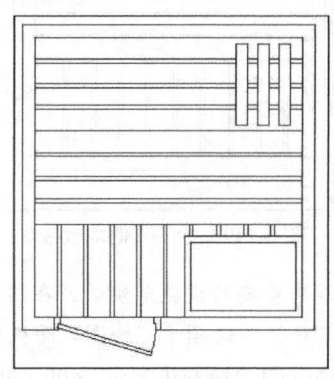

图 6-152　偏移矩形

⑧ 单击"默认"选项卡"绘图"面板中的"直线"
按钮 ✎，绘制矩形内部的炭炉，具体细节与
前面绘制过程类似，不再赘述，如图 6-154 所
示。插入到图中，"芬兰浴"图块绘制完成，

如图 6-139 所示。

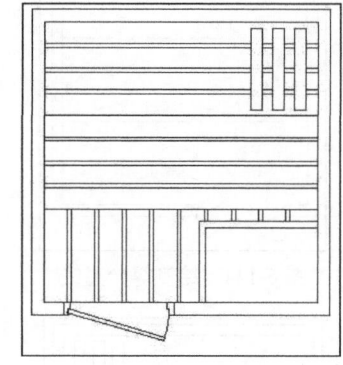

图 6-153　修改直线

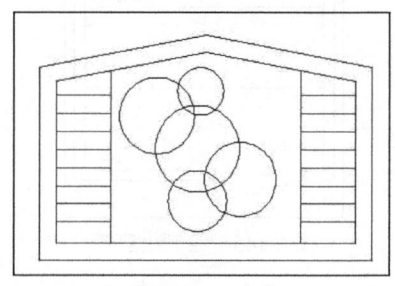

图 6-154　炭炉

6.4.2　绘制更衣柜

更衣柜是洗浴房中不可缺少的设施，可以
分为木制和铁制等，本节绘制图 6-155 所示的更
衣柜。

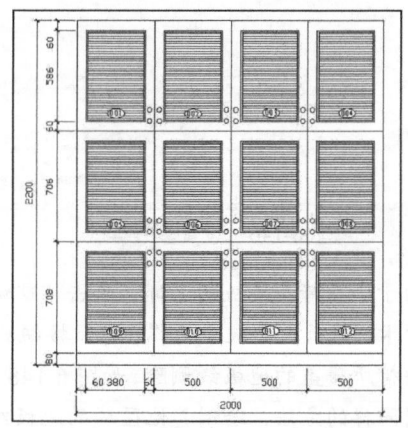

图 6-155　更衣柜

Step 绘制步骤

① 单击"默认"选项卡"绘图"面板中的"矩形"按钮□，在图中绘制边长为"2000×2200"的矩形，如图 6-156 所示。单击"默认"选项卡"绘图"面板中的"直线"按钮╱，在距离底边 80 的位置绘制水平直线，如图 6-157 所示。

图 6-156　绘制矩形

图 6-157　绘制直线

② 单击"默认"选项卡"修改"面板中的"复制"按钮，将直线向上复制两次，间隔分别为"708"和"706"，如图 6-158 所示。在命令行中输入"divide"命令，将最下部的水平直线等分为 4 分，单击"默认"选项卡"绘图"面板中的"直线"按钮╱，绘制垂直直线，如图 6-159 所示。

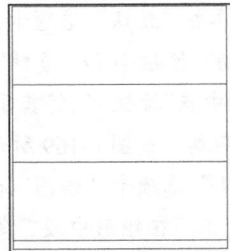

图 6-158　复制直线

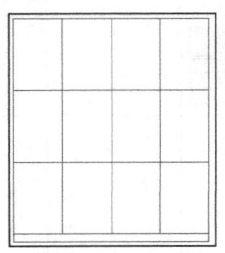

图 6-159　绘制等分线

③ 单击"默认"选项卡"绘图"面板中的"矩形"按钮□，在左上角的方格中，绘制边长为"380×586"的矩形，如图 6-160 所示。单击"默认"选项卡"修改"面板中的"偏移"按钮，将矩形向内侧偏移"10"，如图 6-161 所示。

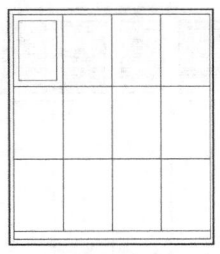

图 6-160　绘制矩形

④ 单击"默认"选项卡"绘图"面板中的"图案填充"按钮，按图 6-162 所示设置，在内部矩形单击鼠标，按回车键，进行填充，如图 6-163 所示。

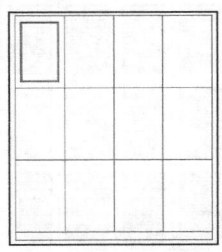

图 6-161　偏移矩形

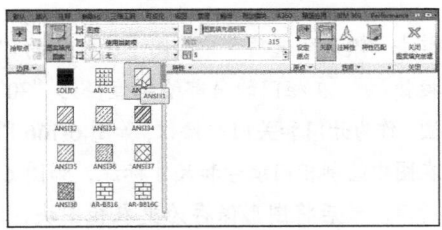

图 6-162　填充图案设置

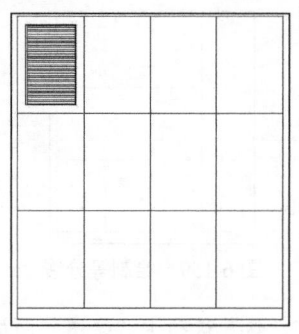

图 6-163　填充矩形

⑤ 单击"默认"选项卡"修改"面板中的"矩形阵列"按钮▦，选择刚刚绘制的矩形和填充图案，设置行数为 1，列数为 4，列间距为 500，阵列图形，如图 6-164 所示。

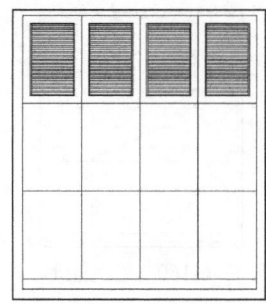

图 6-164　阵列图形

⑥ 单击"默认"选项卡"修改"面板中的"复制"按钮%3，复制图形，如图 6-165 所示。

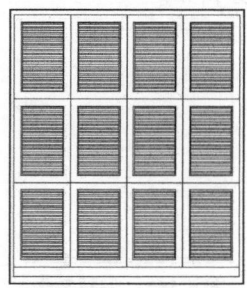

图 6-165　复制图形

⑦ 单击"默认"选项卡"绘图"面板中的"圆"按钮⊘，在柜门的角部绘制直径为"30"的圆，作为开门和关门的按钮，如图 6-166 所示。在图中绘制柜门编号和尺寸标注，如图 6-155 所示。最后将图形保存为更衣柜图块，以便调用。

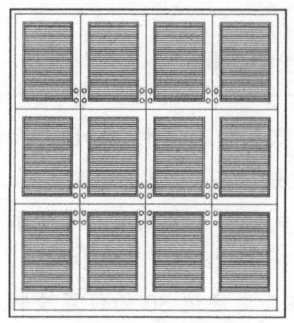

图 6-166　绘制开关

6.4.3　绘制健身器

本小节将详细介绍图 6-167 所示的健身器的绘制方法。

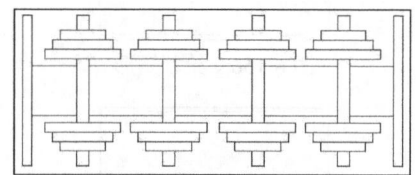

图 6-167　健身器

Step 绘制步骤

① 单击"默认"选项卡"绘图"面板中的"矩形"按钮▭，在图中绘制边长为 1250×160 的矩形，如图 6-168 所示。

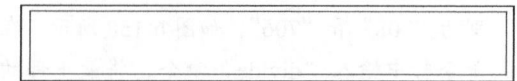

图 6-168　绘制矩形

② 单击"默认"选项卡"绘图"面板中的"矩形"按钮▭，在图中绘制边长为 30×480 的矩形，并单击"默认"选项卡"修改"面板中的"移动"按钮✛和"复制"按钮%3，打开"捕捉到中点"按钮✗，将其复制到图 6-168 中矩形的两端，如图 6-169 所示。

③ 单击"默认"选项卡"绘图"面板中的"矩形"按钮▭，在矩形中段，等距离绘制 4 个边长为 40×480 的矩形，如图 6-170 所示。

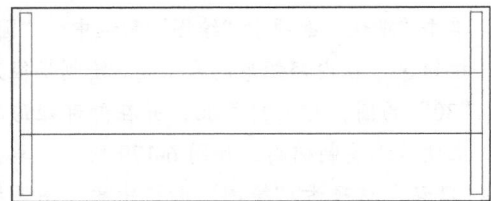

图 6-169 复制矩形

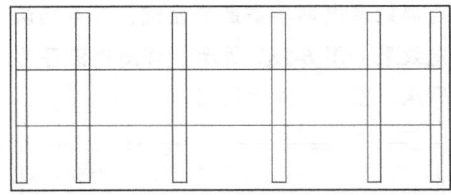

图 6-170 复制矩形

④ 单击"默认"选项卡"绘图"面板中的"矩形"按钮□，在中部矩形的两端分别绘制边长为 250×30、200×30、150×20 的矩形，如图 6-171 所示。

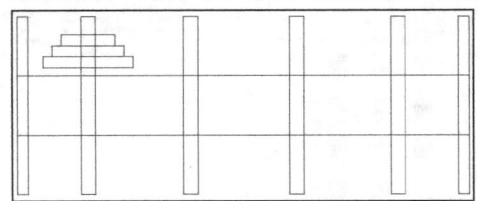

图 6-171 复制杠铃盘

⑤ 单击"默认"选项卡"修改"面板中的"镜像"按钮⚐，将杠铃盘镜像到另外一侧，再单击"默认"选项卡"修改"面板中的"复制"按钮，复制到其他杠铃杆上，如图 6-172 所示。

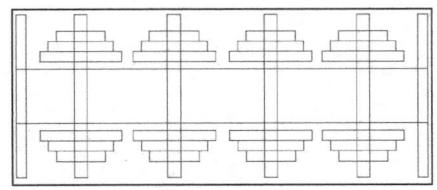

图 6-172 复制杠铃盘

⑥ 删除多余覆盖的直线，如图 6-167 所示，将图形保存为"健身器"图块，以便调用。

6.4.4 绘制按摩床

本小节将详细介绍图 6-173 所示的按摩床的绘制方法。

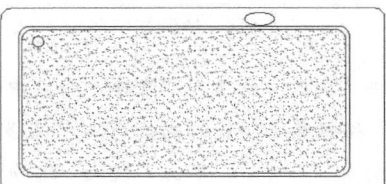

图 6-173 按摩床

Step 绘制步骤

① 单击"默认"选项卡"绘图"面板中的"矩形"按钮□，在图中绘制边长为 2210×1040 的矩形，如图 6-174 所示。

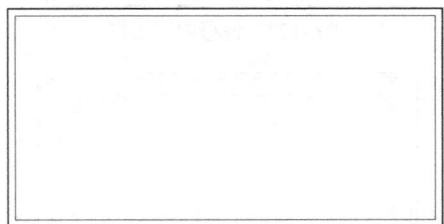

图 6-174 绘制矩形

② 单击"默认"选项卡"修改"面板中的"偏移"按钮，将矩形向内侧偏移"100"，如图 6-175 所示。单击"默认"选项卡"绘图"面板中的"矩形"按钮□，以内部矩形左下角为起点，绘制边长为 1910×840 的矩形，并删除内部的矩形，如图 6-176 所示。

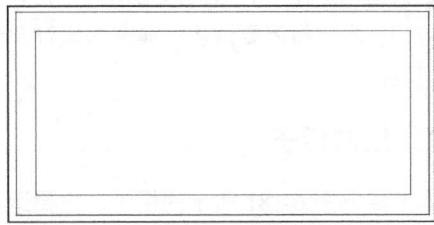

图 6-175 偏移矩形

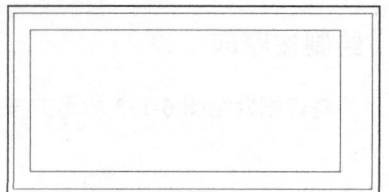

图 6-176 绘制新矩形

❸ 单击"默认"选项卡"修改"面板中的"偏移"按钮 ，将内部的矩形向内偏移"20"，如图 6-177 所示。单击"默认"选项卡"修改"面板中的"圆角"按钮 ，将所有矩形的角进行倒圆角，半径为"60"，如图 6-178 所示。

图 6-177 偏移内部矩形

图 6-178 修改倒角

❹ 单击"默认"选项卡"绘图"面板中的"圆"按钮 ，在内部矩形的左上角，绘制半径为"30"的圆，作为排气孔，并在外部矩形的上侧边缘绘制椭圆，如图 6-179 所示。单击"默认"选项卡"绘图"面板中的"图案填充"按钮 ，按图 6-180 所示进行设置，在内部矩形内部单击鼠标左键，回车确认，填充效果如图 6-181 所示。将图形保存为"按摩床"图块，以便调用。

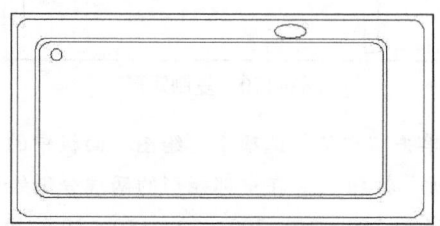

图 6-179 绘制圆形

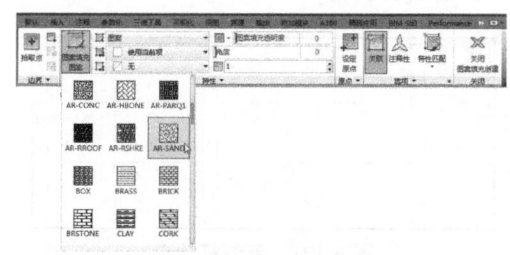

图 6-180 设置填充图案

6.5 古典风格室内单元绘制

我们国家有着悠久的文明历史，其室内建筑装饰也形成了典型的中国古典风格。在当前多样化的建筑室内风格中，古典风格别具一格，有大量的应用。本节将简要讲述古典室内设计单元的绘制过程。

6.5.1 绘制柜子

本节绘制图 6-181 所示的柜子，主要运用的命令为"直线"命令、"矩形"命令、"圆"命令与"镜像"命令。

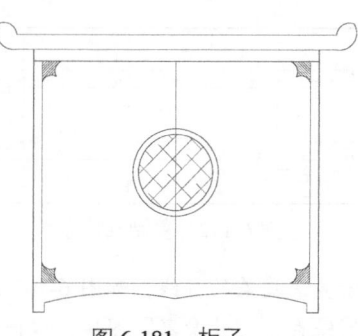

图 6-181 柜子

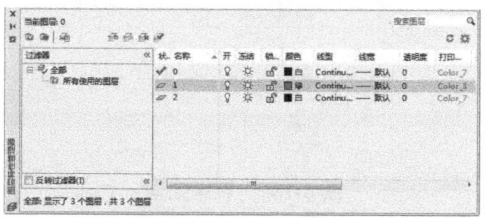

Step 绘制步骤

1 图层设计。单击"默认"选项卡"图层"面板中的"图层特性"按钮🔲，新建两个图层，如图 6-182 所示。

（1）"1"图层，颜色为绿色，其余属性默认。
（2）"2"图层，颜色为黑色，其余属性默认。

图 6-182 创建图层

2 单击"视图"选项卡"导航"面板中的"范围"下拉菜单中的"中心点"按钮🔍，对图形进行缩放，命令行提示如下：

```
命令：'_zoom
指定窗口角点，输入比例因子（nX 或 nXP），或
[全部(A)/中心点(C)/动态(D)/范围(E)/上一个
(P)/比例(S)/窗口(W)] <实时>：_c
指定中心点：500,500
输入比例或高度 <1016.2363>：1200
```

3 单击"默认"选项卡"绘图"面板中的"直线"按钮🖊，绘制直线，命令行提示如下：

```
命令：_line 指定第一个点：40,32
指定下一点或 [放弃(U)]：@0,-32
指定下一点或 [放弃(U)]：@-40,0
指定下一点或 [闭合(C)/放弃(U)]：@0,100
指定下一点或 [闭合(C)/放弃(U)]：
命令：
LINE 指定第一个点：30,100
指定下一点或 [放弃(U)]：@0,760
指定下一点或 [放弃(U)]：
```

绘制结果如图 6-183 所示。

4 单击"默认"选项卡"绘图"面板中的"矩形"按钮🔲，绘制矩形，命令行提示如下：

```
命令：_rectang
指定第一个角点或 [倒角(C)/标高(E)/圆角(F)/厚
度(T)/宽度(W)]：0,100
指定另一个角点或 [尺寸(D)]：500,860
命令：
RECTANG
```

```
指定第一个角点或 [倒角(C)/标高(E)/圆角(F)/厚
度(T)/宽度(W)]：0,860
定另一个角点或 [尺寸(D)]：1000,900
命令：指定对角点：
命令：_rectang
指定第一个角点或 [倒角(C)/标高(E)/圆角(F)/厚
度(T)/宽度(W)]：-60,900
指定另一个角点或 [尺寸(D)]：1060,950
```

绘制结果如图 6-184 所示。

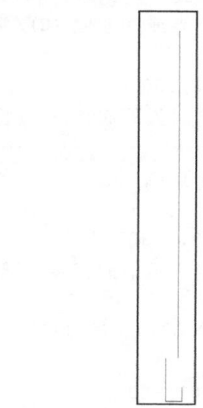

图 6-183 绘制直线

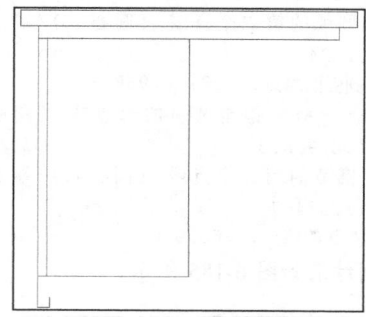

图 6-184 绘制矩形

5 单击"默认"选项卡"绘图"面板中的"圆弧"按钮🖊，绘制弧线，命令行提示如下：

```
命令：_arc 指定圆弧的起点或 [圆心(C)]：
500,47.4
指定圆弧的第二个点或 [圆心(C)/端点(E)]：
269,65
指定圆弧的端点：40,32
命令：
ARC 指定圆弧的起点或 [圆心(C)]：500,630
指定圆弧的第二个点或 [圆心(C)/端点(E)]：
350,480
指定圆弧的端点：500,330
命令：_arc 指定圆弧的起点或 [圆心(C)]：
500,610
```

指定圆弧的第二个点或 [圆心(C)/端点(E)]:
370,480
指定圆弧的端点: 500,350
命令: _arc 指定圆弧的起点或 [圆心(C)]:
30,172
指定圆弧的第二个点或 [圆心(C)/端点(E)]:
50,150.4
指定圆弧的端点: 79.4,152
命令:
ARC 指定圆弧的起点或 [圆心(C)]: 79.4,152
指定圆弧的第二个点或 [圆心(C)/端点(E)]:
76.9,121.8
指定圆弧的端点: 98,100
命令: _arc 指定圆弧的起点或 [圆心(C)]:
30,788
指定圆弧的第二个点或 [圆心(C)/端点(E)]:
50,809.6
指定圆弧的端点: 79.4,807.7
命令: _arc 指定圆弧的起点或 [圆心(C)]:
79.4,807.7
指定圆弧的第二个点或 [圆心(C)/端点(E)]:
73.7,837
指定圆弧的端点: 101,860
命令: _arc 指定圆弧的起点或 [圆心(C)]:
-60,900
指定圆弧的第二个点或 [圆心(C)/端点(E)]:
-120,924
指定圆弧的端点: -121.6,988.3
命令: _arc 指定圆弧的起点或 [圆心(C)]:
-121.6,988.3
指定圆弧的第二个点或 [圆心(C)/端点(E)]:
-81.1,984.7
指定圆弧的端点: -60,950
绘制结果如图 6-185 所示。

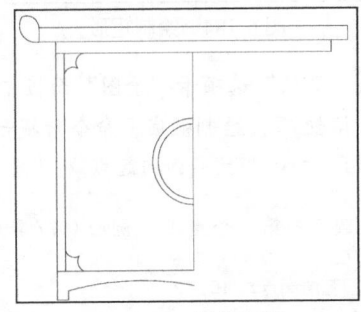

图 6-185　绘制圆弧

⑥ 单击"默认"选项卡"修改"面板中的"镜像"按钮，以（500,100）、（500,1000）为两镜像点对图形进行镜像处理，绘制结果如图 6-186 所示。

⑦ 图案填充。

单击"默认"选项卡"绘图"面板中的"图案填充"按钮，选择合适的图案和区域填充，修剪之后如图 6-187 所示。

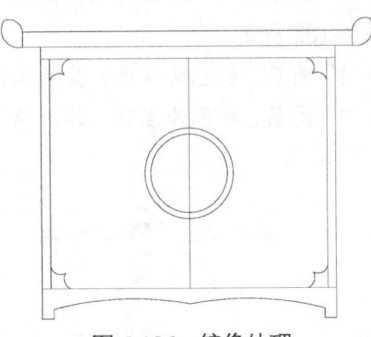

图 6-186　镜像处理

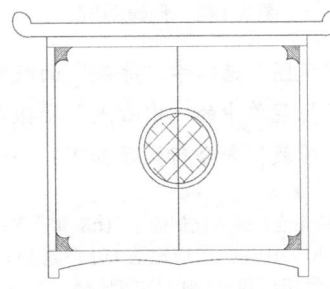

图 6-187　柜子

6.5.2　绘制八仙桌

本节绘制图 6-188 所示的八仙桌。主要运用到的命令为"矩形"命令、"多段线"命令和"镜像"命令。

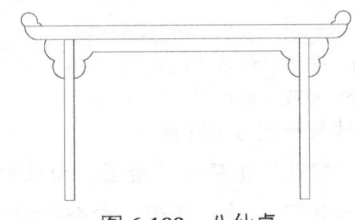

图 6-188　八仙桌

Step　绘制步骤

① 单击"默认"选项卡"绘图"面板中的"矩

形"按钮□，绘制两角点坐标为（225，0）、（275，830）的矩形，绘制结果如图 6-189 所示。

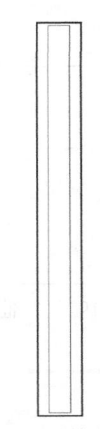

图 6-189　绘制矩形

❷ 单击"默认"选项卡"绘图"面板中的"多段线"按钮◢♪，绘制多段线，命令行提示如下：

```
命令：PLINE
指定起点：871,765
当前线宽为 0.0000
指定下一个点或 [圆弧(A)/半宽(H)/长度(L)/放弃
(U)/宽度(W)]：374,765
指定下一点或 [圆弧(A)/闭合(C)/半宽(H)/长度
(L)/放弃(U)/宽度(W)]：a
指定圆弧的端点(按住 Ctrl 键以切换方向)或[角度
(A)/圆心(CE)/闭合(CL)/方向(D)/半宽(H)/直线
(L)/半径(R)/第二个点(S)/放弃(U)/宽度(W)]：s
指定圆弧上的第二个点：355.4,737.8
指定圆弧的端点：326.4,721.3
指定圆弧的端点(按住 Ctrl 键以切换方向)或[角度
(A)/圆心(CE)/闭合(CL)/方向(D)/半宽(H)/直线
(L)/半径(R)/第二个点(S)/放弃(U)/宽度(W)]：s
指定圆弧上的第二个点：326.9,660.8
指定圆弧的端点：275,629
指定圆弧的端点(按住 Ctrl 键以切换方向)或[角度
(A)/圆心(CE)/闭合(CL)/方向(D)/半宽(H)/直线
(L)/半径(R)/第二个点(S)/放弃(U)/宽度(W)]：
命令：_pline
指定起点：225,629.4
当前线宽为 0.0000
指定下一个点或 [圆弧(A)/半宽(H)/长度(L)/放弃
(U)/宽度(W)]：a
指定圆弧的端点(按住 Ctrl 键以切换方向)或[角度
(A)/圆心(CE)/方向(D)/半宽(H)/直线(L)/半径
(R)/第二个点(S)/放弃(U)/宽度(W)]：s
```

```
指定圆弧上的第二个点：173.4,660.8
指定圆弧的端点：173.9,721.3
指定圆弧的端点(按住 Ctrl 键以切换方向)或[角度
(A)/圆心(CE)/闭合(CL)/方向(D)/半宽(H)/直线
(L)/半径(R)/第二个点(S)/放弃(U)/宽度(W)]：s
指定圆弧上的第二个点：126,765.3
指定圆弧的端点：131.3,830
指定圆弧的端点(按住 Ctrl 键以切换方向)或[角度
(A)/圆心(CE)/闭合(CL)/方向(D)/半宽(H)/直线
(L)/半径(R)/第二个点(S)/放弃(U)/宽度(W)]：
```

绘制结果如图 6-190 所示。

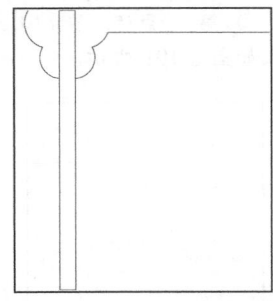

图 6-190　绘制多段线

继续绘制多段线，命令行提示如下：

```
命令：_pline
指定起点：870,830
当前线宽为 0.0000
指定下一个点或 [圆弧(A)/半宽(H)/长度(L)/放弃
(U)/宽度(W)]：88,830
指定下一点或 [圆弧(A)/闭合(C)/半宽(H)/长度
(L)/放弃(U)/宽度(W)]：a
指定圆弧的端点或[角度(A)/圆心(CE)/闭合(CL)/
方向(D)/半宽(H)/直线(L)/半径(R)/第二个点
(S)/放弃(U)/宽度(W)]：18,900
指定圆弧的端点(按住 Ctrl 键以切换方向)或[角度
(A)/圆心(CE)/闭合(CL)/方向(D)/半宽(H)/直线
(L)/半径(R)/第二个点(S)/放弃(U)/宽度(W)]：l
指定下一点或 [圆弧(A)/闭合(C)/半宽(H)/长度
(L)/放弃(U)/宽度(W)]：870,900
指定下一点或 [圆弧(A)/闭合(C)/半宽(H)/长度
(L)/放弃(U)/宽度(W)]：
命令：_pline
指定起点：18,900
当前线宽为 0.0000
指定下一个点或 [圆弧(A)/半宽(H)/长度(L)/放弃
(U)/宽度(W)]：a
指定圆弧的端点(按住 Ctrl 键以切换方向)或[角度
(A)/圆心(CE)/方向(D)/半宽(H)/直线(L)/半径
(R)/第二个点(S)/放弃(U)/宽度(W)]：s
指定圆弧上的第二个点：1.3,941
指定圆弧的端点：36.8,968
```

指定圆弧的端点(按住 Ctrl 键以切换方向)或[角度
(A)/圆心(CE)/闭合(CL)/方向(D)/半宽(H)/直线
(L)/半径(R)/第二个点(S)/放弃(U)/宽度(W)]:s
指定圆弧上的第二个点: 72.6,954
指定圆弧的端点: 83,916
指定圆弧的端点(按住 Ctrl 键以切换方向)或[角度
(A)/圆心(CE)/闭合(CL)/方向(D)/半宽(H)/直线
(L)/半径(R)/第二个点(S)/放弃(U)/宽度(W)]:s
指定圆弧上的第二个点: 97.8,912
指定圆弧的端点: 106,900
指定圆弧的端点(按住 Ctrl 键以切换方向)或[角度
(A)/圆心(CE)/闭合(CL)/方向(D)/半宽(H)/直线
(L)/半径(R)/第二个点(S)/放弃(U)/宽度(W)]:

绘制结果如图 6-191 所示。

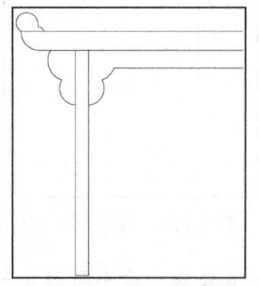

图 6-191　绘制多段线

③ 单击"默认"选项卡"修改"面板中的"镜像"按钮，以（870,0）、（870,10）为镜像点对图形进行镜像处理，绘制结果如图 6-192 所示。

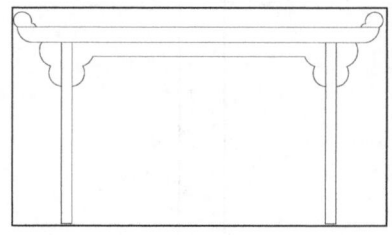

图 6-192　八仙桌

6.6 装饰花草单元绘制

6.6.1 盆景立面图

本例绘制图 6-193 所示的盆景立面图。本节将简要说明植物造型立面图的绘制方法与技巧，主要运用"直线"命令、"偏移"命令和"圆弧"命令。

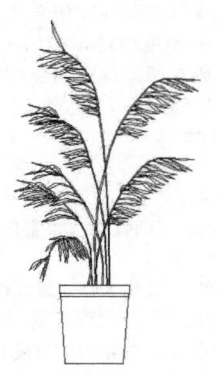

图 6-193　盆景

Step 绘制步骤

① 单击"默认"选项卡"绘图"面板中的"直线"按钮，绘制水平轮廓线，如图 6-194 所示。

图 6-194　绘制直线

② 单击"默认"选项卡"修改"面板中的"偏移"按钮，偏移上部绘制的直线完成底部花盘上下端部水平轮廓，如图 6-195 所示。

③ 单击"默认"选项卡"绘图"面板中的"直线"按钮，绘制花盆侧面轮廓线，如图 6-196 所示。

④ 单击"默认"选项卡"修改"面板中的"镜像"按钮，镜像上部绘制的花盆侧面轮廓线，如图 6-197 所示。

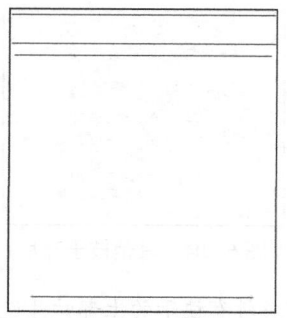

图 6-195 水平轮廓

图 6-196 绘制左侧面轮廓线

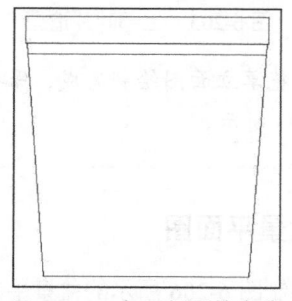

图 6-197 勾画侧面轮廓线

5 单击"默认"选项卡"绘图"面板中的"圆弧"按钮 和"直线"按钮 ，勾画其中一根花草植物的根部图形，如图 6-198 所示。

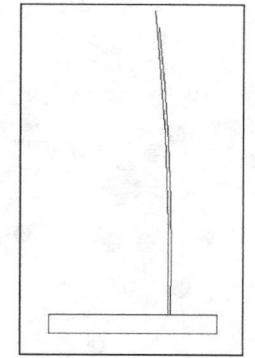

图 6-198 勾画根部图形

6 单击"默认"选项卡"绘图"面板中的"直线"按钮 ，在植物根的上部绘制枝杆线条。

7 单击"默认"选项卡"修改"面板中的"偏移"按钮 ，偏移枝干线条，如图 6-199 所示。

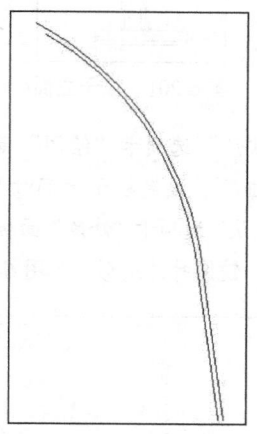

图 6-199 绘制上部线条

8 按照步骤 5～步骤 7 的方法勾画其他枝干线条，如图 6-200 所示。

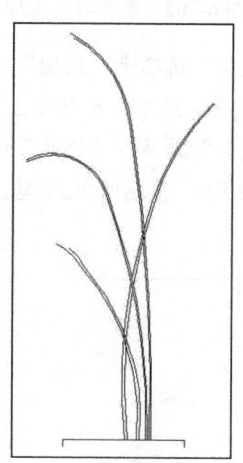

图 6-200 勾画其他枝干线条

9 最后完成植物枝干部分的立面造型，如图 6-201 所示。

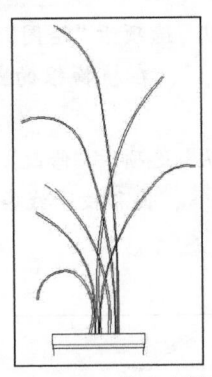

图 6-201 枝干立面

⑩ 单击"默认"选项卡"绘图"面板中的"圆弧"按钮，绘制枝干顶部叶片图形。

⑪ 单击"默认"选项卡"修改"面板中的"镜像"按钮，镜像叶片图形，如图 6-202 所示。

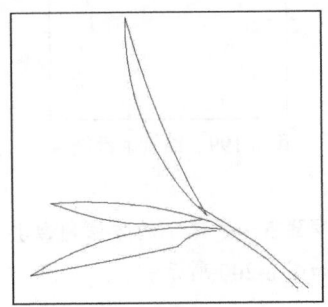

图 6-202 绘制叶片图形

⑫ 单击"默认"选项卡"绘图"面板中的"圆弧"按钮，绘制一个枝干上的叶片造型。

⑬ 单击"默认"选项卡"修改"面板中的"复制"按钮，复制叶片造型，如图 6-200 所示。

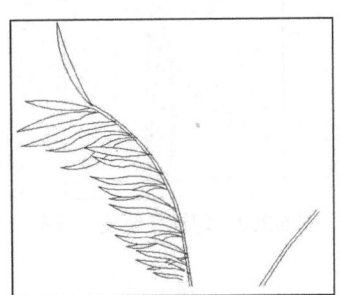

图 6-203 复制叶片

⑭ 按照步骤 10～步骤 13 的方法，在其他枝干上进行叶片绘制，如图 6-204 所示。

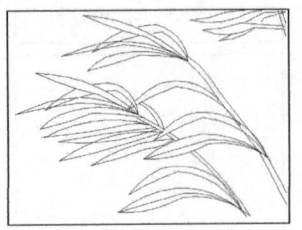

图 6-204 其他枝干叶片

⑮ 最后完成所有枝干的上部叶片造型绘制，如图 6-205 所示。

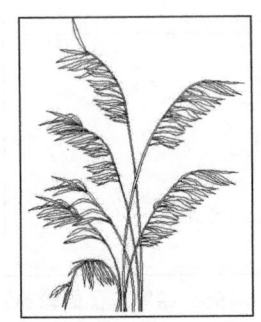

图 6-205 上部叶片造型

⑯ 至此，花草立面图绘制完成，保存图形，如图 6-193 所示。

6.6.2 盆景平面图

本例绘制图 6-206 所示的盆景平面图，简要说明花草造型平面图的绘制方法与技巧，主要运用了"直线"命令、"圆弧"命令和"图案填充"命令。

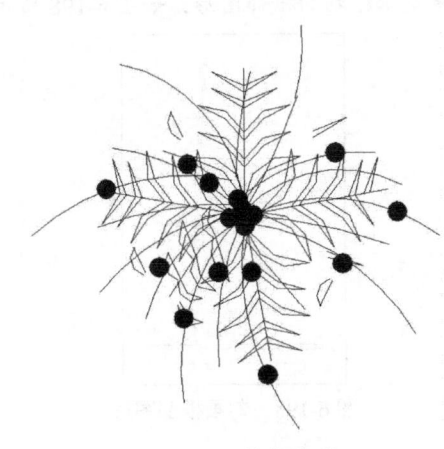

图 6-206 花草造型

Step 绘制步骤

1 单击"默认"选项卡"绘图"面板中的"直线"按钮 和"圆弧"按钮 ，绘制放射状造型，如图 6-207 所示。

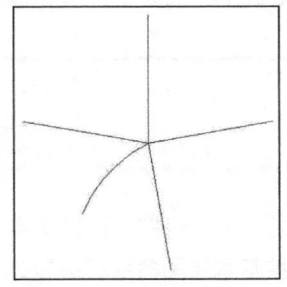

图 6-207 绘制放射状造型

2 单击"默认"选项卡"绘图"面板中的"样条曲线拟合"按钮 ，绘制叶状图案造型，如图 6-208 所示。

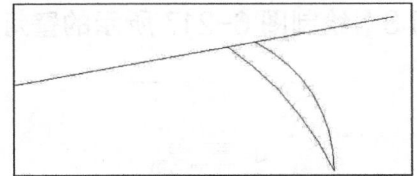

图 6-208 绘制叶状图案

3 单击"默认"选项卡"绘图"面板中的"圆弧"按钮 ，绘制一条线条上的叶状图案，如图 6-209 所示。

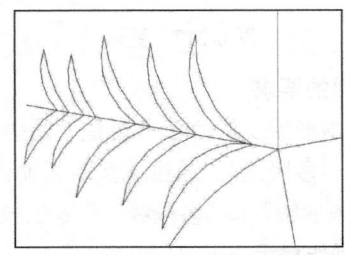

图 6-209 完成叶状图案

4 单击"默认"选项卡"修改"面板中的"镜像"按钮 ，镜像叶状图案。

5 按照步骤 1～步骤 4 的方法完成其他方向花草造型的绘制，如图 6-210 所示。

图 6-210 完成整个花草图案

6 单击"默认"选项卡"绘图"面板中的"圆弧"按钮 ，绘制放射状的弧线造型，如图 6-211 所示。

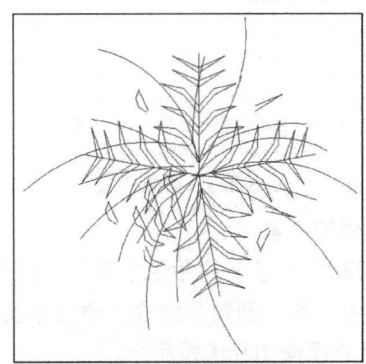

图 6-211 绘制放射状弧线

7 单击"默认"选项卡"绘图"面板中的"圆"按钮 ，绘制适当大小的圆图形，如图 6-212 所示。

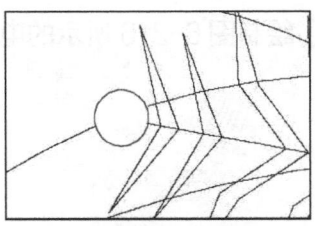

图 6-212 绘制圆

8 单击"默认"选项卡"绘图"面板中的"图案填充"按钮 ，对小实心体图案进行填充，如图 6-213 所示。

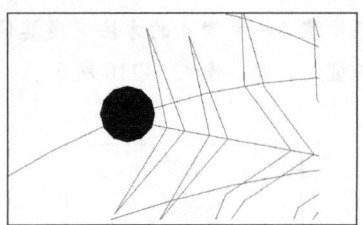

图 6-213　创建小实心体

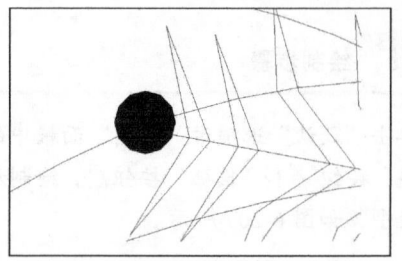

图 6-214　完成整个花草图案

⑨ 按照步骤 6~步骤 8 的方法创建其他位置的实心体图案，如图 6-214 所示。

6.7　上机实验

【练习 1】　绘制图 6-215 所示的西式沙发。

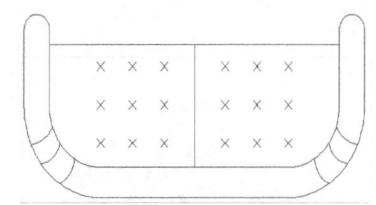

图 6-215　西式沙发

1.　目的要求

本实验图形涉及的命令主要是"矩形""圆弧""多线"和"圆角"命令。通过本实验帮助读者灵活掌握绘图和编辑命令。

2.　操作提示

（1）利用"矩形""多线"和"修剪"命令绘制外轮廓。

（2）利用"圆弧""直线"和"阵列"命令绘制装饰和花纹。

【练习 2】绘制图 6-216 所示的电脑桌椅。

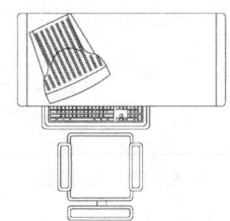

图 2-216　电脑桌椅

1.　目的要求

本实验图形涉及的命令主要是"矩形""圆角""多段线"和"阵列"。通过本实验帮助读者灵活掌握各种基本绘图命令和编辑命令。

2.　操作提示

（1）利用"矩形"命令绘制电脑桌。

（2）利用"矩形"和"圆角"命令绘制椅子。

（3）利用"多段线"命令绘制电脑。

（4）利用"矩形"和"阵列"绘制键盘。

【练习 3】绘制图 6-217 所示的壁灯。

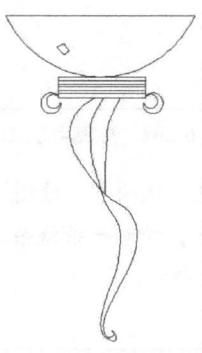

图 6-217　壁灯

1.　目的要求

本例图形涉及的命令主要是"圆弧""样条曲线"和"多段线"。通过本实验帮助读者灵活掌握"样条曲线"和"多段线"命令的操作方法。

2.　操作提示

（1）利用直线命令绘制底座。

（2）利用多段线命令绘制灯罩。

（3）利用样条曲线命令绘制装饰物。

第 2 部分

住宅室内设计案例

第 7 章

住宅室内装潢平面图

在室内设计中，最常碰到的设计项目莫过于普通住宅室内设计，它是初学者快速入门的切入点。在本章中，我们首先简单介绍住宅室内设计的常规原则，然后结合实例依次讲解如何利用 AutoCAD 2016 绘制建筑平面图、室内平面图、立面图、顶棚图、节点详图。其中，平面图、立面图和顶棚图的绘制适用于方案图和施工图，构造详图主要针对施工图。

本章是 AutoCAD 2016 室内设计绘图的起点，希望读者结合前面讲述的基础知识认真学习，尽量把握规律性的内容，从而达到举一反三。

重点与难点
- ➲ 住宅室内设计要点及实力简介
- ➲ 住宅建筑平面图的绘制
- ➲ 住宅室内平面图的绘制

7.1 住宅室内设计要点及实力简介

为了顺利掌握居室设计图制作，在此简单介绍住宅设计的要点。本节首先对普通住宅室内的特性有一个大概的把握，然后依次讲解居室的各个空间组成部分（一般包括起居室、餐厅、厨房、卫生间、卧室、书房及储藏室等）特征及设计要点。

家庭成员对环境的生理需求和心理要求，认真分析各功能空间的特点及它们之间的联系，还要认真学习和研究适合不同人群的室内艺术形式，考虑这些形式通过怎样的材料和技术来实现等。除此之外，还应该考虑材料和技术的绿色环保问题，不能把有污染的材料和技术带进室内环境。

7.1.1 概述

住宅是人类家庭生活的重要场所，在人类生存和发展中发挥着重要的作用。住宅室内设计是在建筑设计成果的基础上进一步深化、完善室内空间环境，使住宅在满足常规功能的同时，更适合特定住户的物质要求和精神要求。如此，室内设计要综合考察家庭人口构成、家庭生活模式、

7.1.2 住宅设计原则

住宅室内装饰设计有以下几点原则。

（1）住宅室内装饰设计应遵循实用、安全、经济、美观的基本设计原则。

（2）住宅室内装饰设计时，必须确保建筑物安全，不得任意改变建筑物承重结构和建筑构造。

（3）住宅室内装饰设计时，不得破坏建筑物

外立面，若开安装孔洞，在设备安装后，必须修整，保持原建筑立面效果。

（4）住宅室内装饰设计应在住宅的分户门以内的住房面积范围进行，不得占用公用部位。

（5）住宅装饰室内设计时，在考虑客户的经济承受能力的同时，宜采用新型的节能型和环保型装饰材料及用具，不得采用有害人体健康的伪劣建材。

（6）住宅室内装饰设计应贯彻国家颁布、实施的建筑、电气等设计规范的相关规定。

（7）住宅室内装饰设计必须贯彻现行的国家和地方有关防火、环保、建筑、电气、给排水等标准的有关规定。

7.1.3 住宅空间的功能分析

一个普通家庭的日常生活一般都会涉及家人团聚、会客、娱乐、学习、睡觉、做饭、就餐、盥洗、便溺、晾晒及储藏等方面。为了给这些活动提供所需的场所，使家庭生活健康、有序地进行，不论是建筑师还是室内设计师，都应当处理好功能空间的关系和功能的分区，这是最基本的问题。

在这里，给读者提供一种典型的住宅室内功能分析图，如图7-1所示，注意动静分区、公私分区、干湿分区。

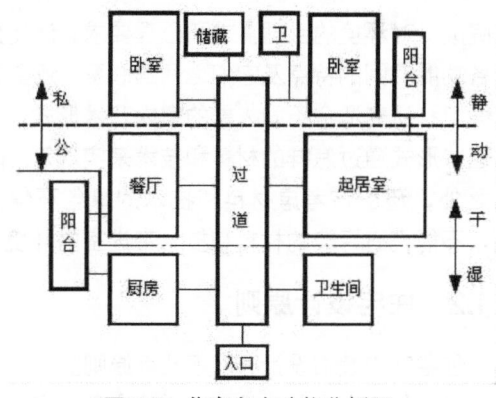

图7-1　住宅室内功能分析图

7.1.4 各功能空间设计要点

1. 起居室

起居室，习惯上也叫客厅。它是家庭活动的主要场所，是各功能空间的中心。现代生活中，起居室不可缺少的布置就是沙发、茶几、电视机及相关的家庭影音设备，之外还可以布置柜子、陈设物品、绿化或摆放业主喜爱的其他东西。

起居室的设计应注意人体尺度的应用，合理选用家具、合理布置、充分利用空间。另外，注意尽量避开其他人流（如厨房、备餐、卧室等）对起居室的干扰。

2. 餐厅

餐桌和椅子是餐厅里的必备家具，根据具体情况还可设置酒柜、吧台等设施。根据住宅的使用面积，有的餐厅单独设立；有的餐厅设在起居室内；有的餐厅设在厨房内；有的就餐空间与起居室合用。不管是哪种情况，力图解决好就餐活动与服务活动对空间尺度要求，处理好厨房和餐厅之间的流线。

3. 卧室

卧室是睡眠休息的主要场所，兼有学习、化妆、整装和个人其他事务处理。卧室需要安静、舒适、掩蔽，所以它与起居室、厨房等公开性、较嘈杂的部分相对隔离，需注意视线、隔音处理等。有的住宅在卧室的邻近设置单独的卫生间、更衣间，以方便主人较私密的活动。

卧室里的主要家具布置是床、床头柜、衣柜，根据具体情况还可以选择写字台、电视机、书柜、化妆台、沙发坐椅等设施。布置时应结合主人的生活习惯处理好床的位置及方向，把握好家具尺度。

4. 书房

书房是主人看书、学习、工作的主要场所，需要安静、整洁、空气清新，一般布置在向阳、安静、通风良好的位置上。书房里的家具主要是书柜、写字台（含电脑），还可以选择单人床、沙发坐椅等。书房的中心是写字台，所以应选择最利于学习工作的位置布置写字台，当然也要结合其他家具布置权衡处理。

5. 厨房

厨房是加工食物和储藏食物的空间。厨房面积较小，但是家具陈设物品却较多，如案台、洗涤池、燃气灶、抽油烟机、落地柜、吊柜、各种厨具餐具，还有冰箱、消毒柜、微波炉，甚至洗衣机等。厨房布置的要点是根据厨房操作流程布置案台设施，充分利用厨房空间，同时保证人操作活动的空间，注意结合给水、排水、煤气等管道的设置情况来综合考虑。

6. 卫生间

卫生间是大小便、洗浴的主要场所，有时，还在卫生间内洗衣服。注意洗脸盆、坐便器、洗浴设备的选用和布置，并结合给水、排水的情况来布置，注意人体尺度的运用。此外，需提醒的是，选用和布置热水器时，应注意今后的安全使用问题。

7. 其他

其他部分包括阳台、储藏室等。阳台一般分为生活阳台和服务阳台。生活阳台与客厅、卧室接近，需要供观景、休闲之用；服务阳台与厨房、餐厅接近，主要供家务活动、晾晒之用。可以视具体情况和要求设置相关设备、布置绿化等。根据阳台封闭程度，阳台与室内应有一定的高差，以防雨水倒灌。至于储藏间，应注意防潮的问题；可根据储藏的需要设置柜子、陈列架等。

7.1.5 补充说明

对于建筑结构施工已经结束的项目，建议设计者在进行室内设计之前，到现场实地仔细了解工程的室内情况及室外情况。对于室内方面，需要测量各种几何尺寸，充分了解现场的实际情况及既有的空间特征。尽管有的设计师在设计时已收集到相关的建筑图纸，但是结构施工的结果跟建筑图纸表达的内容存在一定差异，例如开间、进深、层高、梁、柱、墙截面尺寸及位置，地面、屋顶、门窗及结构布置、管道分布情况等。室内工程做法相对精细，这些差异是不能忽略的。对于室外方面，需要了解室外的景观特征，包括山

水草木、各种建（构）筑物、道路、噪声、视线等因素；此外，还应该了解邻里的情况。在进行室内设计时，对于健康美好的室外因素，应该尽量利用，对于不健康的因素，应该尽量规避，其目的是做好室内设计，实现"以人为本"和"人与自然和谐共处"等设计理念。从另外一个角度讲，现场调查往往给设计师带来设计灵感，同时这也是一种认真负责的态度。

还需说明一点，到目前为止，AutoCAD 在室内设计中的主要作用仍然是绘图。首先应该反复分析、构思、推敲设计方案，用手绘的方式将自己的设计思想勾勒出来，最后确定成为一套草图，再上机绘制设计图，不要直接面对 AutoCAD。

7.1.6 实例简介

本章采用的实例是单元式多层住宅楼中的一个两室一厅的普通住宅，平面图如图 7-2 所示，结构形式为砌体结构，层高 2.8m。业主为一对工作不久的白领夫妇。本方案力图营造一个简洁明快、经济适用、有现代感的室内空间，以适应业主身份。

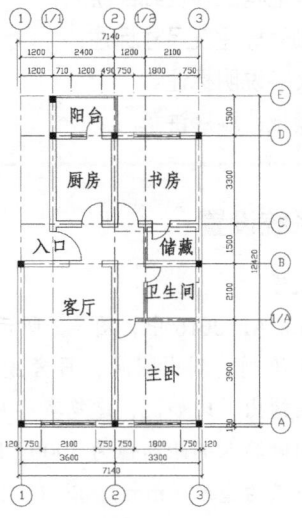

图 7-2 某住宅建筑平面图

7.2 住宅建筑平面图的绘制

室内平面图的绘制是在建筑平面图的基础上逐步细化展开的，掌握建筑平面图的绘制是一个必备环节，因此本节讲解应用 AutoCAD 2016 绘制住宅建筑平面图。

由于建筑、室内制图中，涉及的图样种类较多，所以要根据图样的种类将它们分别绘制在不同的图层里，便于修改、管理、统一设置图线的颜色、线型、线宽等参数。科学的图层应用和管理相当重要，读者在阅读后续章节时，要注意这个特点。

7.2.1 绘制步骤

建筑平面图的一般绘制步骤如下：

（1）系统设置；

（2）轴线绘制；

（3）墙体绘制；

（4）柱子绘制；

（5）门窗绘制；

（6）阳台、楼梯及台阶绘制；

（7）其他构配件及细部绘制；

（8）轴号标注及尺寸标注；

（9）文字说明标注。

下面就依此顺序讲解。

7.2.2 系统设置

① 单位设置。

在 AutoCAD 2016 中，图 7-2 所示为以 1∶1 的比例绘制，到出图时，再考虑以 1∶100 的比例输出。比如说，建筑实际尺寸为 3m，在绘图时输入的距离值为 3000。因此，将系统单位设为毫米（mm）。以 1∶1 的比例绘制，输入尺寸时不需换算，比较方便。

具体操作是，选择菜单栏中的"格式"→"单位"命令，打开"图形单位"对话框，按图 7-3 所示进行设置，然后单击"确定"按钮完成。

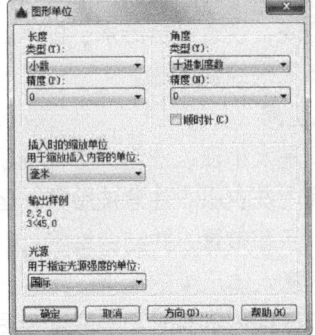

图 7-3 单位设置

② 图形界限设置。

将图形界限设置为 A3 图幅。AutoCAD 2016 默认的图形界限为 420×297，已经是 A3 图幅，但是我们以 1∶1 的比例绘图，当以 1∶100 的比例出图时，图纸空间将被缩小 100 倍，所以现在将图形界限设为 42000×29700，扩大 100 倍。命令行操作如下：

```
命令：
LIMITS
重新设置模型空间界限：
指定左下角点或［开(ON)/关(OFF)] <0,0>：（回车）
指定右上角点 <420,297>：42000,29700（回车）
```

③ 坐标系设置。

选择菜单栏中的"工具"→"命名 UCS"命令，打开"UCS"对话框，将世界坐标系设为当前（见图 7-4），然后单击对话框上的"设置"按钮，按图 7-5 所示设置，单击"确定"按钮完成。这样，UCS 标志总位于左下角。

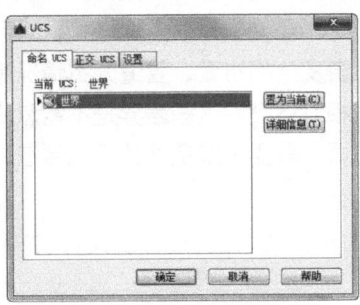

图 7-4 坐标系设置 1

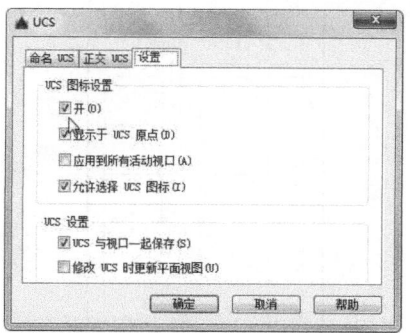

图 7-5　坐标系设置 2

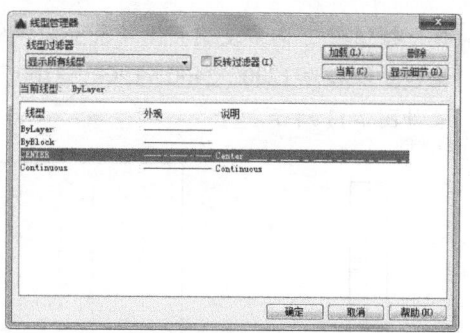

图 7-7　线型显示比例设置

7.2.3　轴线绘制

Step　绘制步骤

① 建立轴线图层。

单击"默认"选项卡"图层"面板中的"图层特性"按钮，打开"图层特性管理器"对话框，建立一个新图层，命名为"轴线"，颜色选取红色，线型为"CENTER"，线宽为默认，并设置为当前层，如图 7-6 所示。确定后回到绘图状态。

图 7-6　轴线图层参数

选择菜单栏中的"格式"→"线型"命令，打开"线型管理器"对话框，单击右上角"显示细节"按钮，线型管理器下部呈现详细信息，将"全局比例因子"设为 30，如图 7-7 所示。这样，点划线、虚线的样式就能在屏幕上以适当的比例显示，如果仍不能正常显示，可以上下调整这个值。

② 对象捕捉设置。

单击状态栏上"对象捕捉"右侧的小三角按钮，打开快捷菜单，如图 7-8 所示，选择"对象捕捉设置"命令，打开"对象捕捉"选项卡，将捕捉模式按图 7-9 所示进行设置，然后单击"确定"按钮。

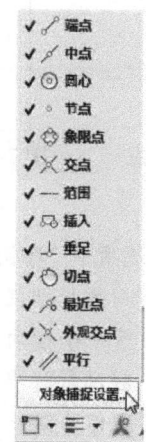

图 7-8　打开快捷菜单

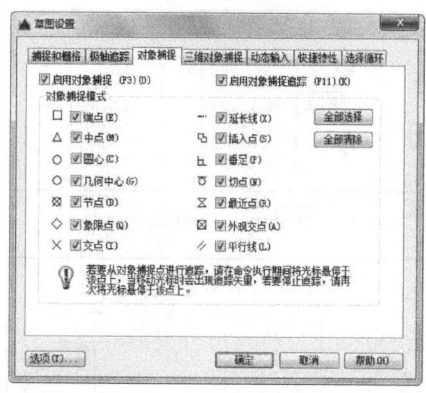

图 7-9　对象捕捉设置

③ 竖向轴线绘制。

单击"默认"选项卡"绘图"面板中的"直线"按钮，在绘图区左下角适当位置选取直线的初始点，输入第二点的相对坐标"@0,12300"，回车后画出第一条轴线。进行"实时缩放"处理后如图 7-10 所示。

单击"默认"选项卡"修改"面板中的"偏

移"按钮🔁，向右复制其他 4 条竖向轴线，偏移量依次为 1200、2400、1200、2100，结果如图 7-11 所示。

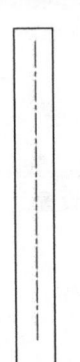
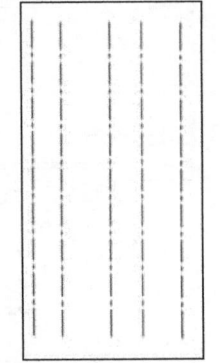

图 7-10　第一条轴线　　图 7-11　全部竖向轴线

④ 横向轴线绘制。

单击"默认"选项卡"绘图"面板中的"直线"按钮✏，用鼠标捕捉第一条竖向轴线上的端点作为第一条横向轴线的起点，如图 7-12 所示，移动鼠标单击最后一条条竖向轴线上的端点作为第一条横向轴线的终点，如图 7-13 所示，回车完成。

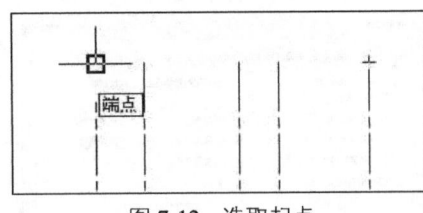

图 7-12　选取起点

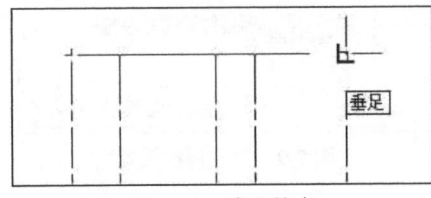

图 7-13　选取终点

同样单击"默认"选项卡"修改"面板中的"偏移"按钮🔁，向下复制其他 5 条横向轴线，偏移量依次为 1500、3300、1500、2100 和 3900。这样，就完成整个轴线绘制，结果如图 7-14 所示。

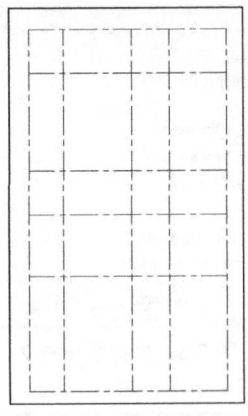

图 7-14　轴线

7.2.4　墙体绘制

Step 绘制步骤

① 建立图层。

单击"默认"选项卡"图层"面板中的"图层特性"按钮🖼，打开"图层特性管理器"对话框，建立一个新图层，命名为"墙体"，颜色为白色，线型为实线"Continuous"，线宽为默认，并置为当前层，如图 7-15 所示。

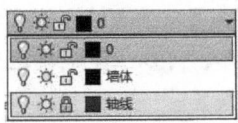

图 7-15　墙体图层参数

其次，将轴线图层锁定。单击"默认"选项卡"图层"面板中的"图层"下拉按钮▼，将鼠标滑到轴线层上单击"锁定/解锁"🔓符号将图层锁定，如图 7-16 所示。

图 7-16　锁定轴线图层

② 墙体粗绘。

（1）设置"多线"的参数。选择菜单栏中的"绘图"→"多线"命令，按命令行提示进行操作：

```
命令: _mline
当前设置: 对正 = 上, 比例 = 20.00, 样式 =
STANDARD  (初始参数)
指定起点或 [对正(J)/比例(S)/样式(ST)]: j
(选择对正设置, 回车)
输入对正类型 [上(T)/无(Z)/下(B)] <上>: z
(选择两线之间的中点作为控制点, 回车)
当前设置: 对正 = 无, 比例 = 20.00, 样式 =
STANDARD
指定起点或 [对正(J)/比例(S)/样式(ST)]: s
(选择比例设置, 回车)
输入多线比例 <20.00>: 240  (输入墙厚, 回车)
当前设置: 对正 = 无, 比例 = 240.00, 样式 =
STANDARD
指定起点或 [对正(J)/比例(S)/样式(ST)]: (回
车完成设置)
```

（2）重复"多线"命令，当命令行提示"指定起点或 [对正(J)/比例(S)/样式(ST)]:"时，用鼠标选取左下角轴线交点为多线起点，参照图7-2画出第一段墙体，如图7-17所示，用同样的方法画出剩余的240厚墙体，结果如图7-18所示。

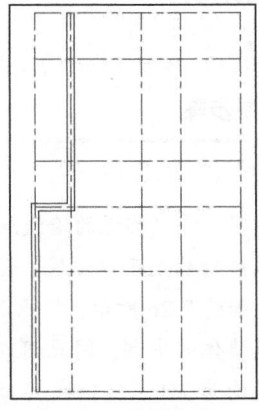

图7-17　绘制墙体1

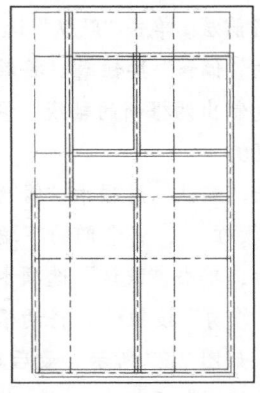

图7-18　绘制墙体2

（3）重复"多线"命令，仿照第1步中的方法将墙体的厚度定义为120厚，即将多线的比例设为120。绘出剩下的120厚墙体，结果如图7-19所示。

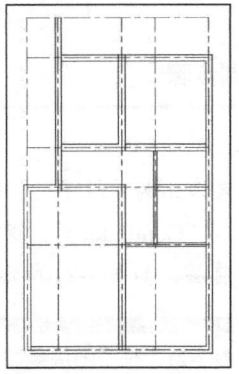

图7-19　墙体草图

此时墙体与墙体交接处（也称节点）的线条没有正确搭接，所以用编辑命令进行处理。

（4）由于下面所用的编辑命令的操作对象是单根线段，所以先对多线墙体进行分解处理。单击"默认"选项卡"修改"面板中的"分解"按钮，将所有的墙体选中（因轴线层已锁定，把轴线选在其内也无妨），回车（也可单击鼠标右键）确定。

（5）单击"默认"选项卡"修改"面板中的"修剪"按钮、"延伸"按钮和"倒角"按钮，将每个节点进行处理。操作时，可以灵活借助显示缩放功能缩放节点部位，以便编辑，结果如图7-20所示。

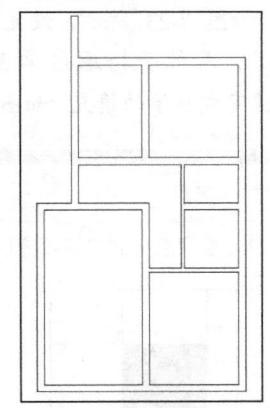

图7-20　墙体轮廓（轴线层被关闭）

7.2.5　柱子绘制

本例所涉及的柱为钢筋混凝土构造柱，截面大小为 240×240。

Step　绘制步骤

❶ 建立图层。

建立新图层命名为"柱子"，颜色选取白色，线型为实线"Continuous"，线宽为"默认"，并置为当前层，如图 7-21 所示。

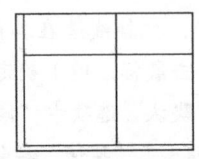

图 7-21　柱子图层参数

❷ 绘制柱子。

（1）将左下角的节点放大，单击"默认"选项卡"绘图"面板中的"矩形"按钮□，捕捉内外墙线的两个角点作为矩形对角线上的两个角点，即可绘出柱子边框，如图 7-22 所示。

图 7-22　柱子轮廓

（2）单击"默认"选项卡"绘图"面板中的"图案填充"按钮▨，打开"图案填充创建"选项卡，如图 7-23 所示，设置填充图案为"SOLID"，在柱子轮廓内单击一下，按 <Enter> 键完成柱子的填充，如图 7-24 所示。

图 7-23　拾取点方式拾取填充区域

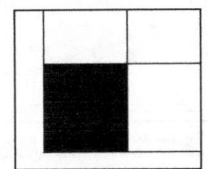

图 7-24　填充后的柱子

（3）单击"默认"选项卡"修改"面板中的"复制"按钮⊶，将柱子图案复制到相应的位置上。注意复制时，灵活应用对象捕捉功能，这样定位很方便。结果如图 7-25 所示。

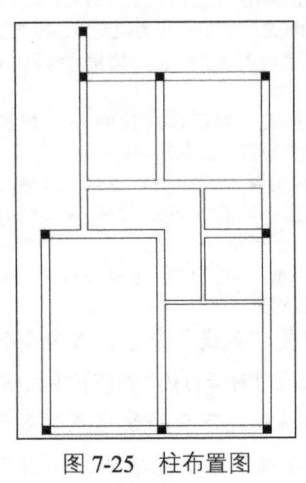

图 7-25　柱布置图

7.2.6　门窗绘制

Step　绘制步骤

❶ 洞口绘制。

绘制洞口时，常以临近的墙线或轴线作为距离参照来帮助确定洞口位置。现在以客厅窗洞为例，如图 7-26 所示，拟画洞口宽 2100，位于该段墙体的中部，因此洞口两侧剩余墙体的宽度均为 750（到轴线）。具体操作是：

（1）打开"轴线"层，并解锁，将"墙体"层置为当前层。单击"默认"选项卡"修改"面板中的"偏移"按钮⊿，将第一根横向轴线向右复制出两根新的轴线，偏移量依次为 750、2100。

（2）单击"默认"选项卡"修改"面板中的"延伸"按钮⊶，将它们的下端延伸至外墙线。然后，单击"默认"选项卡"修改"面板中的"修剪"按钮⊁，将两根轴线间的墙线剪掉，如图 7-27 所示。最后单击"默认"选项卡"绘图"面板中的"直线"按钮✑，将墙体剪断处封口，并将这两根轴线删除，这样一个窗洞口就画好了，结果如图 7-28 所示。

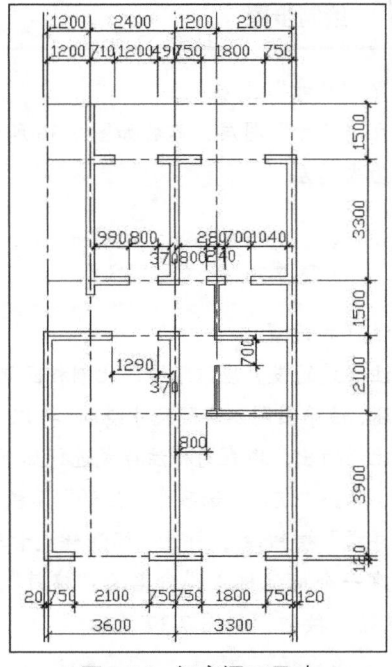

图7-26　门窗洞口尺寸

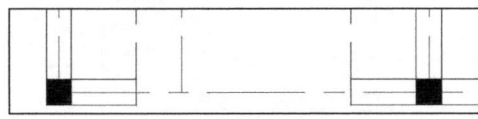

图7-27　窗洞绘制1

图7-28　窗洞绘制2

（3）采用同样的方法，依照图 7-26 中提供的尺寸将余下的门窗洞口画出来。结果如图 7-29 所示。

注意　确定洞口的画法多种多样，上述画法只是其中一种，读者可以灵活处理。

❷ 绘制门窗。

（1）建立"门窗"图层，参数如图 7-30 所示，置为当前层。

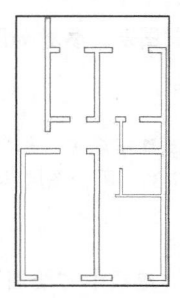

图 7-29　门窗洞口

⬦ 门窗　　♀ ☼ 🔓 ■蓝　Contin...　——默认　0　Color_5　🖶

图 7-30　门窗图层参数

（2）对于门，可利用前面做的图块直接插入，并给出相应的比例缩放，放置到具体的门洞处。放置时须注意门的开取方向，若方向不对，则单击"默认"选项卡"修改"面板中的"镜像"按钮◢和"旋转"按钮◯进行左右翻转或内外翻转。如不利用图块，可以直接绘制，并复制到各个洞口上去。

至于窗，直接在窗洞上绘制也是比较方便的，不必要采用图块插入的方式。首先，在一个窗洞上绘出窗图例。其次，复制到其他洞口上。在碰到窗宽不相等时，单击"默认"选项卡"修改"面板中的"拉伸"按钮▢，进行处理，结果如图 7-31 所示。

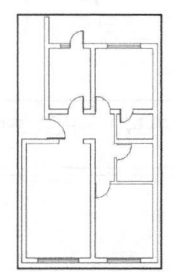

图 7-31　门窗绘制

7.2.7　阳台绘制

Step　绘制步骤

❶ 建立"阳台"图层。

建立"阳台"图层，参数如图 7-32 所示，并置为当前层。

⚏ 阳台 ┊ ♀ ☼ ⌫ ▉ 洋红 Contin... ── 默认 Color_6 🖶 🗔 0

图 7-32 阳台图层参数

② 绘制阳台线。

单击"默认"选项卡"绘图"面板中的"多段线"按钮⚏，以图 7-33 所示的点为起点，图 7-34 所示的点为终点绘出第一根多段线。然后单击"默认"选项卡"修改"面板中的"偏移"按钮⚏，向内复制出另一根多段线，偏移量为 60，结果如图 7-35 所示。

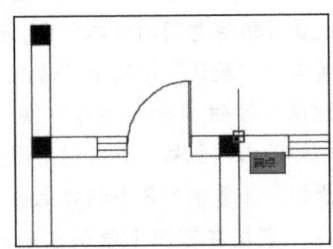

图 7-33 多段线起点

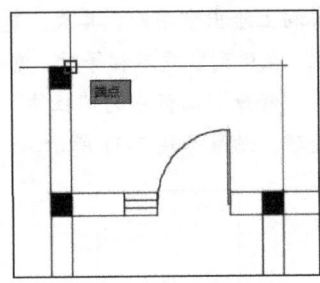

图 7-34 多段线终点

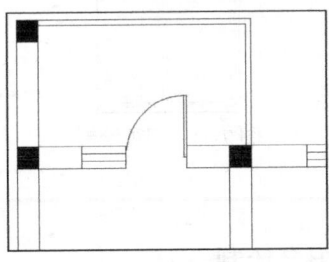

图 7-35 阳台

到目前为止，建筑平面图中的图线部分已基本绘制结束，现在只剩下轴线、尺寸标注及文字说明。

7.2.8 尺寸标注及轴号标注

Step 绘制步骤

① 建立"尺寸"图层。

建立"尺寸"图层，参数如图 7-36 所示，并置为当前层。

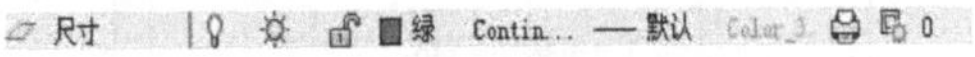

⚏ 尺寸 ┊ ♀ ☼ ⌫ ▉ 绿 Contin... ── 默认 Color_J 🖶 🗔 0

图 7-36 尺寸图层参数

② 标注样式设置。

标注样式的设置应该跟绘图比例相匹配。如前所述，该平面图以实际尺寸绘制，并以 1：100 的比例输出，现在对标注样式进行如下设置。

（1）单击"默认"选项卡"注释"面板中"标注样式"按钮⚏，打开"标注样式管理器"，新建一个标注样式，命名为"建筑"，单击"继续"按钮，如图 7-37 所示。

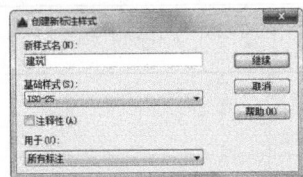

图 7-37 新建标注样式

（2）将"建筑"样式中的参数按图 7-38～图 7-42 所示逐项进行设置。单击"确定"按钮后回到"标注样式管理器"，将"建筑"样式设为当前，如图 7-42 所示。

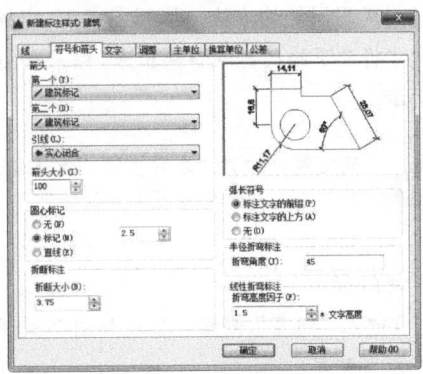

图 7-38 设置参数 1

图 7-39　设置参数 2

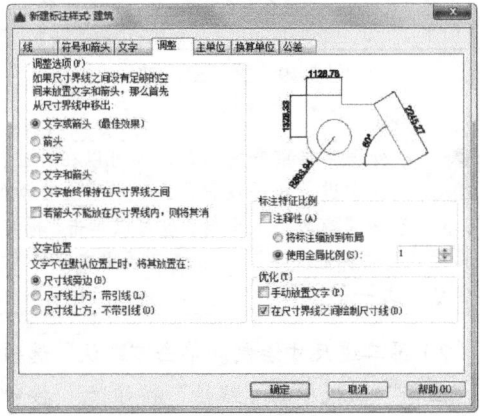

图 7-40　设置参数 3

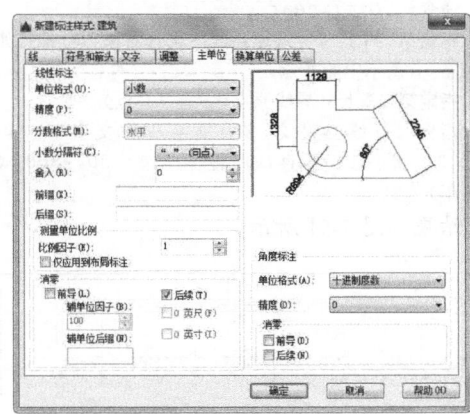

图 7-41　设置参数 4

③ 尺寸标注。

以图 7-2 底部的尺寸标注为例。

该部分尺寸分为三道，第一道为墙体宽度及门窗宽度，第二道为轴线间距，第三道为总尺寸。

为了标注轴线的编号，需要轴线向外延伸出

来。做法是：由第一根水平轴线向下偏移复制出另一根线段，偏移量为 3200（图纸输出是的距离将为 32mm），如图 7-43 所示。用"延伸" 命令将需要标注的另外两根轴线延伸到该线段，之后删去该线段，结果如图 7-44 所示（为了方便讲解，将"柱子"层关闭了）。

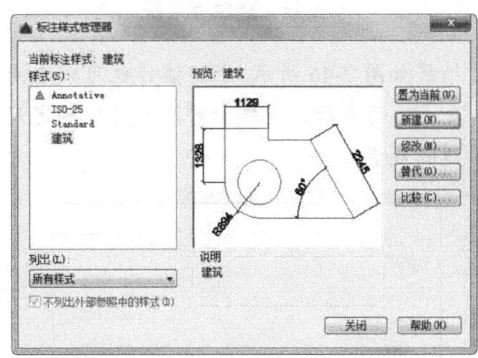

图 7-42　将"建筑"样式置为当前

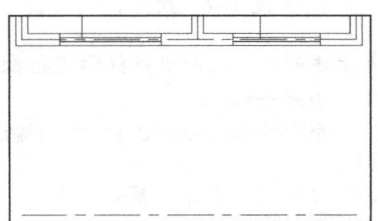

图 7-43　绘制轴线延伸的边界

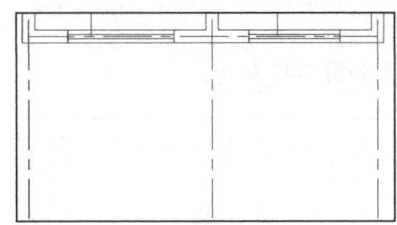

图 7-44　延伸出来的轴线

 在绘制轴线网格时，除了满足开间、进深尺寸以外，可以将轴线长度向四周加长一些，便可省去这一步。

（1）第一道尺寸线绘制。单击"默认"选项卡"注释"面板中的"线性"按钮，按命令行提示进行操作：

```
命令: _dimlinear
指定第一个尺寸界线原点或 <选择对象>：（捕捉图 7-45 中的 B 点）
指定第二条尺寸界线原点：（捕捉 B 点）
```

指定尺寸线位置或 [多行文字 (M) / 文字 (T) / 角度 (A) / 水平 (H) / 垂直 (V) / 旋转 (R)]：@0,-1200（回车）

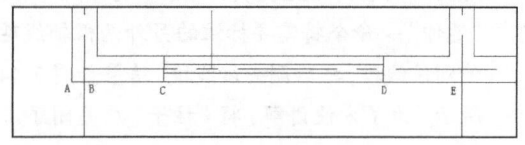

图 7-45　捕捉点示意

结果如图 7-46 所示。上述操作也可以在点取 A、B 两点后，直接向外拖动鼠标确定尺寸线的放置位置。

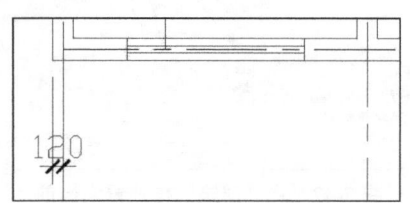

图 7-46　尺寸 1

重复上述命令，按命令行提示进行操作：

命令：_dimlinear
指定第一个尺寸界线原点或 <选择对象>：（捕捉图 7-45 中的 B 点）
指定第二条尺寸界线原点：（捕捉 C 点）
指定尺寸线位置或
[多行文字 (M) / 文字 (T) / 角度 (A) / 水平 (H) / 垂直 (V) / 旋转 (R)]：@0,-1200（回车。也可以直接捕捉上一道尺寸线位置）

结果如图 7-47 所示。

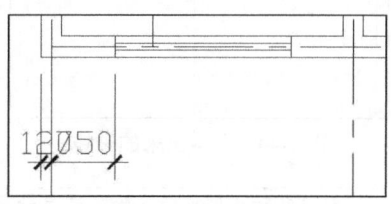

图 7-47　尺寸 2

采用同样的方法依次绘出全部第一道尺寸，结果如图 7-48 所示。

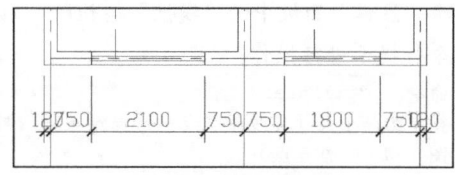

图 7-48　尺寸 3

此时发现，图 7-53 中的尺寸 "120" 跟 "750" 字样出现重叠，现在将它移开。用鼠标单击 "120"，该尺寸处于选中状态；再用鼠标点中中间的蓝色方块标记，将 "120" 字样移至外侧适当位置后单击 "确定" 按钮。采用同样的办法处理右侧的 "120" 字样，结果如图 7-49 所示。

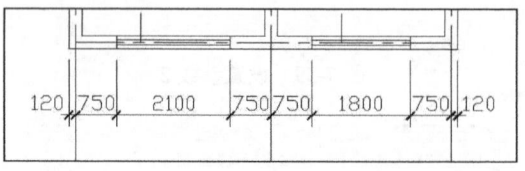

图 7-49　第一道尺寸

> **注意**　处理字样重叠的问题，亦可以在标注样式中进行相关设置，这样电脑会自动处理，但处理效果有时不太理想，也可以单击 "标注" 工具栏 "编辑标注文字" 按钮 来调整文字位置，读者可以试一试。

（2）第二道尺寸绘制。单击 "默认" 选项卡 "注释" 面板中的 "线性" 按钮，按命令行提示进行操作：

命令：_dimlinear
指定第一个尺寸界线原点或 <选择对象>：（捕捉如图 7-50 所示中的 A 点）
指定第二条尺寸界线原点：（捕捉 B 点）
指定尺寸线位置或 [多行文字 (M) / 文字 (T) / 角度 (A) / 水平 (H) / 垂直 (V) / 旋转 (R)]：@0,-800（回车）

结果如图 7-51 所示。

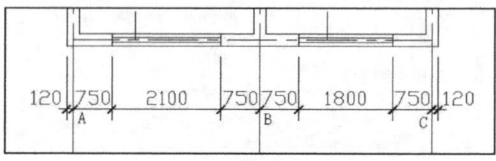

图 7-50　捕捉点示意

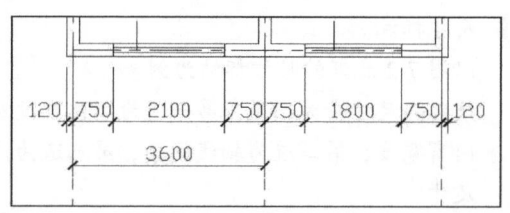

图 7-51　轴线尺寸 1

重复上述命令，分别捕捉 B、C 点，完成第
二道尺寸，结果如图 7-52 所示。

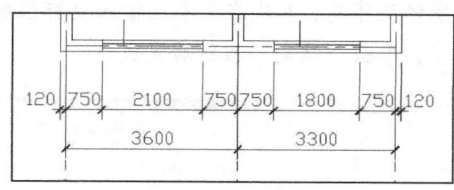

图 7-52　第二道尺寸

（3）第三道尺寸绘制。单击"默认"选项卡
"注释"面板中的"线性"按钮 □，按命令
行提示进行操作：

```
命令：_dimlinear
指定第一个尺寸界线原点 <选择对象>：(捕捉左下角外
墙角点)
指定第二条尺寸界线原点：(捕捉右下角外墙角点)
指定尺寸线位置或 [多行文字(M)/文字(T)/角度
(A)/水平(H)/垂直(V)/旋转(R)]：@0,-2800 (回
车)
```

结果如图 7-53 所示。

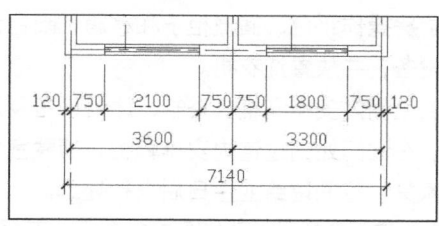

图 7-53　第三道尺寸

④ 轴号标注。

根据规范要求，横向轴号一般用阿拉伯数字
1、2、3…标注，纵向轴号用字母 A、B、C…
标注。

在轴线端绘制一个直径为 800 的圆，在圆的
中央标注一个数字"1"，字高 300，如图 7-54
所示。将该轴号图例复制到其他轴线端头，
并修改圈内的数字。

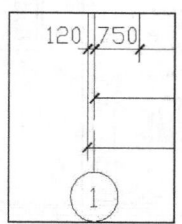

图 7-54　轴号 1

双击数字，打开"文字编辑器"选项卡和多
行文字编辑器，如图 7-55 所示，输入修改的
数字，单击"确定"按钮。

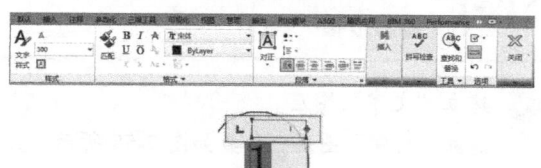

图 7-55　"文字编辑器"选项卡和多行文字编辑器

轴号标注结束后如图 7-56 所示。

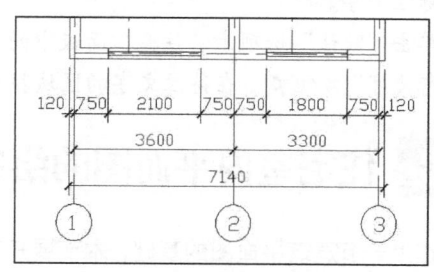

图 7-56　下方尺寸标注结果

采用上述整套尺寸标注方法，将其他方向的
尺寸标注完成，结果如图 7-57 所示。

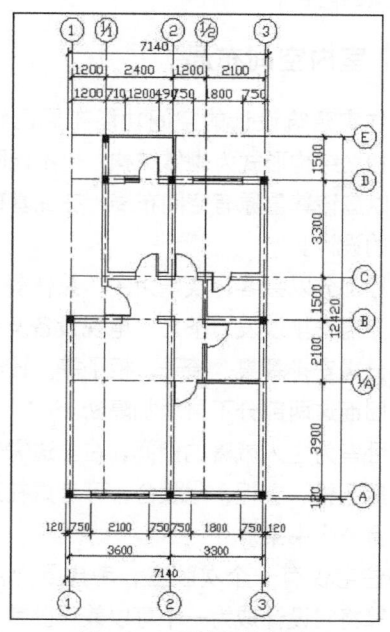

图 7-57　尺寸标注结束

7.2.9　文字标注

Step　绘制步骤

① 建立"文字"图层。

建立"文字"图层，参数如图7-58所示，置为当前层。

✔ 文字　　🗑 ☼ 🗗 ■绿　CENTER　—默认　Color_7 🖨 🖫 0

图7-58　文字图层参数

② 标注文字。

单击"默认"选项卡"注释"面板中的"多行文字"按钮 **A**，在待注文字的区域拉出一个矩形，即可打开"文字编辑器"选项卡和多行文字编辑器，如图7-59所示。首先设置字体及字高，其次在文本区输入要标注的文字，单击"确定"按钮后完成。

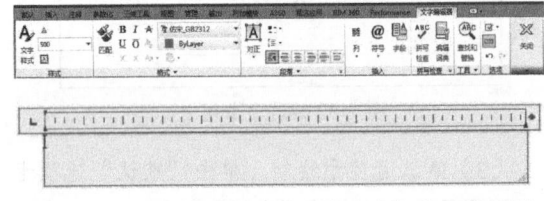

图7-59　"文字编辑器"选项卡和多行文字编辑器

采用相同的方法，依次标注出其他房间名称。至此，建筑平面图完成了，如图 7-2 所示。

7.3　住宅室内平面图的绘制

在上一节建筑平面图的基础，本节展开室内平面图的绘制。依次介绍各个居室室内空间布局、家具家电布置、装饰元素及细部处理、地面材料绘制、尺寸标注、文字说明及其他符号标注、线宽设置的内容。

7.3.1　室内空间布局

该住宅建筑设计的空间功能布局已经比较合理，加之结构形式为砌体结构，也不能随意改动，所以应该尊重原有空间布局，在此基础上做进一步的设计。

客厅部分以会客、娱乐为主，兼作餐厅用。会客部分需安排沙发、茶几、电视设备及柜子；就餐部分需要安排餐桌、椅子、柜子等。该客厅比较小，因而这两部分不再增加隔断。

主卧室为主人就寝的空间，在里边需安排双人床、床头柜、衣柜、化妆台，可考虑在适当的位置设置一个书桌。

该住宅仅有一个次卧室，考虑到业主的身份，打算将它设计成为一个可以兼作卧室、书房和客房功能的室内空间。于是，在里边安排写字台、书柜、单人床等家具设备。

厨房和阳台部分，考虑在一起设计。厨房内布置厨房操作平台、储藏柜子和冰箱，阳台设置晾衣设备，并放置洗衣机。

卫生间内安排马桶、浴缸、沐浴设备及洗脸盆等。在进门处的过道内安排鞋柜，储藏室内不安排家具，空间留给业主日后自行处理。

室内空间的布局大致如图7-60所示，下面详细介绍如何用 AutoCAD 2016 完成这些平面图内容。

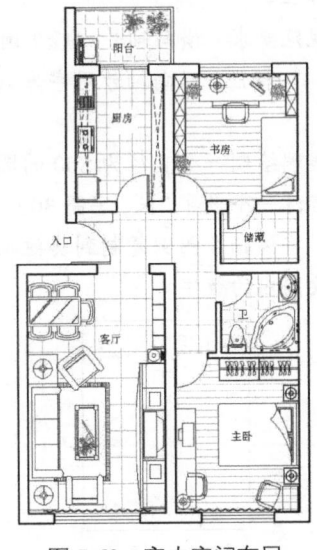

图 7-60　室内空间布局

7.3.2　家具家电布置

Step 绘制步骤

1 准备工作

（1）用 AutoCAD 2016 打开上一节绘制好的的建筑平面图，另存为"住宅室内平面图.dwg"，然后将"尺寸""轴线""柱子""文字"图层关闭。

（2）建立一个"家具"图层，参数如图 7-61 所示，置为当前层。

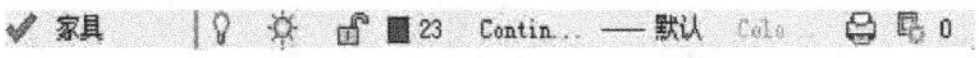

✓ 家具　　│♀　☼　🔓 ■ 23　Contin... ── 默认　Colo　　🖶 🖶 0

图 7-61　家具图层参数

2 客厅

（1）沙发

单击"视图"选项卡"导航"面板中的"范围"下拉菜单中的"缩放"按钮🔍，将居室的客厅部分放大，单击"插入"选项卡"块"面板中的"插入块"按钮🔧，打开"插入"对话框，如图 7-62 所示，然后单击上面的"浏览"按钮，打开"选择图形文件"对话框，选择源文件\图库\沙发.dwg"，找到沙发图块文件，单击"打开"按钮打开，如图 7-63 所示。选择左下角内墙角点为插入点，单击鼠标左键确定，如图 7-64 所示。这样，沙发就布置好了。

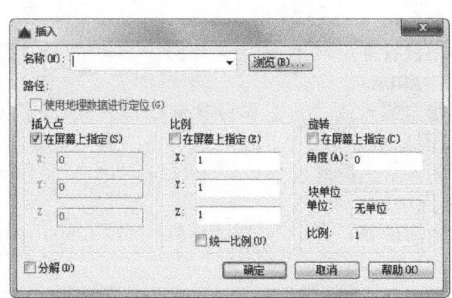

图 7-62　"插入"对话框

（2）电视柜

在沙发的对面靠墙位置，布置电视柜及相关

的影视设备。

同样采用上面的图块插入方法，打开源文件\图库\电视柜.dwg"，将"电视柜"插入到右下角位置处。结果如图 7-65 所示。

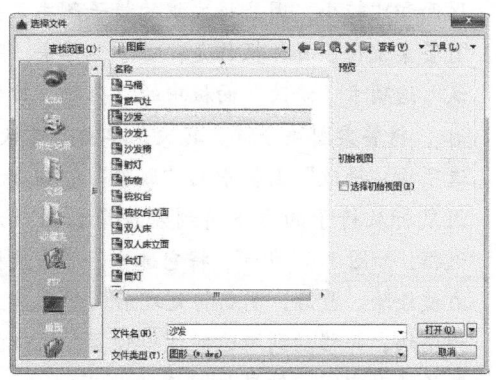

图 7-63　打开"沙发"图块

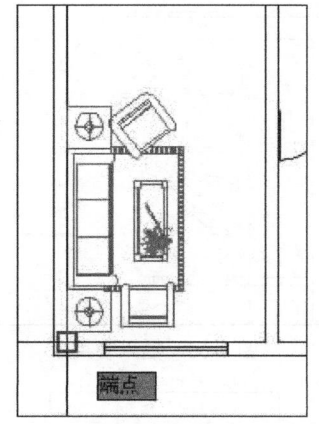

图 7-64　选择插入点

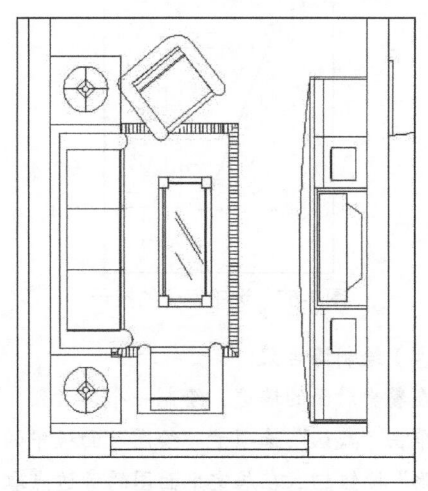

图 7-65　插入电视柜

（3）餐桌

单击"插入"选项卡"块"面板中的"插入块"按钮📇，将"餐桌"图块暂时插入到客厅上端的就餐区，如图7-66所示。由于就餐区面积比较小，因此将左端的椅子删去，并将餐桌就位。具体操作是：首先，单击"默认"选项卡"修改"面板中的"分解"按钮🗐，将餐桌图块分解。其次，单击"默认"选项卡"修改"面板中的"删除"按钮🖋，用鼠标从椅子的右下角到左下角拉出矩形选框，如图7-67所示，将它选中，单击鼠标右键删除。最后，重新将处理后的餐桌建立为图块，并移动到墙边的适当位置，保证就餐的活动空间，结果如图7-68所示。

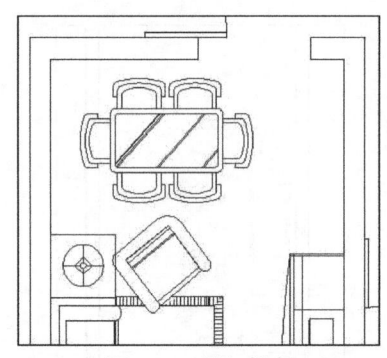

图7-66　插入餐桌

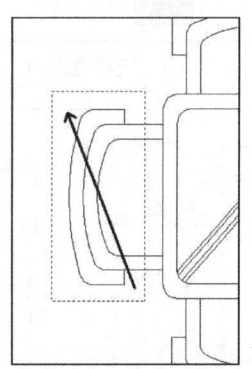

图7-67　选中椅子的技巧

（4）绘制博古架

在餐桌对面的墙边，绘制一个博古架。

单击"默认"选项卡"绘图"面板中的"矩形"按钮▭，在居室平面图的旁边点取一点作为矩形的第一个角点，在命令行输入

"@-300,-1800"作为第二个角点，绘制出一个300×1800的矩形作为博古架的外轮廓，如图7-69所示。

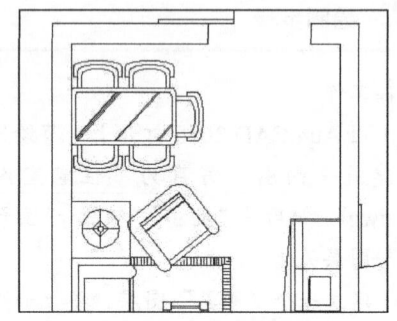

图7-68　餐桌就位

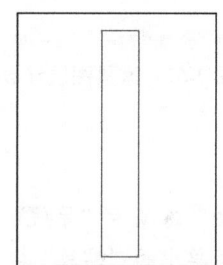

图7-69　博古架外轮廓

单击"默认"选项卡"修改"面板中的"偏移"按钮🖿，偏移量输入30，向内复制出另一个矩形。用"分解"命令把这个矩形分解开，并删除两条长边，将两条短边延伸至轮廓线，绘出博古架两侧立柱的断面，如图7-70所示。

选择菜单栏中的"绘图"→"多线"命令，命令行提示与操作如下：

```
命令：_mline
当前设置：对正 = 无，比例 = 120.00，样式 =
STANDARD
指定起点或 [对正(J)/比例(S)/样式(ST)]: J
（回车）
输入对正类型 [上(T)/无(Z)/下(B)] <无>: Z
（回车）
当前设置：对正 = 无，比例 = 120.00，样式 =
STANDARD
指定起点或 [对正(J)/比例(S)/样式(ST)]: S
（回车）
输入多线比例 <120.00>: 20　（回车）
当前设置：对正 = 无，比例 = 20.00，样式 =
STANDARD
```

指定起点或 [对正(J)/比例(S)/样式(ST)]:

分别以轮廓线两长边为起点和终点绘制出几条横向双线作为博古架被剖切的立件断面，结果如图7-71所示。

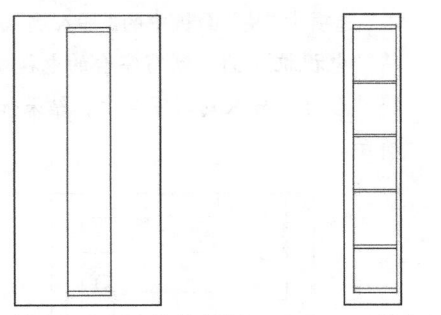

图 7-70 博古架两侧立柱的断面　　图 7-71 博古架

将完成的博古架平面建立为图块，命名为"博古架"，并将博古架移动到如图7-72所示位置。

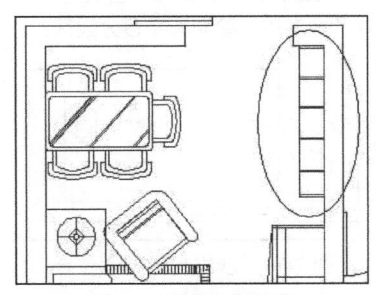

图 7-72 博古架就位

（5）插入饮水机

单击"插入"选项卡"块"面板中的"插入块"按钮，将"饮水机"插入到图中，如图7-73所示。

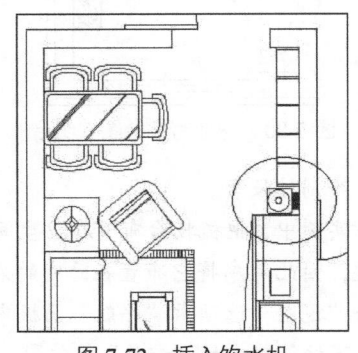

图 7-73 插入饮水机

③ **主卧室**

（1）床

卧室里的主角是床。在本实例中，考虑将床布置在门斜对面的墙体中部位置。

单击"视图"选项卡"导航"面板中的"范围"下拉菜单中的的"缩放"按钮，将居室的主卧室部分放大，单击"插入"选项卡"块"面板中的"插入块"按钮，将"双人床"插入到图中合适的位置处，如图7-74所示。

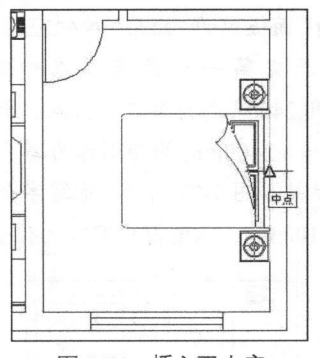

图 7-74 插入双人床

（2）衣柜

衣柜也是一个家庭必备的家具，一般情况它与卧室联系比较紧密。本例使用面积比较小，将衣柜直接放置于卧室内。

单击"插入"选项卡"块"面板中的"插入块"按钮，将"衣柜"插入到图中合适的位置处，如图7-75所示。

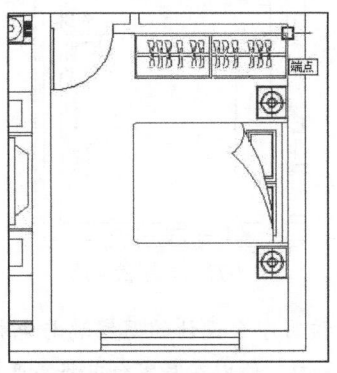

图 7-75 选择衣柜插入点

（3）电视柜及写字台

为了方便业主在卧室看书、学习、看电视，在靠近双人床的对面墙面处设计一个联体长条形的写字台，写字台的一端用于看书、学习，另一端放置电视机。

由于该写字台的通用性不太大，所以事先没有做成图块，而是直接绘制。

单击"视图"选项卡"导航"面板中的"范围"下拉菜单中的的"缩放"按钮，将放置写字台的部分放大，单击"默认"选项卡"绘图"面板中的"矩形"按钮，按图7-76所示捕捉第一个角点，在命令行输入"@500,2400"作为第二个角点，绘制出一个500mm×2400mm的矩形作为写字台的外轮廓，结果如图7-77所示。将写字台轮廓向上移动100mm，以便留出窗帘的位置。

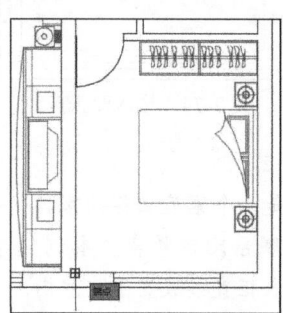

图7-76 选择矩形的角点

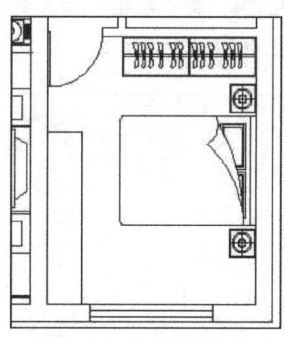

图7-77 写字台轮廓

由于该写字台设计的写字端与电视端的高度不一样，所以在写字台中部高度变化处绘制一条横线。单击"默认"选项卡"绘图"面板中的"直线"按钮，分别捕捉矩形两

条长边的中点，绘制完毕，如图7-78所示。单击"插入"选项卡"块"中的"插入块"按钮，将"沙发椅"插入到图中，如图7-79所示，单击鼠标左键确定。同理，单击"插入"选项卡"块"面板中的"插入块"按钮，将"电视机"插入到写字台的电视端。最后将"台灯"插入到写字台上，结果如图7-80所示。

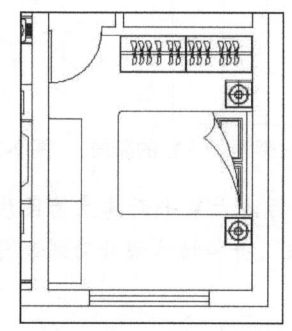

图7-78 绘制写字台分隔线

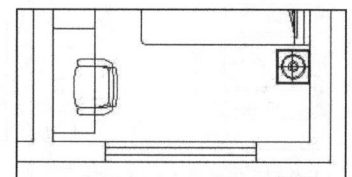

图7-79 沙发椅的插入位置

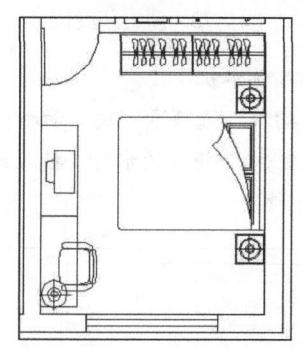

图7-80 完成写字台图块组合

（4）绘制梳妆台

在本实例中，把梳妆台布置在卫生间显然不合适，因此考虑将它布置在卧室的右下角。单击"视图"选项卡"导航"面板中的"范围"下拉菜单中的"缩放"按钮，将卧室右下角放大。单击"插入"选项卡"块"中

的"插入块"按钮 🔧，将"梳妆台"插入到图 7-81 所示的位置，复制一个沙发椅到梳妆台前。

这样，主卧室内的家具就布置完成了。

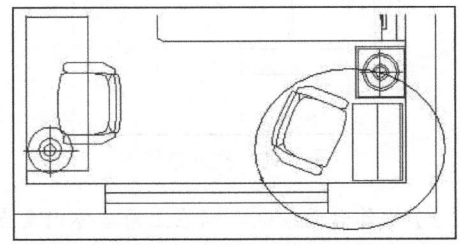

图 7-81 化妆台外轮廓

④ 书房

本例中，书房的主要家具有写字台、书柜、单人床。

（1）书架

根据书房的空间特点，专门设计适合它的书架。

在适当的空白处绘制一个 300mm×2000mm 的矩形作为书架轮廓，向内偏移 20，复制出另一个矩形，单击"默认"选项卡"修改"面板中的"分解"按钮 🔩，将内部矩形打散。单击"默认"选项卡"修改"面板中的"矩形阵列"按钮 🔡，选择内部矩形的下短边为阵列对象，如图 7-82 所示，输入行数为 4，列数为 1，行偏移为 490，结果如图 7-83 所示。

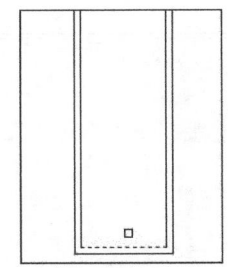

图 7-82 选择阵列对象

在每一格中加入交叉线，并将它移动到书房内图 7-84 所示的位置。

采用同样的方法，在书房右上角绘制一个 300mm×1000mm 的书架，如图 7-85 所示。

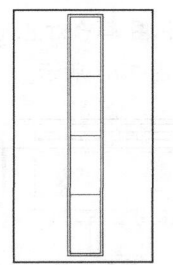

图 7-83 书架平面图

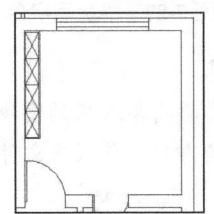

图 7-84 书架1就位

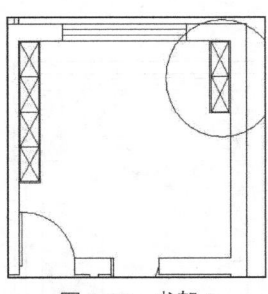

图 7-85 书架2

> **注意** 绘制书架2时，可以在书架1的基础上采用编辑命令来完成。

（2）写字台

绘制一个 600mm×1800mm 的矩形作为台面，将矩形移到窗前，写字台与窗户距离 50mm，如图 7-86 所示。

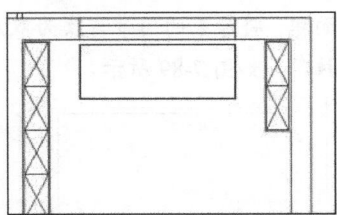

图 7-86 写字台台面

然后，分别插入下列图块：

"X：\源文件\图库\沙发椅.dwg"

"X：\源文件\图库\液晶显示器.dwg"

"X：\源文件\图库\台灯.dwg"
最后结果如图 7-87 所示。

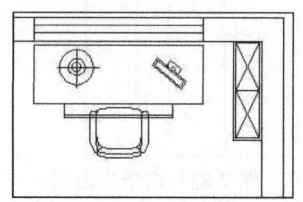

图 7-87　书房写字台

（3）单人床

附带光盘内存有单人床的图块，将它插入到
书房右下角即可。单人床文件名为"X：\源
文件\图库\单人床.dwg"。

书房内的家具布置到此完成，效果如图 7-88
所示。

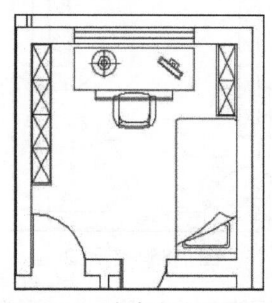

图 7-88　书房室内平面图

5 厨房及阳台

在本例厨房设计中，在左侧布置操作平台，
并预留出一个冰箱的位置；在右侧布置一排
柜子。在阳台里放置一个洗衣机，但是，要
注意处理给水排水的问题。具体说明如下：

（1）为了便于厨房与阳台的连通，适当扩大
使用面积，将原来的门带窗改为双扇落地玻
璃推拉门，如图 7-89 所示。

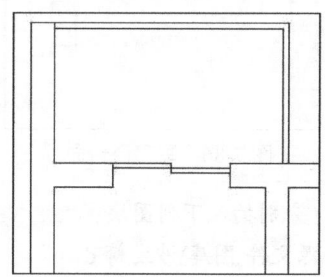

图 7-89　厨房推拉门

（2）冰箱。在光盘里找到冰箱图块"X：\源
文件\图库\冰箱.dwg"，插入到左下角，让它
与墙面至少有 50mm 的距离，如图 7-90 所示。

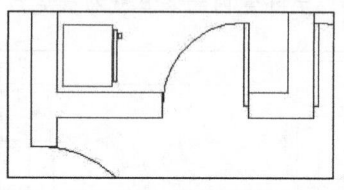

图 7-90　插入冰箱

（3）操作台面绘制。以左上角墙体内角点作
为矩形的第一个角点，向下绘制一个 500mm
×2400mm 的矩形作为操作台面，如图 7-91
所示。

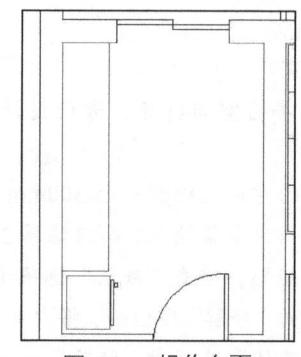

图 7-91　操作台面

按操作流程依次插入洗涤盆和燃气灶图块：

"X：\源文件\图库\洗涤盆.dwg"

"X：\源文件\图库\燃气灶.dwg"

结果如图 7-92 所示。

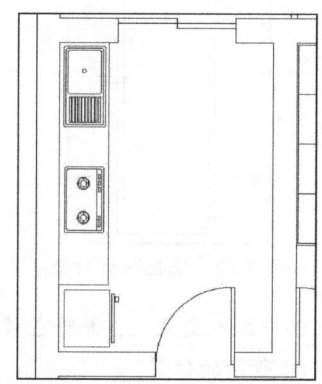

图 7-92　放置洗涤盆和燃气灶

> **注意**　在选择插入点时，有时利用"对象捕捉"很方便，而在有的地方感觉不方便，所以不必拘于用或不用。在上面插入洗涤盆和燃气灶时，打开"对象捕捉"功能反而不便定位，可以将它关闭。

（4）壁柜绘制。沿着右侧墙面绘制一个300mm×3060mm的矩形，这样就可以简单地表示壁柜，如图7-93所示。

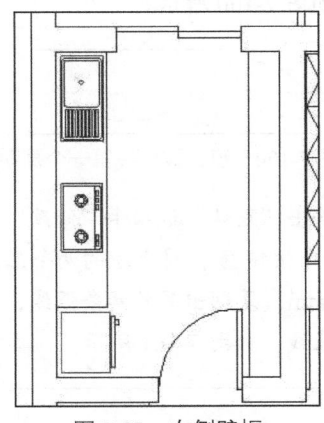

图7-93　右侧壁柜

（5）洗衣机。将"X：\源文件\图库\洗衣机.dwg"插入到阳台的左下角，如图7-94所示。

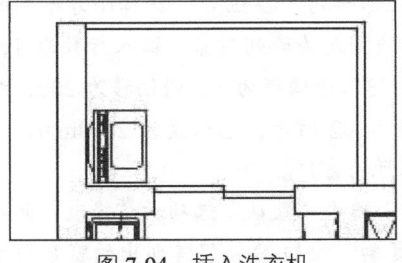

图7-94　插入洗衣机

（6）绘制吊柜。平面图中吊柜用虚线表示，在厨房左侧的操作台上绘制一个300mm×2400mm的吊柜，右侧绘制一个300mm×3060mm的吊柜。具体操作如下：

首先，单击"默认"选项卡"特性"面板中"线型"下拉按钮，将当前线型设置为虚线"ACAD_IS002W100"，并选择菜单栏中的"格式"→"线型"命令，将对话框中的全局比例因子设置为10，如图7-95所示。

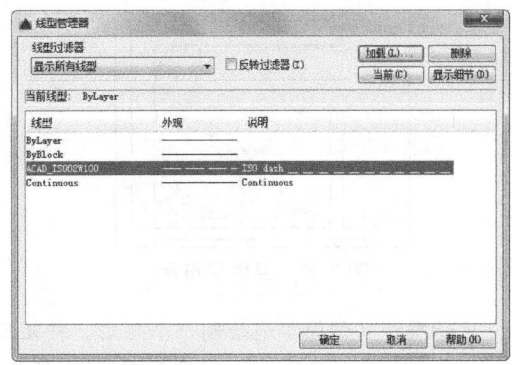

图7-95　全局比例因子设置

对于左边的吊柜，单击"默认"选项卡"绘图"面板中的"矩形"按钮，沿墙边绘制一个300mm×2400mm的矩形，并绘制出该矩形的两条对角线；对于右边的吊柜，直接在原有壁柜矩形中绘制出两条对角线即可。将当前线型还原为"ByLayer"。厨房及阳台部分家具布置的整体情况如图7-96所示。

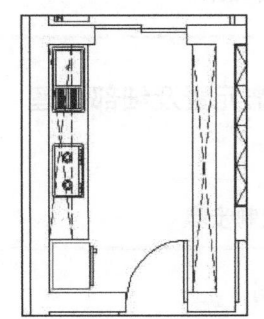

图7-96　厨房、阳台家具布置

⑥ 卫生间

在卫生间内布置一个马桶、一个浴缸、一个洗脸盆，图块文件如下：

"X：\源文件\图库\马桶.dwg"

"X：\源文件\图库\浴缸.dwg"

"X：\源文件\图库\洗脸盆.dwg"

安放的位置如图7-97所示。

⑦ 过道部分

在本例中，过道部分相当于一个小小的门厅，它是联系各房间的枢纽。但是，过道面积有限，只在入口处设置一个鞋柜，大门对面的墙体做成一个影壁的形式。

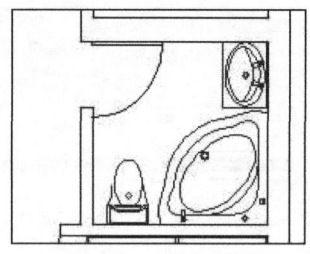

图 7-97　卫生间布置

表示鞋柜只需简单地绘制一个矩形，鞋柜尺寸为 250mm×900mm，结果如图 7-98 所示。

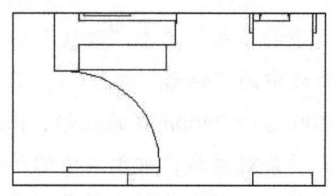

图 7-98　鞋柜

到此为止，该居室的家具及基本的家用电器布置全部结束。

7.3.3　装饰元素及细部处理

Step 绘制步骤

1 窗帘绘制

室内平面图上的窗帘可以用单根或双根波浪线来表示。首先绘制出一个周期的波浪线，其次用"阵列"命令复制出整条窗帘图案。

（1）建立"窗帘"图层，参数如图 7-99 所示，置为当前层。

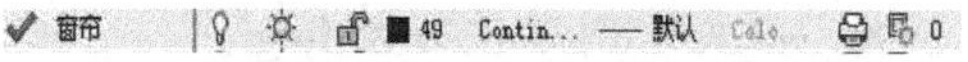

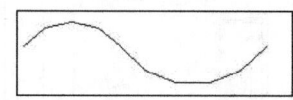

图 7-99　"窗帘"图层参数

（2）单击"默认"选项卡"绘图"面板中的"圆弧"按钮，按命令行提示进行操作：

命令：_arc 指定圆弧的起点或 [圆心(C)]：（在屏幕空白处任选一点）

指定圆弧的第二个点或 [圆心(C)/端点(E)]：@40,20　（回车）

指定圆弧的端点：@40,-20　（回车）

这样，绘出向上凸的第一段弧线。接着回车，重复"圆弧"命令，绘制向下凹的第二段弧线，按命令行提示操作：

命令：_arc 指定圆弧的起点或 [圆心(C)]：（捕捉上一段弧线的终点作为起点）

指定圆弧的第二个点或 [圆心(C)/端点(E)]：@60,-30　（回车）

指定圆弧的端点：@60,30　（回车）

结果如图 7-100 所示。

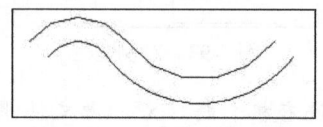

图 7-100　窗帘波浪线第一个周期

（3）单击"默认"选项卡"修改"面板中的"偏移"按钮，将上述的两条弧线向下偏移 20mm，复制出另外两条弧线，从而形成双波浪线，如图 7-101 所示。

图 7-101　双波浪线图元

（4）单击"默认"选项卡"修改"面板中的"矩形阵列"按钮，选择刚才绘制的双波浪线图元为阵列对象，输入行数为 1，列数为 13，行偏移为 1，列偏移为 200，结果如图 7-102 所示，总长度为 2600mm，适合于客厅的窗户。

（5）单击"默认"选项卡"修改"面板中的"复制"按钮，将阵列出的窗帘图案复制一个到客厅窗户内，适当调整位置，结果如图 7-103 所示。

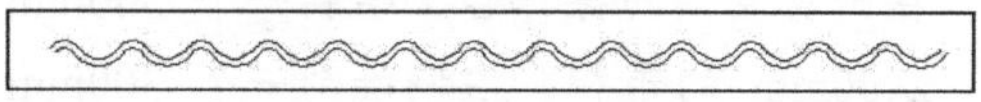

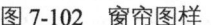

图 7-102　窗帘图样

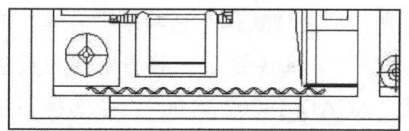

图 7-103　客厅窗帘定位

同理，可以将窗帘图案复制到其他窗户内侧，对于超出的部分，用删除命令删除，在此不赘述。

❷ 配置植物

在室内平面图中空白处的适当位置布置一些盆景植物，作为点缀装饰之用。在布置时，适可而止，不要烦琐。事先已将植物做成图块，存于附带光盘"源文件/图库"文件夹内，读者可以根据自己的情况将植物图块插入到平面图上。插入图块时，注意进行比例缩放，以便控制植物大小。现提供一种布置方式。

（1）建立"植物"图层，参数如图 7-104 所示，置为当前层。

🖉 植物　｜🗓 ☼ 🔓 □ 61 Contin... — 默认 Colo... 🖨 🖳 0

图 7-104　"植物"图层参数

（2）单击"插入"选项卡"块"面板中的"插入块"按钮🗔，插入图库中的植物图块，调整后的效果如图 7-105 所示。

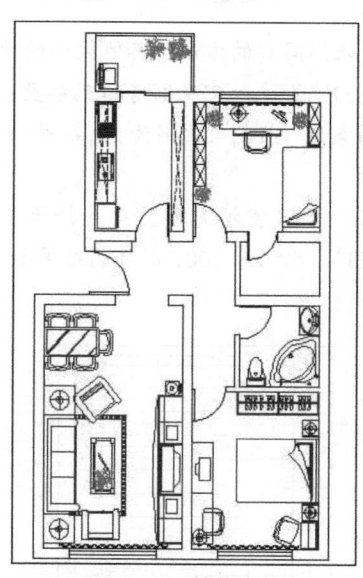

图 7-105　植物布置

7.3.4　地面材料绘制

地面材料是需要在室内平面图中表示的内容之一。当地面做法比较简单时，只要用文字对材料、规格进行说明，但是，很多时候则要求用材料图例在平面图上直观地表示，同时进行文字说明。当室内平面图比较拥挤时，可以单独另画一张地面材料平面图。下面结合实例说明。

在本例中，将在客厅、过道部位铺设 600mm×600mm 米黄色防滑地砖，厨房、卫生间、阳台及储藏室铺设 300mm×300mm 防滑地砖，卧室和书房铺设 150mm 宽强化木地板。

Step 绘制步骤

❶ 准备工作

（1）建立"地面材料"图层，参数如图 7-106 所示，并置为当前状态。

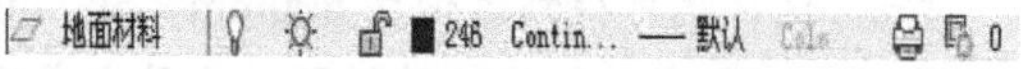

🖉 地面材料　｜🗓 ☼ 🔓 ■ 246 Contin... — 默认 Colo... 🖨 🖳 0

图 7-106　"地面材料"图层参数

（2）关闭"家具"、"植物"等图层，让绘图区域只剩下墙体及门窗部分。

❷ 初步绘制地面图案

（1）单击"默认"选项卡"绘图"面板中的"直线"按钮✏，把平面图中不同地面材料的分隔处用直线划分出来，如图 7-107 所示。

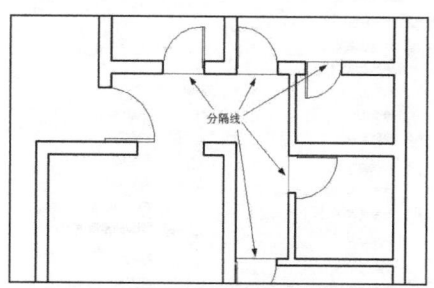

分隔线

图 7-107　分隔线位置

（2）对 600mm×600mm 地砖区域（客厅及过道部分）进行放大显示，注意必须保证该区域全部显示在绘图区内。单击"默认"

选项卡"绘图"面板中的"图案填充"按钮，打开"图案填充创建"选项卡，将"十"字形鼠标指针在客厅区域点一下，选中填充区域。

> **注意** 采用"拾取点"按钮选选取填充区域时，如果边界不是闭合的，则无法选中。这时，要么用"窗口放大"逐个检查边界处线与线是否连接，要么用"多段线"命令重新绘制一个边界。

（3）对"图案填充创建"选项卡中的参数进行设置。

需要的网格大小是 600mm×600mm，这里提供一个检验的方法，将网格以 1：1 的比例填充，放大显示一个网格，选择菜单栏中的"工具"→"查询"→"距离"命令（见图 7-108）查出网格大小（查询结果在命令行中显示）。事先查出"NET"图案的间距是 3，所以填充比例输入 200，如图 7-109 所示，这样就可得到近似于 600mm×600mm 的网格。由于单位精度的问题，这种方式填充的网格线不是十分精确，但是基本上能够满足要求。如果需要绘制精确的网格，那么采用直线阵列的方式完成。

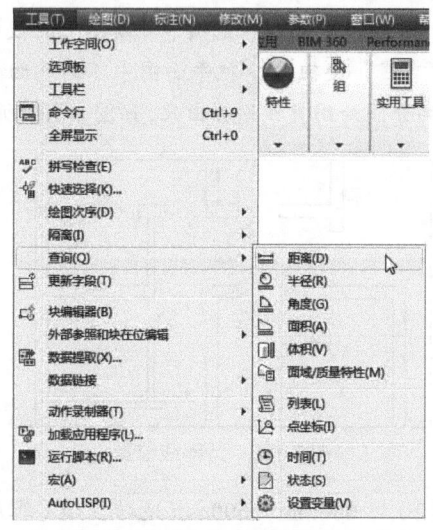

图 7-108 "菜单"中"距离查询"命令

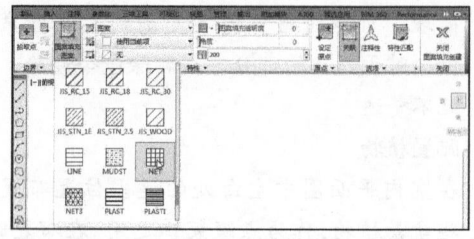

图 7-109 客厅地面图案填充参数

设置好参数后，单击"确定"按钮完成，结果如图 7-110 所示。

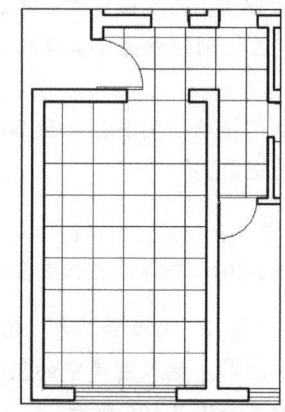

图 7-110 客厅、过道 600mm×600mm 地砖图案

（4）采用同样的方法将其他区域的地面材料绘制出来。主卧室及书房填充参数：选择填充图案为"LINE"，比例为 50，结果如图 7-111 所示。

厨房、储藏室填充参数：选择填充图案为"NET"，比例为 100，厨房的结果如图 7-112 所示。

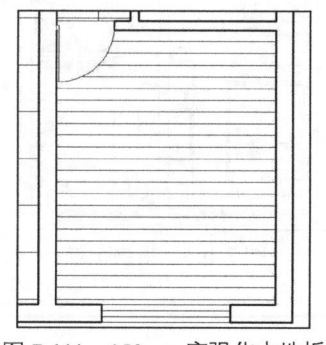

图 7-111 150mm 宽强化木地板

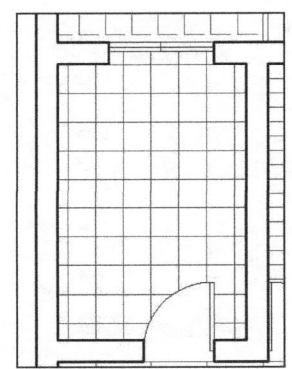

图 7-112 厨房 300mm×300mm 地砖图案

卫生间、阳台填充参数,选择填充图案为
"ANGLE",比例为 43,结果如图 7-113 所示。

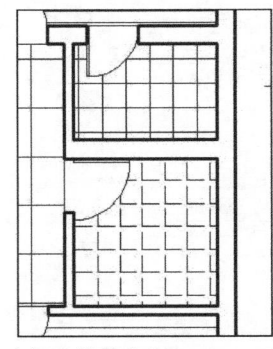

图 7-113 卫生间、储藏室 300mm×300mm 地砖图案

到此为止,室内地面材料图案的初步绘制就
完成了。

3 形成地面材料平面图

如果想形成一个单独的地面材料平面图,则
按以下步骤进行处理。

(1)将文件另存为"地面材料平面图"。

(2)在图中加上文字,说明材料名称、规格
及颜色等。

(3)标注尺寸,重点表明地面材料,其他尺
寸可以淡化。

(4)加上图名、绘图比例等。

类似的操作在后面的相关内容中会涉及,在
此给出完成后的地面材料平面图,如图 7-114
所示。

4 在室内平面图中完善地面材料图案

如果不单独形成地面材料图,则可以在原来
的室内平面图中做细部完善,具体操作如下:

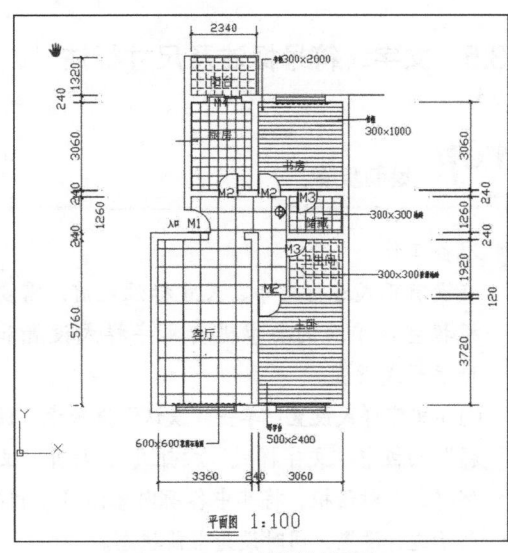

图 7-114 地面材料平面图

(1)关闭"地面材料平面图",打开"室内
平面图"。

(2)打开"家具""植物"图层。此时会发
现,地面材料跟家具互相重叠,比较混乱。
现将家具覆盖了的地面材料图例删除。操作
方法是:首先单击"默认"选项卡"修改"
面板中的"分解"按钮,将地面填充图案
打散;其次,单击"默认"选项卡"修改"
面板中的"修剪"按钮,将家具覆盖部分
线条剪掉,局部零散线条用"删除"命令处
理,结果如图 7-115 所示。

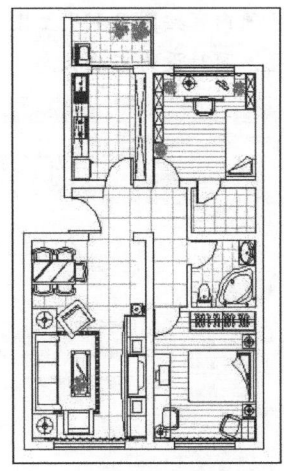

图 7-115 完成后的地面材料图例

7.3.5 文字、符号标注及尺寸标注

Step 绘制步骤

1 准备工作

在没有正式进行文字、尺寸标注之前，需要根据室内平面的要求进行文字样式设置和标注样式设置。

（1）文字样式设置：单击"默认"选项卡"注释"面板中"文字样式"按钮 **A**，打开"文字样式"对话框，将其中各项内容按图 7-116 所示进行设置，同时设为当前状态。

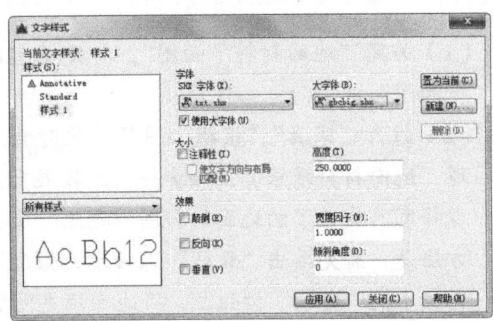

图 7-116 文字样式设置参数

（2）标注样式设置：单击"默认"选项卡"注释"面板中"标注样式"按钮 ，打开"标注样式管理器"对话框，新建"室内"样式，将其中各项内容按图 7-117 至图 7-120 所示进行设置，同时设为当前状态。

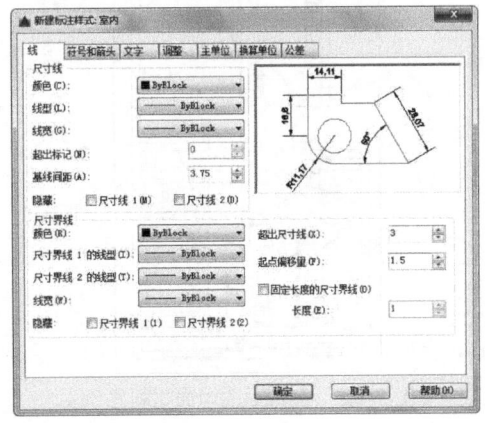

图 7-117 标注样式设置 1

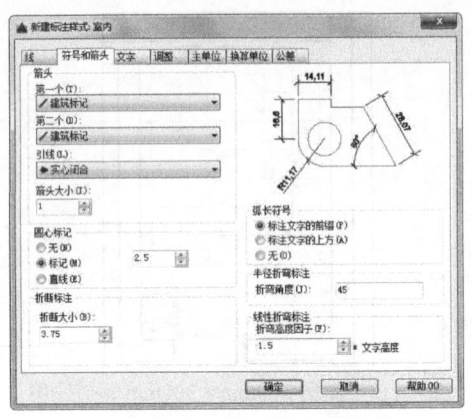

图 7-118 标注样式设置 1

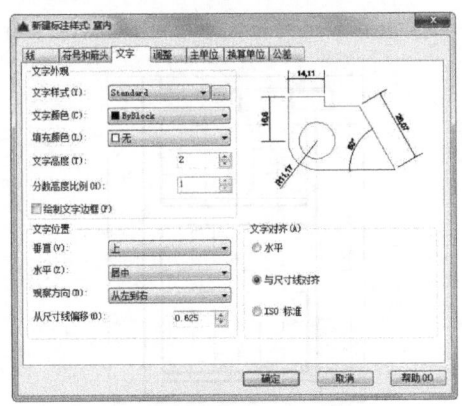

图 7-119 标注样式设置 2

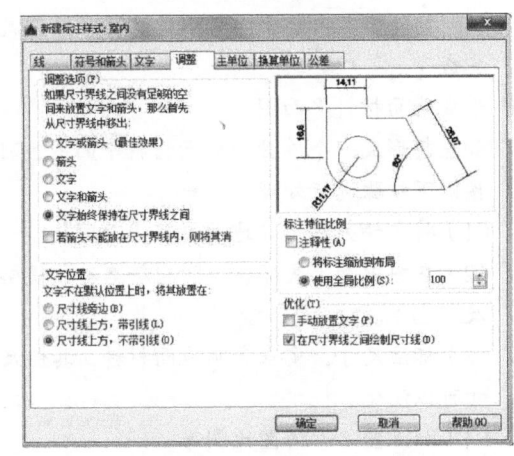

图 7-120 标注样式设置 3

2 文字标注

对于文字标注，我们主要用到两种方式：一是利用"标注"下拉菜单"多重引线"做带引线的标注；另一种是单击"默认"选项卡"注释"面板中的"多行文字"按钮 **A**，做

无引线的标注。具体介绍如下：

（1）打开"文字"图层，显示做好的房间名称。将房间名称的字高调整为250mm。操作方法是：用鼠标双击一个名称，打开"文字编辑器"选项卡和多行文字编辑器。用鼠标在文本上拖动，将它选中，在"字高"处输入"250"并回车（一定要回车），最后单击"确定"按钮完成，如图7-121所示。其他房间名称如法炮制地进行修改。修改后，将房间名称的位置做适当的调整。

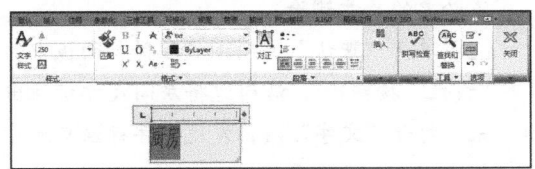

图 7-121　调整字高

（2）以右上角较小的书架为例，介绍引线标注的例子，在命令行中输入"QLEADER"命令，输入文字"书柜300×1000"，结果如图7-122所示。

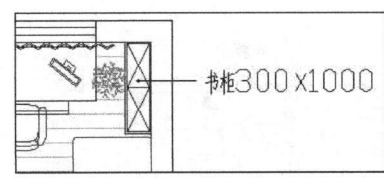

图 7-122　书柜引线标注

这里需要说明的是，"\U+00D7"是不能用键盘直接输入的特殊字符"×"的代码。如何查询这些特殊字符的代码呢？方法如下：

在多行文字的输入状态中，将鼠标移到文本输入区，单击鼠标右键，打开一个菜单，将鼠标移到"符号"条处，继续打开下一级子菜单，如图6-123所示。这个子菜单中显示了部分特殊符号的名称及代码。这时，要在刚才的文本框内输入需要的字符，则直接单击相应的字符位置即可；若想在命令行输入特殊字符，则像刚才输入"×"号代码那样，将其对应的代码通过键盘输进去；也可以在文本框内键盘输入符号代码，其效果是一样的。

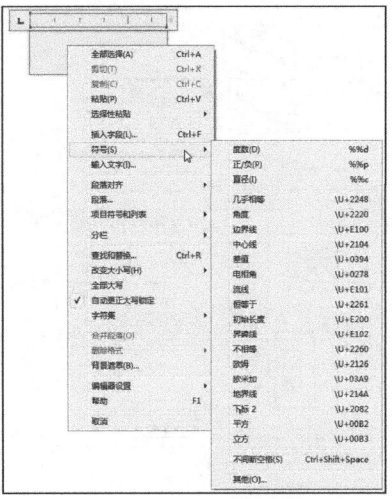

图 7-123　打开下级菜单

刚才的子菜单中并没有列出乘号的代码，若要找乘号的代码，则继续将鼠标移到子菜单的下部"其他"位置上单击，打开一个"字符映射表"，如图6-124所示。在这个表中就可找到各种各样的字符及代码。注意，在输入字符代码时，一定要在前面加"\"。

（3）单击"默认"选项卡"注释"面板中的"多行文字"按钮 **A**，做无引线的标注比较简单，在此不赘述。

图 7-124　"字符映射表"

综合上述方法，文字标注结束后的效果如图7-125所示。

❸ 符号标注

在该平面图中需要标注的符号主要是室内立面内视符号，为节约篇幅，事先已经将它们做成图块，存于附带光盘内，下面在平面图中插入相应的符号。

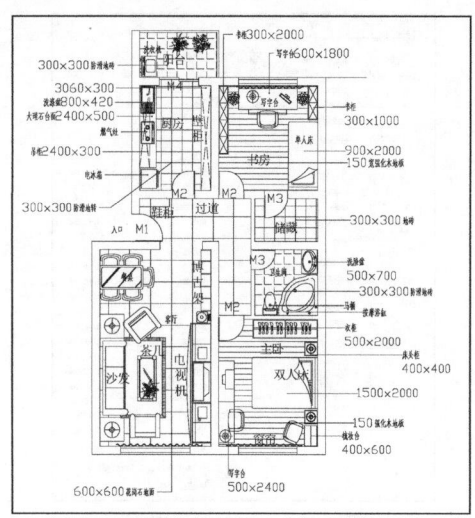

图 7-125　标注文字后效果

（1）建立"符号"图层，参数如图 7-126 所示，设为当前层。

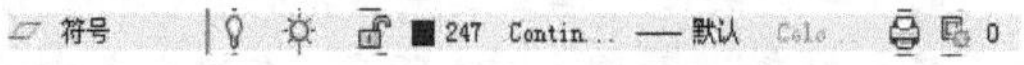

图 7-126　"符号"图层参数

（2）在"X:\源文件\图库"文件夹内找到立面内视符号，插入到平面图内。在操作过程中，若符号方向不符，则单击"默认"选项卡"修改"面板中的"旋转"按钮纠正；若标号不符，则将图块分解，然后编辑文字。结果如图 7-127 所示。

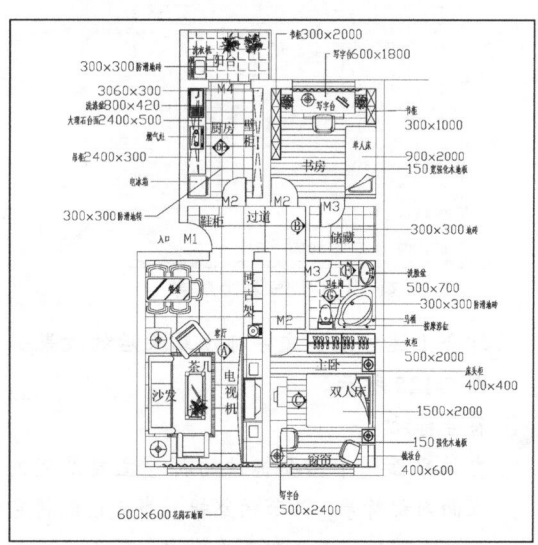

图 7-127　立面图位置符号

图中立面位置符号指向的方向就意味着要画一个立面图来表达立面设计思想。

❹ 尺寸标注

在这里标注重点是房间的平面尺寸、主要家具陈设的平面尺寸及主要相对关系尺寸，原来建筑平面图中不必要的尺寸可以删除掉。有关每个尺寸的标注，其主要利用的命令仍然是"线性"及相关修改命令。

（1）将"尺寸"层设为当前层，暂时将"文字"层关闭。可以考虑将原来建筑平面图中不必要的尺寸删除。

（2）单击"默认"选项卡"注释"面板中的"线性"按钮，沿周边将房间尺寸标注出来。打开"文字"层，发现文字标注与尺寸标注重叠，无法看清。

（3）单击"默认"选项卡"修改"面板中的"移动"按钮，将刚才标注的尺寸向外移动，避开文字标注部分，结果如图 7-128 所示。

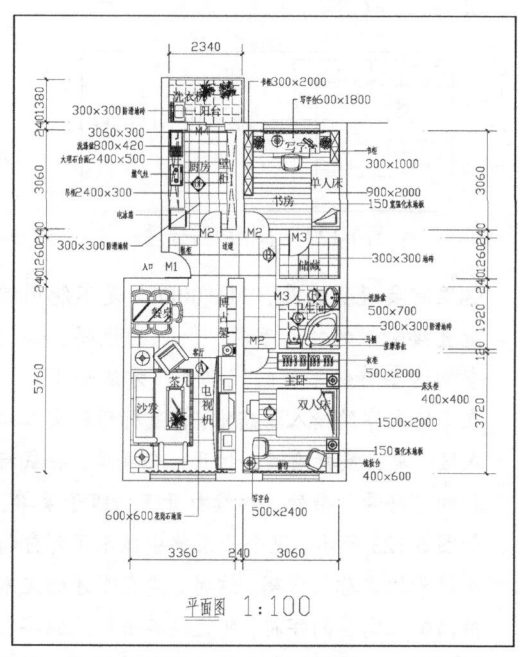

图 7-128　尺寸标注

7.3.6　线型设置

平面图中的线型可以分作四个等级：粗实线、中实线、细实线、装饰线。粗实线用于墙柱的剖切轮廓，中实线用于装饰材料、家具的剖切轮廓，细实线用于家具陈设轮廓，装饰线用于尺寸、图例、符号、材料纹理和装饰品线等。

本例的具体线宽值采用 0.6mm、0.35mm、0.25mm、0.18mm 四个等级。

在 AutoCAD 中，可以通过两种途径来设置线型和线宽。一种是在图层特性管理器中对整个图层的线型和线宽进行设置或调整，这时，图层中线型、线宽处于"ByLayer"状态的线条都得到控制；另一种是在同一个图层中，可以将部分线条的线型和线宽由"ByLayer"状态调到具体的线型、线宽值上去。下面结合实例介绍。

Step 绘制步骤

（1）打开图层特性管理器，单击各图层的"线宽"位置，将"墙体"、"柱子"线宽均设为 0.6mm，"阳台"线宽设为 0.25mm，"轴线""门窗""家具""地面材料""尺寸""符号""窗帘""植物"线宽均设为 0.18mm，如图 7-129 所示。

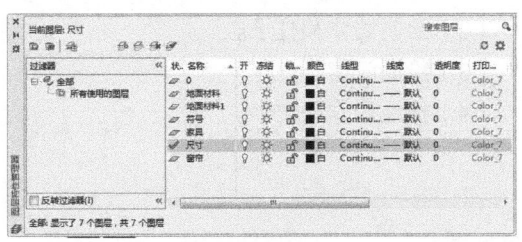

图 7-129　图层特性管理器中的线宽设置

（2）对单个图层中的个别线条的线宽作具体设置。

1）将所有未剖切到的家具外轮廓线宽设置为 0.25mm。以厨房家具为例：将家具轮廓用鼠标选中，对于图块应事先分解开，再将轮廓选中；选中后，单击"特性"工具栏中的线

宽控制，将它设置为 0.25mm，如图 7-130 所示。其他家具轮廓也采用同样的方法设置。

 按住〈Shift〉键，可以同时选中多个线条。

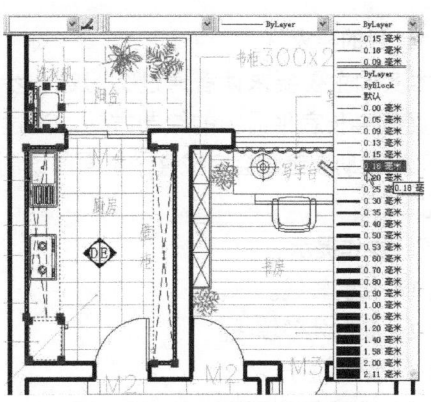

图 7-130　家具轮廓线宽设置

2）将剖切到的博古架、书柜、衣柜轮廓选中后，将线宽设置为 0.35mm，如图 7-131 所示。

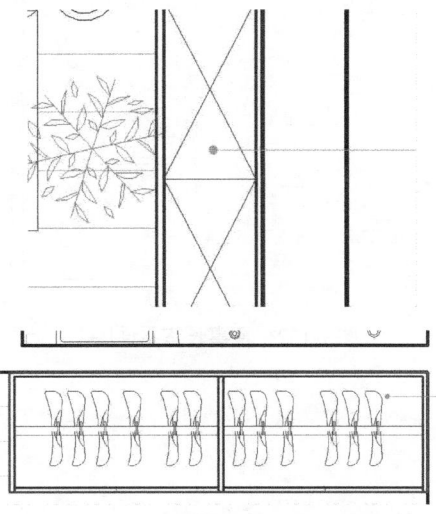

图 7-131　家具剖切轮廓线宽设置

 对于处理家具轮廓线宽设置的问题，另外一种方法是将轮廓线单独放在一个图层里，以另一种颜色区别，通过整体设置这个图层的线宽来解决。

7.4 上机实验

【练习1】绘制图 7-132 所示的董事长室平面图。

1. 目的要求

本实例主要要求读者通过练习进一步熟悉和掌握董事长室平面图的绘制方法。通过本实例，可以帮助读者学会完成整个平面图绘制的全过程。

2. 操作提示

（1）绘制轴线。

（2）绘制外部墙线。

（3）绘制柱子。

（4）绘制内部墙线。

（5）绘制门窗和楼梯。

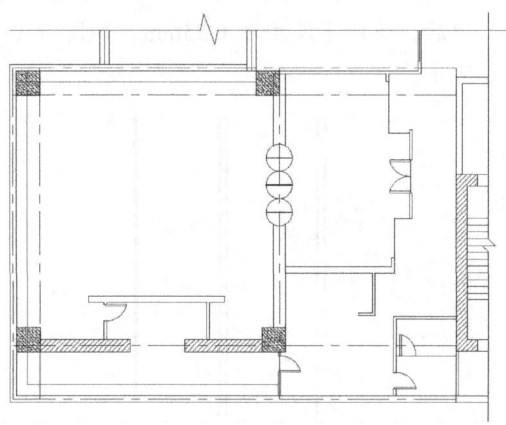

图 7-132　董事长室平面图

【练习2】绘制图 7-133 所示的餐厅平面图。

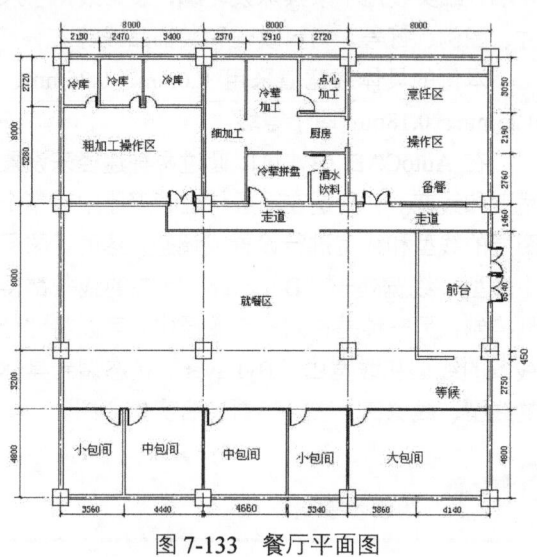

图 7-133　餐厅平面图

1. 目的要求

本实例主要要求读者通过练习，进一步熟悉和掌握餐厅平面图的绘制方法。通过本实例，可以帮助读者学会完成整个平面图绘制的全过程。

2. 操作提示

（1）绘制轴线。

（2）绘制墙体和柱子。

（3）绘制门窗。

（4）标注尺寸和文字。

第 8 章

住宅室内装潢立面、顶棚与构造详图

由于住宅室内装潢设计的内容比较多，设计到建筑设计的方方面面。本章将在上一章的基础上进一步深入和完善，完整地介绍住宅室内装潢设计的全过程。

重点与难点

➡ 住宅室内立面图的绘制

➡ 住宅室内设计顶棚图的绘制

➡ 住宅室内构造详图的绘制

8.1　住宅室内立面图的绘制

本节依次介绍 A、B、C、D、E、F、G 七个室内立面图的绘制。在每一个立面图中，大致按立面轮廓绘制、家具陈设立面绘制、立面装饰元素及细部处理、尺寸标注、文字说明及其他符号标注、线宽设置的顺序来介绍。

实际上，在进行平面设计时，就要同时考虑立面的合理性和可行性；如今重点在立面设计，可能也会发现一些新问题，需要结合平面来综合处理。

作为一套完整的室内设计图，上一章平面图中没有标内视符号的墙面在必要时也应该绘制立面图。本书为了节约篇幅，只挑了几个具有代表性的立面图来介绍。

8.1.1　A 立面图的绘制

A 立面图是客厅里主要表现的墙面，在其中需要表现的内容有：空间高度上的尺度及协调效果、客厅墙面做法、电视柜及配套设施立面、博古架立面、与墙面交接处吊顶情况及立面装饰处理等。如图 8-1 所示。

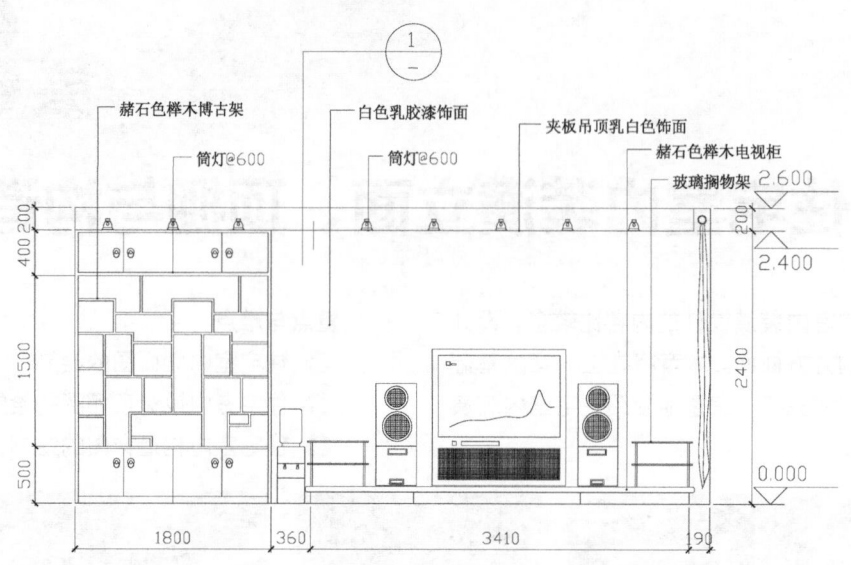

A立面图 1:50

图 8-1 A 立面图

注意 由于要借助室内平面图绘制立面图，而且后面还要利用平面图中的相关设置，因此绘制立面图之前，请将室内平面图另存为"室内立面图"，不要将其中的平面图删去。

Step 绘制步骤

① 轮廓绘制

（1）打开图层特性管理器，将文字、尺寸、地面材料层关闭，建立一个新图层，命名为"立面"，参数按图 8-2 所示进行设置，置为当前层。

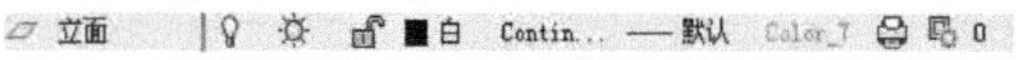

☐ 立面   ♀ ✿ 🔓 ⬜白 Contin... ──默认 Color_7 🖶 🗟 0

图 8-2 立面图层参数

（2）单击"默认"选项卡"修改"面板中的"复制"按钮🗐，将平面图选中，拖动鼠标将它复制到旁边的空白处；然后单击"默认"选项卡"修改"面板中的"旋转"按钮⟳，将它逆时针旋转 90°，结果如图 8-3 所示。

以复制出的平面图作为参照，在它的上方绘制立面图。

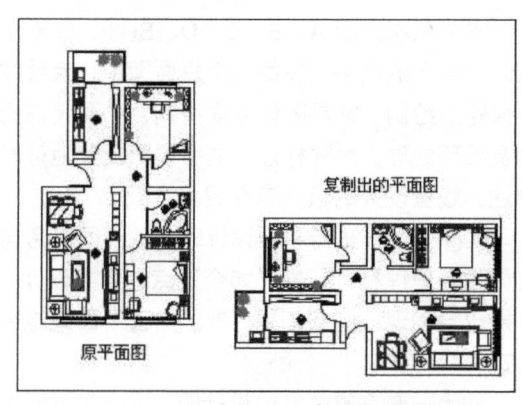

图 8-3 复制出一个平面图

（3）在复制出的平面图上方首先绘制立面的上下轮廓线：单击"默认"选项卡"绘图"面板中的"直线"按钮∕，先绘制出一条长于客厅进深的直线，然后单击"修改"工具栏中的"偏移"按钮⬛，复制出另一条直线，偏移距离 2600（为客厅的净高），结果如图 8-4 所示。

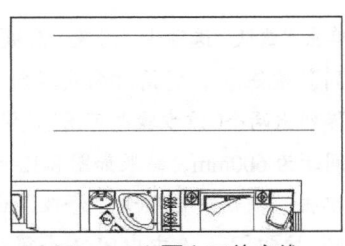

图 8-4　立面上下轮廓线

（4）单击"默认"选项卡"绘图"面板中的"直线"按钮，分别以客厅的两个内角点向上引两条直线，如图 8-5 所示。

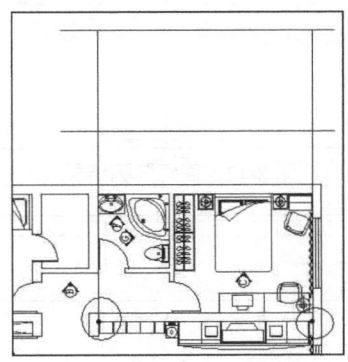

图 8-5　引出左右两条轮廓线

（5）单击"默认"选项卡"修改"面板中的"倒角"按钮，将倒角距离设为 0，然后分别单击靠近一个交点处两条线段需要的保留部分，从而消除不需要的伸出部分。重复"倒角"命令，对其余 4 个角进行处理。这样，立面图的轮廓就画好了，如图 8-6 所示。

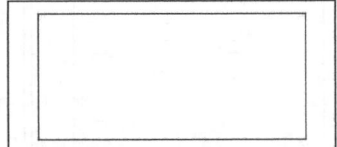

图 8-6　立面轮廓线

 注意　其实直接用"矩形"命令绘制一个 2600mm×5760mm 的矩形作为立面轮廓线也是可以的，上面介绍的方法是想告诉读者一个由平面图引出立面图的思路。

（6）单击"默认"选项卡"修改"面板中的"偏移"按钮，单击上面一条立面轮廓线，

将它向下偏移复制出另一条直线，偏移距离为 200mm（即墙边吊顶的高度），这条直线为吊顶的剖切线，结果如图 8-7 所示。

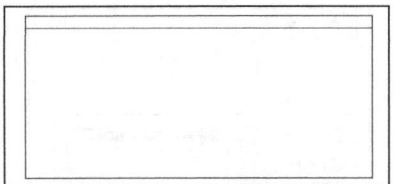

图 8-7　绘制吊顶剖切线

② 博古架立面

将"家具"层设为当前层。单击"插入"选项卡"块"面板中的"插入块"按钮，找到"X：\源文件\图库\博古架立面.dwg"图块，以立面轮廓的左下角为插入点，将它插入到立面图内，结果如图 8-8 所示。该博古架立面尺寸为 1800mm×2400mm，由上、中、下三部分组成。上、下部分均为柜子，中间部分为博古架陈列区，上端与吊顶齐平。要绘制这样的一个博古架，只需综合利用"直线""圆""复制""偏移""修剪""延伸""倒角"等命令。

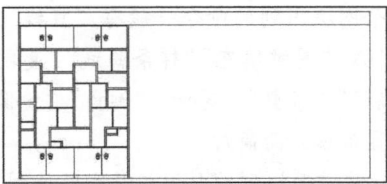

图 8-8　插入博古架立面

③ 电视柜立面

（1）单击"默认"选项卡"绘图"面板中的"直线"按钮，以平面图中电视机的中点作起点，向上引一条直线到立面图的下轮廓线，以便在插入电视机立面时以此为插入点。采用同样的方法从饮水机平面中点也引一条直线出来，如图 8-9 所示。

（2）单击"插入"选项卡"块"面板中的"插入块"按钮，找到"X：\源文件\图库\电视柜立面.dwg"图块，以引线端点为插入点，将它插入到相应的图内。重复"插

入块"命令，将"X：\源文件\图库\饮水机立面.dwg"图块也插入到相应位置，结果如图 8-10 所示。

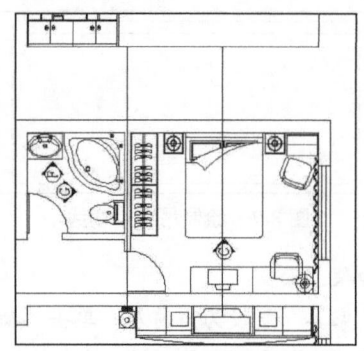

图 8-9　从平面引直线

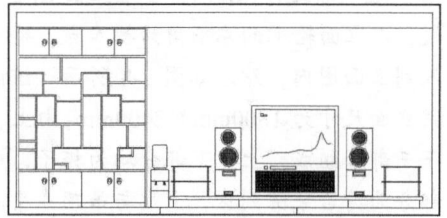

图 8-10　插入电视柜立面和饮水机立面

该电视柜平台高 150mm，中间部分放置电视机和音箱，两端各设计一个阁物架。绘制这个图块用到的命令一般有"直线""圆""圆弧""图案填充""样条曲线""复制对象""偏移""修剪""延伸""倒角""镜像"等。

④ 布置吊顶立面筒灯

（1）将前面提到的电视柜引线延伸到立面轮廓线上，以便筒灯定位。

（2）单击"插入"选项卡"块"面板中的"插入块"按钮🗔，找到"X：\源文件\图库\筒灯立面.dwg"图块，以引线端点为插入点，将它插入到吊顶剖切线上，如图 8-11 所示。

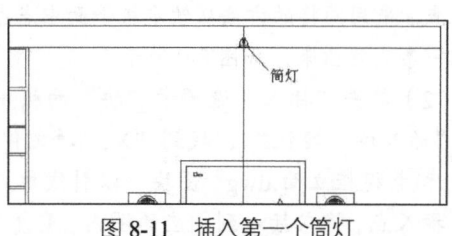

图 8-11　插入第一个筒灯

（3）单击"默认"选项卡"修改"面板中的"矩形阵列"按钮🏢，将筒灯向左阵列出两个，向右阵列出两个（该步骤也可用"镜像"命令），阵列间距为 600mm，结果如图 8-12 所示。

（4）单击"默认"选项卡"修改"面板中的"复制"按钮🖧，选中中间 3 个筒灯，捕捉引线与吊顶线的角点作为起点，捕捉博古架上端中点作为终点，将它们复制到博古架的上端。筒灯布置结束，如图 8-13 所示。

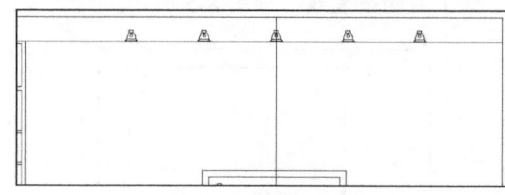

图 8-12　筒灯阵列结果

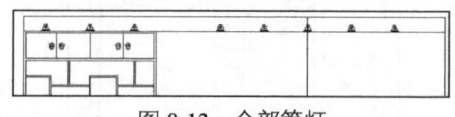

图 8-13　全部筒灯

（5）将引线删除。可以在博古架上添加一些陈列物品。

⑤ 窗帘绘制

（1）将右端吊顶线进行修改，留出窗帘盒位置。单击"默认"选项卡"修改"面板中的"偏移"按钮🖆，输入偏移距离 150，选取右端轮廓线，向内偏移出一条直线，如图 8-14 所示。

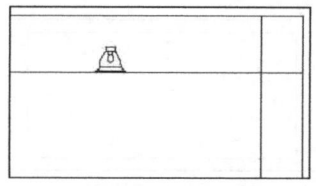

图 8-14　偏移直线

（2）单击"默认"选项卡"修改"面板中的"倒角"按钮◿，对图 8-14 进行倒角处理，结果如图 8-15 所示。

（3）将"窗帘"层设为当前层。在窗帘盒内绘制出窗帘滑轨断面示意图，单击"默认"选项卡"绘图"面板中的"样条曲线

"拟合"按钮 ∿，随意绘出窗帘示意图，结果如图 8-16 所示。

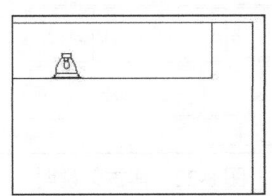

图 8-15 倒角处理

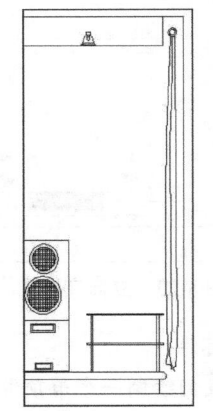

图 8-16 窗帘示意图

6 图形比例调整

室内平面图采用的比例是 1:100，而现在的立面图采用的比例是 1:50，为了使立面图跟平面图匹配，现将立面图比例放大 2 倍，而将尺寸标注样式中的"单位测量比例因子"缩小 1 倍。具体操作如下：

（1）单击"默认"选项卡"修改"面板中的"缩放"按钮 ，将刚才完成的立面图全部选中，选取左下角为基点，在命令行输入比例因子"2"，回车后，图形的几何尺寸变为原来的 2 倍。

（2）以"室内"尺寸样式为基础样式，新建一个"室内立面"尺寸样式，将"标注样式"窗口中"主单位"项中的"测量单位比例因子"设置为"0.5"，如图 8-17 所示，其余部分保持不变。将"室内立面"样式设为当前样式。

7 尺寸标注

在该立面图中，应该标注出客厅净高、吊顶高度、博古架尺寸、电视柜尺寸及各陈设相对位置尺寸等。具体操作如下。

（1）将"尺寸"层设为当前层。

（2）单击"默认"选项卡"注释"面板中的"线性"按钮 ，进行标注，结果如图 8-18 所示。

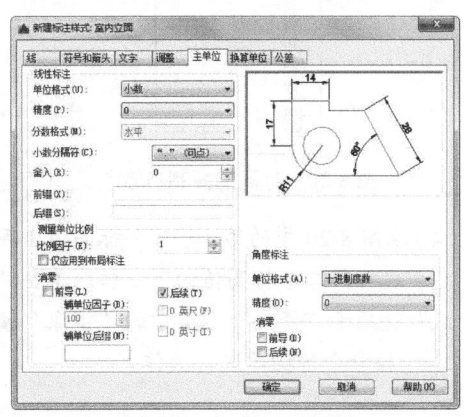

图 8-17 标注样式设置

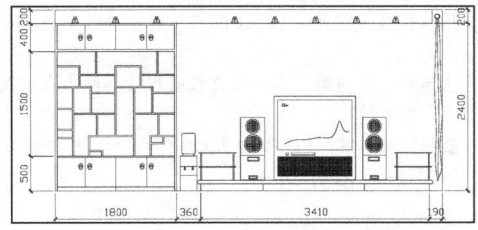

图 8-18 立面尺寸标注

8 标注标高

事先将标高符号及上面的标高值一起做成图块，存放在"X:\源文件\图库"文件夹中。

（1）单击"插入"选项卡"块"面板中的"插入块"按钮 ，将标高符号插入到图 8-19 所示的位置。

（2）单击"默认"选项卡"修改"面板中的"分解"按钮 ，将刚插入的标高符号分解开。

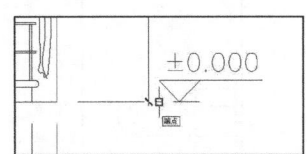

图 8-19 标高符号的插入点

（3）将这个标高符号复制到其他两个尺寸界线端点处，然后鼠标双击数字，把标高值修改正确，如图8-20所示。

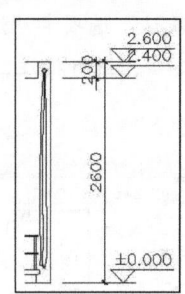

图8-20 标高的复制与修改

（4）在图8-20中的第二、三个标高值出现重叠，现将第二个标高值向下翻转。单击"默认"选项卡"修改"面板中的"镜像"按钮 ，按命令行提示进行操作：

```
命令: _mirror
选择对象: 指定对角点: 找到 2 个 （将第二个标高符号选中, 按右键）
指定镜像线的第一点: （在该条尺寸界线上点取第一点）
指定镜像线的第二点: （在该条尺寸界线上点取第二点, 按右键）
要删除源对象? [是(Y)/否(N)] <N>: y （回车）
```

结果如图8-21所示。

❾ 文字说明

在该立面图内，需要说明的是博古架、电视柜、墙面、吊顶的材料、颜色及名称等，还要注明筒灯的分布情况。具体操作如下。

（1）将"文字"层设为当前。

（2）在命令行输入"QLEADER"命令，首先标注博古架，结果如图8-22所示。接着按照图8-23所示完成剩下的文字说明。

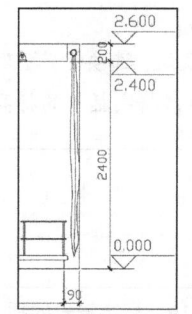

图8-21 完成标高标注

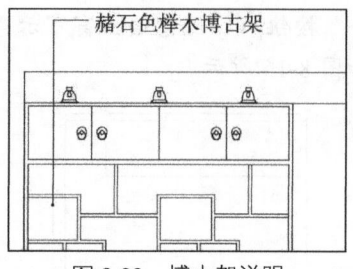

图8-22 博古架说明

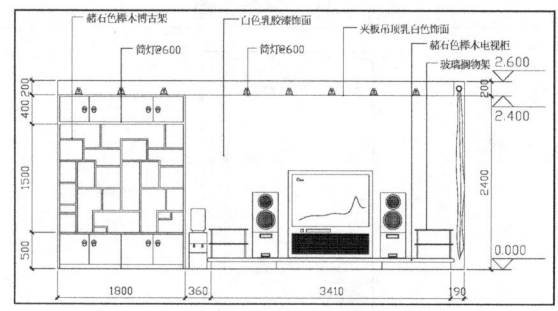

图8-23 立面文字说明

❿ 其他符号标注

在这里，我们绘制一个吊顶做法的详图索引符号，然后注明图名。

（1）将"符号"层设为当前层。

（2）单击"插入"选项卡"块"面板中的"插入块"按钮 ，找到"X:\源文件\图库\详图索引符号.dwg"图块，插入到图8-24所示的位置。

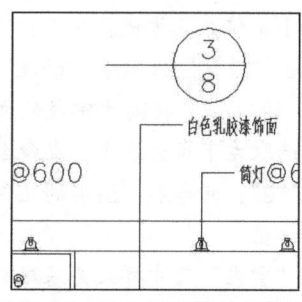

图8-24 插入详图符号的位置

（3）单击"默认"选项卡"修改"面板中的"分解"按钮 ，将该符号分解开。分别双击文字部分，将"3"修改为"1"，"8"修改为"一"，表示本套图纸中的第一个详图，它的位置在本张图样内。

（4）单击"默认"选项卡"绘图"面板中的

"直线"按钮 ✐，将索引符号的引线延伸至吊顶处，并在吊顶处引线右侧增加剖视方向线。用鼠标单击剖视方向线，将它选中，把线宽设置为"0.35"，结果如图 8-25 所示。

（5）单击"默认"选项卡"注释"面板中的"多行文字"按钮 **A** 和"绘图"面板"直线"按钮 ✐，在立面图的下方注明图名及比例，如图 8-26 所示，规格同平面图。

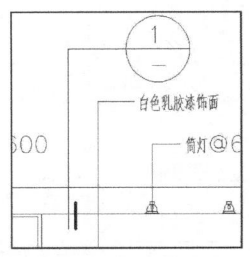

图 8-25　完成详图符号

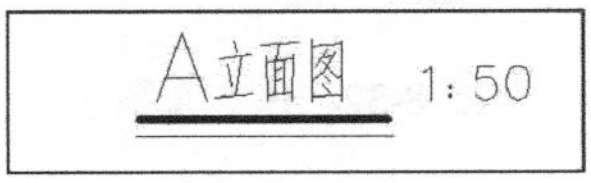

图 8-26　立面图图名及比例

至此，A 立面图就大致完成了，整体效果如图 8-27 所示。

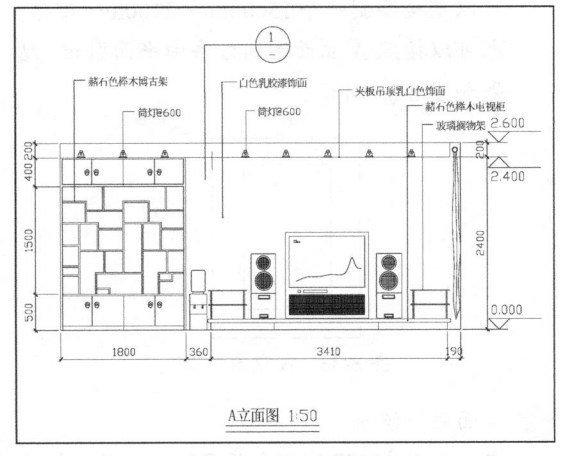

图 8-27　A 立面图

⑪ **线宽设置**

本例的具体线宽值采用 0.6mm、0.35mm、0.25mm、0.18mm 四个等级。图中立面轮廓线、剖切标志线设为 0.6mm，吊顶剖切线设为 0.35mm，博古架、电视柜（不包括电视

机）外轮廓设为 0.25mm，其余线条设为 0.18mm。在 AutoCAD 中的设置方法和原则与平面图相同，效果如图 8-28 所示。

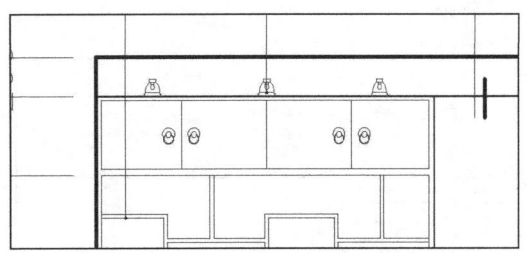

图 8-28　立面线型设置效果

⑫ **剖立面图**

前面叙述的是立面图的一种画法，即只顾及墙面以内的内容，另一种画法是把两侧的墙体剖面及顶棚以上的楼板剖面也表示出来，这种立面图叫作剖立面图。下面介绍一下它的绘制要点。

（1）将刚绘制结束的 A 立面图做整体复制，在复制的立面图上进行后续操作。将"文字""尺寸""符号"等图层关闭，设置"立面"层为当前层。

（2）综合利用"直线""矩形""复制""偏移""剪切""延伸""倒角"等命令，绘制出墙体剖面轮廓、楼板剖面轮廓及门窗。绘制时参照图 8-29 标注的实际尺寸，但需要扩大 1 倍输入。绘制结束后，将墙体、楼板的剖切轮廓更换到"墙体"层中去。

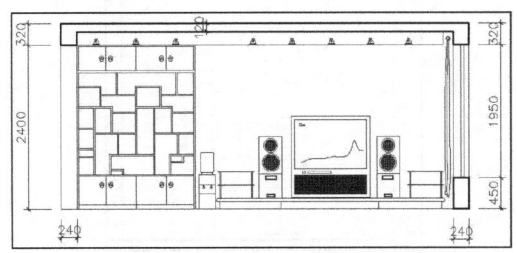

图 8-29　墙体剖面轮廓及楼板剖面轮廓

（3）单击"默认"选项卡"绘图"面板中的"图案填充"按钮 ▨，对剖切部分实行图案填充。楼板及圈梁材料为钢筋混凝土，"JIS-LC-20"的填充比例为 10，"AR-CONC"

的填充比例为 5，结果就得到了钢筋混凝土的图案。至于窗下部的砖墙图例，直接填充"JIS-LC-20"，填充比例为 10，结果如图 8-30 所示。

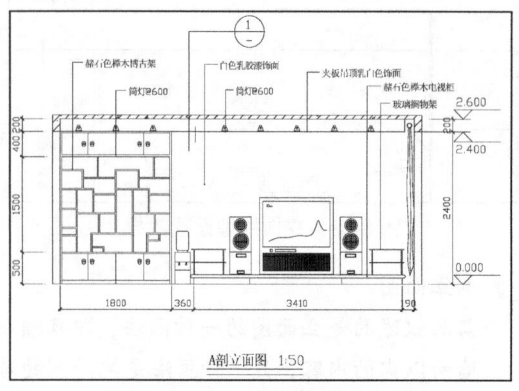

图 8-30　A 剖立面图

（4）打开"文字""尺寸""符号"等图层，单击"默认"选项卡"修改"面板中的"移动"按钮，将两侧的尺寸图案分别向外侧移动 480，将图名更改为"A 剖立面图"。至此，绘制基本完成。

（5）图中墙体剖切轮廓线、剖切标志线、图名下划线均设为 0.6mm，吊顶剖切线设为 0.35mm，博古架、电视柜（不包括电视机）外轮廓均设为 0.25mm，其余线条设为 0.18mm。设置效果如图 8-31 所示。

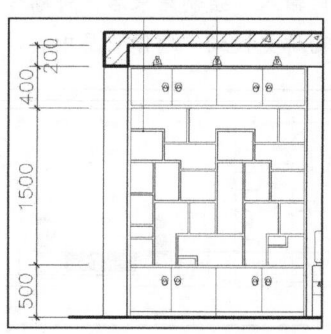

图 8-31　剖立面线型设置效果

8.1.2　B 立面图的绘制

B 立面是与大门相对的墙面，本例的设计力

图借鉴中国传统民居的照壁的形式，结合现代居住空间的特点，对该立面进行装饰处理，以求丰富空间感受。该立面的绘制相对简单，下面做一下介绍。结果如图 8-32 所示。

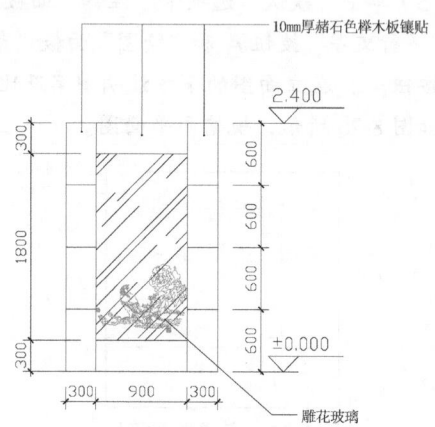

B 立面图　1:50

图 8-32　B 立面图

Step　绘制步骤

1 轮廓绘制

可以直接绘制一个 1500mm×2400mm 矩形，也可以按照 A 立面图的方法由平面引出，结果如图 8-33 所示。

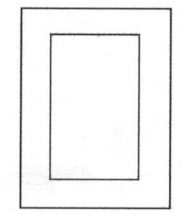

图 8-33　B 立面轮廓

2 立面装饰绘制

在该立面中，要在中部设置一块镜子，镜子的周围镶榉木板做装饰。具体操作如下。

（1）综合利用"直线""复制""偏移"等命令在轮廓线内按图 8-34 所示进行分隔。

（2）单击"默认"选项卡"修改"面板中的"修剪"按钮，将图中的线段按图 8-35 所示进行修剪。单击"默认"选项卡"修改"面板中的"缩放"按钮⬚，将它放大 1 倍。

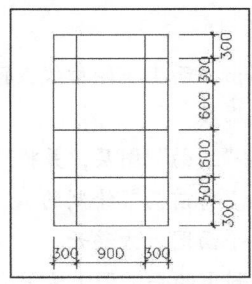

图 8-34　分隔尺寸图

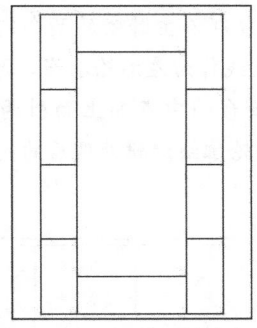

图 8-35　修剪后的线条

（3）中部镜面的处理：首先单击"默认"选项卡"绘图"面板中的"图案填充"按钮⬚，选择"AR-RROOF"图案，角度输入"45"，比例输入"30"，采用"拾取点"的方式选中中间矩形，确定后完成填充。其次，插入镜面花纹图案"X：\源文件\图库\饰物.dwg"到镜面下部，结果如图 8-36 所示。

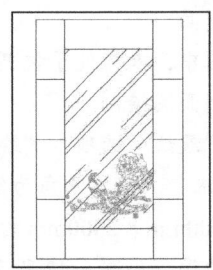

图 8-36　镜面处理

（4）对于周边的榉木饰板可以不填充图案，感兴趣的读者也可以自己填充木纹在上面。

③ 尺寸、标高标注

在该立面图中，应该标注出镜面大小、各块榉木板的大小及标高等。具体操作如下。

（1）将"尺寸"层设为当前层，确认"室内立面"标注样式处于当前状态。

（2）单击"默认"选项卡"注释"面板中的"线性"按钮⬚，进行标注。

（3）单击"插入"选项卡"块"面板中的"插入块"按钮⬚，将标高符号插入到 B 立面图，并做相应的数字修改，结果如图 8-37 所示。

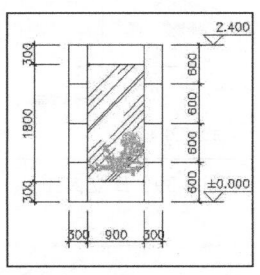

图 8-37　尺寸、标高标注

④ 文字说明及符号标注

在该立面图内，需要说明各部分材料、颜色及名称等。在施工图中，一般需要绘制木板及玻璃镶挂的详图，因此这里就应该标注详图索引符号，限于篇幅，这里将此略去。具体操作如下。

（1）将"文字"层设为当前层。

（2）在命令行中输入"qleader"命令，为该图添加文字说明，如图 8-38 所示。

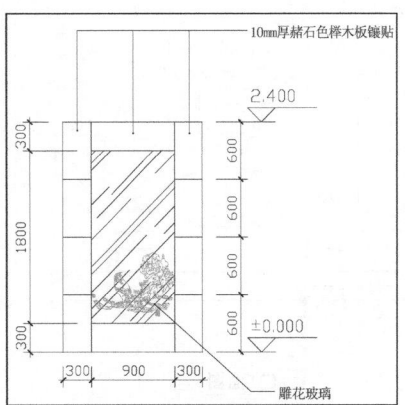

图 8-38　标注文字说明

（3）单击"默认"选项卡"注释"面板中的"多行文字"按钮 A 和"绘图"面板"直线"按钮，在立面图的下方注明图名及比例，结果如图 8-39 所示。

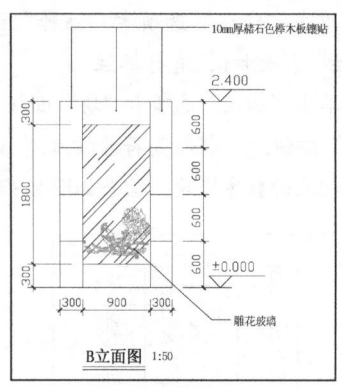

图 8-39　B 立面图

8.1.3　C 立面图的绘制

C 立面是主卧室的一个主要墙面，在其中需要表现的内容有：空间高度上的尺度及协调效果、墙面做法、双人床及配套设施立面、衣柜剖面及其他立面装饰处理等。如图 8-40 所示。

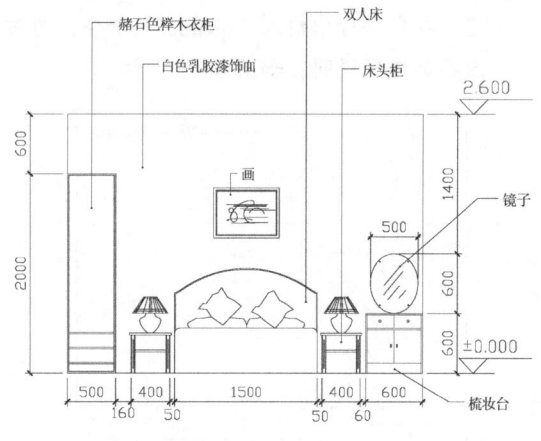

图 8-40　C 立面图

Step 绘制步骤

1 轮廓绘制

首先绘制出立面上下轮廓线，再由平面图引出左右轮廓线。

（1）新建"立面"图层，并将"立面"层置为当前层。将前两节绘制的 A、B 立面图从复制出的平面图上方移开。

（2）在复制出的平面图上方首先绘制立面的上下轮廓线，距离为 2600mm（为主卧室的净高）；分别以主卧室的两个内角点向上面引两条直线作为左右轮廓线。再分别以双人床和梳妆台的中点向上面引两条直线作辅助线。将轮廓线编辑处理后的结果如图 8-41 所示。

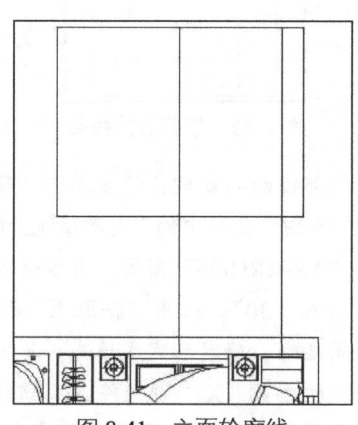

图 8-41　立面轮廓线

2 绘制衣柜剖面

在本立面图中，衣柜处于被剖切的位置，所以衣柜以剖面图绘制。

（1）单击"默认"选项卡"绘图"面板中的"矩形"按钮 □，以左下角为矩形的第一点，绘制一个 500mm×2000mm 的矩形作为衣柜被剖切的轮廓，如图 8-42 所示。

（2）单击"默认"选项卡"修改"面板中的"偏移"按钮 ⊜，将该矩形向内偏移出另一个矩形，偏移距离为 15mm，如图 8-43 所示。

（3）单击"默认"选项卡"修改"面板中的"偏移"按钮 ⊜，将下面一条轮廓线依次按偏移距离 100mm、150mm、150mm 复制三条辅助线。选择菜单栏中的"绘图"→"多线"命令，设置多线比例为 15（隔板厚度），在辅助线处绘制出隔板，如图 8-44 所示。

"倒角""镜像"等。

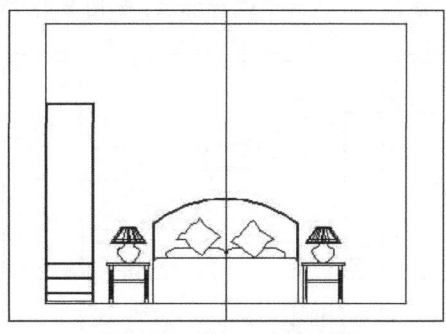

图 8-45　插入双人床立面

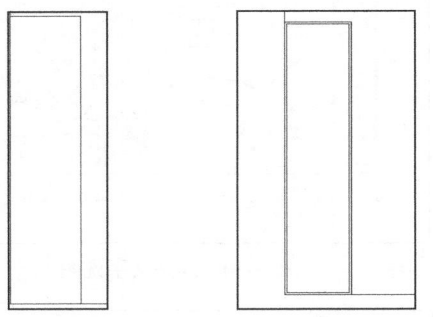

图 8-42　衣柜被剖切的轮廓　　图 8-43　偏移后的矩形

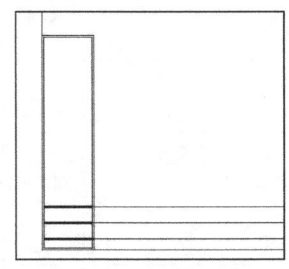

图 8-44　绘制多线

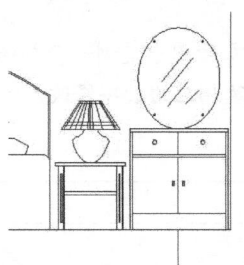

图 8-46　插入梳妆台立面

（4）删除辅助线，完成衣柜剖面的绘制。

③ 插入双人床立面

单击"插入"选项卡"块"面板中的"插入块"按钮，找到"X：\源文件\图库\双人床立面.dwg"图块，以引线与下轮廓交点为插入点，将它插入到立面图内，如图 8-45 所示。绘制这个图块用到的命令有"直线""圆""圆弧""图案填充""样条曲线""复制""偏移""修剪""阵列""延伸""倒角""镜像"等。

④ 插入梳妆台立面

单击"插入"选项卡"块"面板中的"插入块"按钮，找到"X：\源文件\图库\梳妆台立面.dwg"图块，以引线端点为插入点，将它插入到立面图上，如图 8-46 所示。该梳妆台由下部的小柜子和上部的椭圆形镜子组成。绘制这个图块用到的命令有"直线""椭圆""复制对象""偏移""修剪""延伸"

⑤ 插入画框

单击"插入"选项卡"块"面板中的"插入块"按钮，找到"X：\源文件\图库\画框.dwg"图块，插入到床中心的适当位置上，如图 8-47 所示。该立面图的比例仍采用 1：50，为了与平面图匹配，也将它放大 1 倍。

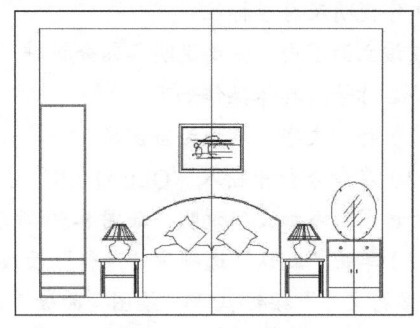

图 8-47　插入画框

⑥ 尺寸、标高标注

在该立面图中，应该标注出各立面陈设的大小及标高等。具体操作如下。

（1）将"尺寸"层设为当前层，确认"室内立面"标注样式处于当前状态。

（2）单击"默认"选项卡"注释"面板中的"线性"按钮，进行标注，如图8-48所示。

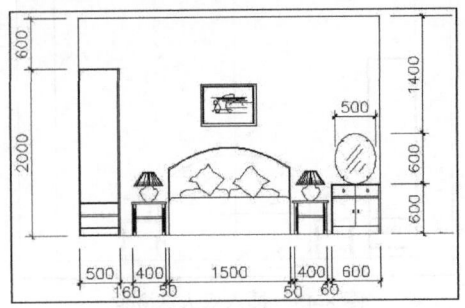

图8-48　标注尺寸

（3）从A立面图中复制一个标高符号到C立面图，并做相应的数字修改，结果如图8-49所示。

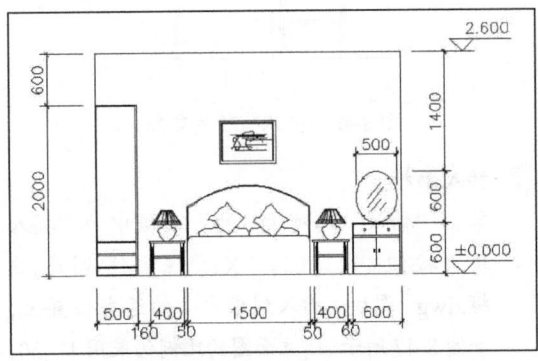

图8-49　立面尺寸标注

⑦ 文字说明及符号标注

在该立面图内，需要说明各部分材料、颜色及名称等。具体操作如下。

（1）将"文字"层设为当前层。

（2）在命令行中输入"QLEADER"命令，为该图形添加文字说明，如图8-50所示。

（3）单击"默认"选项卡"注释"面板中的"多行文字"按钮A和"绘图"面板"直线"按钮，在立面图的下方注明图名及比例，结果如图8-51所示。

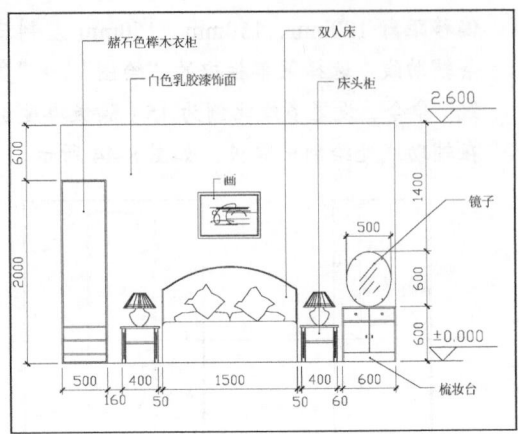

图8-50　添加文字说明

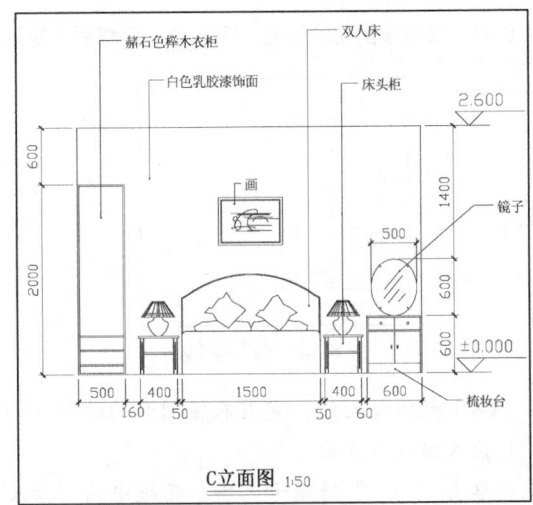

图8-51　C立面图

8.1.4　D立面图的绘制

D立面是厨房的一个墙面，在其中需要表现的内容有：操作案台立面、吊柜立面、冰箱立面、墙面做法等，另外将厨房外的阳台部分也画在里面，故采用剖立面图的形式绘制。如图8-52所示。

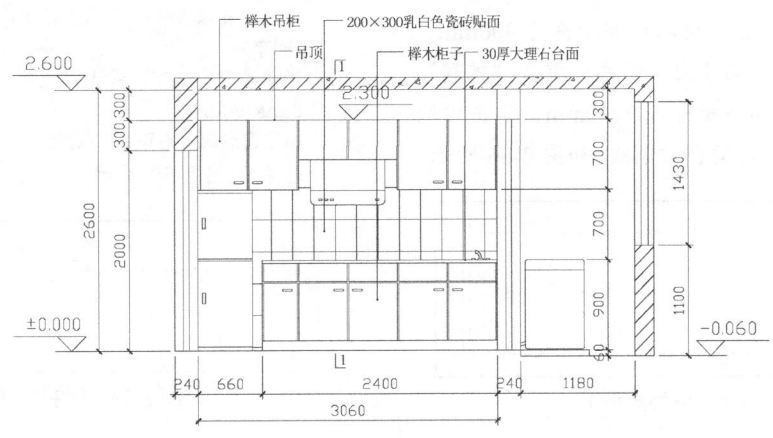

D立面图　1:50

图 8-52　D 立面图

Step　绘制步骤

1 厨房剖面的绘制

借助平面图的水平尺寸关系，结合厨房空间高度方向的尺寸绘制厨房剖面图。

（1）将"立面"层置为当前层。将前面复制出来的平面图旋转 180°，让 D 立面所在墙体朝上方，如图 8-53 所示。

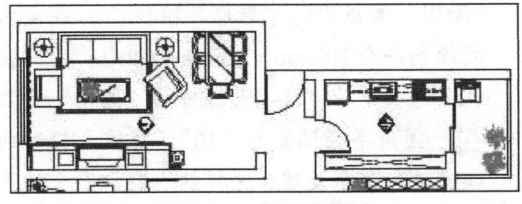

图 8-53　参照平面图

（2）借助平面图，参照图 8-54 所示的尺寸，绘制出厨房剖面，将辅助线删除后的结果如图 8-55 所示。

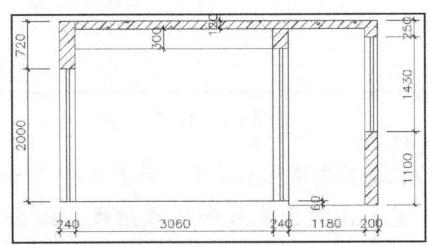

图 8-54　厨房剖面尺寸

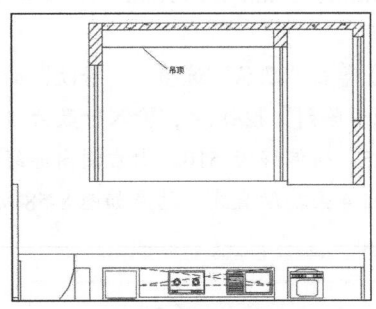

图 8-55　厨房剖面图

其中，材料断面的图案填充参数是：楼板部分，将"JIS-LC-20"和"AR-CONC"这两种图案都填充到里边去，"JIS-LC-20"的填充比例为 5，"AR-CONC"的填充比例为 2，结果就得到了钢筋混凝土的图案；砖墙部分，直接填充"JIS-LC-20"，填充比例为 5。厨房的吊顶高度为 300mm，将楼板下部的管道部分掩去。采用塑钢窗将阳台封闭，故阳台栏板上部绘制成窗的图案。为了避免阳台部分的雨水倒灌，地面标高比厨房室内低 60mm。

2 案台立面

在本实例中，案台高为 900mm，长 2400mm，台面为 30mm 厚大理石，内嵌洗涤池和燃气灶，其表面与案台相平，下面可利用的空间设计为柜子。案台左端留出放置冰箱的位置。

（1）单击"默认"选项卡"修改"面板中的"偏移"按钮，输入偏移距离为900mm，单击地面线，偏移出台面线；重复"偏移"命令，输入偏移距离为2400mm，单击右侧内墙线，偏移出案台右侧线，如图8-56所示。

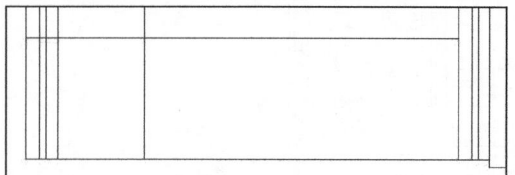

图8-56　偏移直线1

（2）重复"偏移"命令，由台面线向下依次偏移出4条直线，偏移间距依次为30mm、180mm、15mm、575mm，结果如图8-57所示。

（3）单击"默认"选项卡"修改"面板中的"矩形阵列"按钮，输入行数为1，列数为5，列偏移为510，由右侧内墙线向左阵列出4条辅助直线，结果如图8-58所示。

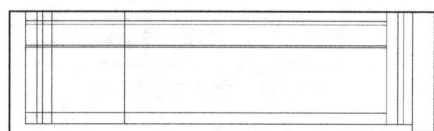

图8-57　偏移直线2

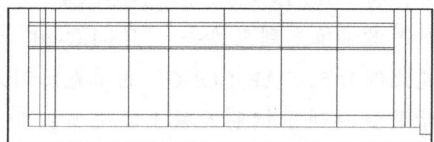

图8-58　阵列结果

（4）选择菜单栏中的"绘图"→"多线"命令，绘制多线，按命令行提示进行操作：

```
命令:
MLINE
当前设置: 对正 = 下, 比例 = 50.00, 样式 =
STANDARD
指定起点或 [对正(J)/比例(S)/样式(ST)]: s
输入多线比例 <50.00>: 15 (多线比例设为15,
回车)
当前设置: 对正 = 下, 比例 = 15.00, 样式 =
STANDARD
指定起点或 [对正(J)/比例(S)/样式(ST)]: j
```

```
(回车)
输入对正类型 [上(T)/无(Z)/下(B)] <下>: b
(回车)
当前设置: 对正 = 无, 比例 = 15.00, 样式 =
STANDARD
指定起点或 [对正(J)/比例(S)/样式(ST)]:
```

结果如图8-59所示。

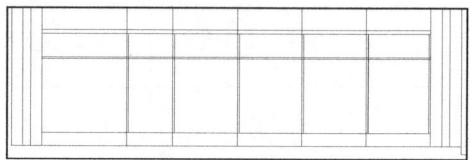

图8-59　绘制多线

（5）单击"默认"选项卡"修改"面板中的"分解"按钮，将多线分解，然后单击"默认"选项卡"修改"面板中的"修剪"按钮，修剪掉多余的直线，同时删去多余的辅助线。结果如图8-60所示。

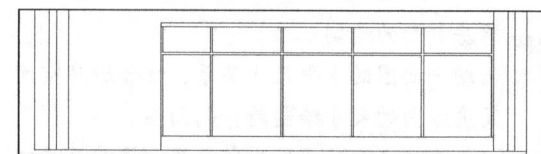

图8-60　案台立面修剪结果

（6）绘制柜子的拉手：单击"默认"选项卡"绘图"面板中的"矩形"按钮，在空白处绘制一个100mm×20mm的矩形；单击"默认"选项卡"修改"面板中的"圆角"按钮，圆角半径设置为"10"，将这个矩形的四角进行圆角处理，这样就绘制出一个拉手的图案；按图8-61所示将图案复制、就位。

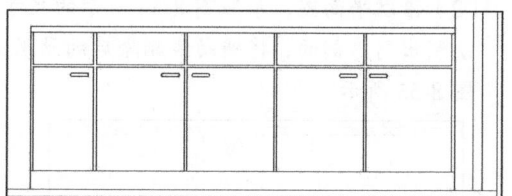

图8-61　拉手

（7）绘制洗涤池水龙头。如图8-62所示，该水龙头图案由直线和弧线组成，综合利用"直线"和"弧线"命令及相关的常用编辑命令就可完成。

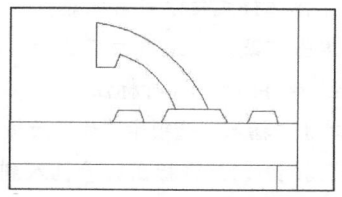

图 8-62 洗涤池水龙头

这样案台立面绘制结束了，整体效果如图 8-63 所示。

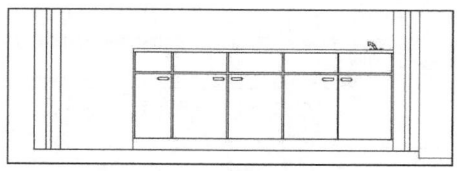

图 8-63 案台立面

3 吊柜立面

本例吊柜高为 700mm，厚 300mm。由于其风格与案台下的柜子相同，所以利用刚才绘制的柜子立面进行修改、补充就可得到立面。

（1）单击"默认"选项卡"修改"面板中的"复制"按钮，按图 8-64 所示选中案台立面的部分图案，将它复制到吊顶下，如图 8-65 所示。

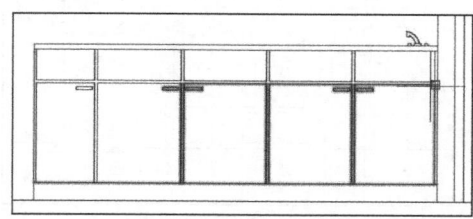

图 8-64 复制对象的选择

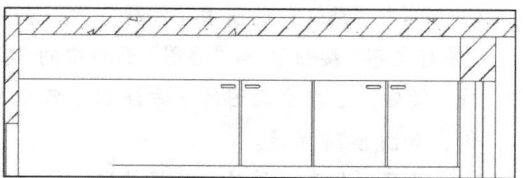

图 8-65 完成复制的结果

（2）由前面可知，复制过来的柜子立面高度为 575mm，而我们所需的高度为 700mm，

所以单击"默认"选项卡"修改"面板中的"延伸"按钮，将它向下拉伸 125mm。将拉手移动到柜子下端，结果如图 8-66 所示。

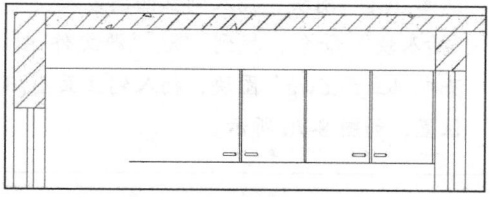

图 8-66 拉伸柜子

（3）单击"默认"选项卡"修改"面板中的"镜像"按钮，以吊顶线的中点及其垂直线上的另一点确定镜像线，将右端部分镜像到左端，将重复多余的线条删除，并做适当的修改，结果如图 8-67 所示。

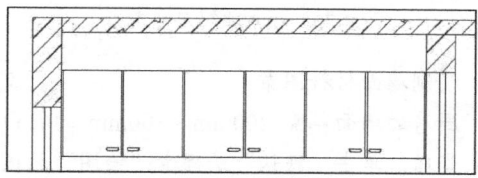

图 8-67 吊柜立面

（4）抽油烟机立面。首先将中间两格柜子的下部修剪掉 300mm，如图 8-68 所示，单击"插入"选项卡"块"面板中的"插入块"按钮，找到"X:\源文件\图库\抽油烟机立面.dwg"图块，插入到切口下，结果如图 8-69 所示。

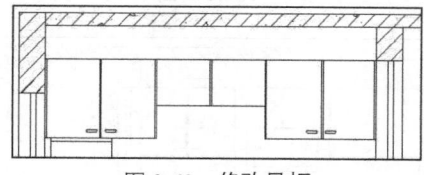

图 8-68 修改吊柜

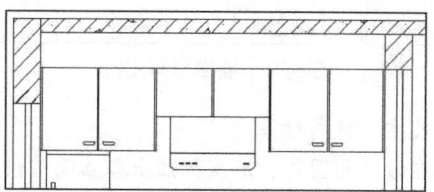

图 8-69 抽油烟机立面

④ 冰箱立面及洗衣机立面

单击"插入"选项卡"块"面板中的"插入块"按钮，找到"X: \源文件\图库\冰箱立面.dwg"图块，插入到立面图左端，重复"插入块"命令，找到"X: \源文件\图库\洗衣机立面.dwg"图块，插入到立面图阳台位置，如图8-70所示。

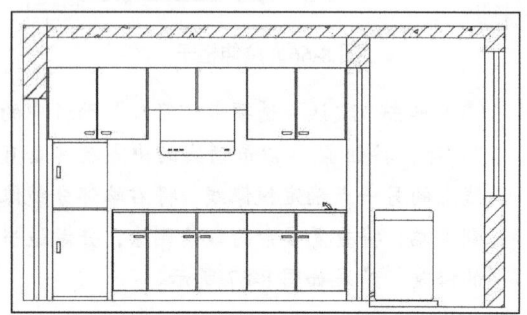

图8-70 插入冰箱及洗衣机

⑤ 绘制墙面材料图案

厨房的墙面粘贴 200mm×300mm 的乳白色瓷砖。单击"默认"选项卡"绘图"面板中的"图案填充"按钮，选择"LINE"图案，比例设置为"100"，角度"0"，采用"拾取点"方式在空白墙面上单击一点，单击右键回到填充对话框，单击"确定"按钮，就在空白墙面上填充出水平线；重复上述命令，将填充比例更改为"68.5"，角度更改为"90"，选择同样的填充区域，"确定"后就得到竖向直线，结果如图8-71所示。

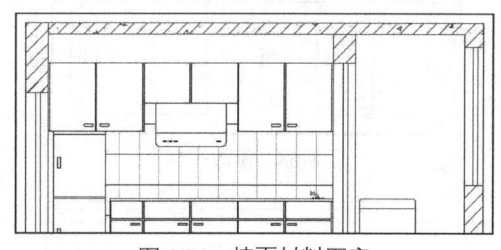

图8-71 墙面材料图案

⑥ 尺寸、标高标注

在该立面图中，应该标注出各立面陈设的大小及标高等。具体操作如下。

（1）先将已绘制好的 D 立面部分放大 1 倍。

（2）将"尺寸"层设为当前层，确认"室内立面"标注样式处于当前状态。

（3）单击"默认"选项卡"注释"面板中的"线性"按钮，进行标注。

（4）单击"插入"选项卡"块"面板中的"插入块"按钮，将标高符号插入到 D 立面图中，并做相应的数字修改，结果如图8-72所示。

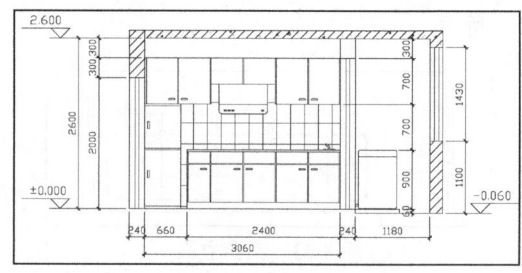

图8-72 立面尺寸标注

⑦ 文字说明及符号标注

在该立面图内，需要说明各部分材料、颜色及名称等。具体操作如下。

（1）将"文字"层设为当前图层。

（2）在命令行中输入"QLEADER"命令，为图8-69添加文字说明，如图8-73所示。

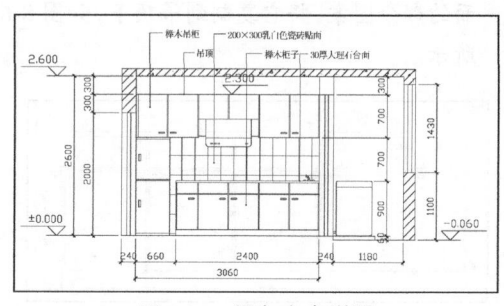

图8-73 添加文字说明

（3）单击"默认"选项卡"注释"面板中的"多行文字"按钮 A 和"绘图"面板中的"直线"按钮，在立面图的下方注明图名及比例，如图8-74所示。

（4）为了详细表示厨房的装修构造，画一个厨房剖面图，因此在 D 立面图上标注剖切符号，结果如图8-75所示。

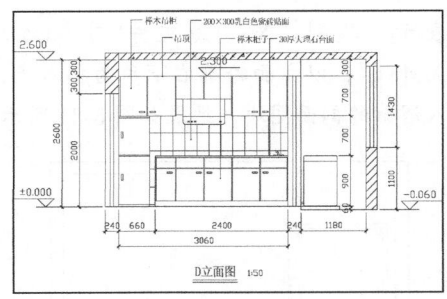

图 8-74　添加图名

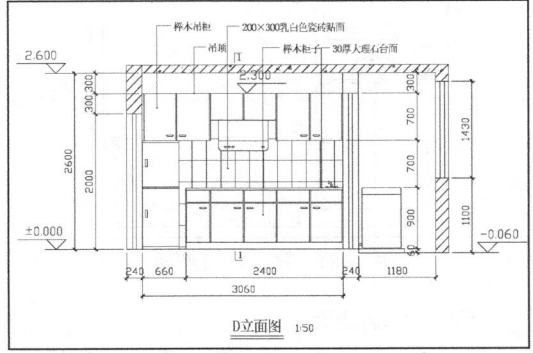

图 8-75　D 立面图

8.1.5　E 立面图的绘制

　　E 立面是厨房的墙面，与 D 立面是相对的，在其中需要表现的内容有：案台立面、吊柜立面及墙面做法等。它与 D 立面相同的内容较多，读者可以由 D 立面图修改而得，在此不再详细讲述。下面给出完成了的 E 立面图，如图 8-76 所示，供读者参考。

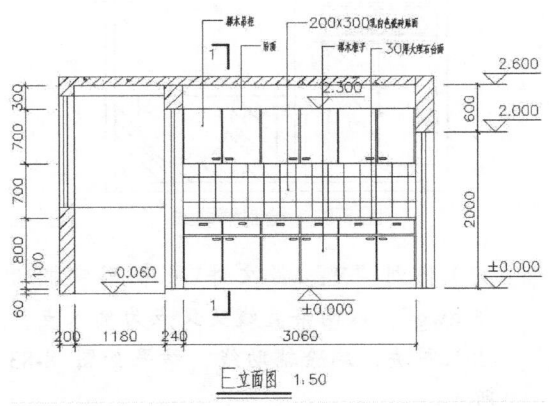

图 8-76　E 立面图

8.1.6　F 立面图的绘制

　　F 立面是浴室的墙面，在其中需要表现的内容有：洗脸盆及搁物架立面、梳妆镜立面、浴缸的局部剖面、墙面做法等。由于浴室空间较小，所以需要特别注意人体工程学的相关问题，仔细处理空间尺寸。如图 8-77 所示。

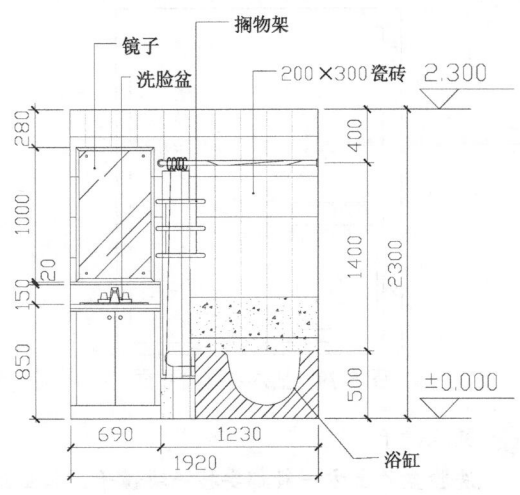

图 8-77　F 立面图

Step　绘制步骤

1　立面轮廓绘制

　　直接绘制一个 1920mm×2300mm 矩形，也可以用立面图的方法由平面引出，结果如图 8-78 所示。

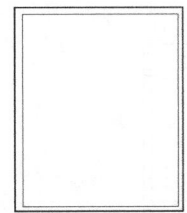

图 8-78　F 立面轮廓

2　插入洗脸盆立面

　　本例中，设计一个宽 700mm、高 800mm 的盆架，在洗脸盆平台之上设计一个搁物架。它的绘制方法比较简单，前面有雷同的叙述，所以已将它做成图块存于光盘，供读者直接使用。现找到"X：\源文件\图库\卫生间洗脸盆立面.dwg"，以立面轮廓的左下角为插入点插入到立面上，结果如图 8-79所示。

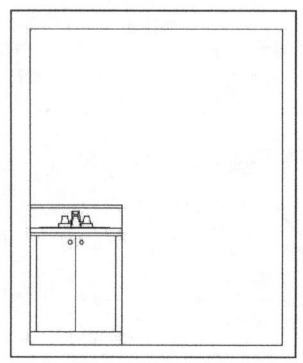

图 8-79　插入洗脸盆立面

③ 插入镜子

洗脸盆的上方一般都要挂一块镜子，本立面中镜子宽 600mm、高 1000mm，安装在离地面 1020mm 的高度，即洗脸盆搁物台的上方。找到"X：\源文件\图库\镜子.dwg"，以洗脸盆立面上端的搁物台中点为插入点插入镜子图块，结果如图 8-80 所示。

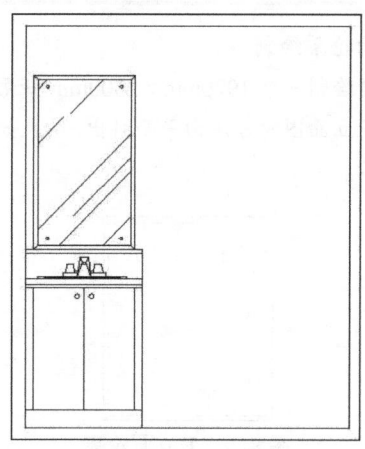

图 8-80　插入镜面

④ 插入浴缸剖面

在本立面图中，浴缸被剖切到，故用剖面图表示。找到"X：\源文件\图库\浴缸剖面.dwg"，以立面轮廓右下角为插入点，插入浴缸的剖面图块，结果如图 8-81 所示。

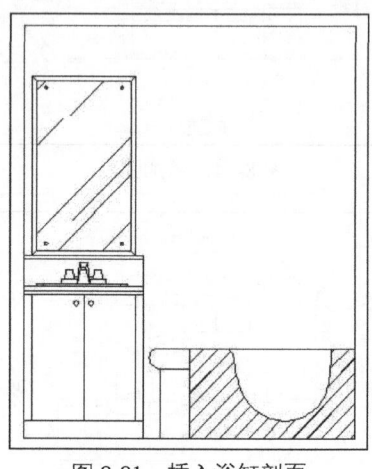

图 8-81　插入浴缸剖面

⑤ 插入浴室搁物架

在 F 立面的浴室墙上增设一个小搁物架。操作方法如下。

（1）绘制辅助线以便确定插入点：分别绘制距左边轮廓线 850mm 和距地面 1200mm 的两条直线，如图 8-82 所示。

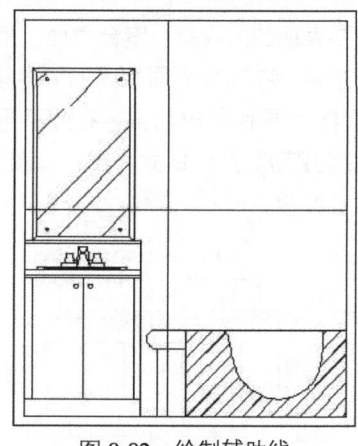

图 8-82　绘制辅助线

（2）找到"X：\源文件\图库\浴室搁物架.dwg"，以两条直线交叉点为插入点，插入图块，删除辅助线，结果如图 8-83所示。

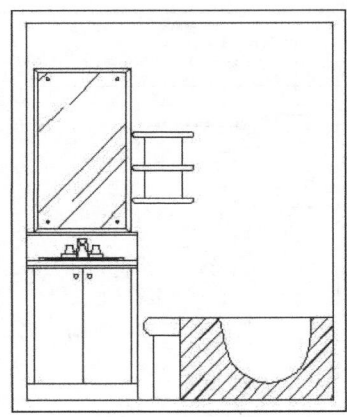

图 8-83　插入搁物架

⑥ 插入浴帘

浴帘的悬挂高度为 1900mm，我们首先画一条离地面 1900mm 的辅助线，找到"X：\源文件\图库\浴帘.dwg"，以图 8-84 所示的点为插入点，插入浴帘块。

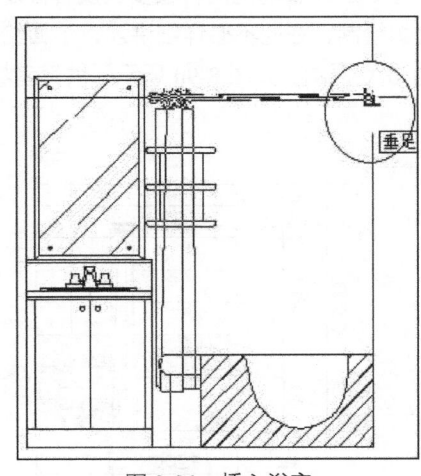

图 8-84　插入浴帘

⑦ 绘制墙面材料图案

卫生间的墙面粘贴 200mm×300mm 的瓷砖。具体操作如下：

（1）选择右边轮廓线，单击"矩形阵列"命令，输入行数为 1，列数为 10，列偏移为−200。将阵列出的直线颜色设置为"颜色 254"。

（2）选择下边轮廓线，单击"默认"选项卡"修改"面板中的"矩形阵列"按钮，输入行数为 8，列数为 1，行偏移为 300，列偏移为 0。

（3）将被墙面陈设物件遮盖的网格线修剪掉，将 900mm 以下的网格填充上"AR-CONC"图案，填充比例为"1"，结果如图 8-85 所示。

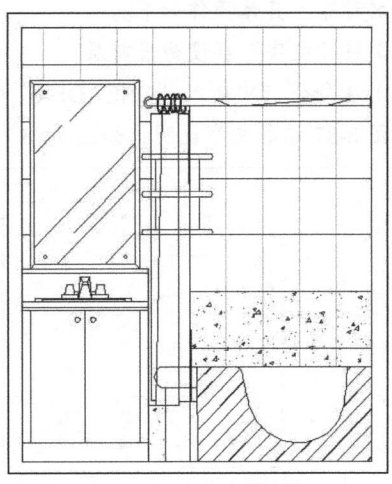

图 8-85　墙面材料图案

⑧ 尺寸、标高标注

在该立面图中，应该标注出各立面陈设的大小及标高等。具体操作如下。

（1）先将已绘制好的 F 立面部分放大 1 倍。

（2）将"尺寸"层设为当前层，确认"室内立面"标注样式处于当前状态。

（3）单击"默认"选项卡"注释"面板中的"线性"按钮，进行标注，如图 8-86 所示。

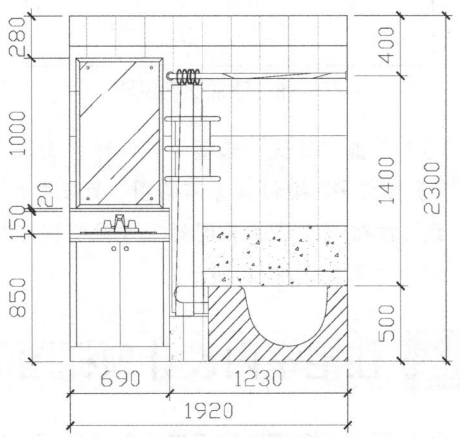

图 8-86　添加尺寸标注

（4）单击"插入"选项卡"块"面板中的"插入块"按钮，将标高符号插入到 F 立面图，并作相应的数字修改，如图 8-87 所示。

⑨ 文字说明及符号标注

在该立面图内，需要说明各部分材料、颜色及名称等。具体操作如下。

（1）将"文字"层设为当前层。

（2）在命令行中输入"QLEADER"命令，按图 8-87 添加文字说明，如图 8-88 所示。

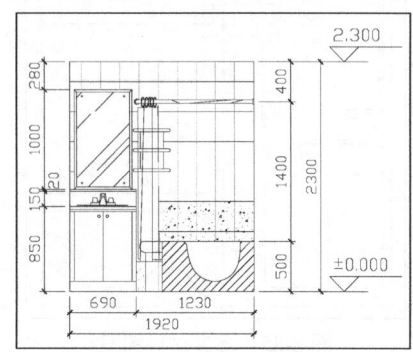

图 8-87　立面尺寸标注

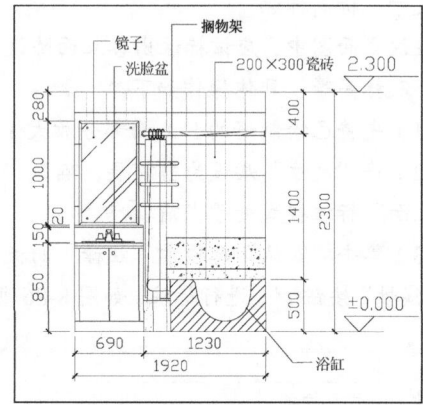

图 8-88　添加文字说明

（3）单击"默认"选项卡"注释"面板中的"多行文字"按钮 **A** 和"绘图"面板中的"直线"按钮，在立面图的下方注明图名及比例，结果如图 8-89 所示。

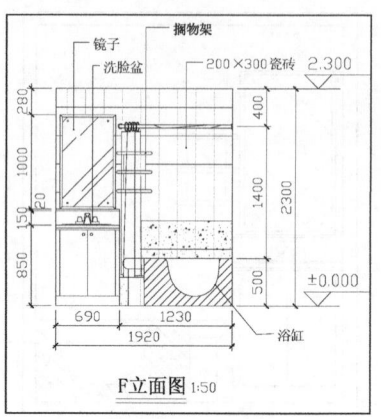

图 8-89　F 立面图

8.1.7　G 立面图的绘制

G 立面是卫生间的墙面，在其中需要表现的内容有：马桶立面、浴缸的局部剖面、墙面做法等。它与 F 立面相同的内容较多，读者可以参照 F 立面图绘制，在此不必详细讲述，下面给出完成了的 G 立面图，如图 8-90 所示，供读者参考。

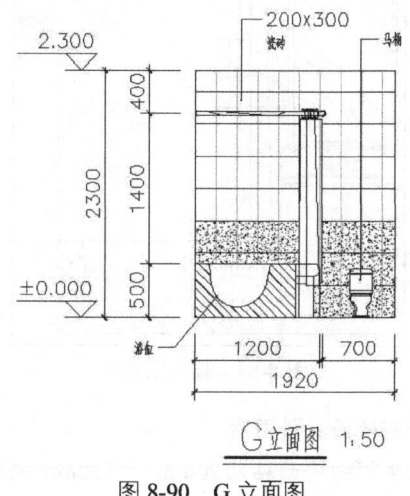

图 8-90　G 立面图

8.2　住宅室内设计顶棚图的绘制

如前所述，顶棚图用于表达室内顶棚造型、灯具及相关电器布置的顶棚水平镜像投影图。在绘制顶棚图时，可以利用室内平面图墙线形成的空间分隔，而删除其门窗洞口图线，在此基础上完成顶棚图内容。

在讲解顶棚图绘制的过程中，按室内平面图修改、顶棚造型绘制、灯具布置、文字尺寸标注、符号标注及线宽设置的顺序进行。结果如图 8-91

所示。

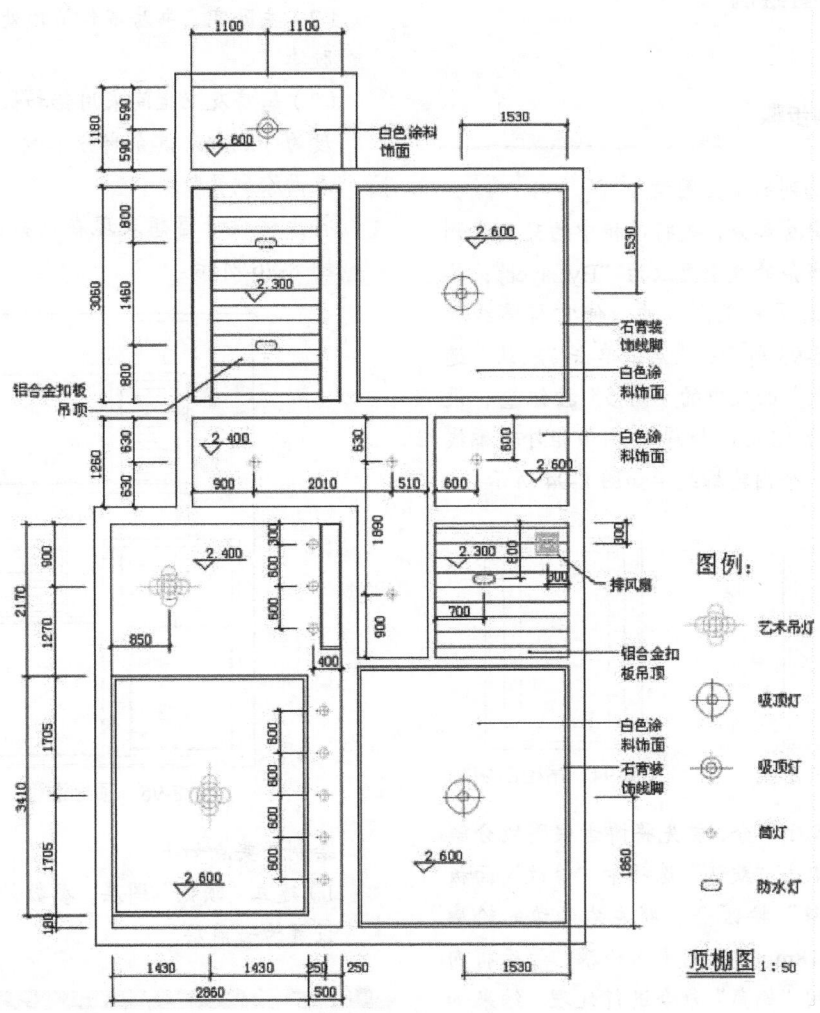

白色涂料
饰面

石膏装
饰线脚
白色涂
料饰面

白色涂
料饰面

铝合金扣
板吊顶

白色涂料
饰面

石膏装
饰线脚

排风扇

铝合金扣板
吊顶

图例:

艺术吊灯

吸顶灯

吸顶灯

筒灯

防水灯

顶棚图 1:50

图 8-91 室内顶棚图

8.2.1 修改室内平面图

（1）打开前面绘制好的室内平面图，另存为
"室内顶棚图"。

（2）将"墙体"层设为当前层。然后，将其
中的轴线、尺寸、门窗、绿化、文字、符号等内
容删去。对于家具，保留客厅的博古架、厨房的
两个吊柜（因为它们被剖切到），其余删除。

（3）将墙体的洞口处补全，结果如图 8-92
所示。

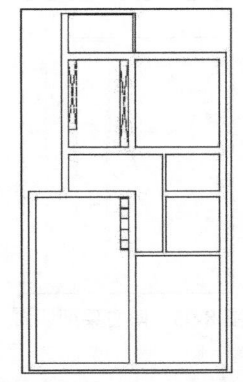

图 8-92 修改后的室内平面图

8.2.2 顶棚图绘制

Step 绘制步骤

1 处理被剖切到的家具图案

（1）对于厨房部分，先将吊柜中的交叉线删去，其余线条的线型更改为"ByLayer"；其次将左边的吊柜纵向拉伸，使它与墙线相齐，如图 8-93 所示；最后，单击"默认"选项卡"修改"面板中的"偏移"按钮，设偏移距离为 18mm（板厚），由吊柜外轮廓线向内复制一个内轮廓线，如图 8-94 所示。

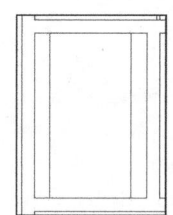 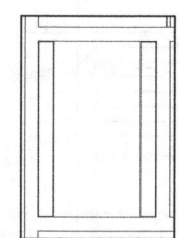

图 8-93 吊柜外轮廓线　　图 8-94 吊柜剖切面

（2）对于客厅部分，首先将博古架图块分解开，其次单击"默认"选项卡"修改"面板中的"偏移"按钮，将左右两边的轮廓向内偏移 18mm，绘制出内轮廓；最后将内轮廓四角用"倒角"命令进行处理，结果如图 8-95 所示。

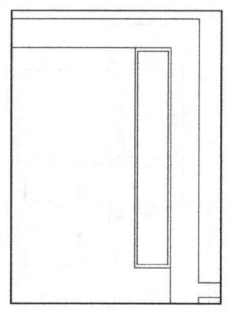

图 8-95 博古架剖切面

2 顶棚造型

（1）过道部分、客厅的就餐部分及电视柜上方作局部吊顶，吊顶高度 200mm。吊顶龙骨

为木龙骨，吊顶板为 5mm 厚的胶合板。

（2）主卧室、书房不作吊顶处理，顶棚刷乳胶漆。

（3）厨房及卫生间采用铝扣板吊顶，吊顶高度为 300mm。其余部分不做吊顶处理，顶棚表面涂刷乳胶漆。

将上述设计思想表现在顶棚图上，结果如图 8-96 所示。

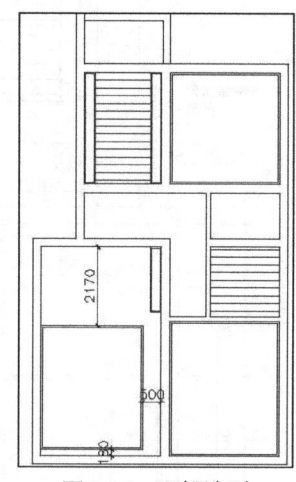

图 8-96 顶棚造型

绘制的要点如下。

1）建立"顶棚"图层，参数如图 8-97 所示，设置为当前层。

图 8-97 "顶棚"图层参数

2）顶棚周边的线脚可由内墙线偏移而得。建议先沿内墙边绘制一个矩形，再由这个矩形向内偏移 50mm。

3）厨房、卫生间的顶棚采用图案填充完成。

3 灯具布置

灯具的选择与布置需要综合考虑室内美学效果、室内光环境和绿色环保、节能等方面的因素。

本例顶棚图中的灯具布置比较简单，操作步骤如下。

（1）建立一个"灯具"图层，如图 8-98 所示，并设置为当前层。

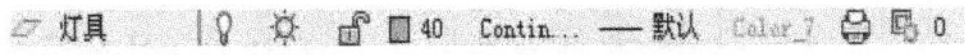

□ 灯具　｜♀ ☆ ♂■ 40 Contin... —— 默认 Color_7 ⊟ 曷 0

图 8-98　灯具图层参数

（2）建议事先把常用的灯具图例制作成图块，以供调用。在插入灯具图块之前，可以在顶棚图上绘制定位的辅助线，这样，灯具能够准确定位，对后面的尺寸标注也是很有利的。

（3）根据事先灯具布置的设计思想，将各种灯具图块插入到顶棚图上。

图 8-99 所示的灯具布置图中，灯具周围的多余线条即为辅助线，若没有用处时，应把它们删掉。

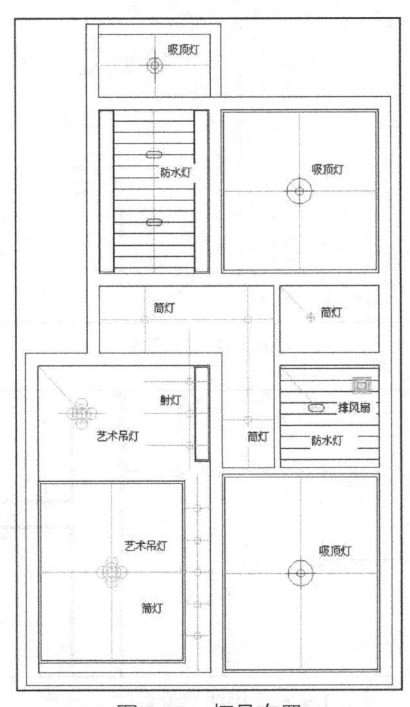

图 8-99　灯具布置

4 尺寸标注

顶棚图中尺寸标注的重点是顶棚的平面尺寸、灯具、电器的水平安装位置以及其他一些顶棚装饰做法的水平尺寸。

具体操作如下。

（1）因为取该顶棚图比例为 1∶50，故先将它整体放大 1 倍。

（2）将"尺寸"层设为当前层，这里的标注样式与"室内立面"样式相同，可以直接利用；为了便于识别和管理，也可以将"室内立面"的样式名改为"顶棚图"，将它置为当前标注样式。

（3）单击"默认"选项卡"注释"面板中的"线性"按钮|—|，进行标注，结果如图 8-100 所示。

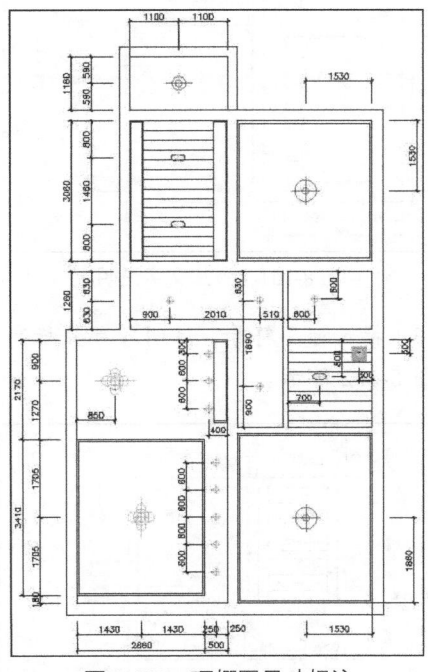

图 8-100　顶棚图尺寸标注

5 文字、符号标注

在顶棚图内，需要说明各顶棚材料名称、顶棚做法的相关说明、灯具电器名称规格等；应注明顶棚标高，有大样图的还应注明索引符号等。

具体操作如下。

（1）将"文字"层设为当前层。

（2）在命令行中输入"QLEADER"命令，为图 8-100 添加文字说明，如图 8-101 所示。由于灯具较多，在图上一一标注显然烦琐，因此做一个图例表统一说明。

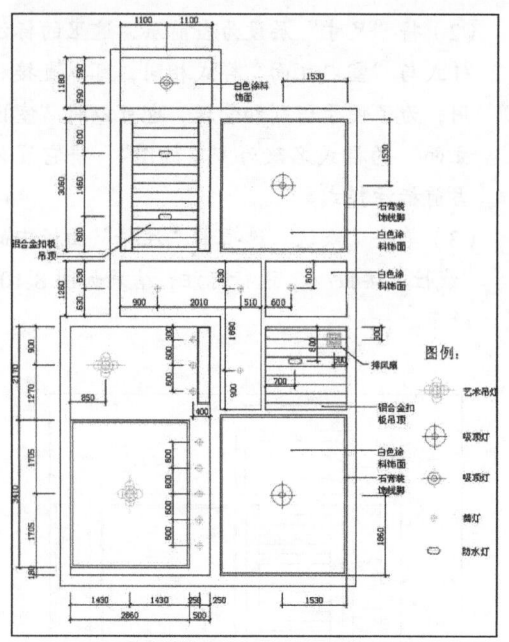

图 8-101　添加文字说明

（3）插入标高符号，注明各部分标高，如图 8-102 所示。

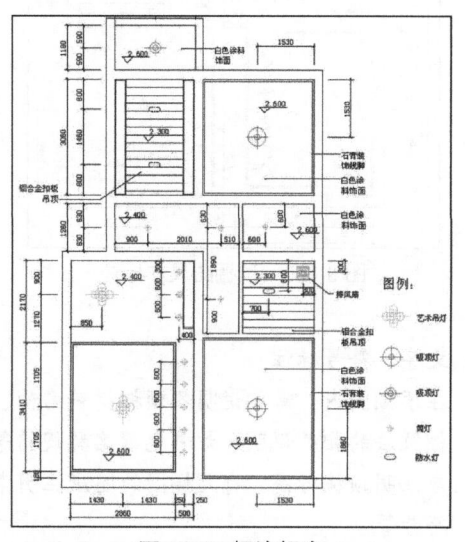

图 8-102　标注标高

（4）注明图名和比例，结果如图 8-103 所示。

⑥ 线宽设置

本例的具体线宽值采用 0.6mm、0.35mm、0.25mm、0.18mm 四个等级，如图 8-104 所示。

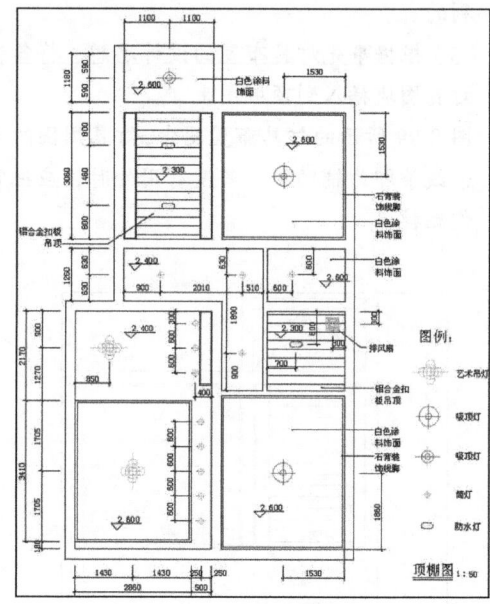

图 8-103　顶棚图

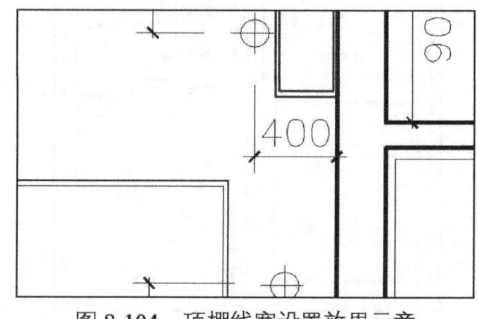

图 8-104　顶棚线宽设置效果示意

8.3　住宅室内设计顶棚图的绘制

构造详图也称为构造大样图，它是用以表达室内装修做法中材料的规格及各材料之间搭接组合关系的详细图案，是施工图中不可缺少的部分。构造详图的难度不在于如何绘图，而在于如何设计构造做法，它需要设计者深入了解材料特性、制作工艺、装修施工，它是跟实际操作结合得非常紧密的环节。

在本节中，结合该居室实例的特点，介绍 3 个地面做法、1 个墙面做法、1 个吊顶做法详图和 1 个家具详图的绘制。

8.3.1 地面构造详图

对地面构造的命名和分类方式多种多样。目前，常见的地面构造形式为粉刷类地面、铺贴类地面、木地面及地毯。粉刷类有水泥地面、水磨石地面和涂料地面等；铺贴类内容繁多，常见的有天然石材地面、人工石材地面及各种面砖及塑料地面板材等。不同的地面材料，做法不同，造价和效果也不同，建议初学者在实际生活中多观察、多积累，以便认识掌握各种地面材料及构造特征。

本实例所涉及的地面主要是铺贴地面和木地面，下面依次介绍如何利用 AutoCAD 2016 绘制其构造详图。结果如图 8-105 所示。

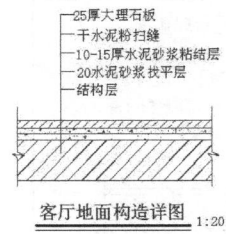 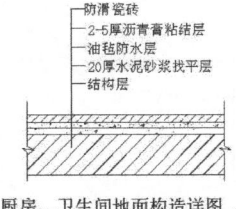 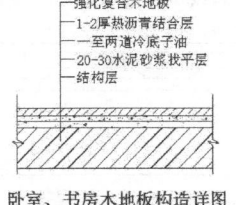

图 8-105　地面构造详图

 绘制步骤

① 铺贴地面

本实例具体涉及的铺贴材料是大理石（客厅、过道）和防滑地砖（厨房、卫生间、阳台和储藏室），它们的基本构造层次是相同的，即由下至上依次为：结构层、找平层、粘结层和面层。但是由于厨房、卫生间长期与水接触，所以应在找平层和黏结层之间增加一个防水层，避免地面出现渗漏现象。

（1）客厅地面构造详图

在此，结构层是指 120mm 厚的钢筋混凝土楼板；找平层为 20mm 厚的 1：3 水泥砂浆或细石混凝土；黏结层为 10～15mm 厚的水泥砂浆；面层为 25mm 厚的 600mm×600mm 大理石板，颜色可以任选，用干水泥粉扫缝。具体绘制操作如下。

> **注意** 绘制详图时可以在前面的图形空间内进行，也可以单独新建一个详图文件。这里直接在"室内立面图"文件中绘制。

1）新建一个"详图"图层，如图 8-106 所示，设置为当前层。再建立一个"填充图案"层，如图 8-107 所示。在"室内"标注样式的基础上建立一个"详图"样式，将样式中的"测量单位比例因子"改为 0.2，如图 8-108 所示，其他参数保持不变，并置为当前样式。

图 8-106　"详图"图层参数

图 8-107　"填充图案"层参数

图 8-108　标注样式参数修改

2）绘制结构层、找平层、黏结层和面层的轮廓线：单击"直线"命令，绘出一条长为600mm的直线，单击"偏移"命令，分别以120mm、20mm、15mm、25mm为偏移距离复制出4条直线，如图8-109所示。

3）将"填充图案"层设为当前层，单击"默认"选项卡"绘图"面板中的"直线"按钮 或"多段线"按钮 ，绘制出两端的剖切线，如图8-110所示。注意剖切线一定要将各层轮廓线封闭，以便图案填充。

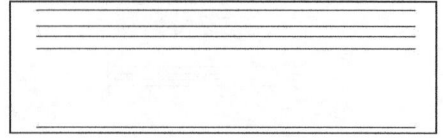

图8-109　各层轮廓线

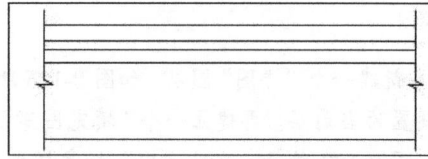

图8-110　剖切线

4）单击"默认"选项卡"绘图"面板中的"图案填充"按钮 ，将各层的材料图例填充入内，由下至上填充参数如下：

> 钢筋混凝土：图案名"JIS_LC_20"，比例"1.5"，角度"0"
> 图案名"AR_CONC"，比例"0.5"，角度"0"
> 水泥砂浆：图案名"AR_CONC"，比例"0.25"，角度"0"
> 大理石：图案名"JIS_STN_2.5"，比例"15"，角度"0"

结果如图8-111所示。

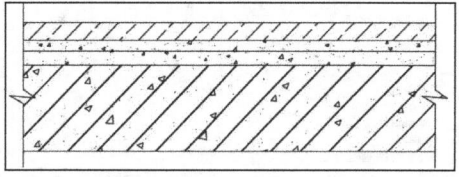

图8-111　填充材料图例

5）详图的比例选为1：20，故将已绘图样整体放大为原来的5倍。

6）新建"文字"图层，并将其设为当前层，

标注出文字说明，结果如图8-112所示。

（2）厨房、卫生间地面构造详图

在此，结构层是指120mm厚的钢筋混凝土楼板；找平层为20mm厚的1：3水泥砂浆或细石混凝土；防水层为油毡防水层；黏结层为2～5mm厚的沥青膏黏结层；面层为防滑瓷砖，颜色可以任选，如图8-113所示。具体绘制过程参照客厅地面详图。

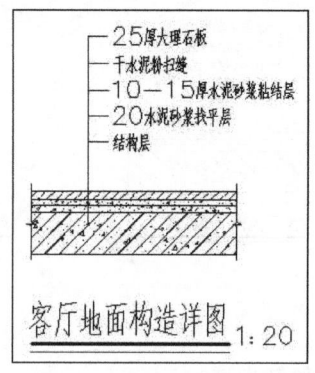

图8-112　客厅地面构造详图

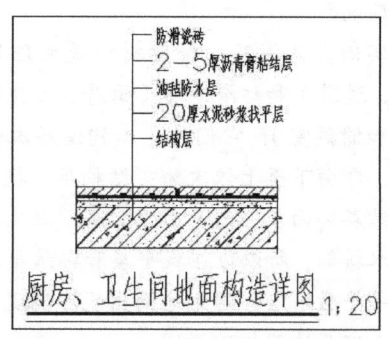

图8-113　厨房、卫生间地面构造详图

② 木地板

木地板的做法仍然由基层、结合层、面层组成。地面材料一般有实木、强化复合地板以及软木等。本例中的主卧室和书房地面采用的是强化复合地板，采用粘贴式的做法。基层为20～30mm厚的水泥砂浆找平层，外加冷底子油1～2道，结合层为1～2mm厚的热沥青，面层为强化复合地板，结果如图8-114所示。

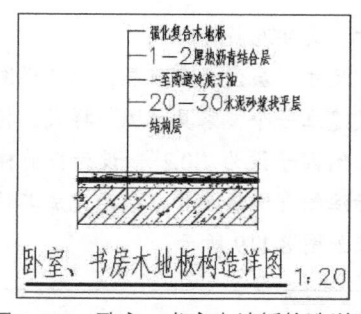

图 8-114　卧室、书房木地板构造详图

8.3.2　墙面构造详图

室内墙面装修的做法多种多样，常见的有抹灰墙面、涂料墙面、铺贴墙面。在此，介绍厨房、卫生间墙面的做法。厨房、卫生间墙面贴 200mm×300mm 的瓷砖，它表面光滑、易擦洗、吸水率低，属于铺贴式墙面。具体做法是：首先用 1∶3 水泥砂浆打底并刮毛，其次用 1∶2.5 水泥砂浆掺107 胶将面砖表面刮满，贴于墙上，轻轻敲实平整。绘制的详图如图 8-115 所示，其绘制方法没有特别的难点，利用前面绘制的地面详图旋转 90°后，再做相应修改即可。

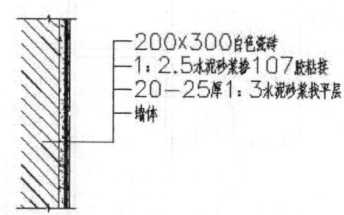

图 8-115　厨房、卫生间墙面构造详图

8.3.3　吊顶构造详图

吊顶是设置在楼板或屋盖下的一个装饰层，它有塑造室内空间效果、营造室内物理环境（声、光、热环境）及掩蔽各种管线等作用。吊顶做法层次分为基层和面层。本例中客厅的吊顶基层为木龙骨，面层为 5mm 厚胶合板，外刷白色乳胶漆饰面。在绘制 A 立面图时，在吊顶处标注了一

个①号详图的详图索引符号，在此介绍一下它的绘制。

如图 8-116 所示，为了在绘制时输入尺寸较方便，仍然以 1∶1 的比例绘制，图形绘制结束以后再放大 10 倍，形成 1∶10 的图形。在绘制过程中，只要认真把握线条之间的距离和关系，其实没有多大难度。注意将标注样式中的"测量单位比例因子"设为 0.1，再进行标注。此时，图中可以看到线条的粗细，这是按照前面提到的线宽分配规则执行的。

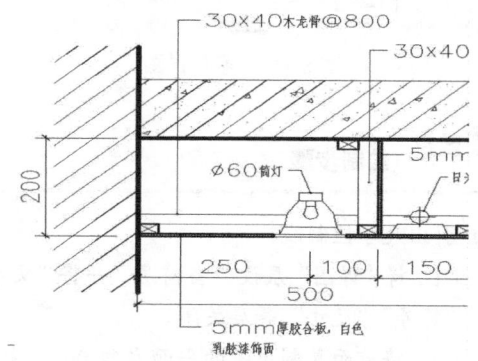

图 8-116　①号详图

8.3.4　家具详图

家具设计是室内环境设计的重要组成部分，家具的品味和风格直接影响着室内空间效果，它是设计师应该认真对待的部分之一。室内装修中，一部分家具通过购置，比如沙发、床以及其他一些柜子等；对于设计师设计的家具，则必须绘制详图。详图一般以剖面图的形式绘出，若室内立面图中无法表达清楚的家具立面，亦必须绘制立面详图。总之，必须把设计意图和构造做法准确、清晰地表达出来。

家具详图表示的内容有家具结构配件材料及其构造关系、各部分尺寸、各种连接件名称规格等。现在，结合实例做介绍。

在本例中，只有厨房的柜子属于设计师设计的家具，其他家具都可以购置。在前面绘制厨房 D 立面图时，标注了一个 1-1 剖面图的剖切符号，该剖面图刚好表达了柜子的构造情况。下面就介

绍一下这个剖面图的绘制。结果如图 8-117 所示。

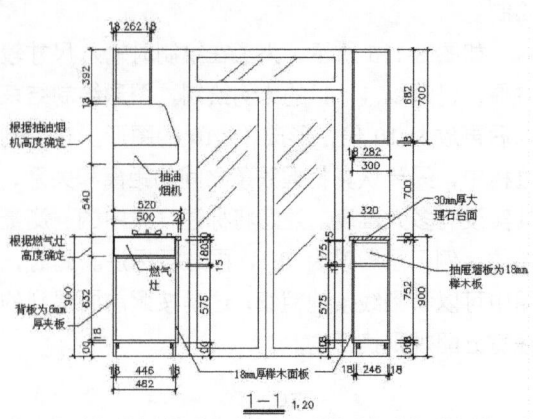

图 8-117　家具详图

Step 绘制步骤

① 引出尺寸控制线

（1）将"详图"层设为当前层，并将"文字""符号""尺寸"等层关闭。

（2）将前面复制出来的平面左转 90°，并放大为原来的 2 倍，以便和立面图尺寸比例相同。将平面图移动到立面图右下方，从而在立面图的右边、平面图的上方腾出一块空白空间作为家具详图的位置。

（3）由平面图和立面图引出需要的尺寸控制线，如图 8-118 所示。

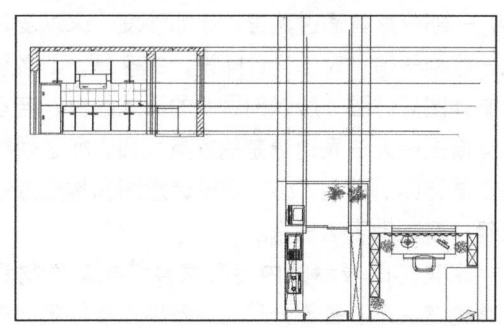

图 8-118　引出尺寸控制线

② 尺寸、文字及符号标注

将"尺寸"层设为当前层，以"详图"标注样式建立一个"家具详图"样式，将测量单位比例因子设为"0.2"，设为当前样式，仔细标注细部做法尺寸，最后完成其他标注，结果如图 8-119 所示。

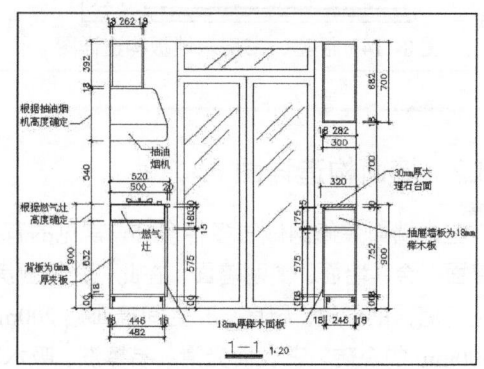

图 8-119　厨房家具详图

③ 线宽设置

本例的具体线宽值采用 0.6mm、0.35mm、0.25mm、0.18mm 四个等级。设置后的效果如图 8-120 所示。

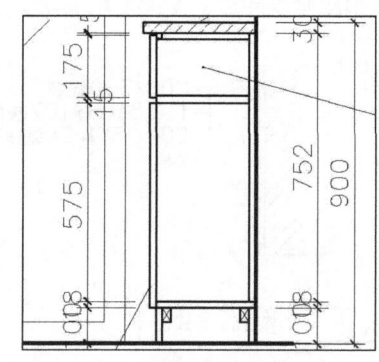

图 8-120　详图线宽设置效果示意

8.4 上机实验

【练习 1】绘制图 8-121 所示的二楼中餐厅 A 立面图。

1. 目的要求

本实验主要要求读者通过练习，进一步熟悉和掌握立面图的绘制方法。通过本实验，可以帮助读者学会完成整个立面图绘制的全过程。

2. 操作提示

（1）绘图前准备。

（2）初步绘制地面图案。

（3）形成地面材料平面图。

（4）在室内平面图中完善地面材料图案。

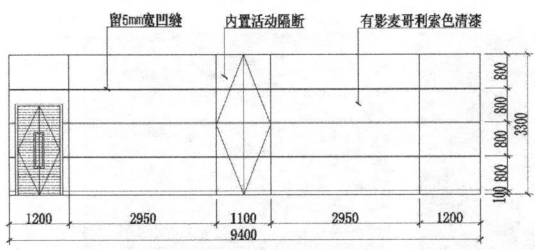

图 8-121 二楼中餐厅 A 立面图

【练习 2】绘制图 8-122 所示的踏步详图。

1. 目的要求

本练习除了要用到"直线""图案填充"等

基本绘图命令外，还要用到"线性标注""连续标注"等编辑命令。简单的图形简单主要用来练习剖面图的基本绘制方法。

2. 操作提示

（1）绘制轮廓线。

（2）填充图形。

（3）标注详图。

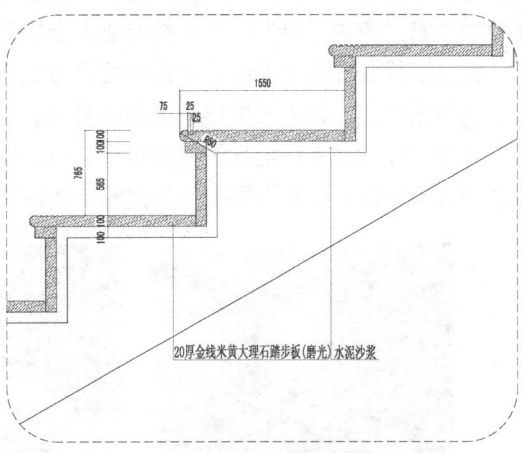

图 8-122 踏步详图

第 **9** 章

住宅室内设计平面图绘制

随着生活质量不断提高，人们对赖以生存的环境开始重新考虑，并由此提出了更高层次的要求。特别是生活水平和文化素质的提高以及住宅条件的改善，"室内设计"已不再是专业人士的专利，普通百姓参与设计或动手布置家居已形成风气，这就给广大设计人员提出了更高的要求。

本章将以三居室住宅建筑室内设计为例，详细讲述住宅室内设计平面图的绘制过程。在讲述过程中，逐步带领读者完成平面图的绘制，并讲述关于住宅平面设计的相关知识和技巧。本章主要包括住宅平面图绘制的知识要点、平面图绘制、装饰图块的插入和尺寸文字标注等内容。

重点与难点
➲ 住宅平面图绘制
➲ 尺寸文字的标注

9.1 设计思想

9.1.1 住宅室内设计概述

住宅自古以来是人类生活的必需品，随着社会的发展，其使用功能以及风格流派也不断地变化和衍生。现代居室不仅仅是人类居住的环境和空间，同时也是房屋居住者的一种品位的体现，一种生活理念的象征。不同风格的住宅能给居住者提供舒适的居住环境，而且还能营造不同的生活气氛，改变居住者的心情。一个好的室内设计是通过设计师精心布置，仔细雕琢，根据一定的设计理念和设计风格完成的。

典型的住宅装饰风格有中式风格、古典主义风格、新古典主义风格、现代简约风格、实用主义风格等。本章将主要介绍现代简约风格的住宅

平面图绘制。简约风格是近来比较流行的一种风格，追求时尚与潮流，非常注重居室空间的布局与使用功能的结合。

住宅室内装饰设计有以下几点原则。

（1）住宅室内装饰设计应遵循实用、安全、经济、美观的基本设计原则。

（2）住宅室内装饰设计时，必须确保建筑物安全，不得任意改变建筑物承重结构和建筑构造。

（3）住宅室内装饰设计时，不得破坏建筑物外立面，若开安装孔洞，在设备安装后，必须修整，保持原建筑立面效果。

（4）住宅室内装饰设计应在住宅的分户门以内的住房面积范围进行，不得占用公用部位。

（5）住宅装饰室内设计时，在考虑客户的经

济承受能力的同时，宜采用新型的节能型和环保型装饰材料及用具，不得采用有害人体健康的伪劣建材。

（6）住宅室内装饰设计应贯彻国家颁布、实施的建筑、电气等设计规范的相关规定。

（7）住宅室内装饰设计必须贯彻现行的国家和地方有关防火、环保、建筑、电气、给排水等标准的有关规定。

9.1.2 设计思路

如图 9-1 所示，本方案为 110m² 三室一厅的居室设计，业主为一对拥有一个孩子的年轻夫妇。针对上班族的业主，设计师采用简约明朗的线条，将空间进行了合理的分隔。面对纷扰的都市生活，营造一处能让心灵静谧沉淀的生活空间，是本房业主心中的一份渴望，也是本设计在该方案中所体现的主要思想。因此，开放式的大厅设计给人以通透之感，避免视觉给人带来的压迫感，可缓解业主工作一天的疲惫。没有夸张，不显浮华，通过干净的设计手法，将业主的工作空间巧妙地融入到生活空间中。

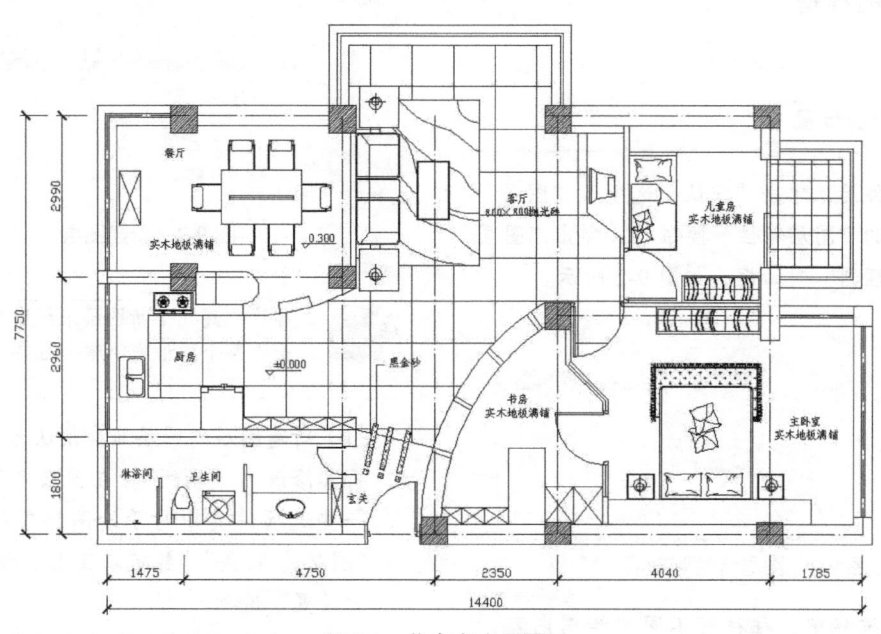

图 9-1 住宅室内平面图

9.1.3 室内设计平面图绘图过程

室内设计平面图同建筑平面图类似，是将住宅结构利用水平剖切的方法，俯视得到的平面图，其作用是详细说明住宅建筑内部结构、装饰材料、平面形状、位置以及大小等，同时还表明室内空间的构成、各个主体之间的布置形式以及各个装饰结构之间的相互关系等。

本章将逐步完成三居室建筑装饰平面图的绘制。在学习过程中，将循序渐进地学习室内设计的基本知识以及 AutoCAD 的基本操作方法。

Step 绘制步骤

（1）绘制轴线
首先绘制平面图的轴线，定好位置以便绘制墙线及室内装饰的其他内容。在绘图过程中将熟悉"直线""定位""捕捉"和"修剪"等绘图基本命令。

（2）绘制墙线
在绘制好的轴线上绘制墙线，逐步熟练"多线""多线样式""修剪"和"偏移"等绘图编辑命令。

（3）装饰部分

绘制室内装饰及门窗等部分，掌握"弧线""块"的操作等绘图编辑命令。

（4）文字说明

添加平面图中必要的文字说明，学习文字的编辑、多行文字和文字样式的创建等操作。

（5）尺寸标注

添加平面图中的尺寸标注，学习内容：尺寸线的绘制、尺寸标注样式的修改和连续标注等操作。

9.2 绘制轴线

9.2.1 绘图准备

Step 绘制步骤

新建文件后，单击"默认"选项卡"图层"面板中的"图层特性"按钮 ，弹出"图层特性管理器"对话框，如图 9-2 所示。

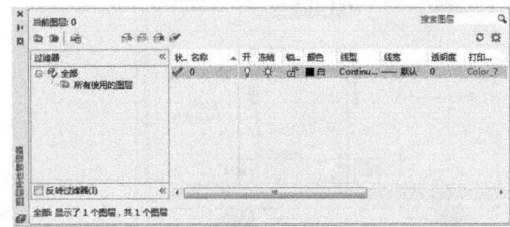

图 9-2　图层特性管理器

在绘图过程中，往往有不同的绘图内容，如轴线、墙线、装饰布置图块、地板、标注、文字等，如果将这些内容都放置在一起，绘图之后如果要删除或编辑某一类型的图形，将带来选取的困难。AutoCAD 2016 提供了图层功能，为编辑带来了极大的方便。

在绘图初期可以建立不同的图层，将不同类型的图形绘制在不同的图层当中，在编辑时可以利用图层的显示和隐藏功能、锁定功能来操作图层中的图形。所以要设置图层，在"图层特性管理器"对话框中单击"新建图层"按钮 ，新建图层，如图 9-3 所示。

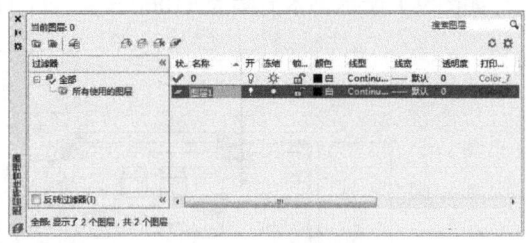

图 9-3　新建图层

> **注意** 建议创建几个新图层来组织图形，而不是将整个图形均创建在图层"0"上。

（1）新建图层的图层名称默认为"图层 1"，将其修改为"轴线"。在图层名称的后面有一些选项，其中对于绘图编辑最有用的是"图层的开/关""锁定以及图层颜色""线型的设置"选项。

单击新建的"轴线"图层的图层颜色，打开"选择颜色"对话框，如图 9-4 所示。

图 9-4　"选择颜色"对话框

（2）选择红色为轴线图层的默认颜色。在绘图中，轴线的颜色应保证不要太显眼，以免影响主要部分的绘制。单击"确定"按钮，回到"图层特性管理器"。接下来设置轴线图层的线型。单击颜色选择功能后面的线型功能，打开线型选择窗口，如图9-5所示。

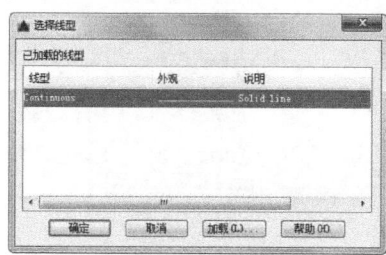

图 9-5　选择线型

（3）轴线一般在绘图中应用点划线进行绘制，因此应将"轴线"图层的默认线型选择为点划线。单击"加载"按钮，打开"加载或重载线型"对话框，如图9-6所示。

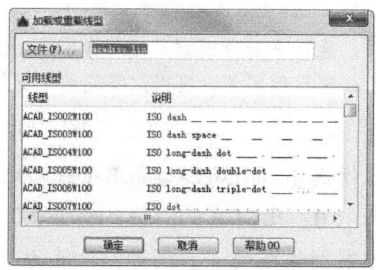

图 9-6　"加载或重载线型"对话框

（4）在可用线型窗口中选择"ACAD_IS002W100"线型，单击"确定"按钮回到选择线型对话框，选择刚刚加载的线型，单击"确定"按钮，如图9-7所示。

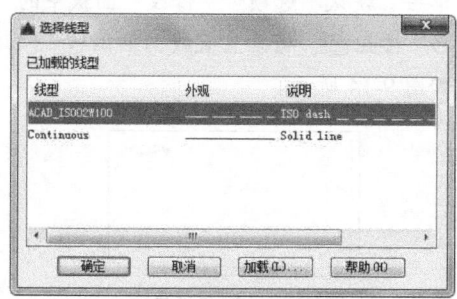

图 9-7　加载线型

（5）轴线图层设置完毕。依照此方法按照以下说明，新建其他几个图层。

- 墙线图层：颜色为白色，线型为实线，线宽为 1.4mm。
- 门窗图层：颜色为蓝色，线型为实线；线宽为默认。
- 装饰图层：颜色为蓝色，线型为实线，线宽为默认。
- 地板图层：颜色为9，线型为实线，线宽为默认。
- 文字图层：颜色为白色，线型为实线，线宽为默认。
- 尺寸标注图层：颜色为蓝色，线型为实线，线宽为默认。
- 轴线图层：颜色为红色，线型为虚线，线宽为默认。

在绘制的平面图中，包括轴线、门窗、装饰、地板、文字和尺寸标注几项内容。分别按照上面所介绍的方式设置图层。其中的颜色可以依照读者的绘图习惯自行设置，并没有特别的要求。设置完成后，图层特性管理器如图9-8所示。

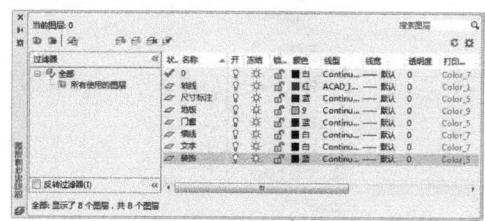

图 9-8　设置图层

9.2.2　绘制轴线

设置完成后将"轴线"图层设置为当前层，如果此时不是当前层，可以找到"默认"选项卡"图层"面板中的图层下拉菜单，选择"轴线"图层为当前层，如图9-9所示。

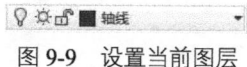

图 9-9　设置当前图层

Step 绘制步骤

① 单击"默认"选项卡"绘图"面板中的"直线"按钮 ∕，在图中分别绘制一条长度为"14400"的水平直线和一条长度为"7750"的垂直直线，如图9-10所示。

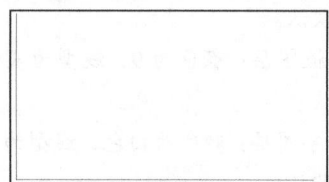

图 9-10　绘制轴线

此时，轴线的线型虽然为点划线，但是由于比例太小，显示出来还是实线的形式，此时选择刚刚绘制的轴线，然后单击鼠标右键，选取下拉菜单中的"特性"命令，如图9-11所示；打开"特性"对话框，如图9-12所示。将"线型比例"设置为"30"，按<Enter>键确认，关闭"特性"对话框，此时刚刚绘制的轴线如图9-13所示。

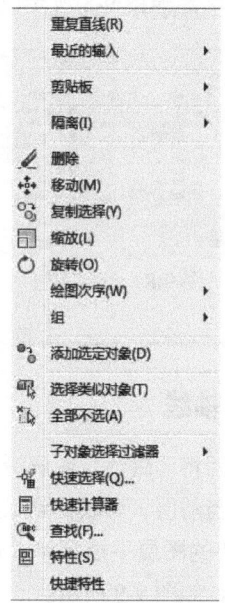

图 9-11　下拉菜单

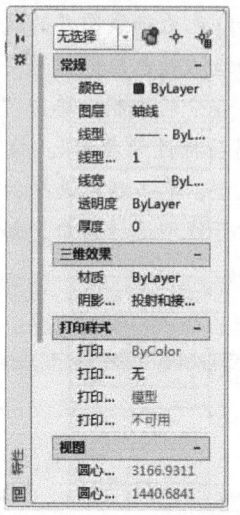

图 9-12　"特性"对话框

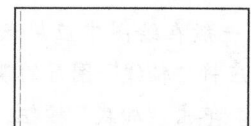

图 9-13　轴线显示

注意 通过全局修改或单个修改每个对象的线型比例因子，可以以不同的比例使用同一个线型。

默认情况下，全局线型和单个线型比例均设置为 1.0。比例越小，每个绘图单位中生成的重复图案就越多。例如，设置为 0.5 时，每一个图形单位在线型定义中显示重复两次的同一图案。不能显示完整线型图案的短线段显示为连续线。对于太短，甚至不能显示一个虚线小段的线段，可以使用更小的线型比例。

② 单击"默认"选项卡"修改"面板中的"偏移"按钮 ⊆，将垂直直线向右偏移"1475"，如图9-14所示。

图 9-14　偏移垂直线

3 单击"默认"选项卡"修改"面板中的"偏移"按钮 ，继续偏移其他轴线，偏移的尺寸分别为：水平直线向上偏移"1800""2440""520""2990"；垂直直线向右偏移"1475""2990""1760""2350""4040""1785"，如图 9-15 所示。

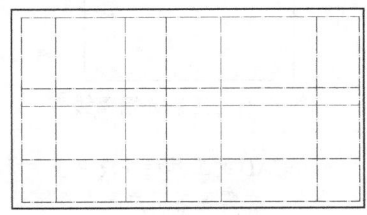

图 9-15　偏移轴线

4 单击"快速访问"工具栏中的"保存"按钮 ，将文件保存。

5 单击"默认"选项卡"修改"面板中的"修剪"按钮 ，然后选择图中左数第 4 条垂直直线，作为修剪的基准线，单击鼠标右键，再单击从上数第 3 条水平直线左端上一点，删除左半部分，如图 9-16 所示。重复"修剪"

命令，删除上数第二条水平线的右半段及其他多余轴线，删除后结果如图 9-17 所示。

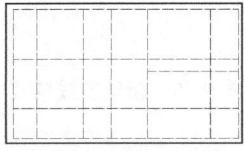

图 9-16　修剪水平线

图 9-17　修剪轴线

注意及时保存绘制的图形。这样，不至于在出现意外时丢失已有的图形数据。一个线型。

9.3　绘制墙线

9.3.1　编辑多线

一般建筑结构的墙线均是单击 AutoCAD 中的多线命令按钮绘制的，本例中将利用"多线""修剪"和"偏移"命令来完成绘制。

（1）在绘制多线之前，将当前图层设置为墙线图层。单击"默认"选项卡"图层"面板中的"图层特性"按钮 ，将"轴线"图层设置为当前图层。然后按照以下步骤建立新的多线样式。单击"绘图"工具栏中的，弹出"多线样式"对话框，如图 9-18 所示。

在"多线样式"对话框中，可以看到样式栏中只有系统自带的 STANDARD 样式，单击右侧的"新建"按钮，弹出"创建多线样式"对话框，如图 9-19 所示。在新样式名的空白文本框中输入"wall_1"，作为多线的名称。单击"继

续"按钮，打开"新建多线样式"对话框，如图 9-20 所示。

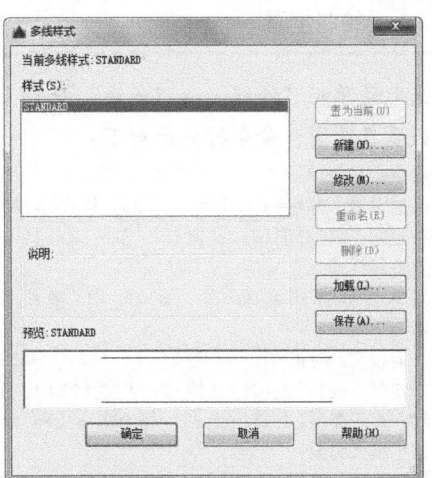

图 9-18　"多线样式"对话框

图 9-19　新建多线样式

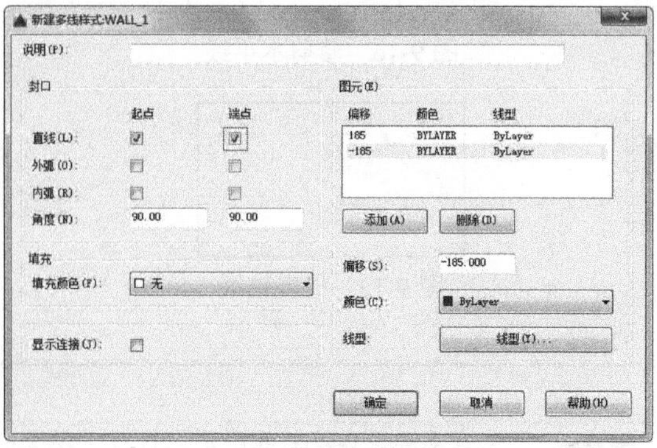

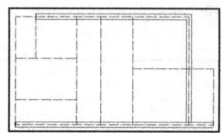

图 9-20　编辑新建多线样式

（2）"wall_1"为绘制外墙时应用的多线样式，由于外墙的宽度为"370"，所以如图 9-20 中所示，将偏移分别修改为"185"和"−185"，并将左端封口选项栏中的直线后面的两个复选框选中，单击"确定"按钮，回到"多线样式"对话框中，单击"确定"按钮回到绘图状态。

9.3.2　绘制墙线

Step 绘制步骤

❶ 选取菜单栏"绘图"→"多线"命令，进行设置及绘图，命令行提示如下：

```
命令：mline
当前设置：对正=上，比例=20.00，样式=STANDARD
指定起点或[对正(J)/比例(S)/样式(ST)]：st（设置多线样式）
输入多线样式名或[?]：wall_1（多线样式为wall_1）
当前设置：对正=上，比例=20.00，样式=WALL_1
指定起点或[对正(J)/比例(S)/样式(ST)]：j
输入对正类型[上(T)/无(Z)/下(B)]<上>：z（设置对中模式为无）
当前设置：对正=无，比例=20.00，样式=WALL_1
指定起点或[对正(J)/比例(S)/样式(ST)]：s
输入多线比例<20.00>：1（设置线型比例为1）
```

当前设置：对正=无，比例=1.00，样式=WALL_1
指定起点或[对正(J)/比例(S)/样式(ST)]：（选择底端水平轴线左端）
指定下一点：（选择底端水平轴线右端）
指定下一点或[放弃(U)]：
继续绘制其他外墙墙线，如图 9-21 所示。

图 9-21　绘制外墙墙线

注意 AutoCAD 的工具栏并没有显示所有可用命令，在需要时用户要自己添加。例如"绘图"工具栏中默认没有多线命令（mline），就要自己添加。选取菜单栏"视图"→"工具栏"命令，系统打开"自定义用户界面"对话框，如图 9-22 所示。选中"绘图"窗口显示相应命令，在列表中找到"多线"，单击左键把它拖至 AutoCAD 绘图区，若不放到任何已有工具条中，则它以单独工具条出现；否则成为已有工具条一员。这时又发现刚拖出的"多线"命令没有图标，就要为其添加图标。方法如下：把命令拖出后，不要关闭自定义窗口，单击选中"多线"命令，并单击面板右下角的 ⊙ 图标，这时界面右侧会弹出一个面板，此时即可给"多线"命令选择或绘制相应的图标。可以发现，AutoCAD 允许我们给每个命令自定义图标。

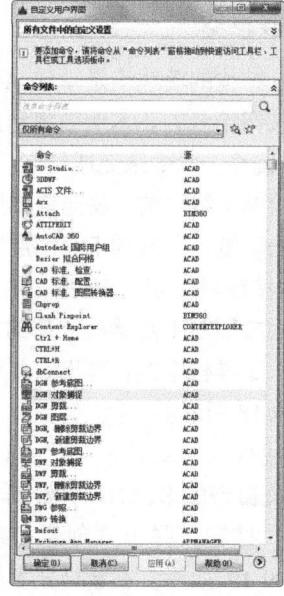

图 9-22　"自定义用户界面"对话框

2 按照步骤1方法，再次新建多线样式，并命名为"wall_2"，并将偏移量设置为"120"和"–120"，作为内墙墙线的多线样式。然后在图中绘制内墙墙线，如图9-23所示。

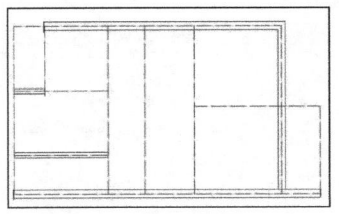

图9-23　绘制内墙墙线

居室的墙体厚度一般设置为外墙240mm，隔墙为120mm，根据具体情况而定。

9.3.3　绘制柱子

本例中柱子的尺寸为500×500和500×400两种，首先在空白处将柱子绘制好，然后再移动到适当的轴线位置上。

Step 绘制步骤

1 单击"默认"选项卡"绘图"面板中的"矩形"按钮□，在图中绘制边长为500×500和500×400的两个矩形，如图9-24所示。

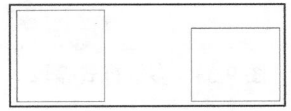

图9-24　绘制柱子轮廓

2 单击"默认"选项卡"绘图"面板中的"图案填充"按钮▨，弹出"图案填充创建"选项卡，设置如图9-25所示，在某一个矩形的中心，单击鼠标，按<Enter>键确认，完成图案的填充。

 工具条添加方法：

（1）右键单击任意工具条空白处，即可弹出工具条列表，只需单击相应所需的工具条名称，使其名称前出现"勾选"标记，表示选中。

（2）菜单：视图→工具栏→工具自定义窗口，进行自定义工具的设置。

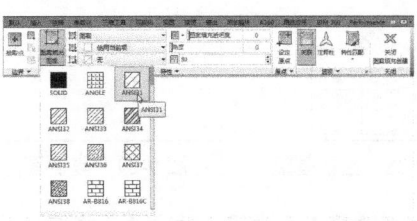

图9-25　"图案填充创建"选项卡

3 按照步骤2的方法，填充另外一个矩形，注意，不能同时填充两个矩形，因为如果同时填充，填充的图案将是一个对象，两个矩形的位置就无法变化，不利于编辑。填充后如图9-26所示。

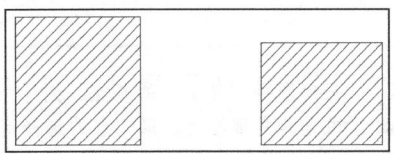

图9-26　填充图形

由于柱子需要和轴线定位，为了定位方便和准确，在柱子截面的中心绘制两条辅助线，分别通过两个对边的中心，此时可以单击"捕捉到中点"命令按钮▱，绘制完成后如图9-27所示。

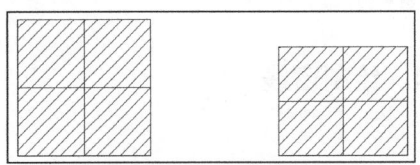

图9-27　绘制辅助线

4 单击"默认"选项卡"修改"面板中的"复制"按钮⚙，将500×500截面的柱子复制到轴线的位置，命令行提示如下：

```
命令：_copy
选择对象：指定对角点：找到4个（选择矩形）
选择对象：
当前设置：复制模式＝多个
指定基点或[位移(D)/模式(O)]<位移>：
指定第二个点或 [阵列(A)] <使用第一个点作为位移
>：（选择矩形的辅助线上端与边的交点，如图9-28
```

所示）
指定第二个点或［阵列(A)/退出(E)/放弃(U)］<退
出>：（选择图 9-29 所示的位置进行复制）

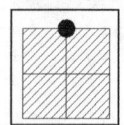
图 9-28　拾取基点

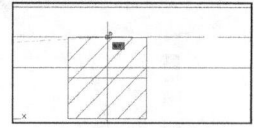
图 9-29　复制图形

⑤ 按照步骤 1 至步骤 5 的方法，将其他柱子截
面插入到轴线图中，插入完成后如图 9-30
所示。

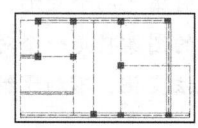
图 9-30　插入柱子

　正确选择"复制"的基点，对于图形定
位是非常重要的。第二点的选择定位，
用户可打开捕捉及极轴状态开关，利用自动捕捉
有关点，自动定位。节点是我们在 AutoCAD 中常
用来做定位、标注以及移动、复制等复杂操作的
关键点。
在实际应用中我们会发现，有时选择了稍微复杂一点
的图形并不出现节点，给图形操作带来了麻烦。解决
这个问题有小窍门：当选择的图形不出现节点的时
候，使用复制的快捷键 Ctrl+C，节点就会在选择的图
形中显示出来。

9.3.4　绘制窗线

Step　绘制步骤

① 选择菜单栏中的"格式"→"多线样式"命
令，在系统弹出的"多线样式"对话框中单
击"新建"按钮，系统弹出"创建新的多线
样式"对话框，在对话框中输入新样式名为
"window"，如图 9-31 所示。在弹出的编辑
对话框中设置"window"样式，如图 9-32
所示。

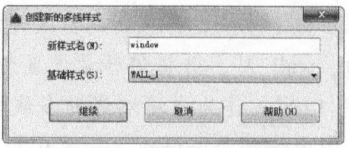
图 9-31　新建多线样式

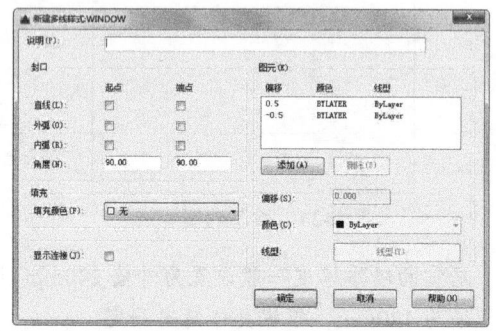
图 9-32　编辑多线样式

② 单击右侧中部的"添加"按钮两次，添加两
条线段，将 4 条线的偏移距离分别修改为
"185""30""-30""-185"，同时也将封口
选项选中，如图 9-33 所示。

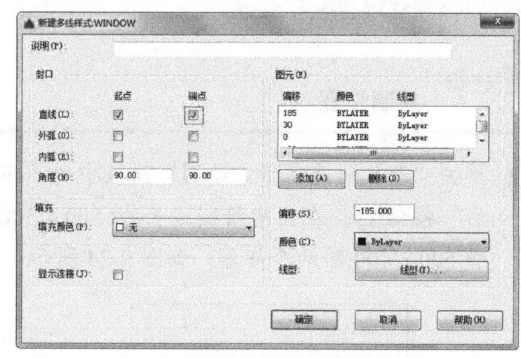
图 9-33　多线样式编辑

③ 选择菜单栏中的"格式"→"多线样式"命
令，将多线样式修改为"window"，然后将
比例设置为"1"，对准方式为无，绘制窗线。
绘制时，注意对准轴线以及墙线的端点。绘
制完成后如图 9-34 所示。

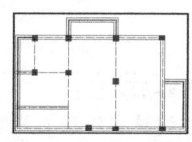
图 9-34　绘制窗线

9.3.5 编辑墙线及窗线

绘制完墙线和窗线,但在多线的交点处没有进行处理,需应用"菜单"中修改多线的功能进行细部处理。选择菜单栏中的"修改"→"对象"→"多线"命令,弹出"多线编辑"窗口,如图 9-35 所示。其中共包含 12 种多线样式,用户可以根据自己的需要对多线进行编辑。在本例中,将要对多线与多线的交点进行编辑。

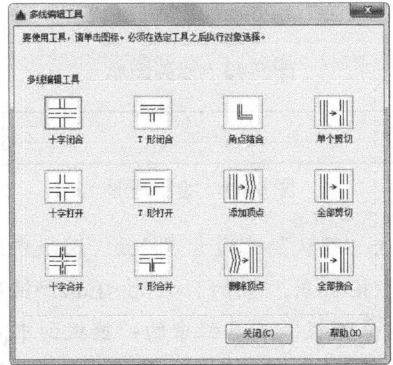

图 9-35 多线编辑工具

Step 绘制步骤

① 单击第一个多线样式"十形闭合",然后选择图 9-36 所示的多线。首先选择垂直多线,然后选择水平多线,多线交点变成如图 9-37 所示。

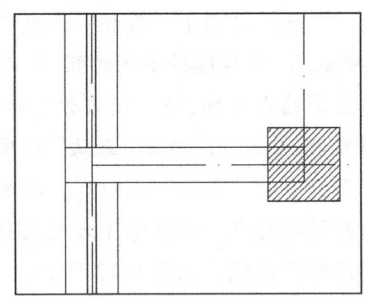

图 9-36 编辑多线

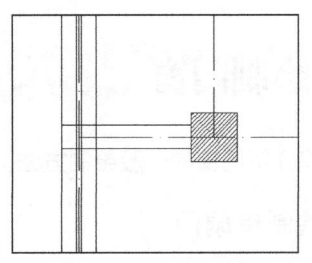

图 9-37 修改后的多线

② 按照步骤 1 方法,修改其他多线的交点。同时注意到如图 9-36 中水平的多线与柱子的交点需要编辑,单击水平多线,可以看到多线显示出其编辑点(蓝色小方块),如图 9-38 所示。单击右边的编辑点,将其移动到柱子边缘,如图 9-39 所示。

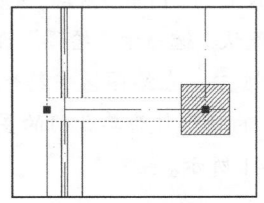

图 9-38 编辑多线

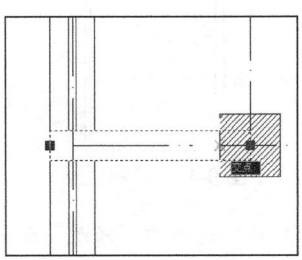

图 9-39 移动端点

③ 将多线编辑后如图 9-40 所示。

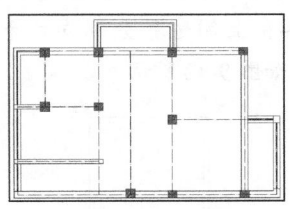

图 9-40 编辑多线结果

9.4 绘制门窗

本节将介绍门窗的一般绘制方法。

9.4.1 绘制单扇门

本例中共有 5 扇单开式门和 3 扇推拉门，可以首先绘制成一个门，将其保存为图块，在以后需要的时候通过插入图块的方法调用，节省绘图时间。

Step 绘制步骤

① 将图层设置为"门窗"图层，然后开始绘制。单击"默认"选项卡"绘图"面板中的"矩形"按钮□，在绘图区中绘制一个边长为 60×80 的矩形作为单开门的图块。绘制后如图 9-41 所示。

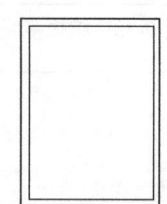

图 9-41 绘制矩形

② 单击"默认"选项卡"修改"面板中的"分解"按钮⌗，然后选择刚刚绘制的矩形，按<Enter>键确认，再单击"默认"选项卡"修改"面板中的"偏移"按钮⌸，将矩形的左侧边界和上侧边界分别向右和向下偏移"40"，如图 9-42 所示。

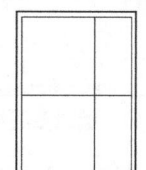

图 9-42 偏移边界

③ 单击"默认"选项卡"修改"面板中的"修剪"按钮┼，然后将矩形右上部分及内部的

直线修剪掉，如图 9-43 所示。此图形即为单扇门的门垛，再在门垛的上部绘制一个边长为 920×40 的矩形，如图 9-44 所示。

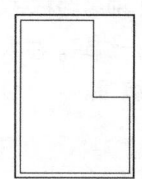

图 9-43 修剪图形

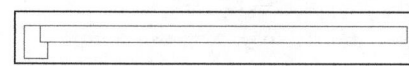

图 9-44 绘制矩形

④ 单击"默认"选项卡"修改"面板中的"镜像"按钮⧉，选择门垛，按<Enter>键后单击"对象捕捉"工具栏中的"捕捉到中点"按钮✕，选择矩形的中轴作为基准线，镜像到另外一侧，如图 9-45 所示。

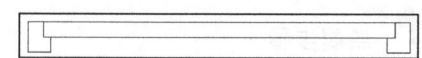

图 9-45 绘制门窗

> 注意 默认情况下，镜像文字、属性和属性定义时，它们在镜像图像中不会反转或倒置。文字的对齐和对正方式在镜像对象前后相同。

⑤ 单击"默认"选项卡"修改"面板中的"旋转"按钮↻，然后选择中间的矩形（即门扇），以右上角的点为轴，将门扇顺时针旋转90°，如图 9-46 所示。再单击"默认"选项卡"绘图"面板中的"圆弧"按钮⌒，以矩形的角点为圆弧的起点，以矩形下方角点为圆心，绘制门的开启线，如图 9-47 所示。

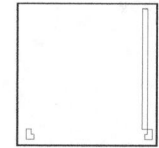
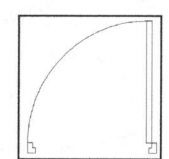

图 9-46 旋转门扇　　图 9-47 绘制开启线

⑥ 绘制完成后，在命令行中输入"wlock"命令，弹出"写块"对话框，如图 9-48 所示。基点在图形上选择一点，然后选取保存块的路径，将名称修改为"单扇门"，选择刚刚绘制的门图块，并选中该按钮下的删除选项。

图 9-48 创建门图块

⑦ 单击"确定"按钮，保存该图块。

⑧ 将当前图层设置为"门窗"，单击"插入"选项卡"块"面板中的"插入块"按钮，弹出"插入"对话框，如图 9-49 所示。名称下来菜单中选取"单扇门"，单击"确定"按钮，按照图 9-50 所示的位置插入到刚刚绘制的平面图中。此前选择基点时，为了绘图方便，可将基点选择在右侧门垛的中点位置，如图 9-51 所示，这样便于插入定位。

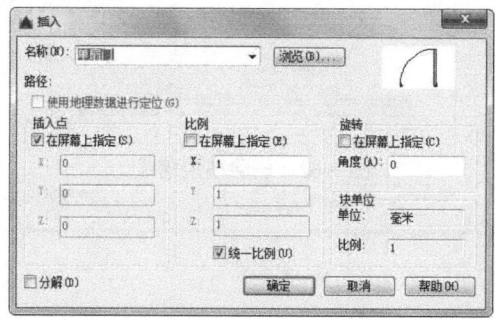

图 9-49 "插入"对话框

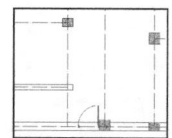

图 9-50 插入门图块

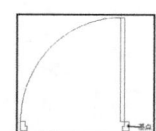

图 9-51 选择基点

⑨ 单击"默认"选项卡"修改"面板中的"修剪"按钮，将门图块中间的墙线删除，并在左侧的墙线处绘制封闭直线，如图 9-52 所示。

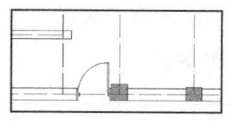

图 9-52 删除多余墙线

9.4.2 绘制推拉门

Step 绘制步骤

① 将图层设置为"门窗"图层，单击"默认"选项卡"绘图"面板中的"矩形"按钮，然后在图中绘制一个边长为 1000×60 的矩形，如图 9-53 所示。

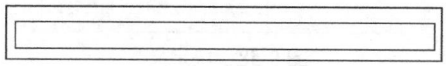

图 9-53 绘制矩形

② 单击"默认"选项卡"修改"面板中的"复制"按钮，选择矩形，将其复制到右侧，基点选择时首先选择左侧角点，然后选择右侧角点，复制后如图 9-54 所示。

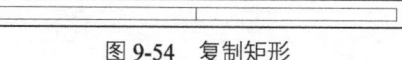

图 9-54 复制矩形

③ 单击"默认"选项卡"修改"面板中的"移动"按钮，选择右侧矩形，回车确认，然后选择两个矩形的交界处直线上点作为基点，将其移动到直线的下端点，如图 9-55 所示，复制后如图 9-56 所示。

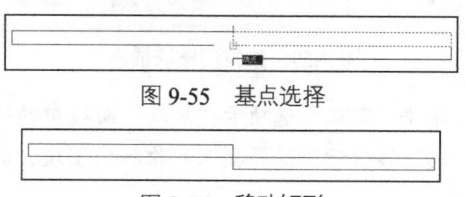

图 9-55 基点选择

图 9-56 移动矩形

④ 在命令行中输入"wlock"命令，弹出"写块"
对话框。基点在图形上选择一点，如图 9-57
所示的位置，然后选取保存块的路径，将名
称修改为"推拉门"，选择刚刚绘制的门图块，
并选中该按钮下的"从图形中删除"选项，
如图 9-58 所示。

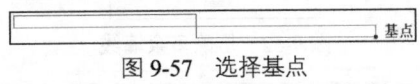

图 9-57　选择基点

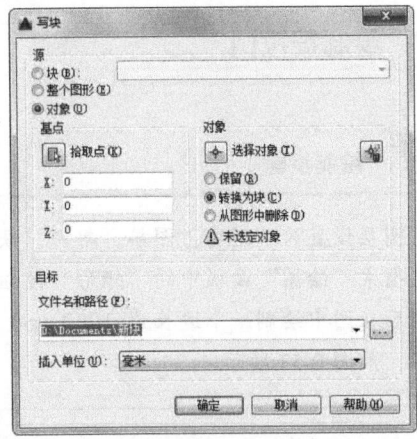

图 9-58　块定义

⑤ 单击"插入"选项卡"块"面板中的"插入块"
按钮，弹出"插入"对话框，然后在块名
称下拉菜单中选取"推拉门"，如图 9-59 所示。
单击"确定"按钮，将其插入到图 9-60 所示
的位置。

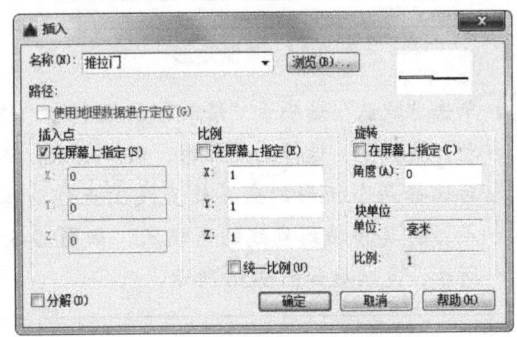

图 9-59　推拉门图块插入

⑥ 单击"默认"选项卡"修改"面板中的"旋
转"按钮，选择插入的推拉门图块，然后

以插入点为基点，旋转"–90°"，如图 9-61
所示。

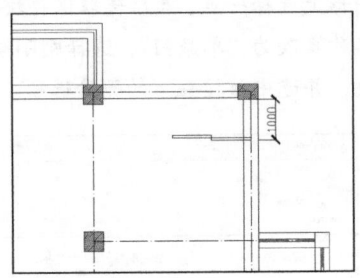

图 9-60　插入推拉门图块

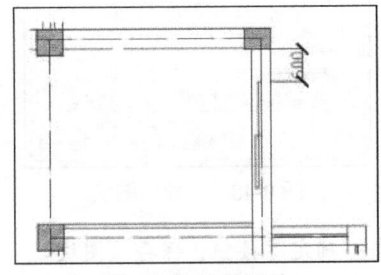

图 9-61　旋转图块

⑦ 单击"默认"选项卡"修改"面板中的"修
剪"按钮，将门图块间的多余墙线删除，
如图 9-62 所示。

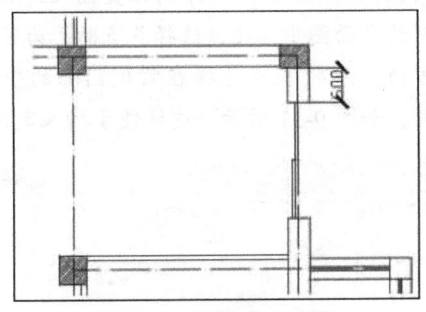

图 9-62　删除多余墙线

9.5　绘制非承重墙

9.5.1　设置隔墙线型

建筑结构包括承载受力的承重墙以及用来分割空间、美化环境的非承重墙。在前面绘制了承载受力的承重墙和柱子结构，这一节将绘制非承重墙。

（1）选取菜单栏"格式"→"多线样式"命令，弹出"多线编辑"对话框。可以看到在绘制承重墙时创建的几种线型。下面单击"新建"按钮，新建一个多线样式，命名为"wall_in"，如图 9-63 所示。

（2）设置多线间距分别为"50"和"−50"，并将端点封闭，如图 9-64 所示。

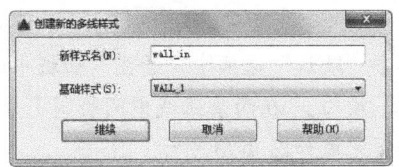

图 9-63　新建多线样式

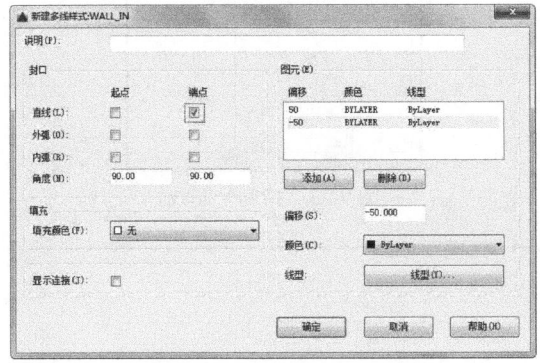

图 9-64　设置隔墙多线样式

9.5.2　绘制隔墙

Step　绘制步骤

① 设置好多线样式后，将当前图层设置为"墙线"图层，按照图 9-65 所示的位置绘制隔墙，绘制时方法与外墙类似。图 9-66 中隔墙①的

绘制方法为：选取菜单栏"绘图"→"多线"命令，设置多线样式为"wall_in"，比例为 1，对正方式为上，由 A 向 B 进行绘制，如图 9-66 所示。

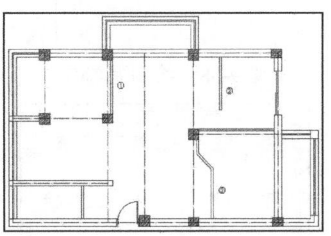

图 9-65　绘制隔墙

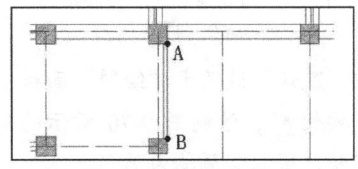

图 9-66　绘制隔墙①

② 绘制隔墙②时，多线样式已经修改过了，选取菜单栏"绘图"→"多线"命令，当提示时，首先单击图 9-67 所示的 A 点，然后回车或单击鼠标右键，选择取消。再次选取菜单栏"绘图"→"多线"命令，在命令行中依次输入"@1100,0""@0,−2400"，绘制完成后如图 9-67 所示。

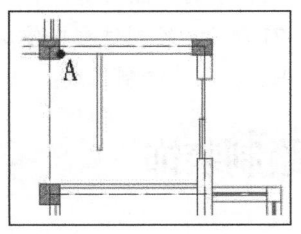

图 9-67　绘制隔墙②

③ 隔墙③在绘制时同前两种类似，选取菜单栏"绘图"→"多线"命令，单击图 9-68 所示的 A 点，在命令行中依次输入"@0,−600""@700,−700"，单击图中点 B，即绘制完成，如图 9-69 所示。按照步骤 3 的方法，绘制其

他隔墙,绘制完成后如图 9-67 所示。单击"默认"选项卡"修改"面板中的"移动"按钮 ✦ 和"剪切"按钮 ✂,将门窗插入到图中,最后如图 9-69 所示。

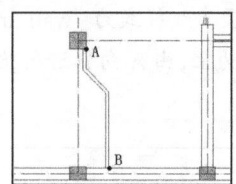

图 9-68 绘制隔墙③

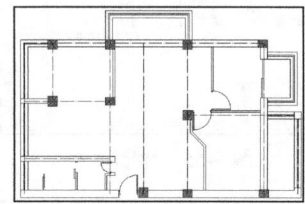

图 9-69 插入门窗

④ 单击"默认"选项卡"绘图"面板中的"圆弧"按钮 ⁄,绘制图 9-70 所示的阴影部分即书房区域,其隔墙为弧形。

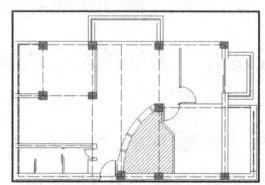

图 9-70 书房位置

⑤ 将图层设置为"墙线"图层,然后单击"默认"选项卡"绘图"面板中的"圆弧"按钮 ⁄,以柱子的角点为基点,绘制弧线,如图 9-71 所示。绘制过程中依次单击图中的 A、B、C 点,绘制弧线。

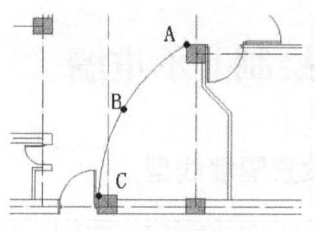

图 9-71 绘制弧线

⑥ 单击"默认"选项卡"修改"面板中的"偏移"按钮 ⟳,将弧线向右偏移"380",然后选择弧线,绘制结果如图 9-72 所示。

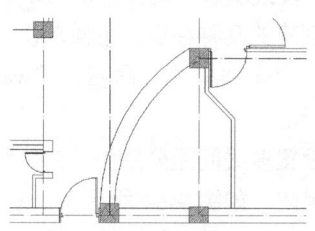

图 9-72 偏移弧线

⑦ 单击"默认"选项卡"绘图"面板中的"直线"按钮 ⁄ 在两条弧线中间绘制小分割线,绘制完成如图 9-73 所示。

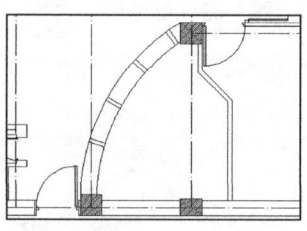

图 9-73 绘制分割线

9.6 绘制装饰

9.6.1 绘制餐桌

Step 绘制步骤

① 绘制饭厅的餐桌及座椅的装饰图块。将当前图层设置为"装饰"图层。单击"默认"选项卡"绘图"面板中的"矩形"按钮 ▢,绘制一个长为 1500×1000 的矩形,如图 9-74 所示。

② 单击"对象捕捉"工具栏中的"捕捉到中点"按钮 ⁄,在矩形的长边和短边方向的中点各

绘制一条直线作为辅助线，如图 9-75 所示。

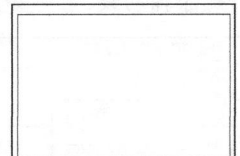

图 9-74　绘制矩形

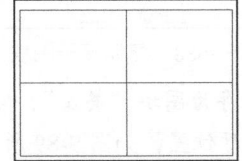

图 9-75　绘制辅助线

3 在空白处绘制一个长为 1200×40 的矩形，如图 9-76 所示。单击"默认"选项卡"修改"面板中的"移动"按钮🕂，单击"对象捕捉"工具栏中的"捕捉到中点"按钮⟋，以矩形底边中点为基点，移动矩形至刚刚绘制的辅助线交叉处，如图 9-77 所示。

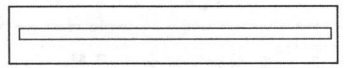

图 9-76　绘制矩形 2

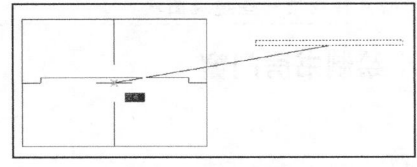

图 9-77　移动矩形

4 单击"默认"选项卡"修改"面板中的"镜像"按钮⚖，将刚刚移动的矩形以水平辅助线为轴，镜像到下侧，如图 9-78 所示。

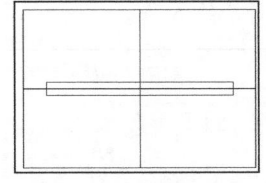

图 9-78　镜像矩形

5 在空白处，绘制边长为"500"的正方形，如图 9-79 所示。

图 9-79　绘制矩形

6 单击"默认"选项卡"修改"面板中的"偏移"按钮▱，偏移距离设置为"20"，向内偏移，如图 9-80 所示。在矩形的上侧空白处，绘制一个 400×200 的矩形，如图 9-81 所示。

图 9-80　偏移矩形

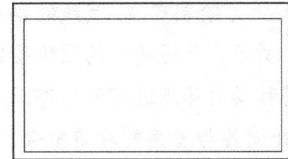

图 9-81　绘制矩形

7 单击"默认"选项卡"修改"面板中的"圆角"按钮▱，设置矩形的倒圆角半径为 50。重复"圆角"命令，将矩形的 4 个角设置为倒圆角，如图 9-82 所示。

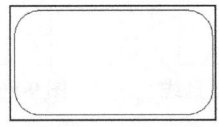

图 9-82　设置倒角

8 单击"对象捕捉"工具栏中的"捕捉到中点"按钮⟋和单击"默认"选项卡"修改"面板中的"移动"按钮🕂，将设置好倒角的矩形，移动到刚刚绘制的正方形的一边的中心，如图 9-83 所示。

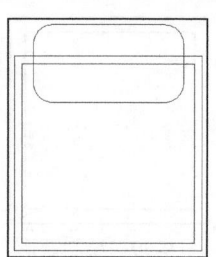

图 9-83　移动矩形

⑨ 单击"默认"选项卡"修改"面板中的"修剪"按钮 ✂，将矩形内部的直线删除，如图 9-84 所示。

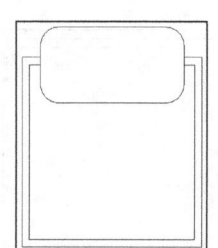

图 9-84　删除多余直线

⑩ 在矩形的上方绘制直线，直线的端点及位置如图 9-85 所示。此时椅子的图块绘制完成。移动时，将移动的基点选定为内部正方形的下侧角点，并使其与餐桌的外边重合，如图 9-86 所示。再单击"默认"选项卡"修改"面板中的"修剪"按钮 ✂，将餐桌边缘内部的多余线段删除，如图 9-87 所示。

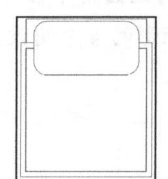

图 9-85　绘制直线

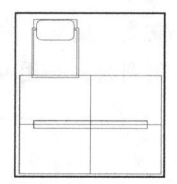

图 9-86　移动图块

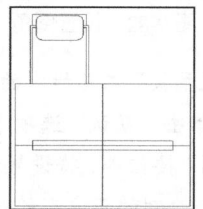

图 9-87　删除直线

⑪ 单击"默认"选项卡"修改"面板中的"镜

像"按钮 ⚖ 及"旋转"按钮 ↻，将椅子的图形复制，并删除辅助线，最终如图 9-88 所示。

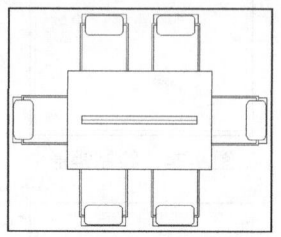

图 9-88　复制椅子图块

⑫ 将图形保存为图块"餐桌"，然后插入到平面图的餐厅位置，如图 9-89 所示。

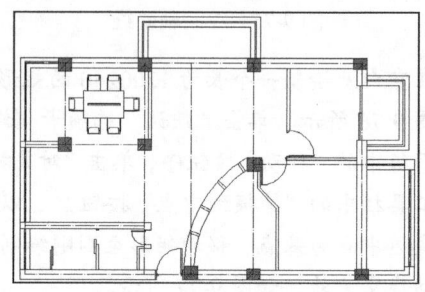

图 9-89　插入餐桌图块

 注意　建筑制图时，常会应用到一些标准图块，如卫具、桌椅等，此时用户可以从 AutoCAD 设计中心直接调用一些建筑图块。

9.6.2　绘制书房门窗

Step 绘制步骤

① 将当前图层设置为门窗，然后单击"插入"选项卡"块"面板中的"插入块"按钮 ⬛，将单扇门图块插入图中。并保证基点插入到图 9-90 所示的 A 点。

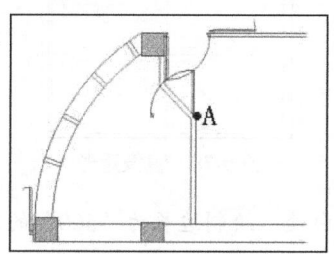

图 9-90　插入门图块

2 单击"默认"选项卡"修改"面板中的"旋转"按钮 ⟳，以刚才插入的 A 点为基点，旋转"90°"，如图 9-91 所示。

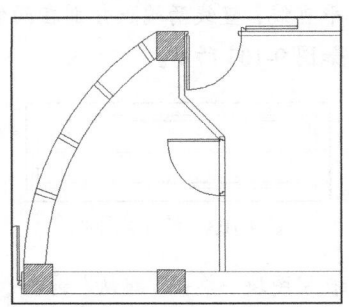

图 9-91 旋转图块

3 单击"默认"选项卡"修改"面板中的"移动"按钮 ✛，将图块向下移动"200"，移动后如图 9-92 所示。在门垛的两侧分别绘制一条直线，作为分割的辅助线，如图 9-93 所示。

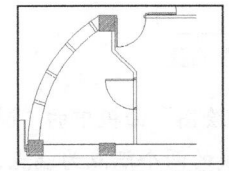 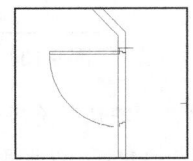

图 9-92 移动图块　　图 9-93 绘制辅助线

4 单击"默认"选项卡"修改"面板中的"剪切"按钮 ⊹，以辅助线为修剪的边界，将隔墙的多线修剪删除，并删除辅助线，如图 9-94 所示。

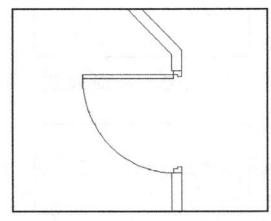

图 9-94 删除隔墙线

5 选择菜单栏中的"格式"→"多线样式"命令，弹出"创建新的多线样式"对话框，以隔墙类型为基准，新建多线样式"window_2"，如图 9-95 所示。在两条多线中间添加一条线，将偏移量分别设置为"50""0""-50"，如图 9-96 所示。在刚刚

插入的门两侧，绘制多线，如图 9-97 所示。

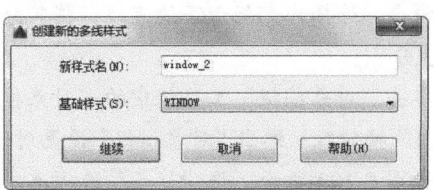

图 9-95 新建多线样式

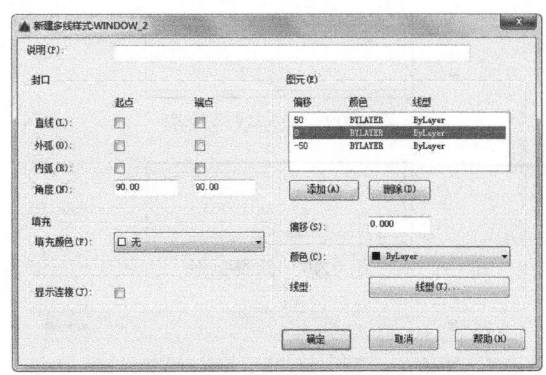

图 9-96 设置线型

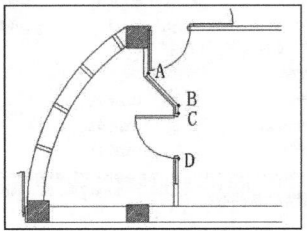

图 9-97 绘制窗线

9.6.3 绘制衣柜

衣柜是卧室中必不可少的设施，设计时要充分注意空间，并考虑人的活动范围。

Step 绘制步骤

1 绘制一个 2000×500 的矩形，如图 9-98 所示。单击"默认"选项卡"修改"面板中的"偏移"按钮 ⟰，将矩形向内偏移"40"，结果如图 9-99 所示。

选择矩形，单击"默认"选项卡"修改"面板中的"分解"按钮 ⟠，将矩形分解。选择

菜单栏中的"绘图"→"点"→"定数等分"命令，选择内部矩形下边直线，将其分解为3分。

单击"对象捕捉"工具栏中的"对象捕捉设置"按钮，弹出"对象捕捉"设置对话框，如图9-100所示。将"节点"选项选中，单击"确定"按钮，退出对话框。

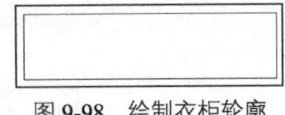

图9-98 绘制衣柜轮廓

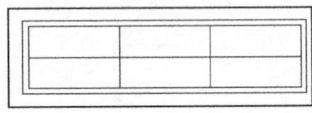

图9-99 偏移矩形

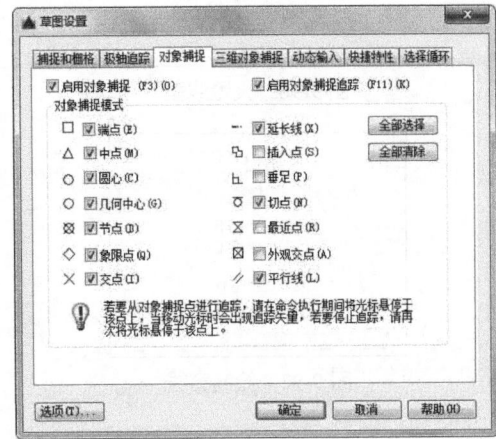

图9-100 对象捕捉设置

2️⃣ 单击"默认"选项卡"绘图"面板中的"直线"按钮，将鼠标移动到刚刚等分的直线的3分点附近，此时可以看到黄色的提示标志，即捕捉到3分点，如图9-101所示，绘制3条垂直直线，如图9-102所示。

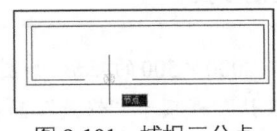

图9-101 捕捉三分点

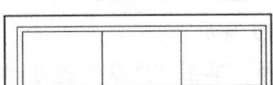

图9-102 绘制垂直线

3️⃣ 单击"默认"选项卡"绘图"面板中的"直线"按钮，单击"对象捕捉"工具栏中的"捕捉到中点"按钮，在矩形内部绘制一条水平直线，直线两端点分别在两侧边的中点，如图9-103所示。

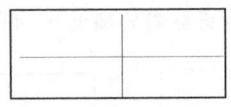

图9-103 绘制水平线

4️⃣ 绘制衣架图块。单击"默认"选项卡"绘图"面板中的"直线"按钮，绘制一条长为"400"的水平直线，再单击"对象捕捉"工具栏中的"捕捉到中点"按钮，绘制一条通过其中点的直线，如图9-104所示。

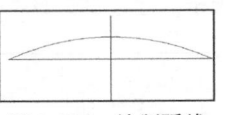

图9-104 绘制直线

5️⃣ 单击"默认"选项卡"绘图"面板中的"圆弧"按钮，以水平直线的两个端点为端点，绘制一条弧线，如图9-105所示。在弧线的两端绘制两个直径为"20"的圆，如图9-106所示。以圆的下端为端点，绘制另外一条弧线，如图9-107所示。

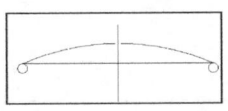

图9-105 绘制弧线

图9-106 绘制圆

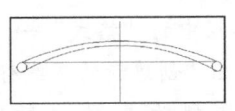

图9-107 绘制弧线

6️⃣ 删除辅助线及弧线内部的圆形部分，衣架模块绘制完成，如图9-108所示。

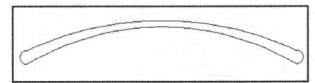

图 9-108　删除多余线段

7 将衣架模块保存为图块，并将插入点设置为弧线的中点。然后将其插入到衣柜模块中，如图 9-109 所示。

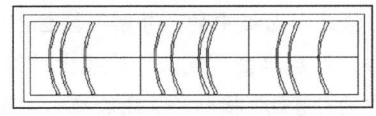

图 9-109　插入衣架模块

8 将衣柜插入到图中，并绘制另外一个衣柜模块，如图 9-110 所示。

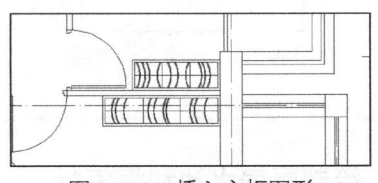

图 9-110　插入衣柜图形

9.6.4　绘制橱柜

Step 绘制步骤

1 单击"默认"选项卡"绘图"面板中的"矩形"按钮□，绘制一个边长为 800 的正方形，如图 9-111 所示。

绘制一个 150×100 的矩形，绘制完成后如图 9-112 所示。

　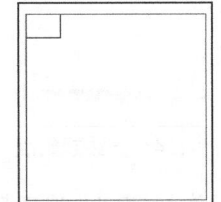

图 9-111　绘制矩形　　图 9-112　绘制小矩形

2 单击"默认"选项卡"修改"面板中的"镜像"按钮⚐，选择刚刚绘制的小矩形，单击

"对象捕捉"工具栏中的"捕捉到中点"按钮✐，以大矩形的上边中点为基点，引出垂直对称轴，将小矩形复制到另外一侧，如图 9-113 所示。

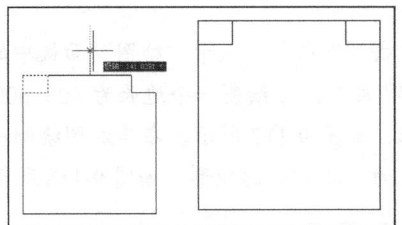

图 9-113　复制矩形

3 单击"默认"选项卡"绘图"面板中的"直线"按钮✐，单击"对象捕捉"工具栏中的"捕捉到中点"按钮✐，选择左上角矩形右边的中点为起点，绘制一条水平直线，作为厨柜的门，如图 9-114 所示。在柜门的右侧绘制一条垂直直线，在直线上侧绘制两个边长为 50 的小正方形，作为柜门的拉手，如图 9-115 所示。

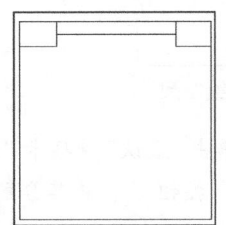　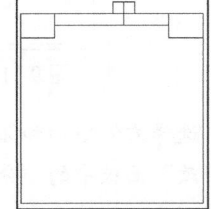

图 9-114　绘制柜门　　图 9-115　绘制拉手

4 单击"默认"选项卡"修改"面板中的"移动"按钮✛，选择刚刚绘制的厨柜模块，将其移动至厨房的厨柜位置，如图 9-116 所示。

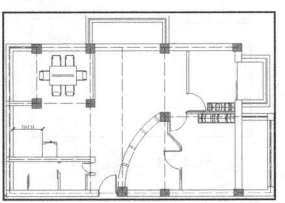

图 9-116　插入厨柜模块

9.6.5 绘制吧台

Step 绘制步骤

① 单击"默认"选项卡"绘图"面板中的"矩形"按钮□，绘制一个边长为400×600的矩形，如图9-117所示。在其右侧绘制一个边长为500×600的矩形，如图9-118所示。

 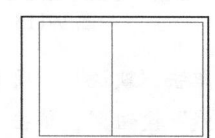

图9-117 绘制矩形　　图9-118 绘制吧台的台板

② 单击"默认"选项卡"绘图"面板中的"圆"按钮⊙，以矩形右侧的边缘中点为圆心，绘制半径为"300"的圆，如图9-119所示。

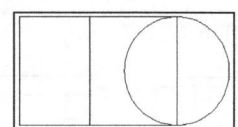

图9-119 绘制圆

③ 选择右侧矩形和圆，单击"默认"选项卡"修改"面板中的"分解"按钮⊡，将其分解，删除右侧的垂直边，如图9-120所示。再单击"默认"选项卡"修改"面板中的"修剪"按钮─，选择上下两条水平直线作为基准线，将圆的左侧删除，如图9-121所示。将吧台移至图9-122所示的位置。

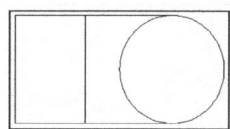

图9-120 删除直线

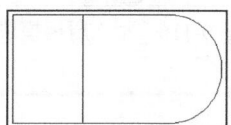

图9-121 删除半圆

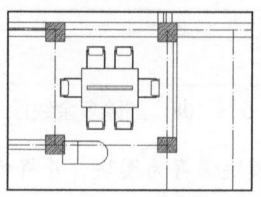

图9-122 移动吧台

④ 选择与吧台重合的柱子，单击"默认"选项卡"修改"面板中的"分解"按钮⊡，将其分解，然后单击"默认"选项卡"修改"面板中的"剪切"按钮─，删除吧台内的部分，如图9-123所示。

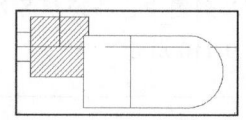

图9-123 删除多余直线

9.6.6 绘制厨房水池和煤气灶

Step 绘制步骤

① 单击"默认"选项卡"绘图"面板中的"直线"按钮╱，在洗衣机模块的底部的左端点单击鼠标，如图9-124所示。依次在命令行中输入@0，600、@-1000，0、@0，1520、@1800，0，最后将其端点与吧台相连。完成厨房灶台的绘制，绘制结果如图9-125所示。

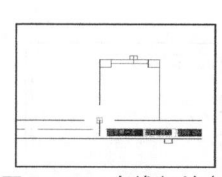 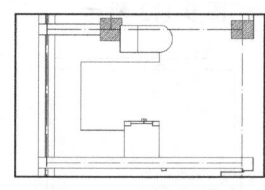

图9-124 直线起始点　　图9-125 绘制灶台

② 单击"默认"选项卡"绘图"面板中的"圆弧"按钮╱，单击刚刚绘制的灶台线结束点，然后在图中绘制图9-126所示的弧线，作为客厅与餐厅的分界线，同时也代表一级台阶。

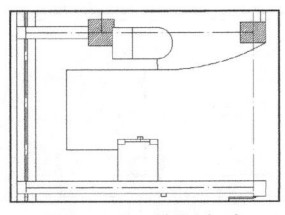

图 9-126 绘制台阶

3 选择弧线，单击"默认"选项卡"修改"面板中的"偏移"按钮，在命令按钮行中输入偏移距离为"200"，代表台阶宽度为200mm。将弧线偏移，单击"默认"选项卡"修改"面板中的"修剪"和单击"默认"选项卡"绘图"面板中的"直线"按钮，绘制第二级台阶，最终如图 9-127 所示。

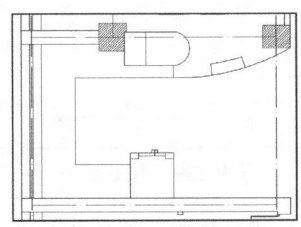

图 9-127 绘制台阶

4 单击"默认"选项卡"绘图"面板中的"矩形"按钮，在灶台左下部，绘制一个边长为 500×750 矩形，如图 9-128 所示。在矩形中绘制两个边长为 300 的矩形，并排放置，如图 9-129 所示。

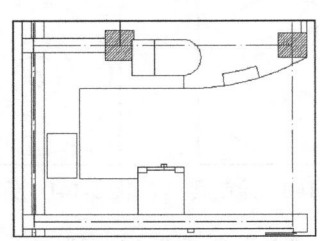

图 9-128 绘制水池轮廓

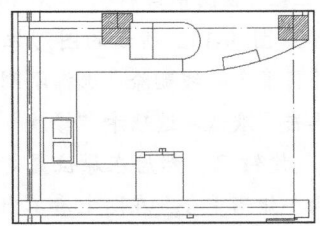

图 9-129 绘制小矩形

5 单击"默认"选项卡"修改"面板中的"圆角"按钮，设置圆角的半径为"50"，将矩形的角均修改为圆角，如图 9-130 所示。

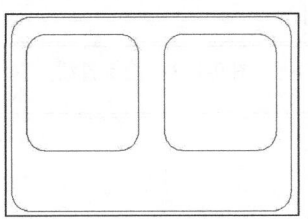

图 9-130 修改倒圆角

6 在两个小矩形的中间部位绘制水龙头，如图 9-131 所示。绘制完成后将其保存为水池图块。另外以同样的方法绘制厕所的水池和便池。

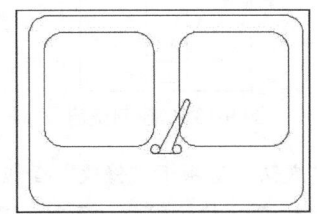

图 9-131 绘制水龙头

7 煤气灶的绘制与水池类似，单击"默认"选项卡"绘图"面板中的"矩形"按钮，绘制一个 750×400 的矩形，如图 9-132 所示。

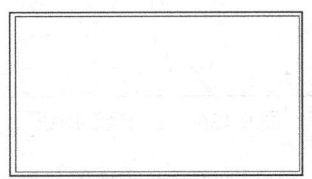

图 9-132 绘制矩形

8 在距离底边 50 的位置，绘制一条水平直线，如图 9-133 所示，作为控制板与灶台的分界线。在控制板的中心位置绘制一条垂直直线，作为辅助线，可以单击"对象捕捉"工具栏中的"捕捉到中点"按钮。再绘制一个 70×40 的矩形，将放在辅助线的中点，如图 9-134 所示。在矩形左侧绘制控制旋钮的图形，如图 9-135 所示。

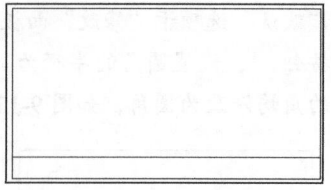

图 9-133　绘制直线

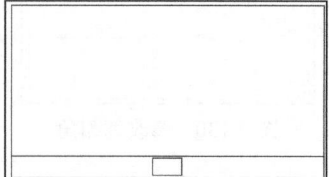

图 9-134　绘制显示窗口

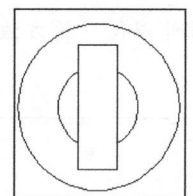

图 9-135　控制旋钮

⑨ 单击"默认"选项卡"修改"面板中的"复制"按钮，将控制旋钮复制到另外一侧，对称轴为显示窗口的中线，如图 9-136 所示。

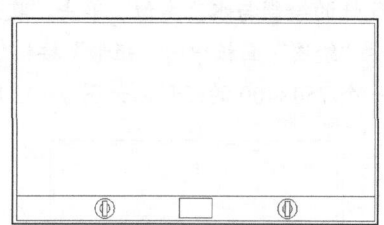

图 9-136　复制控制旋钮

⑩ 单击"默认"选项卡"绘图"面板中的"矩形"按钮，在空白处绘制一个 700×300 的矩形，并绘制中线作为辅助线，如图 9-137 所示。同时在刚刚绘制的燃气灶上边的中点绘制一条垂直直线作为辅助线，如图 9-138 所示。

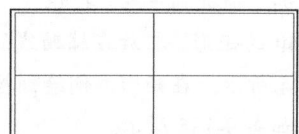

图 9-137　绘制矩形

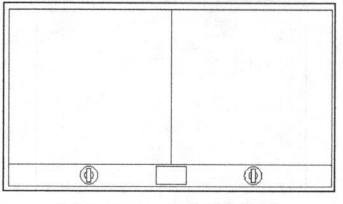

图 9-138　绘制辅助线

⑪ 将小矩形的中心，与燃气灶的辅助线中点对其进行移动，单击"默认"选项卡"修改"面板中的"圆角"按钮，将矩形的角修改为倒圆角，倒圆角直径为"30"，如图 9-139 所示。

图 9-139　移动矩形

⑫ 燃气灶的炉口绘制，首先单击"默认"选项卡"绘图"面板中的"圆"按钮，绘制一个直径为"200"的圆，如图 9-140 所示。然后单击"默认"选项卡"修改"面板中的"偏移"按钮，将圆形向内偏移"50""70""90"，绘制完成后如图 9-141 所示。

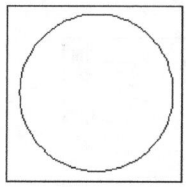
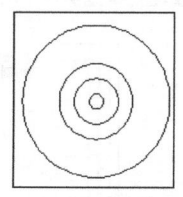

图 9-140　绘制圆　　　图 9-141　偏移圆形

⑬ 单击"默认"选项卡"绘图"面板中的"矩形"按钮，在图中绘制一个 20×60 的矩形，将其按照图 9-142 所示的图形位置移动矩形，并将多余的线删除。选择刚刚绘制的矩形，单击"默认"选项卡"修改"面板中的"复制"按钮，然后在原位置复制矩形，此时两个矩形重合，在图上看不出。再单击"默认"选项卡"修改"面板中的"旋转"

按钮◯，选择矩形，回车，再单击大圆的圆心作为旋转的基准点，在命令按钮行中输入"72"，按<Enter>键，如图 9-143 所示。

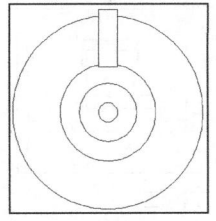 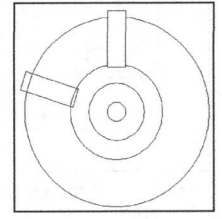

图 9-142　绘制矩形　　　图 9-143　旋转矩形

⑭ 按照步骤 13 的方法，继续旋转复制，共绘制 5 个矩形，删除矩形内部的圆，如图 9-144 所示。

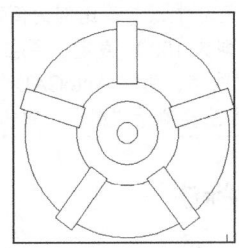

图 9-144　复制矩形

⑮ 单击"默认"选项卡"修改"面板中的"移动"按钮✥和"复制"按钮◷，将绘制好的图形移动到燃气灶图块的左侧，然后单击辅助线，复制到另外对称一侧，如图 9-145 所示。将燃气灶图形保存为燃气灶图块，方便以后绘图时使用。

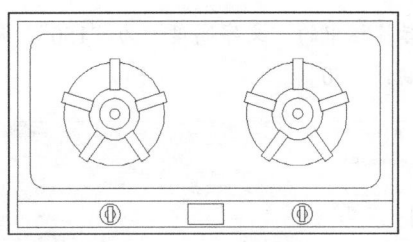

图 9-145　燃气灶图块

⑯ 按照步骤 1～步骤 12 的方法，绘制其他房间的装饰图形，最终图形如图 9-146 所示。

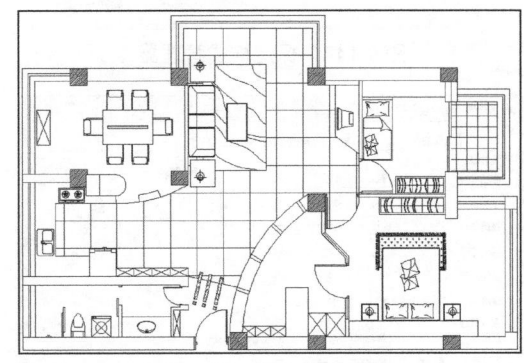

图 9-146　插入装饰图块

 目前，国内对建筑 CAD 制图开发了多套适合我国规范的专业软件，如天正、广厦等，这些以 AutoCAD 为平台所开发的 CAD 软件，其通常根据建筑制图的特点，对许多图形进行模块化、参数化，所以在使用这些专业软件时，大大提高了 CAD 制图的速度，而且格式规范统一，降低了一些单靠 CAD 制图易出现的小错误，给制图人员带来了极大的方便，节约了大量制图时间。感兴趣的读者也可尝试使用相关软件。

9.7　尺寸文字标注

9.7.1　尺寸标注

Step　绘制步骤

① 单击"默认"选项卡"注释"面板中的"标注样式"按钮，弹出"标注样式管理器"对话框，如图 9-147 所示。

② 单击"修改"按钮，弹出"修改标注样式"对话框，单击直线标签栏，如图 9-148 所示，按照图中的参数修改标注样式。单击符号与箭头标签栏，按照图 9-149 所示的样式修改，箭头样式选择为"建筑标记"，箭头大小修改为"150"。用同样的方法，修改文字

标签栏中的"文字高度"为"150",尺寸线偏移"50"。

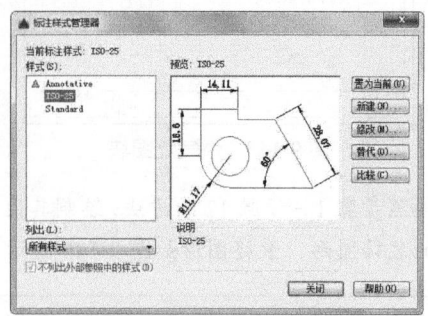

图 9-147 标注样式管理器

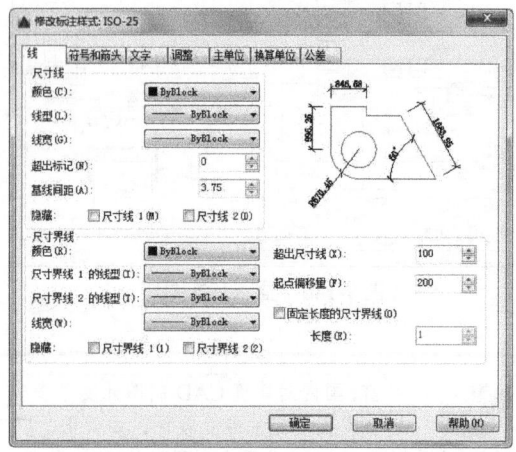

图 9-148 修改直线

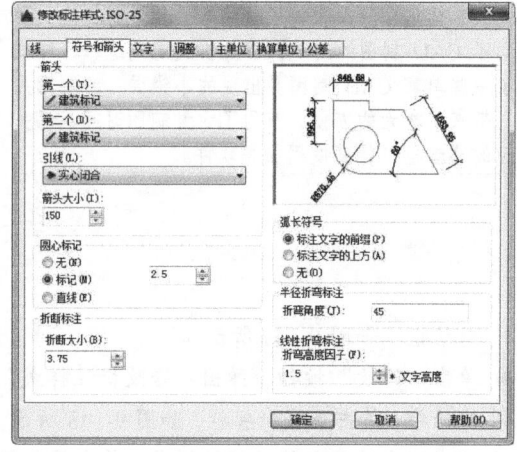

图 9-149 修改箭头

③ 单击"默认"选项卡"注释"面板中的"线性标注"按钮，标注轴线间的距离，如图 9-150 所示。

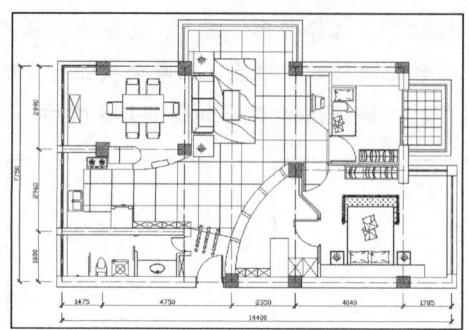

图 9-150 尺寸标注

 按《房屋建筑制图统一标准》的要求，对标注样式进行设置，包括文字、单位、箭头等，此处应注意各项涉及的尺寸大小值都应以实际图纸上的尺寸乘以制图比例的倒数（如制图比例为 1：100，即为 100）。假定需要在 A4 图纸上看到 3.5mm 单位的字，则在 AutoCAD 中的字高应设置为 350，此方法类似于"图框"的相对缩放概念。

9.7.2 文字标注

Step 绘制步骤

① 单击"默认"选项卡"注释"面板中的"文字样式"按钮，弹出"文字样式"对话框，如图 9-151 所示。

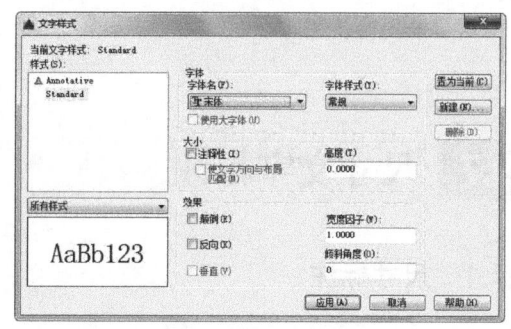

图 9-151 "文字样式"对话框

② 单击"新建"按钮，将文字样式命名为"说明"，如图 9-152 所示。

③ 取消字体下面的"使用大字体"复选框，在字体中选择"仿宋体"，高度设置为"150"，

如图 9-153 所示。

图 9-152 "新建文字样式"对话框

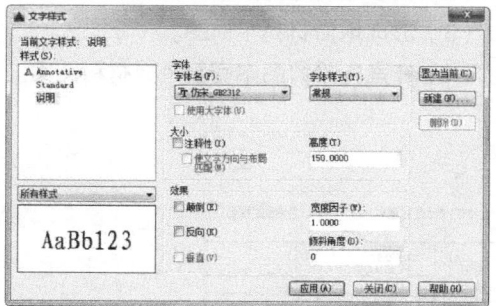

图 9-153 修改字体

在 AutoCAD 中输入汉字时,可以选择不同的字体,在打开字体名下拉菜单时,可以看到有些字体前面有"@"的标记,如"@仿宋_GB2312",这说明该字体为横向输入汉字,即输入的汉字逆时针旋转 90°,如图 9-154 所示。

在图中相应位置输入需要标注的文字,最终如图 9-155 所示。

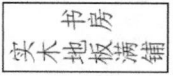

图 9-154 横向汉字

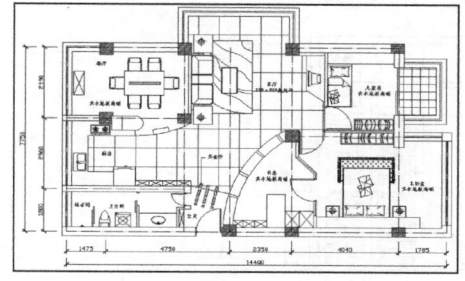

图 9-155 输入文字标注

> **注意** 不要选择前面带"@"的字体,因为带"@"的字体本来就是侧倒的。另外,在使用 CAD 时,除了默认的 Standard 字体外,一般只有两种字体定义。一种是常规定义,字体宽度为 0.75。一般所有的汉字、英文字都采用这种字体。第二种字体定义采用与第一种同样的字库,但是字体宽度为 0.5。这种字体,是在尺寸标注时所采用的专用字体,因为在大多数施工图中,有很多细小的尺寸挤在一起,采用较窄的字体,标注就会减少很多相互重叠的情况发生。

9.7.3 标高

单击"默认"选项卡"注释"面板中的"文字样式"按钮 A,打开"文字样式"对话框,新建样式"标高",将文字字体设置为"Times New Roman",如图 9-156 所示。

标高符号样式如图 9-157 所示。插入标高,最终图如图 9-1 所示。

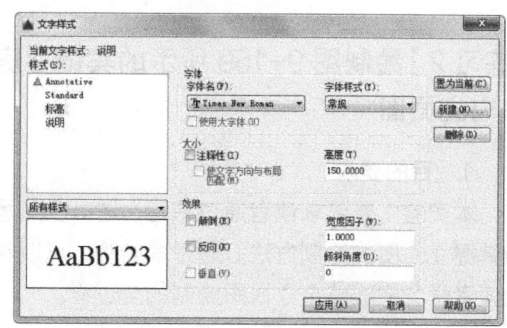

图 9-156 标高文字样式

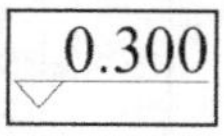

0.300

图 9-157 标高样式

9.8 上机实验

【练习1】绘制图9-158所示的宾馆大堂室内立面图

1. 目的要求

本实验主要要求读者通过练习，进一步熟悉和掌握立面图的绘制方法。通过本实验，可以帮助读者学会完成整个立面图绘制的全过程。

2. 操作提示

（1）绘图前准备。

（2）初步绘制地面图案。

（3）形成地面材料平面图。

（4）在室内平面图中完善地面材料图案。

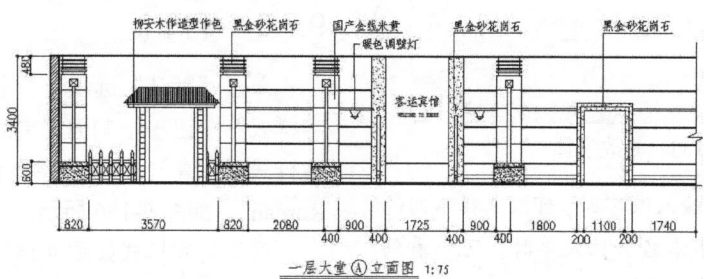

图 9-158　宾馆大堂室内立面图

【练习2】绘制图9-159所示的宾馆客房室内立面图

1. 目的要求

本实验主要要求读者通过练习，进一步熟悉和掌握立面图的绘制方法。通过本实验，可以帮助读者学会完成整个立面图绘制的全过程。

2. 操作提示

（1）绘图前准备。

（2）初步绘制地面图案。

（3）形成地面材料平面图。

（4）在室内平面图中完善地面材料图案。

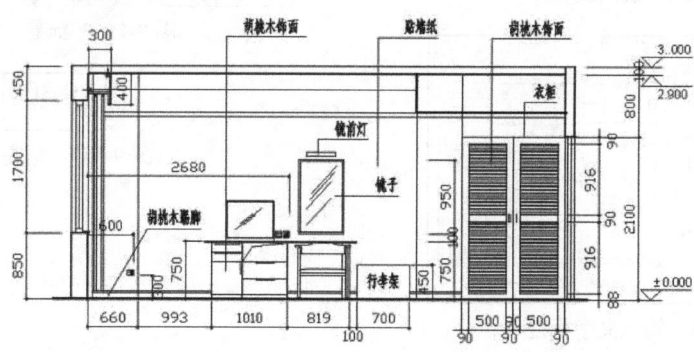

图 9-159　宾馆客房室内立面图

第 **10** 章

住宅顶棚布置图绘制

本章将在上一章平面图的基础上，绘制三居室住宅顶棚布置图。讲述过程中，将逐步带领读者完成顶棚图的绘制，并讲述关于住宅顶棚平面设计的相关知识和技巧。本章包括住宅平面图绘制的知识要点，顶棚布置的概念和样式，以及顶棚布置图绘制方法。

重点与难点

➡ 住宅顶棚的类型

➡ 各建筑物屋顶的绘制

➡ 灯具的绘制

  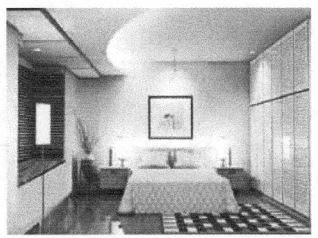

10.1 设计思想

顶棚是室内装饰不可缺少的重要组成部分，也是室内空间装饰中最富有变化、引人注目的部分。顶棚设计的好坏直接影响到房间整体特点、氛围的体现。例如古典型风格的顶棚要显得高贵典雅，而简约型风格的顶棚则要充分体现现代气息。从不同的角度出发，依据设计理念进行合理搭配。

（1）顶棚的设计原则主要有以下几点。

• 要注重整体环境效果。顶棚、墙面、基面共同组成室内空间，共同创造室内环境效果，设计中要注意三者的协调统一，在统一的基础上各具自身的特色。

• 顶面的装饰应满足适用美观的要求。一般来讲，室内空间效果应是下重上轻，所以要注意顶面装饰力求简捷完整，突出重点，同时造型要具有轻快感和艺术感。

• 顶面的装饰应保证顶面结构的合理性和安全性。不能单纯追求造型而忽视安全。

（2）顶面设计主要有以下几种形式。

• 平整式顶棚。这种顶棚构造简单，外观朴素大方、装饰便利，适用于教室、办公室、展览厅等，它的艺术感染力来自顶面的形状、质地、图案及灯具的有机配置。

• 凹凸式顶棚。这种顶棚造型华美富丽，立体感强，适用于舞厅、餐厅、门厅等，要注意各凹凸层的主次关系和高差关系，不宜变化过多，要强调自身节奏韵律感以及整体空间的艺术性。

• 悬吊式顶棚。在屋顶承重结构下面悬挂各种折板、平板或其他形式的吊顶，这种顶往往是为了满足声学、照明等方面的要求或为了追求某些特殊的装饰效果，常用于体育馆、电影院等。近年来，在餐厅、茶座、商店等建筑中也常用这种形式的顶棚，从而产生特殊的美感和情趣。

• 井格式顶棚。这是结合结构梁形式、主次梁交错以及井字梁的关系，配以灯具和石膏花饰图案的一种顶棚，朴实大方，节奏感强。

· 玻璃顶棚。现代大型公共建筑的门厅、中厅等常用这种形式，主要解决大空间采光及室内绿化的需要，使室内环境更富于自然情趣，为大空间增加活力。其形式一般有圆顶形、锥形和折线形。

10.2 绘图准备

10.2.1 复制图形

Step 绘制步骤

① 建立新文件，命名为"顶棚布置图"，并保持到适当的位置。

② 打开上一章中绘制的平面图，单击图层下拉按钮 ▼ ，将"装饰""文字""地板"图层关闭，如图 10-1 所示。关闭后图形如图 10-2 所示。

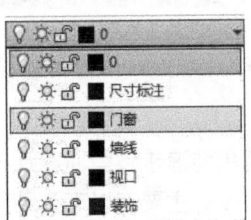

图 10-1　关闭图层

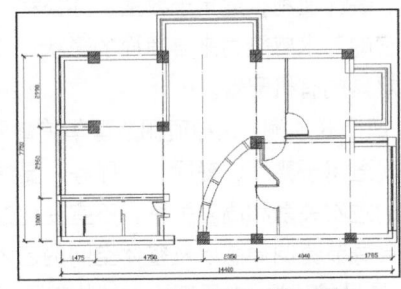

图 10-2　关闭图层后的图形

③ 选中图中的所有图形，然后按快捷键 Ctrl+C 进行复制，再单击菜单栏中的"窗口"菜单，切换到"顶棚布置图"中，按快捷键 Ctrl+V 进行粘贴，将图形复制到当前的文件中。

10.2.2 设置图层

Step 绘制步骤

① 单击"默认"选项卡"图层"面板中的"图层特性"按钮 ，弹出"图层特性管理器"对话框，可以看到，随着图形的复制，图形所在的图层也同样复制到本文件中，如图 10-3 所示。

② 单击"新建图层"按钮 ，新建"屋顶""灯具"和"文字"3 个图层，图层设置如图 10-4 所示。

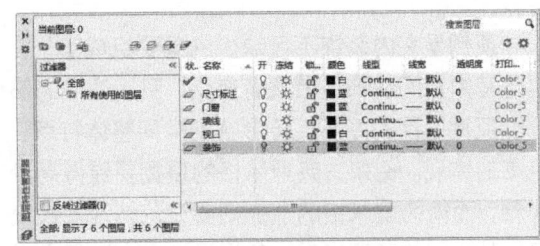

图 10-3　图层特性管理器

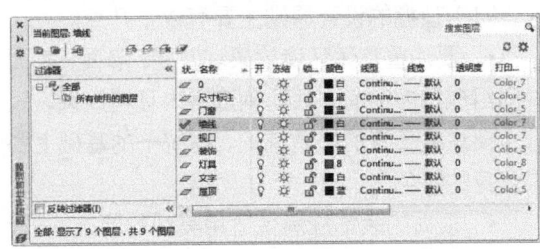

图 10-4　图层设置

注意　为什么有些图层不能删除？

正在使用中的图层（即当前图层）或是 0 层、拥有对象等特殊图层，都是不能删除的。若要删除当前层，请把它切换到非当前层，即把其他层置为当前层，然后删除该层即可。

如何删除顽固图层？

当要删除的图层可能含有对象，或是自动生成块之类的东西，可试着冻结你要的图层，删除剩下的东西，然后执行清理命令。清理命令可执行"菜单→文件→绘图实用程序→清理"，如图 10-5 所示。

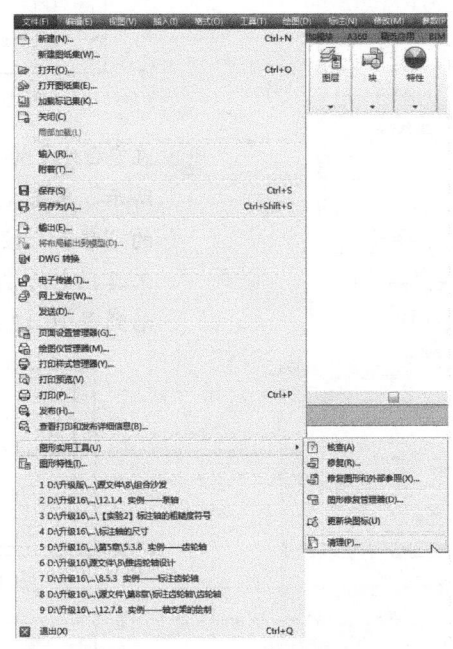

图 10-5　清理

10.3　绘制屋顶

下面将简要介绍绘制各个屋顶的方法。

10.3.1　绘制餐厅屋顶

Step 绘制步骤

1. 将当前图层设置为"屋顶"，选取菜单栏"格式"→"多线样式"命令，弹出"多线样式编辑"对话框，如图 10-6 所示。

2. 单击"新建"命令按钮，新建多线样式，命名为"ceiling"，按图 10-7 所示的参数，将多线的偏移距离设置为"150、−150"，命令行提示如下：

```
命令：mline
当前设置：对正=上，比例=20.00，样式=STANDARD
指定起点或[对正(J)/比例(S)/样式(ST)]：j
输入对正类型[上(T)/无(Z)/下(B)]<上>：z（设置对中为无）
当前设置：对正=无，比例=20.00，样式=STANDARD
指定起点或[对正(J)/比例(S)/样式(ST)]：st
输入多线样式名或[?]：ceiling（设置多线样式为ceiling）
当前设置：对正=无，比例=20.00，样式=CEILING
指定起点或[对正(J)/比例(S)/样式(ST)]：s
输入多线比例<20.00>：1（设置绘图比例为1）
当前设置：对正=无，比例=1.00，样式=CEILING
指定起点或[对正(J)/比例(S)/样式(ST)]：
指定下一点：（选择绘图起点）
指定下一点或[放弃(U)]：（选择绘制终点）
指定下一点或[放弃(U)]：
```

绘制完成后如图 10-8 所示。

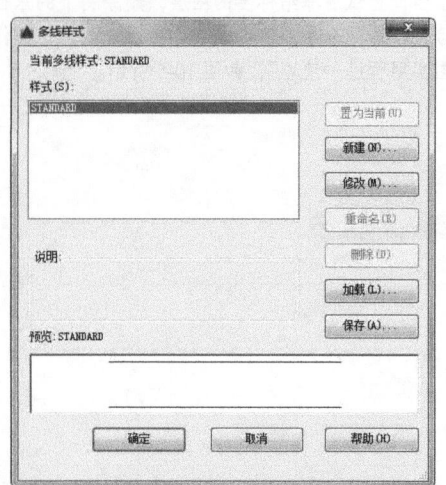

图 10-6　"多线样式"对话框

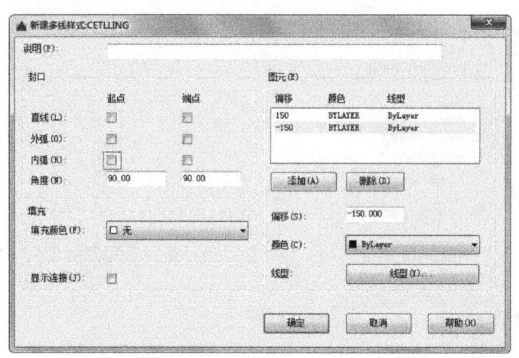

图 10-7　设置多线样式

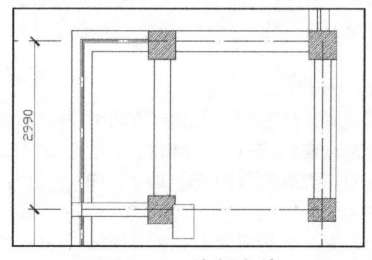

图 10-8　绘制多线

3 在工具栏中单击鼠标右键,在弹出菜单中选择"对象捕捉",打开对象捕捉工具栏,如图 10-9 所示。在餐厅左侧空间绘制一条垂直直线,将空间分割为两部分。然后单击"捕捉到中点"按钮 ,在餐厅中部绘制一条辅助线,如图 10-10 所示。

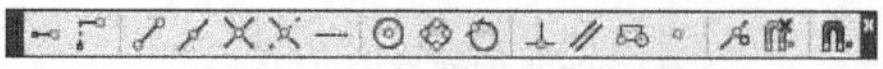

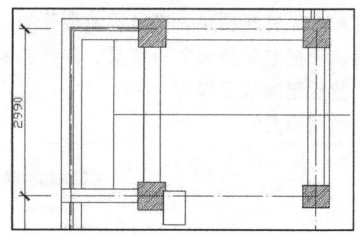

图 10-9　对象捕捉工具栏

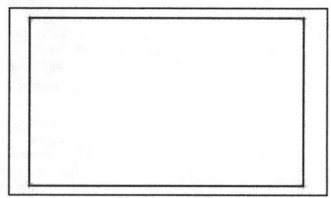

图 10-10　绘制辅助线

4 在空白处绘制一个 300×180 的矩形,如图 10-11 所示。单击"默认"选项卡"修改"面板中的"移动"按钮 ,同样单击"对象捕捉"工具栏中的"捕捉到中点"按钮 ,将其移动到图 10-12 所示的位置。

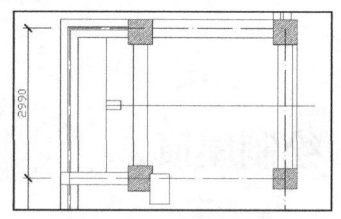

图 10-11　绘制矩形

图 10-12　移动矩形

5 单击"默认"选项卡"修改"面板中的"复制"按钮 ,复制矩形,选择一个基点,在命令行中输入移动的坐标"@0,400",单击同样的方法,复制 4 个矩形,如图 10-13 所示。

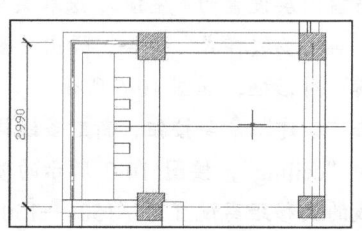

图 10-13　复制矩形

⑥ 单击"默认"选项卡"修改"面板中的"分解"按钮，选择 5 个矩形，将矩形分解，单击"默认"选项卡"修改"面板中的"修剪"按钮，将多余的线删除，如图 10-14 所示。

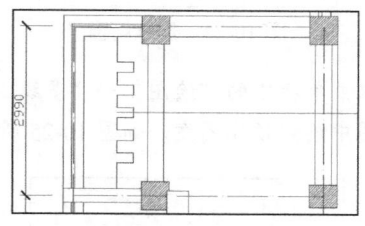

图 10-14　修剪图形

⑦ 单击"默认"选项卡"绘图"面板中的"矩形"按钮和"修改"面板中的"复制"按钮以及"移动"按钮，绘制一个 420×50 的矩形，复制 3 个，移动到图 10-15 所示的位置，并删除多余的线段，绘图过程和上面的类似。

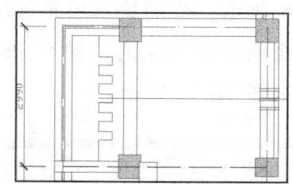

图 10-15　绘制矩形装饰

10.3.2　绘制厨房屋顶

Step 绘制步骤

① 单击"默认"选项卡"绘图"面板中的"直线"按钮，将厨房顶棚分割为如图 10-16 所示的几个部分。

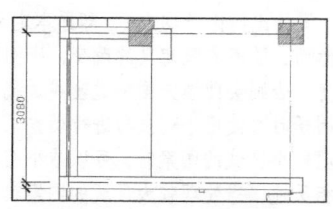

图 10-16　分割屋顶

② 选择菜单栏中的"绘图"→"多线"命令，选择多线样式为"ceiling"，绘制多线，如图 10-17 所示。单击"默认"选项卡"修改"面板中的"分解"按钮，将多线分解，删除多余直线。单击"默认"选项卡"绘图"面板中的"直线"按钮，在厨房右侧的空间绘制两条垂直直线，如图 10-18 所示。

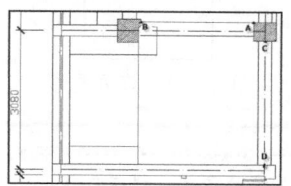

图 10-17　绘制多线

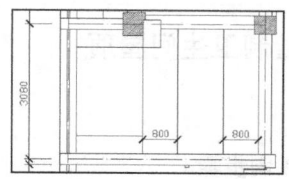

图 10-18　绘制直线

③ 单击"默认"选项卡"绘图"面板中的"矩形"按钮，同餐厅的屋顶样式一样，绘制 500×200 的矩形，并修改为图 10-19 所示的样式。

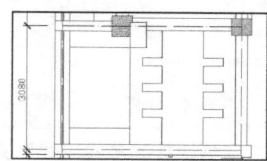

图 10-19　绘制屋顶图形

④ 单击"默认"选项卡"绘图"面板中的"矩形"按钮，绘制一个 60×60 的矩形，单击"默认"选项卡"修改"面板中的"移动"按钮，并移动到右侧柱子下方，如图 10-20 所示。

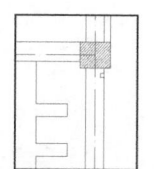

图 10-20　绘制矩形

⑤ 单击"默认"选项卡"修改"面板中的"矩形阵列"按钮，行数设置为"4"，列数设置为"1"，行间距设置"−120"，在图中选择刚刚绘制的小矩形，阵列图形，如图10-21所示。

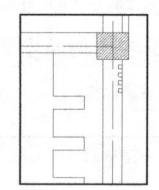

图10-21　阵列图形

 厨房的顶棚造型应与餐厅协调一致。

10.3.3　绘制卫生间屋顶

Step 绘制步骤

① 选择菜单栏中的"格式"→"多线样式"命令，弹出"创建新的多线样式"对话框，新建多线样式，并命名为"t_ceiling"，如图10-22所示。

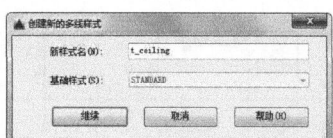

图10-22　"创建新的多线样式"对话框

② 设置多线的偏移距离分别为"25"和"−25"，如图10-23所示。

图10-23　设置多线样式

③ 删除复制图形时的门窗，删除后如图10-24所示。

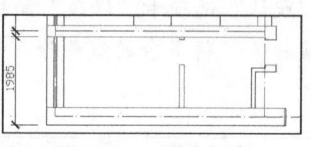

图10-24　删除门窗

④ 选取菜单栏中的"绘图"→"多线"命令，在图中绘制顶棚图案。如图10-25所示。

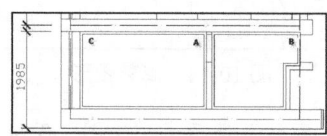

图10-25　绘制多线

⑤ 单击"默认"选项卡"修改"面板中的"图案填充"按钮，弹出"图案填充创建"选项卡，设置"图案填充图案"为"NET"的填充图案，"填充图案比例"为"100"，如图10-26所示。分别拾取填充区域内一点，填充卫生间的两个空间，按<Enter>键确认，填充后如图10-27所示。

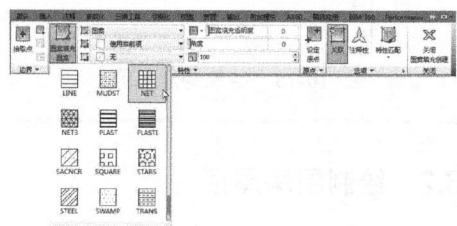

图10-26　"图案填充"对话框

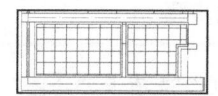

图10-27　填充顶棚图案

 当使用"图案填充"命令时，所使用图案的比例因子均为1，即原本定义时的真实样式。然而，随着界限定义的改变，比例因子应做相应的改变，否则会使填充图案过密或过疏，因此在选择比例因子时可使用下列技巧进行操作。

（1）当处理较小区域的图案时，可以减小图案的比例因子值，相反地，当处理较大区域的图案填充时，则可以增加图案的比例因子值。

（2）比例因子应恰当选择，比例因子的恰当选择要视具体的图形界限大小而定。

（3）当处理较大的填充区域时，要特别小心，如果选用的图案比例因子太小，则所产生的图案就像是使用 Solid 命令所得到的填充结果一样，这是因为在单位距离中有太多的线，不仅看起来不恰当，而且还增加了文件的大小。

（4）比例因子的取值应遵循"宁大不小"的原则。

10.3.4　绘制客厅阳台屋顶

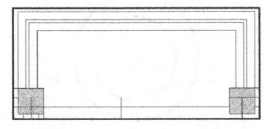 **绘制步骤**

① 单击"默认"选项卡"绘图"面板中的"直线"按钮 ╱ 和"修改"面板中的"修剪"按钮 -╱--，绘制直线，如图 10-28 所示。

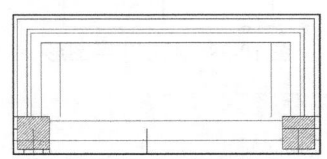

图 10-28　绘制直线

② 单击阳台的多线，单击"默认"选项卡"修改"面板中的"分解"按钮 ⬚，将多线分解。单击"默认"选项卡"修改"面板中的"偏移"按钮 ⬚，将刚刚绘制的水平直线和阳台轮廓内侧的两条垂直线向内偏移"300"，偏移后如图 10-29 所示。

图 10-29　偏移直线

③ 单击"默认"选项卡"修改"面板中的"修剪"按钮 -╱--，将直线修改为图 10-30 所示的形状。

④ 选取菜单栏中的"绘图"→"多线"命令，保持多线样式为"t_ceiling"，在水平线的中点绘制多线，如图 10-31 所示。

图 10-30　修改直线

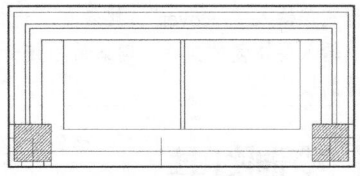

图 10-31　绘制多线

⑤ 单击"默认"选项卡"修改"面板中的"矩形阵列"按钮 ▦，将行数设置为"1"，列数设置为"5"，列间距为"300"，选择刚刚绘制的多线，阵列结果如图 10-32 所示。

⑥ 单击"默认"选项卡"修改"面板"镜像"按钮 ⧄，将右侧的多线镜像到左侧，如图 10-33 所示。

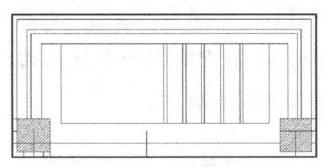

图 10-32　阵列多线

图 10-33　镜像多线

⑦ 按照步骤 1～步骤 5 的方法，绘制其他市内空间的顶棚图案。绘制完成后如图 10-34 所示。

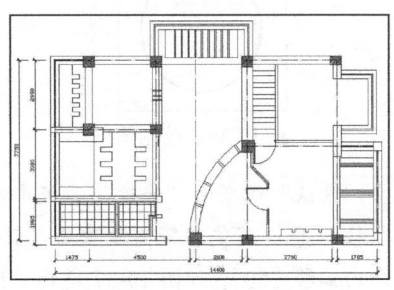

图 10-34　屋顶绘制

注意 （1）有时在打开.dwg 文件时，系统弹出 "AutoCAD Message" 对话框提示 "Drawing file is not valid"，告诉用户文件不能打开。这种情况下你可以先退出打开操作，然后打开 "文件" 菜单，选择 "绘图实用程序" → "修复" 命令，或者在命令行直接输入 "recover"，接着在 "选择文件" 对话框中输入要恢复的文件，确认后系统开始执行恢复文件的操作。

（2）用 AutoCAD 打开一张旧图，有时会遇到异常错误而中断退出，这时首先使用上述介绍的方法进行修复，如果问题仍然存在，则可以新建一个图形文件，把旧图用图块形式插入，可以解决问题。

10.4 绘制灯具

下面简单介绍绘制各种灯具的方法。

10.4.1 绘制吸顶灯

Step 绘制步骤

① 将当前图层设置为 "灯具"，如图 10-35 所示。单击 "默认" 选项卡 "绘图" 面板中的 "圆" 按钮 ⊙，在图中绘制一个直径为 "300" 的圆，如图 10-36 所示。

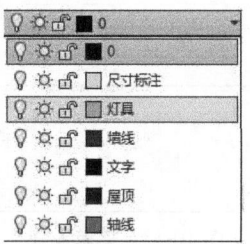

图 10-35　图层设置

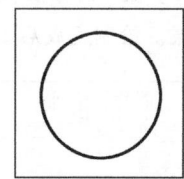

图 10-36　绘制圆

② 单击 "默认" 选项卡 "修改" 面板中的 "偏移" 按钮 ⊿，将偏移距离设置为 "50"，将圆向内偏移 "50"，如图 10-37 所示。在空白处绘制一条长为 "500" 的水平直线，再绘制一条长为 500 的垂直直线，将其中点对齐，

再移动至圆心位置，如图 10-38 所示。选择此图形，单击 "插入" 选项卡 "块定义" 面板中的 "创建块" 按钮 ⊡，弹出 "块定义" 对话框，如图 10-39 所示。

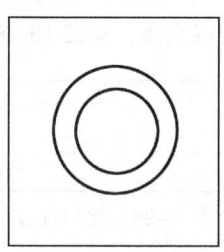

图 10-37　偏移圆形

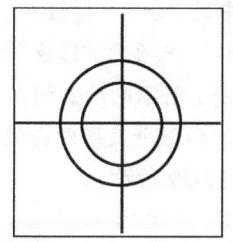

图 10-38　绘制十字图形

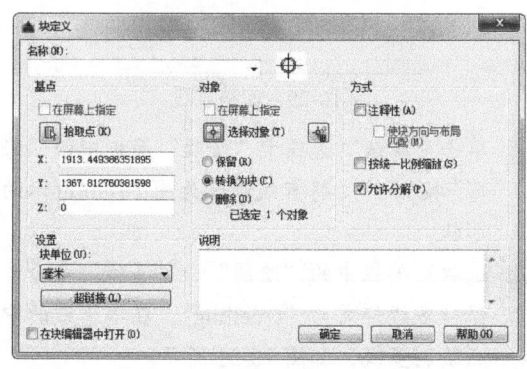

图 10-39　创建块

③ 在名称文本框中输入"吸顶灯"，将插入点
选择为圆心，其他保持默认，单击确定，保
存成功。单击"插入"选项卡"块"面板中
的"插入块"按钮，弹出"插入"对话框，
如图 10-40 所示。在下拉菜单中选择"吸顶
灯"，将其插入到图中的固定位置，最终如
图 10-41 所示。

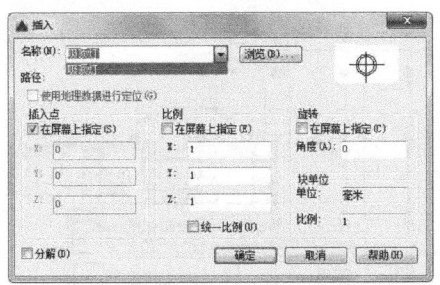

图 10-40　插入块

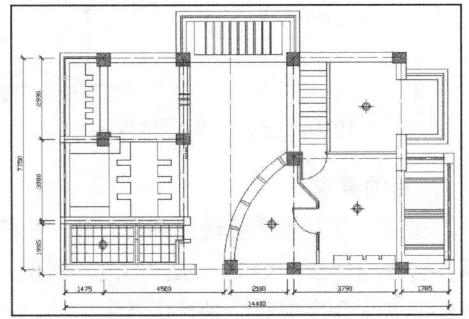

图 10-41　插入吸顶灯图块

10.4.2　绘制吊灯

Step 绘制步骤

① 单击"默认"选项卡"绘图"面板中的"圆"
按钮，绘制一个直径为"400"的圆，如
图 10-42 所示。单击"默认"选项卡"绘图"
面板中的"直线"按钮，绘制两条长度均
为"600"的相交直线，如图 10-43 所示。

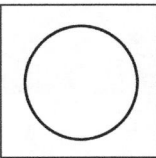
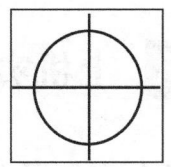

图 10-42　绘制圆　　　　图 10-43　绘制直线

② 再单击"默认"选项卡"绘图"面板中的"圆"
按钮，以直线和圆的交点作为圆心，绘制
4 个直径为"100"的小圆，如图 10-44 所示。

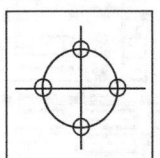

图 10-44　绘制小圆

③ 同样将此图形保存为图块，命名为"吊灯"，
并插入到相应的位置。同时绘制"工艺吊
灯"，如图 10-45 所示的射灯，最后的图形
如图 10-46 所示。

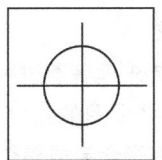

图 10-45　工艺吊灯

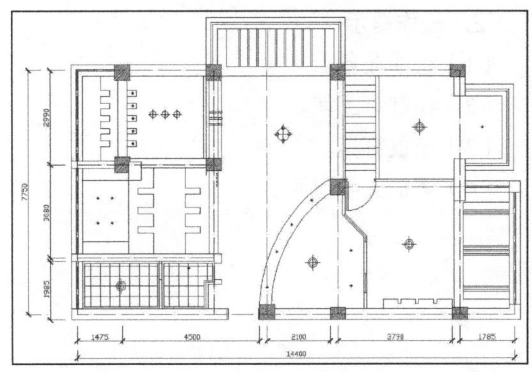

图 10-46　插入吊灯及射灯

10.5 上机实验

【练习1】绘制图 10-47 所示的二层中餐厅顶棚装饰图

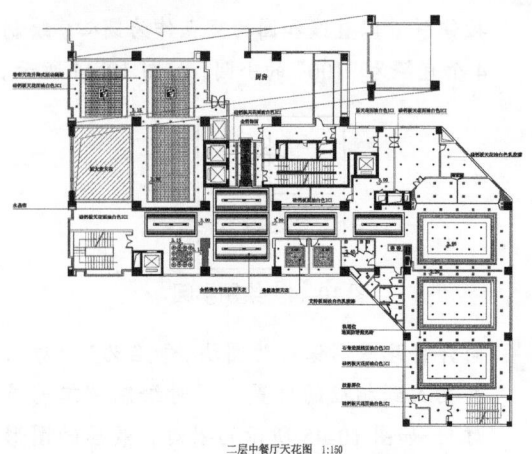

二层中餐厅天花图 1:150

图 10-47 二层中餐厅顶棚装饰图

1. 目的要求

本实例主要要求读者通过练习，进一步熟悉和掌握餐厅装饰平面图的绘制方法。通过本实例，可以帮助读者学会完成整个装饰平面图绘制的全过程。

2. 操作提示

（1）绘图准备。

（2）绘制灯图块。

（3）布置灯具。

（4）添加文字说明。

【练习2】绘制图 10-48 所示的餐厅地坪图

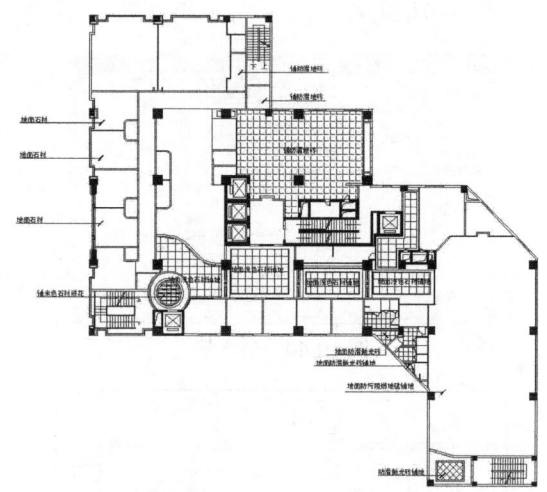

图 10-48 三层中餐厅地坪图

1. 目的要求

本实例主要要求读者通过练习，进一步熟悉和掌握餐厅地坪图的绘制方法。通过本实例，可以帮助读者学会完成整个地坪图绘制的全过程。

2. 操作提示

（1）绘图准备。

（2）填充地面图案。

（3）添加文字说明。

第 **11** 章

住宅立面图绘制

本章将绘制住宅中的各立面图，包括客厅立面图、厨房立面图以及书房立面图，还将讲解部分陈设的立面图绘制方法。通过本章的学习，将掌握装饰图中立面图的基本画法，并初步学习住宅建筑立面的布置方法。

重点与难点

- 客厅立面图的绘制
- 厨房、书房立面图的绘制

11.1 设计思想

建筑立面图是指用正投影法对建筑的各个外墙面进行投影所得到的正投影图。与平面图一样，建筑的立面图也是表达建筑物的基本图样之一，它主要反映建筑物的外观情况，这是因为建筑物给人的外表美感主要来自其立面的造型和装修。建筑立面图是用来研究建筑立面的造型和装修的。反映主要入口或是比较显著地反映建筑物外貌特征的一面的立面图叫作正立面图，其余的面的立面图相应地称为背立面图和侧立面图。如果按照房屋的朝向来分，可以称为南立面图、东立面图、西立面图和北立面图。如果按照轴线编号来分，也可以有①~⑥立面图、Ⓐ~Ⓓ立面图等。建筑立面图会使用大量图例来表示很多细部，这些细部的构造和做法，一般都另有详图。如果建筑物有一部分立面不平行于投影面，可以将这一部分展开到与投影面平行，再画出其立面图，然后在图名后注写"展开"字样。

本案住宅室内设计涉及的立面图很多，包括各个房间单元的墙面等，有的很简单，不需要单独绘制立面图来表达，对那些装饰比较多，或结构相对复杂的立面，则需要配合平面图进行绘制。

本案中重点介绍客厅的两个立面、厨房立面以及书房立面。

11.2 客厅立面图

下面简单讲述一下绘制客厅立面图的方法。

11.2.1 客厅立面一

Step 绘制步骤

① 建立新文件，命名为"立面图"，并保持到适当的位置。

绘制客厅正面的立面图。单击"默认"选项卡"图层"面板中的"图层特性"按钮 ，弹出"图层管理器"对话框，建立图层，如图 11-1 所示。

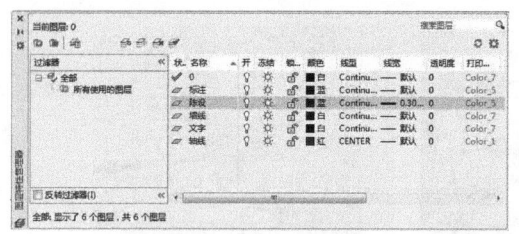

图 11-1 设置图层

② 将当前图层设置为 0 层，即默认层。单击"默认"选项卡"绘图"面板中的"矩形"按钮 ，在图中绘制 4930×2700 的矩形，作为正立面的绘图区域，如图 11-2 所示。

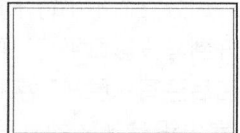

图 11-2 绘制矩形

③ 将当前图层修改为"轴线"图层，单击"默认"选项卡"绘图"面板中的"直线"按钮 ，在矩形的左下角点单击鼠标左键，在命令行中依次输入"@1105,0""@0,2700"，如图 11-3 所示。此时轴线的线型虽设置为"点划线"，但是由于线型比例设置的问题，在图中仍然显示为实现。选择刚刚绘制的直线，单击鼠标右键，选择"属性"命令。将"线型比例"修改为"10"，修改后轴线如图 11-4 所示。

④ 单击"默认"选项卡"修改"面板中的"复制"按钮 ，选择绘制的轴线，以下端点为基点，复制直线，复制的距离依次为"445、500、650、650、400、280、800、100"，复制完成后如图 11-5 所示。

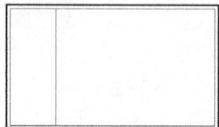

图 11-3 绘制轴线

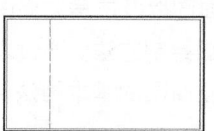

图 11-4 修改轴线线型比例

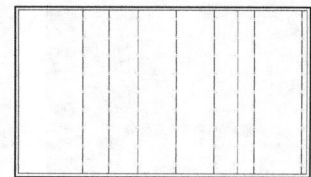

图 11-5 复制轴线

⑤ 按照步骤 3～步骤 4 方法绘制水平轴线，水平轴线之间的间距为（由下至上）"300、1100、300、750、250"。绘制完成后如图 11-6 所示。

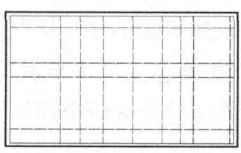

图 11-6 绘制水平轴线

 也可以借助平面图的相关图线作为参照绘制立面图。

⑥ 将当前图层设置为"墙线"，在第一条和第二条垂直轴线上绘制柱线，绘制顶棚装饰线，如图 11-7 所示。

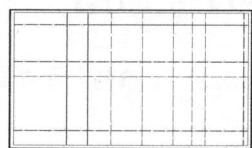

图 11-7 绘制柱线

⑦ 单击"默认"选项卡"绘图"面板中的"直线"按钮，在矩形地面绘制一条距底边为"100"的直线，作为地脚线，如图 11-8 所示。重复"直线"命令，在柱左侧距上边缘绘制直线，距上边缘"150"，如图 11-9 所示。

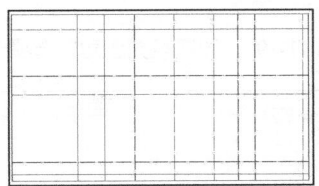

图 11-8　绘制地脚线

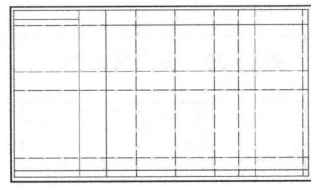

图 11-9　绘制屋顶线

⑧ 将图层设置为"陈设"图层，绘制装饰图块。柱左侧为落地窗，需绘制窗框和窗帘。首先绘制辅助线，打开捕捉工具栏，单击"对象捕捉"工具栏中的"捕捉到中点"按钮，单击"默认"选项卡"绘图"面板中的"直线"按钮，绘制一条通过左侧屋顶线中点的直线，如图 11-10 所示。单击"默认"选项卡"绘图"面板中的"矩形"按钮，在其上部绘制一个长为"50"、高为"200"的矩形，如图 11-11 所示。

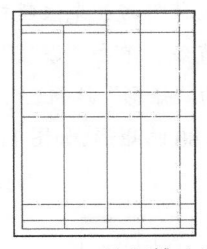 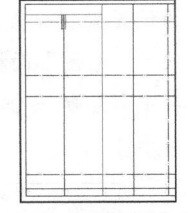

图 11-10　绘制辅助线　　图 11-11　绘制窗帘夹

⑨ 单击"默认"选项卡"绘图"面板中的"直线"按钮，在窗户下的地脚线上"50"位置绘制一条水平直线，作为窗户的下边缘轮廓线，如图 11-12 所示。单击"默认"选项

卡"修改"面板中的"修剪"按钮，将多余直线修剪，如图 11-13 所示。

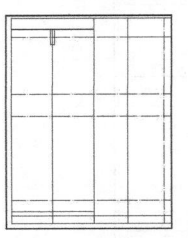 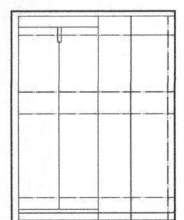

图 11-12　绘制窗户下边缘　　图 11-13　修剪图形

⑩ 单击"默认"选项卡"修改"面板中的"偏移"按钮，将垂直中线向左偏移 50，向右偏移 50 和窗户下边缘线向上偏移 50，如图 11-14 所示。

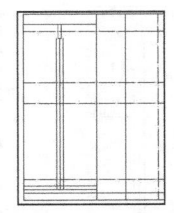

图 11-14　偏移线段

⑪ 单击"默认"选项卡"修改"面板中的"偏移"按钮，将中线两侧的线段分别向两侧偏移"10"，地面线向上偏移"10"。单击"默认"选项卡"修改"面板中的"修剪"按钮，将多余线段删除，最终如图 11-15 所示。

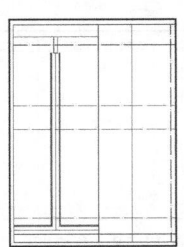

图 11-15　偏移并修剪

⑫ 单击"默认"选项卡"绘图"面板中的"圆弧"按钮，绘制窗帘的轮廓线，绘制时要细心，有些线型特殊的曲线可以单击"默认"选项卡"绘图"面板中的"样条曲线拟合"按钮绘制线条。绘制完成后单击"默认"选项卡"修改"面板中的"镜像"按钮，将

左侧窗帘，复制到右侧，如图 11-16 所示。

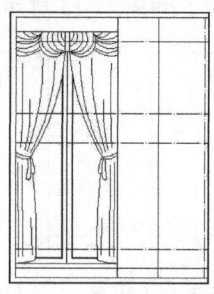

图 11-16　绘制窗帘

⑬ 单击"默认"选项卡"绘图"面板中的"直线"按钮，在窗户的中间绘制倾斜直线，代表玻璃，如图 11-17 所示。

图 11-17　绘制玻璃装饰

⑭ 柱右侧为电视柜位置。绘制顶棚。单击"默认"选项卡"绘图"面板中的"矩形"按钮，在顶棚上有 6 个装饰小矩形，尺寸为 200×100，如图 11-18 所示。

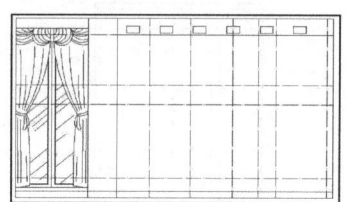

图 11-18　绘制矩形

⑮ 单击"默认"选项卡"绘图"面板中的"图案填充"按钮，填充矩形。重复"图案填充"命令，弹出"图案填充创建"选项卡，设置如图 11-19 所示。填充完成后如图 11-20 所示。

⑯ 单击水平轴线和垂直轴线，绘制电视柜的外轮廓线，如图 11-21 中阴影部分所示位置。

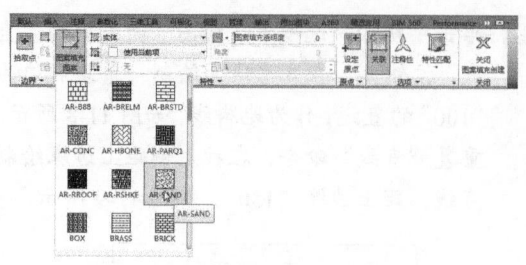

图 11-19　"图案填充创建"选项卡

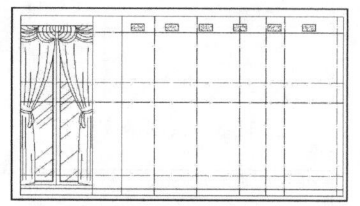

图 11-20　填充装饰图块

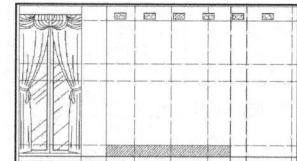

图 11-21　绘制电视柜轮廓

⑰ 参见窗口的直线绘制方法，单击"默认"选项卡"绘图"面板中的"直线"按钮和"修改"面板中的"偏移"按钮，将电视柜的隔板绘制出来。如图 11-22 所示。

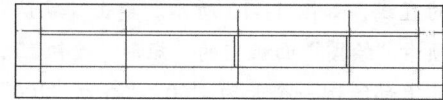

图 11-22　电视柜

⑱ 电视柜左侧为实木条纹装饰板，先依照轴线的位置绘制一条垂直直线，单击"默认"选项卡"绘图"面板中的"矩形"按钮，并在中部绘制一个 200×80 的矩形，如图 11-23 所示。

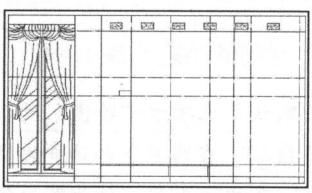

图 11-23　绘制矩形装饰

⑲　单击"默认"选项卡"修改"面板中的"分解"按钮，将矩形分解，单击"默认"选项卡"修改"面板中的"修剪"按钮，将矩形右侧直线删除，如图 11-24 所示。

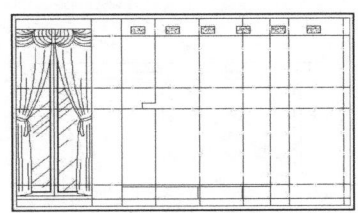

图 11-24　删除直线

⑳　单击"默认"选项卡"绘图"面板中的"图案填充"按钮，选择填充图案为"LINE"，填充比例为"10"，选择填充区域时可以单击选择点命令，在要填充区域内部单击，如图 11-25 所示，填充装饰木板后如图 11-26 所示。

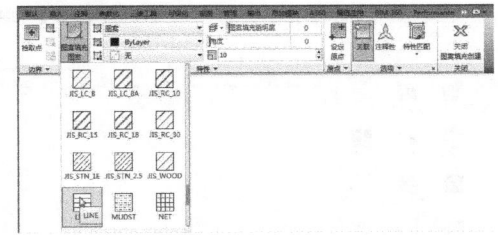

图 11-25　填充设置

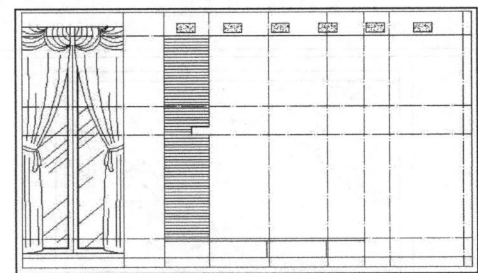

图 11-26　填充装饰木板

㉑　本住宅设计时在客厅正面墙面中部设置凹陷部分，起装饰作用。绘制时，单击"默认"选项卡"绘图"面板中的"矩形"按钮，单击轴线的交点，绘制矩形，如图 11-27 所示。

㉒　在台阶上绘制摆放的装饰物和灯具，如图 11-28 所示。

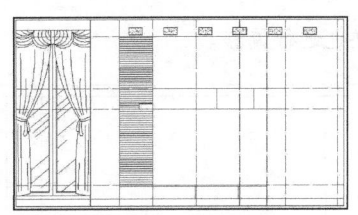

图 11-27　绘制矩形

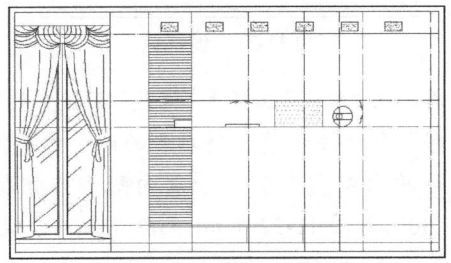

图 11-28　绘制墙壁装饰

㉓　下面绘制电视模块。单击"默认"选项卡"绘图"面板中的"直线"按钮，在电视柜上方绘制辅助线，如图 11-29 所示。

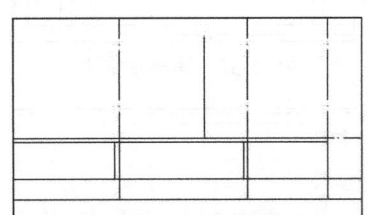

图 11-29　绘制辅助线

㉔　单击"默认"选项卡"绘图"面板中的"矩形"按钮，在空白处，绘制 1000×600 的矩形，如图 11-30 所示。

图 11-30　绘制矩形

㉕　单击"默认"选项卡"修改"面板中的"分解"按钮，将矩形分解。选择左侧竖直边，单击"默认"选项卡"修改"面板中的"偏移"按钮，偏移距离设置为"100"，将边缘向内偏移"100"，如图 11-31 所示。右侧

同样也进行偏移。

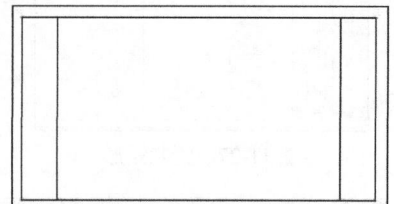

图 11-31　偏移边

㉖ 再单击"默认"选项卡"修改"面板中的"偏移"命令按钮🗗，将水平的两个边及偏移后的内侧两个竖线分别向矩形内侧偏移"30"，如图 11-32 所示。删除多余部分线段，如图 11-33 所示。

图 11-32　偏移水平边

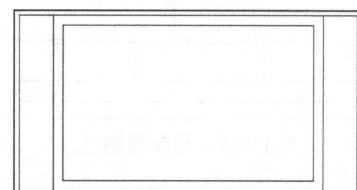

图 11-33　修剪图形

㉗ 单击"默认"选项卡"修改"面板中的"偏移"命令按钮🗗，最后，将内侧的矩形向内再次偏移，偏移距离为"20"，如图 11-34 所示。

图 11-34　偏移内侧矩形

㉘ 单击"默认"选项卡"绘图"面板中的"直

线"按钮✐，在内侧矩形中绘制斜向直线，可以先绘制一条斜线，然后再进行复制，如图 11-35 所示。

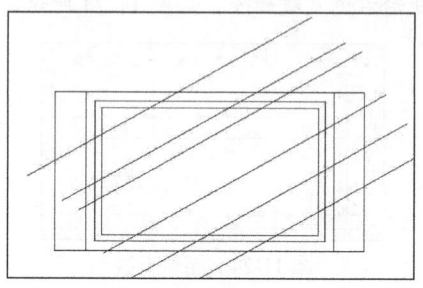

图 11-35　绘制斜向直线

㉙ 单击"默认"选项卡"绘图"面板中的"图案填充"按钮▧，弹出"图案填充创建"选项卡，设置如图 11-36 所示。在斜线中空白部位选择，间隔选取，回车确认，填充后删除斜向直线，如图 11-37 所示。

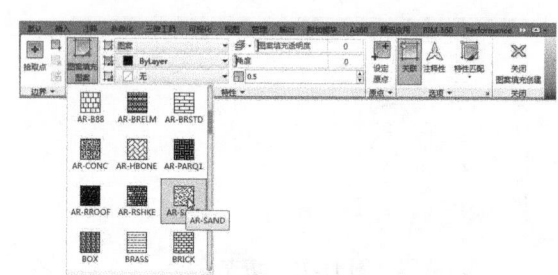

图 11-36　填充图案

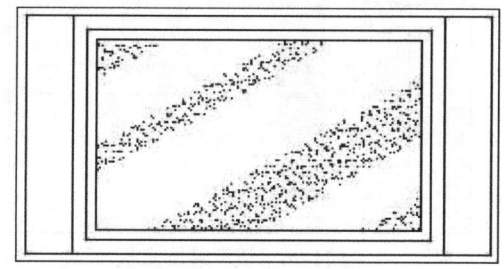

图 11-37　填充图案

㉚ 在电视下部绘制台座，单击"默认"选项卡"绘图"面板中的"矩形"按钮▭和"直线"按钮✐共同绘制，具体细节不必详述。绘制完成后插入到立面图中，删除辅助线，如图 11-38 所示。

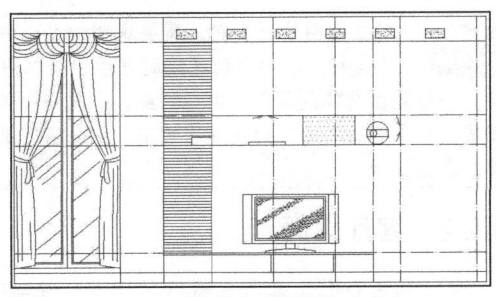

图 11-38 插入电视

31 将当前图层设置为"文字",单击"默认"选项卡"默认"面板中的"文字样式"按钮 ,打开文字样式编辑窗口,单击"新建"按钮,新建文字样式命名为"文字标注",如图 11-39 所示。取消"使用大字体"的复选框,在字体名下拉列表中选择"宋体",文字高度设置为"100", 如图 11-40 所示。

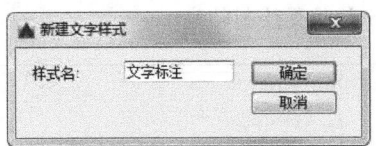

图 11-39 新建文字样

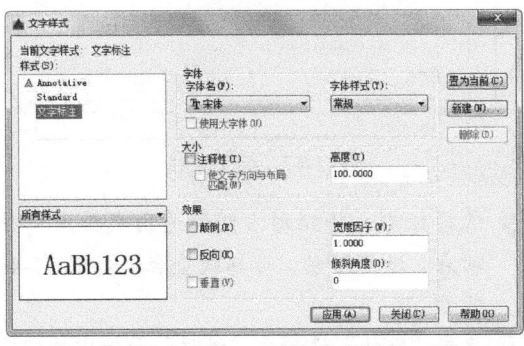

图 11-40 设置文字样式

将文字标注插入到图中,如图 11-41 所示。

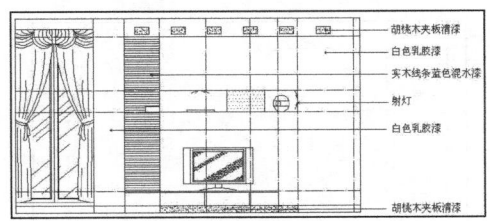

图 11-41 添加文字标注

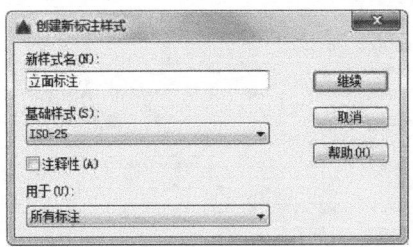 多数情况下,同一幅图中的文字可能是同一种字体,但文字高度是不统一的,如标注的文字、标题文字、说明文字等文字高度是不一致的。若在文字样式中的文字高度默认为 0,则每次用该样式输入文字时,系统都将提示输入文字高度。输入大于 0.0 的高度值则代表该样式的字体被设置了固定的文字高度,使用该字体时,其文字高度是不允许改变的。

32 单击"默认"选项卡"注释"面板中的"标注样式"按钮 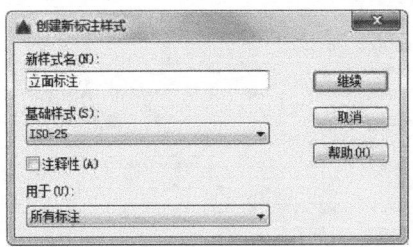,弹出"标注样式编辑"对话框,单击"新建"按钮,命名为"立面标注",如图 11-42 所示。单击"继续"按钮,编辑标注样式,按图 11-43 至图 11-45 所示编辑。

图 11-42 新建标注样式

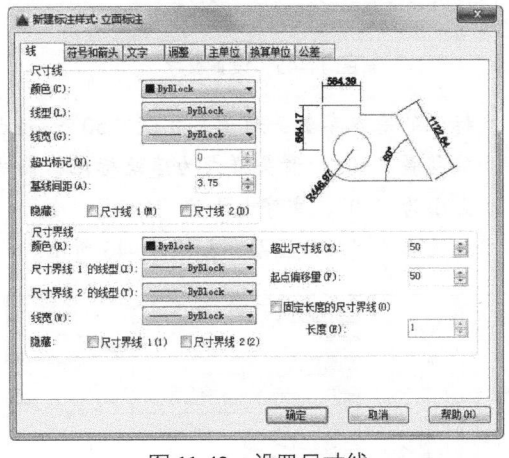

图 11-43 设置尺寸线

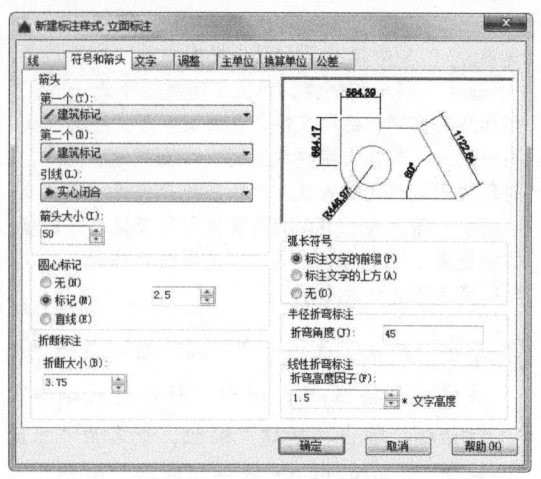

图 11-44　设置箭头

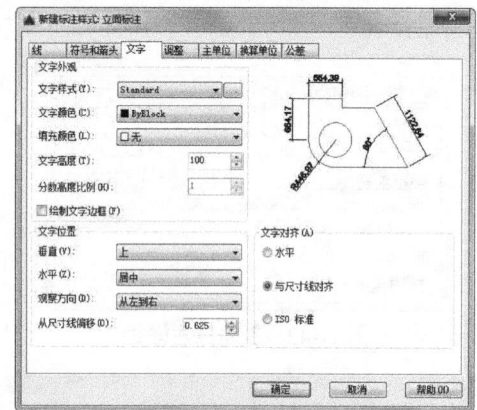

图 11-45　设置文字

标注的基本参数：超出尺寸线"50"；起点偏移量"50"；箭头样式为建筑标记；箭头大小为"50"；文字大小为"100"。

标注后关闭轴线图层，如图 11-46 所示。

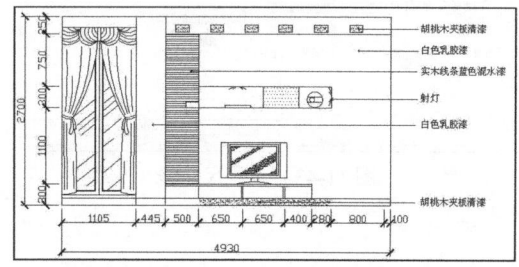

图 11-46　添加尺寸标注

注意　对立面图绘制步骤，需要说明的是，并不是将所有的辅助线绘制好后才绘制图样，一般是由总体到局部、由粗到细，一项一项地完成。如果将所有的辅助线一次绘出，则会密密麻麻，无法分清。

11.2.2　客厅立面二

客厅的背立面为客厅与餐厅的隔断，绘制时多为直线的搭配。本设计采用栏杆和吊灯进行分隔，达到了美观简洁的效果并考虑了采光和通风的要求。

Step 绘制步骤

① 复制刚刚立面一的轮廓矩形，作为绘图区域。将图层设置为轴线图层，然后按照图 11-47 所示的位置绘制轴线。

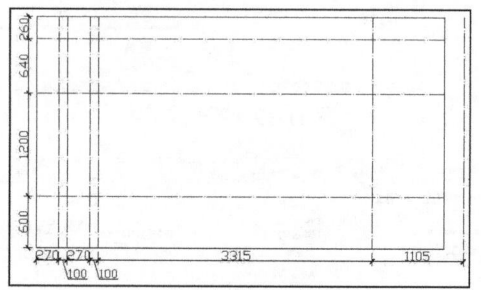

图 11-47　绘制轴线

② 选择矩形，将矩形右侧的边用鼠标点中移动点，进行移动，与轴线重合，如图 11-48 所示。

③ 单击"默认"选项卡"修改"面板中的"延伸"按钮 →|，将轴线延伸到矩形的侧边，延伸后如图 11-49 所示。

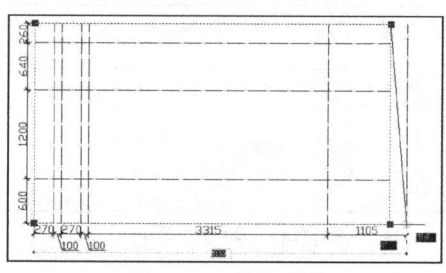

图 11-48　修改矩形

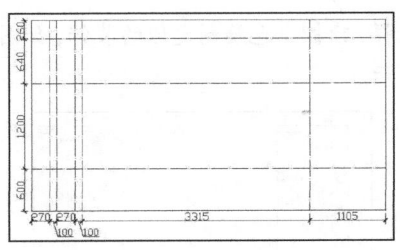

图 11-49　延伸轴线

4 将图层设置为"墙线"，单击"默认"选项卡"绘图"面板中的"矩形"按钮▭，以左上角为起点，绘制 3700×260 的矩形，单击"默认"选项卡"修改"面板中的"偏移"按钮凸，在其中间绘制距离上边缘"150"的直线，如图 11-50 所示。

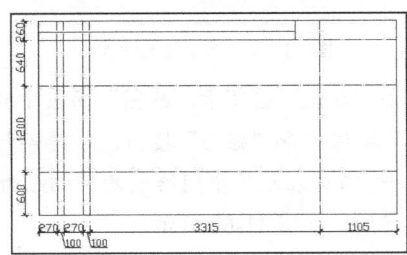

图 11-50　绘制矩形

5 单击"默认"选项卡"绘图"面板中的"矩形"按钮▭，在右侧绘制 1200×150 的矩形，如图 11-51 所示。

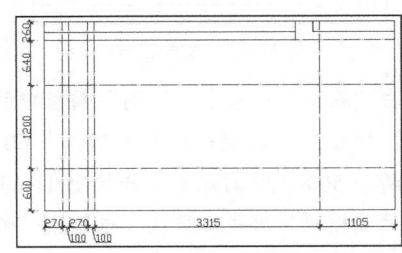

图 11-51　绘制窗户顶面

6 选择立面图一中的窗户，单击"默认"选项卡"修改"面板中的"复制"按钮 进行复制，复制到立面图二中，如图 11-52 所示。

7 单击"默认"选项卡"绘图"面板中的"直线"按钮╱，在左侧绘制隔断边界和柱子轮廓，柱子宽度为 445，如图 11-53 所示。

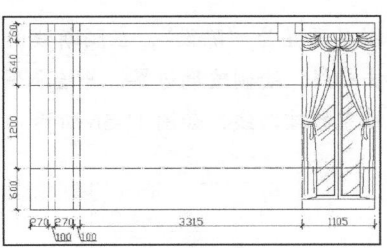

图 11-52　复制窗户图形

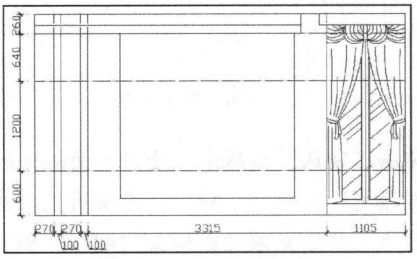

图 11-53　绘制柱子等

8 单击"默认"选项卡"绘图"面板中的"矩形"按钮▭，在两个柱子地面绘制高度为"100"、宽度为"3400"的矩形，作为地脚线，如图 11-54 所示。

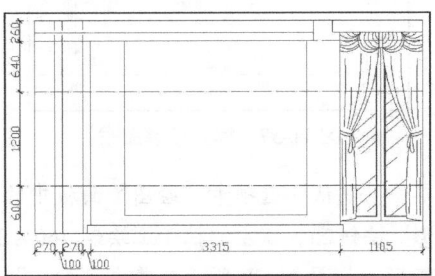

图 11-54　绘制地脚线

9 单击"默认"选项卡"修改"面板中的"偏移"按钮凸，在左侧的隔断线条中将其向两侧偏移"50"，如图 11-55 所示。

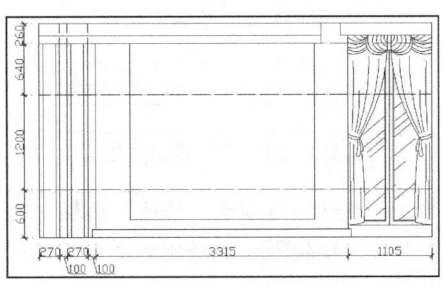

图 11-55　绘制隔断线

⑩ 将图层设置为"陈设",在隔断线的中间,单击轴线,绘制玻璃边界,并绘制斜线,作为填充的辅助线,如图 11-56 所示。

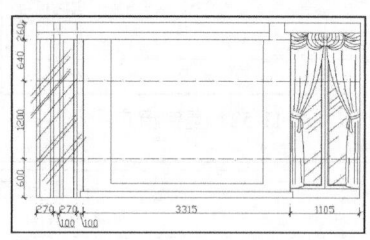

图 11-56　绘制玻璃

⑪ 单击"默认"选项卡"绘图"面板中的"图案填充"按钮，弹出"图案填充创建"选项卡,将填充图案选择为"AR-SAND",填充比例设置为"0.5",填充斜线间的空间,并删除辅助线,如图 11-57 所示。

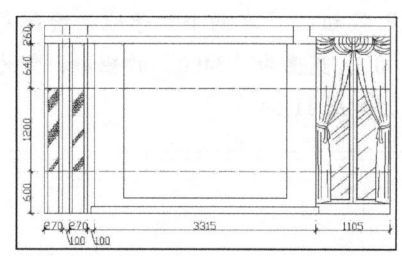

图 11-57　填充玻璃图案

⑫ 单击"默认"选项卡"绘图"面板中的"矩形"按钮，在左侧柱子上绘制 460×30 的矩形,如图 11-58 所示。单击"默认"选项卡"修改"面板中的"修剪"按钮，将矩形内部的柱子轮廓线删除,如图 11-59 所示。

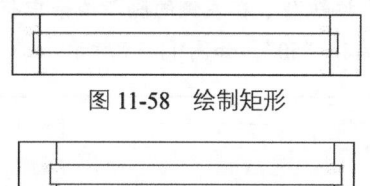

图 11-58　绘制矩形

图 11-59　删除多余直线

⑬ 单击"默认"选项卡"修改"面板中的"矩形阵列"按钮，选择刚刚绘制的矩形,将行数设置为"10",列数设置为"1",行间距设置为"-60",如图 11-60 所示。

同样,顶棚上也绘制类似的装饰,如图 11-61 所示。

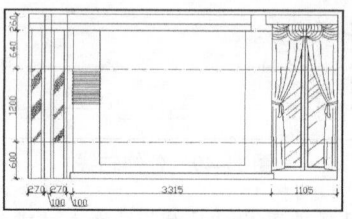

图 11-60　绘制柱装饰

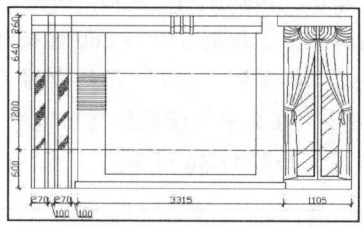

图 11-61　绘制顶棚装饰

⑭ 单击"默认"选项卡"绘图"面板中的"直线"按钮和"矩形"按钮，绘制栏杆和扶手。首先在柱子中间绘制两条相距为"50"的直线,如图 11-62 所示。

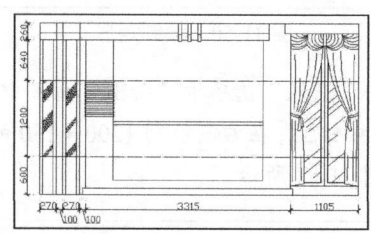

图 11-62　绘制扶手

⑮ 单击"默认"选项卡"绘图"面板中的"矩形"按钮，在空白位置绘制一个 60×600 和两个 50×200 的矩形,并按图 11-63 所示的位置摆放。单击"默认"选项卡"修改"面板中的"偏移"按钮，将小矩形向内偏移"10",大矩形向外侧偏移"10",如图 11-64 所示。删除多余直线,如图 11-65 所示。将栏杆复制到扶手一下,调整高度,与地面重合,如图 11-66 所示。

⑯ 选取菜单栏中的"格式"→"多线样式"命令,弹出"多线编辑器"对话框,新建多线样式,命名为"langan",偏移距离设置为"5"和"-5",如图 11-67 所示。

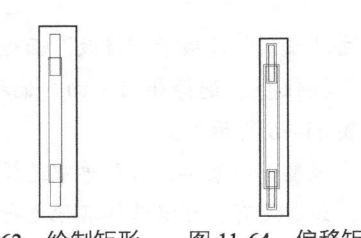

图 11-63　绘制矩形　　图 11-64　偏移矩形

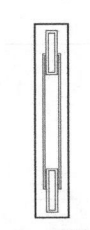

图 11-65　删除直线

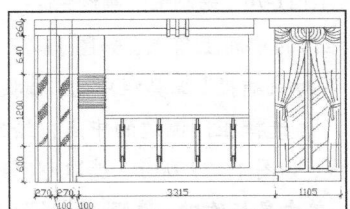

图 11-66　复制栏杆

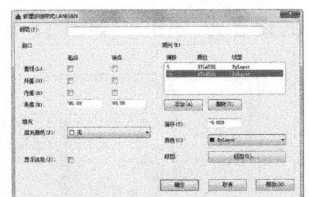

图 11-67　设置多线样式

⑰ 选取菜单栏中的"绘图"→"多线"命令，绘制水平的栏杆，如图 11-68 所示。

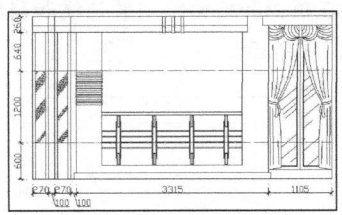

图 11-68　绘制水平栏杆

⑱ 最后添加文字标注和尺寸标注，立面图二绘制完成，如图 11-69 所示。

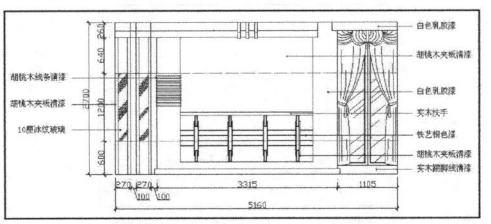

图 11-69　添加文字和标注

11.3　厨房立面图

下面简单讲述一下绘制厨房立面图的方法。

Step 绘制步骤

① 将图层设置为 0 图层，单击"默认"选项卡"绘图"面板中的"矩形"按钮，绘制 4320×2700 的矩形作为绘图边界，如图 11-70 所示。

② 将图层设置为"轴线"图层，以图 11-71 所示的距离绘制轴线。

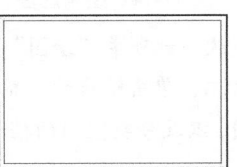

图 11-70　绘制绘图边界

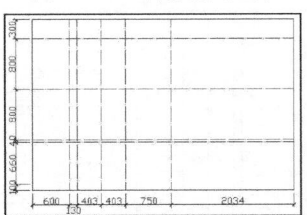

图 11-71　绘制轴线

③ 复制客厅立面图中的柱子图形，复制到此图右侧，如图 11-72 所示。

同样在顶棚和地面绘制装饰线和踢脚线，如图 11-73 所示。

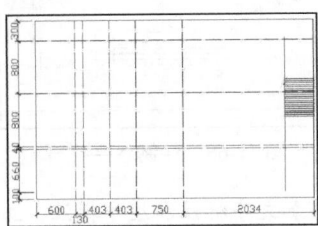

图 11-72 复制柱子

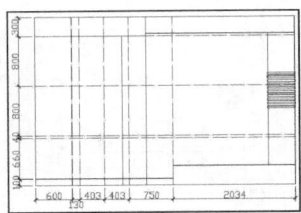

图 11-73 绘制顶棚和踢脚

④ 将图层设置为"陈设"，单击"默认"选项卡"绘图"面板中的"矩形"按钮口，通过轴线的交点，绘制灶台的边缘线，并删除多余的柱线，如图 11-74 所示。

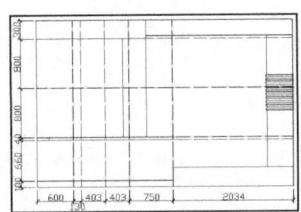

图 11-74 绘制灶台

⑤ 单击"默认"选项卡"绘图"面板中的"矩形"按钮口，单击轴线的边界，绘制灶台下面的柜门，以及分割空间的挡板，如图 11-75 所示。

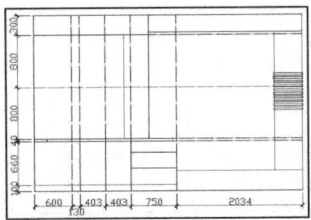

图 11-75 绘制柜门

⑥ 单击"默认"选项卡"修改"面板中的"偏移"按钮凸，选择柜门，向内偏移"10"，如图 11-76 所示。

单击线型下拉菜单，从菜单中选择点划线线型，如果没有，可以选择其他进行加载，参看以前章节。

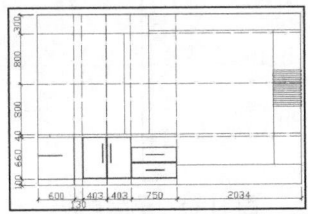

图 11-76 绘制柜门偏移操作

⑦ 单击柜门的中间上角点，如图 11-77 中 A 点，单击"对象捕捉"工具栏中的"捕捉到中点"按钮，选择柜门侧边的中点，绘制柜门的装饰线，如图 11-77 所示。选取刚刚绘制的装饰线，单击鼠标右键，选择"特性"，弹出"特性命令栏"对话框，在"比例"选项后面将线型比例设置为"10"，如图 11-78 所示。

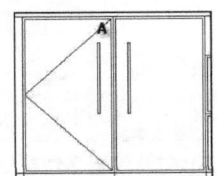

图 11-77 绘制装饰线

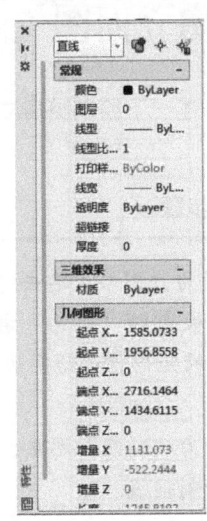

图 11-78 修改线型

⑧ 单击"默认"选项卡"修改"面板中的"镜像"按钮 ◢▮，选取刚刚绘制的装饰线，以柜门的中轴线为基准线，镜像到另外一侧，最终如图 11-79 所示。

按照步骤 4～步骤 8 的方法，绘制灶台上的壁柜，绘制完成后如图 11-80 所示。

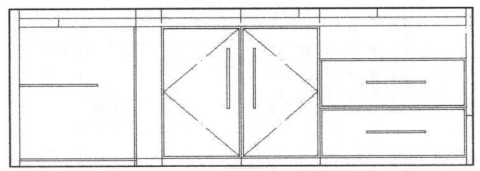

图 11-79　镜像装饰线

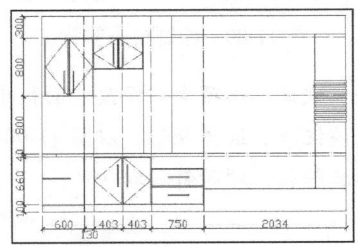

图 11-80　绘制壁柜

⑨ 单击"默认"选项卡"绘图"面板中的"矩形"按钮 ▢，以上壁柜的交点为起始点，绘制一个 700×500 的矩形，作为抽油烟机的外轮廓，如图 11-81 所示。

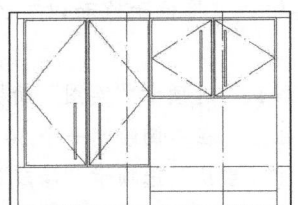

图 11-81　绘制抽油烟机

⑩ 选取刚刚绘制的矩形，单击"默认"选项卡"修改"面板中的"分解"按钮 ▦，回车确认，将矩形分解。再单击"默认"选项卡"修改"面板中的"偏移"按钮 ▱，将矩形的下边向上偏移 100，绘制完成后如图 11-82 所示。

⑪ 单击"默认"选项卡"绘图"面板中的"直线"按钮 ✎，选择偏移后直线的左侧端点，在命令行中输入"@30，400"，回车确认，

单击"默认"选项卡"绘图"面板中的"直线"按钮 ✎，在直线的右端点单击，然后在命令行中输入"@-30，400"，绘制完成后如图 11-83 所示。

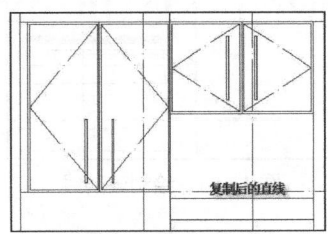

图 11-82　偏移直线

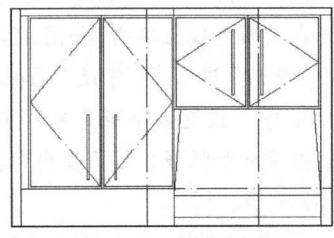

图 11-83　绘制斜线

⑫ 选择下部的水平直线，单击"默认"选项卡"修改"面板中的"复制"按钮 ❀，选择直线的左端点，然后在命令行中输入复制图形移动的距离"@0，200、@0，280、@0，330、@0，350、@0，380、@0，390、@0，395"，如图 11-84 所示。

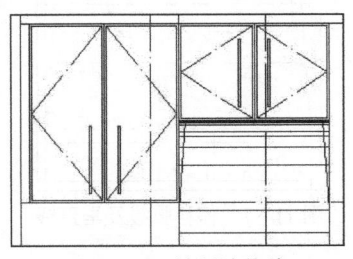

图 11-84　绘制波纹线

⑬ 单击"默认"选项卡"修改"面板中的"直线"按钮 ✎，再单击"对象捕捉"工具栏中的"捕捉到中点"按钮 ✎，选择水平底边的中点，绘制辅助线，如图 11-85 所示。

重复"直线"命令，在中线左边绘制一长度为"200"的垂直线，单击"默认"选项卡"修改"面板中的"镜像"按钮 ◢▮，选择辅

助中线为对称轴，将刚刚绘制的直线复制到另外一侧。

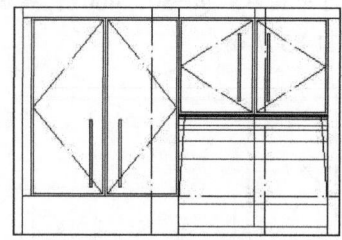

图 11-85　绘制辅助线

⑭ 单击"默认"选项卡"绘图"面板中的"圆弧"按钮，用两个短竖直线作为两个端点，中间点在辅助直线上单击，如图 11-86 所示。再单击"默认"选项卡"修改"面板中的"偏移"按钮，设置偏移距离为"20"，选择两个短垂直线和弧线，然后在内部单击，如图 11-87 所示。

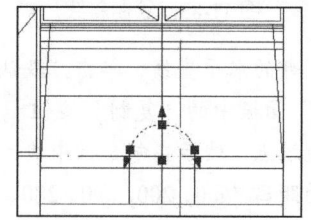

图 11-86　绘制弧线

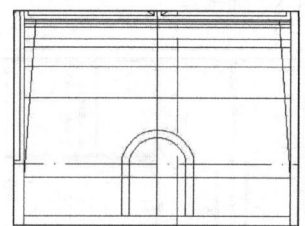

图 11-87　偏移弧线及垂直线

⑮ 单击"默认"选项卡"绘图"面板中的"圆"按钮，在弧线下面绘制直径为"30"和"10"的圆形，作为抽油烟机的指示灯，再在右侧绘制开关，如图 11-88 所示。

⑯ 在右侧绘制椅子模块。单击"默认"选项卡"绘图"面板中的"矩形"按钮，在右侧绘制一个 20×900 的矩形，如图 11-89 所示。

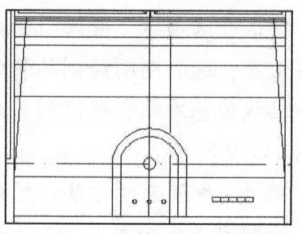

图 11-88　绘制指示灯和开关

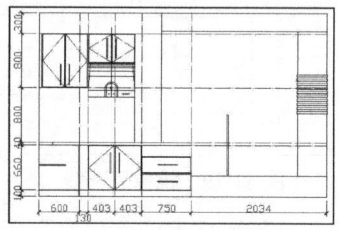

图 11-89　绘制椅子靠背

⑰ 单击"默认"选项卡"修改"面板中的"旋转"按钮，选择矩形，以图 11-90 中 A 点作为旋转轴，顺时针旋转 30°。

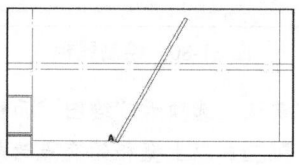

图 11-90　旋转轴

⑱ 单击"默认"选项卡"修改"面板中的"修剪"按钮，将位于地面以下的椅子部分删除。

⑲ 单击"默认"选项卡"绘图"面板中的"矩形"按钮，在右侧绘制一个 50×600 的矩形，单击"默认"选项卡"修改"面板中的"旋转"按钮，逆时针旋转 45°，如图 11-91 所示。

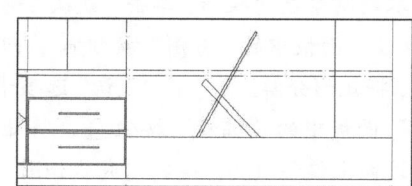

图 11-91　绘制椅子腿

⑳ 单击"默认"选项卡"绘图"面板中的"矩形"按钮，在短矩形的顶部绘制一个尺寸

为 400×50 的矩形，作为坐垫，如图 11-92
所示。

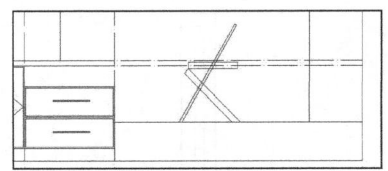

图 11-92 绘制坐垫

㉑ 单击"默认"选项卡"修改"面板中的"分解"按钮🗂，将矩形分解，然后单击"默认"选项卡"修改"面板中的"圆角"按钮🗋，选择相交的边，将外侧倒角半径设置为"50"，内侧半径设置为"20"，最终如图 11-93所示。

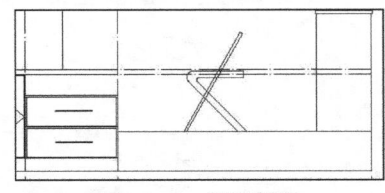

图 11-93 设置倒角

㉒ 单击"默认"选项卡"绘图"面板中的"圆"按钮⊙，以椅背的顶端中点为圆心，绘制一个半径为"80"的圆，单击"默认"选项卡"绘图"面板中的"直线"按钮✎，再绘制直线进行装饰，作为椅背的靠垫，如图 11-94所示。

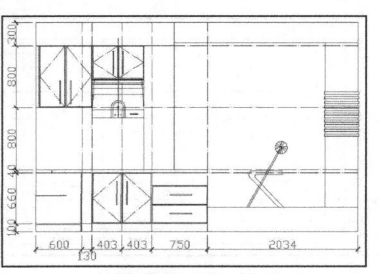

图 11-94 绘制椅子模块完成

㉓ 按照步骤 22 的方法，绘制此立面图的其他基本设施模块，如图 11-95 所示。

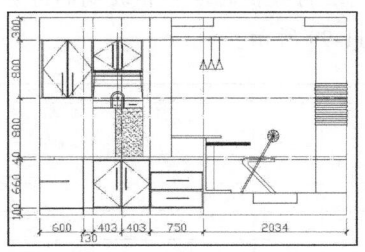

图 11-95 绘制其他设施

㉔ 将图层设置为"文字"图层，添加文字标注，如图 11-96 所示。

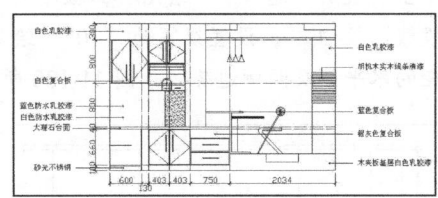

图 11-96 绘制文字标注

11.4 书房立面图

下面简单讲述一下绘制书房立面图的方法。

Step 绘制步骤

① 绘制书房的书柜平面图。将图层设置为 0 层，选取菜单栏"绘图"→"矩形"命令，绘制绘图边界，尺寸为 4853×2550，如图 11-97所示。

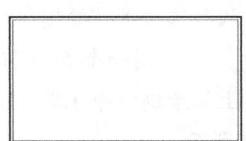

图 11-97 绘制绘图边界

② 将当前图形设置为"轴线"，绘制轴线如图 11-98 所示。

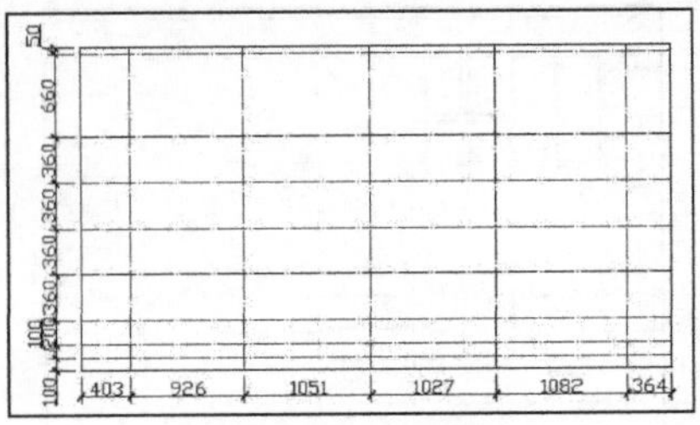

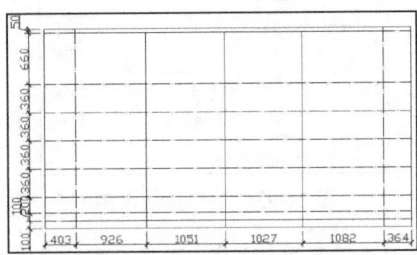

图 11-98   绘制轴线

③ 将图层设置为"陈设",单击"默认"选项卡"绘图"面板中的"直线"按钮 ✏,沿轴线绘制书柜的边界和玻璃的分界线,如图 11-99 所示。

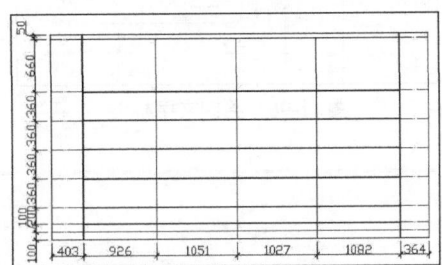

图 11-99   绘制玻璃分界线

④ 单击"默认"选项卡"绘图"面板中的"多段线"按钮 ⌐,设置线宽为"10",绘制书柜的水平板及两侧边缘,如图 11-100 所示。

图 11-100   绘制水平板

⑤ 单击"默认"选项卡"绘图"面板中的"矩形"按钮 ▢,绘制一个 50×2000 的矩形,然后在其上端绘制一个 100×10 的矩形,如图 11-101 所示。

⑥ 选取菜单栏"格式"→"多线样式"命令,弹出"多线样式编辑器"对话框,新建多线样式,按图 11-102 所示进行设置,然后在隔挡中绘制多线,其中上部间距"360",最下层间距"560",如图 11-103 所示。将隔挡复

制到书柜的竖线上,然后删除多余线段,如图 11-104 所示。

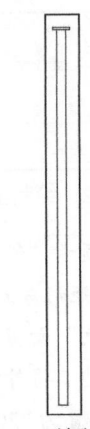

图 11-101   绘制书柜隔挡

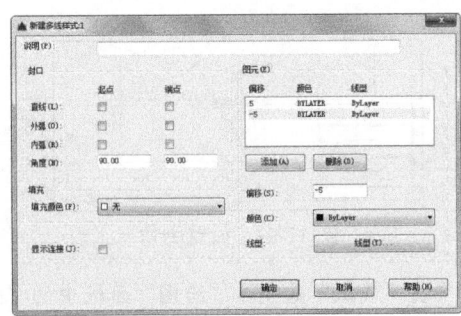

图 11-102   设置多线

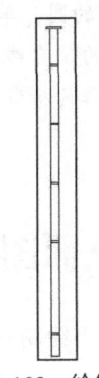

图 11-103   绘制横线

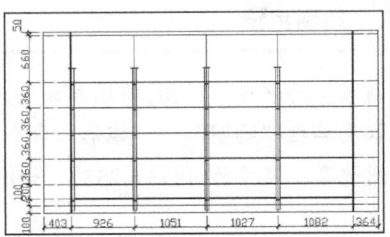

图 11-104   复制隔挡

⑦ 单击"默认"选项卡"绘图"面板中的"矩形"按钮 ▢，在空白处绘制一个 500×300 的矩形，单击"默认"选项卡"绘图"面板中的"直线"按钮 ╱，然后在其中绘制垂直直线进行分割，间距自己定义即可，如图 11-105 所示。

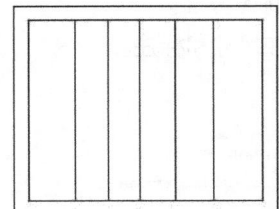

图 11-105　绘制书造型

⑧ 单击"默认"选项卡"绘图"面板中的"直线"按钮 ╱，绘制一条水平直线，单击"绘图"工具栏中的"圆"按钮 ⊙，下方绘制圆形图形代表书名，如图 11-106 所示。用同样的方法绘制其他书的造型，如图 11-107 所示。

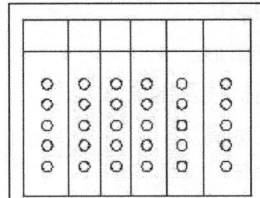

图 11-106　绘制书造型

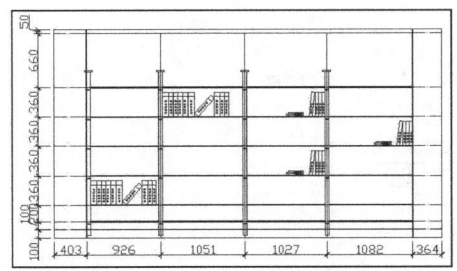

图 11-107　插入图书造型

⑨ 最后绘制玻璃纹路。单击"默认"选项卡"绘图"面板中的"直线"按钮 ╱，绘制斜向 45°的直线，如图 11-108 所示。

⑩ 单击"默认"选项卡"修改"面板中的"修剪"按钮 ╱╱，将玻璃内轮廓外部和底部抽屉处的直线剪切掉，最终如图 11-109 所示。

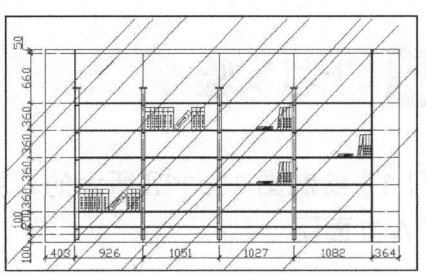

图 11-108　绘制斜线

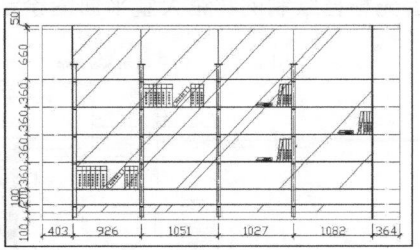

图 11-109　修剪斜线

⑪ 单击"默认"选项卡"修改"面板中的"打断"按钮 ⬚，将图中的部分斜线打断，绘制完成后如图 11-110 所示。

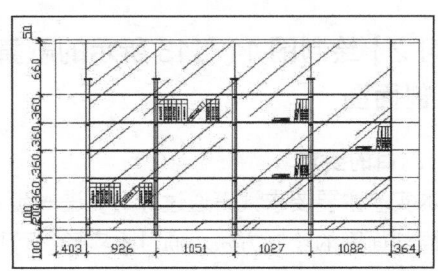

图 11-110　绘制玻璃纹路

⑫ 最后将图层设置为"文字"，添加文字标注，如图 11-111 所示。

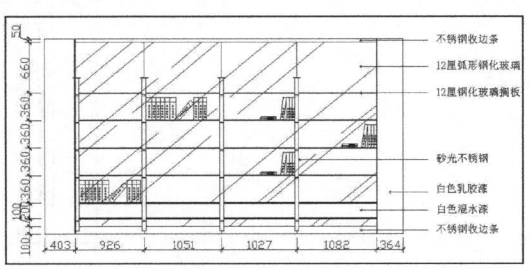

图 11-111　添加文字标注

11.5 上机实验

【练习1】绘制图11-112所示的二层中餐厅A立面图

1. 目的要求

首先根据绘制的宾馆大堂平面图绘制立面图轴线，并绘制立面墙上的装饰物；最后对所绘制的立面图进行尺寸标注和文字说明。

2. 操作提示

（1）绘制A立面。

（2）添加尺寸和标注。

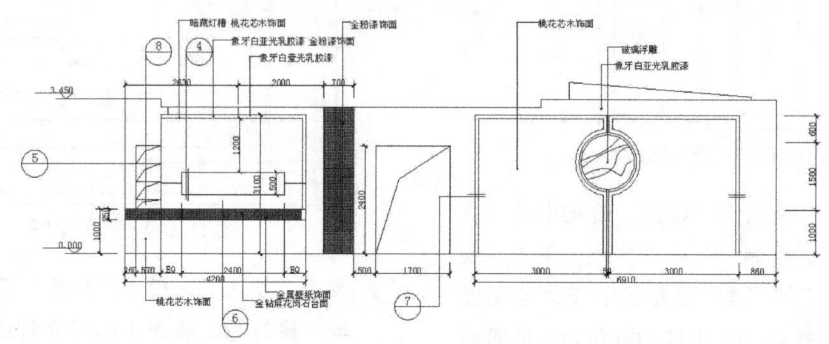

图11-112 餐厅A立面图

【练习2】绘制图11-113所示的歌舞厅1-1剖面图

1. 目的要求

本实验主要要求读者通过练习，进一步熟悉和掌握剖面图的绘制方法。通过本实验，可以帮助读者学会完成整个剖面图绘制的全过程。

2. 操作提示

（1）修改图形。

（2）绘制折线及剖面。

（3）标注标高。

（4）标注尺寸及文字。

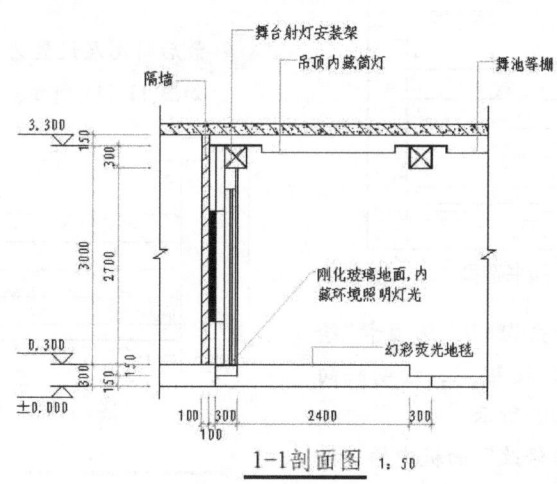

1-1剖面图 1:50

图11-113 歌舞厅室内1-1剖面图

【练习 3】绘制图 11-114 所示的卫生间台盆剖面图

1. 目的要求

本练习设计的图形主要表达卫生间台盆装饰的具体材料以及尺寸。利用"矩形""偏移和"修剪"等命令绘制图形，最后，设置字体样式并利用"线性标注"和"多行文字"标注图形。通过本练习，使读者体会到标注在图形绘制中的应用。

2. 操作提示

（1）绘制矩形。

（2）偏移矩形。

（3）绘制图块。

（4）修剪并填充图形。

（5）添加文字与尺寸标注。

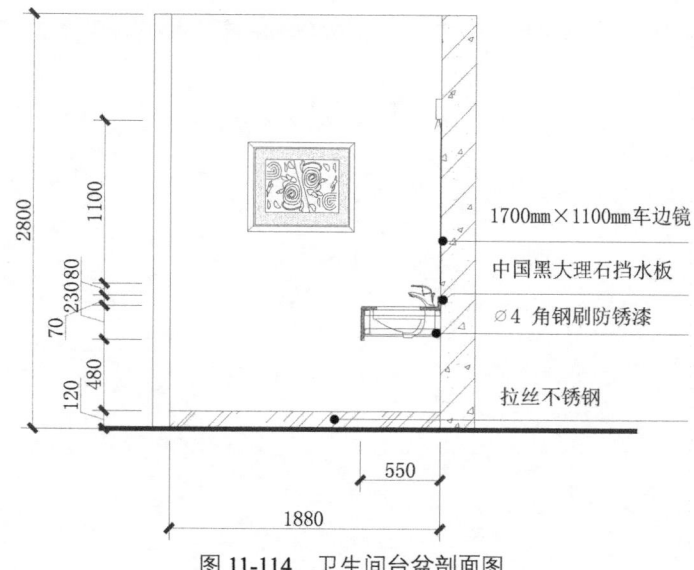

图 11-114　卫生间台盆剖面图

第 3 部分

别墅建筑设计案例

建筑平面图（除屋顶平面图外）是指用假想的水平剖切面，在建筑各层窗台上方将整幢房屋剖开所得到的水平剖面图。建筑平面图是表达建筑物的基本图样之一，它主要反映建筑物的平面布局情况。通常情况下，建筑平面图应该表达以下内容：

- 墙（或柱）的位置和尺度。
- 门、窗的类型、位置和尺度。
- 其他细部的配置和位置情况，如楼梯、家具和各种卫生设备等。

- 室外台阶、花池等建筑小品的大小和位置。
- 建筑物及其各部分的平面尺寸标注。
- 各层地面的标高。通常情况下，首层平面的室内地坪标高定为 ±0.000。

重点与难点
- 别墅空间室内设计概述
- 别墅二层平面图的绘制
- 屋顶平面图的绘制

12.1 别墅空间室内设计概述

别墅一般有两种类型：一是住宅型别墅，大多建造在城市郊区附近，或独立或群体，环境幽雅恬静，有花园绿地，交通便捷，便于上下班；二是休闲型别墅，则建造在人口稀少、风景优美、山清水秀的风景区，供周末或假期度假消遣或疗养或避暑之用。

别墅造型外观雅致美观，独幢独户，庭院视野宽阔，花园树茂草盛，有较大绿地。有的依山傍水，景观宜人，使住户能享受大自然之美，有心旷神怡之感；别墅还有附属的汽车间、门房间、花棚等；社区型的别墅大都是整体开发建造的，整个别墅区有数十幢独立独户别墅住宅，区内公共设施完备，有中心花园、水池绿地，还设有健身房、文化娱乐场所以及购物场所等。

就建筑功能而言，别墅平面需要设置的空间虽然不多，但应齐全，满足日常生活的不同需要。根据日常起居和生活质量的要求，别墅空间平面一般设置的主要有下面一些房间。

（1）厅：门厅、客厅和餐厅等。

（2）卧室：主人房、次卧室、儿童房、客人房等。

（3）房间：书房、家庭团聚室、娱乐室、衣帽间等。

（4）生活配套：厨房、辅助卫生间、淋浴间、运动健身房等。

（5）其他房间：工人房、洗衣房、储藏间、车库等。

在上述各个房间中，门厅、客厅和餐厅、厨房、卫生间、淋浴间等多设置在首层平面中，次卧室、儿童房、主人房和衣帽间等多设置在 2 层或者 3 层平面中。与普通住宅居室建筑平面图绘制方法类似，同样是先建立各个功能房间的开间和进深轴线，然后按轴线位置绘制各个功能房间的墙体及相应的门窗洞口的平面造型，最后绘制楼梯、阳台及管道等辅助空间的平面图形，同时标注相应的尺寸和文字说明。

12.2 别墅首层平面图的绘制

别墅首层平面图的主要绘制思路为：首先绘制这栋别墅的定位轴线，接着在已有轴线的基础上绘制出别墅的墙线，然后借助已有图库或图形模块绘制别墅的门窗和室内的家具、洁具，最后进行尺寸和文字标注。别墅的首层平面图如图 12-1 所示。

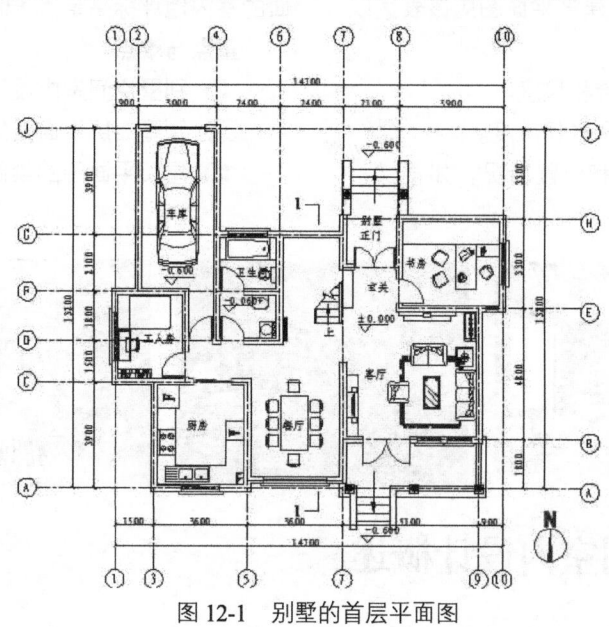

图 12-1　别墅的首层平面图

12.2.1　设置绘图环境

Step 绘制步骤

① 创建图形文件。启动 AutoCAD 2016 中文版软件，选择菜单栏中的"格式"→"单位"命令，在打开的"图形单位"对话框中设置角度"类型"为"十进制度数"、角度"精度"为 0，如图 12-2 所示。单击"方向"按钮，系统打开"方向控制"对话框。将"方向控制"设置为"东"，如图 12-3 所示。

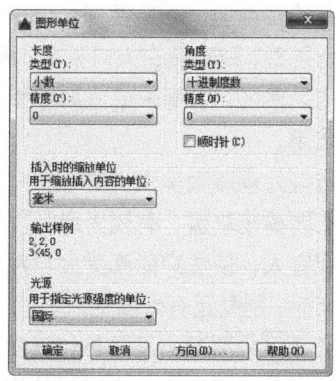

图 12-2　"图形单位"对话框

图 12-3　"方向控制"对话框

② 命名图形。单击"快速访问"工具栏中的"保存"按钮 ，打开"图形另存为"对话框。在"文件名"下拉列表框中输入图形名称"别墅首层平面图.dwg",如图 12-4 所示。单击"保存"按钮,完成对新建图形文件的保存。

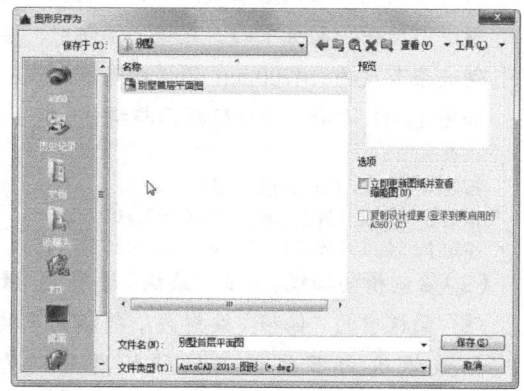

图 12-4　命名图形

③ 设置图层。单击"默认"选项卡"图层"面板中的"图层特性"按钮 ,打开"图层特性管理器"对话框,依次创建平面图中的基本图层,如轴线、墙体、楼梯、门窗、家具、标注和文字等,如图 12-5 所示。

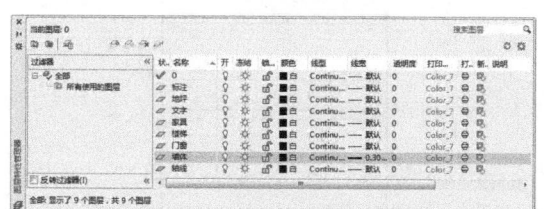

图 12-5　"图层特性管理器"对话框

 在使用 AutoCAD 2016 绘图过程中,应经常性地保存已绘制的图形文件,以避免因软件系统的不稳定导致软件的瞬间关闭而无法及时保存文件,丢失大量已绘制的信息。

AutoCAD 2016 软件有自动保存图形文件的功能,使用者只需在绘图时,将该功能激活即可。具体设置步骤如下:选择菜单栏中的"工具"→"选项"命令,打开"选项"对话框;单击"打开和保存"选项卡,在"文件安全措施"选项组中勾选"自动保存"复选框,根据个人需要在"保存间隔分钟数"文本框中输入具体数字,然后单击"确定"按钮,完成设置,如图 12-6 所示。

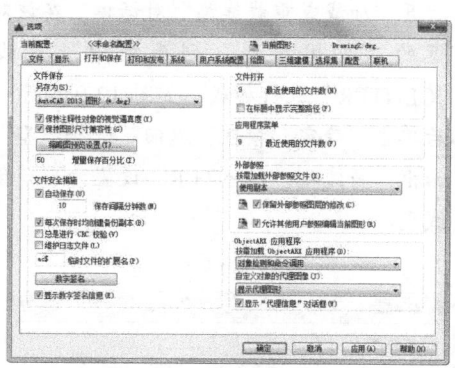

图 12-6　"自动保存"设置

12.2.2　绘制建筑轴线

建筑轴线是在绘制建筑平面图时布置墙体和门窗的依据,同样也是建筑施工定位的重要依据。在轴线的绘制过程中,主要使用的绘图命令是"直线"命令和"偏移"命令。

图 12-7 所示为绘制完成的别墅平面轴线。

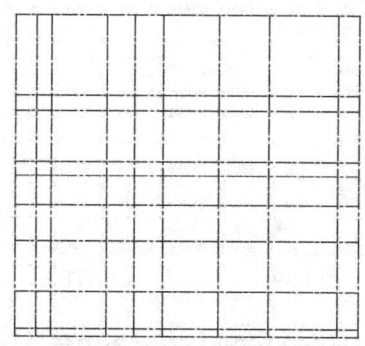

图 12-7　别墅平面轴线

Step 绘制步骤

① 设置"轴线"特性。

（1）选择图层，加载线型。在"图层"下拉列表中选择"轴线"图层，将其设置为当前图层，单击"默认"选项卡"图层"面板中的"图层特性"按钮，打开"图层管理器"对话框，单击"轴线"图层栏中的"线型"名称，打开"选择线型"对话框，如图12-8所示；在该对话框中，单击"加载…"按钮，打开"加载或重载线型"对话框，在该对话框的"可用线型"列表框中选择线型"CENTER"进行加载，如图12-9所示；然后单击"确定"按钮，返回"选择线型"对话框，将线型"CENTER"设置为当前使用线型。

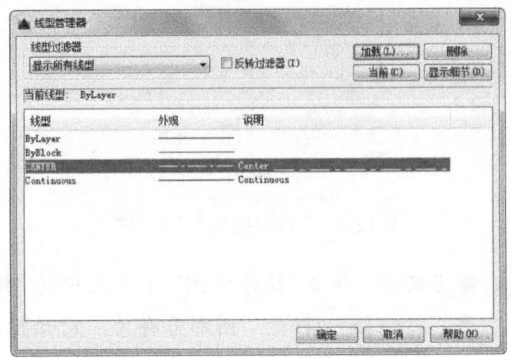

图 12-10　设置线型比例

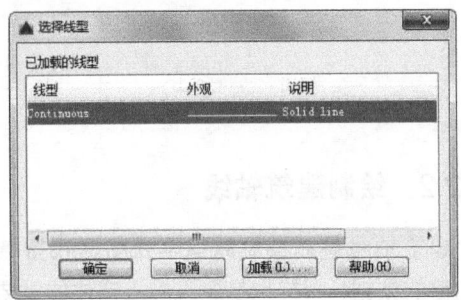

图 12-8　"选择线型"对话框

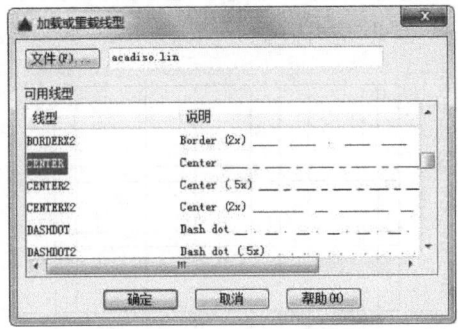

图 12-9　加载线型"CENTER"

（2）设置线型比例。选择菜单栏中的"格式"→"线型"命令，打开"线型管理器"对话框；选择"CENTER"线型，单击"显示细节"按钮，将"全局比例因子"设置为20，如图12-10所示；然后，单击"确定"按钮，完成对轴线线型的设置。

② 绘制横向轴线。

（1）绘制横向轴线基准线。单击"默认"选项卡"绘图"面板中的"直线"按钮，绘制一条长度为14700mm的横向基准轴线，如图12-11所示。命令行提示与操作如下：

```
命令: _line
指定第一个点:(适当指定一点)
指定下一点或 [放弃(U)]: @14700, 0↙
指定下一点或 [放弃(U)]: ↙
```

（2）绘制横向轴线。单击"默认"选项卡"修改"面板中的"偏移"按钮，将横向基准轴线依次向下偏移，偏移距离分别为3300mm、3900mm、6000mm、6600mm、7800mm、9300mm、11400mm、13200mm，如图12-12所示,依次完成横向轴线的绘制。

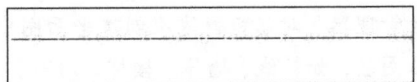

图 12-11　绘制横向基准轴线

图 12-12　绘制横向轴线

③ 绘制纵向轴线。

（1）绘制纵向轴线基准线。单击"默认"选项卡"绘图"面板中的"直线"按钮，以前面绘制的横向基准轴线的左端点为起点，垂直向下绘制一条长度为 13200mm 的纵向基准轴线，如图 12-13 所示。命令行提示与操作如下：

```
命令：_line
指定第一个点：（适当指定一点）
指定下一点或 [放弃(U)]：@0，−13200↙
指定下一点或 [放弃(U)]：↙
```

（2）绘制其余纵向轴线。单击"默认"选项卡"修改"面板中的"偏移"按钮，将纵向基准轴线依次向右偏移，偏移量分别为900mm、1500mm、2700、3900mm、5100mm、6300mm、8700mm、10800mm、13800mm、14700mm，依次完成纵向轴线的绘制。并单击"默认"选项卡"修改"面板中的"修剪"按钮，对多线进行修剪，如图 12-14 所示。

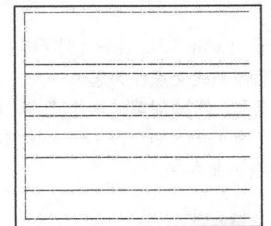

图 12-13　绘制纵向基准轴线

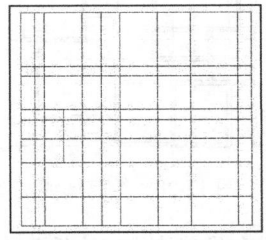

图 12-14　绘制纵向轴线

 在绘制建筑轴线时，一般选择建筑横向、纵向的最大长度为轴线长度，但当建筑物形体过于复杂时，太长的轴线往往会影响图形效果，因此，也可以仅在一些需要轴线定位的建筑局部绘制轴线。

12.2.3　绘制墙体

在建筑平面图中，墙体用双线表示，一般采用轴线定位的方式，以轴线为中心，具有很强的对称关系，因此绘制墙线通常有三种方法：

（1）单击"默认"选项卡"修改"面板中的"偏移"按钮，直接偏移轴线，将轴线向两侧偏移一定距离，得到双线，然后将所得双线转移至墙线图层。

（2）选择菜单栏中的"绘图"→"多线"命令，直接绘制墙线。

（3）当墙体要求填充成实体颜色时，也可以单击"默认"选项卡"绘图"面板中的"多段线"按钮，直接绘制，将线宽设置为墙厚即可。

在本例中，笔者推荐选用第二种方法，即利用"多线"命令绘制墙线，绘制完成的别墅首层墙体平面如图 12-15 所示。

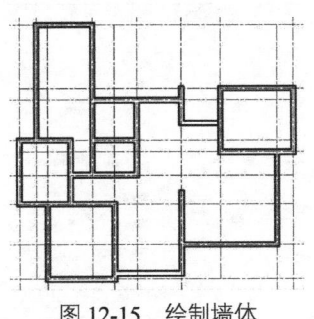

图 12-15　绘制墙体

Step　绘制步骤

① 定义多线样式。在使用"多线"命令绘制墙线前，应首先对多线样式进行设置。

（1）选择菜单栏中的"格式"→"多线样式"命令，打开"多线样式"对话框，如图 12-16 所示。

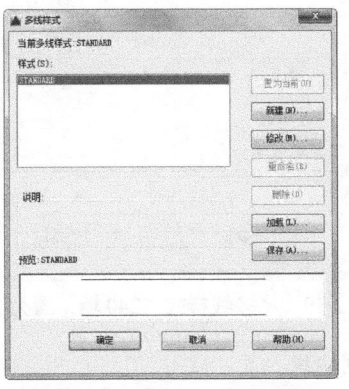

图 12-16　"多线样式"对话框

（2）单击"新建"按钮，在打开的对话框中，输入新样式名"240墙"，如图12-17所示。

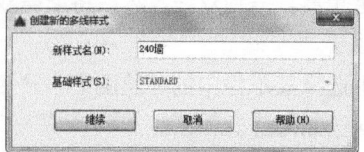

图 12-17　命名多线样式

（3）单击"继续"按钮，打开"新建多线样式：240墙"对话框，如图12-18所示。在该对话框中设置如下多线样式：将图元偏移量的首行设为120，第二行设为–120。

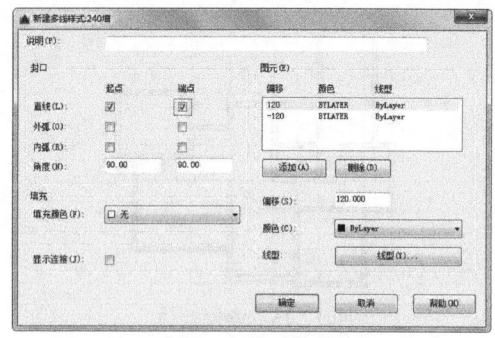

图 12-18　设置多线样式

（4）单击"确定"按钮，返回"多线样式"对话框，在"样式"列表栏中选择"240墙"多线样式，并将其置为当前，如图12-19所示。

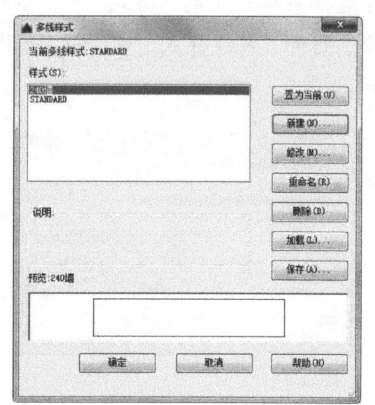

图 12-19　将多线样式"240墙"置为当前

❷ 绘制墙线。

（1）在"图层"下拉列表中选择"墙体"图层，将其设置为当前图层。

（2）选择菜单栏中的"绘图"→"多线"命令，绘制墙线，绘制结果如图12-20所示。命令行提示与操作如下：

```
命令：_mline
当前设置：对正 = 上，比例 = 20.00，样式 = 240
墙
指定起点或 [对正(J)/比例(S)/样式(ST)]：J ✓
（在命令行输入"J"，重新设置多线的对正方式）
输入对正类型 [上(T)/无(Z)/下(B)] <上>：Z ✓
（在命令行输入"Z"，选择"无"为当前对正方式）
当前设置：对正 = 无，比例 = 20.00，样式 = 240
墙
指定起点或 [对正(J)/比例(S)/样式(ST)]：S ✓
（在命令行输入"S"，重新设置多线比例）
输入多线比例 <20.00>：1 ✓　（在命令行输入1，
作为当前多线比例。）
当前设置：对正 = 无，比例 = 1.00，样式 = 240
墙
指定起点或 [对正(J)/比例(S)/样式(ST)]：（捕
捉在上部墙体轴线交点作为起）
指定下一点（依次捕捉墙体轴线交点，绘制墙线。）
指定下一点或 [放弃(U)]：✓　（绘制完成后，单击
Enter 键结束命令）
```

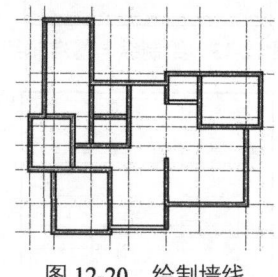

图 12-20　绘制墙线

（3）编辑和修整墙线。选择菜单栏中的"修改"→"对象"→"多线"命令，打开"多线编辑工具"对话框，如图12-21所示。该对话框中提供了 12 种多线编辑工具，可根据不同的多线交叉方式选择相应的工具进行编辑。

少数较复杂的墙线结合处无法找到相应的多线编辑工具进行编辑，因此可以单击"默认"选项卡"修改"面板中的"分解"按钮，将多线分解，然后单击"默认"选项卡"修改"面板中的"修剪"按钮，对该结合处的线条进行修整。另外，一些内部墙体

并不在主要轴线上，可以通过添加辅助轴线，并单击"默认"选项卡"修改"面板中的"修剪"按钮／或"延伸"按钮→，进行绘制和修整。

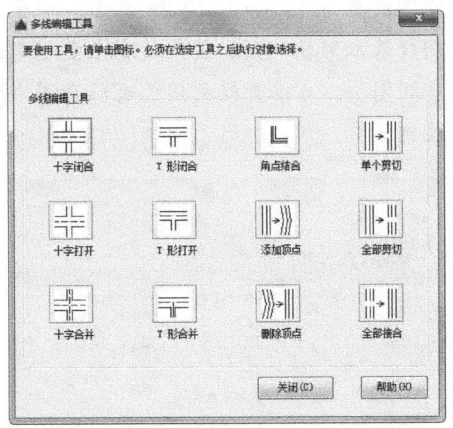

图 12-21　"多线编辑工具"对话框

12.2.4　绘制门窗

建筑平面图中门窗的绘制过程基本如下：首先在墙体相应位置绘制门窗洞口；接着使用直线、矩形和圆弧等工具绘制门窗基本图形，并根据所绘门窗的基本图形创建门窗图块；然后在相应门窗洞口处插入门窗图块，并根据需要进行适当调整，进而完成平面图中所有门和窗的绘制。

Step　绘制步骤

❶ 绘制门、窗洞口。在平面图中，门洞口与窗洞口基本形状相同，因此，在绘制过程中可以将它们一并绘制。

（1）在"图层"下拉列表中选择"墙体"图层，将其设置为当前图层。

（2）绘制门窗洞口基本图形：单击"默认"选项卡"绘图"面板中的"直线"按钮／，绘制一条长度为 240mm 的垂直方向的线段；然后，单击"默认"选项卡"修改"面板中的"偏移"按钮 ，将线段向右偏移 1000mm，即得到门窗洞口基本图形，如图 12-22 所示。

命令行提示与操作如下：

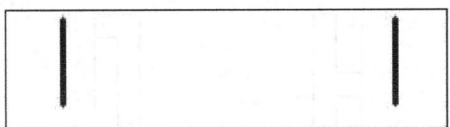

```
命令：_line 指定第一个点：(适当指定一点) ↙
指定下一点或 [放弃(U)]：@0, 240↙
指定下一点或 [放弃(U)]：↙
命令：_offset
当前设置：删除源=否　图层=源　OFFSETGAPTYPE
=0↙
指定偏移距离或 [通过(T)/删除(E)/图层(L)]
<240>：1000↙↙
选择要偏移的对象，或 [退出(E)/放弃(U)] <退出
>：(选择竖直线)
指定要偏移的那一侧上的点，或 [退出(E)/多个(M)/
放弃(U)] <退出>：↙
选择要偏移的对象，或 [退出(E)/放弃(U)] <退出
>：↙
```

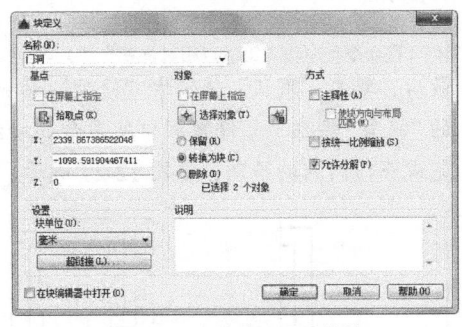

图 12-22　门窗洞口基本图形

（3）绘制门洞。下面以正门门洞（1500mm ×240mm）为例，介绍平面图中门洞的绘制方法。单击"插入"选项卡"块定义"面板中的"创建块"按钮 ，打开"块定义"对话框，在"名称"下拉列表中输入"门洞"；单击"选择对象"按钮，选中图 12-22 所示的图形；单击"拾取点"按钮，选择左侧门洞线上端的端点为插入点；单击"确定"按钮，如图 12-23 所示，完成图块"门洞"的创建。

图 12-23　"块定义"对话框

单击"插入"选项卡"块"面板中的"插入块"按钮 ，打开"插入"对话框，在"名称"下拉列表中选择"门洞"，在"缩放比例"

一栏中将 X 方向的比例设置为 1，如图 12-24 所示。结果可见图 12-25。

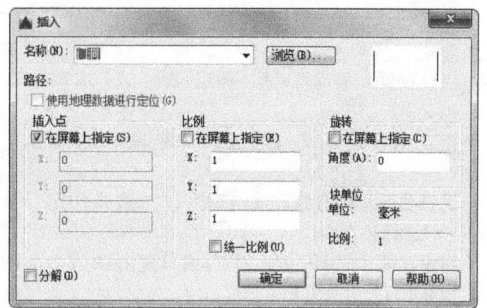

图 12-24 "插入"对话框

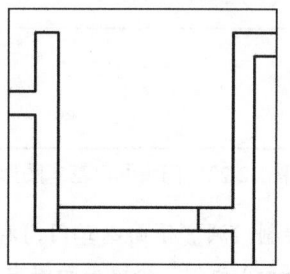

图 12-25 插入正门门洞

单击"默认"选项卡"修改"面板中的"移动"按钮➕，在图中点选已插入的正门门洞图块，将其水平向右移动，距离为 300mm，如图 12-26 所示。命令行提示与操作如下：

```
命令：_move
选择对象：找到 1 个（在图中点选正门门洞图块。）✓
选择对象：✓
指定基点或 [位移(D)] <位移>：（捕捉图块插入点作为移动基点。）✓
指定第二个点或 <使用第一个点作为位移>：@300,0
✓（在命令行中输入第二点相对位置坐标）✓
```

最后，单击"默认"选项卡"修改"面板中的"修剪"按钮⊬，修剪洞口处多余的墙线，完成正门门洞的绘制，如图 12-27 所示。

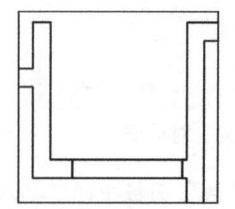 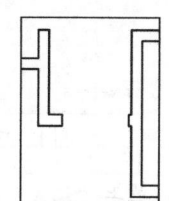

图 12-26 移动门洞图块　　图 12-27 修剪多余墙线

（4）绘制窗洞。以卫生间窗户洞口（1500mm ×240mm）为例，介绍如何绘制窗洞。首先，单击"插入"选项卡"块"面板中的"插入块"按钮🔳，打开"插入"对话框，在"名称"下拉列表中选择"门洞"，将 X 方向的比例设置为 1，如图 12-28 所示。由于门窗洞口基本形状一致，因此没有必要创建新的窗洞图块，可以直接利用已有门洞图块进行绘制。

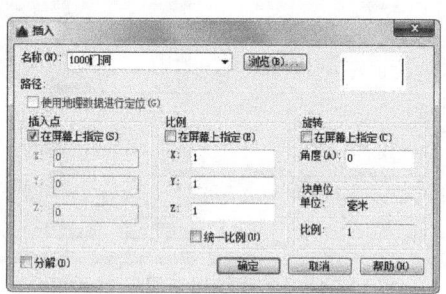

图 12-28 "插入"对话框

单击"确定"按钮，在图中点选左侧墙线交点作为基点，插入"门洞"图块（在本处实为窗洞）；继续，单击"默认"选项卡"修改"面板中的"移动"按钮➕，在图中点选已插入的窗洞图块，将其向右移动，距离为 330mm。如图 12-29 所示。

最后，单击"默认"选项卡"修改"面板中的"修剪"按钮⊬，修剪窗洞口处多余的墙线，完成卫生间窗洞的绘制，如图 12-30 所示。

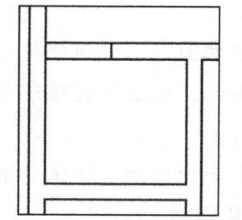 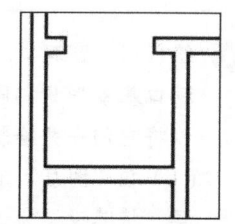

图 12-29 插入窗洞图块　　图 12-30 修剪多余墙线

❷ 绘制平面门。从开启方式上看，门的常见形式主要有：平开门、弹簧门、推拉门、折叠门、旋转门、升降门和卷帘门等。门的尺寸主要满足人流通行、交通疏散、家具搬运的要求，而且应符合建筑模数的有关规定。在

平面图中，单扇门的宽度一般在 800 ~ 1000mm，双扇门则为 1200 ~ 1800mm。

门的绘制步骤为：先画出门的基本图形，然后将其创建成图块，最后将门图块插入到已绘制好的相应门洞口位置，在插入门图块的同时，还应调整图块的比例大小和旋转角度以适应平面图中不同宽度和角度的门洞口。

下面通过两个有代表性的实例来介绍一下别墅平面图中不同种类的门的绘制。

（1）单扇平开门：单扇平开门主要应用于卧室、书房和卫生间等这一类私密性较强、来往人流较少的房间。

下面以别墅首层书房的单扇门（宽 900mm）为例，介绍单扇平开门的绘制方法。

① 在"图层"下拉列表中选择"门窗"图层，将其设置为当前图层。

② 单击"默认"选项卡"绘图"面板中的"矩形"按钮□，绘制一个尺寸为 40mm × 900mm 的矩形门扇，如图 12-31 所示。命令行提示与操作如下：

```
命令：_rectang
指定第一个角点或 [倒角(C)/标高(E)/圆角(F)/厚度(T)/宽度(W)]：(在绘图空白区域内任取一点)✓
指定另一个角点或 [面积(A)/尺寸(D)/旋转(R)]：@40,900✓
```

然后，单击"默认"选项卡"绘图"面板中的"圆弧"按钮╱，以矩形门扇右上角顶点为起点，右下角顶点为圆心，绘制一条圆心角为 90°，半径为 900mm 的圆弧，得到图 12-32 所示的单扇平开门图形。命令行提示与操作如下：

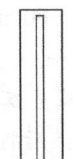　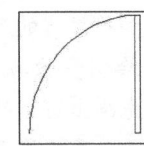

图 12-31　矩形门扇　　图 12-32　900 宽扇单平开门

```
命令：_arc 指定圆弧的起点或 [圆心(C)]：(选取矩形门扇右上角顶点为圆弧起点) ✓
指定圆弧的第二个点或 [圆心(C)/端点(E)]：C ✓
指定圆弧的圆心：✓(选取矩形门扇右下角顶点为圆心)
```

```
指定圆弧的端点或 [角度(A)/弦长(L)]：A✓
指定夹角：90✓
```

③ 单击"插入"选项卡"块定义"面板中的"创建块"按钮□，打开"块定义"对话框，如图 12-33 所示，在"名称"下拉列表中输入"900 宽单扇平开门"；单击"选择对象"按钮，选取图 12-32 所示的单扇平开门的基本图形为块定义对象；单击"拾取点"按钮，选择矩形门扇右下角顶点为基点；最后，单击"确定"按钮，完成"单扇平开门"图块的创建。

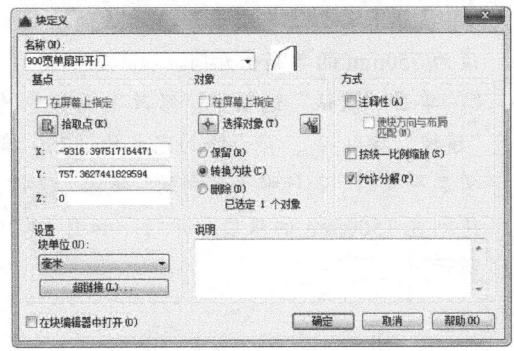

图 12-33　"块定义"对话框

④ 单击"插入"选项卡"块"面板中的"插入块"按钮，打开"插入"对话框，如图 12-34 所示，在"名称"下拉列表中选择"900 宽单扇平开门"，输入"旋转"角度为-90°，然后单击"确定"按钮，在平面图中点选书房门洞右侧墙线的中点作为插入点，插入门图块，如图 12-35 所示，完成书房门的绘制。

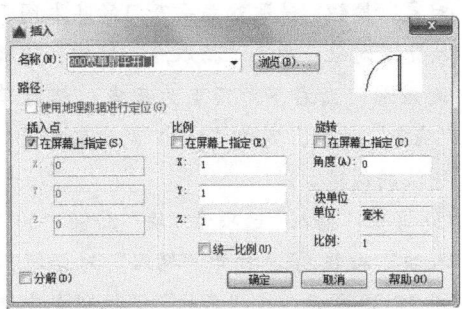

图 12-34　"插入"对话框

（2）双扇平开门：在别墅平面图中，别墅正门以及客厅的阳台门均设计为双扇平开门。

下面以别墅正门（宽 1500mm）为例，介绍双扇平开门的绘制方法。

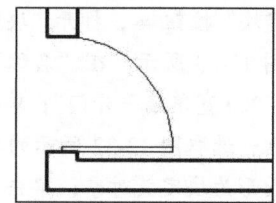

图 12-35　绘制书房门

① 在"图层"下拉列表中选择"门窗"图层，将其设置为当前图层。

② 参照上面所述单扇平开门画法，绘制宽度为 750mm 的单扇平开门。

③ 单击"默认"选项卡"修改"面板中的"镜像"按钮，将已绘制完成的"750 宽单扇平开门"进行水平方向的"镜像"操作，得到宽 1500mm 的双扇平开门，如图 12-36 所示。

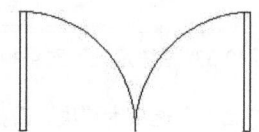

图 12-36　1500 宽双扇平开门

④ 单击"插入"选项卡"块定义"面板中的"创建块"按钮，打开"块定义"对话框，如图 12-37 所示，在"名称"下拉列表中输入"1500 宽双扇平开门"；单击"选择对象"按钮，选取双扇平开门的基本图形为块定义对象；单击"拾取点"按钮，选择右侧矩形门扇右下角顶点为基点；然后单击"确定"按钮，完成"1500 宽双扇平开门"图块的创建。

⑤ 单击"插入"选项卡"块"面板中的"插入块"按钮，打开"插入"对话框，如图 12-38 所示，在"名称"下拉列表中选择"1500 宽双扇平开门"，然后，单击"确定"按钮，在图中点选正门门洞右侧墙线的中点作为插入点，插入门图块，如图 12-39 所示，

完成别墅正门的绘制。

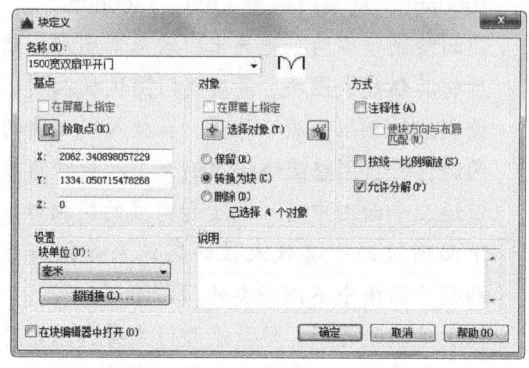

图 12-37　"块定义"对话框

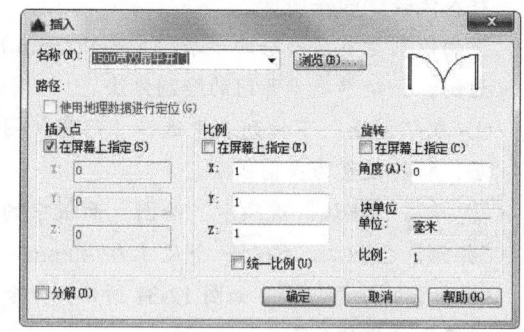

图 12-38　"插入"对话框

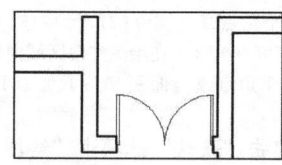

图 12-39　绘制别墅正门

3 绘制平面窗。从开启方式上看，常见窗的形式主要有：固定窗、平开窗、横式旋窗、立式转窗和推拉窗等。窗洞口的宽度和高度尺寸均为 300mm 的扩大模数；在平面图中，一般平开窗的窗扇宽度为 400~600mm，固定窗和推拉窗的尺寸可更大一些。

窗的绘制步骤与门的绘制步骤基本相同，即：先画出窗体的基本形状，然后将其创建成图块，最后将图块插入到已绘制好的相应窗洞位置，在插入窗图块的同时，可以调整图块的比例大小和旋转角度以适应不同宽度和角度的窗洞口。

下面以餐厅外窗（宽 2400mm）为例，介绍

平面窗的绘制方法。

（1）在"图层"下拉列表中选择"门窗"图层，并设置其为当前图层。

（2）单击"默认"选项卡"绘图"面板中的"直线"按钮，绘制第一条窗线，长度为1000mm，如图 12-40 所示。命令行提示与操作如下：

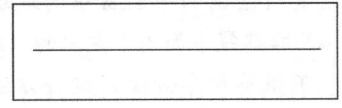

图 12-40　绘制第一条窗线

```
命令：_line 指定第一个点：(适当指定一点)
指定下一点或 [放弃(U)]：@1000, 0↙
指定下一点或 [放弃(U)]：↙
```

（3）单击"默认"选项卡"修改"面板中的"矩形阵列"按钮，选择"矩形阵列"，选择上一步所绘窗线；然后单击鼠标右键，设置行数为 4、列数为 1、行间距为 80、列间距为 1。命令行提示与操作如下：

```
命令：_arrayrect
选择对象：找到 1 个
选择对象：
类型 = 矩形　关联 = 是
选择夹点以编辑阵列或 [关联(AS)/基点(B)/计数
(COU)/间距(S)/列数(COL)/行数(R)/层数(L)/退
出(X)] <退出>：cou
输入列数数或 [表达式(E)] <4>：1
输入行数数或 [表达式(E)] <3>：4
选择夹点以编辑阵列或 [关联(AS)/基点(B)/计数
(COU)/间距(S)/列数(COL)/行数(R)/层数(L)/退
出(X)] <退出>：s
指定列之间的距离或 [单位单元(U)] <1500>：
指定行之间的距离 <1>：80 最后，单击"确定"按钮，
完成窗的基本图形的绘制。
```

结果如图 12-41 所示。

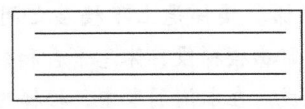

图 12-41　窗的基本图形

（4）单击"插入"选项卡"块定义"面板中的"创建块"按钮，打开"块定义"对话框，如图 12-42 所示，在"名称"下拉列表中输入"窗"；单击"选择对象"按钮，选

取图 12-41 所示的窗的基本图形为"块定义对象"；单击"拾取点"按钮，选择第一条窗线左端点为基点；然后，单击"确定"按钮，完成"窗"图块的创建。

（5）单击"插入"选项卡"块"面板中的"插入块"按钮，打开"插入"对话框，在"名称"下拉列表中选择"窗"，将 X 方向的比例设置为"2.4"；然后，单击"确定"按钮，在图中点选餐厅窗洞左侧墙线的上端点作为插入点，插入窗图块，如图 12-43 所示。

图 12-42　"块定义"对话框

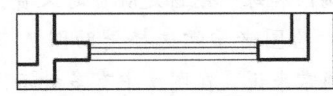

图 12-43　绘制餐厅外窗

（6）绘制窗台：首先，单击"默认"选项卡"绘图"面板中的"矩形"按钮，绘制一个尺寸为 1000mm×100mm 的矩形；接着，单击"插入"选项卡"块定义"面板中的"创建块"按钮，将所绘矩形定义为"窗台"图块，将矩形上侧长边的中点设置为图块基点；然后，单击"插入"选项卡"块"面板中的"插入块"按钮，打开"插入"对话框，在"名称"下拉列表中选择"窗台"，并将 X 方向的比例设置为"2.6"；最后，单击"确定"按钮，点选餐厅窗最外侧窗线中点作为插入点，插入窗台图块，如图 12-44 所示。

图 12-44　绘制窗台

❹ 绘制其余门和窗。根据以上介绍的平面门窗绘制方法，利用已经创建的门窗图块，完成别墅首层平面所有门和窗的绘制，如图 12-45 所示。

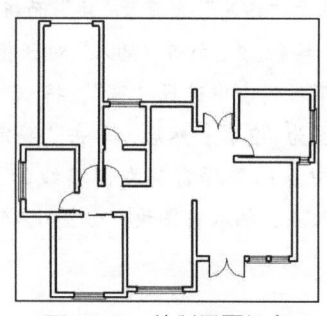

图 12-45　绘制平面门窗

以上所讲的是 AutoCAD 中最基本的门、窗绘制方法，下面介绍另外两种绘制门窗的方法。

（1）在建筑设计中，门和窗的样式、尺寸随着房间功能和开间的变化而不同。逐个绘制每一扇门和每一扇窗是既费时又费力的事。因此，绘图者常常选择借助图库来绘制门窗。通常来说，在图库中有多种不同样式和大小的门、窗可供选择和调用，这给设计者和绘图者提供了很大的方便。在本例中，笔者推荐使用门窗图库。在本例别墅的首层平面图中，共有 8 扇门，其中 4 扇为 900 宽的单扇平开门，2 扇为 1500 宽的双扇平开门，1 扇为推拉门，还有 1 扇为车库升降门。在图库中，很容易就可以找到以上这几种样式的门的图形模块（参见光盘）。

AutoCAD 图库的使用方法很简单，主要步骤如下。

① 打开图库文件，在图库中选择所需的图形模块，并将选中对象进行复制。

② 将复制的图形模块粘贴到所要绘制的图样中。

③ 根据实际情况的需要，单击"默认"选项卡"修改"面板中的"旋转"按钮 ↻、"镜像"按钮 ⚖ 或"缩放"按钮 ⬜。对图形模块进行适当的修改和调整。

（2）在 AutoCAD 2016 中，还可以借助"快速访问"工具栏中的"工具选项板"中的"建筑"选项卡提供的"公制样例"来绘制门窗。利用这种方法添加门窗时，可以根据需要直接对门窗的尺度和角度进行设置和调整，使用起来比较方便。然而，需要注意的是，"工具选项板"中仅提供普通平开门的绘制，而且利用其所绘制的平面窗中的玻璃为单线形式，而非建筑平面图中常用的双线形式，因此，不推荐初学者使用这种方法绘制门窗。（备课用矩形推拉门大小为 829×38）

12.2.5　绘制楼梯和台阶

楼梯和台阶都是建筑的重要组成部分，是人们在室内和室外进行垂直交通的必要建筑构件。在本例别墅的首层平面中，共有一处楼梯和三处台阶，如图 12-46 所示。

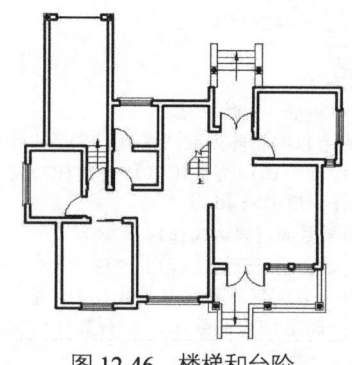

图 12-46　楼梯和台阶

Step 绘制步骤

❶ 绘制楼梯。楼梯是上下楼层之间的交通通道，通常由楼梯段、休息平台和栏杆（或栏板）组成。在本例别墅中，楼梯为常见的双跑式。楼梯宽度为 900mm，踏步宽为 260mm，高 175mm；楼梯平台净宽 960mm。本节只介绍首层楼梯平面画法，至于二层楼梯画法，将在后面的章节中进行介绍。

首层楼梯平面的绘制过程分为三个阶段：首

先绘制楼梯踏步线；然后在踏步线两侧（或一侧）绘制楼梯扶手；最后绘制楼梯剖断线以及用来标识方向的带箭头引线和文字，进而完成楼梯平面的绘制。图 12-47 所示为首层楼梯平面图。

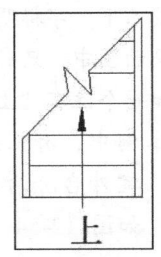

图 12-47　首层楼梯平面图

具体绘制方法如下。

（1）在"图层"下拉列表中选择"楼梯"图层，将其设置为当前图层。

（2）绘制楼梯踏步线：单击"默认"选项卡"绘图"面板中的"直线"按钮，以平面图上相应位置点作为起点（通过计算得到的第一级踏步的位置），绘制长度为 1020mm 的水平踏步线。然后，单击"默认"选项卡"修改"面板中的"矩形阵列"按钮，选择已绘制的第一条踏步线为阵列对象输入行数为 6、列数为"1"、行间距为 260、列间距为 1，如图 12-48 所示。

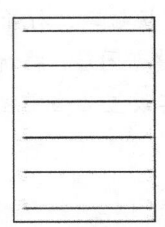

图 12-48　绘制楼梯踏步线

（3）绘制楼梯扶手：单击"默认"选项卡"绘图"面板中的"直线"按钮，以楼梯第一条踏步线两侧端点作为起点，分别向上绘制垂直方向线段，长度为 1500mm。然后，单击"默认"选项卡"修改"面板中的"偏移"按钮，将所绘两线段向梯段中央偏移，偏移量为 60mm（即扶手宽度），如图 12-49

所示。

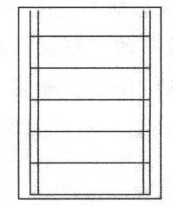

图 12-49　绘制楼梯踏步边线

（4）绘制剖断线。单击"默认"选项卡"绘图"面板中的"构造线"按钮，设置角度为 45°，绘制剖断线并使其通过楼梯右侧栏杆线的上端点。命令行提示与操作如下：

```
命令：_xline
指定点或 [水平(H)/垂直(V)/角度(A)/二等分
(B)/偏移(O)]：A✓
输入构造线的角度 (0) 或 [参照(R)]：45✓
指定通过点：(选取右侧栏杆线的上端点为通过点)
指定通过点：✓
```

单击"默认"选项卡"绘图"面板中的"直线"按钮，绘制"Z"字形折断线；然后单击"默认"选项卡"修改"面板中的"修剪"按钮，修剪楼梯踏步线和栏杆线，如图 12-50 所示。

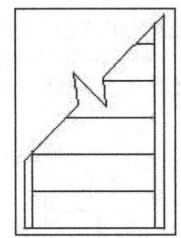

图 12-50　绘制楼梯剖断线

（5）绘制带箭头引线。首先，在"命令行中输入"Qleader"命令，在命令行中输入"S"，设置引线样式；在打开的"引线设置"对话框中进行如下设置：在"引线和箭头"选项卡中，选择"引线"为"直线"、"箭头"为"实心闭合"，如图 12-51 所示；在"注释"选项卡中，选择"注释类型"为"无"，如图 12-52 所示。然后，以第一条楼梯踏步线中点为起点，垂直向上绘制长度为 750mm 的带箭头引线；然后单击"默认"选项卡"修改"面板中的"旋转"按钮，将带箭头引线旋转 180 度；最后，单击"默认"选项卡"修改"面板中的"移动"按钮，将引线垂直向下移动 60mm，如图 12-53 所示。

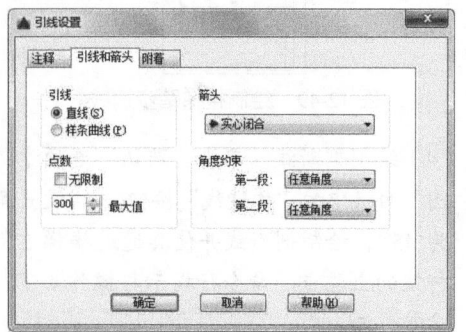

图 12-51 引线设置——引线和箭头

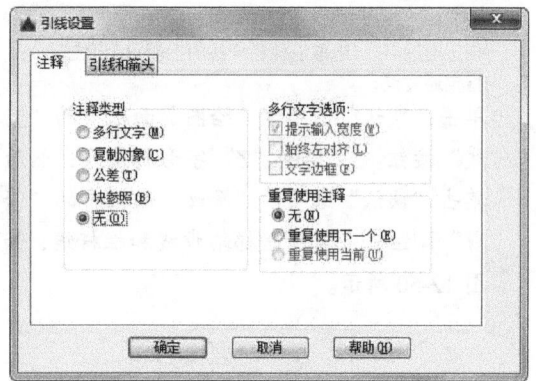

图 12-52 引线设置——注释

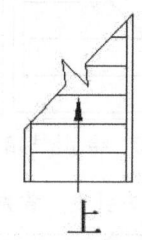

图 12-53 添加箭头和文字

（6）标注文字：单击"默认"选项卡"注释"面板中的"多行文字"按钮 A，设置文字高度为 300，在引线下端输入文字为"上"。

 楼梯平面图是距地面 1m 以上位置，用一个假想的剖切平面，沿水平方向剖开（尽量剖到楼梯间的门窗），然后向下做投影得到的投影图。楼梯平面一般来说是分层绘制的，在绘制

时，按照特点可分为底层平面、标准层平面和顶层平面。

在楼梯平面图中，各层被剖切到的楼梯，按国标规定，均在平面图中以一根 45°的折断线表示。在每一梯段处画有一个长箭头，并注写"上"或"下"字标明方向。

楼梯的底层平面图中，只有一个被剖切的梯段及栏板，和一个注有"上"字的长箭头。

② 绘制台阶。本例中，有三处台阶，其中室内台阶一处，室外台阶两处。下面以正门处台阶为例，如图 12-54 所示，介绍台阶的绘制方法。

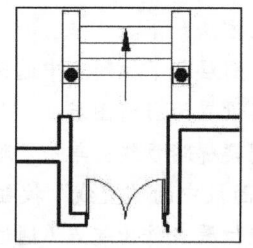

图 12-54 正门处台阶平面图

台阶的绘制思路与前面介绍的楼梯平面绘制思路基本相似，因此，可以参考楼梯画法进行绘制。

具体绘制方法如下。

（1）单击"默认"选项卡"图层"面板中的"图层特性"按钮，打开"图层管理器"对话框，创建新图层，将新图层命名为"台阶"，并将其设置为当前图层，如图 12-55所示。

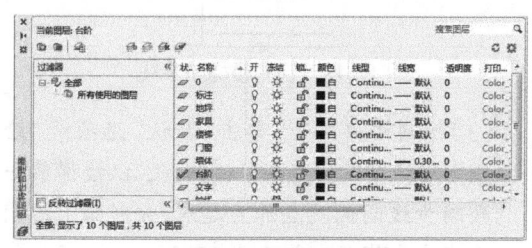

图 12-55 新建"台阶图层"

（2）单击"默认"选项卡"绘图"面板中的"直线"按钮，以别墅正门中点为起点，

垂直向上绘制一条长度为3600mm的辅助线段；然后，以辅助线段的上端点为中点，绘制一条长度为1770mm的水平线段，此线段则为台阶第一条踏步线，如图12-56所示。

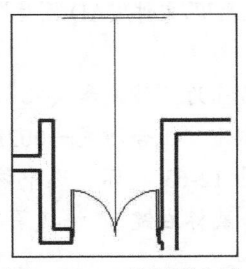

图 12-56　绘制踏步线

（3）单击"默认"选项卡"修改"面板中的"矩形阵列"按钮▦，选择第一条踏步线为阵列对象，输入行数为4、列数为1、行间距为-300，列间距为0；完成第二、三、四条踏步线的绘制，如图12-57所示。

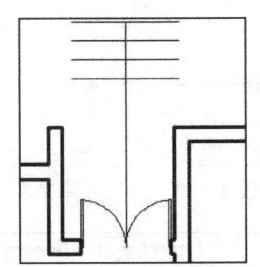

图 12-57　绘制台阶踏步线

（4）单击"默认"选项卡"绘图"面板中的"矩形"按钮▢，在踏步线的左右两侧分别绘制两个尺寸为340mm×1980mm的矩形，为两侧条石平面。

（5）绘制方向箭头：选择菜单栏中的"标注"→"多重引线"命令，在台阶踏步的中间位置绘制带箭头的引线，标示踏步方向，如图12-58所示。

（6）绘制立柱：在本例中，两个室外台阶处均有立柱，其平面形状为圆形，内部填充为实心，下面为方形基座。由于立柱的形状、大小基本相同，可以将其做成图块，再把图块插入各相应点即可。具体绘制方法如下：首先，单击"默认"选项卡"图层"面板中

的"图层特性"按钮▦，打开"图层管理器"对话框，创建新图层，将新图层命名为"立柱"，并将其设置为当前图层；接着，单击"默认"选项卡"绘图"面板中的"矩形"按钮▢，绘制边长为340mm的正方形基座；单击"默认"选项卡"绘图"面板中的"圆"按钮◉，绘制直径为240mm的圆形柱身平面；然后，单击"默认"选项卡"绘图"面板中的"图案填充"按钮▦，打开"图案填充和渐变色"面板，选择填充类型为"预定义"、图案为"SOLID"，在"边界"一栏单击"添加：选择对象"按钮，在绘图区域选择已绘的圆形柱身为填充对象，设置如图12-59所示，结果如图12-60所示。

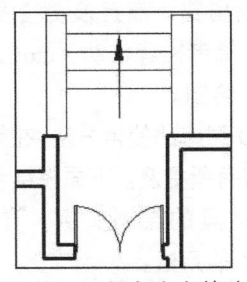

图 12-58　添加方向箭头

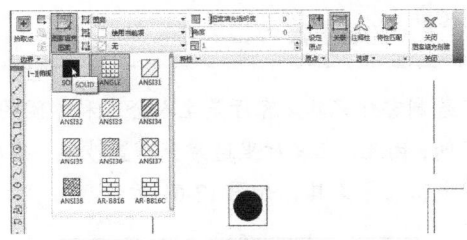

图 12-59　"图案填充和渐变色"对话框

图 12-60　绘制立柱平面

单击"插入"选项卡"块定义"面板中的"创建块"按钮▣，将图形定义为"立柱"图块；最后，单击"插入"选项卡"块"面板中的

"插入块"按钮 ，将定义好的"立柱"图块，插入平面图中相应位置，完成正门处台阶平面的绘制。

12.2.6 绘制家具

在建筑平面图中，通常要绘制室内家具，以增强平面方案的视觉效果。在本例别墅的首层平面中，共有 7 种不同功能的房间，分别是客厅、工人休息室、厨房、餐厅、书房、卫生间和车库。不同功能种类的房间内所布置的家具也有所不同，对于这些种类和尺寸都不尽相同的室内家具，如果利用直线、偏移等简单的二维线条编辑工具一一绘制，不仅绘制过程反复烦琐、容易出错，而且浪费绘图者的时间和精力。因此，笔者推荐借助 AutoCAD 图库来完成平面家具的绘制。

AutoCAD 图库的使用方法，在前面介绍门窗画法的时候曾有所提及。下面将结合首层客厅家具和卫生间洁具的绘制实例，详细讲述一下AutoCAD 图库的用法。

Step 绘制步骤

① 绘制客厅家具。客厅是主人会客和休闲的空间，因此，在客厅里通常会布置沙发、茶几、电视柜等家具，如图 12-61 所示。

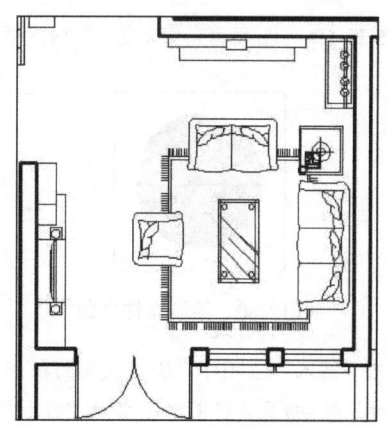

图 12-61　客厅平面家具图

在"图层"下拉列表中选择"家具"图层，将其设置为当前图层。

（1）单击"快速访问"工具栏中的"打开"按钮 ，在打开的"选择文件"对话框中，打开"光盘/源文件/CAD 图库"，如图 12-62所示。

（2）在名称为"沙发和茶几"的一栏中，选择名称为"组合沙发—002P"的图形模块，如图 12-63 所示，选中该图形模块，然后单击鼠标右键，在快捷菜单中选择"复制"命令。

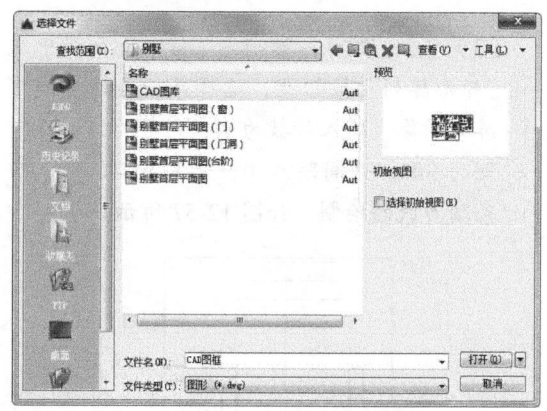

图 12-62　打开图库文件

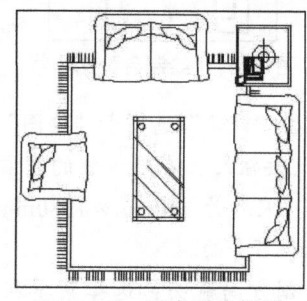

图 12-63　组合沙发模块

（3）返回"别墅首层平面图"的绘图界面，选择菜单栏中的"编辑"→"粘贴为块"命令，将复制的组合沙发图形，插入客厅平面相应位置。

（4）在图库中，在名称为"灯具和电器"的一栏中，选择"电视柜 P"图块，如图 12-64所示，将其复制并粘贴到首层平面图中；单击"默认"选项卡"修改"面板中的"旋转"

按钮 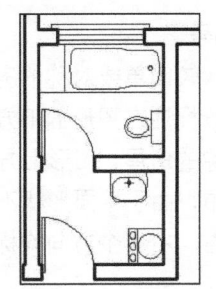，使该图形模块以自身中心点为基点旋转 90°，然后将其插入客厅相应位置。

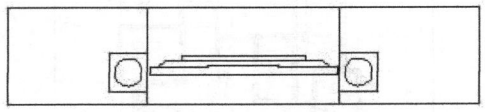

图 12-64　电视柜模块

（5）按照同样方法，在图库中选择"电视墙 P""文化墙 P""柜子—01P"和"射灯组 P"图形模块分别进行复制，并在客厅平面内依次插入这些家具模块，绘制结果如图 12-61 所示。

贴心小帮手：在使用图库插入家具模块时，经常会遇到家具尺寸太大或太小、角度与实际要求不一致或在家具组合图块中以及部分家具需要更改等情况。

❷ 绘制卫生间洁具。卫生间主要是供主人盥洗和沐浴的地方，因此，卫生间内应设置浴盆、马桶、洗手池和洗衣机等设施，图 12-65 所示的卫生间，由两部分组成。在家具安排上，外间设置洗手盆和洗衣机；内间则设置浴盆和马桶。下面介绍一下卫生间洁具的绘制步骤。

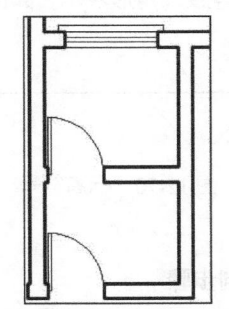

图 12-65　卫生间平面图

（1）在"图层"下拉列表中选择"家具"图层，将其设置为当前图层。

（2）打开"光盘/源文件/CAD 图库/在"洁具和厨具"一栏中，选择适合的洁具模块，进行复制后，依次粘贴到平面图中的相应位置，绘制结果如图 12-66 所示。

图 12-66　绘制卫生间洁具

贴心小帮手：在图库中，图形模块的名称经常很简要，除汉字外还经常包含英文字母或数字，通常来说，这些名称都是用来表明该家具的特性或尺寸的。例如，前面使用过的图形模块"组合沙发——004P"，其名称中"组合沙发"表示家具的性质；"004"表示该家具模块是同类型家具中的第四个；字母"P"则表示这是该家具的平面图形。例如，一个床模块名称为"单人床 9×20"，就是表示该单人床宽度为 900mm、长度为 2000mm。有了这些简单又明了的名称，绘图者就可以依据自己的实际需要快捷地选择。

12.2.7　平面标注

在别墅的首层平面图中，标注主要包括四部分，即轴线编号、平面标高、尺寸标注和文字标注。完成标注后的首层平面图如图 12-67 所示。

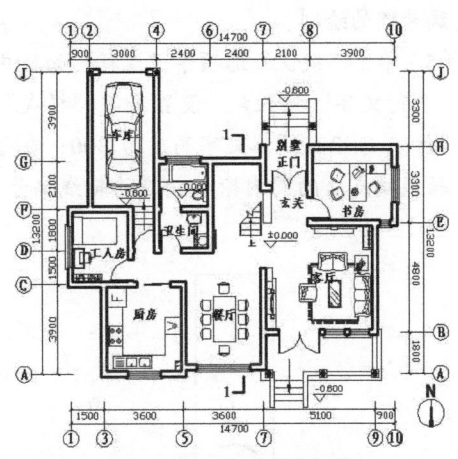

图 12-67　首层平面标注

下面将依次介绍这 4 种标注方式的绘制方法。

1. 轴线编号

在平面形状较简单或对称的房屋中，平面图的轴线编号一般标注在图形的下方及左侧。对于较复杂或不对称的房屋，图形上方和右侧也可以标注。在本例中，由于平面形状不对称，因此需要在上、下、左、右 4 个方向均标注轴线编号。

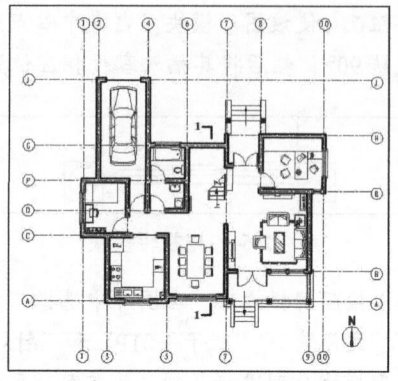

图 12-69　添加轴线编号

Step 绘制步骤

（1）单击"默认"选项卡"图层"面板中的"图层特性"按钮，打开"图层管理器"对话框，创建新图层，将新图层命名为"轴线编号"，其属性按默认设置，并将其设置为当前图层。

（2）单击"默认"选项卡"绘图"面板中的"直线"按钮，以轴线端点为绘制直线的起点，竖直向下绘制长为 3000 的短直线，完成第一条轴线延长线的绘制。

（3）单击"默认"选项卡"绘图"面板中的"圆"按钮，以已绘的轴线延长线端点作为圆心，绘制半径为 350mm 的圆。然后，单击"默认"选项卡"修改"面板中的"移动"按钮，向下移动所绘圆，移动距离为350mm，如图 12-68 所示。

（4）重复上述步骤，完成其他轴线延长线及编号圆的绘制。

（5）单击"默认"选项卡"注释"面板中的"多行文字"按钮 A，设置文字"样式"为"仿宋 GB2312"，文字高度为 300；在每个轴线端点处的圆内输入相应的轴线编号，如图 12-69 所示。

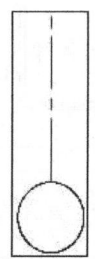

图 12-68　绘制第一条轴线的延长线及编号圆

> **注意**　平面图上水平方向的轴线编号用阿拉伯数字，从左向右依次编写；垂直方向的编号，用大写英文字母自下而上顺次编写。I、O 及 Z 三个字母不得作为轴线编号，以免与数字 1、0 及 2 混淆。
>
> 如果两条相邻轴线间距较小而导致它们的编号有重叠时，可以通过"移动"命令将这两条轴线的编号分别向两侧移动少许距离。

2. 平面标高

建筑物中的某一部分与所确定的标准基点的高度差称为该部位的标高，在图样中通常用标高符号结合数字来表示。建筑制图标准规定，标高符号应以直角等腰三角形表示，如图 12-70 所示。

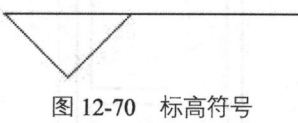

图 12-70　标高符号

Step 绘制步骤

（1）在"图层"下拉列表中选择"标注"图层，将其设置为当前图层。

（2）单击"默认"选项卡"绘图"面板中的"多边形"按钮，绘制边长为 350mm 的正方形，如图 12-71 所示。

（3）单击"默认"选项卡"修改"面板中的"旋转"按钮，将正方形旋转 45°；然后单击"默认"选项卡"绘图"面板中的"直线"按钮 ✐，连接正方形左右两个端点，绘制水平对角线，如图 12-72 所示。

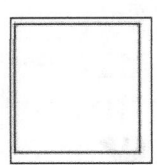 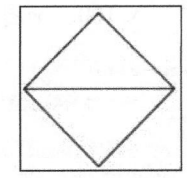

图 12-71　绘制多边形　图 12-72　旋转并绘制对角线

（4）单击水平对角线，将十字光标移动其右端点处单击，将夹持点激活（此时，夹持点成红色），然后鼠标向右延伸，在命令行中输入 600 后，按回车键，完成绘制。单击"默认"选项卡"修改"面板中的"修剪"按钮 ✂，对多余线段进行修剪，如图 12-70 所示。

（5）单击"插入"选项卡"块定义"面板中的"创建块"按钮 ▣，将标高符号定义为图块，如图 12-73 所示。

（6）单击"插入"选项卡"块"面板中的"插入块"按钮 ▤，将已创建的图块插入到平面图中需要标高的位置，如图 12-74 所示。

图 12-73　"块定义"对话框

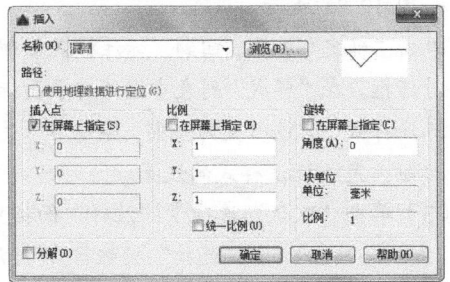

图 12-74　"插入"对话框

（7）单击"默认"选项卡"注释"面板中的"多行文字"按钮 A，设置字体为"仿宋-GB2312"、文字高度为 300，在标高符号的长直线上方添加具体的标注数值。

图 12-75 所示为台阶处室外地面标高。

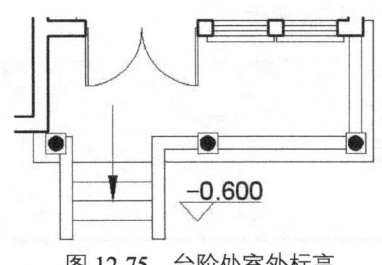

图 12-75　台阶处室外标高

贴心小帮手： 一般来说，在平面图上绘制的标高反映的是相对标高，而不是绝对标高。绝对标高指的是我国青岛市附近的黄海海平面作为零点面测定的高度尺寸。

通常情况下，室内标高要高于室外标高，主要使用房间标高要高于卫生间、阳台标高。在绘图中，常见的是将建筑首层室内地面的高度设为零点，标作 ±0.000；低于此高度的建筑部位标高值为负值，在标高数字前加"－"号；高于此高度的部位标高值为正值，标高数字前不加任何符号。

3．尺寸标注

本例中采用的尺寸标注分两道，一道为各轴线之间的距离，另一道为平面总长度或总宽度。

Step 绘制步骤

（1）在"图层"下拉列表中选择"标注"图层，将其设置为当前图层。

（2）设置标注样式：选择菜单栏中的"格式"→"标注样式"命令，打开"标注样式管理器"对话框，如图 12-76 所示；单击"新建"按钮，打开"创建新标注样式"对话框，在"新样式名"一栏中输入"平面标注"，如图 12-77 所示。

单击"继续"按钮，打开"新建标注样式：平面标注"对话框，进行以下设置：

选择"线"选项卡，在"基线间距"文本框中输入200，在"超出尺寸线"文本框中输入200，在"起点偏移量"文本框中输入300，如图12-78所示。

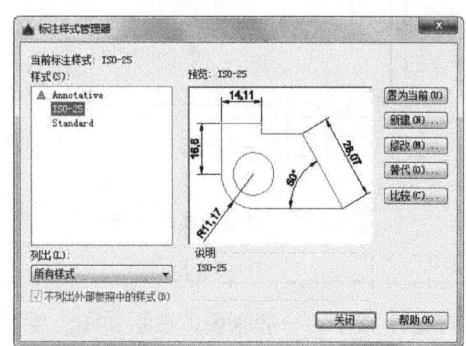

图 12-76 "标注样式管理器"对话框

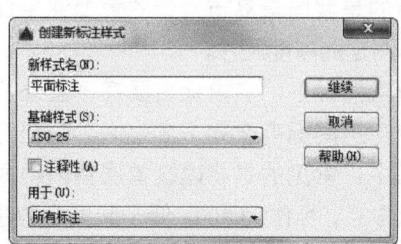

图 12-77 "创建新标注样式"对话框

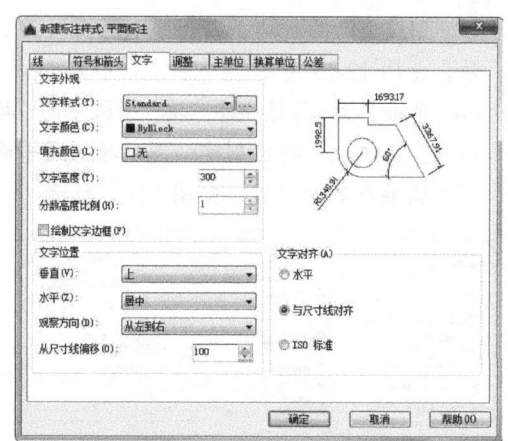

图 12-78 "线"选项卡

选择"符号和箭头"选项卡，在"箭头"选项组中的"第一项"和"第二个"下拉列表中均选择"建筑标记"，在"引线"下拉列表中选择"实心闭合"，在"箭头大小"文

本框中输入250，如图12-79所示。

选择"文字"选项卡，在"文字高度"文本框中输入300，在"从尺寸线偏移"文本框中输入100，如图12-80所示。

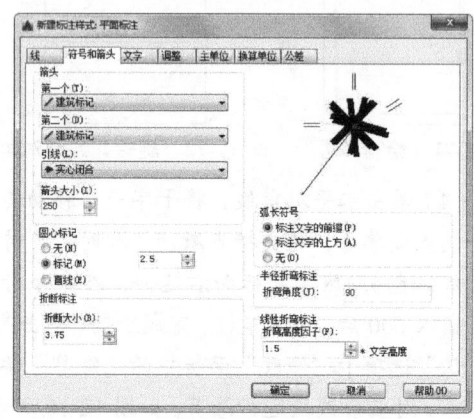

图 12-79 "符号和箭头"选项卡

图 12-80 "文字"选项卡

选择"主单位"选项卡，在"精度"选项组中的下拉列表中选择0，其他选项默认，如图12-81所示。

单击"确定"按钮，回到"标注样式管理器"对话框。在"样式"列表中激活"平面标注"标注样式，单击"置为当前"按钮和"关闭"按钮，完成标注样式的设置。

（3）单击"默认"选项卡"注释"面板中的"线性"按钮 ├─┤ 和"连续"按钮 ┤┤┤├，标注相邻两轴线之间的距离。

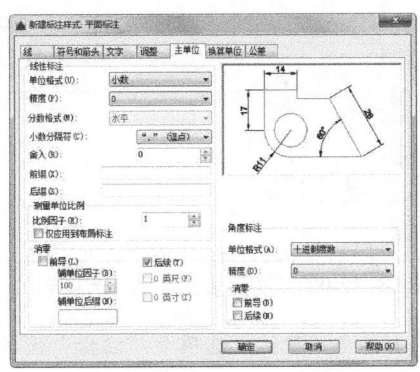

图 12-81 "主单位"选项卡

（4）单击"默认"选项卡"注释"面板中的"线性"按钮，在已绘制的尺寸标注的外侧，对建筑平面横向和纵向的总长度进行尺寸标注。

（5）完成尺寸标注后，单击"默认"选项卡"图层"面板中的"图层特性"按钮，打开"图层特性管理器"对话框，关闭"轴线"图层，如图 12-82 所示。

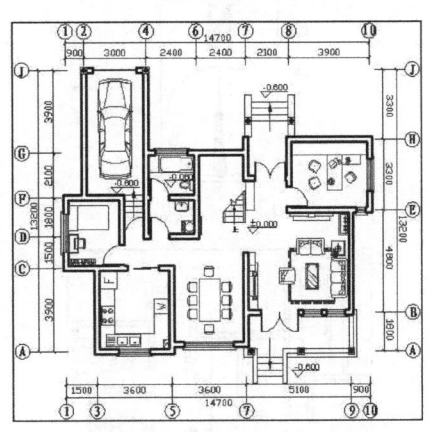

图 12-82 添加尺寸标注

4．文字标注

在平面图中，各房间的功能用途可以用文字进行标识。下面以首层平面中的厨房为例，介绍文字标注的具体方法。

Step 绘制步骤

（1）在"图层"下拉列表中选择"文字"图

层，将其设置为当前图层。

（2）单击"默认"选项卡"注释"面板中的"多行文字"按钮 A，在平面图中指定文字插入位置后，打开"多行文字编辑器"对话框，如图 12-83 所示；在对话框中设置文字样式为"Standard"、字体为"仿宋-GB2312"、文字高度为 300。

（3）在"文字格式"对话框中输入文字"厨房"，并拖动"宽度控制"滑块来调整文本框的宽度，然后单击"确定"按钮，完成该处的文字标注。

文字标注结果如图 12-84 所示。

厨房

图 12-83 "多行文字编辑器"对话框

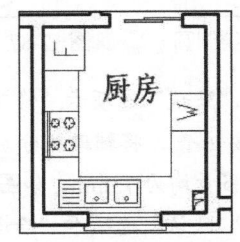

图 12-84 标注厨房文字

12.2.8 绘制指北针和剖切符号

在建筑首层平面图中应绘制指北针以标明建筑方位；如果需要绘制建筑的剖面图，则还应在首层平面图中画出剖切符号以标明剖面剖切位置。

下面将分别介绍平面图中指北针和剖切符号的绘制方法。

Step 绘制步骤

❶ 绘制指北针。

（1）单击"默认"选项卡"图层"面板中的"图层特性"按钮，打开"图层特性管理器"对话框，创建新图层，将新图层命名为"指北针与剖切符号"，并将其设置为当前图层，如图 12-85 所示。

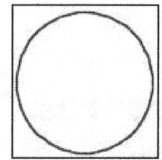

图 12-85　新建图层

（2）单击"默认"选项卡"绘图"面板中的"圆"按钮，绘制直径为 1200mm 的圆，如图 12-86 所示。

（3）单击"默认"选项卡"绘图"面板中的"直线"按钮，绘制圆的垂直方向直径作为辅助线，如图 12-87 所示。

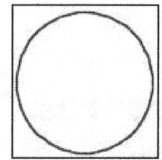

图 12-86　绘制圆　　　图 12-87　绘制辅助线

（4）单击"默认"选项卡"修改"面板中的"偏移"按钮，将辅助线分别向左右两侧偏移，偏移量均为 75mm，如图 12-88 所示。

（5）单击"默认"选项卡"绘图"面板中的"直线"按钮，将两条偏移线与圆的下方交点同辅助线上端点连接起来；然后，单击"默认"选项卡"修改"面板中的"删除"按钮，删除三条辅助线（原有辅助线及两条偏移线），得到一个等腰三角形，如图 12-89 所示。

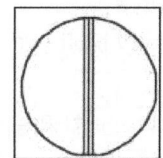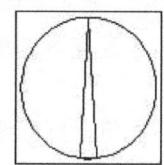

图 12-88　偏移辅助线　　　图 12-89　圆与三角

（6）单击"默认"选项卡"绘图"面板中的"图案填充"按钮，打开"图案填充创建"选项卡，设置如图 12-90 所示，对所绘制的等腰三角形进行填充。

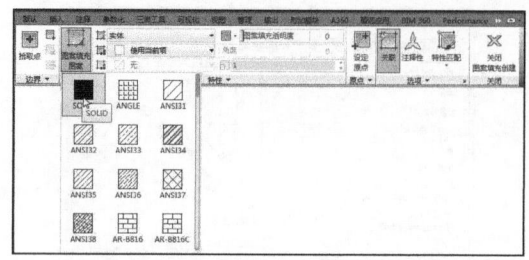

图 12-90　"图案填充创建"选项卡

（7）单击"默认"选项卡"注释"面板中的"多行文字"按钮，设置文字高度为 500mm，在等腰三角形上端顶点的正上方书写大写的英文字母"N"，标示平面图的正北方向，如图 12-91 所示。

❷ 绘制剖切符号。

（1）单击"默认"选项卡"绘图"面板中的"直线"按钮，在平面图中绘制剖切面的定位线，并使得该定位线两端伸出被剖切外墙面的距离均为 1000mm，如图 12-92 所示。

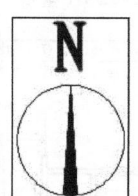

图 12-91　指北针

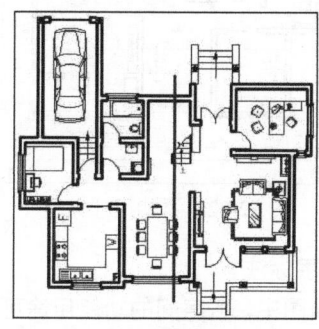

图 12-92　绘制剖切面定位线

（2）单击"默认"选项卡"绘图"面板中的"直线"按钮，分别以剖切面定位线的两端点为起点，向剖面图投影方向绘制剖视方向线，长度为 500mm。

（3）单击"默认"选项卡"绘图"面板中的"圆"按钮，分别以定位线两端点为圆心，绘制两个半径为 700mm 的圆。

（4）单击"默认"选项卡"修改"面板中的"修剪"按钮，修剪两圆之间的投影线条；然后删除两圆，得到两条剖切位置线。

（5）将剖切位置线和剖视方向线的线宽都设置为 0.30mm。

（6）单击"默认"选项卡"注释"面板中的"多行文字"按钮 A，设置文字高度为 300mm，在平面图两侧剖视方向线的端部书写剖面剖切符号的编号为 1，如图 12-93 所示，完成首层平面图中剖切符号的绘制。

贴心小帮手：剖面的剖切符号，应由剖切位置线及剖视方向线组成，均应以粗实线绘制。剖视方向线应垂直于剖切位置线，长度应短于剖切位置线，绘图时，剖面剖切符号不宜与图面上的

图线相接触。

剖面剖切符号的编号，宜采用阿拉伯数字，按顺序由左至右、由下至上连续编排，并应注写在剖视方向线的端部。

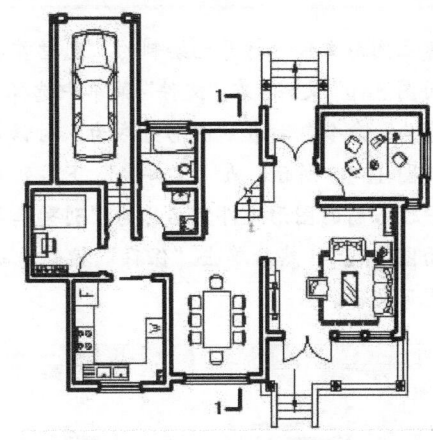

图 12-93　绘制剖切符号

12.3　别墅二层平面图的绘制

在本例别墅中，二层平面图与首层平面图在设计中有很多相同之处，两层平面的基本轴线关系是一致的，只有部分墙体形状和内部房间的设置存在着一些差别。因此，可以在首层平面图的基础上对已有图形元素进行修改和添加，进而完成别墅二层平面图的绘制。

别墅二层平面图的绘制是在首层平面图绘制的基础上进行的。首先，在首层平面图中已有墙线的基础上，根据本层实际情况修补墙体线条；然后，在图库中选择适合的门窗和家具模块，将其插入平面图中相应位置，最后，进行尺寸标注和文字说明。下面就按照这个思路绘制别墅的二层平面图（见图 12-94）。

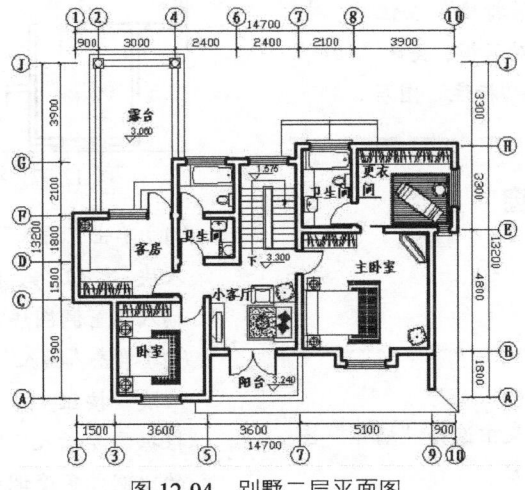

图 12-94　别墅二层平面图

12.3.1 设置绘图环境

Step 绘制步骤

① 建立图形文件。打开已绘制的"别墅首层平面图.dwg"文件，在"文件"菜单中选择"另存为"命令，打开"图形另存为"对话框，如图 12-95 所示。在"文件名"下拉列表框中输入新的图形文件的名称为"别墅二层平面图.dwg"，然后单击"保存"按钮，建立图形文件。

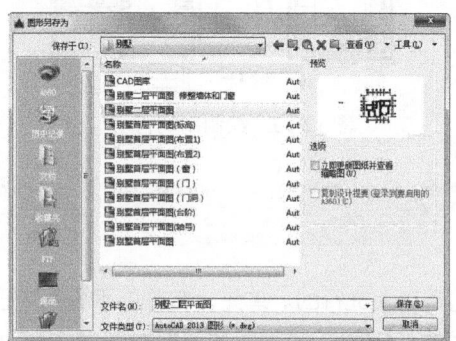

图 12-95 "图形另存为"对话框

② 清理图形元素。首先，单击"默认"选项卡"修改"面板中的"删除"按钮✐，删除首层平面图中所有文字、室内外台阶和部分家具等图形元素；然后，单击"默认"选项卡"图层"面板中的"图层特性"按钮🔳，打开"图层特性管理器"对话框，关闭"轴线""家具""轴线编号"和"标注"图层。

12.3.2 修整墙体和门窗

Step 绘制步骤

① 修补墙体。
（1）在"图层"下拉列表中选择"墙体"图层，将其设置为当前图层。

（2）单击"默认"选项卡"修改"面板中的"删除"按钮✐，删除多余的墙体和门窗（与首层平面中位置和大小相同的门窗可保留）。

（3）选择"多线"命令，补充绘制二层平面墙体，参看本书前面章节中介绍的首层墙体画法，绘制结果如图 12-96 所示。

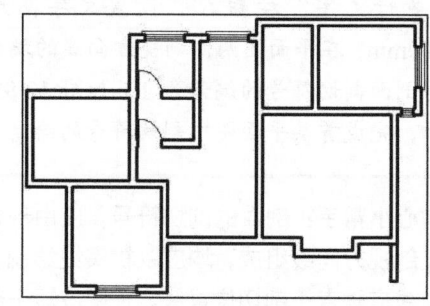

图 12-96 修补二层墙体

② 绘制门窗。二层平面中门窗的绘制，主要借助已有的门窗图块来完成，单击"插入"选项卡"块"面板中的"插入块"按钮🔳，选择在首层平面绘制过程中创建的门窗图块，进行适当的比例和角度调整后，插入二层平面图中。绘制结果如图 12-97 所示。

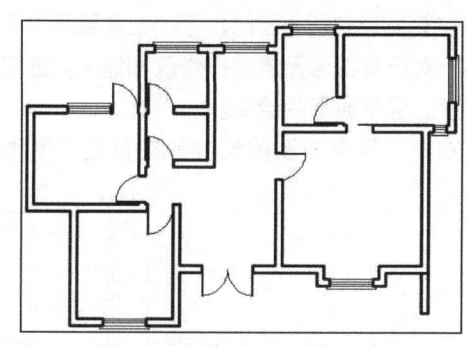

图 12-97 绘制二层平面门窗

（1）单击"插入"选项卡"块"面板中的"插入块"按钮🔳，在二层平面相应的门窗位置插入门窗洞图块，并修剪洞口处多余墙线。

（2）单击"插入"选项卡"块"面板中的"插入块"按钮🔳，在新绘制的门窗洞口位置，根据需要插入门窗图块，并对该图块做适当的比例或角度调整。

（3）在新插入的窗平面外侧绘制窗台，具体做法可参考前面章节。

12.3.3 绘制阳台和露台

在二层平面中，有一处阳台和一处露台，两者绘制方法较相似，主要利用"默认"选项卡"绘图"面板中的"矩形" □ 和"修改"面板中的"修剪"按钮 ⊹ 进行绘制。

下面分别介绍阳台和露台的绘制步骤。

Step 绘制步骤

❶ 绘制阳台。阳台平面为两个矩形的组合，外部较大矩形长 3600mm，宽 1800mm；较小矩形，长 3400mm，宽 1600mm。

（1）在"图层"下拉列表中选择"阳台"图层，将其设置为当前图层。

（2）单击"默认"选项卡"绘图"面板中的"矩形"按钮 □，指定阳台左侧纵墙与横向外墙的交点为第一角点分别绘制尺寸为 3600mm × 1800mm 和 3400mm×1600mm 的两个矩形，如图 12-98 所示。命令行提示与操作如下：

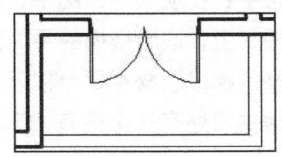

图 12-98 绘制矩形阳台

```
命令：_rectang
指定第一个角点或 [倒角(C)/标高(E)/圆角(F)/厚度(T)/宽度(W)]：(点取阳台左侧纵墙与横向外墙的交点为第一角点)
指定另一个角点或 [面积(A)/尺寸(D)/旋转(R)]：
@3600,-1800✓
命令：_rectang
指定第一个角点或 [倒角(C)/标高(E)/圆角(F)/厚度(T)/宽度(W)]：(点取阳台左侧纵墙与横向外墙的交点为第一角点)
指定另一个角点或 [面积(A)/尺寸(D)/旋转(R)]：
@3400,-1600✓
```

（3）单击"默认"选项卡"修改"面板中的"修剪"按钮 ⊹，修剪多余线条，完成阳台平面的绘制，绘制结果如图 12-99 所示。

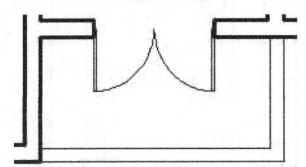

图 12-99 修剪阳台线条

❷ 绘制露台。

（1）单击"默认"选项卡"图层"面板中的"图层特性"按钮 ⊜，打开"图层管理器"对话框，创建新图层，将新图层命名为"露台"，并将其设置为当前图层，如图 12-100 所示。

✓ 露台　♀ ☼ ⊡ ■白 Continu... —— 默认 0 Color_7 🖨 🖳
图 12-100 新建图层

（2）单击"默认"选项卡"绘图"面板中的"矩形"按钮 □，绘制露台矩形外轮廓线，矩形尺寸为 3720mm×6240mm；然后，单击"默认"选项卡"修改"面板中的"修剪"按钮 ⊹，修剪多余线条。

（3）露台周围结合立柱设计有花式栏杆，选择菜单栏中的"绘图"→"多线"进行绘制扶手平面，多线间距为 200mm。

（4）绘制门口处台阶：该处台阶由两个矩形踏步组成，上层踏步尺寸为 1500mm × 1100mm；下层踏步尺寸为 1200mm × 800mm。首先，单击"默认"选项卡"绘图"面板中的"矩形"按钮 □，以门洞右侧的墙线交点为第一角点，分别绘制这两个矩形踏步平面，如图 12-101 所示。单击"默认"选项卡"修改"面板中的"修剪"按钮 ⊹，修剪多余线条，完成台阶的绘制。

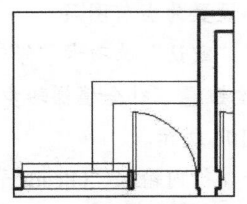

图 12-101 绘制露台门口处台阶

露台绘制结果如图 12-102 所示。

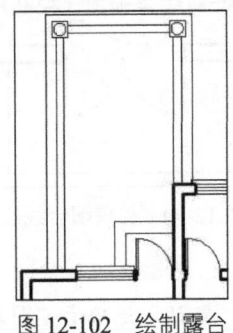

图 12-102   绘制露台

露台外围线段向内偏移，偏移距离为 285、200，露台上矩形大小为 320、320，内部圆半径为 120。

12.3.4   绘制楼梯

别墅中的楼梯共有两跑梯段，首跑 9 个踏步，次跑 10 个踏步，中间楼梯井宽 240mm（楼梯井较通常情况宽一些，做室内装饰用）。本层为别墅的顶层，因此本层楼梯应根据顶层楼梯平面的特点进行绘制，绘制结果如图 12-103 所示。

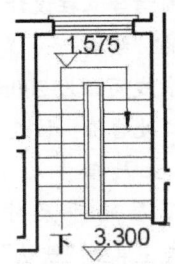

图 12-103   绘制二层平面楼梯

Step   绘制步骤

（1）在"图层"下拉列表中选择"楼梯"图层，将其设置为当前图层。

（2）单击"默认"选项卡"修改"面板中的"偏移"按钮，补全楼梯踏步和扶手线条，如图 12-104 所示。

（3）在命令行内输入"Qleader"命令，在梯段的中央位置绘制带箭头引线并标注方向

文字，如图 12-105 所示。

（4）在楼梯平台处添加平面标高。

楼梯外部矩形为 357×2440 外部矩形向内进行偏移，偏移距离为 50。

踏步间偏移距离 260，距离矩形上步边 50，设置引线点数无限制。

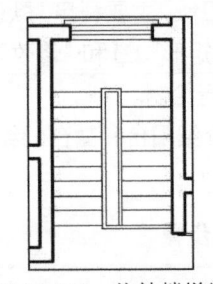

图 12-104   修补楼梯线

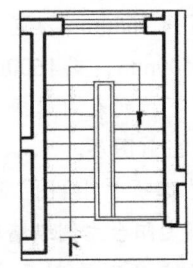

图 12-105   添加剖断线和方向文字

贴心小帮手： 在顶层平面图中，由于剖切平面在安全栏板之上，该层楼梯的平面图形中应包括：两段完整的梯段、楼梯平台以及安全栏板。

在顶层楼梯口处有一个注有"下"字的长箭头，表示方向。

12.3.5   绘制雨篷

在别墅中有两处雨篷，其中一处位于别墅北面的正门上方，另一处则位于别墅南面和东面的转角部分。

下面以正门处雨篷为例介绍雨篷平面的绘制方法。

正门处雨篷宽度为 3660mm，其出挑长度为 1500mm。

Step 绘制步骤

（1）单击"默认"选项卡"图层"面板中的"图层特性"按钮，打开"图层管理器"对话框，创建新图层，将新图层命名为"雨篷"，并将其设置为当前图层，如图 12-106 所示。

✔ 雨篷　　♀ ☀ ☐ ☐ ■白 Continu...—— 默认 0　Color_7 ☐ ☐

图 12-106　新建图层

（2）单击"默认"选项卡"绘图"面板中的"矩形"按钮，绘制尺寸为 3660mm×1500mm 的矩形雨篷平面。

然后，单击"默认"选项卡"修改"面板中的"偏移"按钮，将雨篷最外侧边向内偏移 150mm，得到雨篷外侧线脚。

（3）单击"默认"选项卡"修改"面板中的"修剪"按钮，修剪被遮挡的部分矩形线条，完成雨篷的绘制，如图 12-107 所示。

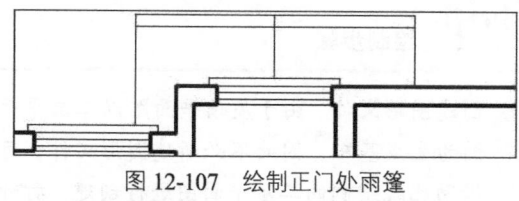

图 12-107　绘制正门处雨篷

12.3.6　绘制家具

同首层平面一样，二层平面中家具的绘制要借助图库来进行，绘制结果如图 12-108 所示。

Step 绘制步骤

（1）在"图层"下拉列表中选择"家具"图层，将其设置为当前图层。

（2）单击"快速访问"工具栏中的"打开"按钮，在打开的"选择文件"对话框中，选择"光盘/源文件/图库"路径，将图库打开。

（3）在图库中选择所需家具图形模块进行复制，依次粘贴到二层平面图中相应位置。

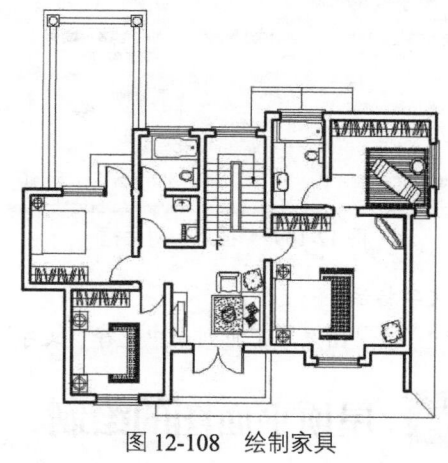

图 12-108　绘制家具

12.3.7　平面标注

Step 绘制步骤

① 尺寸标注与定位轴线编号。二层平面的定位轴线和尺寸标注与首层平面基本一致，无需另做改动，直接沿用首层平面的轴线和尺寸标注结果即可。具体做法为：

单击"默认"选项卡"图层"面板中的"图层特性"按钮，打开"图层特性管理器"对话框，选择"轴线""轴线编号"和"标注"图层，使它们均保持可见状态。

② 平面标高。

（1）在"图层"下拉列表中选择"标注"图层，将其设置为当前图层。

（2）单击"插入"选项卡"块"面板中的"插入块"按钮，打开"插入"对话框，如图 12-109 所示，将已创建的图块插入到平面图中需要标高的位置。

（3）单击"默认"选项卡"注释"面板中的"多行文字"按钮，设置字体为"宋体"、文字高度为 300，在标高符号的长直线上方添加具体的标注数值，如图 12-110 所示。

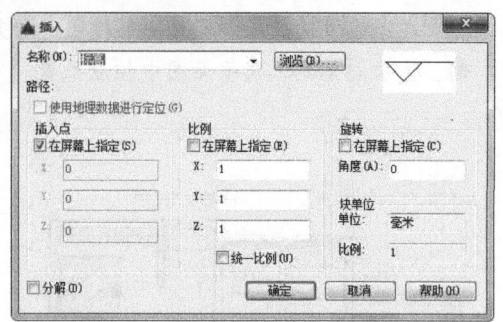

图 12-109　"插入"对话框

3 文字标注。

（1）在"图层"下拉列表中选择"文字"图

图 12-110　"文字编辑器"选项卡

层，将其设置为当前图层。

（2）单击"默认"选项卡"注释"面板中的"多行文字"按钮 A，字体为"宋体"、文字高度为 300，标注二层平面中各房间的名称。

12.4　屋顶平面图的绘制

屋顶平面图是建筑平面图的一种类型。绘制建筑屋顶平面图，不仅能表现屋顶的形状、尺寸和特征，还可以从另一个角度更好地帮助人们设计和理解建筑，如图 12-111 所示。

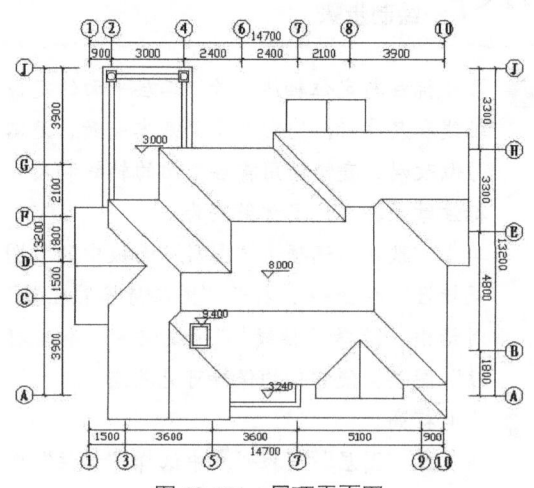

图 12-111　屋顶平面图

在本例中，别墅的屋顶设计为复合式坡顶，由几个不同大小、不同朝向的坡屋顶组合而成。因此在绘制过程中，应该认真分析它们之间的结合关系，并将这种结合关系准确地表现出来。

别墅屋顶平面图的主要绘制思路为：首先根据已有平面图绘制出外墙轮廓线，接着偏移外墙轮廓线得到屋顶檐线，并对屋顶的组成关系进行分析，确定屋脊线条；然后绘制烟囱平面和其他

可见部分的平面投影，最后对屋顶平面进行尺寸和文字标注。下面就按照这个思路绘制别墅的屋顶平面图。

12.4.1　设置绘图环境

Step 绘制步骤

1 创建图形文件。由于屋顶平面图以二层平面图为生成基础，因此不必新建图形文件，可借助已经绘制的二层平面图进行创建。打开已绘制的"别墅二层平面图.dwg"图形文件，在"文件"下拉菜单中选择"另存为"命令，打开"选择文件"对话框，如图 12-112 所示，在"文件名"下拉列表框中输入新的图形名称为"别墅屋顶平面图.dwg"；然后，单击"保存"按钮，建立图形文件。

2 清理图形元素。

（1）单击"默认"选项卡"修改"面板中的"删除"按钮，删除二层平面图中"家具""楼梯"和"门窗"图层里的所有图形元素。

（2）选择菜单栏中的"文件"→"图形实用工具"→"清理"命令，打开"清理"对话框，如图 12-113 所示。在对话框中选择无用的数据内容，然后单击"清理"按钮，删除

"家具""楼梯"和"门窗"图层。

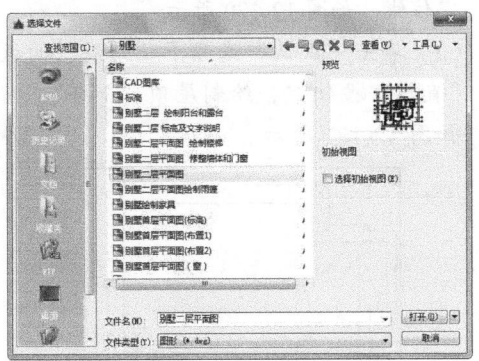

图 12-112　"选择文件"对话框

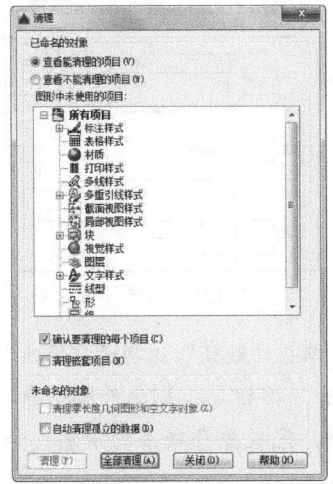

图 12-113　"清理"对话框

（3）单击"默认"选项卡"图层"面板中的"图层特性"按钮，打开"图层特性管理器"对话框，关闭除"墙线"图层以外的所有可见图层。

12.4.2　绘制屋顶平面

Step　绘制步骤

1. 绘制外墙轮廓线。屋顶平面轮廓由建筑的平面轮廓决定，因此，首先要根据二层平面图中的墙体线条，生成外墙轮廓线。

（1）单击"默认"选项卡"图层"面板中的

"图层特性"按钮，打开"图层管理器"对话框，创建新图层，将新图层命名为"外墙轮廓线"，并将其设置为当前图层，如图 12-114 所示。

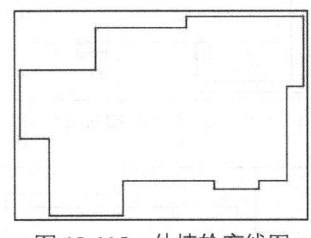

图 12-114　新建图层

（2）单击"默认"选项卡"绘图"面板中的"多段线"按钮，在二层平面图中捕捉外墙端点，绘制闭合的外墙轮廓线，如图 12-115 所示。

2. 分析屋顶组成。本例别墅的屋顶是由几个坡屋顶组合而成的。在绘制过程中，可以先将屋顶分解成几部分，将每部分单独绘制后，再重新组合。在这里，笔者推荐将该屋顶划分为五部分，如图 12-116 所示。

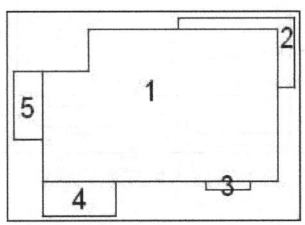

图 12-115　外墙轮廓线图

图 12-116　屋顶分解示意

3. 绘制檐线。坡屋顶出檐宽度一般根据平面的尺寸和屋面坡度确定。在本别墅中，双坡顶出檐 500mm 或 600mm，四坡顶出檐 900mm，坡屋顶结合处的出檐尺度视结合方式而定。下面以"分屋顶 4"为例，介绍屋顶檐线的绘制方法。

（1）单击"默认"选项卡"图层"面板中的"图层特性"按钮，打开"图层管理器"对话框，创建新图层，将新图层命名为"檐线",并将其设置为当前图层。

（2）单击"默认"选项卡"修改"面板中的"偏移"按钮，将"平面4"的两侧短边分别向外偏移 600mm、前侧长边向外偏移 500mm。

（3）单击"默认"选项卡"修改"面板中的"延伸"按钮，将偏移后的三条线段延伸，使其相交，生成一组檐线，如图 12-117 所示。

（4）按照上述画法依次生成其他分组屋顶的檐线；然后，单击"默认"选项卡"修改"面板中的"修剪"按钮，对檐线结合处进行修整，结果如图 12-118 所示。

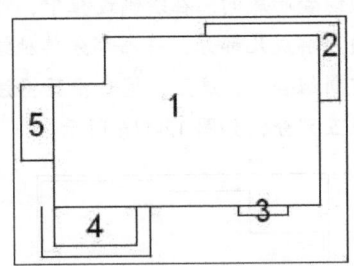

图 12-117　生成"分屋顶4"檐线

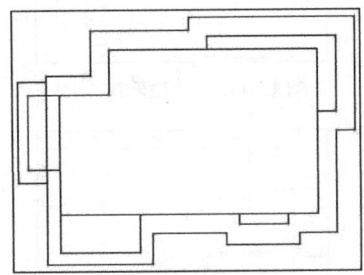

图 12-118　生成屋顶檐线

④ 绘制屋脊。

（1）单击"默认"选项卡"图层"面板中的"图层特性"按钮，打开"图层管理器"对话框，创建新图层，将新图层命名为"屋脊"，并将其设置为当前图层，如 12-119 所示。

图 12-119　新建"屋脊"图层

（2）单击"默认"选项卡"绘图"面板中"直线"按钮，在每个檐线交点处绘制倾斜角

度为45°（或315°）的直线，生成"垂脊"定位线，如图 12-120 所示。

（3）单击"默认"选项卡"绘图"面板中"直线"按钮，绘制屋顶"平脊"，结果如图 12-121 所示。

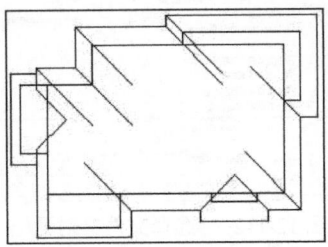

图 12-120　绘制屋顶垂脊

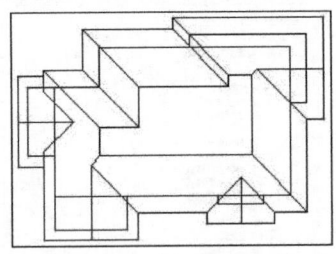

图 12-121　绘制屋顶平脊

（4）单击"默认"选项卡"修改"面板中的"删除"按钮，删除外墙轮廓线和其他辅助线，完成屋脊线条的绘制，如图 12-122 所示。

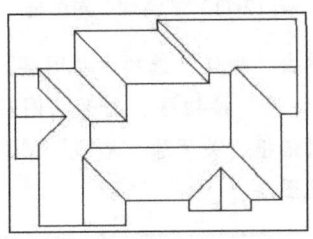

图 12-122　屋顶平面轮廓

⑤ 绘制烟囱。

（1）单击"默认"选项卡"图层"面板中的"图层特性"按钮，打开"图层管理器"对话框，创建新图层，将新图层命名为"烟囱"，并将其设置为当前图层，如图 12-123 所示。

图 12-123　新建"烟囱"图层

（2）单击"默认"选项卡"绘图"面板中的"矩形"按钮□，绘制烟囱平面，尺寸为750mm×900mm；然后，单击"默认"选项卡"修改"面板中的"偏移"按钮，将得到的矩形向内偏移，偏移量为 120mm（120mm 为烟囱材料厚度）。

（3）将绘制的烟囱平面插入屋顶平面相应位置，并修剪多余线条，绘制结果如图 12-124 所示。

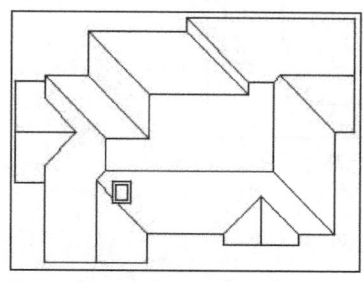

图 12-124　绘制烟囱

⑥ 绘制其他可见部分。

（1）单击"默认"选项卡"图层"面板中的"图层特性"按钮，打开"图层管理器"对话框，打开"阳台""露台""立柱"和"雨篷"图层。

（2）单击"默认"选项卡"修改"面板中的"删除"按钮，删除平面图中被屋顶遮住的部分。如图 12-125 所示。

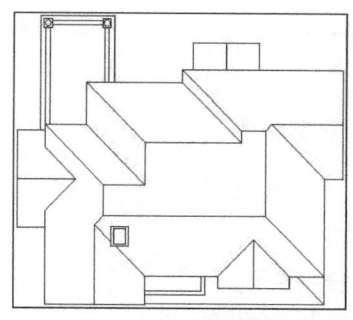

图 12-125　屋顶平面

12.4.3　尺寸标注与标高

Step 绘制步骤

① 尺寸标注。

（1）在"图层"下列表中选择"标注"图层，将其设置为当前图层。

（2）选择菜单栏中的"标注"→"多重引线"命令，在屋顶平面图中添加尺寸标注。

② 屋顶平面标高。

（1）单击"插入"选项卡"块"面板中的"插入块"按钮，系统打开"插入"对话框，如图 12-126 所示，在坡屋顶和烟囱处添加标高符号。

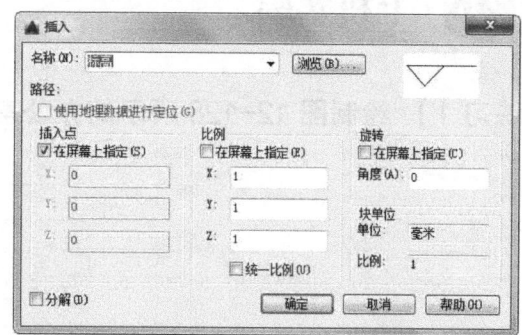

图 12-126　"插入"对话框

（2）单击"默认"选项卡"注释"面板中的中的"多行文字"按钮**A**，在标高符号上方添加相应的标高数值，如图 12-127 所示。

③ 绘制轴线编号。

由于屋顶平面图中的定位轴线及编号都与二层平面相同，因此可以继续沿用原有轴线编号图形。具体操作为：

单击"默认"选项卡"图层"面板中的"图层特性"按钮，打开"图层特性管理器"对话框，打开"轴线编号"图层，使其保持可见状态，对图层中的内容无需做任何改动。

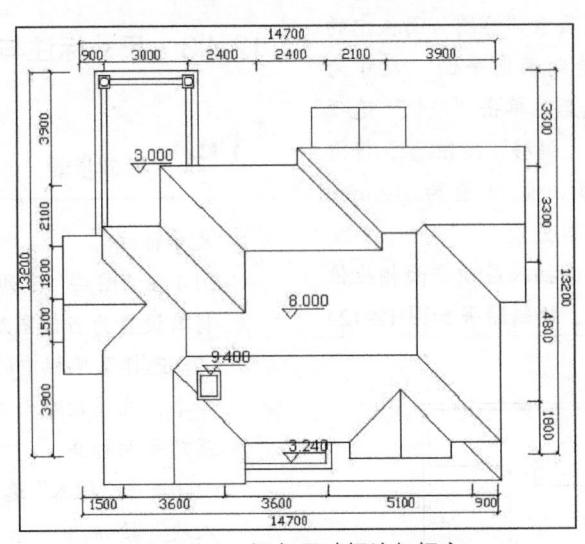

图 12-127　添加尺寸标注与标高

12.5 上机实验

【练习 1】　绘制图 12-128 所示的办公室室内设计平面图。

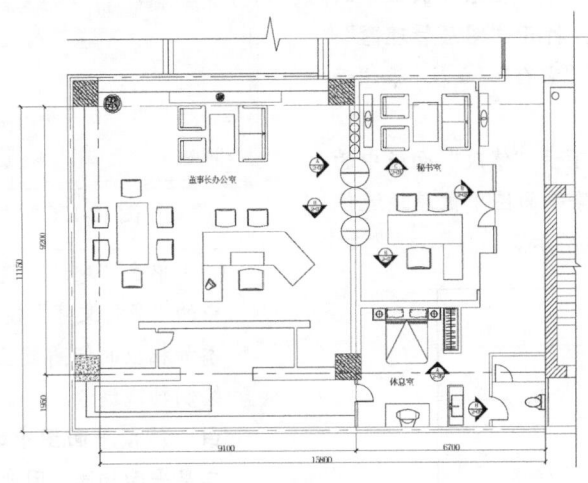

图 12-128　办公室室内设计平面图

1. 目的要求

本实验绘制的是一个办公室室内设计平面图，本实验要求读者掌握室内设计的基本知识以及 AutoCAD 的基本操作方法。

2. 操作提示

（1）绘制轴线。

（2）绘制外部墙线。

（3）绘制柱子。

（4）绘制内部墙线。

（5）补添柱子。

（6）绘制室内装饰。

（7）添加尺寸、文字标注。

【练习 2】绘制图 12-129 所示歌舞厅室内平面图

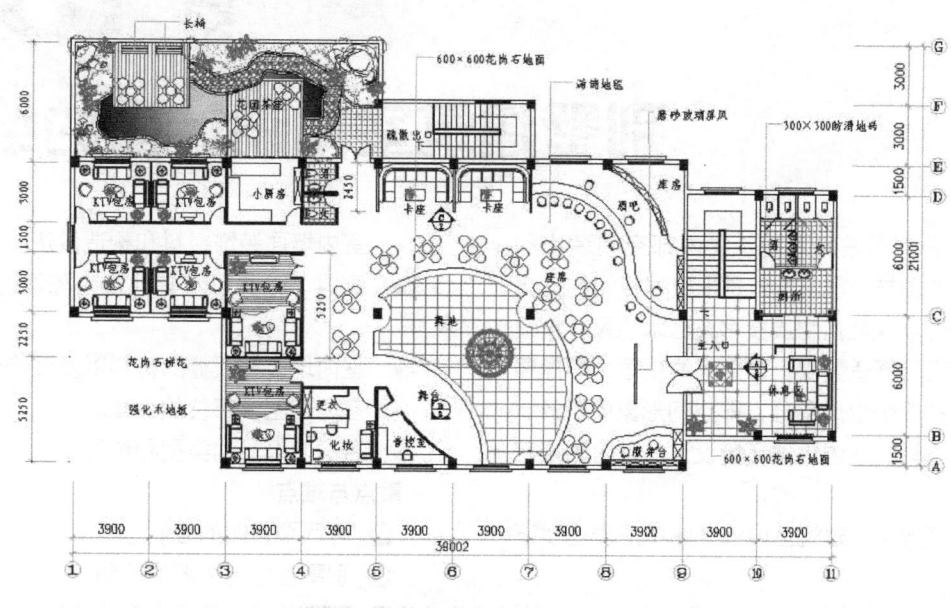

图 12-129 歌舞厅室内平面图

1. 目的要求

本实例主要要求读者通过练习进一步熟悉和掌握歌舞厅室内平面图的绘制方法。通过本实例，可以帮助读者学会完成整个平面图绘制的全过程。

2. 操作提示

（1）绘图前准备。

（2）绘制轴线和轴号。

（3）绘制墙体和柱子。

（4）绘制入口区。

（5）绘制酒吧。

（6）绘制歌舞区。

（7）绘制包房区。

（8）绘制屋顶花园。

（9）标注尺寸、文字及符号。

第13章

别墅建筑室内设计图的绘制

室内设计图是反映建筑物内部空间装饰和装修情况的图样。室内设计是指根据空间的使用性质和所处环境运用物质技术及艺术手段，创造出功能合理、舒适美观、符合人的生理、心理要求；它包括四个组成部分，即空间形象的设计、室内装修设计、室内物理环境设计、室内陈设艺术设计。

通常情况下，建筑室内设计图中应表达以下内容：

- 室内平面功能分析和布局。

- 室内墙面装饰材料和构造做法。
- 家具、洁具以及其他室内陈设的位置和尺寸。
- 室内地面和顶棚的材料以及装修做法。
- 室内各主要部位的标高。
- 各房间灯具的类型和位置。

重点与难点

➡ 客厅平面图的绘制

➡ 别墅首层地坪图的绘制

➡ 别墅首层顶棚平面图的绘制

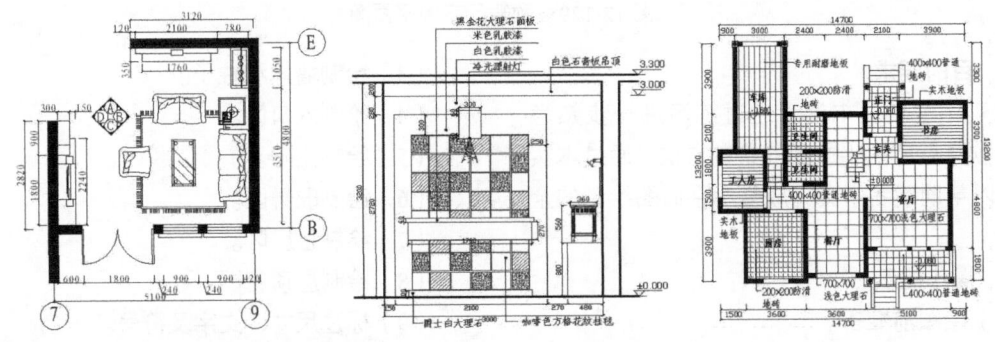

13.1 客厅平面图的绘制

客厅平面图的主要绘制思路为：首先利用已绘制的首层平面图生成客厅平面图轮廓，然后在客厅平面中添加各种家具图形；最后对所绘制的客厅平面图进行尺寸标注，如有必要，还要添加室内方向索引符号进行方向标识。下面按照这个思路绘制别墅客厅的平面图（见图13-1）。

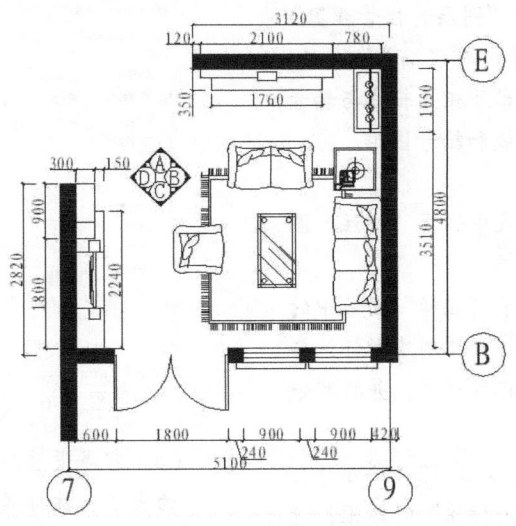

图 13-1　别墅客厅平面图

13.1.1　设置绘图环境

Step 绘制步骤

1 创建图形文件。

打开随书源文件中的"别墅首层平面图.dwg"文件，选择菜单栏中的"文件"→"另存为"命令，打开"图形另存为"对话框。在"文件名"下拉列表框中输入新的图形文件名称为"客厅平面图.dwg"，如图 13-2 所示。单击"保存"按钮，建立图形文件。

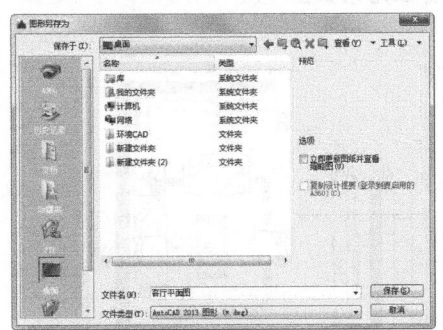

图 13-2　"图形另存为"对话框

2 清理图形元素。

（1）单击"默认"选项卡"修改"面板中的"删除"按钮 ，删除平面图中多余图形元

素，仅保留客厅四周的墙线及门窗。

（2）单击"默认"选项卡"绘图"面板中的"图案填充"按钮 ，打开"图案填充创建"选项卡，单击"选项面板"中的"图案填充设置"按钮 ，打开"图案填充和渐变色"对话框，选择填充图案为"SOLID"，填充客厅墙体，填充结果如图 13-3 所示。

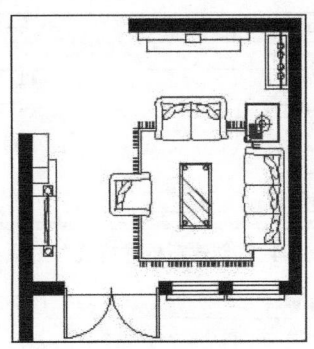

图 13-3　填充客厅墙体

13.1.2　室内平面标注

Step 绘制步骤

1 轴线标识。

单击"默认"选项卡"图层"面板中的"图

层特性"按钮, 打开"图层特性管理器"对话框, 选择"轴线"和"轴线编号"图层, 并将它们打开, 除保留客厅相关轴线与轴号外, 删除所有多余的轴线和轴号图形。

② 尺寸标注。

(1) 在"图层"下拉列表中选择"标注"图层, 将其设置为当前图层。

(2) 单击"默认"选项卡"注释"面板中的"标注样式"按钮, 打开"创建新标注样式"对话框, 创建新的标注样式, 并将其命名为"室内标注"。

(3) 单击"继续"按钮, 如图13-4所示, 打开"新建标注样式: 室内标注"对话框, 进行以下设置, 如图13-5~图13-6所示。

选择"符号和箭头"选项卡, 在"箭头"选项组中的"第一项"和"第二个"下拉列表中均选择"建筑标记", 在"引线"下拉列表中选择"点", 在"箭头大小"微调框中输入50; 选择"文字"选项卡, 在"文字外观"选项组中的"文字高度"微调框中输入150。

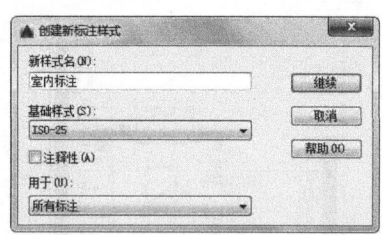

图13-4 "创建新标注样式"对话框

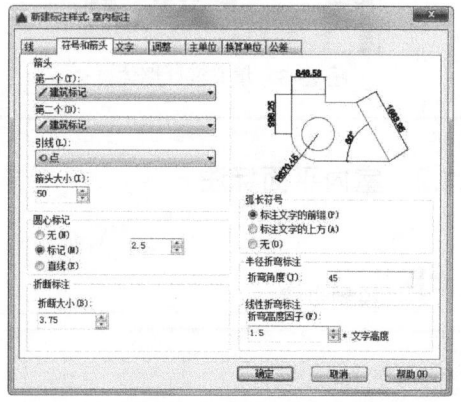

图13-5 设置"符号和箭头"选项卡

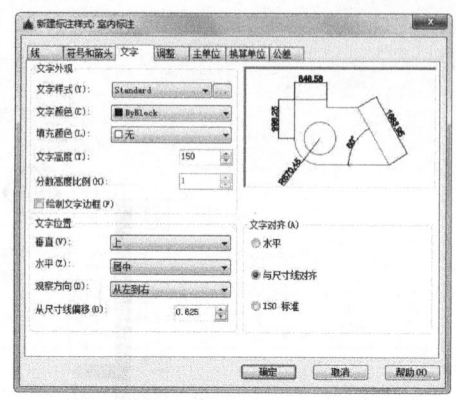

图13-6 设置"文字"选项卡

(4) 完成设置后, 将新建的"室内标注"设为当前标注样式, 如图13-7所示。

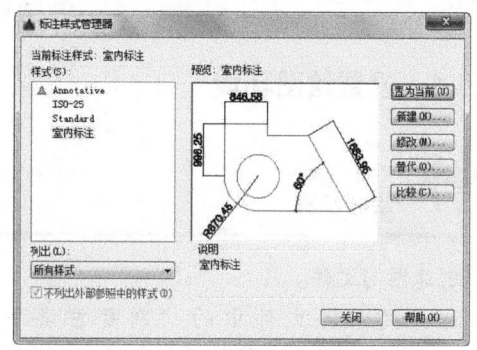

图13-7 "标注样式管理器"对话框

(5) 在"标注"下拉菜单中选择"线性标注"命令, 对客厅平面中的墙体尺寸、门窗位置和主要家具的平面尺寸进行标注。

标注结果如图13-8所示。

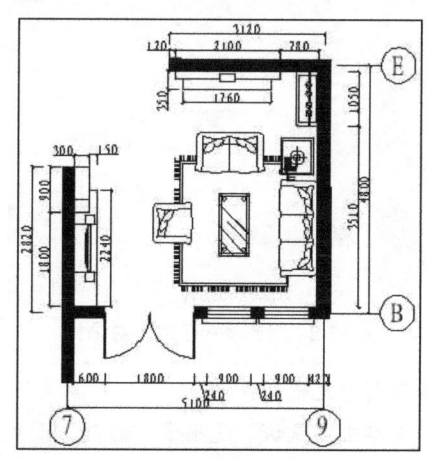

图13-8 添加轴线标识和尺寸标注

3 方向索引。在绘制一组室内设计图样时，为了统一室内方向标识，通常要在平面图中添加方向索引符号。

（1）在"图层"下拉列表中选择"标注"图层，将其设置为当前图层。

（2）选择菜单栏中的"绘图"→"矩形"命令，绘制一个边长为 300mm 的正方形；接着，单击"默认"选项卡"绘图"面板中的"直线"按钮，绘制正方形对角线；然后，单击"默认"选项卡"修改"面板中的"旋转"按钮，将所绘制的正方形旋转 45°，如图 13-9 所示。

（3）单击"默认"选项卡"绘图"面板中的"圆"按钮，以正方形对角线交点为圆心，绘制半径为 150mm 的圆，该圆与正方形内切，如图 13-10 所示。

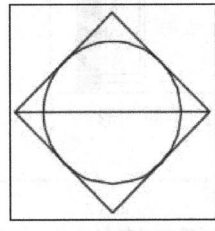
图 13-9　绘制矩形图

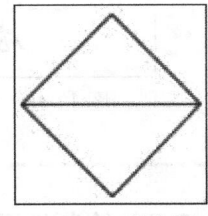
图 13-10　绘制圆

（4）单击"默认"选项卡"修改"面板中的"分解"按钮，将正方形进行分解，并删除正方形下半部的两条边和垂直方向的对角线，剩余图形为等腰直角三角形与圆；然后，利用"修剪"命令，结合已知圆，修剪正方形水平对角线。

（5）单击"默认"选项卡"绘图"面板中的"图案填充"按钮，打开"图案填充创建"选项卡，单击"选项面板"中的"图案填充设置"按钮，打开的"图案填充和渐变色"对话框，选择填充图案为"SOLID"，对等腰三角形中未与圆重叠的部分进行填充，得到图 13-11 所示的索引符号。

（6）单击"插入"选项卡"块定义"面板中的"创建块"按钮，将所绘索引符号定义为图块，命名为"室内索引符号"，如

图 13-12 所示。

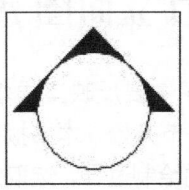
图 13-11　绘制方向索引符号

图 13-12　"块定义"对话框

（7）单击"插入"选项卡"块"面板中的"插入块"按钮，在平面图中插入索引符号，并根据需要调整符号角度，如图 13-13 所示。

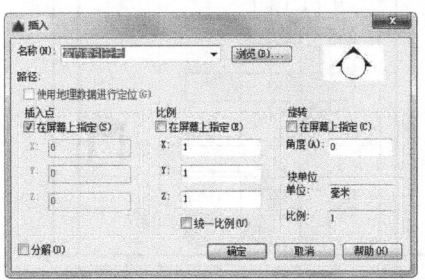
图 13-13　"插入"对话框

（8）单击"默认"选项卡"注释"面板中"多行文字"按钮，在索引符号圆内添加字母或数字进行标识，如图 13-14 所示。

图 13-14　标注字母

13.2 客厅立面图 A 的绘制

室内立面图主要反映室内墙面装修与装饰的情况。从这一节开始，本书拟用两节的篇幅介绍室内立面图的绘制过程，选取的实例分别为别墅客厅中 A 和 B 两个方向的立面。

在别墅客厅中，A 立面装饰元素主要包括文化墙、装饰柜以及柜子上方的装饰画和射灯。

客厅立面图的主要绘制思路为：首先利用已绘制的客厅平面图生成墙体和楼板剖立面，然后利用图库中的图形模块绘制各种家具立面；最后对所绘制的客厅平面图进行尺寸标注和文字说明。下面按照这个思路绘制别墅客厅的立面图 A（见图 13-15）。

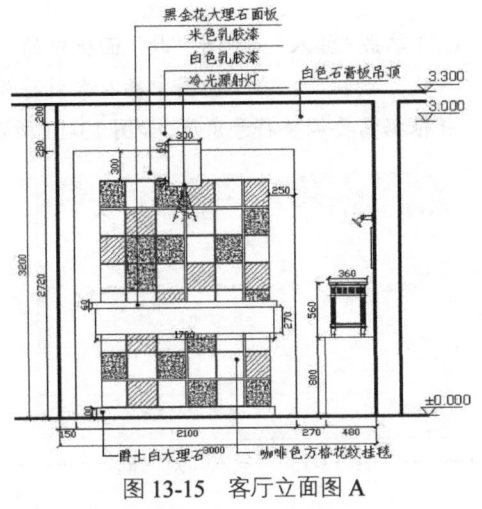

图 13-15 客厅立面图 A

13.2.1 设置绘图环境

Step 绘制步骤

① 创建图形文件。

打开已绘制的"客厅平面图.dwg"文件，选择菜单栏中的"文件"→"另存为"命令，打开"选择文件"对话框。在"文件名"下拉列表框中输入新的图形文件名称"客厅立面图 A.dwg"。单击"保存"按钮，建立图

形文件。

② 清理图形元素。

（1）单击"默认"选项卡"图层"面板中的"图层特性"按钮，打开"图层特性管理器"对话框，关闭与绘制对象相关不大的图层，如"轴线""轴线编号"图层等。

（2）选择菜单栏中的"修改"→"修剪"命令，清理平面图中多余的家具和墙体线条。

（3）清理后，所得平面图形如图 13-16 所示。

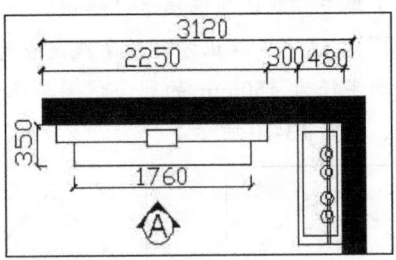

图 13-16 清理后的平面图形

13.2.2 绘制地面、楼板与墙体

Step 绘制步骤

在室内立面图中，被剖切的墙线和楼板线都用粗实线表示。

① 绘制室内地坪。

（1）单击"默认"选项卡"图层"面板中的"图层特性"按钮，打开"图层特性管理器"对话框，创建新图层，将新图层命名为"粗实线"，设置该图层的线宽为 0.30mm；并将其设置为当前图层，如图 13-17 所示。

| ✓ 粗实线 | ♀ ☆ | ☐ ■白 | Continu... | — 0.30... | 0 | Color_7 | ☐ ☒ |

图 13-17 新建"粗实线"图层

（2）单击"默认"选项卡"绘图"面板中的"直线"按钮，在平面图上方绘制长度为

4000mm 的室内地坪线，其标高为 ±0.000，如图 13-18 所示。

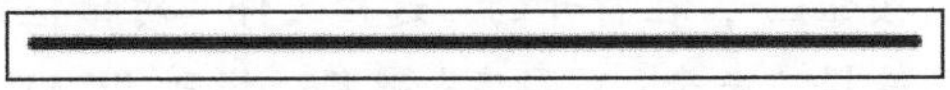

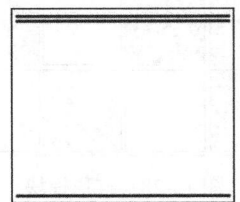

图 13-18　绘制地坪线

2 绘制楼板线和梁线。

（1）单击“默认”选项卡“修改”面板中的“偏移”按钮，将室内地坪线连续向上偏移两次，偏移量依次为 3200mm 和 100mm，得到楼板定位线，如图 13-19 所示。

图 13-19　偏移地坪线

（2）单击“默认”选项卡“图层”面板中的“图层特性”按钮，打开“图层特性管理器”对话框，创建新图层，将新图层命名为“细实线”，并将其设置为当前图层，如图 13-20 所示。

细实线
白
Continu... —— 默认
0
Color_7

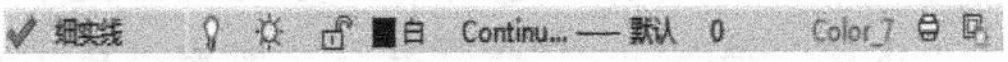

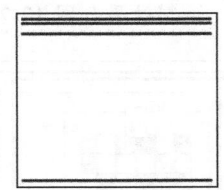

图 13-20　新建“细实线”图层

（3）单击“默认”选项卡“修改”面板中的“偏移”按钮，将室内地坪线向上偏移 3000mm，得到梁底面位置，如图 13-21 所示。

图 13-21　偏移地坪线

（4）将所绘梁底定位线转移到“细实线”图层。

3 绘制墙体。

（1）单击“默认”选项卡“绘图”面板中的“直线”按钮，由平面图中的墙体位置，生成立面图中的墙体定位线，如图 13-22 所示。

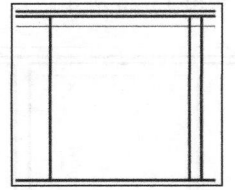

图 13-22　绘制墙体定位线

（2）单击“默认”选项卡“修改”面板中的“修剪”按钮，对墙线、楼板线以及梁底定位线进行修剪，如图 13-23 所示。

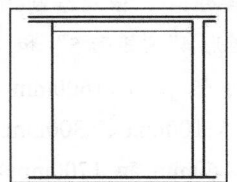

图 13-23　绘制地面、楼板与墙体

13.2.3　绘制文化墙

Step 绘制步骤

1 绘制墙体。

（1）单击“默认”选项卡“图层”面板中的“图层特性管理器”按钮，打开“图层特性管理器”对话框，创建新图层，将新图层命名为“文化墙”，并将其设置为当前图层，如图 13-24 所示。

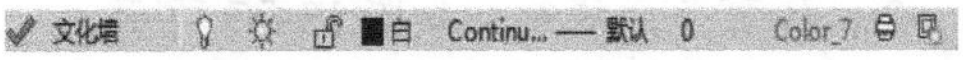

文化墙
白
Continu... —— 默认
0
Color_7

图 13-24　新建“文化墙”图层

（2）单击“默认”选项卡“修改”面板中的“偏移”按钮，将左侧墙线向右偏移，偏移量为 150mm，得到文化墙左侧定位线，如图 13-25 所示。

（3）单击“默认”选项卡“绘图”面板中的“矩形”按钮，以定位线与室内地坪线交

点为左下角点绘制"矩形1"，尺寸为2100mm×2720mm；然后利用"删除"命令，删除定位线，如图13-26所示。

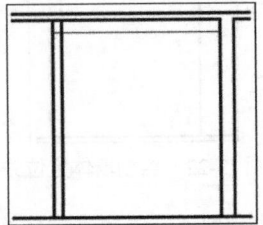

图13-25 偏移墙线

（4）单击"默认"选项卡"绘图"面板中的"矩形"按钮▢，依次绘制"矩形2""矩形3""矩形4""矩形5"和"矩形6"，各矩形尺寸依次为 1600mm×2420mm、1700mm×100mm、300mm×420mm、1760mm×60mm 和 1700mm×270mm；使得各矩形底边中点均与"矩形1"底边中点重合。

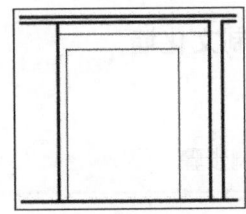

图13-26 绘制矩形

（5）单击"默认"选项卡"修改"面板中的"移动"按钮✚，依次向上移动"矩形4""矩形5"和"矩形6"，移动距离分别为2360mm、1120mm、850mm。

（6）选择菜单栏中的"修改"→"修剪"命令，修剪多余线条，如图13-27所示。

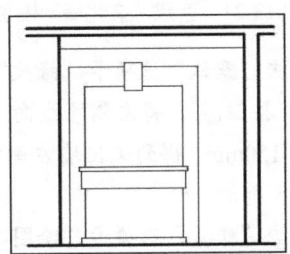

图13-27 绘制文化墙墙体

❷ 绘制装饰挂毯。

（1）单击"快速访问"工具栏中的"打开"按钮📂，在打开的"选择文件"对话框中，选择"光盘：\图库"路径，找到"CAD图库.dwg"文件并将其打开。

（2）在名称为"装饰"的一栏中，选择"挂毯"图形模块进行复制，如图13-28所示。

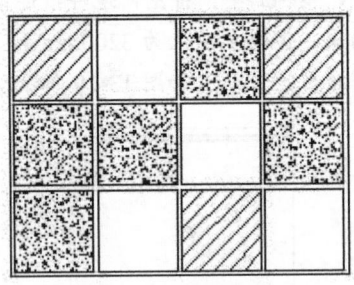

图13-28 挂毯模块

返回"客厅立面图"的绘图界面，将复制的图形模块粘贴到立面图右侧空白区域。

（3）由于"挂毯"模块尺寸为 1140mm×840mm，小于铺放挂毯的矩形区域（1600mm×2320mm），因此，有必要对挂毯模块进行重新编辑：

1）单击"默认"选项卡"修改"面板中的"修剪"按钮--/--，将"挂毯"图形模块进行分解。

2）利用"复制"命令，以挂毯中的方格图形为单元，复制并拼贴成新的挂毯图形。

3）将编辑后的挂毯图形填充到文化墙中央矩形区域，绘制结果如图13-29所示。

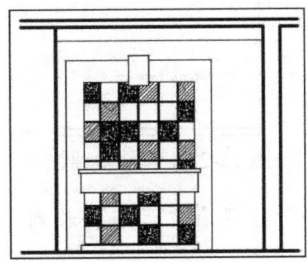

图13-29 绘制装饰挂毯

❸ 绘制筒灯。

（1）单击"快速访问"工具栏中的"打开"

按钮🗁，在打开的"选择文件"对话框中，选择"光盘：\ 图库"路径，找到"CAD 图库.dwg"文件并将其打开。

（2）在名称为"灯具和电器"的一栏中，选择"筒灯立面"，如图 13-30 所示；选中该图形后，单击鼠标右键，在快捷菜单中单击"带基点复制"命令，点取筒灯图形上端顶点作为基点。

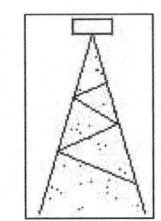

图 13-30　筒灯立面

（3）返回"客厅立面图"的绘图界面，将复制的"筒灯立面"模块，粘贴到文化墙中"矩形 4"的下方，如图 13-31 所示。

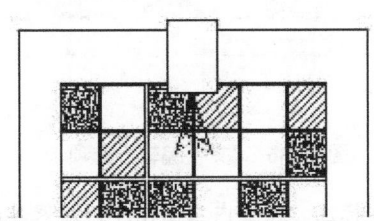

图 13-31　绘制筒灯

13.2.4　绘制家具

Step 绘制步骤

1 绘制柜子底座。

（1）在"图层"下拉列表中选择"家具"图层，将其设置为当前图层。

（2）单击"默认"选项卡"绘图"面板中的"矩形"按钮 □，以右侧墙体的底部端点为矩形右下角点，绘制尺寸为 480mm×800mm 的矩形。

2 绘制装饰柜。

（1）单击"快速访问"工具栏中的"打开"按钮 🗁，在打开的"选择文件"对话框中，选择"光盘：\ 图库"路径，找到"CAD 图库.dwg"文件并将其打开。

（2）在名称为"柜子"的一栏中，选择"柜子—01CL"，如图 13-32 所示；选中该图形，将其复制。

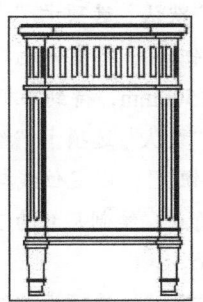

图 13-32　"柜子—01CL"图形模块

（3）返回"客厅立面图 A"的绘图界面，将复制的图形粘贴到已绘制的柜子底座上方。

3 绘制射灯组。

（1）单击"默认"选项卡"修改"面板中的"偏移"按钮 ⊆，将室内地坪线向上偏移，偏移量为 2000mm，得到射灯组定位线。

（2）单击"快速访问"工具栏中的"打开"按钮 🗁，在打开的"选择文件"对话框中，选择"光盘：\ 图库"路径，找到"CAD 图库.dwg"文件并将其打开。

（3）在名称为"灯具"的一栏中，选择"射灯组 CL"，如图 13-33 所示；选中该图形后，在鼠标右键的快捷菜单中选择"复制"命令。

（4）返回"客厅立面图 A"的绘图界面，将复制的"射灯组 CL"模块粘贴到已绘制的定位线处。

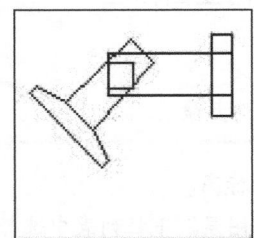

图 13-33　"射灯组 CL"图形模块

（5）单击"默认"选项卡"修改"面板中的"删除"按钮 ✍，删除定位线。

④ 绘制装饰画。在装饰柜与射灯组之间的墙面上，挂有裱框装饰画一幅。从本图中，只看到画框侧面，其立面可用相应大小的矩形表示。

具体绘制方法如下。

（1）单击"默认"选项卡"修改"面板中的"偏移"按钮 ⼀，将室内地坪线向上偏移，偏移量为1500mm，得到画框底边定位线。

（2）单击"默认"选项卡"绘图"面板中的"矩形"按钮 ⬜，以定位线与墙线交点作为矩形右下角点，绘制尺寸为30mm×420mm的画框侧面。

（3）单击"默认"选项卡"修改"面板中的"删除"按钮 ✍，删除定位线。

图13-34所示为以装饰柜为中心的家具组合立面。

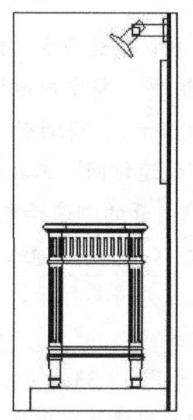

图13-34 以装饰柜为中心的家具组合

13.2.5 室内立面标注

Step 绘制步骤

① 室内立面标高。

（1）在"图层"下拉列表中选择"标注"图层，将其设置为当前图层。

（2）单击"插入"选项卡"块"面板中的"插入块"按钮 ⬚，系统打开"插入"对话框，如图13-35所示，在立面图中地坪、楼板和梁的位置插入标高符号。

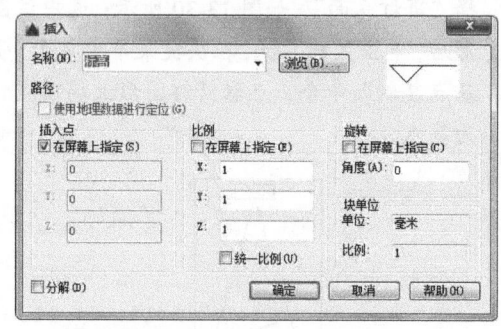

图13-35 "插入"对话框

（3）单击"默认"选项卡"注释"面板中的"多行文字"按钮 A，在标高符号的长直线上方添加标高数值，如图13-36所示。

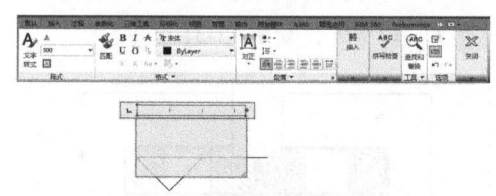

图13-36 "文字编辑"选项卡

② 尺寸标注。在室内立面图中，对家具的尺寸和空间位置关系都要使用"线性标注"命令进行标注。

（1）在"图层"下拉列表中选择"标注"图层，将其设置为当前图层。

（2）单击"默认"选项卡"注释"面板中的"标注样式"按钮 ⼆，打开"标注样式管理器"对话框，选择"室内标注"作为当前标注样式，如图13-37所示。

（3）单击"默认"选项卡"注释"面板中的"线性"按钮 ⊢，对家具的尺寸和空间位置关系进行标注。

③ 文字说明。在室内立面图中通常用文字说明来表达各部位表面的装饰材料和装修做法。

（1）在"图层"下拉列表中选择"文字"图层，将其设置为当前图层。

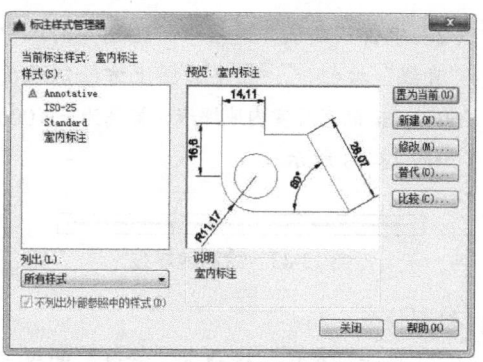

图 13-37 "标注样式管理器"对话框

（2）在命令行输入"QLEADER"命令，绘制标注引线。

（3）单击"默认"选项卡"注释"面板中的"多行文字"按钮 **A**，设置字体为"仿宋 GB2312"，文字高度为 100，在引线一端添加文字说明。

13.3 客厅立面图 B 的绘制

本节介绍的仍然是别墅室内立面图的绘制方法，本节选用实例为别墅客厅 B 立面。在客厅立面图 B 中，室内设计上以沙发、茶几和墙面装饰为主；在绘制方法上，如何利用已有图库插入家具模块仍然是绘制的重点。

客厅立面图 B 的主要绘制思路为：首先利用已绘制的客厅平面图生成墙体和楼板，然后利用图库中的图形模块绘制各种家具和墙面装饰；最后对所绘制的客厅平面图进行尺寸标注和文字说明。下面按照这个思路绘制别墅客厅的立面图 B（见图 13-39）。

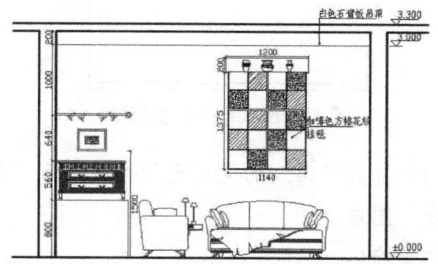

图 13-39 客厅立面图 B

（4）标注的结果如图 13-38 所示。

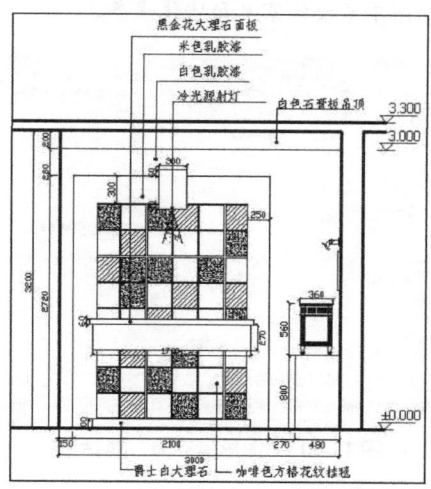

图 13-38 室内立面标注

13.3.1 设置绘图环境

Step 绘制步骤

❶ 创建图形文件。打开"客厅平面图.dwg"文件，选择菜单栏中的"文件"→"另存为"命令，打开"图形另存为"对话框，如图 13-40 所示。在"文件名"下拉列表框中输入新的图形文件名称为"客厅立面图 B.dwg"。单击"保存"按钮，建立图形文件。

❷ 清理图形元素。

（1）单击"默认"选项卡"图层"面板中的"图层特性"按钮，打开"图层特性管理器"对话框，关闭与绘制对象相关不大的图层，如"轴线""轴线编号"图层等。

（2）单击"默认"选项卡"修改"面板中的"旋转"按钮，将平面图进行旋转，旋转角度为 90°。

（3）单击"默认"选项卡"修改"面板中的

"删除"按钮 🖊 和"修剪"按钮 ⤙，清理平面图中多余的家具和墙体线条。

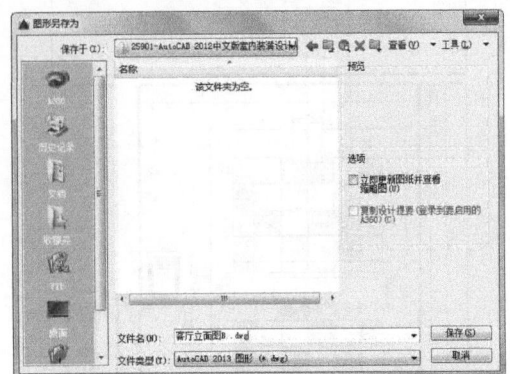

图 13-40　"图形另存为"对话框

（4）清理后，所得平面图形如图 13-41 所示。

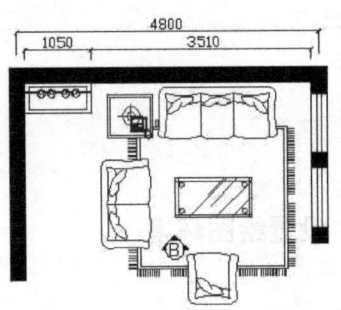

图 13-41　清理后的平面图形

13.3.2　绘制地坪、楼板与墙体

Step 绘制步骤

❶ 绘制室内地坪。

（1）单击"默认"选项卡"图层"面板中的"图层特性"按钮 🔲，打开"图层特性管理器"对话框，创建新图层，图层名称为"粗实线"，设置图层线宽为 0.30mm；并将其设置为当前图层，如图 13-42 所示。

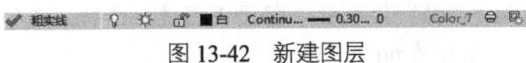

图 13-42　新建图层

（2）单击"默认"选项卡"绘图"面板中的"直线"按钮 🖊，在平面图上方绘制长度为6000mm 的客厅室内地坪线，标高为 ±0.000，如图 13-43 所示。

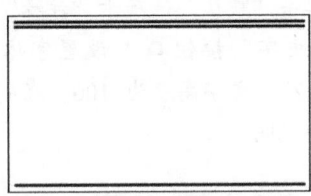

图 13-43　绘制地坪线

❷ 绘制楼板。

（1）单击"默认"选项卡"修改"面板中的"偏移"按钮 ⬜，将室内地坪线连续向上偏移两次，偏移量依次为 3200mm 和 100mm，得到楼板位置，如图 13-44 所示。

图 13-44　偏移地坪线

（2）单击"绘图"工具栏中的"图层特性管理器"按钮，打开"图层特性管理器"对话框，创建新图层，将新图层命名为"细实线"，并将其设置为当前图层，如图 13-45 所示。

图 13-45　创建图层

（3）单击"默认"选项卡"修改"面板中的"偏移"按钮 ⬜，将室内地坪线向上偏移3000mm，得到梁底位置，如图 13-46 所示。

图 13-46　定位梁底位置

（4）将偏移得到的梁底定位线转移到"细实线"图层。

❸ 绘制墙体。

（1）单击"默认"选项卡"绘图"面板中的

"直线"按钮 ✏️，由平面图中的墙体位置，生成立面墙体定位线，如图 13-47 所示。

（2）单击"默认"选项卡"修改"面板中的"修剪"按钮 ✂️，对墙线和楼板线进行修剪，得到墙体、楼板和梁的轮廓线，如图 13-48 所示。

图 13-47　绘制墙体定位线

图 13-48　绘制地坪、楼板与墙体轮廓

13.3.3　绘制家具

在立面图 B 中，需要着重绘制的是两个家具装饰组合。第一个是以沙发为中心的家具组合，包括三人沙发、双人沙发、长茶几和位于沙发侧面用来摆放电话和台灯的小茶几。另外一个是位于左侧的、以装饰柜为中心的家具组合，包括装饰柜及其底座、裱框装饰画和射灯组。

Step　绘制步骤

❶ 绘制沙发与茶几。

（1）在"图层"下拉列表中选择"家具"图层，将其设置为当前图层。

（2）单击"快速访问"工具栏中的"打开"按钮 📂，在打开的"选择文件"对话框中，选择"光盘：\ 图库"路径，找到"CAD 图库.dwg"文件并将其打开。

（3）在名称为"沙发和茶几"的一栏中，选择"沙发—002B""沙发—002C"和"茶几—03L"和"小茶几与台灯"4 个图形模块，分别对它们进行复制。

（4）返回"客厅立面图 B"的绘图界面，按照平面图中提供的各家具之间的位置关系，将复制的家具模块依次粘贴到立面图中相应位置，如图 13-49 所示。

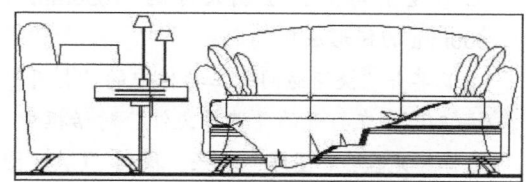

图 13-49　粘贴沙发和茶几图形模块

（5）由于各图形模块在此方向上的立面投影有交叉重合现象，因此有必要对这些家具进行重新组合。具体方法如下。

1）将图中的沙发和茶几图形模块分别进行分解。

2）根据平面图中反映的各家具间的位置关系，删去家具模块中被遮挡的线条，仅保留立面投影中可见的部分。

3）将编辑后的图形组合定义为块。

（6）图 13-50 所示为绘制完成的以沙发为中心的家具组合。

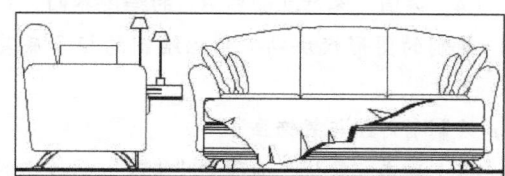

图 13-50　重新组合家具图形模块

> **注意**　在图库中，很多家具图形模块都是以个体为单元进行绘制的，因此，当多个家具模块被选取并插入到同一室内立面图中时，由于投影位置的重叠，不同家具模块间难免会出现互相重叠和相交的情况，线条变得繁多且杂乱。对于这种情况，可以采用重新编辑模块的方法进行绘制，具体步骤如下：
>
> 首先，利用"分解"命令，将相交或重叠的家具模块分别进行分解。

然后，利用"修剪"和"删除"命令，根据家具立面图投影的前后次序，清除图形中被遮挡的线条，仅保留家具立面投影的可见部分。

最后，将编辑后得到的图形定义为块，避免因分解后的线条过于繁杂而影响图形的绘制。

② 绘制装饰柜。

（1）单击"默认"选项卡"绘图"面板中的"矩形"按钮□，以左侧墙体的底部端点为矩形左下角点，绘制尺寸为 1050mm×800mm 的矩形底座。

（2）单击"快速访问"工具栏中的"打开"按钮☞，在打开的"选择文件"对话框中，选择"光盘：\图库"路径，找到"CAD图库.dwg"文件并将其打开。

（3）在名称为"装饰"的一栏中，选择"柜子—01ZL"，如图 13-51 所示；选中该图形模块进行复制。

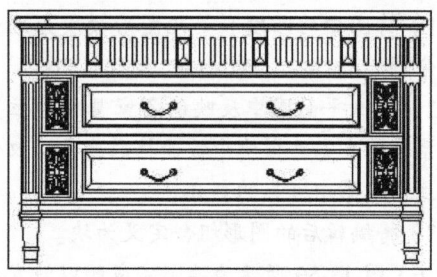

图 13-51　装饰柜正立面

（4）返回"客厅立面图 B"的绘图界面，将复制的图形模块粘贴到已绘制的柜子底座上方。

③ 绘制射灯组与装饰画。

（1）单击"默认"选项卡"修改"面板中的"偏移"按钮凸，将室内地坪线向上偏移，偏移量为 2000mm，得到射灯组定位线。

（2）单击"快速访问"工具栏中的"打开"按钮☞，在打开的"选择文件"对话框中，选择"光盘：\图库"路径，找到"CAD图库.dwg"文件并将其打开。

（3）在名称为"灯具和电器"的一栏中，选择"射灯组 ZL"，如图 13-52 所示；选中该图形模块进行复制。

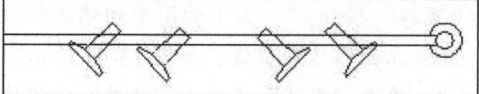

图 13-52　射灯组正立面

（4）返回"客厅立面图 B"的绘图界面，将复制的模块粘贴到已绘制的定位线处。

（5）单击"默认"选项卡"修改"面板中的"删除"按钮✐，删除定位线。

（6）打开图库文件，在名称为"装饰"的一栏中，选择"装饰画 01"，如图 13-53 所示；对该模块进行"带基点复制"，复制基点为画框底边中点。

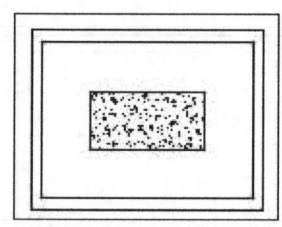

图 13-53　装饰画正立面

（7）返回"客厅立面图 B"的绘图界面，以装饰柜底座的底边中点为插入点，将复制的模块粘贴到立面图中。

（8）单击"默认"选项卡"修改"面板中的"移动"按钮✛，将装饰画模块垂直向上移动，移动距离为 1500mm。

（9）图 13-54 所示为绘制完成的以装饰柜为中心的家具组合。

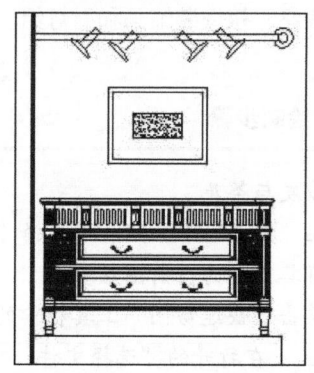

图 13-54　以装饰柜为中心的家具组合

13.3.4　绘制墙面装饰

Step　绘制步骤

❶ 绘制条形壁龛。

（1）单击"默认"选项卡"图层"面板中的"图层特性"按钮🔳，打开"图层特性管理器"对话框，创建新图层，将新图层命名为"墙面装饰"，并将其设置为当前图层，如图 13-55 所示。

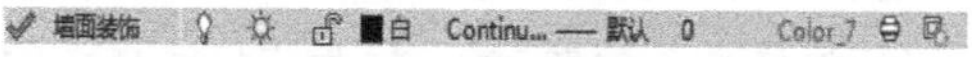

✔墙面装饰　♀ ☼ ⬚ ■白 Continu… — 默认 0　Color_7 ⊖ ▨

图 13-55　新建图层

（2）单击"默认"选项卡"修改"面板中的"偏移"按钮⬰，将梁底面投影线向下偏移 180mm，得到"辅助线 1"；再次利用"偏移"命令，将右侧墙线向左偏移 900mm，得到"辅助线 2"。

（3）单击"默认"选项卡"绘图"面板中的"矩形"按钮⬜，以"辅助线 1"与"辅助线 2"的交点为矩形右上角点，绘制尺寸为 1200mm×200mm 的矩形壁龛。

（4）单击"默认"选项卡"修改"面板中的"删除"按钮✏，删除两条辅助线。

❷ 绘制挂毯。在壁龛下方，垂挂一条咖啡色挂毯作为墙面装饰。此处挂毯与立面图 A 中文化墙内的挂毯均为同一花纹样式，不同的是此处挂毯面积较小。因此，可以继续利用前面章节中介绍过的挂毯图形模块进行绘制。

（1）重新编辑挂毯模块：将挂毯模块进行分解，然后以挂毯表面花纹方格为单元，重新编辑模块，得到规格为 4×6 的方格花纹挂毯模块（4、6 分别指方格的列数与行数），如图 13-56 所示。

（2）绘制挂毯垂挂效果：挂毯的垂挂方式是将挂毯上端伸入壁龛，用壁龛内侧的细木条将挂毯上端压实固定，并使其下端垂挂在壁龛下方墙面上。

1）单击"默认"选项卡"修改"面板中的"移动"按钮✛，将绘制好的新挂毯模块移动到条形壁龛下方，使其上侧边线中点与壁龛下侧边线中点重合。

2）单击"默认"选项卡"修改"面板中的"移动"按钮✛，将挂毯模块垂直向上移动 40mm。

3）单击"默认"选项卡"修改"面板中的"偏移"按钮⬰，将壁龛下侧边线向上偏移，偏移量为 10mm。

4）单击"默认"选项卡"修改"面板中的"分解"按钮🔲，将新挂毯模块进行分解，并利用"修剪"和"删除"命令，以偏移线为边界，修剪并删除挂毯上端多余部分。

（3）绘制结果如图 13-57 所示。

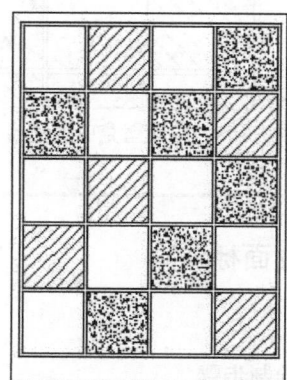

图 13-56　重新编辑挂毯模块

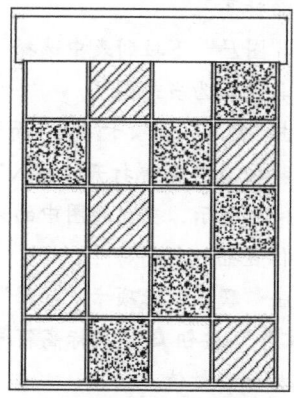

图 13-57　垂挂的挂毯

❸ 绘制瓷器。

（1）在"图层"下拉列表中选择"墙面装饰"

图层，将其设置为当前图层。

（2）单击"快速访问"工具栏中的"打开"按钮📂，在打开的"选择文件"对话框中，选择"光盘：\ 图库"路径，找到"CAD 图库.dwg"文件并将其打开。

（3）在名称为"装饰"的一栏中，选择"陈列品6""陈列品7"和"陈列品8"模块，对选中的图形模块进行复制，并将其粘贴到立面图B中。

（4）根据壁龛的高度，分别对每个图形模块的尺寸比例进行适当调整，然后将它们依次插入壁龛中，如图13-58所示。

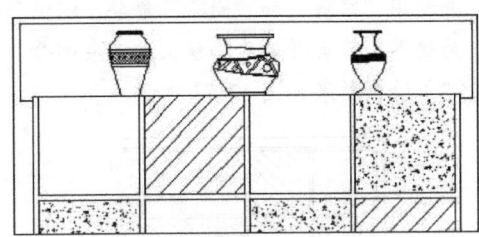

图 13-58　绘制壁龛中的瓷器

13.3.5　立面标注

Step 绘制步骤

① 室内立面标高。

（1）在"图层"下拉列表中选择"标注"图层，将其设置为当前图层。

（2）单击"插入"选项卡"块"面板中的"插入块"按钮🔲，系统打开"插入"对话框，如图13-59所示，在立面图中的地坪、楼板和梁的位置插入标高符号。

（3）单击"默认"选项卡"注释"面板中的"多行文字"按钮A，在标高符号的长直线上方添加标高数值。

② 尺寸标注。在室内立面图中，对家具的尺寸和空间位置关系都要使用"线性标注"命令进行标注。

（1）在"图层"下拉列表中选择"标注"图层，将其设置为当前图层。

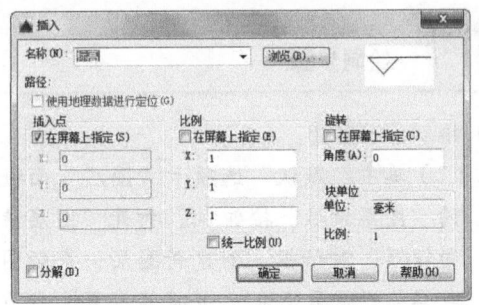

图 13-59　"插入"对话框

（2）单击"默认"选项卡"注释"面板中的"标注样式"按钮✎，打开"标注样式管理器"对话框，选择"室内标注"作为当前标注样式，如图13-60所示。

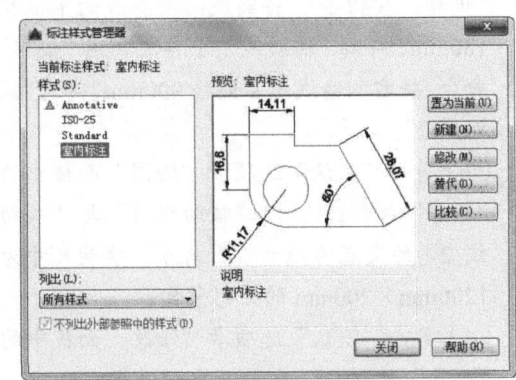

图 13-60　"标注样式管理器"对话框

（3）单击"默认"选项卡"注释"面板中的"线性"按钮┠，对家具的尺寸和空间位置关系进行标注。

③ 文字说明。在室内立面图中，通常用文字说明来表达各部位表面的装饰材料和装修做法。

（1）在"图层"下拉列表中选择"文字"图层，将其设置为当前图层。

（2）在命令行输入"QLEADER"命令，绘制标注引线。

（3）单击"默认"选项卡"注释"面板中的"多行文字"按钮A，设置字体为"仿宋GB2312"，文字高度为 100，在引线一端添加文字说明。

标注结果如图 13-41 所示。

图 13-61 和图 13-62 为别墅客厅立面图 C、D。读者可参考前面介绍的室内立面图画法，绘制这两个方向的室内立面图。

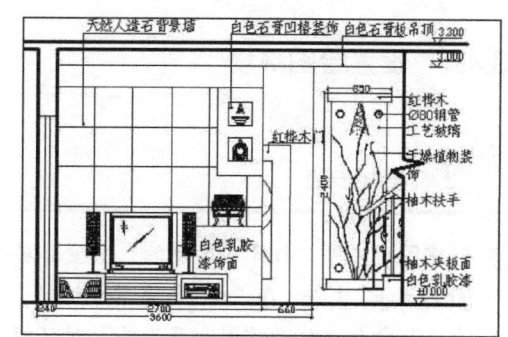

图 13-62　别墅客厅立面图 D

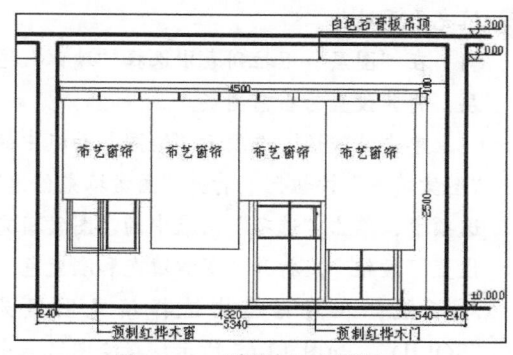

图 13-61　别墅客厅立面图 C

13.4　别墅首层地坪图的绘制

室内地坪图是表达建筑物内部各房间地面材料铺装情况的图样。由于各房间地面用材因房间功能的差异而有所不同，因此在图样中通常选用不同的填充图案结合文字来表达。如何用图案填充绘制地坪材料以及如何绘制引线、添加文字标注，是本节学习的重点。

别墅首层地坪图的绘制思路为：首先，由已知的首层平面图生成平面墙体轮廓；接着，各门窗洞口位置绘制投影线；然后，根据各房间地面材料类型，选取适当的填充图案对各房间地面进行填充；最后，添加尺寸和文字标注。下面就按照这个思路绘制别墅的首层地坪图（见图 13-63）。

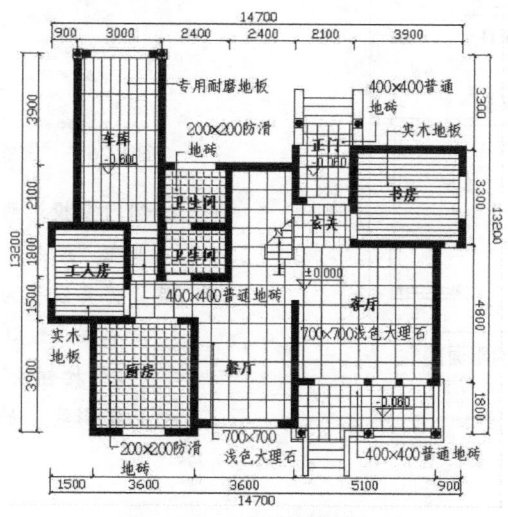

图 13-63　别墅首层地坪图

13.4.1 设置绘图环境

Step 绘制步骤

1. 创建图形文件。打开已绘制的"别墅首层平面图.dwg"文件，在"文件"菜单中选择"另存为"命令，打开"图形另存为"对话框。在"文件名"下拉列表框中输入新的图形名称为"别墅首层地坪图.dwg"。单击"保存"按钮，建立图形文件。

2. 清理图形元素。

（1）单击"默认"选项卡"图层"面板中的"图层特性"按钮，打开"图层特性管理器"对话框，关闭"轴线""轴线编号"和"标注"图层。

（2）单击"默认"选项卡"修改"面板中的"删除"按钮，删除首层平面图中所有的家具和门窗图形。

（3）选择菜单栏中的"文件"→"绘图实用程序"→"清理"命令，清理无用的图形元素。清理后，所得平面图形如图 13-64 所示。

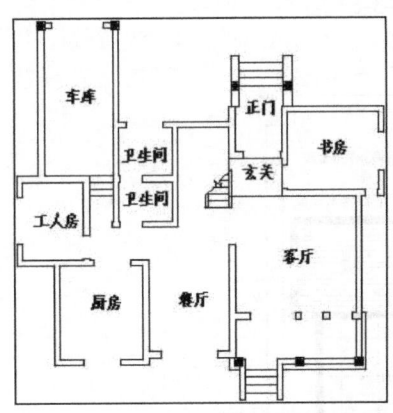

图 13-64　清理后的平面图

13.4.2 补充平面元素

Step 绘制步骤

1. 填充平面墙体。

（1）在"图层"下拉列表中选择"墙体"图层，将其设置为当前图层。

（2）单击"默认"选项卡"绘图"面板中的"图案填充"按钮，打开"图案填充创建"选项卡，单击"选项"面板中的"图案填充设置"按钮，打开"图案填充和渐变色"对话框，在对话框中选择填充图案为"SOLID"，如图 13-65 所示，在绘图区域中拾取墙体内部点，选择墙体作为填充对象进行填充。

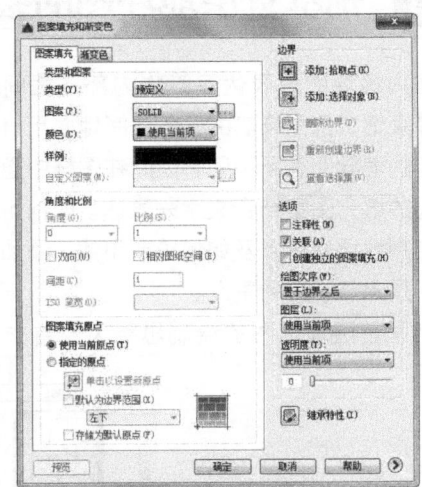

图 13-65　"图案填充和渐变色"对话框

2. 绘制门窗投影线。

（1）在"图层"下拉列表中选择"门窗"图层，将其设置为当前图层。

（2）单击"默认"选项卡"绘图"面板中的"直线"按钮，在门窗洞口处，绘制洞口平面投影线，如图 13-66 所示。

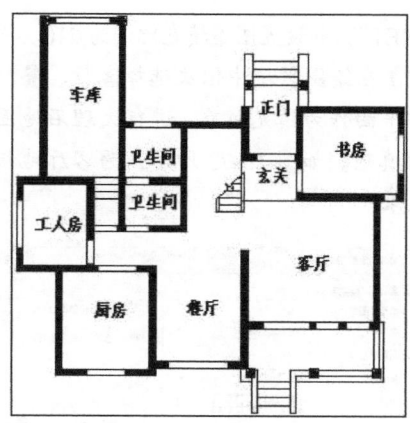

图 13-66　补充平面元素

13.4.3　绘制地板

Step 绘制步骤

① 绘制木地板。在首层平面中，铺装木地板的房间包括工人房和书房。

（1）单击"默认"选项卡"图层"面板中的"图层特性"按钮，打开"图层特性管理器"对话框，创建新图层，将新图层命名为"地坪"，并将其设置为当前图层，如图 13-67 所示。

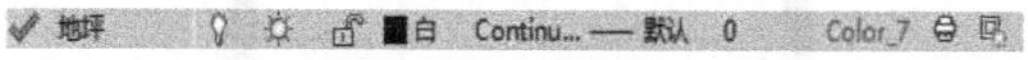

✔ 地坪　♀ ☼ 🔓 ■白 Continu... —— 默认 0　Color_7 🖶 🗑

图 13-67　创建图层

（2）单击"默认"选项卡"绘图"面板中的"图案填充"按钮，打开"图案填充创建"选项卡，单击"选项"面板中的"图案填充设置"按钮，打开"图案填充和渐变色"对话框，如图 13-2 所示，在对话框中选择填充图案为"LINE"并设置图案填充比例为 60；在绘图区域中依次选择工人房和书房平面作为填充对象，进行地板图案填充。如图 13-68 所示，为书房地板绘制效果。

② 绘制地砖。在本例中，使用的地砖种类主要有两种，即卫生间、厨房使用的防滑地砖和入口、阳台等处地面使用的普通地砖。

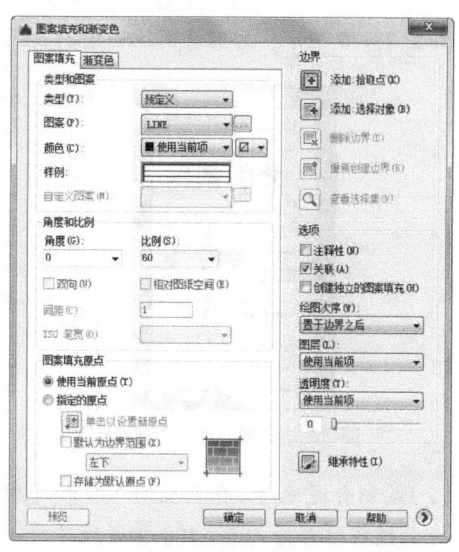

图 13-68　"图案填充和渐变色"对话框

（1）绘制防滑地砖。在卫生间和厨房里，地面的铺装材料为 200×200 防滑地砖。

1）单击"默认"选项卡"绘图"面板中的"图案填充"按钮，打开"图案填充创建"选项卡，单击选项面板中的"图案填充设置"按钮，打开"图案填充和渐变色"对话框，如图 13-69 所示，在对话框中选择填充图案为"ANGEL"，并设置图案填充比例为 30。

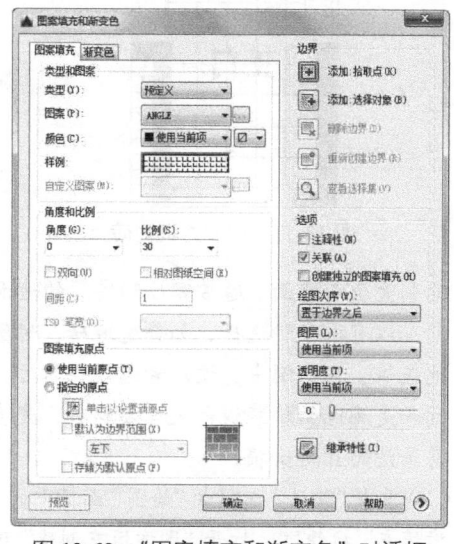

图 13-69　"图案填充和渐变色"对话框

2）在绘图区域中依次选择卫生间和厨房平面作为填充对象，进行防滑地砖图案的填充。

如图 13-70 所示，为卫生间地板绘制效果。

图 13-70　绘制卫生间防滑地砖

（2）绘制普通地砖。在别墅的入口和外廊处，地面铺装材料为 400×400 普通地砖。利用"图案填充"命令，打开"图案填充和渐变色"对话框，在对话框中选择填充图案为"NET"，并设置图案填充比例为 120；在绘图区域中依次选择入口和外廊平面作为填充对象，进行普通地砖图案的填充。如图 13-71 所示，为主入口处地板绘制效果。

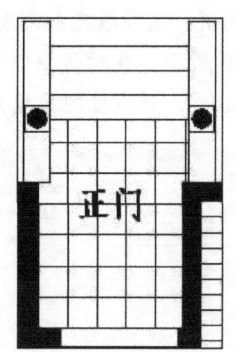

图 13-71　绘制入口地砖

③ 绘制大理石地面。通常客厅和餐厅的地面材料可以有很多种选择，如普通地砖、耐磨木地板等。在本例中，设计者选择在客厅、餐厅和走廊地面铺装浅色大理石材料，光亮、易清洁而且耐磨损。

（1）单击"默认"选项卡"绘图"面板中的"图案填充"按钮，打开"图案填充创建"选项卡，单击"选项"面板中的"图案填充设置"按钮，打开"图案填充和渐变色"对话框，如图 13-72 所示，在对话框中选择填充图案为

"NET"，并设置图案填充比例为 210。

（2）在绘图区域中依次选择客厅、餐厅和走廊平面作为填充对象，进行大理石地面图案的填充。如图 13-73 所示，为客厅地板绘制效果。

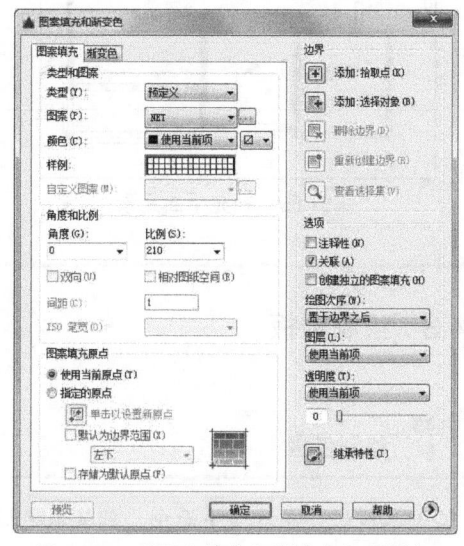

图 13-72　"图案填充和渐变色"对话框

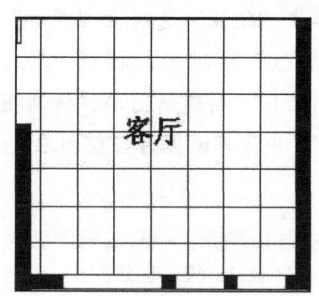

图 13-73　绘制客厅大理石地板

④ 绘制车库地板。本例中车库地板材料采用的是车库专用耐磨地板。

（1）单击"默认"选项卡"绘图"面板中的"图案填充"按钮，打开"图案填充创建"选项卡，单击"选项"面板中的"图案填充设置"按钮，打开"图案填充和渐变色"对话框，如图 13-74 所示，在对话框中选择填充图案为"GRATE"，并设置图案填充角度为 90°，比例为 400。

（2）在绘图区域中选择车库平面作为填充对象，进行车库地面图案的填充，如图 13-75

所示。

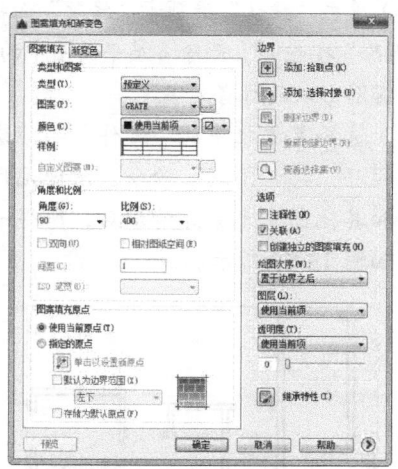

图 13-74 "图案填充和渐变色"对话框

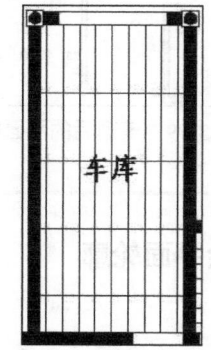

图 13-75 绘制车库地板

13.4.4 尺寸标注与文字说明

Step 绘制步骤

① 尺寸标注与标高。在本图中，尺寸标注和平面标高的内容及要求与平面图基本相同。由于本图是基于已有首层平面图的基础上绘制生成的，因此，本图中的尺寸标注可以直接沿用首层平面图的标注结果。

② 文字说明。

（1）在"图层"下拉列表中选择"文字"图层，将其设置为当前图层。

（2）在命令行输入"QLEADER"命令，并设置引线的箭头形式为"点"，箭头大小为 60，如图 13-76 所示。

（3）单击"默认"选项卡"注释"面板中的"多行文字"按钮 A，设置字体为"仿宋 GB2312"，文字高度为 300，如图 13-77 所示，在引线一端添加文字说明，标明该房间地面的铺装材料和做法。

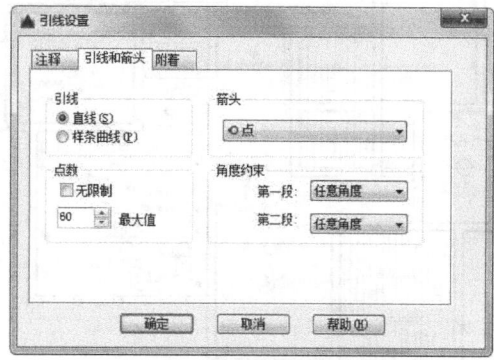

图 13-76 "引线设置"对话框

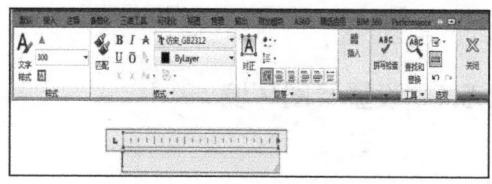

图 13-77 "文字编辑器"选项卡

13.5 别墅首层顶棚平面图的绘制

建筑室内顶棚图主要表达的是建筑室内各房间顶棚的材料和装修做法，以及灯具的布置情况。由于各房间的使用功能不同，其顶棚的材料和做法均有各自不同的特点，常需要使用图形填充结合适当文字加以说明。因此，如何使用引线和多行文字命令添加文字标注，仍是绘制过程中的重点。

别墅首层顶棚图的主要绘制思路为：首先，清理首层平面图，留下墙体轮廓，并在各门窗洞口位置绘制投影线；然后绘制吊顶并根据各房间选用的照明方式绘制灯具；最后进行文字说明和尺寸标注。下面按照这个思路绘制别墅首层顶棚平面图（见图 13-78）。

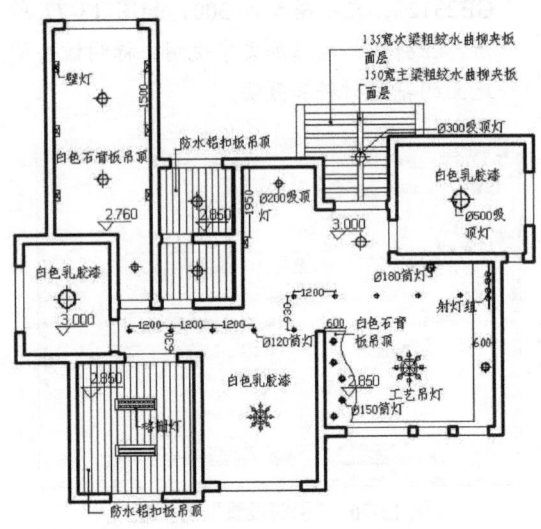

图 13-78　别墅首层顶棚平面图

13.5.1　设置绘图环境

Step 绘制步骤

① 创建图形文件。打开已绘制的"别墅首层平面图.dwg"文件，在"文件"菜单中选择"另存为"命令，打开"图形另存为"对话框。在"文件名"下拉列表框中输入新的图形文件名称为"别墅首层顶棚平面图.dwg"。单击"保存"按钮，建立图形文件。

② 清理图形元素。

（1）单击"默认"选项卡"图层"面板中的"图层特性"按钮，打开"图层特性管理器"对话框，关闭"轴线""轴线编号"和

"标注"图层。

（2）单击"默认"选项卡"修改"面板中的"删除"按钮，删除首层平面图中的家具、门窗图形以及所有文字。

（3）选择菜单栏中的"文件"→"绘图实用程序"→"清理"命令，清理无用的图层和其他图形元素。清理后，所得平面图形如图 13-79 所示。

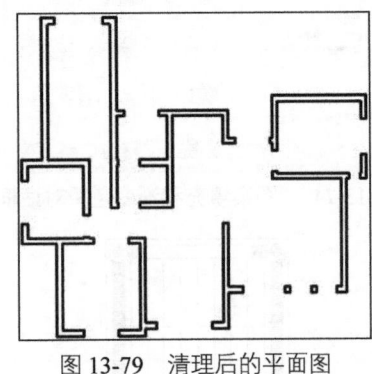

图 13-79　清理后的平面图

13.5.2　补绘平面轮廓

Step 绘制步骤

① 绘制门窗投影线。

（1）在"图层"下拉列表中选择"门窗"图层，将其设置为当前图层。

（2）单击"默认"选项卡"绘图"面板中的"直线"按钮，在门窗洞口处，绘制洞口投影线。

② 绘制入口雨篷轮廓。

（1）单击"默认"选项卡"图层"面板中的"图层特性"按钮，打开"图层特性管理器"对话框，创建新图层，将新图层命名为"雨篷"，并将其设置为当前图层，如图 13-80所示。

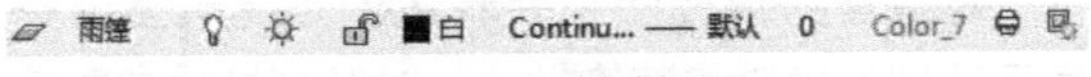

雨篷　♀　☼　ⓕ　■白　Continu… ── 默认　0　Color_7 ⊖ 🗗

图 13-80　创建图层

（2）单击"默认"选项卡"绘图"面板中的"直线"按钮，以正门外侧投影线中点为起点向上绘制长度为 2700mm 的雨篷中心线；然后，以中心线的上侧端点为中点，绘制长度为 3660mm 的水平边线。

（3）单击"默认"选项卡"修改"面板中的"偏移"按钮，将屋顶中心线分别向两侧偏移，偏移量均为 1830mm，得到屋顶两侧边线。

（4）重复"偏移"命令，将所有边线均向内偏移 240mm，得到入口雨篷轮廓线，如图 13-81 所示。

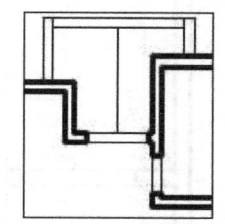

图 13-81　绘制入口雨篷投影轮廓

经过补绘后的平面图如图 13-82 所示。

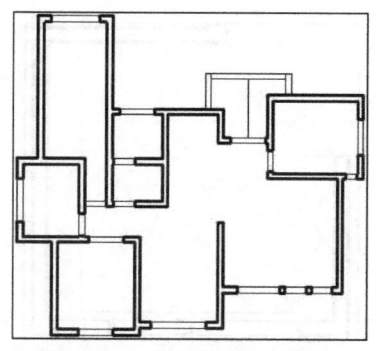

图 13-82　补绘顶棚平面轮廓

13.5.3　绘制吊顶

在别墅首层平面中，有三处做吊顶设计，即卫生间、厨房和客厅。其中，卫生间和厨房是出于防水或防油烟的需要，安装铝扣板吊顶；在客厅上方局部设计石膏板吊顶，既美观大方，又为各种装饰性灯具的设置和安装提供了方便。下面分别介绍这三处吊顶的绘制方法。

Step　绘制步骤

❶ 绘制卫生间吊顶。基于卫生间使用过程中的防水要求，在卫生间顶部安装铝扣板吊顶。

（1）单击"绘图"工具栏中的"图层特性管理器"按钮，打开"图层管理器"对话框，创建新图层，将新图层命名为"吊顶"，并将其设置为当前图层，如图 13-83 所示。

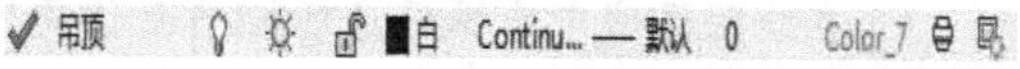

✔ 吊顶　　♀ ☼ ⌐ ■白 Continu… —— 默 0 Color_7 ⊟ 马

图 13-83　创建图层

（2）单击"默认"选项卡"绘图"面板中的"图案填充"按钮，打开"图案填充创建"选项卡，单击"选项"面板中的"图案填充设置"按钮，打开"图案填充和渐变色"对话框，如图 13-84 所示，在对话框中选择填充图案为"LINE"；并设置图案填充角度为 90，比例为 60。

（3）在绘图区域中选择卫生间顶棚平面作为填充对象，进行图案填充，如图 13-45 所示。

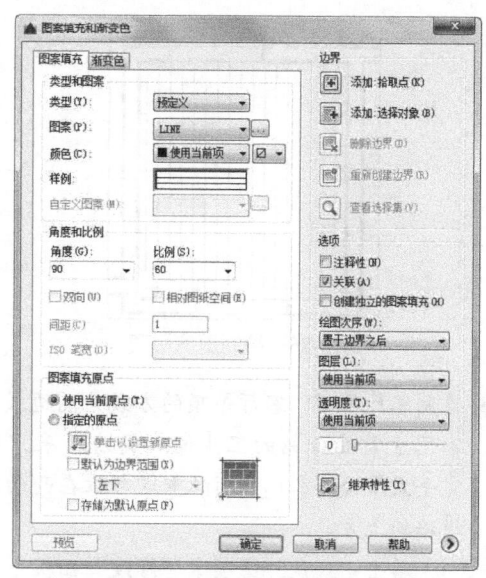

图 13-84　"图案填充和渐变色"对话框

❷ 绘制厨房吊顶。基于厨房使用过程中的防水和防油的要求，在厨房顶部安装铝扣板吊顶。

（1）在"图层"下拉列表中选择"吊顶"图层，将其设置为当前图层。

（2）单击"默认"选项卡"绘图"面板中的"图案填充"按钮▨，打开"图案填充创建"选项卡，单击"选项"面板中的"图案填充设置"按钮↘，打开"图案填充和渐变色"对话框，如图13-85所示，在对话框中选择填充图案为"LINE"；并设置图案填充角度为90，比例为60。

（3）在绘图区域中选择厨房顶棚平面作为填充对象，进行图案填充，如图13-86所示。

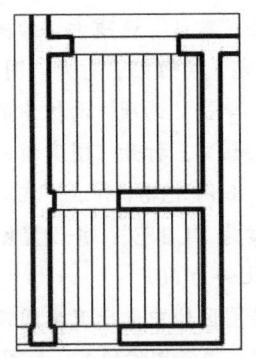

图 13-85　绘制卫生间吊顶

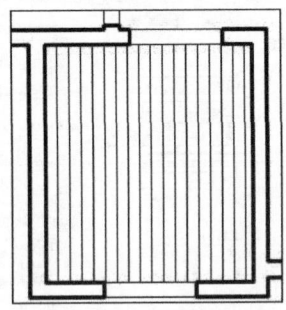

图 13-86　绘制厨房吊顶

③ 绘制客厅吊顶。客厅吊顶的方式为周边式，不同于前面介绍的卫生间和厨房所采用的完全式吊顶。客厅吊顶的重点部位在西面电视墙的上方。

（1）单击"默认"选项卡"修改"面板中的"偏移"按钮◣，将客厅顶棚东、南两个方向轮廓线向内偏移，偏移量分别为 600mm 和150mm，得到"轮廓线1"和"轮廓线2"。

（2）单击"默认"选项卡"绘图"面板中的

"样条曲线拟合"按钮ℕ，以客厅西侧墙线为基准线，绘制样条曲线，如图13-87所示。

（3）单击"默认"选项卡"修改"面板中的"移动"按钮✛，将样条曲线水平向右移动，移动距离为600mm。

（4）单击"默认"选项卡"绘图"面板中的"直线"按钮╱，连接样条曲线与墙线的端点。

（5）单击"默认"选项卡"修改"面板中的"修剪"按钮-/--，修剪吊顶轮廓线条，完成客厅吊顶的绘制，如图13-88所示。

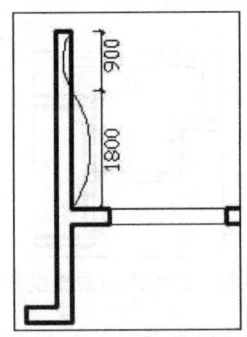

图 13-87　绘制样条曲线

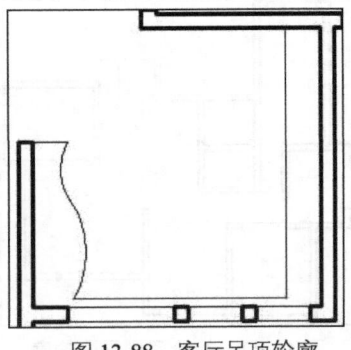

图 13-88　客厅吊顶轮廓

13.5.4　绘制入口雨篷顶棚

别墅正门入口雨篷的顶棚由一条水平的主梁和两侧数条对称布置的次梁组成。

Step　绘制步骤

（1）单击"默认"选项卡"图层"面板中的

"图层特性"按钮🔳,打开"图层特性管理器"对话框,创建新图层,将新图层命名为"顶棚",并将其设置为当前图层,如图13-89所示。

√ 顶棚 ♀ ☼ 🔓 ■白 Continu... — 默认 0 Color_7 🖶 🔒

图 13-89 创建图层

(2)绘制主梁:单击"默认"选项卡"修改"面板中的"偏移"按钮🔳,将雨篷中心线依次向左右两侧进行偏移,偏移量均为75mm;然后,单击"默认"选项卡"修改"面板中的"删除"按钮🔳,将原有中心线删除。

(3)绘制次梁:单击"默认"选项卡"绘图"面板中的"图案填充"按钮🔳,打开"图案填充创建"选项卡,单击"选项"面板中的"图案填充设置"按钮🔳,打开"图案填充和渐变色"对话框,如图13-90所示,在对话框中选择填充图案为"STEEL",并设置图案填充角度为135°,比例为135。

(4)在绘图区域中选择中心线两侧矩形区域作为填充对象,进行图案填充,如图13-91所示。

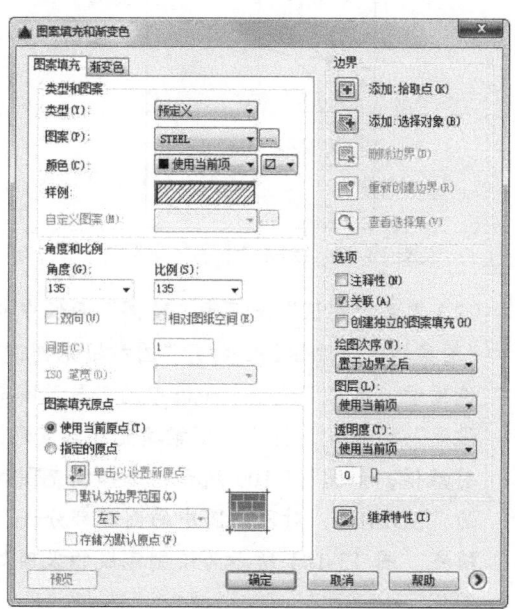

图 13-90 "图案填充和渐变色"对话框

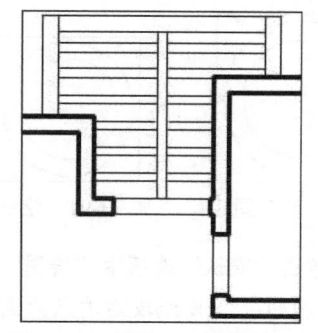

图 13-91 绘制入口雨篷的顶棚

13.5.5 绘制灯具

不同种类的灯具由于材料和形状的差异,其平面图形也大有不同。在本别墅实例中,灯具种类主要包括:工艺吊灯、吸顶灯、筒灯、射灯和壁灯等。在 AutoCAD 图样中,并不需要详细描绘出各种灯具的具体式样,一般情况下,每种灯具都是用灯具图例来表示的。下面分别介绍几种灯具图例的绘制方法。

Step 绘制步骤

❶ 绘制工艺吊灯。工艺吊灯仅在客厅和餐厅使用,与其他灯具相比,形状比较复杂。

(1)单击"默认"选项卡"图层"面板中的"图层特性"按钮🔳,打开"图层特性管理器"对话框,创建新图层,将新图层命名为"灯具",并将其设置为当前图层,如图13-92所示。

√ 灯具 ♀ ☼ 🔓 ■白 Continu... — 默认 0 Color_7 🖶 🔒

图 13-92 创建图层

(2)单击"默认"选项卡"绘图"面板中的"圆"按钮🔳,绘制两个同心圆,它们的半径分别为150mm和200mm,如图13-93所示。

(3)单击"默认"选项卡"绘图"面板中的"直线"按钮🔳,以圆心为端点,向右绘制一条长度为400mm的水平线段,如图13-94所示。

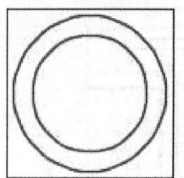
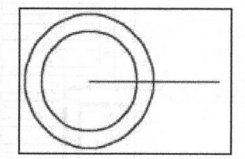

图 13-93 绘制同心圆　图 13-94 绘制水平线段

（4）单击"默认"选项卡"绘图"面板中的"圆"按钮⊙，以线段右端点为圆心，绘制一个较小的圆，其半径为50mm，如图13-95所示。

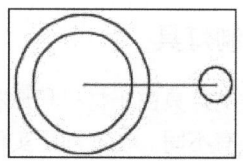

图 13-95 绘制小圆

（5）单击"默认"选项卡"修改"面板中的"移动"按钮✛，水平向左移动小圆，移动距离为100mm，如图13-96所示。

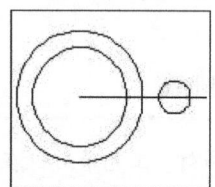

图 13-96 绘制第一个吊灯单元

（6）单击"默认"选项卡"修改"面板中的"环形阵列"按钮❖，输入项目总数为8，填充角度为360；选择同心圆圆心为阵列中心点；选择图13-96中的水平线段和右侧小圆为阵列对象，生成工艺吊灯图例，如图13-97所示。

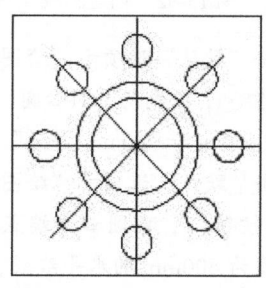

图 13-97 工艺吊灯图例

② 绘制吸顶灯。在别墅首层平面中，使用最广泛的灯具要算吸顶灯了。别墅入口、卫生间和卧室的房间都使用吸顶灯来进行照明。

常用的吸顶灯图例有圆形和矩形两种。在这里，主要介绍圆形吸顶灯图例。

（1）单击"默认"选项卡"绘图"面板中的"圆"按钮⊙，绘制两个同心圆，它们的半径分别为90mm和120mm，如图13-98所示。

（2）单击"默认"选项卡"绘图"面板中的"直线"按钮／，绘制两条互相垂直的直径；激活已绘直径的两端点，将直径向两侧分别拉伸，每个端点处拉伸量均为40mm，得到一个正交十字，如图13-99所示。

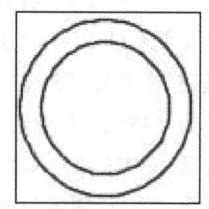

图 13-98 绘制同心圆

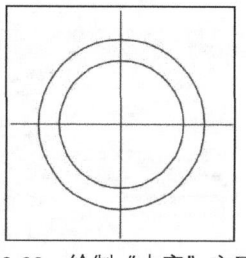

图 13-99 绘制"十字"交叉线

（3）单击"默认"选项卡"绘图"面板中的"图案填充"按钮▨，打开"图案填充创建"选项卡，单击"选项"面板中的"图案填充设置"按钮↘，打开"图案填充和渐变色"对话框，如图13-100所示，选择填充图案为"SOLID"，对同心圆中的圆环部分进行填充。图13-101所示为绘制完成的吸顶灯图例。

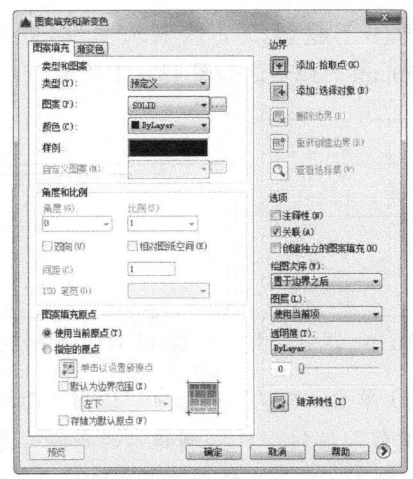

图 13-100　"图案填充和渐变色"对话框

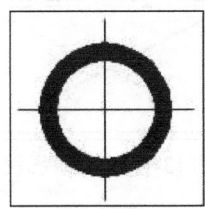

图 13-101　吸顶灯图例

③ 绘制格栅灯。在别墅中，格栅灯是专用于厨房的照明灯具。

（1）单击"默认"选项卡"绘图"面板中的"矩形"按钮 □，绘制尺寸为 1200mm×300mm 的矩形格栅灯轮廓，如图 13-102 所示。

图 13-102　绘制格栅灯轮廓

（2）单击"默认"选项卡"修改"面板中的"分解"按钮 □，将矩形分解；然后，单击"默认"选项卡"修改"面板中的"偏移"按钮 □，将矩形两条短边分别向内偏移，偏移量均为 80mm，两长边向内偏移，偏移量均为 70mm，如图 13-103 所示。

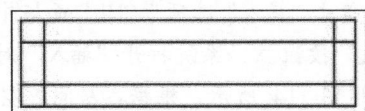

图 13-103　偏移直线

单击"默认"选项卡"修改"面板中的"修剪"按钮 -/--，对偏移后的图形进行修剪处理，如图 13-104 所示。

图 13-104　修剪图形

（3）单击"默认"选项卡"绘图"面板中的"矩形"按钮 □，绘制两个尺寸为 1040mm×45mm 的矩形灯管，两个灯管平行间距为 70mm，如图 13-105 所示。

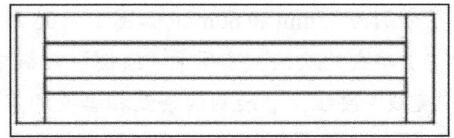

图 13-105　绘制矩形

（4）单击"默认"选项卡"绘图"面板中的"图案填充"按钮 □，打开"图案填充创建"选项卡，单击"选项"面板中的"图案填充设置"按钮 ⅗，打开"图案填充和渐变色"对话框，如图 13-106 所示，在对话框中选择填充图案为"ANSI32"，并设置填充比例为 10，对两矩形灯管区域进行填充。

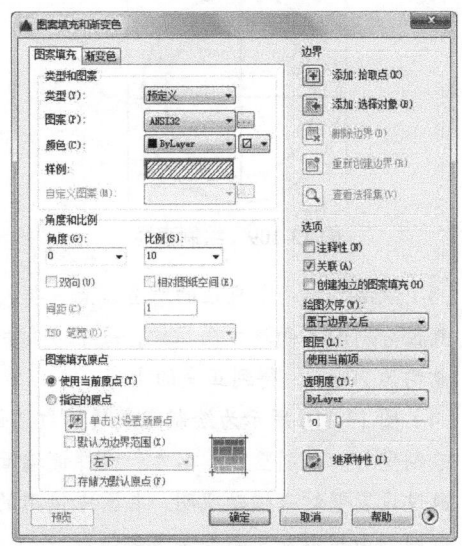

图 13-106　"图案填充和渐变色"对话框

（5）图 13-107 所示为绘制完成的格栅灯图例。

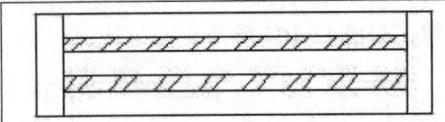

图 13-107　格栅灯图例

④ 绘制筒灯。筒灯体积较小，主要应用于室内装饰照明和走廊照明。

常见筒灯图例由两个同心圆和一个十字组成。

（1）单击"默认"选项卡"绘图"面板中的"圆"按钮，绘制两个同心圆，它们的半径分别为 45mm 和 60mm，如图 13-108 所示。

（2）单击"默认"选项卡"绘图"面板中的"直线"按钮，绘制两条互相垂直的直径，如图 13-109 所示。

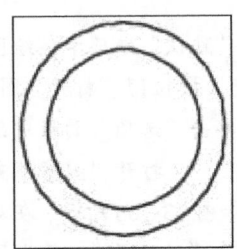

图 13-108　绘制同心圆

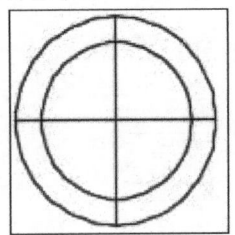

图 13-109　绘制直径

（3）激活已绘两条直径的所有端点，将两条直径分别向其两端方向拉伸，每个方向拉伸量均为 20mm，得到正交的十字。

（4）图 13-110 所示为绘制完成的筒灯图例。

⑤ 绘制壁灯。在别墅中，车库和楼梯侧墙面都通过设置壁灯来辅助照明。本图中使用的壁灯图例由矩形及其两条对角线组成。

（1）单击"默认"选项卡"绘图"面板中的"矩形"按钮，绘制尺寸为 300mm×150mm 的矩形，如图 13-111 所示。

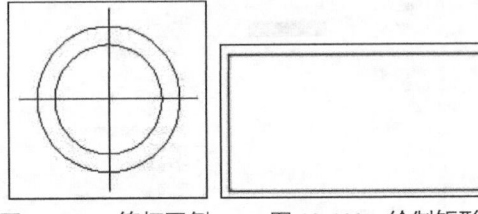

图 13-110　筒灯图例　　　图 13-111　绘制矩形

（2）单击"默认"选项卡"绘图"面板中的"直线"按钮，绘制矩形的两条对角线。图 13-112 所示为绘制完成的壁灯图例。

图 13-112　壁灯图例

⑥ 绘制射灯组。射灯组的平面图例在绘制客厅平面图时已有介绍，具体绘制方法可参看前面章节内容。

⑦ 在顶棚图中插入灯具图例。

（1）单击"插入"选项卡"块定义"面板中的"创建块"按钮，系统打开"块定义"对话框，如图 13-113 所示，将所绘制的各种灯具图例分别定义为图块。

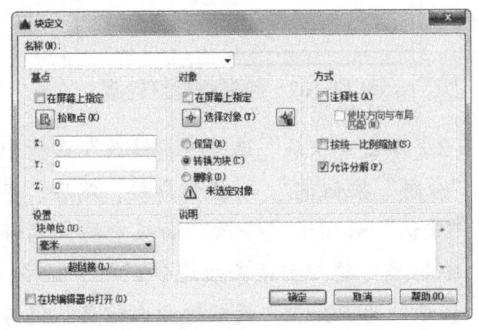

图 13-113　"块定义"对话框

（2）单击"插入"选项卡"块"面板中的"插入块"按钮，系统打开"插入"对话框，如图 13-114 所示，根据各房间或空间的功能，选择适合的灯具图例并根据需要设置图块比例，然后将其插入顶棚中相应位置。

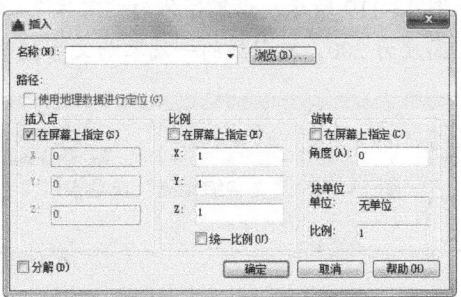

图 13-114　"插入"对话框

（3）图 13-115 所示为客厅顶棚灯具布置效果。

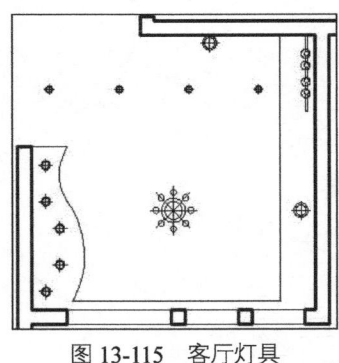

图 13-115　客厅灯具

13.5.6　尺寸标注与文字说明

Step　绘制步骤

1 尺寸标注。

在顶棚图中，尺寸标注的内容主要包括灯具和吊顶的尺寸以及它们的水平位置。这里的尺寸标注依然同前面一样，是通过"线性标注"命令来完成的。

（1）在"图层"下拉菜单中选择"标注"图层，将其设置为当前图层。

（2）单击"默认"选项卡"注释"面板中的"标注样式"按钮，打开"标注样式管理器"对话框，将"室内标注"设置为当前标注样式，如图 13-116 所示。

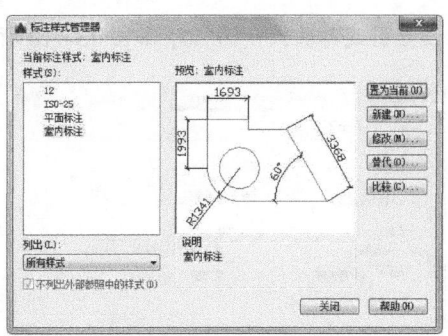

图 13-116　"标注样式管理器"对话框

（3）单击"默认"选项卡"注释"面板中的"线性标注"按钮├┤，对顶棚图进行尺寸标注。

2 标高标注。

在顶棚图中，各房间顶棚的高度需要通过标高来表示。

（1）单击"插入"选项卡"块"面板中的"插入块"按钮，将标高符号插入到各房间顶棚位置。

（2）单击"默认"选项卡"注释"面板中的"多行文字"按钮**A**，在标高符号的长直线上方添加相应的标高数值。

（3）标注结果如图 13-117 所示。

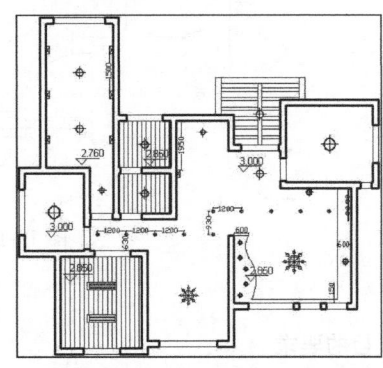

图 13-117　添加尺寸标注与标高

3 文字说明。

在顶棚图中，各房间的顶棚材料做法和灯具的类型都要通过文字说明来表达。

（1）在"图层"下拉列表中选择"文字"图层，将其设置为当前图层。

（2）在命令行输入"QLEADER"命令，并设置引线箭头大小为 60，如图 13-118 所示。

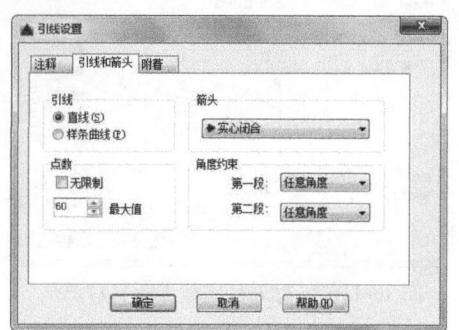

图 13-118 "引线设置"对话框

（3）单击"绘图"工具栏中的"多行文字"

按钮，系统打开"文字编辑器"选项卡，如图 13-119 所示，设置字体为"宋体"，文字高度为 200，在引线的一端添加文字说明。

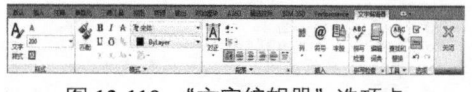

图 13-119 "文字编辑器"选项卡

13.6 上机实验

【练习 1】绘制图 13-120 所示的按摩包房平面布置图

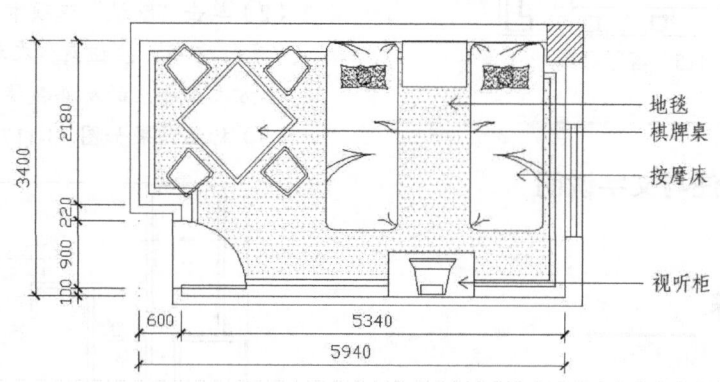

图 13-120 按摩包房平面布置图

1. 目的要求

通过本实践，要求读者掌握平面布置图的完整绘制过程和方法。

2. 操作提示

（1）绘制墙体。

（2）绘制家具。

（3）标注尺寸和文字。

【练习 2】绘制图 13-121 所示的豪华包房平面布置图

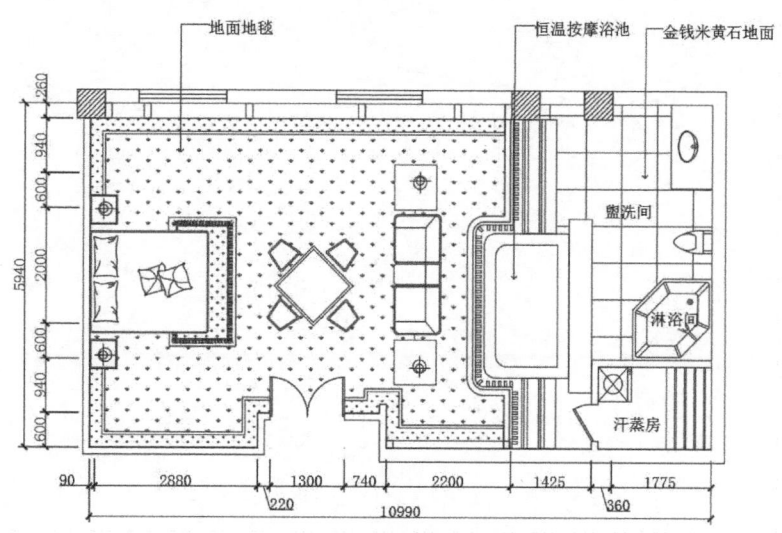

图 13-121　豪华包房平面布置图

1．目的要求

通过本实例，要求读者进一步掌握二维图形的绘制和编辑操作。

2．操作提示

（1）绘制辅助线。

（2）绘制墙体。

（3）绘制家具。

（4）标注尺寸和文字。

第 4 部分

咖啡吧室内设计案例

第**14**章

咖啡吧室内设计平面及顶棚图绘制

咖啡吧是现代都市人的休闲生活中的重要去处，是人们休息时间与朋友畅聊的最佳场所。作为一种典型的都市商业建筑，咖啡吧一般设施健全，环境幽雅，是喧嚣都市内难得的安静去处。

本章将以某写字楼底层咖啡吧室内设计为例，讲述咖啡吧这类休闲商业建筑室内设计的基本思路和方法。

重点与难点

- ➲ 咖啡吧建筑平面图绘制
- ➲ 咖啡吧装饰平面图绘制
- ➲ 咖啡吧顶棚平面图绘制
- ➲ 咖啡吧地面平面图的绘制

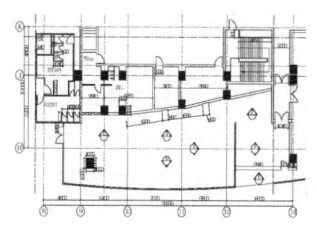 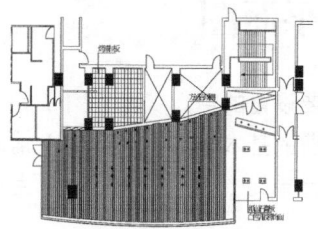 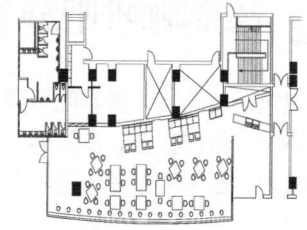

14.1　设计思想

消费者喝咖啡之际，不仅对于咖啡在物理性及实质上的吸引力有所反应，甚至对于整个环境，诸如服务、广告、印象、包装、乐趣及其他各种附带因素等也会有所反应。而其中最重要的因素之一就是休闲环境。

因此咖啡馆经营者对于营业空间的表现，如何巧妙地运用空间美学，设计出理想的喝咖啡环境，这是咖啡馆气氛塑造的意义。

顾客在喝咖啡时往往会选择充满适合自己所需氛围的咖啡馆，因此在从事咖啡馆室内设计时，必须考虑下列几项重点。

（1）应先确定顾客目标。

（2）依据他们喝咖啡的经验，对咖啡馆的气氛有何期望。

（3）了解哪些气氛能加强顾客对咖啡馆的信赖度及引起情绪上的反应。

（4）对于所构想的气氛，应与竞争店的气氛做一比较，以分析彼此的优劣点。

商业建筑的室内设计装潢，有不同的风格，大商场、大酒店有豪华的外观装饰，具有现代感；咖啡馆也应的自己的风格和特点。在具体装潢上，可从以下两方面去设计。

（1）装潢要具有广告效应，即要给消费者以强烈的视觉刺激。可以把咖啡馆门面装饰成独特或怪异的形状，争取在外观上别出心裁，以吸引消费者。

（2）装潢要结合咖啡特点加以联想，新颖独特的装潢不仅是对消费者视觉上的刺激，更重要的是使消费者没进店门就知道里面可能有什么东西。

咖啡馆内的装饰和设计，主要注意以下几个问题。

（1）防止人流进入咖啡馆后拥挤。

（2）吧台应设置在显眼处，以便顾客咨询。

（3）咖啡馆内布置要体现了一种独特的与咖啡适应的气氛。

（4）咖啡馆中应尽量设置一个休息之处，备好座椅。

（5）充分利用各种色彩。墙壁、天花板、灯、陈列咖啡和饮料组成了咖啡馆内部环境。

不同的色彩对人的心理刺激不一样。以紫色为基调，布置显得华丽、高贵；以黄色为基调，布置显得柔和；以蓝色为基调，布置显得不可捉摸；以深色为基调，布置显得大方、整洁；以红色为基调，布置显得热烈。色彩运用不是单一的，而是综合的。不同时期、不同季节、节假日，色彩运用不一样；冬天与夏天也不一样。不同的人，对色彩的反映也不一样。儿童对红、橘黄、蓝绿反应强烈；年轻女性对流行色的反应敏锐。这方面，灯光的运用尤其重要。

（6）咖啡馆内最好在光线较暗或微弱处设置一面镜子。

这样做的好处在于镜子可以反射灯光，使咖啡更显亮、更醒目、更具有光泽。有的咖啡馆用整面墙做镜子，除了上述好处外，还给人一种空间增大了的假象。

（7）收银台设置在吧台两侧且应高于吧台。

下面具体讲述咖啡吧的具体室内设计的思路和方法。

14.2 绘制咖啡吧建筑平面图

就建筑功能而言，咖啡吧平面需要设置的空间虽然不多，但应齐全，满足客人消费的基本需要。咖啡吧平面主要设置下面一些设计单元（见图 14-1）。

（1）厅：门厅和消费大厅等。

（2）辅助房间：厨房、更衣室等。

（3）生活配套：卫生间、吧台等。

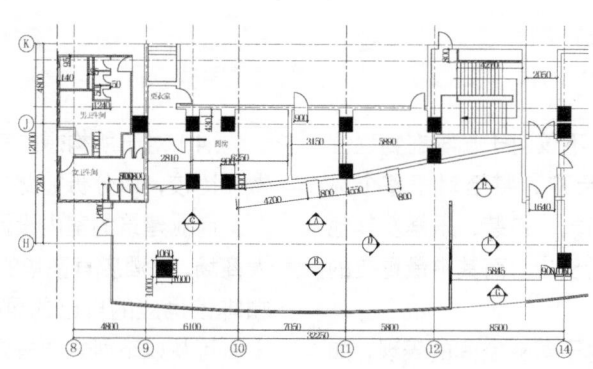

图 14-1　建筑平面图

其中消费大厅是主体，应设置尽量大的空间。厨房由于磨制咖啡时容易发出声响，不利于创造幽静的消费氛围，所以要尽量与消费大厅间隔开来或加强隔音措施。卫生间等方便设施应该尽量充裕而宽敞，满足大量消费人群的需要，同时提供一种温馨而舒适的环境。

与其他建筑平面图绘制方法类似，同样是先建立各个功能单元的开间和进深轴线，然后按轴线位置绘制各个功能开间墙体及相应的门窗洞口的平面造型，最后绘制楼梯、电梯井及管道等辅助空间的平面图形，同时标注相应的尺寸和文字说明。

14.2.1　绘图前准备

Step　绘制步骤

1 建立新文件

在具体的设计工作中，为了图纸统一，许多项目需要一个统一标准，如文字样式、标注样式、图层等。建立标准绘图环境的有效方法是使用样板文件，样板文件保存了各种标准设置。这样，每当建立新图时，新图以样板文件为原型，使得新图与原图具有相同的绘图标准。AutoCAD样板文件的扩展名为"dwt."用户可根据需要建立自己的样板文件。

本例建立名为"咖啡吧平面图"的图形文件。

② 设置绘图区域

AutoCAD的绘图空间很大，绘图时要设定绘图区域。可以通过两种方法设定绘图区域。

（1）可以绘制一个已知长度的矩形，将图形充满程序窗口，就可以估计出当前的绘图大小。

（2）选择菜单栏中的"格式"→"图形界限"命令，来设定绘图区大小。命令行提示如下：

```
命令：Limits
重新设置模型空间界限：
指定左下角点或 ［开（ON）/关（OFF）］
<0.0000,0.0000>:
指定右上角点 <420.0000,297.0000>:
42000,29700
```

绘图区域就设置好了。

③ 设置图层、颜色、线型及线宽

绘图时应考虑将图样划分为哪些图层以及按什么样的标准划分，图层设置合理，会使图形信息更加清晰有序。

（1）单击"默认"选项卡"图层"面板中的"图层特性"按钮 ，弹出"图层特性管理器"对话框，如图14-2所示。单击"新建图层"按钮 ，将新建图层名修改为"轴线"。

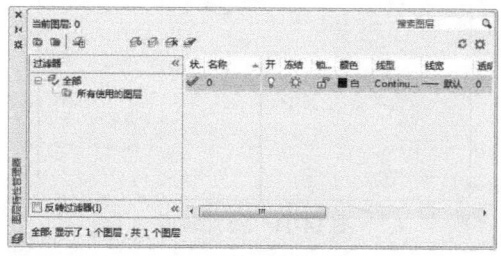

图14-2 "图层特性管理器"对话框

（2）单击"轴线"图层的图层颜色，弹出"选择颜色"对话框，如图14-3所示，选择红色为轴线图层颜色，单击"确定"按钮。

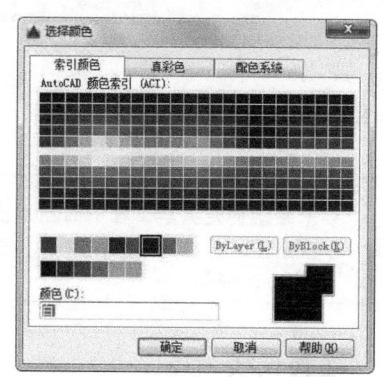

图14-3 "选择颜色"对话框

（3）单击"轴线"图层的图层线型，弹出"选择线型"对话框，如图14-4所示，单击"加载"按钮，弹出"加载或重载线型"对话框，如图14-5所示，选择"CENTER"线型，单击"确定"按钮。返回到"选择线型"对话框，选择"CENTER"线型，单击"确定"按钮，完成线型的设置。

同理创建其他图层，如图14-6所示。

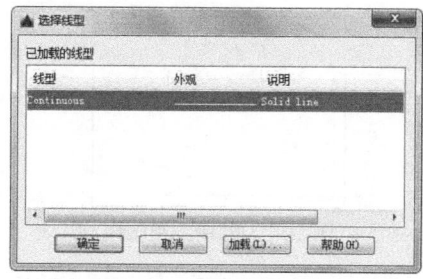

图14-4 "选择线型"对话框

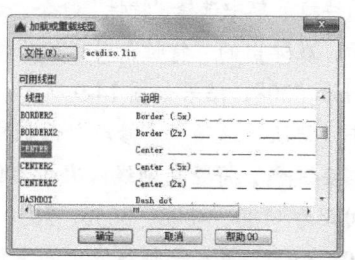

图14-5 "加载或重载线型"对话框

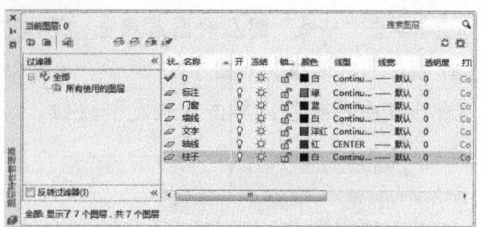

图 14-6 "图层特性管理器"对话框

注意 如果绘制的是共享工程中的图形或是基于一组图层标准的图形，删除图层时要小心。

14.2.2 绘制轴线

Step 绘制步骤

1. 单击"默认"选项卡"图层"面板中的"图层特性"按钮，在其下拉列表中选择"轴线"，将其设置为当前图层。

2. 单击"默认"选项卡"绘图"面板中的"直线"按钮，在状态栏中单击"正交"按钮，绘制长度为 36000 的水平轴线和长度为 19000 的竖直轴线，如图 14-7 所示。

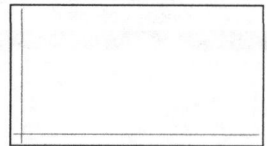

图 14-7 绘制正交轴线

3. 选中上一步创建的直线，单击鼠标右键，在弹出的快捷菜单中选择"特性"命令，如图 14-8 所示，在弹出的"特性"对话框中修改线型比例为"30"，结果如图 14-9 所示。

4. 单击"默认"选项卡"修改"面板中的"偏移"按钮，将竖直轴线依次向右偏移，偏移间距为 1100、4800、3050、3050、7050、5800、8500，将水平轴线依次向上偏移，偏移间距为 7200、3800、1000，如图 14-10 所示。

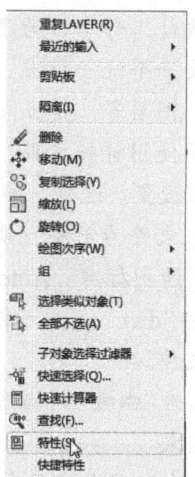

图 14-8 右键快捷菜单

图 14-9 绘制轴线

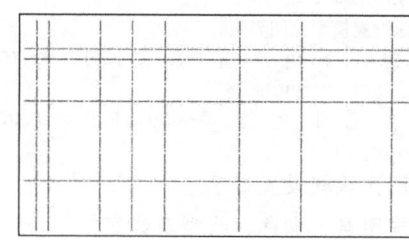

图 14-10 偏移轴线

5. 单击"默认"选项卡"绘图"面板中的"圆弧"按钮，在起始水平直线 3000 处绘制一段长度为 36000 的圆弧，结果如图 14-11 所示。

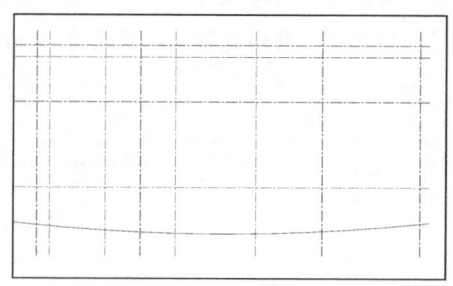

图 14-11 添加轴网

6 绘制轴号。

（1）单击"默认"选项卡"绘图"面板中的"圆"命令按钮⊙，绘制一个半径为 500 的圆，圆心在轴线的端点，如图 14-12 所示。

（2）选取菜单栏中的"绘图"→"块"→"定义属性"命令，弹出"属性定义"对话框，如图 14-13 所示，单击"确定"按钮，在圆心位置写入一个块的属性值。设置完成后的效果如图 14-14 所示。

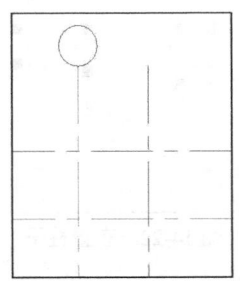

图 14-12　绘制圆

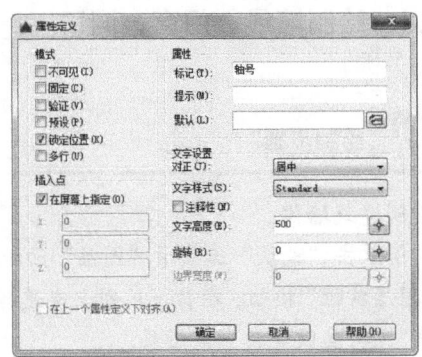

图 14-13　块属性定义

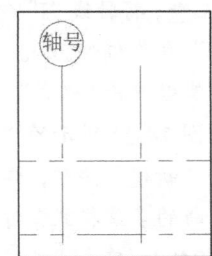

图 14-14　在圆心位置写入属性值

（3）单击"创建块"命令按钮，弹出"块定义"对话框，如图 14-15 所示。在"名称"文本框中写入"轴号"，指定圆心为基点；选择整个圆和刚才的"轴号"标记为对象，单击"确定"按钮，弹出图 14-16 所示的"编辑属性"对话框，输入轴号为"8"，单击"确定"按钮，轴号效果图如图 14-17 所示。

图 14-15　创建块

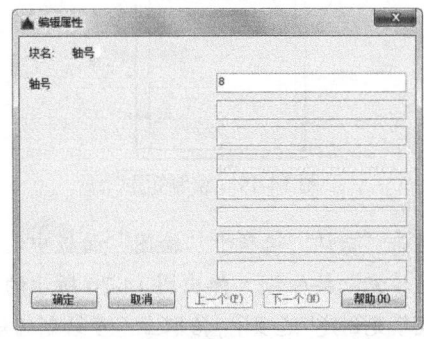

图 14-16　"编辑属性"对话框

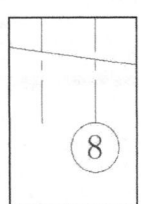

图 14-17　输入轴号

（4）利用上述方法绘制出图形所有轴号，如图 14-18 所示。

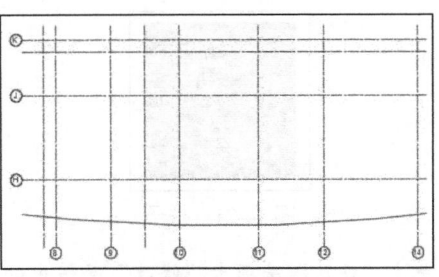

图 14-18　标注轴号

14.2.3 绘制柱子

Step 绘制步骤

① 单击"默认"选项卡"图层"面板中的"图层特性"按钮圈，在其下拉列表中选择"柱子"，将其设置为当前图层。

② 单击"默认"选项卡"绘图"面板中的"矩形"按钮□，在空白处绘制 900×900 的矩形，结果如图 14-19 所示。

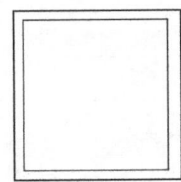

图 14-19　绘制矩形

③ 单击"默认"选项卡"绘图"面板中的"图案填充"按钮圈，弹出图 14-20 所示的"图案填充创建"选项卡，拾取上一步绘制的矩形，按回车键，完成柱子的填充，结果如图 14-21 所示。

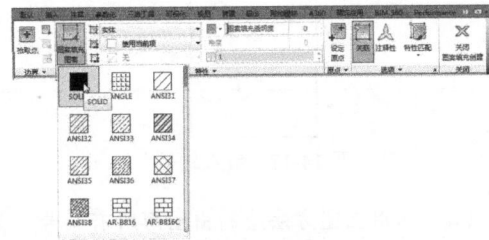

图 14-20　"图案填充创建"选项卡

图 14-21　柱子

④ 单击"默认"选项卡"修改"面板中的"复制"按钮，将上一步绘制的柱子复制到图 14-22 所示的位置。命令行提示如下：

命令：_copy
选择对象：找到 2 个
选择对象：
当前设置：　复制模式 = 多个
指定基点或〔位移(D)/模式(O)〕<位移>：（捕捉柱子上边线的中点）
指定第二个点或〔阵列(A)〕<使用第一个点作为位移>：（捕捉第二根水平轴线和偏移后轴线的交点）
指定第二个点或〔阵列(A)/退出(E)/放弃(U)〕<退出>：

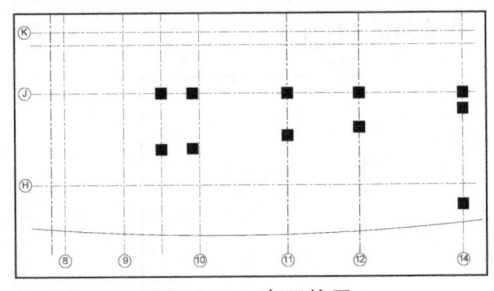

图 14-22　布置柱子

14.2.4 绘制墙线、门窗、洞口

Step 绘制步骤

① 绘制建筑墙体

（1）单击"默认"选项卡"图层"面板中的"图层特性"按钮，在其下拉列表中选择"墙线"，将其设置为当前图层。

（2）单击"默认"选项卡"修改"面板中的"偏移"按钮，将轴线"J"向上偏移1000，将轴线"14"向左偏移2400。

（3）选择菜单栏中的"格式"→"多线样式"命令，弹出图 14-23 所示的"多线样式"对话框，单击"新建"按钮，弹出图 14-24 所示的"创建新的多线样式"对话框，输入新样式名为"240"，单击"继续"按钮，弹出图 14-25 所示的"新建多线样式：240"对话框，在偏移文本框中输入 120 和-120，单击"确定"按钮，返回到"多线样式"对话框。

（4）选择菜单栏中的"绘图"→"多线"命

令，绘制主要墙体。结果如图 14-26 所示。

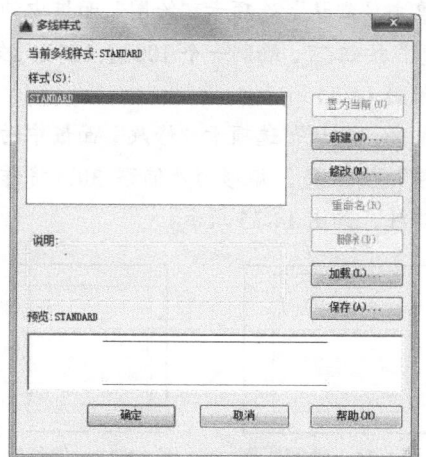

图 14-23　"多线样式"对话框

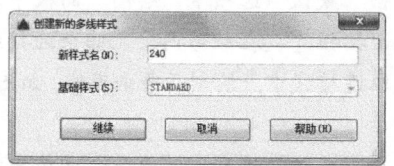

图 14-24　"创建新的多线样式"对话框

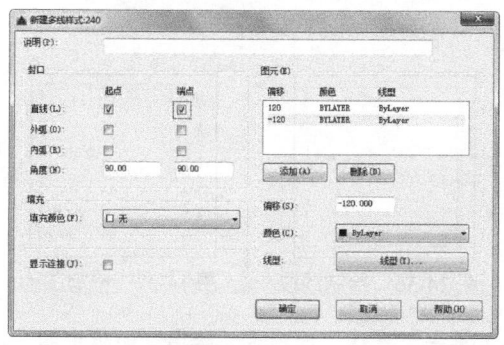

图 14-25　"新建多线样式：240"对话框

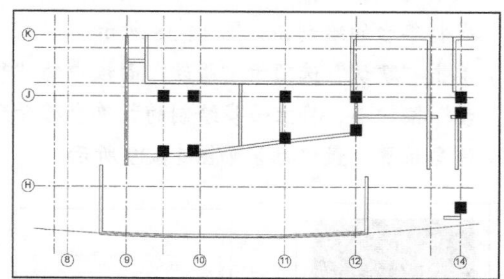

图 14-26　绘制大厅两侧墙体

2 **绘制新砌 95 砖墙**

（1）单击"默认"选项卡"绘图"面板中的

"直线"按钮，绘制一段长 3850 的直线，单击"修改"工具栏中的"偏移"按钮，将直线向下偏移 95，如图 14-27 所示。

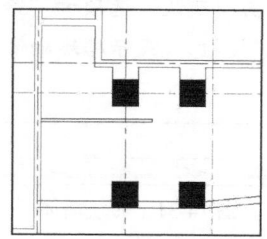

图 14-27　绘制新砌 95 砖墙

（2）单击"默认"选项卡"绘图"面板中的"图案填充"按钮，弹出"图案填充创建"选项卡，拾取上一步绘制的墙体为边界对象。选取图案及比例设置如图 14-28 所示。结果如图 14-29 所示。

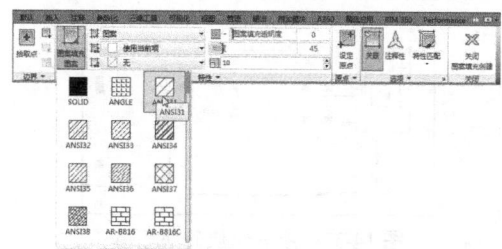

图 14-28　选取图案及比例设置

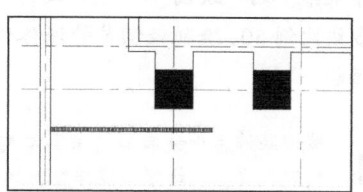

图 14-29　95 砖墙的绘制

（3）相同方法绘制剩余的新砌 95 砖墙，结果如图 14-30 所示。

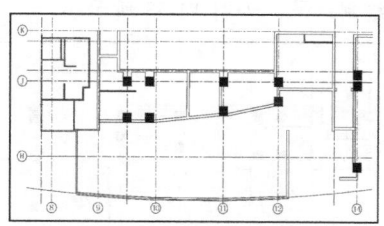

图 14-30　95 新砌 95 砖墙的绘制

3 绘制轻质砌块墙体

（1）单击"默认"选项卡"修改"面板中的"偏移"按钮 ⊸，将底边内墙线向上偏移 120，单击"默认"选项卡"绘图"面板中的"直线"按钮 ∕，表示砖块砌体，如图 14-31 所示。

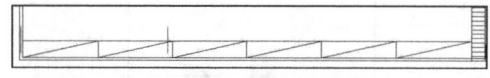

图 14-31　砖块墙体

注意　轻质砌块必须在工程砌筑前一个月进场，使其完全达到强度。施工中严格按砌筑工程施工验收规范要求进行施工。转角筋、拉墙筋必须严格按图纸要求进行施工。顶砖应待墙体施工半月后进行顶砖。

（2）使用相同方法绘制剩余的轻质砖块墙体，如图 14-32 所示。

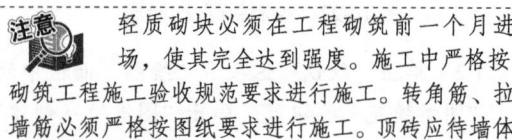

图 14-32　所有轻质砖块墙体

4 选择菜单中的"绘图"→"多线"命令，设置多线比例 50，绘制轻钢龙骨墙体作为卫生间隔断。

注意　玻璃幕墙由于设有隔热保温结构，并可预制成或在现场组装成墙体，因而能有效降低能源消耗。

5 单击"默认"选项卡"绘图"面板中的"多线"按钮 ∕，绘制玻璃墙体。完成所有墙体的绘制结果，如图 14-33 所示。

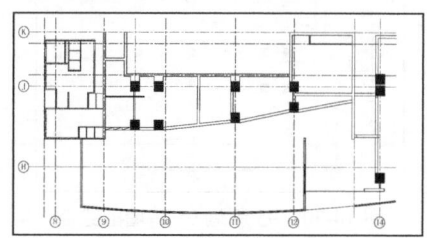

图 14-33　所有墙体绘制

6 绘制打单台

（1）单击"默认"选项卡"绘图"面板中的"矩形"按钮 ▭，绘制一个 1000×1000 的矩形，如图 14-34 所示。

（2）单击"默认"选项卡"修改"面板中的"偏移"按钮 ⊸，矩形向外偏移 30，将作为装饰柱，如图 14-35 所示。

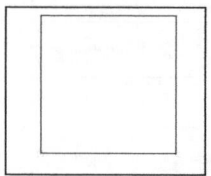 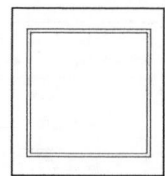

图 14-34　绘制矩形　　图 14-35　偏移矩形

（3）单击"默认"选项卡"绘图"面板中的"直线"按钮 ∕，在矩形内绘制四条连接线。并选取连接线中点绘制两条垂直线，如图 14-36 所示。

（4）单击"默认"选项卡"修改"面板中的"修剪"按钮 ⊹，修剪图形完成装饰柱的轮廓绘制，如图 14-37 所示。

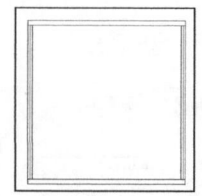 

图 14-36　绘制线段　　图 14-37　修剪图形

（5）单击"默认"选项卡"绘图"面板中的"图案填充"按钮 ▥，将小矩形填充为黑色。完成打单台的绘制，如图 14-38 所示。

（6）单击"默认"选项卡"修改"面板中的"移动"按钮 ✣，将上一步绘制的打单台移动到适当位置。最终结果如图 14-39 所示。

  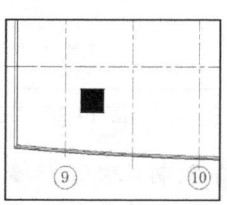

图 14-38　装饰柱图形　　图 14-39　移动打单台

7 绘制洞口

（1）单击"默认"选项卡"图层"面板中的"图层特性"按钮，在其下拉列表中选择"门窗"，将其设置为当前图层。

（2）单击"默认"选项卡"绘图"面板中的"直线"按钮，绘制长度为900的门，单击"默认"选项卡"修改"面板中的"偏移"按钮，偏移直线距离端部1050，结果如图14-40所示。

（3）单击"默认"选项卡"修改"面板中的"分解"按钮，将墙线进行分解。

（4）单击"默认"选项卡"修改"面板中的"修剪"按钮，对多余的线进行修剪，然后封闭端线，结果如图14-41所示。

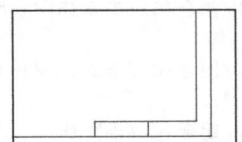 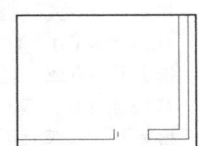

图14-40　偏移直线　　　图14-41　修剪直线

8 绘制单扇门

（1）单击"默认"选项卡"绘图"面板中的"直线"按钮，绘制一段长为900的直线，如图14-42所示。

（2）单击"默认"选项卡"绘图"面板中的"圆弧"按钮，绘制一个角度为90的弧线，结果如图14-43所示。

（3）单击"插入"选项卡"块定义"面板中的"创建块"按钮和"块"面板"插入块"按钮，将单扇门定义为块并插入到适当的位置，最终结果如图14-44所示。

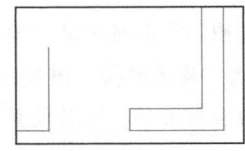

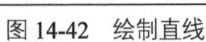 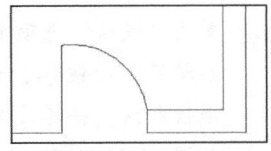

图14-42　绘制直线　　　图14-43　绘制圆弧

> **注意** 绘制门洞时，要先将墙线分解，再进行修剪。

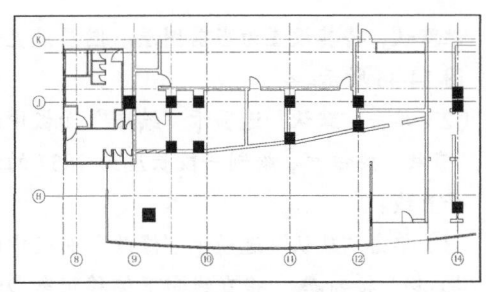

图14-44　插入单扇门

9 绘制双扇门

（1）单击"默认"选项卡"绘图"面板中的"直线"按钮，连接两端墙的中点作为辅助线。

（2）单击"默认"选项卡"绘图"面板中的"圆弧"按钮，绘制两条90°的弧线。

（3）单击"插入"选项卡"块定义"面板中的"创建块"按钮，弹出"创建块"对话框，拾取门上矩形端点为基点，选取门为对象，输入名称为"双开门"，单击"确定"按钮，完成双开门块的创建。

（4）单击"插入"选项卡"块"面板中的"插入块"按钮，弹出"插入块"对话框，将上一步创建的双开门图块插入到适当位置，结果如图14-45所示。

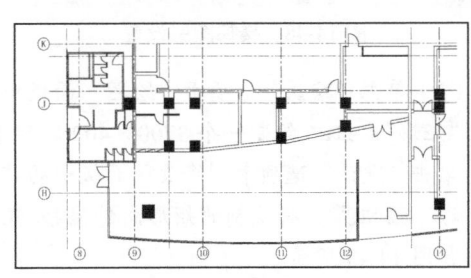

图14-45　绘制双扇门

14.2.5　绘制楼梯及台阶

Step 绘制步骤

1 绘制台阶

（1）单击"默认"选项卡"图层"面板中的"图层特性"按钮，新建"台阶"图层属性默认,将其设置为当前图层。图层设置如图 14-46 所示。

(2)单击"默认"选项卡"绘图"面板中的"直线"按钮✎,绘制一段长度为 1857 的水平直线。

(3)单击"默认"选项卡"修改"面板中的"偏移"按钮⊆,将直线向下偏移距离 250 连续向下偏移两次。结果如图 14-47 所示。

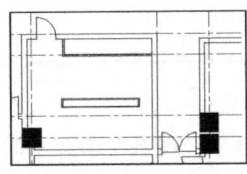

图 14-46　台阶图层设置

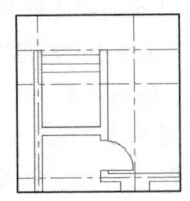

图 14-47　绘制台阶

②ᴥ 绘制楼梯

(1)单击"默认"选项卡"图层"面板中的"图层特性"按钮⊟,新建"楼梯"图层属性默认,将其设置为当前图层。图层设置如图 14-48 所示。

图 14-48　楼梯图层设置

(2)单击"默认"选项卡"绘图"面板中的"矩形"按钮□,绘制一个 3700×400 的矩形。单击"默认"选项卡"修改"面板中的"偏移"按钮⊆,将绘制的矩形向外偏移 50,如图 14-49 所示。

(3)单击"默认"选项卡"绘图"面板中的"直线"按钮✎,绘制出一条长 1900 的直线。单击"默认"选项卡"修改"面板中的"偏移"按钮⊆,将绘制的直线向内偏移 250,结果如图 14-50 所示。

图 14-49　绘制楼梯扶手 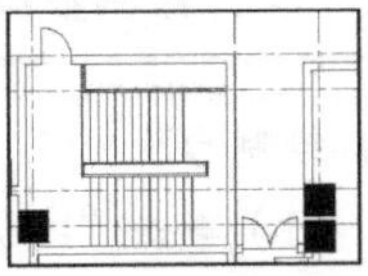　　图 14-50　绘制楼梯踏步

(4)单击"默认"选项卡"绘图"面板中的"多段线"按钮⊃,绘制方向线。命令行提示如下:

```
命令: PLINE
指定起点:
当前线宽为 300.0000
指定下一个点或 [圆弧(A)/半宽(H)/长度(L)/放弃(U)/宽度(W)]: w
指定起点宽度 <300.0000>: 0
指定端点宽度 <0.0000>: 200
指定下一个点或 [圆弧(A)/半宽(H)/长度(L)/放弃(U)/宽度(W)]:
指定下一点或 [圆弧(A)/闭合(C)/半宽(H)/长度(L)/放弃(U)/宽度(W)]: w
指定起点宽度 <200.0000>: 0
指定端点宽度 <0.0000>: 0
指定下一点或 [圆弧(A)/闭合(C)/半宽(H)/长度(L)/放弃(U)/宽度(W)]:
指定下一点或 [圆弧(A)/闭合(C)/半宽(H)/长度(L)/放弃(U)/宽度(W)]:
指定下一点或 [圆弧(A)/闭合(C)/半宽(H)/长度(L)/放弃(U)/宽度(W)]:
指定下一点或 [圆弧(A)/闭合(C)/半宽(H)/长度(L)/放弃(U)/宽度(W)]:
```

完成楼梯的绘制,如图 14-51 所示。

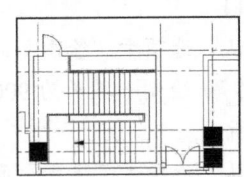

图 14-51　完成楼梯绘制

14.2.6　绘制装饰凹槽

𝒮𝓉ℯ𝓅 绘制步骤

①ᴥ 单击"默认"选项卡"图层"面板中的"图层特性"按钮⊟,新建"装饰凹槽"图层,属性默认,将其设置为当前图层,图层设置如图 14-52 所示。

图 14-52　楼梯图层设置

②ᴥ 单击"默认"选项卡"绘图"面板中的"矩

形"按钮 □，绘制一个 800×30 的矩形作为装饰凹槽，如图 14-53 所示。

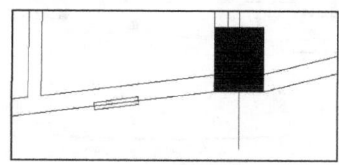

图 14-53　绘制装饰凹槽

③ 单击"默认"选项卡"修改"面板中的"修剪"按钮 ／，对装饰凹槽进行修剪，结果如图 14-54 所示。

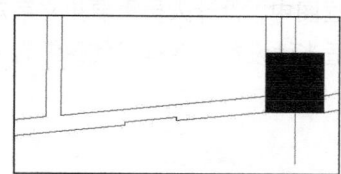

图 14-54　修剪装饰凹槽

④ 利用上述方法绘制剩余装饰凹槽，如图 14-55 所示。

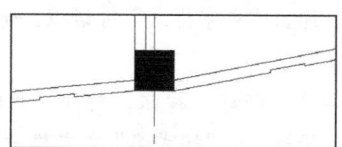

图 14-55　修剪装饰凹槽

14.2.7　标注尺寸

Step 绘制步骤

① 设置标注样式

（1）单击"默认"选项卡"图层"面板中的"图层特性"按钮 ，将"标注"图层设置为当前图层。

（2）单击"默认"选项卡"注释"面板中的"标注样式"按钮 ，弹出"标注样式管理器"对话框，如图 14-56 所示。

（3）单击"新建"按钮，弹出"创建新标注

样式"对话框，输入新样式名为"建筑"，如图 14-57 所示。

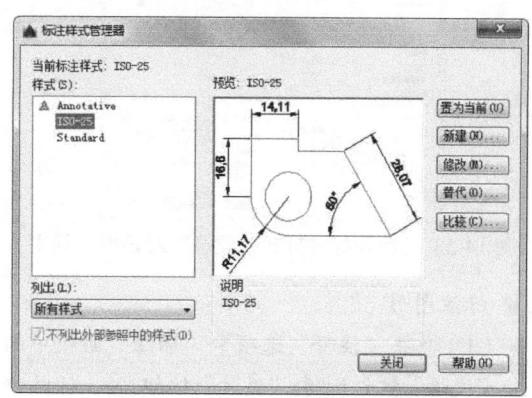

图 14-56　"标注样式管理器"对话框

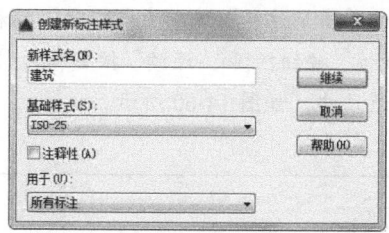

图 14-57　"创建新标注样式"对话框

（4）单击"继续"按钮，弹出"新建标注样式：建筑"对话框，各个选项卡，设置参数如图 14-58 所示。设置完参数后，单击"确定"按钮，返回到"标注样式管理器"对话框，将"建筑"样式置为当前。

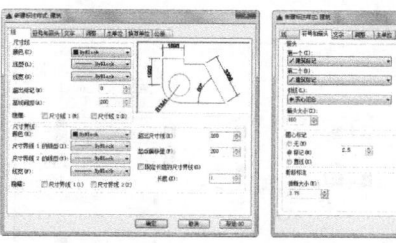
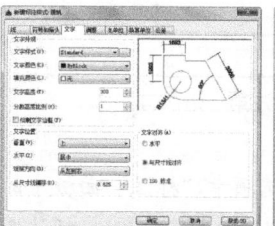
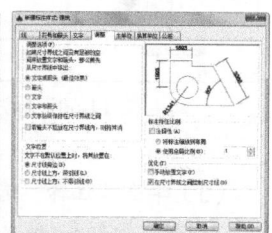

图 14-58　"新建标注样式：建筑"对话框

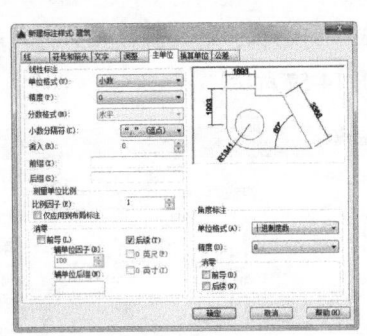

图 14-58　"新建标注样式：建筑"对话框（续）

2 标注图形

（1）单击"注释"选项卡"标注"面板中的"线性"按钮┝┥和"连续"按钮┼┼┼，标注细节尺寸，如图 14-59 所示。

（2）单击"注释"选项卡"标注"面板中的"线性"按钮┝┥和"连续"按钮┼┼┼，标注第一道尺寸，如图 14-60 所示。

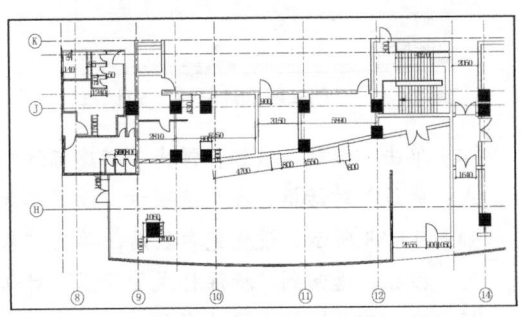

图 14-59　细节标注

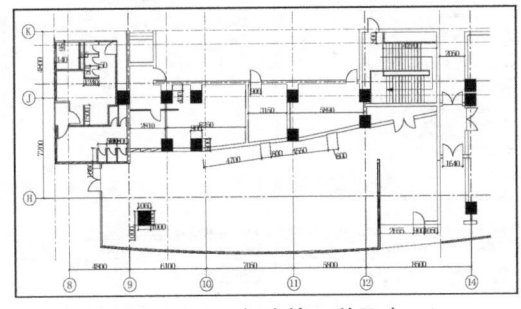

图 14-60　标注第一道尺寸

（3）单击"注释"选项卡"标注"面板中的"线性"按钮┝┥和"连续"按钮┼┼┼，标注图形总尺寸，如图 14-61 所示。

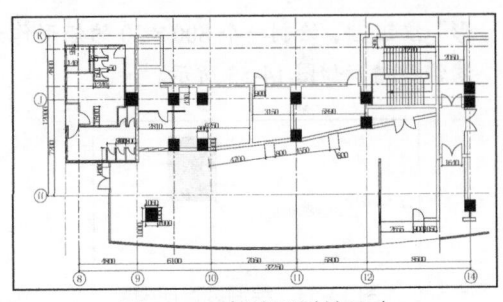

图 14-61　标注图形总尺寸

14.2.8　标注文字

在工程图中，设计人员需要用文字对图形进行说明。适当地设置文字样式使图纸看起来干净整洁。

Step 绘制步骤

1 设置文字样式

（1）选择菜单栏中的"格式"→"文字样式"命令，弹出"文字样式"对话框，如图 14-62所示。

（2）单击"新建"按钮，打开"新建文字样式"对话框，在"样式名"文本框中输入"平面图"，如图 14-63 所示。

（3）在"高度"文本框中输入"300"，其他设置如图 14-64 所示。

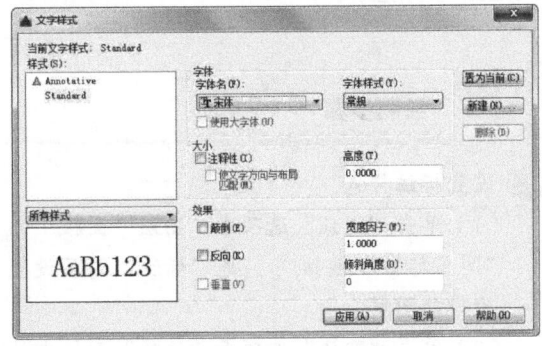

图 14-62　文字样式对话框

2 标注文字

（1）单击"默认"选项卡"图层"面板中的"图层特性"按钮🔲，在其下拉列表中选择

"文字"，将其设置为当前图层。

（2）单击"默认"选项卡"注释"面板中的"多行文字"按钮 **A**，在平面图的适当位置输入文字，如图 14-65 所示。

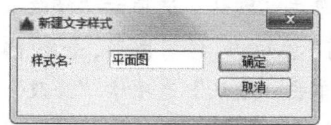

图 14-63　"新建文字样式"对话框

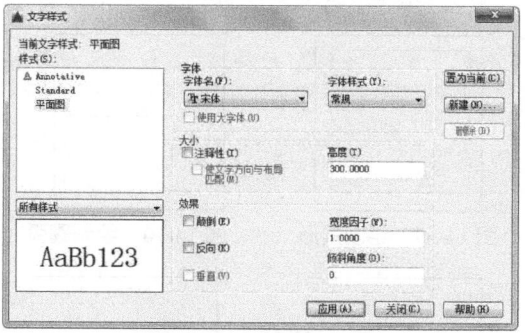

图 14-64　设置文字样式

（3）单击"插入"选项卡"块"面板中的"插入块"按钮 ，插入"源文件/图库/方向符号。咖啡吧平面图绘制完成，如图 14-66 所示。

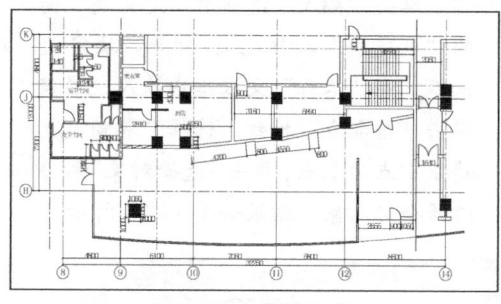

图 14-65　标注文字

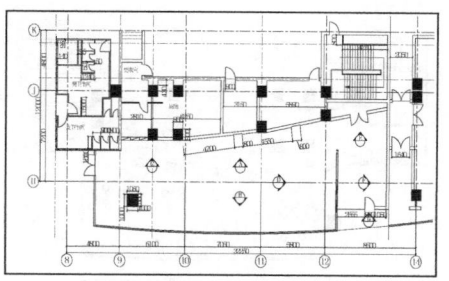

图 14-66　咖啡吧平面图

> **注意**　图纸是用来交流的，不同的单位使用的字体可能会不同，对于图纸中的文字，如果不是专门用于印刷出版的话，不一定必须要找回原来的字体显示。只要能看懂其中文字所要说明的内容就够了。所以，找不到的字体首先考虑的是使用其他字体来替换，而不是到处查找字体。

打开图形时，AutoCAD 在碰到没有的字体时会提示用户指定替换字体，但每次打开都进行这样操作未免有些烦琐。这里介绍一种一次性操作，免除以后的烦恼。

方法如下：复制要替换的字库为将被替换的字库名。如打开一幅图，提示找不到 jd.shx 字库，想用 hztxt.shx 替换它，那么可以把 hztxt.shx 复制一份，命名为 jd.shx，就可以解决了。不过这种办法的缺点显而易见，太占用磁盘空间。

14.3　咖啡吧装饰平面图

随着社会的发展，人们的生活水平不断提高，对休闲场所要求也逐步提高。咖啡吧是人们工作繁忙中一个缓解疲劳的最佳场所，所以咖啡吧的设计首要目标是休闲，要求里面设施健全，环境幽雅。

本例咖啡吧吧厅开阔，能同时容纳多人，室内布置了花台、电视、布局合理。前厅位置宽阔、人流畅通，避免人流过多、相互交叉和干扰。下面介绍图 14-67 所示的咖啡吧装饰平面的设计。

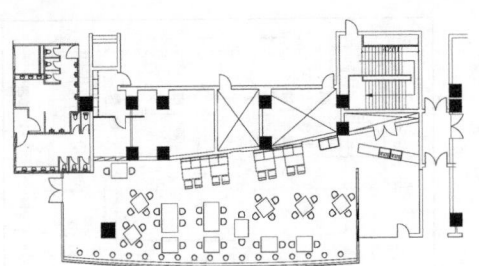

图 14-67　咖啡吧装饰平面图

14.3.1　绘制准备

在绘图过程中，绘图准备占有重要位置，整理好图形，使图形看起来整洁而不杂乱，对初学者来说可以节省后面绘制装饰平面图的时间。

Step 绘制步骤

❶ 单击"快速访问"工具栏中的"打开"按钮📂，打开前面绘制的"咖啡吧建筑平面图"，并将其另存为"咖啡吧平面布置图"。

❷ 关闭"尺寸"图层，"文字"图层。

❸ 单击"默认"选项卡"图层"面板中的"图层特性"按钮📇，新建"装饰"图层，将其设置为当前图层。图层设置如图 14-68 所示。

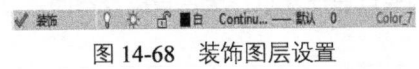

图 14-68　装饰图层设置

14.3.2　绘制所需图块

图块是多个对象组成一个整体，在图形中图块可以反复使用，大大节省了绘图时间。下面我们绘制家具并将其制作成图块布置到模型中。

Step 绘制步骤

❶ 绘制餐桌椅

（1）单击"默认"选项卡"绘图"面板中的"矩形"按钮▢，在空白位置绘制 200×100 的矩形，如图 14-69 所示。

（2）单击"默认"选项卡"绘图"面板中的"圆弧"按钮▢，起点为矩形左上端点，终点为矩形右上端点，绘制一段圆弧，如图 14-70 所示。

（3）单击"默认"选项卡"修改"面板中的"修剪"按钮✂，修剪图形，如图 14-71 所示。

（4）单击"默认"选项卡"修改"面板中的"偏移"按钮▣，将上部绘制的图形向外偏移 10，完成椅子的制作，如图 14-72 所示。

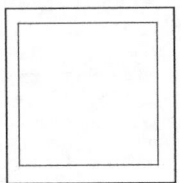

图 14-69　绘制矩形　　　图 14-70　绘制圆弧

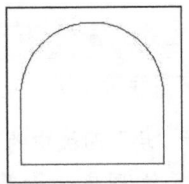 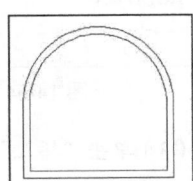

图 14-71　绘制水平直线　　　图 14-72　椅子

（5）单击"插入"选项卡"定义块"面板中的"创建块"按钮🔲，打开"块定义"对话框，在"名称"文本框中输入"餐椅1"。单击"拾取点"按钮，选择"餐椅1"的坐垫下中点为基点，单击"选择对象"按钮➕，选择全部对象，结果如图 14-73 所示。

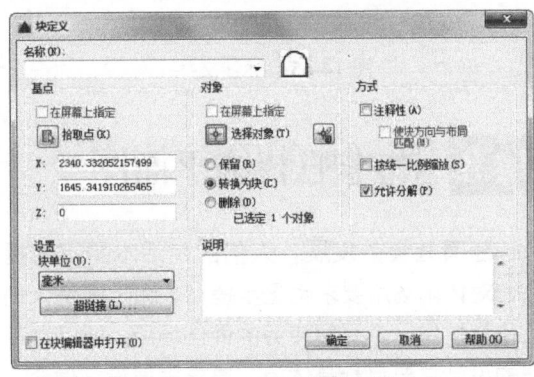

图 14-73　定义餐椅图块

（6）单击"默认"选项卡"绘图"面板中的

"矩形"按钮 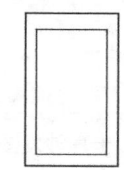，绘制一个尺寸为 300×500 的方形桌子，如图 14-74 所示。

（7）单击"插入"选项卡"块"面板中的"插入块"按钮 ，打开"插入"对话框，如图 14-75 所示。

图 14-74　桌子矩形

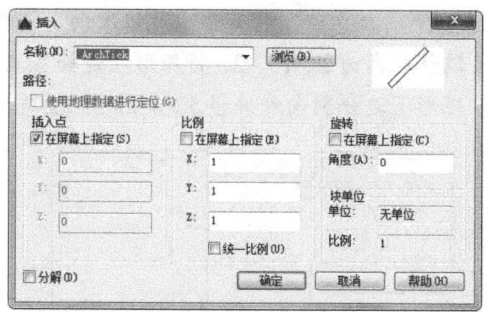

图 14-75　"插入"对话框

（8）在"名称"下拉列表中选择"餐椅 1"，指定桌子任意一点为插入点，旋转"90"，指定比例为 0.8，结果如图 14-76 所示。

（9）继续插入椅子图形，结果如图 14-77 所示。

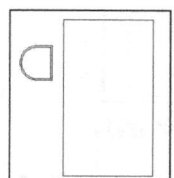 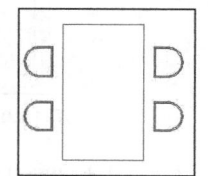

图 14-76　插入椅子图块　图 14-77　插入全部椅子

 在图形插入块时，可以对相关参数如插入点、插入比例及插入角度进行设置。

（10）利用上述方法绘制两人座桌椅，结果如图 14-78 所示。

❷ 绘制四人座桌椅

（1）单击"默认"选项卡"绘图"面板中的"矩形"按钮 ，绘制一个尺寸为 500×500

的方形桌子，如图 14-79 所示。

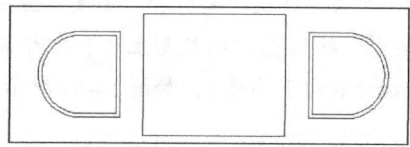

图 14-78　插入椅子

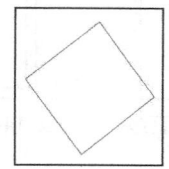

图 14-79　"插入"对话框

（2）单击"插入"选项卡"块"面板中的"插入块"按钮 。打开"插入"对话框，在"名称"下拉列表中选择"餐椅 1"，指定桌子上边中点为插入点，旋转"35"，结果如图 14-80 所示。

（3）继续插入椅子图形，结果如图 14-81 所示。

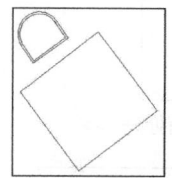 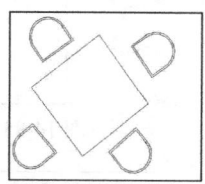

图 14-80　插入椅子　　图 14-81　插入全部椅子

❸ 绘制卡座沙发

（1）单击"默认"选项卡"绘图"面板中的"矩形"按钮 ，绘制一个尺寸为 200×200 的矩形，如图 14-82 所示。

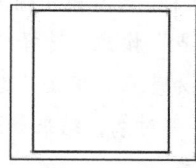

图 14-82　绘制矩形

（2）单击"默认"选项卡"修改"面板中的"分解"按钮 ，将上一步绘制的矩形分解。

（3）单击"默认"选项卡"修改"面板中的"偏移"按钮 ，将矩形上边向下偏移 50，如图 14-83 所示。

（4）单击"默认"选项卡"修改"面板中的"偏移"按钮，将矩形上边和上部偏移的直线分别向下偏移 5，如图 14-84 所示。

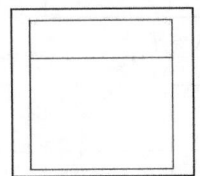
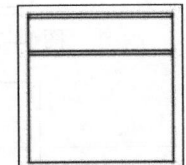

图 14-83　偏移直线　　　图 14-84　偏移直线

（5）单击"默认"选项卡"修改"面板中的"圆角"按钮，将矩形上两边和底边进行圆角处理，圆角半径为 15，结果如图 14-85 所示。

（6）单击"默认"选项卡"修改"面板中的"复制"按钮，将上一步绘制的图形复制 4 个，完成卡座沙发的绘制，如图 14-86 所示。

图 14-85　圆角处理

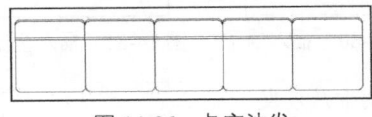

图 14-86　卡座沙发

（7）单击"插入"选项卡"块定义"面板中的"创建块"按钮，打开"块定义"对话框，在"名称"文本框中输入"卡座沙发"。单击"拾取点"按钮，选择"卡座沙发"的坐垫下中点为基点，单击"选择对象"按钮，选择全部对象，结果如图 14-87 所示。

❹　绘制双人沙发

（1）单击"默认"选项卡"绘图"面板中的"矩形"按钮，绘制一个尺寸为 200×200 的矩形，如图 14-88 所示。

（2）单击"默认"选项卡"修改"面板中的"分解"按钮，将上一步绘制的矩形分解。

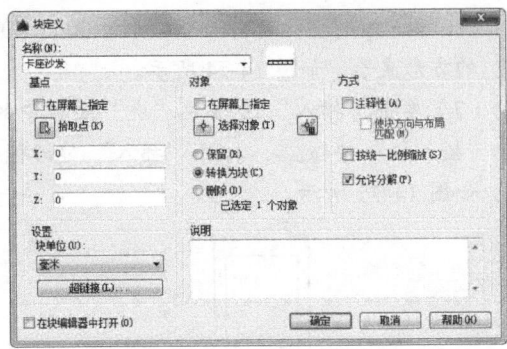

图 14-87　卡座沙发图块图块

（3）单击"默认"选项卡"修改"面板中的"偏移"按钮，将矩形上边依次向下偏移，偏移距离为 2、15、2，将矩形左边竖直边和矩形下边分别向外偏移 5，如图 14-89 所示。

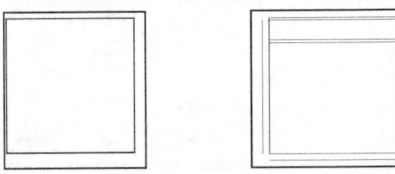

图 14-88　绘制矩形　　　图 14-89　偏移直线

（4）单击"默认"选项卡"修改"面板中的"圆角"按钮，将矩形边进行倒圆角处理。圆角半径为 15，如图 14-90 所示。

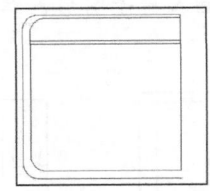

图 14-90　矩形倒圆角

（5）单击"默认"选项卡"修改"面板中的"镜像"按钮，将图形镜像，镜像线为矩形右边竖直边。完成双人沙发的绘制，结果如图 14-91 所示。

（6）单击"插入"选项卡"定义块"面板中的"创建块"按钮，打开"块定义"对话框，在"名称"文本框中输入"双人沙发"。单击"拾取点"按钮，选择"双人沙发"的坐垫下中点为基点，单击"选择对象"按钮，选择全部对象，结果如图 14-92 所示。

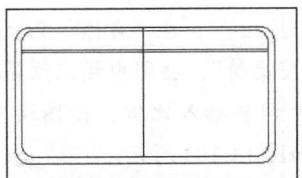

图 14-91 双人沙发的绘制

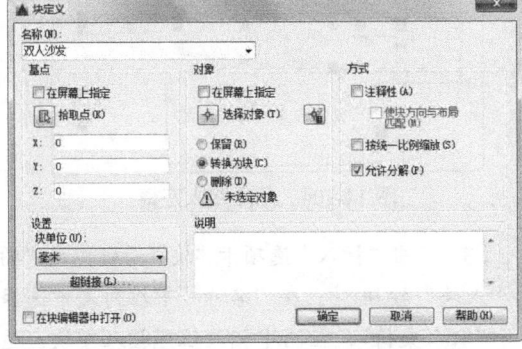

图 14-92 卡座沙发图块图块

5 绘制吧台椅

（1）单击"默认"选项卡"绘图"面板中的"圆"按钮 ⊙，绘制一个直径为 140 的圆，如图 14-93 所示。

（2）单击"默认"选项卡"修改"面板中的"偏移"按钮 ⊜，将圆向外偏移 10，如图 14-94 所示。

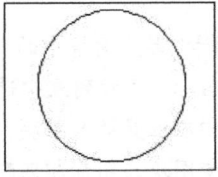

图 14-93 绘制圆   图 14-94 偏移圆

（3）单击"默认"选项卡"绘图"面板中的"直线"按钮 ✎，绘制内圆与外圆的连接线，如图 14-95 所示。

（4）单击"默认"选项卡"修改"面板中的"修剪"按钮 ⊬，修剪图形，完成吧台椅的绘制，如图 14-96 所示。

（5）单击"插入"选项卡"块定义"面板中的"创建块"按钮 ⊡，打开"块定义"对话框，在"名称"文本框中输入"吧台椅"。单击"拾取点"按钮，选择"吧台椅"的坐

垫下中点为基点，单击"选择对象"按钮 ⊹，选择全部对象，结果如图 14-97 所示。

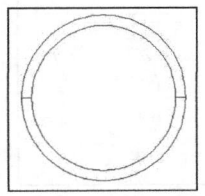 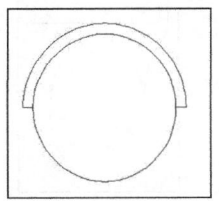

图 14-95 绘制连接线   图 14-96 吧台椅的绘制

图 14-97 卡座沙发图块

6 绘制座便器

（1）单击"默认"选项卡"绘图"面板中的"矩形"按钮 ▢，在空白位置绘制 350×110 的矩形，再单击"默认"选项卡"修改"面板中的"偏移"按钮 ⊜，将矩形向内偏移 20，如图 14-98 所示。

（2）单击"默认"选项卡"绘图"面板中的"椭圆"按钮 ⬭，绘制一个长轴直径为 350、短轴直径为 240 的椭圆，如图 14-99 所示。

 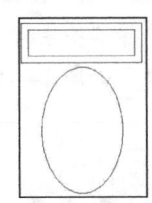

图 14-98 偏移矩形   图 14-99 绘制椭圆

（3）单击"默认"选项卡"绘图"面板中的"圆弧"按钮 ⌒，绘制两段圆弧，结果如图 14-100 所示。

（4）单击"默认"选项卡"修改"面板中的"偏移"按钮 ⊜，将椭圆向内偏移 10，结果

如图 14-101 所示。

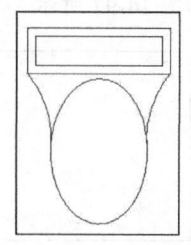
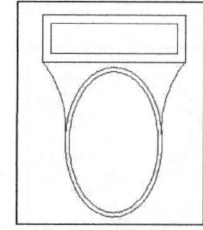

图 14-100　绘制圆弧　　图 14-101　偏移椭圆

（5）单击"默认"选项卡"绘图"面板中的"圆"按钮 ⊙ ，绘制一个半径为 5 的圆。完成座便器的绘制。如图 14-102 所示。

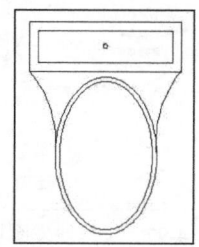

图 14-102　偏移小圆

14.3.3　布置咖啡吧

Step 绘制步骤

① 咖啡吧大厅布置

（1）单击"插入"选项卡"块"面板中的"插入块"按钮 🖼 ，在"名称"下拉列表中选择"餐桌椅1"，在图中相应位置插入图块，如图 14-103 所示。

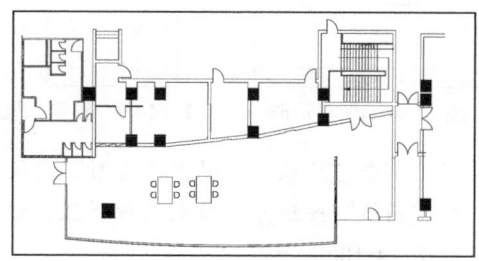

图 14-103　插入双人座椅

（2）单击"插入"选项卡"块"面板中的"插

入块"按钮 🖼 ，在"名称"下拉列表中选择"四人座桌椅"，在图中相应位置插入图块，适当地调整插入比例，使图块与图形相匹配，如图 14-104 所示。

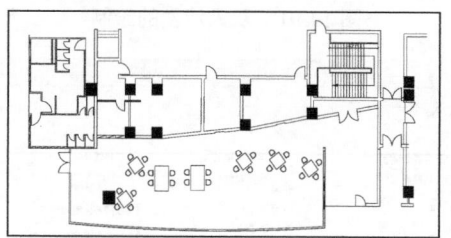

图 14-104　插入四人座椅

（3）单击"插入"选项卡"块"面板中的"插入块"按钮 🖼 ，在"名称"下拉列表中选择"双人桌椅"，在图中相应位置插入图块，适当地调整插入比例，使图块与图形相匹配，如图 14-105 所示。

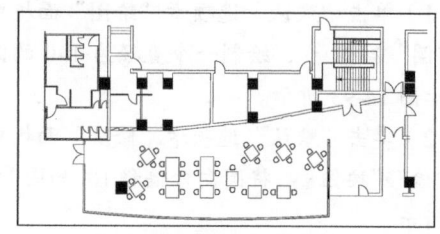

图 14-105　插入双人座椅

（4）单击"插入"选项卡"块"面板中的"插入块"按钮 🖼 ，在"名称"下拉列表中选择"卡座沙发"，在图中相应位置插入图块，适当地调整插入比例，使图块与图形相匹配，如图 14-106 所示。

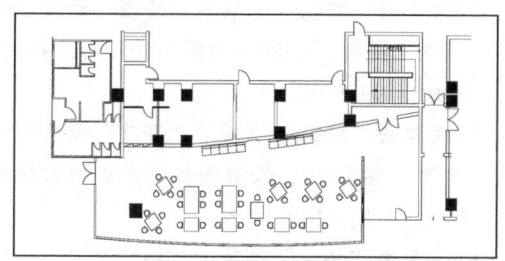

图 14-106　插入卡座沙发

（5）单击"插入"选项卡"块"面板中的"插入块"按钮 🖼 ，在"名称"下拉列表中选择

"双人沙发"，如图 14-107 所示。

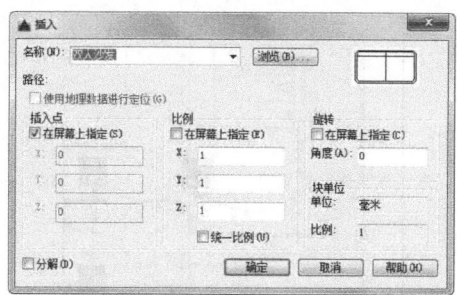

图 14-107　"插入"对话框

（6）单击"默认"选项卡"修改"面板中的"偏移"按钮▣，选择弧度墙体向内偏移 300，绘制出吧台桌子。

（7）单击"插入"选项卡"块"面板中的"插入块"按钮▣，在"名称"下拉列表中选择"吧台椅"，插入吧台椅，如图 14-108 所示。

（8）利用上述方法插入图块，完成咖啡吧大厅装饰布置图的绘制，结果如图 14-108 所示。

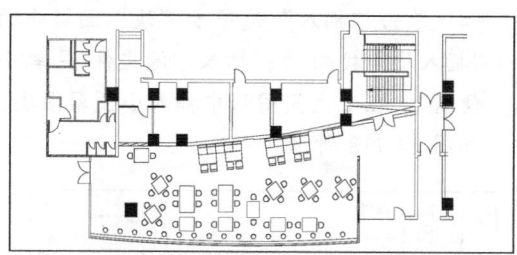

图 14-108　咖啡吧大厅装饰布置图

2 咖啡吧前厅布置

咖啡吧前厅是咖啡吧的入口，也是顾客对咖啡吧产生第一印象的地方。

（1）单击"默认"选项卡"绘图"面板中的"矩形"按钮▢，绘制一个 4720×600 的矩形，在刚绘制的矩形内绘制一个 1600×600 的矩形，结果如图 14-109 所示。

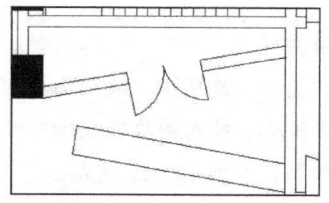

图 14-109　绘制矩形

（2）单击"默认"选项卡"修改"面板中的"偏移"按钮▣，将上一步绘制的矩形向外偏移 20，如图 14-110 所示。

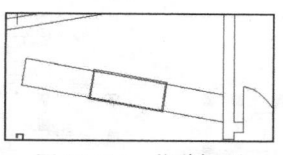

图 14-110　偏移矩形

（3）单击"默认"选项卡"绘图"面板中的"直线"按钮╱，拾取矩形上边中点为起点绘制一条垂直直线，取内部矩形左边中点为起点绘制一条水平直线。

（4）单击"默认"选项卡"修改"面板中的"偏移"按钮▣，将垂直直线分别向两侧偏移 30。

（5）单击"默认"选项卡"修改"面板中的"修剪"按钮▸，修剪图形结果如图 14-111 所示。

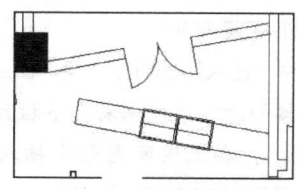

图 14-111　修剪图形

（6）单击"默认"选项卡"绘图"面板中的"直线"按钮╱，在矩形内部绘制直线细化图形，结果如图 14-112 所示。

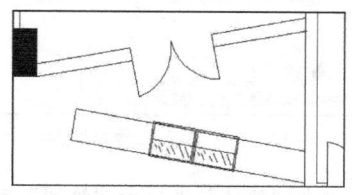

图 14-112　细化图形

（7）单击"默认"选项卡"绘图"面板中的"直线"按钮╱，在图形内部绘制两条交叉直线，如图 14-113 所示。

3 咖啡吧更衣室布置

单击"默认"选项卡"绘图"面板中的"直

线"按钮 ✐，绘制更衣室的更衣柜。绘制方法过于简单，使用命令前面已经讲述过，在这就不再详细阐述，如图 14-114 所示。

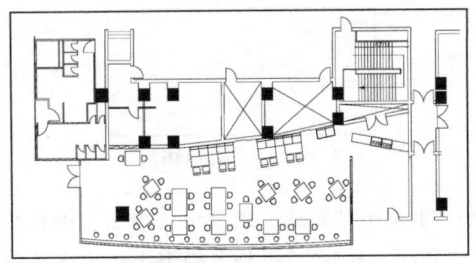

图 14-113　绘制交叉线

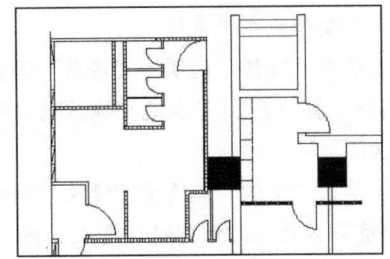

图 14-114　绘制更衣室衣柜

❹ 咖啡吧卫生间布置

（1）单击"插入"选项卡"块"面板中的"插入块"按钮 🔳，在"名称"下拉列表中选择"坐便器"，在卫生间图形中插入座便器图块，如图 14-115 所示。

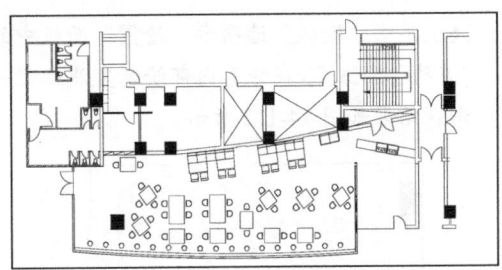

图 14-115　插入座便器图块

（2）单击"默认"选项卡"绘图"面板中的"直线"按钮 ✐，在距离墙体位置 300 处绘制一条直线，作为洗手台边线，如图 14-116 所示。

（3）单击"插入"选项卡"块"面板中的"插入块"按钮 🔳，插入"源文件/图库/洗手盆"，在卫生间图形中插入洗手盆图块，

如图 14-117 所示。

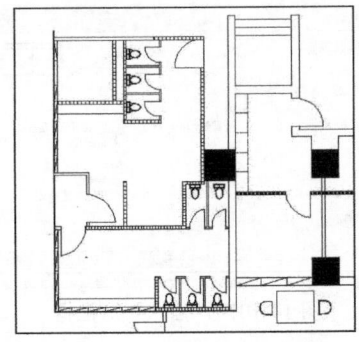

图 14-116　绘制洗手台边线

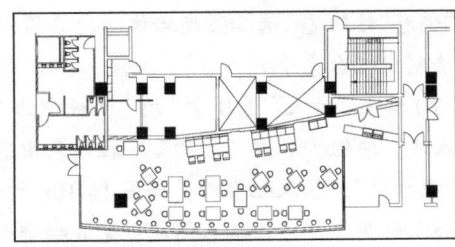

图 14-117　插入洗手盆图形

（4）单击"插入"选项卡"块"面板中的"插入块"按钮 🔳，插入"源文件/图库/小便器"，在卫生间图形中插入小便器图块，如图 14-118 所示。

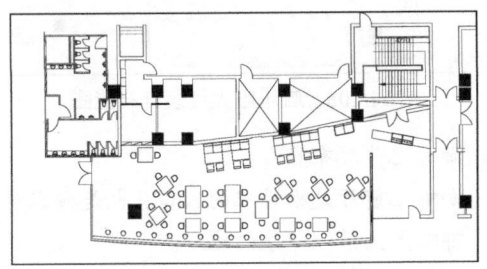

图 14-118　插入小便器图形

 在图形中，我们利用前面讲过的方法为厨房开通一个门。

❺ 布置厨房

单击"插入"选项卡"块"面板中的"插入块"按钮 🔳，插入图块完成咖啡吧装饰平面图的绘制，如图 14-119 所示。

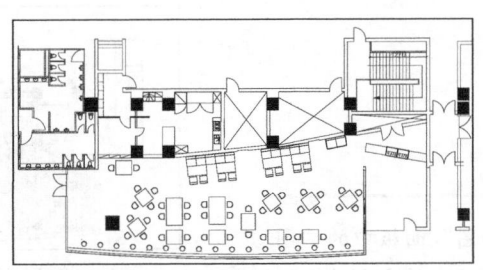

图 14-119　咖啡吧装饰平面图的绘制

14.4　绘制咖啡吧顶棚平面图

本例咖啡吧做了一个错层吊顶，中间以开间区域自然分开。其中，咖啡厅为方通管顶棚，需要在靠近厨房顶棚沿线布置装饰吊灯，在中间区域布置射灯，灯具布置不要过密，要形成一种相对柔和的光线氛围；厨房为烤漆格栅扣板顶棚。

由于厨房为工作场所，灯具在保证亮度前提下则可以根据需要相对随意布置；门厅顶棚为相对明亮的白色乳胶漆饰面的纸面石膏板，这样可以使空间高度相对充裕，再配以软管射灯和格栅射灯，使整个门厅显得清新明亮，如图 14-120 所示。

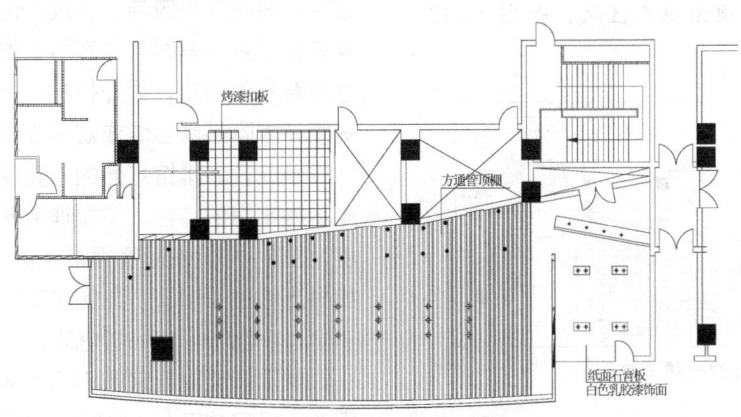

图 14-120　顶棚平面图

14.4.1　绘制准备

![Step] 绘制步骤

❶ 单击"快速访问"工具栏中的"打开"按钮 📂，打开前面绘制的"某咖啡吧平面布置图"，并将其另存为"咖啡吧顶面布置图"。

❷ 关闭"家具""轴线""门窗""尺寸"图层。删除卫生间隔断和洗手台。

❸ 单击"默认"选项卡"绘图"面板中的"直

线"按钮 ⁄，绘制一条直线。结果如图 14-121 所示。

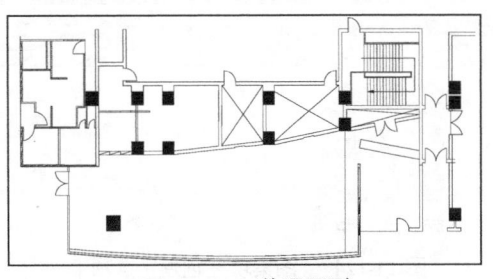

图 14-121　整理图形

14.4.2 绘制吊顶

Step 绘制步骤

① 单击"默认"选项卡"绘图"面板中的"图案填充"按钮▨，弹出"图案填充创建"选项卡，具体设置如图 14-122 所示。

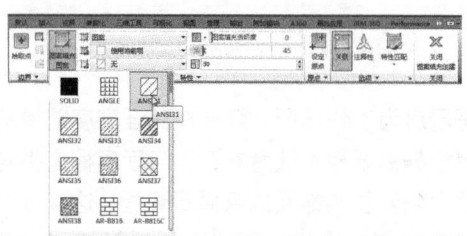

图 14-122 "图案填充创建"选项卡

② 选择咖啡厅吊顶为填充区域，如图 14-123 所示。

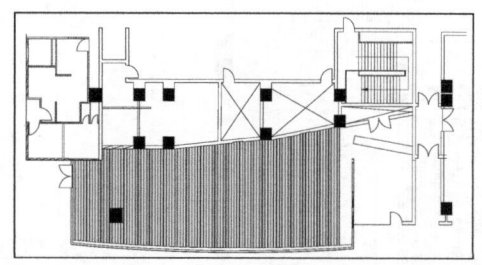

图 14-123 填充咖啡厅

③ 单击"默认"选项卡"绘图"面板中的"图案填充图案"按钮▨，弹出"图案填充创建"选项卡，具体设置如图 14-124 所示。

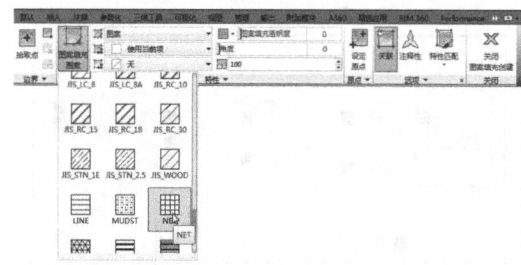

图 14-124 "图案填充创建"选项卡

④ 选择咖啡厅厨房为填充区域，如图 14-125 所示。

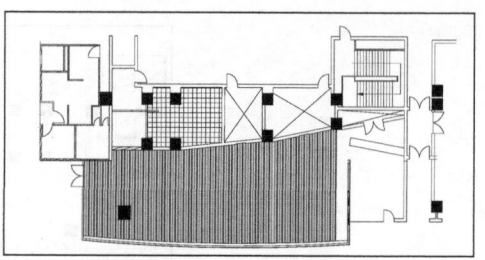

图 14-125 填充厨房区域

14.4.3 布置灯具

灯饰有纯为照明或兼作装饰用，在装置的时候，一般来说，浅色的墙壁，如白色、米色，均能反射多量的光线，达 90%；而颜色深的背景，如深蓝、深绿、咖啡色，只能反射光线 5%～10%。

一般室内装饰设计，彩色色调最好用明朗的颜色，照明效果较佳，不过，也不是说凡深色的背景都不好，有时为了实际上的需要，强调浅颜色与背景的对比，另外打投灯光在咖啡器皿上，更能使咖啡品牌显眼或富有立体感。

因此，咖啡馆灯光的总亮度要低于周围，以显示咖啡馆的特性，使咖啡馆形成优雅的休闲环境，这样，才能使顾客循灯光进入温馨的咖啡馆。如果光线过于暗淡，会使咖啡馆显出一种沉闷的感觉，不利于顾客品尝咖啡。

其次，光线用来吸引顾客对咖啡的注意力。因此，灯暗的吧台，咖啡可能显得古老而具有神秘的吸引力。咖啡制品，本来就是以褐色为主，深色的、颜色较暗的咖啡，都会吸收较多的光，所以若使用较柔和的日光灯照射，整个咖啡馆的气氛就会舒适起来。

下面具体讲述本例咖啡吧中灯具的具体布置。

Step 绘制步骤

① 单击"插入"选项卡"块"面板中的"插入块"按钮🔳，插入"源文件/图库/软管射灯"图块，结果如图 14-126 所示。

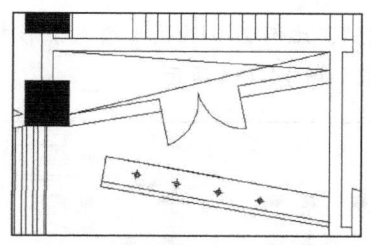

图 14-126　插入软管射灯

② 单击"插入"选项卡"块"面板中的"插入块"按钮，插入"源文件/图库/嵌入式格栅射灯"图块，结果如图 14-127 所示。

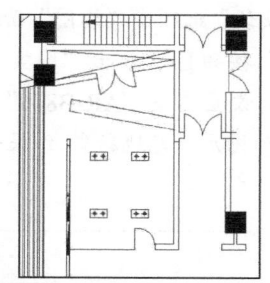

图 14-127　嵌入式格栅射灯

③ 单击"插入"选项卡"块"面板中的"插入块"按钮，插入"源文件/图库/装饰吊灯"图块，结果如图 14-128 所示。

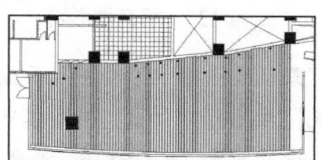

图 14-128　装饰吊灯

④ 单击"插入"选项卡"块"面板中的"插入

块"按钮，插入"源文件/图库/射灯"图块，结果如图 14-129 所示。

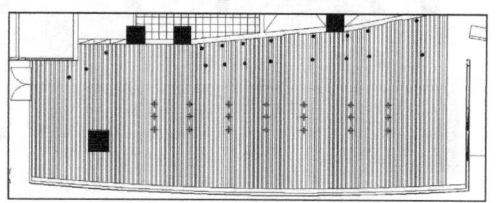

图 14-129　插入射灯

⑤ 在命令行中输入 QLEADER 命令，为咖啡厅顶棚添加文字说明，如图 14-130 所示。

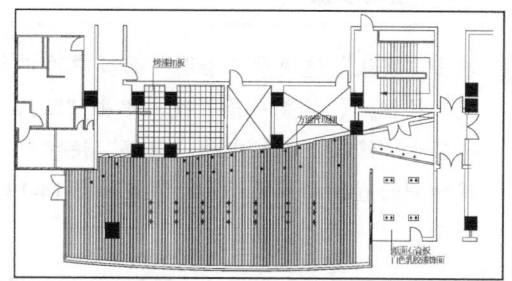

图 14-130　输入文字说明

14.5 咖啡吧地面平面图的绘制

咖啡吧是一种典型的休闲建筑，所以其室内地面设计就必须相对考究，要从中折射出一种安逸舒适的气质，在用材和布置方面要尽量繁复。本例中，采用深灰色地形岩和条形木地板交错排列（平面造型可以相对新奇），中间间隔以下置 LED 灯的喷沙玻璃隔栅，通过地面灯光的投射，与顶棚灯光交相辉映，使整个大厅显得朦胧迷离，如梦如幻，同时又使深灰色地形岩和条形木地板界限分明，几何图案美感得到了进一步强化。门厅采用深灰色地形岩，厨房采用防滑地砖配以不锈钢格栅地沟，则是以突出实用性为主的简化处理，如图 14-131 所示。

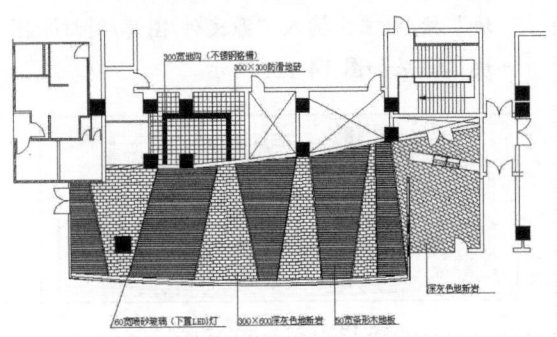

图 14-131　咖啡吧地面平面图

Step　绘制步骤

① 单击"默认"选项卡"绘图"面板中的"直线"按钮，绘制一条直线，单击"默认"选项卡"修改"面板中的"偏移"按钮，将绘制的直线向外偏移 60，结果如图 14-132 所示。

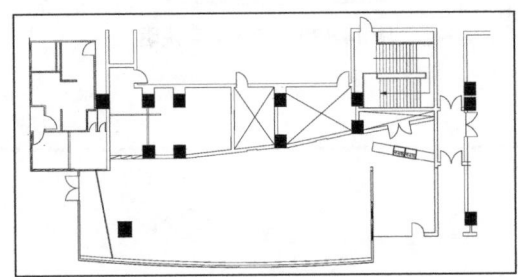

图 14-132　绘制喷砂玻璃

② 利用上述方法完成所有喷砂玻璃的绘制，如图 14-133 所示。

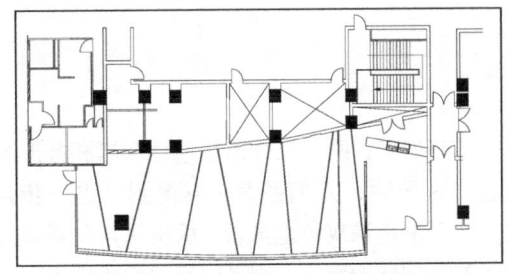

图 14-133　绘制所有喷砂玻璃

③ 单击"默认"选项卡"绘图"面板中的"图案填充"按钮，弹出"图案填充创建"选项卡。设置图案为"ANSI31"，角度为

"-45"，比例 20，为图形填充条形木地板，结果如图 14-134 所示。

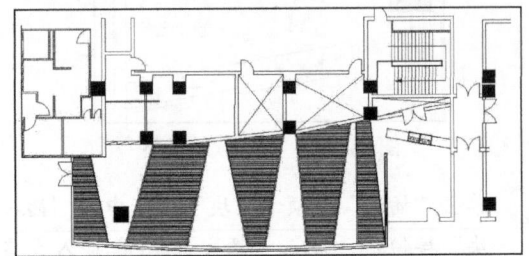

图 14-134　填充条形地板

④ 单击"默认"选项卡"绘图"面板中的"图案填充"按钮，弹出"图案填充创建"选项卡。设置图案"AR-B816"角度"1"比例 1，为图形填充地新岩，结果如图 14-135 所示。

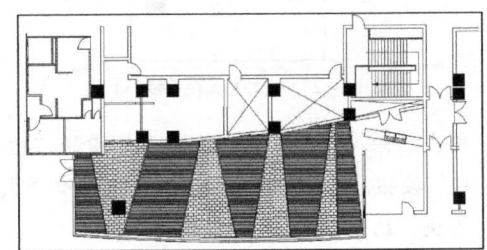

图 14-135　填充地形岩

⑤ 单击"默认"选项卡"绘图"面板中的"图案填充"按钮，弹出"图案填充创建"选项卡。设置图案"AR-B816"角度"1"比例 1，为前厅填充地砖，如图 14-136 所示。

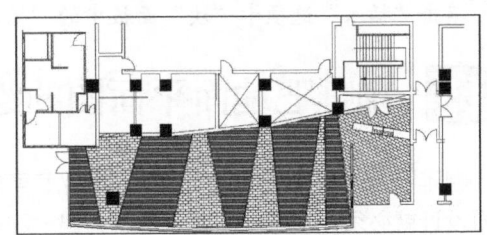

图 14-136　填充前厅

⑥ 单击"默认"选项卡"修改"面板中的"偏移"按钮，选择厨房水平直线连续向内偏移 300，选择厨房竖直墙线连续向内偏移 300，结果如图 14-137 所示。

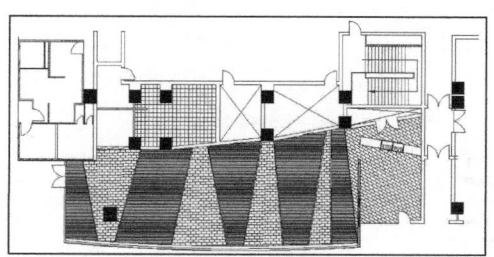

图 14-137　填充厨房

7 单击"默认"选项卡"绘图"面板中的"直线"按钮 ，在厨房内地面绘制 300 宽地沟，并单击"默认"选项卡"绘图"面板中的"图案填充"按钮 ，填充地沟区域，如图 14-138 所示。

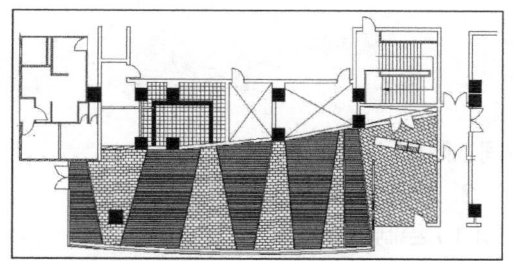

图 14-138　填充地沟图形

8 在命令行中输入 QLEADER 命令，为咖啡厅地面添加文字说明，如图 14-139 所示。

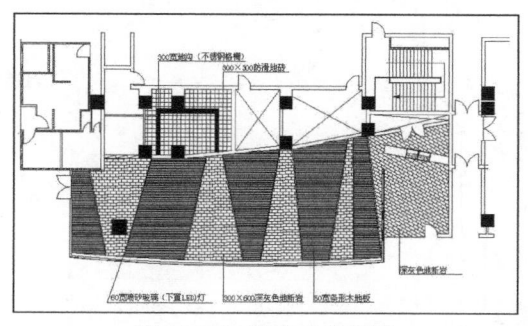

图 14-139　添加文字说明

> **注意**　作为室内工程制图，可能会涉及诸多特殊符号，特殊符号的输入在单行文本输入与多行文本输入是有很大不同的，以及对于字体文件的选择特别重要。多行文字中插入符号或特殊字符的步骤如下。

（1）双击多行文字对象，打开文字编辑器。

（2）在展开的选项板上单击"符号"，如图 14-140 所示。

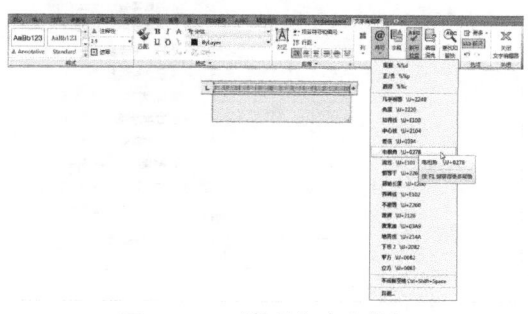

图 14-140　"符号"命令按钮

（3）单击符号列表上的某符号，或单击"其他"显示"字符映射表"对话框，如图 14-141 所示。在"字符映射表"对话框中，选择一种字体，然后选择一种字符，并使用以下方法之一。

A——要插入单个字符，请将选定字符拖动到编辑器中。

B——要插入多个字符，请单击"选择"，将所有字符都添加到"复制字符"框中。选择了所有所需的字符后，单击"复制"按钮。在打开的快捷菜单中选择"粘贴"选项。

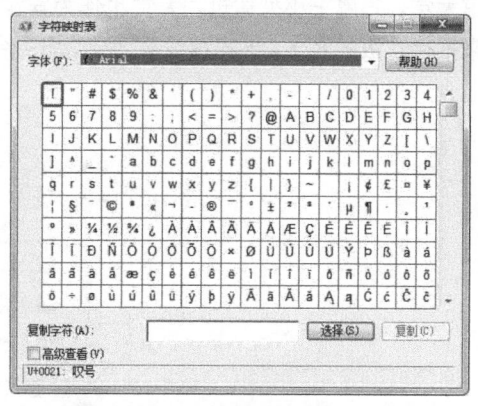

图 14-141　"字符映射表"对话框

关于特殊符号的运用，用户可以适当记住一些常用符号的 ASC 代码，同时也可以尝试从软键盘中输入，即右键单击输入法上的软键盘，在打开的快捷菜单中选择相应的类型，然后输入相关字符，如图 14-142 所示。

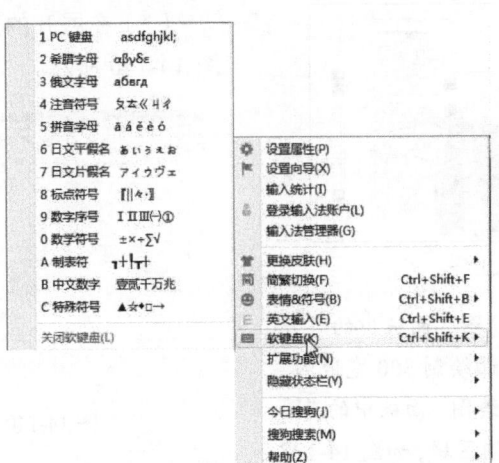

图 14-142 软键盘输入特殊字符

14.6 上机实验

【练习 1】绘制图 14-143 所示的餐厅装饰平面图

1. 目的要求

本例采用的实例是人流量较小、相对简单的宾馆大堂，它属于小型建筑，大堂也作为宾馆饭店来招待吃饭的客人。该宾馆设有大堂，服务台、雅间、阳台、卫生间等。

2. 操作提示

（1）绘制平面。

（2）绘制室内装饰。

（3）布置室内装饰。

（4）添加尺寸文字标注。

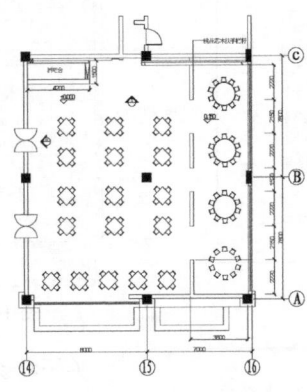

图 14-143 餐厅装饰平面图

【练习 2】绘制图 10-144 所示的餐厅顶棚平面图

1. 目的要求

在讲解顶棚图绘制的过程中，按室内平面图修改、顶棚造型绘制、灯具布置、文字尺寸标注、符号标注及线宽设置的顺序进行。绘制图 14-144 所示的餐厅顶棚布置图。

2. 操作提示

（1）整理平面图形。

（2）绘制暗藏灯槽。

（3）绘制灯具。

（4）添加尺寸标注。

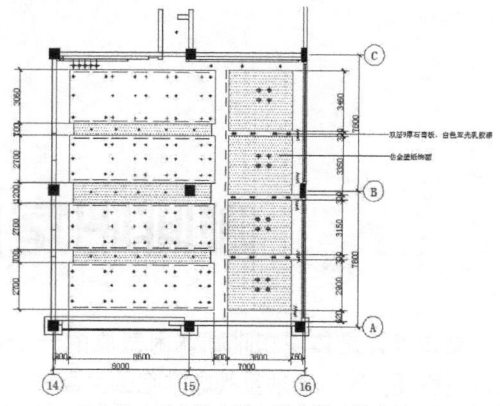

图 14-144　餐厅顶棚平面图

第 15 章

咖啡吧室内设计立面及详图绘制

立面设计是体现咖啡吧休闲气质的一个重要体现途径，所以必须重视咖啡吧的立面设计。

本章将在上一章的基础上继续讲解设计咖啡吧立面图和详图的方法和技巧。

重点与难点

➲ 咖啡吧立面图的绘制

➲ 玻璃台面节点详图的绘制

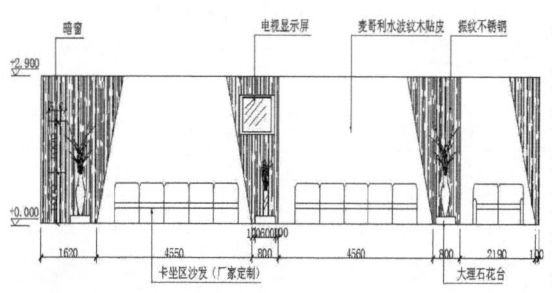

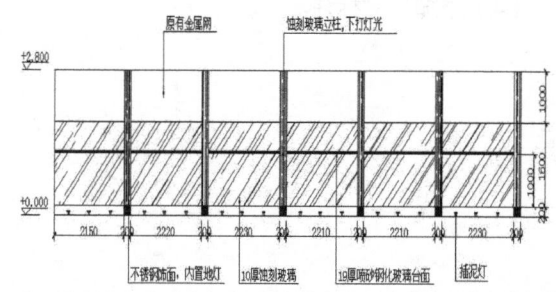

15.1 绘制咖啡吧立面图

A 立面是咖啡吧内部立面，如图 15-1 所示，所以可以在此立面进行休闲设计，用以渲染舒适安逸的气氛。A 立面的主体为振纹不锈钢和麦哥利水波纹木贴皮交错布置。在振纹不锈钢装饰区域可以布置墙体电视显示屏，用以播放一些音乐和风景影像，再配置一些绿色盆景或装饰古董，显得文化气息扑面而来、浪漫情调浓郁。在麦哥利水波纹木贴皮装饰区域配置一些卡座区沙发，整个布局显得和谐舒适。

如图 15-2 所示，B 立面是咖啡吧与外界的分隔立面，所以此立面的首要功能是要突出一种朦胧的隔离感，又要适当考虑外界光线的穿透。B 立面主体为不锈钢立柱分隔的蚀刻玻璃隔墙，再配以各种灯光投射装饰。既有一种明显的区域隔离感，同时又通过打在蚀刻玻璃的灯光反射出的模糊柔和的光，营造出一种恍如隔世的怡然自得的闲情逸致。

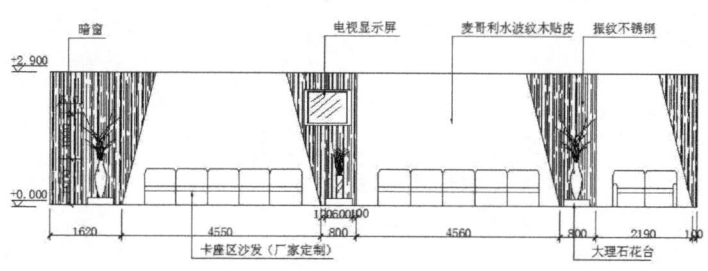

图 15-1　A 立面图

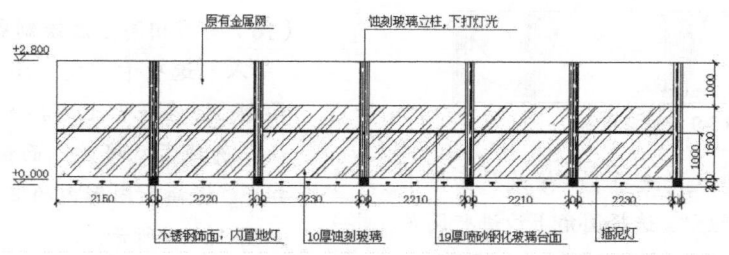

图 15-2　B 立面图

15.1.1　绘制咖啡吧 A 立面图

Step　绘制步骤

❶ 绘制立面图

（1）单击"默认"选项卡"图层"面板中的"图形特性"按钮，新建"立面"图层属性默认，将其设置为当前图层，图层设置如图 15-3 所示。

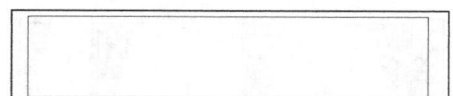

图 15-3　台阶图层设置

（2）单击"默认"选项卡"绘图"面板中的"矩形"按钮，绘制 14620×2900 的矩形。并将其进行分解，结果如图 15-4 所示。

图 15-4　绘制矩形

（3）单击"默认"选项卡"修改"面板中的"分解"按钮，将上一步绘制的矩形进行分解。

（4）单击"默认"选项卡"修改"面板中的"偏移"按钮，将最左端竖直线向右偏移，偏移距离为 1620、4550、800、4560、800、2190、100。结果如图 15-5 所示。

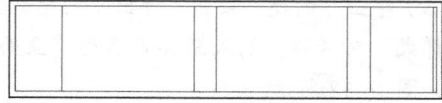

图 15-5　偏移直线

（5）单击"默认"选项卡"修改"面板中的"旋转"按钮。将偏移的直线以下端点为旋转基点，分别旋转−15°、15°、15°、15°，如图 15-6 所示。

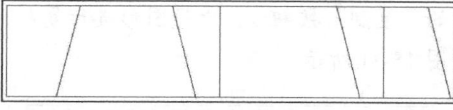

图 15-6　旋转直线

（6）单击"绘图"工具栏中的"图案填充"按钮。设置填充图案为"AR-RROOF"，角度为"90"，比例为"5"，如图 15-7 所示。

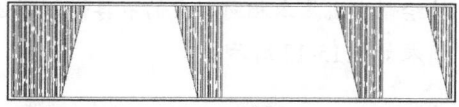

图 15-7　填充图案

（7）单击"默认"选项卡"绘图"面板中的"矩形"按钮，绘制一个 720×800 的矩形，如图 15-8 所示。

图 15-8　绘制矩形

（8）单击"默认"选项卡"修改"面板中的"分解"按钮，将上一步绘制的矩形进行分解。

（9）单击"默认"选项卡"修改"面板中的"偏移"按钮，选择分解矩形的最上边分别向下偏移 400、100、300，如图 15-9 所示。

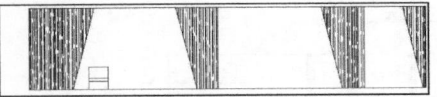

图 15-9　偏移直线

（10）单击"默认"选项卡"修改"面板中的"圆角"按钮◻，选择圆角上边进行圆角处理。圆角半径为 100，如图 15-10 所示。

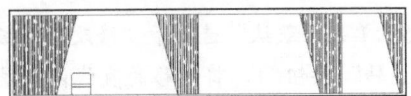

图 15-10　圆角处理

（11）单击"默认"选项卡"修改"面板中的"复制"按钮❀，选择图形进行复制，如图 15-11 所示。

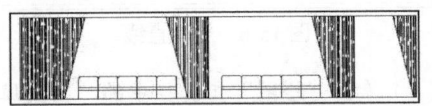

图 15-11　复制图形

（12）两人座沙发的绘制方法与五人座沙发的绘制方法基本相同。我们不再详细阐述，结果如图 15-12 所示。

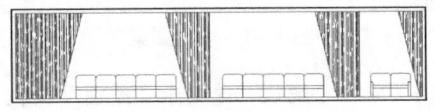

图 15-12　绘制其他图形

（13）单击"默认"选项卡"绘图"面板中的"矩形"按钮◻，绘制一个 500×150 的矩形。

（14）单击"默认"选项卡"修改"面板中的"分解"按钮◓，将图形中的填充区域进行分解。

（15）单击"默认"选项卡"修改"面板中的"修剪"按钮-/--，修剪花台内区域，如图 15-13 所示。

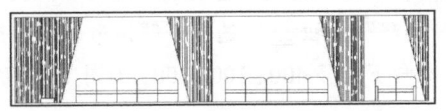

图 15-13　绘制花台

（16）调用相同方法绘制剩余花台，并单击"插入"选项卡"块"面板中的"插入块"按钮🗗，在花台上方插入装饰物。单击"默认"选项卡"修改"面板中的"修剪"按钮-/--，将插入图形内的多余线段进行修剪，如图 15-14 所示。

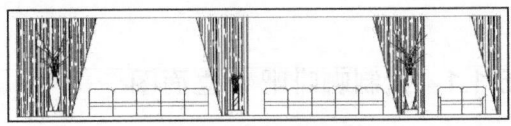

图 15-14　插入装饰瓶

（17）单击"插入"选项卡"块"面板中的"插入块"按钮🗗，在图形中适当位置插入"电视显示屏"，并单击"默认"选项卡"修改"面板中的"修剪"按钮-/--，将插入图形内的多余线段进行修剪，如图 15-15 所示。

图 15-15　修剪图形

（18）单击"绘图"工具栏中的"矩形"按钮◻，绘制一个矩形作为暗窗，如图 15-16 所示。

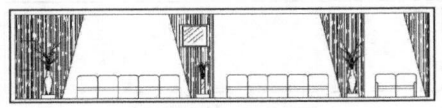

图 15-16　绘制暗窗

❷ 标注尺寸

（1）单击"默认"选项卡"图层"面板中的"图形特性"按钮，将"标注"图层设置为当前图层。

（2）单击"默认"选项卡"注释"面板中的"标注样式"按钮，弹出"标注样式管理器"对话框，如图 15-17 所示。

（3）单击"新建"按钮，弹出"创建新标注样式"对话框，输入新样式名为"立面"，如图 15-18 所示。

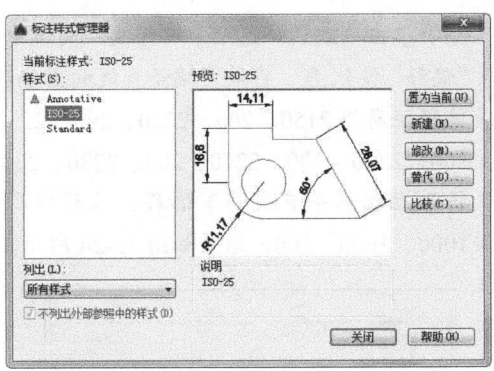

图 15-17　"标注样式管理器"对话框

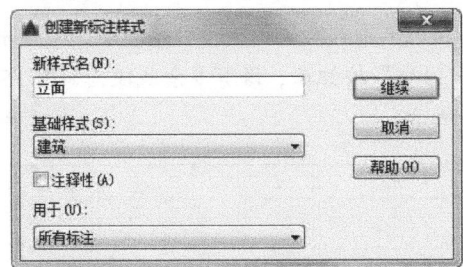

图 15-18　"创建新标注样式"对话框

（4）单击"继续"按钮，弹出"新建标注样式：建筑"对话框，各个选项卡的参数设置如图 15-19 所示。设置完参数后，单击"确定"按钮，返回到"标注样式管理器"对话框，将"建筑"样式置为当前。

（5）单击"默认"选项卡"注释"面板中的"线性"按钮，标注立面图尺寸，如图 15-20 所示。

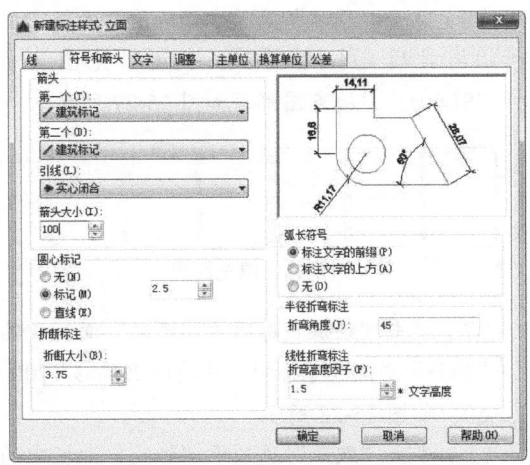

图 15-19　"新建标注样式：建筑"对话框

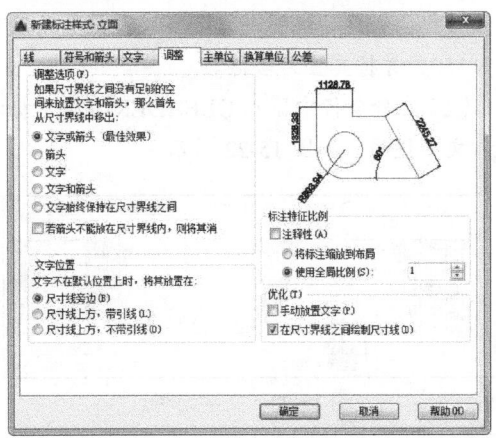

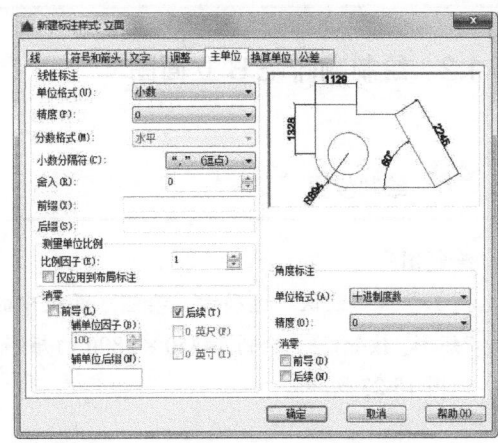

图 15-19　"新建标注样式：建筑"对话框（续）

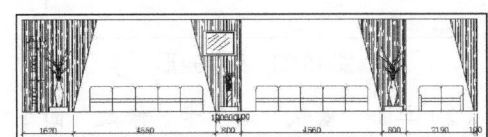

图 15-20　标注立面图

（6）单击"插入"选项卡"块"面板中的"插入块"按钮，在图形中的适当位置插入"标高"，如图15-21所示。

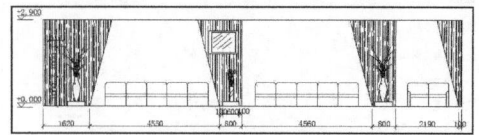

图 15-21　插入标高

3 标注文字

（1）单击"默认"选项卡"注释"面板中的"文字样式"按钮A，弹出"文字样式"对话框，新建"说明"文字样式，设置高度为150，并将其置为当前。

（2）在命令行中输入 QLEADER 命令，标注文字说明，如图15-22所示。

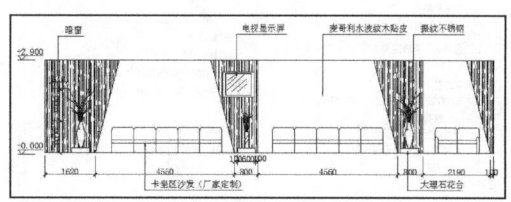

图 15-22　文字说明

15.1.2　绘制咖啡吧B立面图

Step 绘制步骤

1 绘制图形

（1）单击"默认"选项卡"绘图"面板中的"矩形"按钮□，绘制 14450×2800 的矩形，如图15-23所示。

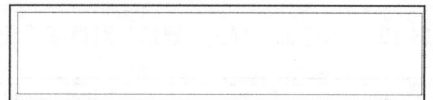

图 15-23　绘制矩形

（2）单击"默认"选项卡"修改"面板中的"分解"按钮，将上一步绘制的矩形进行分解。

（3）单击"默认"选项卡"修改"面板中的"偏移"按钮，将最左端竖直线向右偏移，偏移距离为2150、200、2220、200、2230、200、2210、200、2210、200、2230、200，将最上端水平直线向下偏移，偏移距离为1000、1600、200，结果如图15-24所示。

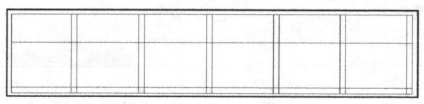

图 15-24　偏移直线

（4）单击"默认"选项卡"修改"面板中的"修剪"按钮，修剪多余线段，如图15-25所示。

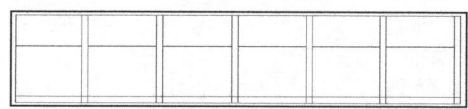

图 15-25　修剪图形

（5）单击"默认"选项卡"绘图"面板中的"图案填充"按钮，设置填充图案为"AR-RROOF"，角度为"90"，比例为"3"填充图形，如图15-26所示。

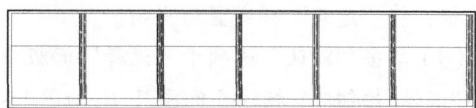

图 15-26　填充图案

（6）单击"默认"选项卡"绘图"面板中的"图案填充"按钮，设置填充图案为"SOLID"，填充图形，如图15-27所示。

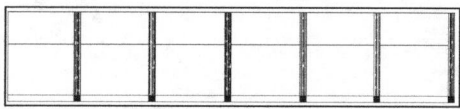

图 15-27　填充图案

（7）单击"默认"选项卡"修改"面板中的"偏移"按钮，将矩形底边向上偏移1200、50。如图15-28所示。

（8）单击"默认"选项卡"修改"面板中的"修剪"按钮，修剪多余线段，如图15-29

所示。

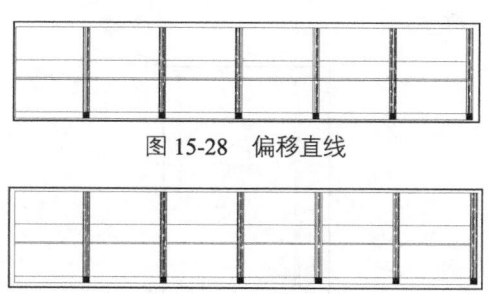

图 15-28　偏移直线

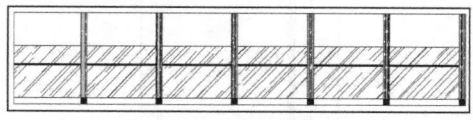

图 15-29　修剪图形

（9）单击"默认"选项卡"绘图"面板中的"图案填充"按钮▨，设置填充图案为"SOLID"，角度为"0°"，比例为"1"填充图形。

（10）单击"默认"选项卡"绘图"面板中的"图案填充"按钮▨，设置填充图案为"AR-RROOF"，角度为"45°"，比例为"20"填充图形，如图 15-30 所示。

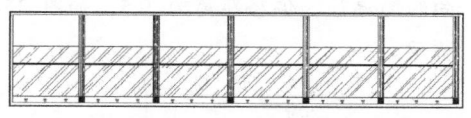

图 15-30　填充图形

（11）单击"插入"选项卡"块"面板中的"插入块"按钮🔳，在"名称"下拉列表中选择"插泥灯"，在图中相应位置插入图块，如图 15-31 所示。

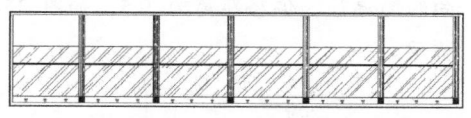

图 15-31　插入"插泥灯"

15.2　玻璃台面节点详图

对于一些在前面图样中表达不够清楚而又很重要的室内单元，可以通过节点详图

② **标注尺寸和文字**

（1）单击"默认"选项卡"注释"面板中的"线性"按钮⊢，标注立面图尺寸，如图 15-32 所示。

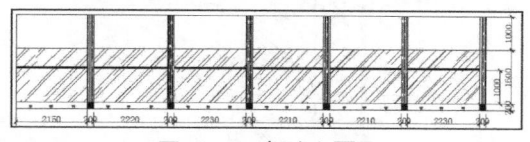

图 15-32　标注立面图

（2）单击"插入"选项卡"块"面板中的"插入块"按钮🔳，在图形中适当位置插入"标高"，如图 15-33 所示。

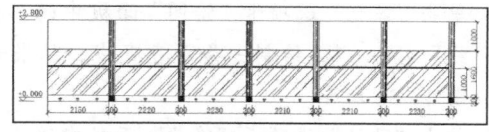

图 15-33　插入标高

（3）单击"默认"选项卡"注释"面板中的"文字样式"按钮🄰，弹出"文字样式"对话框，新建"说明"文字样式，设置高度为150，并将其置为当前。

（4）在命令行中输入 QLEADER 命令，标注文字说明，结果如图 15-34 所示。

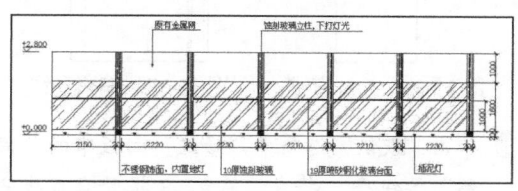

图 15-34　文字说明

加以详细表达，图 15-35 所示为玻璃台面节点详图。下面讲述其设计方法。

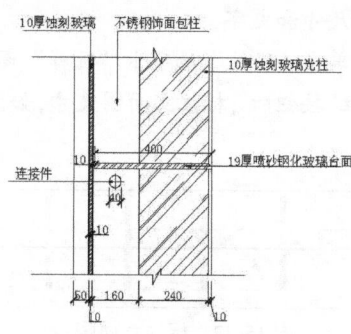

图 15-35　玻璃台面节点详图

Step　绘制步骤

1. 单击"默认"选项卡"绘图"面板中的"直线"按钮 ✏️，绘制一条竖直直线，结果如图 15-36 所示。

2. 单击"默认"选项卡"修改"面板中的"偏移"按钮 ⬚，将左端竖直线向右偏移，偏移距离为 50、10、160、240、10，结果如图 15-37 所示。

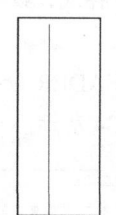　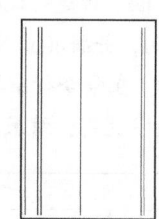

图 15-36　绘制直线　　　图 15-37　偏移直线

3. 单击"默认"选项卡"修改"面板中的"偏移"按钮 ⬚，将左端第 2、3 根竖直直线分别向外侧偏移,偏移距离为 3,结果如图 15-38 所示。

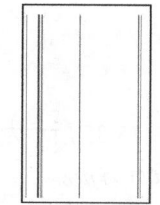

图 15-38　偏移直线

4. 单击"默认"选项卡"绘图"面板中的"直线"按钮 ✏️ 和"修改"面板中的"修剪"

按钮 ✂️，绘制图形的折弯线，如图 15-39 所示。

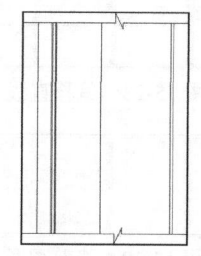

图 15-39　绘制折弯线

5. 单击"默认"选项卡"修改"面板中的"偏移"按钮 ⬚，将最右端竖直直线向左偏移，偏移距离 400。

6. 单击"默认"选项卡"绘图"面板中的"直线"按钮 ✏️，取上一步偏移的竖直直线中点为起点绘制一条水平直线，如图 15-40 所示。

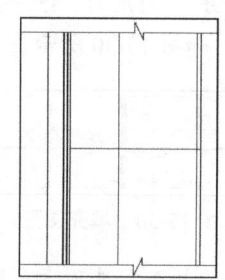

图 15-40　绘制水平直线

7. 单击"默认"选项卡"修改"面板中的"偏移"按钮 ⬚，将上一步绘制的水平直线分别向两侧偏移，偏移距离为 9.5，如图 15-41 所示。

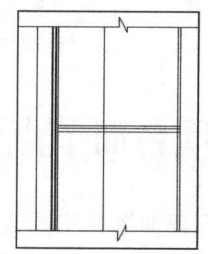

图 15-41　偏移水平直线

8. 单击"默认"选项卡"修改"面板中的"修剪"按钮 ✂️，图形进行修剪。单击"默认"选项卡"修改"面板中的"删除"按钮 🗑️，删除多余线段，如图 15-42 所示。

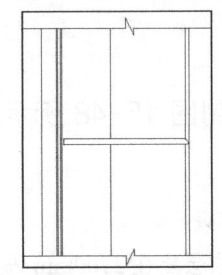

图 15-42　图形圆角处理

⑨ 单击"默认"选项卡"修改"面板中的"圆角"按钮，对图形采用不修剪模式下的圆角处理，圆角半径为 20。

⑩ 单击"默认"选项卡"绘图"面板中的"图案填充"按钮，对图形进行图案填充，如图 15-43 所示。

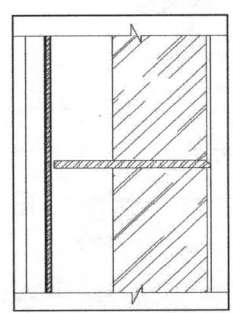

图 15-43　填充图形

⑪ 单击"默认"选项卡"绘图"面板中的"圆"按钮，绘制一个半径为 20 的圆，单击"默认"选项卡"绘图"面板中的"直线"按钮，绘制一条水平直线和一条竖直直线，完成连接件的绘制，如图 15-44 所示。

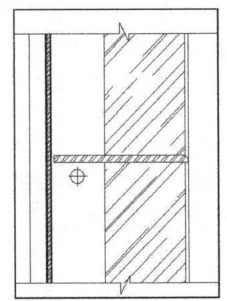

图 15-44　绘制连接件

⑫ 单击"默认"选项卡"注释"面板中的"标注样式"按钮，弹出"标注样式管理器"对话框，新建"详图"标注样式。

⑬ 在"线"选项卡中设置超出尺寸线为 30，起点偏移量为 20；"符号和箭头"选项卡中设置箭头符号为"建筑标记"，箭头大小为 20；"文字"选项卡中设置文字大小为 30；"主单位"选项卡中设置"精度"为 0，小数分割符为"句点"。

⑭ 单击"注释"选项卡"标注"面板中的"线性"按钮和"连续"按钮，标注详图尺寸，如图 15-45 所示。

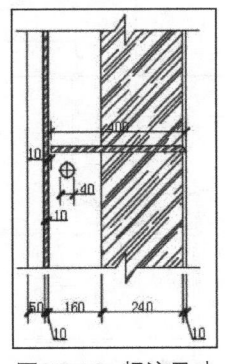

图 15-45　标注尺寸

⑮ 单击"默认"选项卡"注释"面板中的"文字样式"按钮，弹出"文字样式"对话框，新建"说明"文字样式，设置高度为 30，并将其置为当前，如图 15-46 所示。

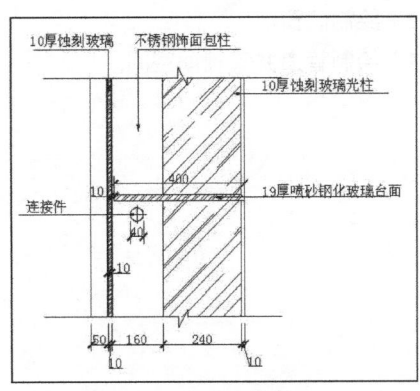

图 15-46　文字说明

15.3 上机实验

【练习1】绘制图15-47所示的两居室室内平面图

1. 目的要求

小户型的室内平面图中，大部分房间是方正的、矩形形状。一般先建立房间的开间和进深轴线，然后根据轴线绘制房间墙体，再创建门窗洞口造型，最后完成小户型的建筑图形。

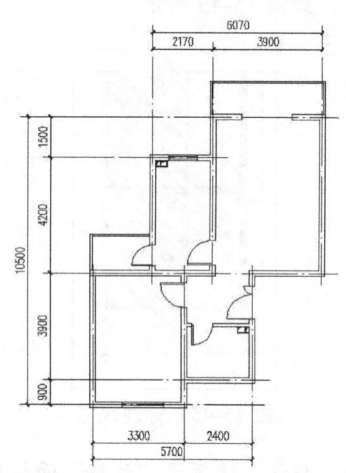

图15-47　室内平面图图

2. 操作提示

（1）绘制墙体。

（2）绘制门窗。

（3）绘制管道井等辅助空间。

【练习2】绘制图15-48所示的两居室顶棚平面图

1. 目的要求

由于住宅的层高在2700mm左右，相对比较矮，因此不建议做复杂的造型，但在门厅处可以设计局部的造型，卫生间、厨房等安装铝扣板顶棚吊顶。顶棚一般通过刷不同色彩乳胶漆得到很好的效果。一般取没有布置家具和洁具等设施的居室平面进行顶棚设计。

2. 操作提示

（1）绘制顶棚造型。

（2）插入所需图块。

（3）布置灯具。

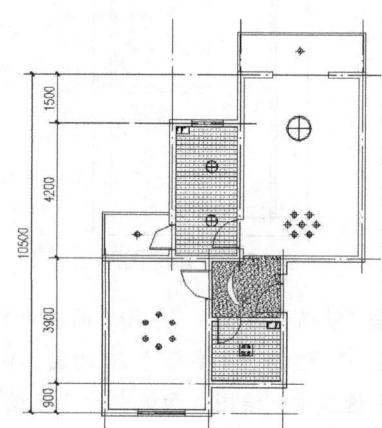

图15-48　两居室顶棚平面图

欢迎来到异步社区！

异步社区的来历

异步社区（www.epubit.com.cn）是人民邮电出版社旗下 IT 专业图书旗舰社区，于 2015 年 8 月上线运营。

异步社区依托于人民邮电出版社 20 余年的 IT 专业优质出版资源和编辑策划团队，打造传统出版与电子出版和自出版结合、纸质书与电子书结合、传统印刷与 POD 按需印刷结合的出版平台，提供最新技术资讯，为作者和读者打造交流互动的平台。

社区里都有什么？

购买图书

我们出版的图书涵盖主流 IT 技术，在编程语言、Web 技术、数据科学等领域有众多经典畅销图书。社区现已上线图书 1000 余种，电子书 400 多种，部分新书实现纸书、电子书同步出版。我们还会定期发布新书书讯。

下载资源

社区内提供随书附赠的资源，如书中的案例或程序源代码。

另外，社区还提供了大量的免费电子书，只要注册成为社区用户就可以免费下载。

与作译者互动

很多图书的作译者已经入驻社区，您可以关注他们，咨询技术问题；可以阅读不断更新的技术文章，听作译者和编辑畅聊好书背后有趣的故事；还可以参与社区的作者访谈栏目，向您关注的作者提出采访题目。

灵活优惠的购书

您可以方便地下单购买纸质图书或电子图书，纸质图书直接从人民邮电出版社书库发货，电子书提供多种阅读格式。

对于重磅新书，社区提供预售和新书首发服务，用户可以第一时间买到心仪的新书。

用户帐户中的积分可以用于购书优惠。100 积分 =1 元，购买图书时，在 里填入可使用的积分数值，即可扣减相应金额。

特 别 优 惠

购买本书的读者专享异步社区购书优惠券。

使用方法：注册成为社区用户，在下单购书时输入 S4XC5 使用优惠码 ，然后点击"使用优惠码"，即可在原折扣基础上享受全单 9 折优惠。（订单满 39 元即可使用，本优惠券只可使用一次）

纸电图书组合购买

社区独家提供纸质图书和电子书组合购买方式，价格优惠，一次购买，多种阅读选择。

社区里还可以做什么？

提交勘误

您可以在图书页面下方提交勘误，每条勘误被确认后可以获得 100 积分。热心勘误的读者还有机会参与书稿的审校和翻译工作。

写作

社区提供基于 Markdown 的写作环境，喜欢写作的您可以在此一试身手，在社区里分享您的技术心得和读书体会，更可以体验自出版的乐趣，轻松实现出版的梦想。

如果成为社区认证作译者，还可以享受异步社区提供的作者专享特色服务。

会议活动早知道

您可以掌握 IT 圈的技术会议资讯，更有机会免费获赠大会门票。

加入异步

扫描任意二维码都能找到我们：

异步社区

微信服务号

微信订阅号

官方微博

QQ 群：368449889

社区网址：www.epubit.com.cn

投稿 & 咨询：contact@epubit.com.cn